"十二五"职业教育国家规划教材

经全国职业教育教材审定委员会审定

仪器分析

YIQI FENXI

3

THE THIRD EDITION

第三版

田 晶　郭英凯 ◎ 主　编
王 韬　朱华静 ◎ 副主编

化学工业出版社

·北京·

内容简介

本书以项目教学为主线,将理论教学和实训教学相结合,以工作过程为导向,构成了基于任务驱动的模块化课程。全书设计了8个项目,包括紫外-可见分光光度法、红外吸收光谱法、原子吸收光谱法、气相色谱法、高效液相色谱法、离子色谱法、电位分析法、原子发射光谱分析法及气相色谱-质谱联用技术等在实际中的运用。

本书是高等职业院校分析检验技术专业仪器分析课程的教材,可作为化工、制药、食品等相关专业仪器分析课程的教学用书,还可供厂矿企业、科研单位、从事理化检验和品质控制或品质管理工作的有关人员参考。

图书在版编目(CIP)数据

仪器分析 / 田晶,郭英凯主编. — 3版. — 北京:化学工业出版社,2024.8
ISBN 978-7-122-45335-8

I. ①仪… II. ①田… ②郭… III. ①仪器分析-教材 IV. ①O657

中国国家版本馆 CIP 数据核字(2024)第 065645 号

责任编辑:蔡洪伟　　　　　文字编辑:邢苗苗
责任校对:李　爽　　　　　装帧设计:王晓宇

出版发行:化学工业出版社
　　　　(北京市东城区青年湖南街13号　邮政编码100011)
印　　装:中煤(北京)印务有限公司
787mm×1092mm　1/16　印张24¾　字数535千字
2024年8月北京第3版第1次印刷

购书咨询:010-64518888　　　售后服务:010-64518899
网　　址:http://www.cip.com.cn
凡购买本书,如有缺损质量问题,本社销售中心负责调换。

定　　价:50.00元　　　　　　　　版权所有　违者必究

第三版前言

《仪器分析》（第一版）作为高职高专仪器分析课程的教材，自2006年发行以来便受到有关职业院校教师和学生的关注和好评，在教学中也发挥了一定的积极作用。在2015年，为了适应高等职业技术教育的教学要求，满足技术技能型人才培养的需要，我们对第一版的布局进行了大幅的调整，《仪器分析》（第二版）以项目教学为主线，将理论教学和实训教学相结合，以工作过程为导向，构成了基于任务驱动的模块化课程，经全国职业教育教材审定委员会审定立项为"十二五"职业教育国家规划教材。

《仪器分析》（第二版）继续受到全国诸多兄弟职业院校师生的认可与厚爱，至今已重印数次。在这段时间里，我们不仅见证了仪器分析领域的快速发展，更是收到了许多宝贵意见和建议，也正是因为大家一直以来对本书的关注和支持，我们才能有信心推出《仪器分析》（第三版）。

《仪器分析》（第三版）在保持前两版教材特色的基础上，进一步完善了教材内容的层次，优化了教学目标，着重增加了素质培养目标，针对仪器分析领域近年来的重要发展和新技术的应用，在每个项目都增加了拓展阅读部分并与课程思政有效融合，在及时更新和更全面地涵盖相关知识内容的同时，保证了教材内容的现实性和思想性，使师生能够了解最新的研究动态。本次修订还开发了与教学内容相配套的微课件，并以二维码的形式直接植入教材，广大师生可以在互联网环境下，通过可移动终端直接扫描二维码，观看和学习相关课程资源。此外，为了引导学生树立正确劳动观，养成良好劳动习惯，我们还为教材中的所有项目都安排了相应的劳动素质提升任务，严格落实德智体美劳全面发展的育人目标导向。

《仪器分析》（第三版）仍采用第二版的项目+任务的教学设计方式，共包含8个项目，由天津职业大学生物与环境工程学院田晶教授和郭英凯教授担任主编，王韬和朱华静担任副主编。于韶梅等参加了本书部分内容的编写和资料整理工作，最后由田晶、郭英凯统稿。在本书编写和修订过程中，天津市疾病预防控制中心的郝琳工程师也提出了很多修改建议。天津职业大学生物与环境工程学院教师白俊学，21级学生郝璐瑶、刘艳雯，22级学生高思钰、王亚男、张潇文、孙丽霞在本书配套二维码链接的多媒体资源制作上做了大量工作。另外，天津职业大学图书馆的邓琳老师在文献借阅和传递方面也给予了很大帮助，在此一并表示感谢。

  本教材需要 120 个学时，各院校可根据具体的教学计划安排，选择其中部分内容进行讲解。本书可作为职业院校相关专业的教材，同时也可作为专业技术人员的参考用书。

  本教材在修订过程中，为方便读者学习，还配套了相关的电子资源，读者可登录 www.cipedu.com.cn 免费下载。

  限于笔者水平，加之时间仓促，书中难免存在疏漏之处，敬请同行专家和读者批评指正。

编者

2024 年 4 月于天津

目录

绪论 ——————————————————————— 1
一、仪器分析方法的分类　　1　　三、仪器分析的发展趋势　　2
二、仪器分析的特点　　2

项目1　用紫外-可见分光光度法检测物质 ——————————— 3

任务1　认识紫外-可见分光光度实训室　　3
一、紫外-可见分光光度室的环境要求　　3
二、紫外-可见分光光度实训室管理规范　　4
劳动素质提升1-1　学生整理紫外-可见分光光度实训室　　4

任务2　紫外-可见分光光度计的认识与基本操作　　4
一、紫外-可见分光光度计的基本组成及类型　　4
二、紫外-可见分光光度法的基础知识　　6
实训1-1　仪器基本操作练习　　13

任务3　工作曲线法定量　　14
一、光的基本性质　　14
二、定量方法（标准曲线法、比较法）　　15
实训1-2　工作曲线法测定水中微量铬　　16

任务4　分析测试条件的选择　　16
一、显色条件、测量条件的选择方法　　16
二、测定误差的影响因素　　19

实训1-3　邻二氮菲测铁实训条件选择及铁含量测定　　20

任务5　紫外分光光度法的应用　　21
一、紫外分光光度法的基础知识　　21
二、紫外特征光谱所对应官能团的结构信息　　24
实训1-4　阿司匹林肠溶片中水杨酸的测定　　29

任务6　废水中微量苯酚的检测　　29
实训1-5　废水中微量苯酚的检测　　29

任务7　分光光度计的检验与维护　　30
一、维护方法　　30
二、安全操作注意事项　　30
三、紧急应对措施　　30
四、常见故障和排除方法　　30
劳动素质提升1-2　分光光度计的检验与维护保养　　31

思考与练习　　34

【附录】　考核评分表　　36

项目2　用红外吸收光谱法检测有机物质 ——————————— 37

任务1　认识红外光谱实训室　　37
一、红外光谱实训室的环境要求　　37
二、红外光谱实训室的管理规范　　38

劳动素质提升2-1　学生整理红外光谱实训室　　39

任务2　红外吸收光谱仪的基本操作　　39

一、红外光谱仪　40
二、红外制样技术　45
三、红外光谱仪的基本操作　46
四、红外光谱法的分析流程　48
五、红外光谱法的基本知识　49
实训 2-1　红外光谱仪的基本操作　54

任务 3　红外吸收光谱的解析及应用　54
一、红外定性分析的一般方法　54
二、官能团的特征吸收区域　55
三、谱图解析的一般步骤　59
实训 2-2　红外吸收光谱的解析练习　61

任务 4　固体样品的红外吸收光谱绘制与解析　61
一、压片法　61
二、石蜡糊法　62
实训 2-3　固体样品的制备　62
实训 2-4　苯甲酸红外吸收光谱的测绘——KBr 晶体压片法制样　62

任务 5　液体样品的红外吸收光谱绘制与解析　63
一、可拆卸式液体池　64
二、固定式液体池　65
实训 2-5　间、对二甲苯的红外吸收光谱定量分析——液膜法制样　65

任务 6　有机聚合物的辨别与解析　66
一、聚合物的基本知识　66
二、聚合物的红外吸收光谱分析　66
实训 2-6　红外光谱法对有机聚合物的辨别与解析　71

任务 7　红外吸收光谱仪的日常维护　72
一、日常维护与保养　72
二、主要部件的维护和保养　72
三、注意事项　73
劳动素质提升 2-2　红外吸收光谱仪的维护　73

思考与练习　74

【附录】　考核评分表　75

项目 3　用原子吸收光谱法检测物质中微量元素 —— 76

任务 1　认识原子吸收实训室　76
一、原子吸收实训室的环境要求　76
二、原子吸收实训室的管理规范　77
劳动素质提升 3-1　学生整理原子吸收实训室　77

任务 2　原子吸收分光光度计基本操作　77
一、原子吸收分光光度计的结构　78
二、原子吸收分光光度计的工作流程　89
实训 3-1　仪器开、关机操作和工作软件的使用　90
实训 3-2　空气压缩机、乙炔钢瓶的使用　90

任务 3　工作曲线法定量　91
一、工作曲线法　91
二、样品处理技术　92
实训 3-3　工作曲线法测定自来水中钠　95

任务 4　标准加入法定量　95
实训 3-4　标准加入法测定水中微量镁　96

任务 5　原子吸收光谱法基本原理　96
一、原子吸收光谱的产生　96
二、谱线轮廓与谱线变宽　97
三、原子吸收吸光度与待测元素浓度的关系　99

任务 6　火焰原子吸收最佳实验条件的选择　100
实训 3-5　火焰原子吸收法测钙实训条件的选择与优化　103
一、光谱干扰　104

二、非光谱干扰　107
实训 3-6　原子吸收法测钙的干扰与消除　110

任务 7　人体指甲中的铜含量测定　110
一、查阅资料，讨论并汇总资料　110
二、确定分析方案　111
实训 3-7　溶液配制（标准溶液等）　111
实训 3-8　样品制备　111

实训 3-9　人体指甲中的铜含量的测定　111

任务 8　原子吸收分光光度计的维护与保养　112
劳动素质提升 3-2　原子吸收分光光度计的维护与保养　112

思考与练习　113

【附录】　考核评分表　115

项目 4　用气相色谱法检测物质 ———————————— 116

任务 1　认识气相色谱实训室　116
劳动素质提升 4-1　整理气相色谱实训室　117

任务 2　气相色谱仪的基本操作　117
实训 4-1　气路系统的连接与检漏　119
实训 4-2　高压气体钢瓶、减压阀等各种气体调节阀的使用操作　121
实训 4-3　载气流量的测定　121
一、气相色谱仪组成系统　122
二、气相色谱仪工作流程　122
实训 4-4　气相色谱仪的开、关机操作　122
实训 4-5　柱温等温度参数的设置　123
实训 4-6　进样操作　123
实训 4-7　FID 检测器和热导检测器的基本操作　124

任务 3　色谱柱的使用　128
实训 4-8　填充柱的制备　128
实训 4-9　填充柱柱效的测定　129

任务 4　气相色谱法分离原理　129
一、色谱法定义、分类　129
二、色谱专用术语　131
三、气相色谱法分离过程　132

任务 5　分离条件的选择与优化　134
一、分离度　134
二、色谱分离动力学因素与热力学因素　135

三、气相色谱分离条件的选择与优化方法　137
实训 4-10　载气流速及柱温变化对分离度的影响　139

任务 6　归一化法定量　140
实训 4-11　标准对照法定性操作　142
实训 4-12　定量校正因子的测定　146
实训 4-13　归一化法定量测定丁醇异构体混合物　147

任务 7　外标法定量　147
实训 4-14　色谱工作站的基本操作练习——外标法测定未知组分含量　147
实训 4-15　外标法测定未知组分含量　147

任务 8　内标法定量　148
实训 4-16　简单苯系物的定性操作　148
实训 4-17　定量分析正己烷中的环己烷　148

任务 9　白酒主要成分的验证　149
一、毛细管柱气相色谱法　149
二、查阅资料，讨论并汇总资料　149
三、确定分析和验证方案　150
实训 4-18　样品制备　150
实训 4-19　毛细管气相色谱法（含程序升温）分析白酒的主要成分验证　150

任务 10　气相色谱仪常见故障分析　150

劳动素质提升 4-2　气相色谱仪常见故障
　　　　　　　　　分析与排除　150
思考与练习　152
【附录】　考核评分表　154

项目 5　用高效液相色谱法检测物质 ———————— 155

任务 1　认识液相色谱实训室　155
一、液相色谱实训室的环境要求　155
二、液相色谱实训室的管理规范　156
三、实训室的卫生管理　157
劳动素质提升 5-1　整理液相色谱实训室　157

任务 2　高效液相色谱仪基本操作　157
一、液相色谱仪的基本组成及工作流程　157
二、仪器各部分功用　158
三、高效液相色谱仪的基本操作　164
实训 5-1　高效液相色谱基本操作　168
实训 5-2　高效液相色谱仪性能检查　169

任务 3　高效液相色谱法基本原理　169
一、高效液相色谱分析法的特点　169
二、高效液相色谱法类型及其分离原理　170
三、高效液相色谱分离方式的选择　172

任务 4　分离条件的选择与优化　172
一、色谱柱的填充技术　172
二、色谱柱的评价方法　173
三、影响色谱峰扩展及色谱分离的因素　175
实训 5-3　色谱柱性能评价　177
实训 5-4　苯系混合物分离条件的选择　177

任务 5　归一化法定量分析　177
一、标准对照法定性　177

二、归一化法的运用　178
三、内标法　178
四、高效液相色谱方法建立的一般模式　178
五、液相色谱用固定相与流动相　179
实训 5-5　对羟基苯甲酸酯类混合物的反相
　　　　　HPLC 分析　183

任务 6　外标法定量分析　183
一、外标法的运用　183
二、常用的样品预处理方法　183
实训 5-6　维生素 E 胶丸中 α-V_E 的 HPLC
　　　　　定量测定　189

任务 7　果汁中苹果酸、柠檬酸的测定　190
一、流动相的选择　190
二、溶剂处理技术　190
实训 5-7　果汁中苹果酸、柠檬酸的测定　191

任务 8　高效液相色谱仪的保养与维护　192
一、日常的维护保养及注意事项　192
二、常见故障判断与排除方法　193
三、色谱柱的使用技术　195
劳动素质提升 5-2　液相色谱仪的维护　196
思考与练习　197
【附录】　考核评分表　197

项目 6　用离子色谱法检测无机离子 ———————— 199

任务 1　认识离子色谱实训室　199
一、离子色谱实训室的环境要求　199
二、离子色谱实训室的管理规范　199
劳动素质提升 6-1　学生整理离子色谱
　　　　　　　　　实训室　200

任务 2　离子色谱仪基本操作　200
一、离子色谱仪的基本构造　200
二、离子色谱的分析流程　203
三、离子色谱仪的操作　204
实训 6-1　离子色谱仪的基本操作　206

任务 3　离子色谱基本原理	207

一、离子色谱的分类及应用　207
二、离子色谱的分离原理　208
三、分离方式和检测方式的选择　211
四、色谱条件的优化　212

任务 4　自来水中阴离子的分析	216

一、溶剂和样品预处理　216
二、离子色谱定性定量方法　217

实训 6-2　离子色谱法测自来水中的阴离子　217

任务 5　离子色谱仪的日常维护	218

一、例行保养与常见故障的排除　218
二、色谱柱和抑制器的保存与清洗　223
劳动素质提升 6-2　离子色谱仪的维护　223
思考与练习　225
【附录】　考核评分表　225

项目 7　用电位分析法检测物质　227

任务 1　认识电化学实训室	227

一、电化学分析实训室的环境要求　227
二、电化学实训室的管理规范　229
劳动素质提升 7-1　整理电化学分析实训室　230

任务 2　pH 计与离子计的基本操作	230

一、电化学分析法概述　230
二、电位分析法的基本装置　232
三、工作电池的组成　232
四、不同类型电极的使用及选择　233
五、标准溶液　234
六、pH 计与离子计的基本组成及操作　234

实训 7-1　pH 计的基本操作——实训用水的 pH 测定　240

实训 7-2　离子计基本操作——水样中 K^+ 的测定　240

任务 3　工业废水 pH 的测定	241

一、活度及活度系数　241
二、离子的淌度和迁移数　241
三、电位法测定溶液 pH 的原理　242
四、能斯特方程和直接电位法的定量依据　242
五、pH 的实用定义　243
六、pH 玻璃电极与饱和甘汞电极的结构和工作机理　244
七、pH 的实用定义及 pH 计的校正　246

实训 7-3　工业废水 pH 的测定　247

任务 4　饮用水中氟离子含量的测定	247

一、电极电位　247
二、液体接界电位　248
三、膜电位产生的机理　249
四、离子选择性电极的类型　249
五、离子选择性电极的性能指标　254
六、定量方法　257
七、测定溶液离子活度（浓度）的方法　260
八、TISAB 的组成及作用　261
九、影响离子活度测定的因素　262

实训 7-4　氟离子选择性电极法测定自来水中的氟离子含量　262

任务 5　测定 H_3PO_4 的含量	263

一、电位滴定法的概念　263
二、滴定终点的确定方法　263
三、电位滴定用仪器设备　266
四、电位滴定的类型　268
五、电位滴定法的特点　270
六、电位滴定法的应用实例　270

实训 7-5　NaOH 电位滴定法测定 H_3PO_4 的含量及 H_3PO_4 的各级酸离解常数　270

任务 6 溶液中 Bi^{3+}、Pb^{2+}、Ca^{2+} 的测定	271
实训 7-6 EDTA 配合电位滴定法连续测定溶液中 Bi^{3+}、Pb^{2+} 和 Ca^{2+} 含量	272
任务 7 离子计、pH 计及电极的使用与维护	272
一、离子计的使用与维护	272
二、pH 计的使用与维护	273
三、饱和甘汞电极的使用与维护	274
四、复合电极的使用与维护	274
五、标准缓冲溶液的配制及保存	274
六、pH 计的正确校准	275
劳动素质提升 7-2 离子计、pH 计的维护和使用	275
思考与练习	277
【附录】 考核评分表	278

项目 8 能力拓展——其他仪器分析方法介绍 —————— 279

任务 1 原子发射光谱分析法	279
一、原子发射光谱分析的基本原理	279
二、原子发射光谱仪	281
任务 2 气相色谱-质谱联用技术	290
一、气-质联用仪	290
二、GC-MS 的常用测定方法	290
三、质谱法	291
实训 8 气-质联用法测定市售矿泉水中塑化剂	298
思考与练习	300

附录 根据元素种类选择合适特征谱线 —————— 301

参考文献 —————— 304

二维码目录

序号	二维码名称	资源类型	页码
1	单光束紫外-可见分光光度计	微课	5
2	双光束紫外-可见分光光度计	微课	6
3	吸收曲线	微课	7
4	影响吸收曲线的主要因素	微课	7
5	σ 分子轨道及 σ→σ* 跃迁	微课	21
6	π 分子轨道及 π→π* 跃迁	微课	21
7	分子非键轨道及 n→π* 跃迁	微课	22
8	色散型红外光谱仪基本组成	微课	40
9	官能团的特征吸收区域	微课	55
10	固体试样的各种制备方法	微课	61
11	可拆卸式液体池	微课	64
12	基线法	微课	70
13	原子吸收分光光度计的结构	微课	78
14	空心阴极灯结构	微课	78
15	雾化器	微课	80
16	预混合型燃烧器	微课	81
17	分光系统	微课	87
18	光电倍增管	微课	88
19	原子吸收分析	微课	90
20	原子吸收示意	微课	97
21	自由原子在火焰中的分布	微课	102
22	气路控制系统	微课	118
23	气路结构	微课	119
24	气相色谱仪工作流程	微课	122
25	FID 检测器	微课	124
26	液相色谱仪的基本组成及工作流程	微课	158
27	气动放大泵结构	微课	159
28	往复式柱塞泵	微课	159
29	紫外-可见检测器	微课	161
30	光电二极管阵列检测器	微课	162
31	空间排阻色谱分离示意	微课	171
32	装柱流程示意	微课	173
33	液-液萃取	微课	185
34	离子色谱仪的构造	微课	201
35	抑制器	微课	202
36	离子色谱的分析流程	微课	204

37	高压分析泵结构	微课	219
38	电位分析法	微课	232
39	原电池	微课	233
40	电位法测定溶液 pH 的原理	微课	242
41	玻璃电极	微课	244
42	双电层结构示意	微课	248
43	液接电位形成示意	微课	248
44	离子选择性电极的类型	微课	250
45	电位滴定法	微课	263
46	永停法	微课	266
47	直流电弧光源	微课	282
48	低压交流电弧发生器	微课	283
49	ICP 光源结构	微课	284
50	摄谱仪	微课	285
51	映谱仪	微课	288
52	气-质联用仪	微课	290
53	GC-MS 的常用测定方法	微课	290
54	质谱仪	微课	294
55	电子轰击电离源	微课	296

绪论

分析化学可分为化学分析和仪器分析。化学分析是建立在化学反应基础之上的一种分析手段。仪器分析是以测量物质的物理及物理化学性质为基础的分析方法。由于后者通常需要使用比较特殊的大型仪器，因此而得名。化学分析主要用于物质的定性及定量测定方面。现代科学技术的发展尤其是电子工业、计算机技术的普及，从生产工艺上对产品及原材料纯度的要求越来越高，继而对分析方法及技术提出了更高的要求。而化学分析所使用的量器自身所带来的误差、准确度、灵敏度以及分析速度等方面存在的局限性决定了其不可能胜任这样的分析任务；再者，现代科学技术的发展不只要求分析工作者解决物质的组成问题，同时还要在基础理论研究及应用方面提供组分的价态、配合状态、元素间的规律、物质结构上的细节、微区中的空间分布等信息，显然，化学分析也是不能胜任的。为了适应科学技术迅猛发展给分析工作提出的越来越高的要求，在20世纪初，发展和逐步建立起了各种物理分析方法——仪器分析方法。它是科学技术发展的必然结果，是分析化学的第二次大变革的必然产物。仪器分析方法的建立，标志着分析化学由以化学分析为主的经典分析化学发展为以物理分析为主的现代分析化学，其意义甚为深远。

一、仪器分析方法的分类

物质的几乎所有物理或物理化学性质（如光学性质、电学性质、热学性质等），原则上凡是可用来反映物质特征的性质，都可用于分析上。仪器分析的方法种类很多，习惯上根据仪器分析所应用的原理和测量信号的不同，将其分类。借助表0-1，可对仪器分析方法的内容、分类有概括性的了解。

表0-1　仪器分析方法的内容、分类

内容及类别	被利用的性质	相应的分析方法
光学分析法	光的发射	发射光谱法（X射线、紫外、可见光等），火焰光度法，荧光光谱法等
	光的吸收	各种分光光度法（如X射线、紫外、可见、红外）等原子吸收法，核磁共振波谱法
	光的散射	拉曼光谱法、浊度法等
	光的折射	折射法、干涉法等
	光的衍射	X射线衍射法、电子衍射法
电化学分析法	电极电位	电位分析
	电导（电阻）	电导分析法
	电量	库仑分析法
	电流-电压	伏安法
色谱分析	两相间的分配	气相色谱法，液相色谱法
质谱分析	质荷比	质谱法

总之，仪器分析主要包括光学分析法、色谱分析法、电化学分析法等。其中的光学分析法是基于物质吸收外界能量时，物质的原子或分子内部发生能级间跃迁，产生的光的发射、吸收，根据发射光或吸收光的波长（λ）与强度（I），进行定性和定量分析、结构分析以及相关数据的测定。非光学分析法测量的信号不涉及物质内部的能级跃迁（如光的折射、衍射等）。色谱分析法是一种分离加分析的方法，它基于混合物中各组分与互不相溶的两相（流动相和固定相）之间作用力不同、相对于固定相移动的速度不同而实现分离，对被分离的组分进

行检测实现分析。电化学分析法是依据物质的电化学性质实现分析测定的。通常将试液作为化学电池的一个组成部分，通过对该电池的电位、电流、电量、电导（或电阻）以及电流-电压曲线等的测量，来进行定性、定量分析。

二、仪器分析的特点

与化学分析相比较，仪器分析用于样品的成分分析方面因多采用图表计算的方式，所以操作简便、快速；更适于含量很低（如质量分数在 10^{-6} 以下量级）的成分分析，因为其灵敏度高、检出限低、样品用量少，广泛用于高纯物质、生命科学、环境监测等领域中。另外，多数分析仪器是将欲测组分的浓度变化等物理及物理化学性质的变化转变为相应的某种电参量（如电阻、电导、电位、电容、电流等），这就为实现自动化或计算机化创造了条件。

仪器分析（如红外光谱法、核磁共振波谱法、质谱法以及紫外光谱法等）还可用于物质的结构（如分子或晶体结构）研究方面，并且是不可或缺的手段。

应该指出，仪器分析用于物质组成的测定方面，仍有其局限性，除了各种具体的仪器分析方法本身所固有的原因之外，仪器分析方法还有一大共同点，就是准确度不够高，相对误差一般要比经典的化学分析法低一个数量级甚至更差。但这样的准确度对于痕量级的成分分析来讲足以满足要求。所以在分析方法的选择上，这一点是必须要加以考虑的。

三、仪器分析的发展趋势

随着科学技术的不断进步和应用需求的不断增加，仪器分析的发展必将呈现出多样化、快速化、智能化和微型化的趋势。

首先，传统的化学分析方法已经无法满足日益多样化的应用需求。面对复杂的样品矩阵和低浓度的目标分析物，需要开发新的仪器和方法来解决特定问题。例如，高通量分析技术可以同时处理多个样品，提高分析效率；光谱学、质谱学等技术的广泛应用则为化学分析带来更多的选择。此外，随着化学与其他学科的交叉融合，比如化学生物学、纳米材料等领域的发展，也将促进仪器分析的多样化发展。

其次，在现代社会中，时间成本愈发重要。人们对于分析结果的迅速获取和高效处理的需求越来越迫切。因此，快速化成为了仪器分析发展的重要方向。通过利用新材料、新技术和新算法，可以缩短分析的时间，实现实时监测和快速分析，满足人们对于快速反馈的需求。例如，快速液相色谱和气相色谱等技术的发展，使得分析时间大大缩短，同时保持了较高的分离效率和灵敏度。

此外，随着人工智能和大数据技术的迅猛发展，智能化已经渗透到各个领域，仪器分析也不例外。智能化的仪器能够自动处理样品、优化实验条件、自动识别和纠正误差，并输出准确可靠的结果。智能化的仪器还可以在故障发生时进行自动诊断和修复，提高设备的稳定性和可靠性。智能化不仅提高了仪器的使用效率，还可以减少人为操作错误的发生，提高了分析的准确度和可重复性。例如，利用人工智能算法，可以对大量的分析数据进行处理和分析，挖掘出隐藏在数据中的规律和关联性。

最后，随着纳米技术和微流控技术的发展，化学仪器的体积和重量越来越小，甚至可以集成在芯片或传感器中。微型化的化学仪器具有快速、便携和低成本的特点，可以实现在不同场景和环境下的即时分析。微型化的化学仪器将广泛应用于食品安全检测、环境监测、医药领域等。微型化不仅提高了分析的灵活性和便捷性，还减少了资源和能源的消耗，促进了可持续发展。

项目 1

用紫外-可见分光光度法检测物质

 知识目标

1. 掌握　紫外光谱中的有关术语及影响紫外吸收光谱的主要因素。
2. 理解　紫外-可见分光光度法的基本原理、仪器结构和实验操作技能。能够独立进行样品制备、仪器校准、数据记录、数据处理、结果分析和误差控制等实验操作。
3. 了解　有机化合物的结构类型与电子跃迁类型间的关系，物质的摩尔吸光系数与物质纯度的关系，溶剂的选择原则。

 能力目标

1. 掌握紫外-可见分光光度法的基本实验操作技能，如样品制备、仪器校准、数据记录等，并能熟练进行相关实验操作。
2. 具备对实验数据进行处理和结果分析的能力，包括实验数据的处理、绘制吸光度曲线和计算样品浓度等能力。
3. 在实验操作中掌握解决问题的方法和技能，能够对实验过程中出现的问题进行分析、解决和改进。
4. 能够对所使用的仪器设备进行日常的维护保养。

 素质目标

1. 在学习紫外-可见分光光度法检测物质相关理论知识和实验技能过程中，锻炼学生在实践中进行分析和解决问题的能力，引导帮助学生强化创新意识，培养学生探究和创新的精神。
2. 在学生反复验证，不断调整紫外-可见分光光度法检测物质实验条件以获得最为准确结果的过程中，引导学生讲求实际，要求实事求是，深入分析数据，计算正确的结果，培养学生严谨求实、勤于思考的精神。
3. 在学生相互配合完成实训、协同分析数据过程中，鼓励团队合作，培养集体荣誉感，以提高学生的团队意识和协作能力。同时，培养学生勇攀高峰、追求卓越的精神。

任务 1　认识紫外-可见分光光度实训室

一、紫外-可见分光光度室的环境要求

① 温度要求常温，建议安装空调设备，无回风口；
② 湿度一般在 45%～60%；
③ 可配置 1～2 个水龙头；
④ 配置废液收集桶，集中处理；
⑤ 设置单相插座若干，设置独立的配电盘、通风柜开关，一般需安装稳压电源；
⑥ 无特殊要求无需用气；

⑦ 避免强光照射；
⑧ 合成树脂台面应防振；工作台应离墙，以便于检修仪器；
⑨ 配置灭火器；
⑩ 符合第三类防雷建筑物要求；
⑪ 设置良好接地；
⑫ 有精密电子仪器设备，需进行有效的电磁屏蔽；
⑬ 配置通风柜，要求具有良好通风。

二、紫外-可见分光光度实训室管理规范

① 化验员应做好化验室的清洁卫生工作，严禁无关人员进入化验室；
② 化验用工具、仪器、量具、卡具应按类进行设置、摆放，且应分区和标识，不应随意放置或丢失，同时不许挪作他用，以防损坏；
③ 化验室的精密仪器要建档保管，做到防振、防尘、防腐蚀，并定时校验；
④ 所有的化学药品都必须用规定的器具盛放，并注明品名、浓度、规格、型号，且应摆设在固定的地方，特别是易燃、易爆、有毒、强腐蚀性等危险品要专柜管理，严防丢失、误用或挪作他用等，以确保安全；
⑤ 化验员配制化学药品或化验物品时，必须按照相应的操作程序进行规范操作，杜绝违规产生的意外事故；
⑥ 化验室应随时保持有人在监视或测量，特别是在化验或检测物品的过程中，更不应离开化验室，直至数据得出，结论制定为止；
⑦ 化验员应对化验数据和结论负责，并如实、准确地填写报告单；
⑧ 对实训器皿要合理存放，常用常洗，保持干净、干燥；
⑨ 工作期间必须按要求做好自身安全防护，防止出现安全事故。

> **劳动素质提升 1-1　学生整理紫外-可见分光光度实训室**
>
> 1. 清除试验台上杂物（如废纸、空试剂瓶等）。
> 2. 整理紫外-可见分光光度计、玻璃比色皿、石英比色皿、遮光体、干燥硅胶等设备。
> 3. 分类整理[将实训室的物品分为药品（如甲醇、邻二氮菲、二苯碳酰二肼、蒽醌等），工具（如扳手、螺丝刀等），玻璃仪器（如各种容量瓶、吸量管、移液管等）]。
> 4. 整理水龙头、电源开关等。
> 5. 整理灭火器、药品急救箱等。
> 6. 整理清洁工具，如扫帚等。

任务 2　紫外-可见分光光度计的认识与基本操作

一、紫外-可见分光光度计的基本组成及类型

1. 紫外-可见分光光度计的基本组成

紫外-可见分光光度计（ultraviolet-visible spectrophotometer）通常由五个部分组成，如图 1-1 所示。

（1）辐射源（光源）　对光源的主要要求是：在仪器操作所需的光谱区域内，能发射连续的具有足够强度和稳定的光辐射。而且使用寿命长，可见光区的辐射光源为白炽灯光源，如钨灯和碘钨灯，紫外区的辐射光源主要采用低压和直流氢灯或氘灯。

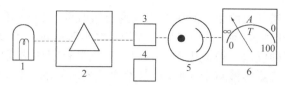

图 1-1　紫外-可见分光光度计简单示意图

1—辐射源；2—单色器；3，4—吸收池；5—光敏检测器；6—读数指示器

（2）单色器　单色器是从光源辐射的复合光中分出单色光的光学装置。单色器通常由入射狭缝、准直元件、色散元件、聚焦元件和出射狭缝组成。最常用的色散元件有棱镜和光栅。

（3）吸收池（比色皿）　由于玻璃吸收紫外线，所以通常可见光区用玻璃比色皿，而紫外光区用石英比色皿。

（4）光敏检测器　对分光光度计检测器的要求是：在测定的光谱范围内应具有高的灵敏度，对辐射强度呈线性响应。响应快，适于放大，并且有高稳定性和低的"噪声"水平。常用的光电检测器有光电管和光电倍增管。

2. 紫外-可见分光光度计的类型

紫外-可见分光光度计的分类方法有多种，归纳为表 1-1。

表 1-1　紫外-可见分光光度计分类

分类依据	所分类型	主要特征	
分光元件	棱镜式分光光度计	以棱镜为单色器	现多为两种分光元件联合系统
	光栅式分光光度计	以光栅为单色器	
波长范围	可见分光光度计	测量波长 400~780nm，光源为钨灯，玻璃比色皿	
	紫外-可见分光光度计	测量波长 200~780nm，光源为钨灯、氘灯，石英比色皿	
仪器结构	单光束分光光度计	一束单色光	
	准双光束可见分光光度计	两束单色光，两只光电转换器	
	双光束可见分光光度计	两束单色光	
	双波长可见分光光度计	两个单色器，可同时得到两束波长不同的单色光	

目前，国际上通常按紫外-可见分光光度计的仪器结构，将其分为单光束、准双光束、双光束和双波长四类。

（1）单光束紫外-可见分光光度计　单光束紫外-可见分光光度计只有一束单色光、一只吸收池、一只光电转换器，如图 1-2 所示，一般适用于随时间的变化没有明显的变化的待测溶液，因为对参比液调零以后再放入待测溶液有个时间段，若参比液随时间的变化有变化，则刚调过的零值或 100%就不准确了，不能作参比的标准了。若参比液随时间的变化没有变化，用单光束分光光度计测量待测液的准确度要看仪器的各项指标的精度。

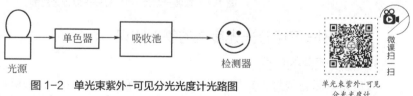

图 1-2　单光束紫外-可见分光光度计光路图

单光束的缺点：不能抵消因杂散光、光源波动、电子学的噪声等对测试结果的影响，但随着国内技术的发展，先进的元器件在分光光度计领域的应用和光路设计、电路设计的合理化已经大大地降低了杂散光、光源波动、电子学的噪声等，所以国内部分高档单光束分光光度计已经可以部分忽略以上的因素影响。

（2）准双光束紫外-可见分光光度计　准双光束紫外-可见分光光度计是通过一个半反半

透镜将本来的一束入射光分为两束,其中一束光通过吸收池,另一束光不通过吸收池(或者说某一时刻使这束光经过吸收池,另一时刻这束光不经过吸收池),有两只光电转换器分别接收上述两束光信号,这种仪器一般适用于随时间的变化没有明显的变化的待测溶液,因为对参比液调零以后再放入待测溶液有个时间段,若参比液随时间的变化有变化,则刚调过的 $A=0$ 或 $T=100\%$ 就不准确了,不能作参比的标准了。

准双光束的优缺点:有两束光,一束光通过吸收池,另一束光直接进入光电转换器,能抵消因光源和检测器的漂移等对测试结果的影响,提高仪器的稳定性。但因为是通过一个半反半透镜将本来的一束入射光分为两束,光的能量也被一分为二了,从而使能量降低了,由此也就带来了很多不确定因素,例如信噪比就没有单光束好。

(3)双光束紫外-可见分光光度计　双光束紫外-可见分光光度计可分为两种,一种是:两束单色光,两只吸收池,一只光电转换检测器,如图 1-3 所示,一般适用于参比溶液随时间的变化有明显变化的情况,或用于高精度的溶液测量,能对光源波动、杂散光、电子学噪声等的影响有部分抵消,但因为一束光被分为两束光,从光的能量上来说一分为二,降低了能量,带来了很多不确定因素。

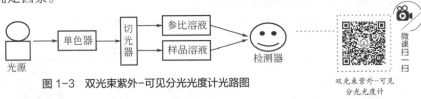

图 1-3　双光束紫外-可见分光光度计光路图

另一种是:两束单色光,两只吸收池,两只光电转换器。一般适用于参比液随时间的变化有明显变化的情况,适用于高精度的溶液测量,能对光源波动、杂散光、电子学噪声等的影响有部分抵消,但因为一束光被分为两束光,从光的能量上来说一分为二,降低了能量,带来了很多不确定因素,另外,因为具有两个光电转换检测器,这两个光电转换检测器不可能完全一致,这样也会导致测量误差。

(4)双波长紫外-可见分光光度计　双波长紫外-可见分光光度计采用两个单色器、一只吸收池、一只光电转换检测器,如图 1-4 所示,主要适用于试样的多组分测量。如果试样的吸收光谱上,有两个或两个以上组分的吸收峰互相重叠或非常接近,或者有很大的混浊背景吸收干扰,则可利用导数光谱来分析,可以不经过复杂的分离就把它们分离开,这就是导数光谱的最大优点。

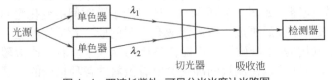

图 1-4　双波长紫外-可见分光光度计光路图

二、紫外-可见分光光度法的基础知识

1. 物质颜色的产生

白色光(阳光或灯光)照射到物质表面以后,有一部分光被吸收,另一部分光被反射回来,人们看到的颜色就是反射回来的光的颜色。

白色光是复合光,由红、橙、黄、绿、青、蓝、紫七种单色光按一定比例混合而成。其中红-青、橙-青蓝、黄-蓝、绿-紫,称为互补光。一束白光,如果被物质吸收了某种光,人们看到的颜色就是它的互补色。如吸收了红光,看到的就是青色;吸收了紫色,看到的就是绿色;如果全被吸收,看到的就是黑色;如果都不吸收,看到的就是白色。吸收光的颜色与观察到的颜色的对应关系如表 1-2 所示。

表 1-2　吸收光的颜色与观察到的颜色的对应关系

白光（所有可见光波长）	吸收的光		透射光或反射光或观察到的颜色
	紫罗兰	380～420nm	黄—绿
	蓝—紫罗兰	420～440nm	黄
	蓝	440～470nm	黄
	绿—蓝	470～500nm	红
	绿	500～520nm	紫
	黄—绿	520～550nm	紫罗兰
	黄	550～580nm	蓝—紫罗兰
	橙	580～620nm	青蓝
	红—橙	620～680nm	蓝—绿
	红	680～780nm	青

2. 吸收曲线

如果测量某物质对于不同波长单色光的吸收程度，并以波长 λ 为横坐标，吸光度 A 为纵坐标作图，可得到一条曲线即吸收光谱曲线，简称吸收曲线或吸收光谱图，如图 1-5 所示，它能更清楚地描述某种存在形式的物质对不同波长光的吸收情况。

在紫外或可见吸收光谱中是以吸收峰最高点所对应的波长（记为 λ_{max}）及该波长下的摩尔吸光系数（记为 ε_{max}）来表征化合物的吸收特征。吸收峰的形状、λ_{max} 和 ε_{max} 与吸光物质的分子结构有密切的关系。一定存在形式下，各种化合物的 λ_{max} 和 ε_{max} 都有其确定值，且吸收带的形状是一定的，故可作为定性分析的依据，又由于 λ_{max} 处仪器的响应信号最大，也即测定的灵敏度最高，故可作为定量分析测定时的波长。同类化合物的 ε_{max} 比较接近，处于一定的范围。

图 1-5　某物质的紫外吸收光谱曲线

3. 影响吸收曲线的主要因素

（1）酸度的影响　由于酸度的变化会使有机化合物的存在形式发生变化，从而导致谱带的位移。例如苯酚

随着 pH 值的增高，其谱带会发生红移（即向长波方向移动），吸收峰分别从 211nm 和 270nm 处位移到 236nm 和 287nm 处。又如苯胺

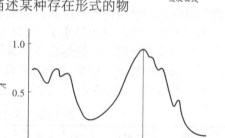

随着 pH 值的降低，其谱带会发生蓝移（或称紫移，即向短波方向移动），吸收峰分别从 230nm 和 280nm 处位移到 203nm 和 254nm 处。

另外，酸度的改变还会影响到配位平衡，造成有色配合物的组成发生变化，从而使得吸收带发生位移。例如 Fe^{3+} 与磺基水杨酸反应生成的配合物，在不同 pH 值时的配合比不同，

从而产生紫红、橙红、黄色等一系列不同颜色的配合物。

（2）溶剂效应　紫外吸收光谱中有机化合物的测定往往需要溶剂，而溶剂尤其是极性溶剂，常会对溶质的吸收波长、吸收强度及吸收峰的形状产生较大影响。如图 1-6 所示，在极性溶剂中，紫外吸收光谱的精细结构会完全消失，其原因是极性溶剂分子与溶质分子的相互作用，限制了溶质分子的自由转动与振动，从而使振动和转动的精细结构随之消失。

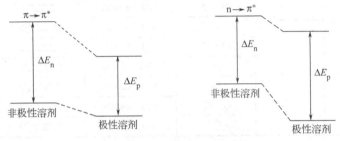

图 1-6　溶剂对电子跃迁能量的影响

一般来说，溶剂对于产生 $\pi\rightarrow\pi^*$ 跃迁谱带的影响表现为：溶剂的极性越强，谱带越向长波方向位移。这是由于大多数能发生 $\pi\rightarrow\pi^*$ 跃迁的分子，激发态的极性总是比基态的极性大，因而激发态与极性溶剂之间发生相互作用而导致的能量降低的程度就要比极性小的基态与极性溶剂发生作用而降低的程度大，因此要实现这一跃迁的能量也就相应变得小了。

另一方面，溶剂对于产生 $n\rightarrow\pi^*$ 跃迁谱带的影响表现为：溶剂的极性越强，$n\rightarrow\pi^*$ 跃迁的谱带越向短波方向位移。这是由于非成键 n 电子会与极性溶剂相互作用形成氢键，从而较多地降低了基态的能量，使得跃迁的能量增大，于是相应的紫外吸收光谱也就随之发生了向短波长方向的位移。表 1-3 也说明了这方面的问题。

表 1-3　溶剂对异亚丙基丙酮吸收带的影响

溶剂名称	$\pi\rightarrow\pi^*$跃迁(λ)/nm	$n\rightarrow\pi^*$跃迁(λ)/nm	溶剂名称	$\pi\rightarrow\pi^*$跃迁(λ)/nm	$n\rightarrow\pi^*$跃迁(λ)/nm
己烷	230	329	甲醇	237	309
乙腈	234	314	水	243	305
氯仿	238	315			

测定化合物的紫外吸收光谱时，一般首先是将待测物配成溶液，故选择合适的溶剂很重要。溶剂的选择原则如下。

① 样品在溶剂中应当溶解良好，能达到必要的浓度（此浓度与样品的摩尔吸光系数有关），以得到吸光度适中的吸收曲线。

② 溶剂应当不影响样品的吸收光谱，因此在测定范围内溶剂应当是紫外透明的，即溶剂本身对紫外线没有吸收，透明范围的最短波长称透明界限，测试时应根据溶剂的透明界限选择合适的溶剂。常用溶剂的透明界限如表 1-4 所示。

表 1-4　吸收光谱测定时常用溶剂的透明界限

溶剂	透明界限/nm	溶剂	透明界限/nm	溶剂	透明界限/nm	溶剂	透明界限/nm
水	205	正己烷	195	环己烷	205	乙腈	190
异丙醇	203	乙醇	205	乙醚	210	二氧六环	211
氯仿	245	乙酸乙酯	254	乙酸	255	苯	278
吡啶	305	丙酮	330	甲醇	202	石油醚	297

③ 为降低溶剂与溶质分子间的作用力，减少溶剂的吸收光谱的影响，应尽量采用低极性溶剂。

④ 尽量与文献中所用的溶剂一致。
⑤ 溶剂的挥发性要小，不易燃，无毒性，价格便宜。
⑥ 所选用的溶剂应不与待测组分发生化学反应。

4. 吸收定律

（1）溶液对光的行为及有关术语 当光束照射溶液时会发生什么情况呢？

当一束平行单色光（设其强度为 I_0）通过任何均匀、非散射的固体、液体或气体介质时，将有下述几种情况发生：一部分光被吸收（设其强度为 I_a）；一部分光被界面反射而损失（界面反射损失包含空气-器皿壁、器皿壁-溶液、溶液-器皿壁、器皿壁-空气界面的反射损失，设其总强度为 I_r）；其余的光将透过溶液（设其强度为 I_t）。这种关系如图 1-7 和式（1-1）所示。

$$I_0 = I_r + I_a + I_t \tag{1-1}$$

反射损失 I_r 主要由器皿的材料、形状和大小及溶液的性质所决定。在相同条件下，这些因素是固定的，且因为反射损失的量很小，故 I_r 一般可以忽略不计，故式（1-1）可简化为：

$$I_0 = I_a + I_t \tag{1-2}$$

透过光的强度 I_t 与入射光的强度 I_0 之比称为"透光度"或"透光率"或"透射比"，用符号"T"表示：

$$T = \frac{I_t}{I_0} \tag{1-3}$$

透光率的取值在 0～1 或 0～100 之间。

例如：入射光的强度为 30 单位，透过光的强度为 15 单位，则 $T=0.5$。透过光一般也用"百分透光度"，符号"$T\%$"表示：

$$T\% = T \times 100\% \tag{1-4}$$

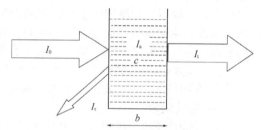

图 1-7 单色光通过溶液示意图

为了表示物质对光的吸收程度，常用术语"吸光度"，并用符号"A"表示，其定义为："透光度的倒数的对数"或"透光度的负对数"，即

$$A = -\lg T = \lg\left(\frac{1}{T}\right) = \lg\left(\frac{I_0}{I_t}\right) \tag{1-5}$$

其物理意义表示单位介质、单位浓度吸光物质对于单色入射光的吸收程度，即

$$A = Kcb \tag{1-6}$$

式中，K 称为吸光系数，K 与吸光物质的性质、入射光波长及温度等因素有关。式（1-6）是吸收定律（也称朗伯-比尔定律）的数学表达式。它表明：当一束单色光通过含有吸光物质的溶液后，溶液的吸光度与吸光物质的浓度及吸光介质的厚度成正比。这是进行定量分析的基础。吸光度 A 的数值越大，表明物质对光的吸收程度也越大。并且如果物质不吸收单色入射光，即 $I_t = I_0$，则 $A = 0$。如果物质全部吸收单色入射光，即 $I_t = 0$，则 $A = \infty$，在一般情况下，$I_t < I_0$。

（2）吸光系数、摩尔吸光系数 式（1-6）中的 K 值随 c、b 所使用单位的不同而不同。当物质的浓度 c 以 $g \cdot L^{-1}$ 为单位、吸光介质厚度 b 以 cm 为单位时，式中 K 以 a 表示，a 称为吸收系数，其单位为 $L \cdot g^{-1} \cdot cm^{-1}$，此时式（1-6）变为

$$A = acb \tag{1-7}$$

如果式（1-6）中的浓度 c 的单位为 $mol \cdot L^{-1}$，b 的单位为 cm，这时 K 用符号 ε 表示，称为摩尔吸光系数，其单位为 $L \cdot mol^{-1} \cdot cm^{-1}$，它表示物质的浓度为 $1 mol \cdot L^{-1}$，吸光介质厚度为 1cm 时，溶液对光的吸收程度。这时式（1-6）应写为：

$$A = \varepsilon cb \tag{1-8}$$

① 显然 ε 越大，表示吸光质点对某波长的光的吸收能力越强，故吸光度测定的灵敏度就

越高。因此，ε是吸光质点特性的重要参数，也是衡量光度分析方法灵敏度的重要指标。

② 应当指出，溶液中吸光物质的浓度常因离解等化学反应而改变，故计算其摩尔吸光系数时，必须知道吸光物质的平衡浓度。在实际工作中，通常不考虑这种情况，而以被测物质的总浓度计，故测得的实为条件摩尔吸光系数（ε'）。

③ ε值也与分光光度计的质量有关。但对某一定的物质来说，在某固定条件下测量时，ε值主要与吸收光的波长有关，它是吸收光波长的函数，即$\varepsilon=f(\lambda)$。

由于ε值与入射光波长有关，故表示ε时，应注明所用入射光的波长。例如Cd-双硫腙配合物的ε值应表示为

$$\varepsilon_{520}=8.8\times10^4 \text{L·mol}^{-1}\text{·cm}^{-1}$$

④ a和ε反映吸光物质对光的吸收能力，也可反映用分光光度法测定该物质的灵敏度。例如，用二乙基二硫代氨基甲酸钠（DDTC，铜试剂）分光光度法测定Cu，其$\varepsilon_{438}=1.28\times10^4\text{L·mol}^{-1}\text{·cm}^{-1}$，而用双硫腙分光光度法测定铜，其$\varepsilon_{495}=1.58\times10^5\text{L·mol}^{-1}\text{·cm}^{-1}$，显然后者的灵敏度比前者高一个数量级。

⑤ 显然，不能直接取1mol·L^{-1}这样高浓度的溶液去测定其摩尔吸光系数ε，而只能通过计算求得。

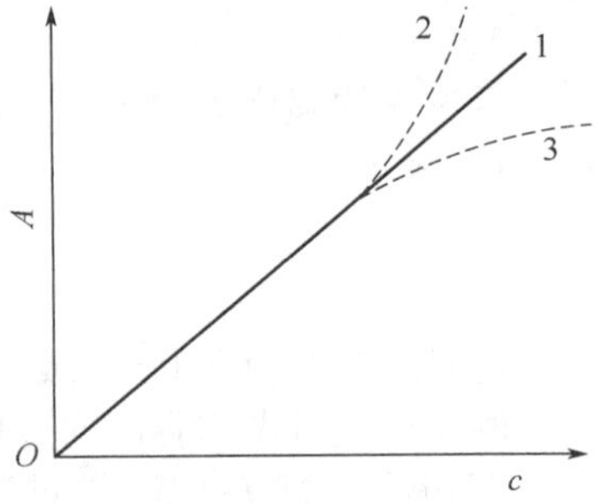

（3）偏离朗伯-比尔定律的原因　理论上讲，在分光光度分析中，当吸光介质厚度一定时，用分光光度计测量一系列标准溶液的吸光度，根据式（1-6）吸光度应与吸光物质的浓度成正比，故以吸光度为纵坐标，浓度为横坐标作图，应得到一条过原点的直线（如图1-8中的1），称为标准曲线或工作曲线。但在实际工作中，某些因素会影响$A\text{-}c$的这种线性关系，造成$A\text{-}c$关系曲线产生向上（如图1-8中的2）或向下（如图1-8中的3）的弯曲，即产生正偏离或负偏离，这种现象即称为对朗伯-比尔定律的偏离。

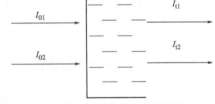

图1-8　光度分析中的工作曲线弯曲情况

① 物理因素

a．引起负偏离的原因——非单色光（带宽过大）。由于分光光度法仪器使用的是连续光源，并借助于单色器获得的"单色光"，因而单色光不可能纯度很高，或者说投射到溶液上的光实际上是具有一定带宽的谱带，而不是真正意义上的单色光，由此导致了对朗伯-比尔定律的偏离，单色光不纯引起的偏离可证明如下：

用于测定的是包含了λ_1和λ_2的总强度为I_0的入射光（即复合光），其强度分别为I_{01}、I_{02}。它们在总入射光强度I_0中所占的百分数分别减少到I_{t1}、I_{t2}，如图1-9所示。

图1-9　非单色光引起的偏离

设检测器对两种波长的光的灵敏度相同，则根据朗伯-比尔定律得到：
对于λ_1

$$A_1=\lg(I_{01}/I_1)=K_1bc \tag{1-9}$$

$$I_1=I_{01}\times10^{-K_1bc} \tag{1-10}$$

对于λ_2

$$A_2=\lg(I_{02}/I_2)=K_2bc \tag{1-11}$$

$$I_2=I_{02}\times10^{-K_2bc} \tag{1-12}$$

$$I_{01}=f_1I_0 \tag{1-13}$$

$$I_{02}=f_2I_0 \tag{1-14}$$

$$I=I_{t1}+I_{t2} \tag{1-15}$$

故复合光通过溶液后的吸光度为

$$A=-\frac{\lg(I_{t1}+I_{t2})}{I_0}=-\frac{\lg[I_0(f_1\times 10^{-K_1bc}+f_2\times 10^{-K_2bc})]}{I_0}=-\lg f_1\times 10^{-K_1bc}+\lg f_2\times 10^{-K_2bc} \quad (1\text{-}16)$$

工作曲线是吸光度 A 与 c 的关系曲线，其斜率可通过上式微分求得

$$\frac{dA}{dc}=\frac{f_1K_1b\times 10^{-K_1bc}+f_2\times K_2b10^{-K_2bc}}{f_1\times 10^{-K_1bc}+f_2\times 10^{-K_2bc}} \quad (1\text{-}17)$$

若在此范围内吸光系数相等 $K_1=K_2=K$，即当入射光为单色光时

$$\frac{dA}{dc}=Kb \quad (1\text{-}18)$$

可见，在这种情况下，标准曲线的斜率为一定值（Kb），即吸光率与吸光物质的浓度呈直线关系，符合朗伯-比尔定律。如果 $K_1\neq K_2$，吸光度对浓度的变化就不是一个常数，工作曲线就不再是一条直线，而是发生弯曲，其弯曲的方向可从吸光度对浓度的二阶微商求得，如果二阶微商等于零，工作曲线就是直线；如果二阶微商小于零，工作曲线向下弯曲；如果大于零，则工作曲线向上弯曲。为此将 $\frac{d^2A}{dc^2}$ 求二阶微商。得：

$$\frac{d^2A}{dc^2}=\frac{-2.303f_1f_2b^2(K_1-K_2)^2\times 10^{-(K_1+K_2)bc}}{(f_1\times 10^{-K_1bc}+f_2\times 10^{-K_2bc})^2} \quad (1\text{-}19)$$

式中，f_1、f_2、K_1、K_2、b 及 c 恒正，故方程式右边恒负，说明单色光作入射光时，工作曲线总是向横轴（浓度轴）弯曲，且当 K_1 与 K_2 相差越大，被测物质浓度越大，曲线弯曲得越厉害，测定时单色光越纯，即选用的波长范围越窄，浓度越小，工作曲线的弯曲越小。

b. 非平行光、光散射引起的偏离。"非平行光"系指入射光不垂直通过吸收池，就使通过吸收溶液的实际光程大于吸收池的厚度，但这种影响较小，有时溶液中存在胶粒或不溶性悬浮微粒时，使一部分入射光产生散射，这两种因素都使得实测吸光度增大，导致偏离朗伯-比尔定律，工作曲线向上弯曲。

② 化学因素

a. 平衡效应。有时有些有色的化合物在溶液中发生离解、缔合与溶剂反应、产生互变异构体、光化分解等平衡效应，会使吸收光谱曲线改变形状，使最大吸收波长、吸收强度等发生变化，从而导致对朗伯-比尔定律的偏差。如重铬酸钾在水溶液中发生的平衡效应：

$$Cr_2O_7^{2-}+H_2O \rightleftharpoons 2HCrO_4^-$$

当用水稀释 $K_2Cr_2O_7$ 溶液时，由于二聚平衡效应，平衡向右移动，最大吸收波长发生变化，这样以重铬酸钾作工作曲线，就会产生严重弯曲。

b. 酸效应。如果酸度对有色化合物的形成、分解和性质产生影响，而使吸收光谱的形状和最大吸收波长发生变化，也会导致对朗伯-比尔定律的偏离，如上例，当酸度减小时，会增加 $Cr_2O_7^{2-}$ 离解的倾向。

c. 溶剂效应。溶剂对被测组分、试剂、吸光物质的组成及其光谱特性有显著影响。如图 1-10 所示，碘在 CCl_4 中呈紫色，在乙醇中呈棕色，因而吸收光谱形状、最大吸收波长和摩尔吸光系数也不同。

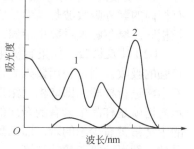

图 1-10 碘在不同溶剂中的吸收曲线
1—I_2 在乙醇中的吸收光谱曲线；
2—I_2 在四氯化碳中的吸收光谱曲线

【例 1-1】 某试液用 2cm 比色皿测量时，$T=60\%$，若改用 1cm 或 3cm 比色皿，T 及 A 分别等于多少？

解：设某试液用 2cm 比色皿测量时的吸光度为 A_0，用 1cm 和 3cm 比色皿测得的吸光度为 A_1 和 A_2。因为 A 与 T 之间的关系是 $A=-\lg T$，所以 $A_0=0.22$。

根据朗伯-比尔定律可知：$A=\varepsilon bc$，所以 $A_1=A_0b_1/b_0=0.11$，$T_1=10^{-A_1}=0.78$。$A_2=A_0b_2/b_0=0.33$，

$T_3=10^{-A_3}=0.47$。

5. 吸收曲线的应用

（1）化合物的鉴定　利用紫外光谱可以推导有机化合物的分子骨架中是否含有共轭结构体系，如 C=C—C=C、C=C—C=O、苯环等。利用紫外光谱鉴定有机化合物远不如利用红外光谱有效，因为很多化合物在紫外没有吸收或者只有微弱的吸收，并且紫外光谱一般比较简单，特征性不强。利用紫外光谱可以用来检验一些具有大的共轭体系或发色基团的化合物，可以作为其他鉴定方法的补充。主要是根据光谱图上的一些特征吸收，特别是最大吸收波长 λ_{max} 和摩尔吸光系数 ε 值，来进行鉴定。

如果一个化合物在紫外区是透明的，则说明分子中不存在共轭体系，不含有醛基、酮基或溴和碘。可能是脂肪族碳氢化合物、胺、腈、醇等不含双键或环状体系的化合物。

如果在 210~250nm 有强吸收，表示有 K 吸收带，则可能含有两个双键的共轭体系，如共轭二烯或 α,β-不饱和酮等。同样在 260nm、300nm、330nm 处有高强度 K 吸收带，表示有三个、四个和五个共轭体系的存在。

如果在 260~300nm 有中强度吸收（$\varepsilon=200~1000$），则表示有 B 吸收带，体系中可能有苯环存在。如果苯环上有共轭的发色基团存在时，则 ε 可以大于 10000。

如果在 250~300nm 有弱吸收带（R 吸收带），则可能含有简单的非共轭并含有 n 电子的发色基团，如羰基等。

如果化合物呈现许多吸收带，甚至延伸到可见光区，则可能含有一长链共轭体系或多环芳香性发色团。若化合物具有颜色，则分子中含有的共轭发色团或助色团至少有四个，一般在五个以上（偶氮化合物除外）。

但是物质的紫外光谱所反映的实际上是分子中发色基团和助色基团的特性，而不是整个分子的特性。所以，单独从紫外吸收光谱不能完全确定化合物的分子结构，必须与红外光谱、核磁共振、质谱及其他方法相配合，方能得出可靠的结论。但是紫外光谱在推测化合物结构时，也能提供一些重要的信息，如发色官能团，结构中的共轭关系，共轭体系中取代基的位置、种类和数目等。

鉴定的方法有两种。

① 与标准物、标准谱图对照。将样品和标准物以同一溶剂配制相同浓度的溶液，并在同一条件下测定，比较光谱是否一致。如果两者是同一物质，则所得的紫外光谱应当完全一致。如果没有标准样品，可以与标准谱图进行对比，但要求测定的条件与标准谱图完全相同，否则可靠性较差。

② 吸收波长和摩尔吸光系数。由于不同的化合物，如果具有相同的发色基团，也可能具有相同的紫外吸收波长，但是它们的摩尔吸光系数是有差别的。如果样品和标准物的吸收波长相同，摩尔吸光系数也相同，可以认为样品和标准物是同一物质。

（2）纯度检验　如果有机化合物在紫外-可见光区没有明显的吸收峰，而杂质在紫外区有较强的吸收，则可利用紫外光谱检验化合物的纯度。如果样品本身有紫外吸收，则可以通过差示法进行检验，即取相同浓度的纯品在同一溶剂中测定作空白对照，样品与纯品之间的差示光谱就是样品中含有的杂质的光谱。如生产无水乙醇时通常加入苯进行蒸馏，因此无水乙醇中常常带有少量的苯，而乙醇在紫外光谱中没有吸收，苯的 λ_{max} 为 256nm，利用摩尔吸光系数，即可计算乙醇的纯度。

（3）异构体的确定　对于构造异构体，可以通过经验规则计算出 λ_{max} 值，与实际值比较，即可证实化合物是哪种异构体。对于顺反异构体，一般来说，某一化合物的反式异构体的酮-烯醇式互变异构 ε_{max} 大于顺式异构体。另外还有互变异构体，常见的互变异构体有酮-烯醇式互变异构，如乙酰乙酸乙酯的酮-烯醇式互变异构。

$$\underset{\text{H}}{\text{CH}_3-\overset{\text{O}}{\text{C}}-\overset{\text{H}}{\underset{}{\text{C}}}-\overset{\text{O}}{\text{C}}-\text{OC}_2\text{H}_5} \rightleftharpoons \text{CH}_3-\overset{\text{OH}}{\text{C}}=\text{CH}-\overset{\text{O}}{\text{C}}\overset{}{\underset{\text{C}_2\text{H}_5}{}}$$

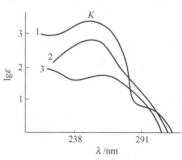

图 1-11 乙酰乙酸乙酯紫外吸收曲线

溶剂：1—己烷；2—乙醇；3—水

在酮式中，两个双键未共轭，λ_{max}=204nm，而在烯醇式中，双键共轭，吸收波长较长，λ_{max}=243nm。通过紫外光谱的谱峰强度可知互变异构体的大致含量。不同极性的溶剂中，酮式和烯醇式所占的比例不同，由图 1-11 可见，乙酰乙酸乙酯在己烷中烯醇式含量最高，而在水中的含量最低。

（4）位阻作用的测定　由于位阻作用会影响共轭体系的共平面性质，当组成共轭体系的发色基团近似处于同一平面，两个发色基团具有较大的共振作用时，λ_{max} 不改变，ε_{max} 略微降低，空间位阻作用较小；当两个发色基团具有部分共振作用，两共振体系部分偏离共平面时，λ_{max} 和 ε_{max} 略有降低；当连接两发色基团的单键或双键被扭曲得很厉害，以致两发色基团基本未共轭，或具有极小共振作用或无共振作用，剧烈影响其光谱特征时，情况较为复杂化。在多数情况下，该化合物的紫外光谱特征近似等于它所含孤立发色基团光谱的"加和"。

（5）氢键强度的测定　溶剂分子与溶质分子缔合生成氢键时，对溶质分子的 UV 光谱有较大的影响。对于羰基化合物，根据在极性溶剂和非极性溶剂中 R 带的差别，可以近似测定氢键的强度。以丙酮为例，当丙酮在极性溶剂如水中时，羰基的 n 电子可以与水分子形成氢键。λ_{max}=264.5nm，当分子受到辐射，n 电子实现 n→π* 跃迁时，氢键断裂，所吸收的能量一部分用于 n→π* 跃迁，一部分用于破坏氢键，而在非极性溶剂中，不形成氢键，吸收波长红移，λ_{max}=279nm。这一能量降低值应与氢键的能量相等。

λ_{max}=264.5nm，对应的能量为 452.53kJ·mol^{-1}，λ_{max}=279nm，对应的能量为 428.99kJ·mol^{-1}，因此，氢键的强度或键能为 452.53-428.99=23.54（kJ·mol^{-1}），这一数值与氢键键能的已知值基本符合。

（6）成分分析　紫外光谱在有机化合物的成分分析方面的应用比其在化合物定性鉴定方面具有更大的优越性，方法的灵敏度高，准确性和重现性都很好，应用非常广泛。只要对近紫外线有吸收或可能有吸收的化合物，均可用紫外分光光度法进行测定。定量分析的方法与可见分光光度法相同，见任务 3。

实训 1-1　仪器基本操作练习

1. 准备工作

① 确认环境温度、相对湿度是否满足要求（要求环境温度为 15~35℃、相对湿度不大于 80%）；

② 开机前打开仪器样品室盖，观察确认样品室无挡光物后再打开电源。

2. 启动

① 打开电源，仪器显示初始化工作界面，仪器将进行自检并初始化，若初始化正常结束，系统将进入仪器操作主界面；

② 仪器需进行预热，使光源达到稳定后开始测量，预热时间一般为 15~30min。

3. 运行

① 选择数字键"3"→按"F1"键→按"1"键选择工作模式为"标样法"→按"2"键用数字键将波长值输入，输入完成按"ENTER"键→按"3"键选择需要的浓度位。

② 继续按"F1"键进入标样法工作曲线参数设置界面→按"1"键输入标样数，输入完成按"ENTER"键→按"2"键，按照系统提示用数字键输入标样浓度，输入完成按"ENTER"

键→再按"2"键,在一号池位置放置空白溶液,按"A/Z"键进行自动校零,校零结束将要测量的标样放入对应的比色池位置,按"START/STOP"键对当前测试的标样进行测量→测量结束系统提示输入下一号标样的浓度值,重复以上操作,直至标准曲线测试完成。

③ 按"3"键可看到标准曲线、曲线方程及相关系数,将线性方程及相关系数记录在原始记录本上,按"RETURN"键返回定量测量参数设置界面。

④ 按"F3"键进入试样池设置→再按"1"键选择试样池为 5 联池→按"2"键可利用数字键对样品池数进行设置,输入完成后按"ENTER"键→继续按"3"键选择一号池空白校正为"否"→按"4"键对移动试样池数进行设置,按"RETURN"键返回到定量测量画面→在一号池位置放入空白溶液,按"A/Z"键对当前工作波长进行零吸光度校正,将测量的样品依次放入设定的使用样品池中,按"START/STOP"键测量样品的浓度值。

4. 结束

测量结束将吸收池用去离子水冲洗干净倒置晾干,清理台面,关闭电源开关,并及时填写相关记录。

任务 3　工作曲线法定量

可见分光光度法基础知识

一、光的基本性质

光是一种电磁波,同时具有波动性和粒子性。光的波段划分见图 1-12。

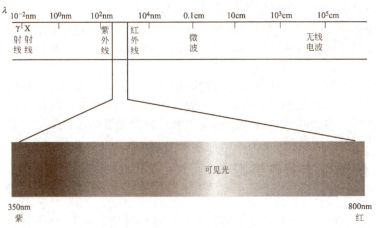

图 1-12　光的波段划分

描述波动性的重要参数是波长 λ、频率 ν;光也是一种粒子,其能量 E 决定于光的频率,它们之间的关系为:

$$E=h\nu=h\frac{c}{\lambda} \tag{1-20}$$

式中　E——光子的能量,J;

h——普朗克常数,6.626×10^{-34} J·s;

λ——波长,nm;

ν——频率,Hz。

由式(1-20)可知,不同波长的光能量不同,光的能量与其波长成反比。

眼睛能够感觉到的光称为可见光,波长范围为 400～780nm。波长小于 400nm 的紫外线和大于 780nm 的红外线不能被人眼看到。

日常所见的日光、白炽灯光就是由红、橙、黄、绿、青、蓝、紫七种不同波长的光组合而成的复合光。理论上，将仅具有某一波长的光称为单色光，由具有相同能量的光子所组成。由不同波长的光组成的光称为复合光。单色光其实只是一种理想的单色，实际上常含有少量其他波长的色光。肉眼所见的白光（如日光等）和各种有色光，实际上都是包含一定波长范围的复合光。两种适当颜色的单色光按一定强度比例混合也可得到白光。这两种单色光称为互补色光。

二、定量方法（标准曲线法、比较法）

定量分析入射光波长一般选择溶液具有最大吸收时的波长，以便获得较高的灵敏度。如果在最大波长处有干扰物质的强烈吸收，则可选择次强吸收峰。

为了使测得的吸光度能真实反映待测物质对光的吸收，必须校正比色皿、溶剂等对光的吸收造成的透射光强度的减弱。采用光学性质相同、厚度相同的比色皿储存参比溶液，调节仪器使透过参比皿的吸光度为零。也就是说，实际上是以通过参比皿的光强度作为入射光强度。这样得到的吸光度才真实反映了待测物质对光的吸收。

光度测量时，吸光度读数过高或过低，浓度测量的相对误差都将增大。因此，一般测量吸光度控制在 0.2~0.8 范围内，测量的准确度较高。可以改变比色皿厚度 b 或待测液浓度 c 使吸光度读数处于适宜范围内。

1. 单组分定量方法

（1）标准曲线法　标准曲线法是实际工作中用得最多的一种方法。操作步骤是：首先配制一系列（四个以上）不同含量的待测组分的标准溶液，在相同条件下稀释至相同体积，以不含目标组分的空白溶液为参比，在选定的波长下测定标准溶液的吸光度。以波长为横坐标，吸光度为纵坐标作图，绘制出工作曲线即标准曲线。

测定样品时，按相同方法配备待测试液，在同样的条件下测定未知试样的吸光度，从标准曲线上查出与之对应的未知试样的浓度。待测试液的浓度应在工作曲线线性范围内，最好在曲线中部。

（2）比较法　在同样的实训条件下测定试样溶液和某一浓度的标准溶液的吸光度 A_x 和 A_s，由标准溶液的浓度 c_s，用以下公式可计算出试样中被测物的浓度 c_x。

$$A_s = Kc_s, A_x = Kc_x, c_x = \frac{c_s A_x}{A_s} \tag{1-21}$$

式中　A_s——标准溶液的吸光度；
　　　A_x——待测溶液的吸光度；
　　　c_s——标准溶液的浓度，$mol \cdot L^{-1}$；
　　　c_x——待测溶液的浓度，$mol \cdot L^{-1}$。

这种方法比较简便，但是只有在测定的浓度范围内溶液完全遵守朗伯-比尔定律，并且当 c_s 和 c_x 很接近时，才能得到较为准确的结果，因此多用于一些工业分析。

2. 多组分定量方法

根据吸光度具有加和性的特点，在同一试样中可以测定两个以上的组分。假设试样中含有 x、y 两种组分，将它们转化为有色化合物，分别绘制其吸收光谱，会出现如图 1-13 所示的三种情况。

图 1-13（a）的情况是组分 x 和 y 互不干扰，可以分别在 λ_1 和 λ_2 两个波长下测定两种物质的含量。

图 1-13（b）的情况是组分 x 干扰组分 y 的测量。此时对组分 y 要用解方程的方法测定。

图 1-13（c）的情况是组分 x 和组分 y 相互干扰，要通过解方程组的方法实现分别测定。对于更复杂的多组分体系，可用计算机处理测定的结果。

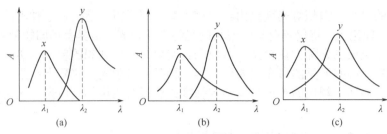

图 1-13 多组分定量分析方法示意图

实训 1-2　工作曲线法测定水中微量铬

实训原理

铬能以Ⅵ价和Ⅲ价两种形式存在于水中。电镀、制革、制铬酸盐或铬酐等过程中产生的工业废水，均可污染水源，使水中含有铬。医学研究发现，Ⅵ价铬有致癌的危害，其毒性比Ⅲ价铬强 100 倍。按规定，生活饮用水中铬（Ⅵ）的含量不得超过 $0.05mg·L^{-1}$；地面水中铬（Ⅵ）含量不得超过 $0.1mg·L^{-1}$；污水中铬（Ⅵ）和总铬最高允许排放量分别为 $0.5mg·L^{-1}$ 和 $1.5mg·L^{-1}$。

测定微量铬的方法很多，常采用分光光度法和原子吸收分光光度法。分光光度法中，选择合适的显色剂，可以测定Ⅲ价铬，将Ⅲ价氧化为Ⅵ价后，可测定总铬。

分光光度法测定Ⅵ价铬，国家标准（GB）采用二苯碳酰二肼（DPCI）分光光度法。在酸性条件下，Ⅵ价铬与 DPCI 反应生成紫红色配合物，可以直接用分光光度法测定，也可用萃取光度法测定，最大吸收波长为 540nm 左右，摩尔吸光系数 ε 为 $(2.6\sim4.17)\times10^4 L·mol^{-1}·cm^{-1}$。

DPCI，又名二苯卡巴肼或二苯氨基脲，它可被氧化为二苯氨基一腙（DPCO）和二苯氨基二腙（DPCDO）。铬（Ⅵ）与 DPCI 显色反应的机理，几十年来虽进行了许多研究，但至今尚有争议，有待于进一步探讨。

低价汞离子和高价汞离子与 DPCI 试剂作用生成蓝色或蓝紫色化合物而产生干扰，但在所控制的酸度下，反应不甚灵敏。铁的浓度大于 $1mg·L^{-1}$ 时，将与试剂生成黄色化合物而引起干扰，但可加入 H_3PO_4 与 Fe^{3+} 配合而消除。钒（Ⅴ）的干扰与铁相似，但与试剂形成的棕黄色化合物很不稳定，颜色会很快褪去（约 20min），故可不考虑。少量 Cu^{2+}、Ag^+、Au^{3+} 等在一定程度上干扰。

用此法测定水中六价铬，当采用 50mL 水样进行测定时，最低检测浓度为 $0.004mg·L^{-1}$ 的铬；本法检出限为 $0.001mg·L^{-1}$。

任务 4　分析测试条件的选择

一、显色条件、测量条件的选择方法

1. 显色条件的选择

显色条件包括：溶液酸度、显色剂用量、试剂加入顺序、显色时间、显色温度、有机配合物的稳定性及共存离子的干扰等。

（1）酸度的选择　溶液的酸度会影响显色剂的平衡浓度和颜色，也会影响被测金属离子的存在状态和影响配合物的形成反应，是显色反应重要的条件之一。

合适的酸度需通过实训确定。在实际工作中，通常是固定其他实训条件，变化反应体系的 pH 值，测量体系的吸光度 A，作 A-pH 曲线，从实训曲线中选择 A 值大，且随 pH 值变化平缓的 pH 值范围作为酸度控制范围。

（2）显色剂的用量　为使显色反应进行完全，需加入过量的显色剂。但有些显色反应，显

色剂加入太多，反而会引起副反应，对测定不利。显色剂用量与吸光度的关系如图 1-14（a）所示，要根据实训结果来确定合适的显色剂用量，通常从曲线平坦部分选择合适的显色剂用量。

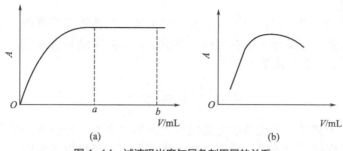

图 1-14　试液吸光度与显色剂用量的关系

有时会遇到如下特殊情况：随显色剂用量的增加，溶液吸光度与显色剂用量之间的关系曲线达到平坦后，出现下降趋势，或甚至不出现平坦区域，如图 1-14（b）所示。遇到类似情况时，更应严格控制显色剂用量，以免使测定结果不准确。

（3）显色反应时间　有些显色反应瞬间完成，溶液颜色很快达到稳定状态，并在较长时间内保持不变；有些显色反应虽能迅速完成，但有色配合物的颜色很快开始褪色；有些显色反应进行缓慢，溶液颜色需经一段时间后才稳定。

确定显色反应时间的实训方法：配制好显色溶液，每隔一定时间测量一次吸光度，制作吸光度-时间曲线，以确定适宜的显色时间和稳定时间。

（4）显色反应温度　显色反应大多在室温下进行。但是，有些显色反应必须加热至一定温度完成。但要注意一些有色化合物在高温时分解。

（5）溶剂　某些有机溶剂能降低有色化合物的解离度，提高显色反应的灵敏度。如在 $Fe(SCN)_3$ 的溶液中加入丙酮，可使颜色加深。还可能提高显色反应的速率，影响有色配合物的溶解度和组成等。

（6）干扰及其消除方法　试样中存在干扰物质会影响被测组分的测定，可采取以下一些措施：

① 控制溶液酸度；
② 加入掩蔽剂；
③ 利用氧化还原反应，改变干扰离子的价态；
④ 利用校正系数；
⑤ 用参比溶液消除显色剂和某些共存有色离子的干扰；
⑥ 选择适当的波长；
⑦ 当溶液中存在有消耗显色剂的干扰离子时，可通过增加显色剂的用量来消除干扰；
⑧ 预先分离的方法。

2. 测量条件的选择

（1）测量波长的选择　选择入射光波长要以摩尔吸光系数最大，灵敏度最高为原则。根据吸收曲线，选择最大吸光度的波长。当然此处的曲线是一个合适的平台，即在波长有小幅调整时吸光度变化不大。另外，如果最大吸收波长并不在仪器的可调范围或溶液中非目标离子（如显色剂）在此波长也有最大吸收，那么可以不选择最大吸收波长。如图 1-15 所示，显色剂与待测离子在 420nm 处均有最大吸收峰，如果选用此波长，显色剂就会干

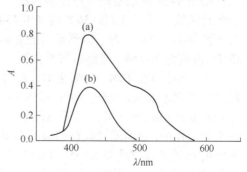

图 1-15　钴及显色剂的吸收曲线
（a）钴配合物吸收曲线；
（b）显色剂（1-亚硝基-2-萘酚-3,6-磺酸）吸收曲线

扰待测离子的测定。这时可以选择曲线（a）中另外一个平台，即 500nm，此处虽然不是最大吸收，但没有杂质离子干扰，而且波长变化不大，在牺牲灵敏度的情况下，准确度和选择性得到了保证。

（2）参比溶液的选择　参比溶液是光度分析中调节仪器零点的溶液，选择参比溶液在光度分析中是非常重要的，参比溶液要使待测溶液的吸光度得到真实反映，减少由溶剂、试剂及比色皿造成的干扰，其原理表达式为

$$A=\lg\left(\frac{I_0}{I}\right)\approx\lg\left(\frac{I_{参比}}{I_{试液}}\right) \tag{1-22}$$

实质上，相当于把通过参比皿的光强度作为入射光强度，如此就满足了前面的原则，比较真实地反映了目标物质的浓度。通常选择参比溶液应该遵循以下原则。

① 如果仅待测物与显色剂的反应产物有吸收，可用纯溶剂（如蒸馏水）作参比溶液。
② 如果显色剂无色，而待测溶液中其他离子有色，则用不加显色剂的样品溶液作参比。
③ 如果显色剂或其他试剂略有吸收，则应用空白溶液（如零溶液）作参比溶液。
④ 如果试剂中其他组分有吸收，但不与显色剂反应，则当显色剂无吸收时，可用试样溶液作参比溶液；当显色剂略有吸收时，可在试样中加入适当的掩蔽剂将待测组分掩蔽后再加显色剂，然后以此溶液作为参比溶液。

（3）吸光度范围的选择　任何光度计都有一定的测量误差，这是由测量过程中光源的不稳定、读数的不准确或实训条件的偶然变动等因素造成的。由于吸收定律中透光率 T 与浓度 c 是负对数的关系，相同的透光率读数误差在不同的浓度范围内，所引起的浓度相对误差不同。当浓度较大或浓度较小时，相对误差都比较大。因此，要选择适宜的吸光度范围进行测量，以降低测定结果的相对误差。根据吸收定律

$$\lg\left(\frac{1}{T}\right)=\varepsilon bc$$

对上式微分后，得

$$-\mathrm{d}\lg T=-0.434\mathrm{d}\ln T=-\frac{0.434}{T}\mathrm{d}T=\varepsilon b\mathrm{d}c \tag{1-23}$$

将以上两式相除，并用有限值代替微分值，得

$$\frac{\Delta c}{c}=\frac{0.434}{T\lg T}\Delta T \tag{1-24}$$

式中，$\frac{\Delta c}{c}$ 为浓度的相对误差 $|E_r|$；ΔT 为透光率的绝对误差。

以 $|E_r|$ 对 T 作图，如图 1-16 所示。

由图 1-16 可以看出：浓度测量的相对误差与 T 或 A 读数有函数关系。当 $T\%=36.8$ 或 $A=0.434$，浓度测量的相对误差最小，也即，为了得到最高的准确度，测定时最好使 $T\%$ 读数为 36.8%，显然这很难做到。

当 $T\%$ 读数在 10%～70% 之间，浓度测量的相对误差较小且变化不太大，一般为 1%～2%（对于 ΔT 为 0.5% 的分光光度计）或 2%～4%（对于 ΔT 为 1% 的光电比色计）。在实际工作中，应当通过调整溶液的浓度或选择比色皿规格使吸光度 A 读数落在 0.155～1.000 范围内，以保证分析结果的准确度。在更精确的测定中，应使 A 读数落在 0.27～0.64 范围内。

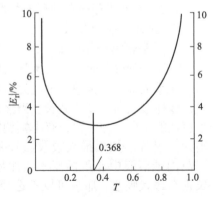

图 1-16　测量误差和透光率的关系

当 T 读数小于 10%（A 大于 1）或大于 70%（$A<0.155$）时，浓度测量的相对误差都急剧增大。故在实际工作中不应使 A 读数大于 1.000 或小于 0.155，否则分析结果的准确度会很差。因此，应该避免用光度分析测定含量过高及过低的物质。否则，为了保证分析结果的准确度，可采用示差光度法。

随着仪器生产水平的提高，测量误差也有所改善。在实际使用过程中应该参照厂家出具的说明书确认测量误差范围。

二、测定误差的影响因素

分光光度计作为测定吸光度（或透射比）的仪器，测量结果的准确度直接标志了实训室的检测水平。分析影响测量准确度的诸多因素，可以从仪器测量所依据的原理入手，即被测物质的浓度与吸光度成正比，但在实际测定中，往往容易发生偏离直线的现象而产生误差，导致误差的主要原因有化学因素、主观因素和光学因素三类。

1. 化学因素

化学因素是指被测溶液不遵守光吸收定律所引起的误差。主要有以下几方面。

（1）被测物浓度的影响 由于有色物质的电离、水解、缔合等原因，当溶液稀释或增浓时，有色物质的深浅并不按比例降低或增高，因而也就不完全符合光吸收定律。

（2）溶液 pH 值的影响 有些溶液的颜色对 pH 值的变化十分敏感，过低会引起有色配合物的分解，过高会引起金属离子的水解，因此，某一显色反应最适宜的 pH 值必须通过实训来确定，一般选择 A-pH 值关系曲线平坦部分对应的 pH 值作为应该控制的酸碱度范围。如在靛酚蓝分光光度法测定空气中的氨的显色最佳 pH 值为 12.2。

（3）杂质的影响 被测物溶液中含有杂质，而且这种杂质本身是有颜色的，或能与显色剂生成有色化合物或沉淀，或能与被测物质发生化学反应等，都会影响吸光度的变化。一般可加入适当的掩蔽剂，改变干扰离子的状态，或预先采取萃取、离子交换、柱色谱等方法，使杂质与被测组分分开。

（4）放置时间的影响 某些有色物质能迅速生成，但却不太稳定，放置一定时间后色泽消退或起变化，而另一些有色物质必须经过相当长的时间后，反应才能完全，色泽方可充分显示，因此若在不恰当的时间内进行比色，将会造成相当大的误差。

此外，还有溶剂、反应温度、显色剂浓度等都会引起测定的误差。

2. 主观因素

由于操作不当，特别是在称量、稀释和加显色剂等过程中，没有遵循一定的操作要求，都会引入不同程度的误差。因为有色物质的生成和其颜色的深浅，往往随加入试剂的量、顺序、试剂浓度、反应温度和反应时间等因素而发生改变。

另外，选择或操作比色皿不当，如比色皿不匹配或比色皿的透光面不平行，定位不准确，对光方向不同等，均会使其透光率产生差异，使测定结果产生误差。所以，配对好的比色皿应在毛玻璃面上标记位置方向。同时，比色皿的洗涤也很重要。

3. 光学因素

光学因素主要是指分析仪器的性能所引起的误差，反映了仪器的质量水平，其性能的好坏直接影响到测定结果的可靠程度。光学因素包括：杂散光、光谱带宽、稳定性、噪声、线性和波长等。下面将逐一阐述。

（1）杂散光 反射或散射等射到检测器上的不属于单色器给定波长的光称为杂散光。杂散光对吸光度测定的准确性有严重的影响，但却往往被忽视。杂散光的来源有：仪器本身的原因，如单色器的设计、光源的光谱分布、光学元件的老化程度、波带宽度以及仪器内部的反射及散射等；室内光线过强而漏入仪器，而仪器暗室盖不严；样品本身的原因，如样品有无荧光，样品的散射能力强弱等。

（2）光谱带宽　光谱带宽指从单色器射出的单色光谱强度轮廓曲线的 1/2 高度处的谱带宽度。表征仪器的光谱分辨率。按照比尔定律，光谱带宽应该是越小越好，但是如果仪器的光源能量弱，光学传感器的灵敏度低，光谱带宽窄时，也得不到理想的测量结果。

（3）稳定性　在光电管不受光的条件下，用零点调节器将仪器调至零点，观察 3min，读取透射比的变化，即为零点稳定度。假设仪器不稳定，零点漂移，就谈不上可靠了。这可以通过可调变压器调节电源电压的读数（190～230V），观察透光度的漂移值来鉴定仪器的稳定性。

（4）噪声　测量样品的吸光度要经过测 $T=0\%$、$T=100\%$ 及样品的 T 三个步骤。三个步骤噪声的总和即为 T 测量的总噪声，它由光源强度、电子元件、光电管三项噪声决定。它表征仪器检测稀溶液的能力，当然要求越低越好。

（5）线性　线性检查包括仪器线性及测定方法线性两个方面的检查。线性误差表现为溶液的浓度与吸光度不呈线性关系，出现正偏离或负偏离的现象。这种偏离来自两个方面：一是溶液本身不符合比尔定律，这种偏离现象叫作化学偏离；二是仪器本身各种因素的影响，使吸光度测定值与浓度之间不呈线性关系，这种现象叫仪器偏离。仪器线性检查常用在一种在一定波长及一定浓度范围内确知其服从比尔定律的有色物质，配成不同浓度的溶液，来检查仪器本身是否能如实地反映有色物质的浓度变化。这种检查方法与任何被测物质呈显色反应等方法学上的问题无关。用测得的吸光度对浓度作图，在理想情况下应是一条直线。

（6）波长　为使分光光度计有较高的灵敏度和准确度，入射光的波长应根据吸收光谱曲线，以选择溶液具有最大吸收时的波长为宜。这是因为在此波长处，摩尔吸收系数值最大，使测定有较高的灵敏度，同时，在此波长处的一个较小的范围内，吸光度变化不大，不会造成对朗伯-比尔定律的偏离，使测定有较高的准确度。但当有干扰元素时，可以适当降低灵敏度来消除干扰，从而提高测定的选择性。

当仪器在运输、组装和使用过程中，由于相对位置发生位移而偏离最佳状态时，就必须要进行波长校正，才能保证仪器的最大灵敏度。常用镨钕滤光片校正法。以 F230G 型为例，先将波长调节至 780.5nm 左右，将空气作为参比样品，进行置满度和置零度操作，然后将镨钕滤光片推入光路，缓慢调节波长旋钮（向 807.5nm 方向），当显示数字 T 最小时，停止调节波长。如果波长读数在 (807.5±1.0) nm 时，波长基本准确，不用校正；如在区间外，按照说明书进行调整。

通过对分光光度计误差来源的讨论分析，客观地了解到化验实践中可能引起偏差的各个环节，为研究测定结果的不确定度提供了方向，也对检测人员在生产实践中如何降低误差给予了一定的启发。

实训 1-3　邻二氮菲测铁实训条件选择及铁含量测定

实训原理

邻二氮菲（phen）和 Fe^{2+} 在 pH 3～9 的溶液中，生成一种稳定的橙红色配合物 $[Fe(phen)_3]^{2+}$，其 $lgK=21.3$，$\varepsilon_{508}=1.1\times10^4 L\cdot mol^{-1}\cdot cm^{-1}$，铁含量在 0.1～6μg·mL^{-1} 范围内遵守比尔定律。显色前需用盐酸羟胺或抗坏血酸将 Fe^{3+} 全部还原为 Fe^{2+}，然后再加入邻二氮菲，并调节溶液酸度至适宜的显色酸度范围。有关反应如下：

$$2Fe^{3+}+2NH_2OH\cdot HCl \longrightarrow 2Fe^{2+}+N_2\uparrow+2H_2O+4H^++2Cl^-$$

用分光光度法测定物质的含量，一般采用标准曲线法，即配制一系列浓度的标准溶液，在实训条件下依次测量各标准溶液的吸光度 A，以溶液的浓度为横坐标，相应的吸光度为纵坐标，绘制标准曲线。在同样的实训条件下，测定待测溶液的吸光度，根据测得吸光度值从标准曲线上查出相应的浓度值，即可计算试样中被测物质的质量浓度。

任务 5　紫外分光光度法的应用

一、紫外分光光度法的基础知识

1. 紫外吸收光谱的产生

当用一束具有连续波长的紫外线照射有机化合物时，紫外线中某些波长的光辐射就可为该化合物的分子所吸收，若以波长为横坐标、吸光度 A 为纵坐标作图，就可获得该化合物的紫外吸收光谱图。

如同可见光吸收光谱一样，在紫外吸收光谱中也是以吸收带最大吸收波长（记为 λ_{max}）和该波长下的摩尔吸光系数（记为 ε_{max}）来表征化合物的吸收特征。紫外吸收光谱反映了物质分子对不同波长紫外线的吸收能力。吸收带的形状、λ_{max} 和 ε_{max} 与吸光分子的结构有密切的关系。各种有机化合物的 λ_{max} 和 ε_{max} 都有其确定值，同类化合物的 ε_{max} 比较接近，处于一定的范围。

2. 分子轨道的形成及 σ、π 和 n 轨道

（1）σ 分子轨道及 σ→σ* 跃迁　分子轨道是由组成分子的原子的原子轨道相互作用形成。以 H_2 为例，两个 H 的 s 轨道相互作用，即构成 H_2 的两个分子轨道，称为 σ 轨道。其中一个分子轨道能量比原来的 s 轨道要低，以 σ 表示，称为分子的成键轨道；另一个比原来的要高，以 σ* 表示，称为分子的反键轨道，如图 1-17 所示。

分子轨道中电子的排布与原子轨道一样，在满足泡利原理的条件下，总是分布在尽可能低的能级上，这时的电子状态称为分子的电子基态。在氢分子中，两个电子占据能量低的 σ 轨道即成键轨道，由于体系能量较低，比较稳定。在成键轨道上的两个基态电子，如果受到外界供给的适当能量，例如光子激发时，其中的一个电子就会跃迁到 σ* 轨道上，此电子状态称为激发态。处于激发态的分子势能较高，因此不稳定。

分子吸收一定能量后，σ 电子从成键轨道跃迁到反键轨道，称为 σ→σ* 跃迁，常以 σ→σ* 表示。

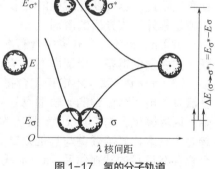

图 1-17　氢的分子轨道

（2）π 分子轨道及 π→π* 跃迁　以乙烯为例：在乙烯分子中，两个碳原子都以 sp^2 杂化，碳原子间以一个 sp^2 杂化形成 C—C 间的 σ 键。这五个 σ 键都处在同一平面，构成了乙烯的分子骨架。每一个碳原子上还各有一个未参与杂化的 2p 轨道，这两个轨道相互平行，以侧面相互交盖形成两个分子轨道，称为 π 轨道。如图 1-18 所示。其中能量较低的称为 π 成键轨道，常用 π 表示；能量较高的称为 π 反键轨道，常用 π* 表示。两个 π 电子占据 π 轨道，并且自旋相反，这时乙烯的电子状态为基态。

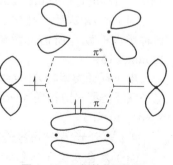

图 1-18　乙烯的分子轨道

处于基态的乙烯分子很稳定。如果乙烯分子吸收适当的能量，就会引起 π 电子从成键轨道跃迁到反键轨道，这时的电子状态称为激发态。激发态的乙烯分子能量较高，很不稳定。π 电子从基态向激发态跃迁，称为 π→π* 跃迁，常用 π→π* 表示。

（3）分子非键轨道及 n→π* 跃迁　以甲醛为例。甲醛分子中的四个原子共有 10 个分子轨道。除了三个 σ 轨道和三个 σ* 轨道以及 π 和 π* 轨道外，还有两对未参与成键的价电子，这些价电子对在甲醛分子中所占据的分

子轨道称为非键轨道或未成键轨道，常用 n 表示。这两对价电子分别定域在氧原子的 2s 和 2p 轨道上。在非键轨道上的电子对也称为孤电子对，表示为 n 电子。如图 1-19 所示。非键轨道上的 n 电子，跃迁到 π* 反键轨道上去所吸收的能量最小，这个跃迁常用 n→π* 表示。

3. 电子能级和跃迁类型

根据分子轨道的计算结果，分子轨道能级的能量以反键 σ* 轨道最高，而 n 轨道的能量介于成键轨道与反键轨道之间。分子轨道能级的高低次序是：

$$\sigma^* > \pi^* > n > \pi > \sigma$$

电子的跃迁方式主要有 4 种，如图 1-20 所示。

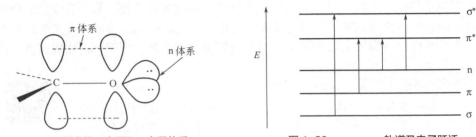

图 1-19 羰基中的 n 电子和 π 电子体系　　图 1-20 σ、π、n 轨道及电子跃迁

（1）σ→σ* 跃迁　σ 键键能高，要使 σ 电子跃迁需要很高的能量，大约 780 kJ·mol^{-1}，是一种高能跃迁。这类跃迁对应的吸收波长都位于远紫外区，而在近紫外区是透明的，所以常用作测定紫外吸收光谱的溶剂。

（2）n→σ* 跃迁　分子中含有氧、氮、硫、卤素等原子时，则产生这种跃迁，它比 σ→σ* 跃迁的能量低得多（甲硫醇为 227nm，碘甲烷为 258nm）。

（3）π→π* 跃迁　不饱和化合物及芳香化合物除含 σ 电子外，还含有 π 电子。π 电子容易受激发，电子从成键的 π 轨道跃迁到反键的 π 轨道时所需的能量比较低。一般孤立双键的乙烯、丙烯等化合物，其 π→π* 跃迁的波长在 170~200nm 范围内，但吸收强度大（10^4）。如果烯烃上有取代基或烯键与其他双键共轭，π→π* 跃迁的吸收波长将红移到近紫外区。芳香族化合物存在环状的共轭体系，π→π* 跃迁会出现三个吸收带，即 E 吸收带、K 吸收带、B 吸收带（如苯：184nm、203nm、256nm）。

（4）n→π* 跃迁　当化合物分子中同时含有 π 电子和 n 电子时，则可产生 n→π* 跃迁，这种类型的跃迁所需能量最低，其所产生的吸收波长也最长，但吸收强度很弱（丙酮：280nm，15）。

电子跃迁类型与分子结构及其存在的基团有密切的关系，可以根据分子结构来预测可能的电子跃迁类型（饱和烃 σ→σ*，烯烃 σ→σ*、π→π*，脂肪醚 σ→σ*、n→σ*，醛酮 π→π*、n→σ*、σ→σ*、n→π*）。

4. 紫外光谱中的有关术语

（1）发色基团和助色基团

① 发色基团：能使化合物出现颜色的基团。在紫外吸收光谱中沿用这一术语，其含义已经扩充到凡是能导致化合物在紫外及可见光区产生吸收的基团，不论是否显示颜色都称为发色基团。一般不饱和的基团都是发色基团（如 C=C、C=O、N=N、三键、苯环等）。

如果化合物中有几个发色基团相互共轭，则各个发色基团所产生的吸收带将消失，取而代之的是出现新的共轭吸收带，其波长将比单个发色基团的吸收波长长，吸收强度也显著增强。

② 助色基团：指那些本身不会使化合物分子产生颜色或者在紫外及可见光区不产生吸收

的一些基团，但这些基团与发色基团相连时却能使发色基团的吸收带波长移向长波，同时使吸收强度增加。通常，助色基团是由含有孤对电子的元素所组成的（如—NH_2、—NR_2、—OH、—OR、—Cl 等），这些基团借助 p-π 共轭使发色基团增加共轭程度，从而使电子跃迁的能量下降。

各种助色基团的助色效应各不相同，以 O^- 为最大，F 为最小。助色基团的助色效应强弱顺序大致如下：

$$—F<—CH_3<—Cl<—Br<—OH<—SH<—OCH_3<—NH_2<—NHR<NR_2<—O^-$$

（2）红移、蓝移、增色效应和减色效应　由于有机化合物分子中引入了助色基团或其他发色基团而产生结构的改变，或者由于溶剂的影响使其紫外吸收带的最大吸收波长向长波方向移动的现象称为"红移"。与此相反，如果吸收带的最大吸收波长向短波方向移动，则称为"蓝移"。

与吸收带波长红移及蓝移相似，由于化合物分子结构中引入取代基或受溶剂的影响，使吸收带的强度即摩尔吸光系数增大或减小的现象称为"增色效应"或"减色效应"。

（3）吸收带　在四种电子跃迁类型中，σ→σ*跃迁和 n→σ*跃迁上产生的吸收带波长处于远紫外区。π→π*跃迁和 n→π*跃迁所产生的吸收带除某些孤立双键化合物外，一般都处于近紫外区，因此是紫外吸收光谱所研究的主要吸收带。

由 π→π*跃迁和 n→π*跃迁所产生的吸收带可分为以下四种类型。

① R 吸收带。是由含有氧、硫、氮等杂原子的发色基团（羰基、硝基）n→π*跃迁产生，吸收波长长，吸收强度低（如乙醛 290nm，17）。

② K 吸收带。是由含有共轭双键（丁二烯、丙烯醛）的 π→π*跃迁产生，K 吸收带波长大于 200nm，吸收强度强（达 10^4）。

③ B 吸收带。是由闭合环状共轭双键的 π→π*跃迁所产生的，是芳环化合物的主要特征吸收（峰）带。吸收波长长，吸收强度低（如苯 256nm，215）。在非极性溶剂中或气态时，B 吸收带会出现精细结构，但有一些芳香化合物的 B 吸收带往往没有精细结构，极性溶剂的使用会使精细结构消失。

④ E 吸收带。是芳香族化合物的特征吸收带，它包括两个吸收峰，分别为 E_1 带和 E_2 带，E_1 带的吸收约在 180nm（$\varepsilon>10^4$），E_2 带的吸收约在 200nm（$\varepsilon=7000$），都是强吸收带，但其中 E_1 的吸收带是观察不到的。当苯环上有发色基团且与苯环共轭时，E_2 的吸收带常和 K 吸收带合并，吸收峰向长波方向移动（如苯乙酮，K 240nm，13000；B 278nm，1100；R 319nm，59）。

5. 共轭体系与吸收带波长的关系

只含孤立双键的化合物如乙烯，其 π→π*跃迁的吸收波长处于远紫外区。如果有两个或多个双键共轭，则 π→π*跃迁的吸收波长随共轭程度的增加而增长，这种现象称为"共轭红移"。表 1-5 给出了一些共轭烯烃的吸收光谱特征。从表 1-5 可以看出每增加一个共轭双键，吸收波长约增加 40nm。当双键数达到 7 时，吸收波长将进入可见光区。

表 1-5　一些共轭烯烃的吸收光谱特征

化合物	π→π*跃迁（λ）/nm	摩尔吸光系数 ε	化合物	π→π*跃迁（λ）/nm	摩尔吸光系数 ε
乙烯	170	1.5×10^4	二甲基辛四烯	296	5.2×10^4
1,3-丁二烯	217	2.1×10^4	癸五烯	335	11.8×10^4
1,3,5-己三烯	256	3.5×10^4			

不同的发色基团共轭也会引起 π→π*跃迁，吸收波长红移。如果共轭基团中还含有 n 电子，则 n→π*跃迁吸收波长也会引起红移（如乙醛 π→π*，170nm，n→π*，290nm；丙烯醛分子中由于存在双键与羰基共轭，π→π*，210nm，n→π*，315nm）。

共轭使吸收带波长红移,可以认为是由于共轭形成了包括共轭碳原子之间的离域 π 键,π 电子更容易被激发而跃迁到反键 π 轨道上。例如,丁二烯分子中每个碳原子的 p_z 电子可以组成四个非定域分子轨道,即两个成键 π 轨道 $π_1$、$π_2$ 和两个反键 π 轨道 $π_3^*$、$π_4^*$,如图 1-21 所示。当丁二烯分子受到紫外线激发时,处于 $π_2$ 轨道上的电子只需接收较低的能量就可以跃迁到 $π_3^*$ 轨道上,这就导致吸收带波长红移。

羰基与烯双键共轭不但使电子在成键 π 轨道与反键 π* 轨道之间跃迁的能量降低,也使 n→π* 跃迁的能量降低,如图 1-22 所示。非共轭双键不会影响吸收带的波长,但对吸收带强度有增色效应。

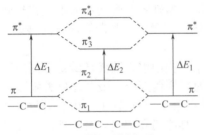

图 1-21　共轭双键能级图

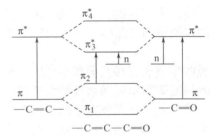

图 1-22　羰基与烯双键共轭能级图

二、紫外特征光谱所对应官能团的结构信息

1. 简单有机化合物分子的紫外吸收光谱

(1) 烷烃、烯烃和炔烃　烷烃中只含有 C—H 和 C—C 单键,所以只能产生 σ→σ* 跃迁。σ→σ* 跃迁的能量较高,吸收带波长位于真空紫外区。例如甲烷和乙烷的 σ→σ* 跃迁吸收波长分别为 125nm 和 135nm。环丙烷跃迁能量比较低,其吸收波长较长,为 190nm。

烯烃和炔烃的碳键上分别含有一个双键和三键,因此可产生 σ→σ* 和 π→π* 跃迁。π→π* 跃迁的能量虽比 σ→σ* 跃迁的能量低,但其吸收波长仍在真空紫外区。例如,丁烯和环己烯的吸收波长分别为 178nm 和 184nm。乙炔的吸收波长为 173nm。一般只含孤立双键、三键的烯、炔类化合物,它们的 π→π* 跃迁吸收波长位于 160~190nm 范围,吸收强度也比较强。

(2) 羰基化合物　羰基化合物中羰基的氧原子有两对 n 电子,因此这类化合物能产生 n→σ*、π→π*、n→π* 跃迁。其中 n→σ*、π→π* 跃迁的吸收波长处于真空紫外区,而由于 n→π* 跃迁所需能量比较低,其吸收波长处于近紫外区,但吸收强度很弱,摩尔吸光系数小于 $10 m^2·mol^{-1}$。

而羰基 n→π* 吸收带的位置受取代基和溶剂影响比较大。此外,羰基的 α-位取代基也会影响 n→π* 跃迁的吸收波长。

(3) 醇、醚、含氮、含硫化合物及卤代物　醇、醚含有未成键电子,能产生 n→σ* 跃迁,其吸收峰波长都低于 200nm。醇的分子间容易形成氢键而发生缔合,其吸收带波长及强度将随缔合程度的不同而变化。

胺是最简单的含氮有机化合物。胺中氮原子含有未成键电子,所以能产生 n→σ* 跃迁,其吸收峰波长处于 200nm 附近。

硝基及亚硝基化合物中由于存在氮、氧原子,可以形成 n→π 共轭体系,所以能产生 π→π* 和 n→π* 跃迁,吸收带位于近紫外区。例如,硝基甲烷的吸收波长分别为 210nm 和 270nm。

硫原子外层电子与原子核结合的牢固程度不如氧原子,因此含硫化合物中 n 电子跃迁的能量比含氧化合物 n 电子跃迁的能量低。例如,硫醚的 n→σ* 跃迁波长在 210nm 附近,含 C=S 基团的化合物其 π→π* 跃迁的吸收带位于 300~330nm。砜中硫原子不含未成键的 n 电子,在近紫外光区没有吸收。亚砜能产生 n→σ* 跃迁,其吸收波长为 210nm,属中强谱带。

卤代物中卤素含有 n 电子,所以能产生 n→σ* 跃迁,但吸收带波长低于 200nm。当被电离能较低的溴和碘取代时，其吸收波长高于 200nm。

2. 含共轭双键化合物的紫外吸收光谱

当含两个双键共轭时，其紫外吸收光谱与孤立双键的紫外吸收光谱不同。例如 2-丁烯 π→π* 跃迁的吸收波长为 178nm，而具有共轭双键的丁二烯，其 π→π* 跃迁的吸收波长为 217nm，摩尔吸光系数也从 $1.55×10^3 m^2·mol^{-1}$ 提高到 $2.1×10^3 m^2·mol^{-1}$。如果双键与羰基或其他发色基团共轭时，吸收带也将发生红移，吸收强度增加。多个发色基团共轭时，π→π* 和 n→π* 跃迁的吸收波长将发生更大的红移。

取代基对共轭烯烃以及 α、β-不饱和酮的 π→π* 跃迁吸收波长有比较大的影响。取代基不同，谱带的红移范围也不一样。

伍德沃德（Woodward）等人根据大量的实训结果总结了计算共轭分子中 π→π* 跃迁吸收带波长的经验规则。该规则是以某一类化合物的基本吸收波长为基础，加入各种取代基对吸收波长所作的贡献，就是该化合物的 π→π* 跃迁吸收波长。

（1）共轭二烯

① 直链共轭二烯 π→π* 跃迁的吸收波长计算方法如表 1-6 所示。表中所列数值是在乙醇溶液中的波长值。

表 1-6 直链共轭二烯 π→π* 跃迁的吸收波长计算

名称	π→π* 跃迁 (λ)/nm	名称	π→π* 跃迁 (λ)/nm
直链共轭二烯基本值	217	环外双键	5
烷基或环残余取代	5	卤素取代	17

【例 1-2】 计算共轭二烯化合物 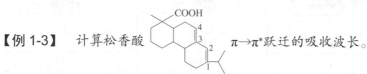 的吸收波长。

解：该化合物在 1、3-位碳原子上各有一烷基（环残余）取代，4-位碳上有两个甲基取代，3、4-位上的双键与环相连，是环外双键。该化合物的吸收波长计算如下：

基本值	217nm	计算值	242nm
烷基取代	4×5nm	测定值	243nm
环外双键	5nm		

② 环状共轭二烯 π→π* 跃迁的吸收波长计算方法如表 1-7 所示。

表 1-7 环状共轭二烯 π→π* 跃迁的吸收波长计算方法

名称	π→π* 跃迁 (λ)/nm	名称	π→π* 跃迁 (λ)/nm
同环二烯基本值	253	含硫基团取代—SR	30
异环二烯基本值	214	氨基取代—NRR'	60
烷基或环残余取代	5	卤素取代	5
环外双键	5	酰基取代—OCOR	0
烷氧基取代—OR	6	增加一个共轭双键	30

【例 1-3】 计算松香酸 π→π* 跃迁的吸收波长。

解：松香酸在 1、3、4-位碳上共有 4 个烷基取代，3、4-位上双键是环外双键，其吸收波长计算如下：

基本值（异环二烯）	214nm	计算值	239nm
烷基取代	4×5nm	测定值	238nm
环外双键	5nm		

【例 1-4】 计算化合物 $\text{H}_3\text{C—COO}$ （结构式，标注 1、2、3、4、5、6 位） π→π* 跃迁的吸收波长。

解： 该化合物在 1、4、6-位碳上共有 3 个烷基取代，3、4-位上的双键是环外双键，2-位上是酰基取代。该化合物的吸收波长计算如下：

基本值（异环二烯）	253nm	酰基取代	0
烷基取代	3×5nm	计算值	303nm
环外双键	5nm	测定值	306nm
增加一个共轭双键	30nm		

（2）α、β-不饱和羰基化合物 α、β-不饱和羰基化合物 π→π* 跃迁的吸收波长可按表 1-8 来计算。

表 1-8 α、β-不饱和羰基化合物 π→π* 跃迁的吸收波长计算方法

名称	π→π*跃迁 (λ)/nm			
直链及六元环 α、β-不饱和酮基本值	215			
五元环 α、β-不饱和酮基本值	202			
α、β-不饱和醛基本值	207			
α、β-不饱和酸及酯基本值	193			
增加一个双键	30			
增加同环二烯	39			
环外双键、五元及七元环内双键	5			
烯基上取代	α-	β-	γ-	δ-
烷基—R	10	12	18	18
烷氧基—OR	35	30	17	31
羧基—COOH	35	30	50	50
酰基—OCOR	6	6	6	6
卤素—Cl	15	12	12	12
卤素—Br	25	30	25	25
—SR			80	
—NR$_2$			95	

表 1-8 中所列数值只适用于乙醇溶液中吸收波长的计算。若采用其他溶剂，可按表 1-8 中数据所计算的波长加上表 1-9 的修正值，就是该溶剂中的吸收波长。

表 1-9 溶剂修正值

溶剂	修正值/nm	溶剂	修正值/nm
水	+8	乙醚	-7
甲醇	0	正己烷	-11
氯仿	-1	环己烷	-11
二氧六环	-5		

【例 1-5】 计算胆甾-2,4-二烯-6-酮 π→π*跃迁的吸收波长。

解：

基本值	215nm	α-烷基取代	10nm
增加一个双键	30nm	δ-烷基取代	18nm
同环二烯	39nm	计算值	317nm
环外双键	5nm	测定值	314nm

对于 α、β-不饱和羧酸及酯也可按尼尔森（Nielsen）规则计算，如表 1-10 所示。

表 1-10 α、β-不饱和羧酸及酯吸收波长的计算方法

名称	π→π*跃迁（λ）/nm	名称	π→π*跃迁（λ）/nm
α 或 β-烷基取代的基本值	208	γ 或 δ-烷基取代	18
α、β-或 β、β-二烷基取代的基本值	217	环外双键	5
α、β、β-三烷基取代的基本值	225	五元环及七元环内双键	5
增加一个共轭双键	30		

（3）共轭多烯 含五个以上共轭双键的多烯烃，其吸收波长和摩尔吸光系数可用下述公式计算：

$$\lambda_{max}=[114+5A+N(48-1.7N)-16.5R-10E] \text{nm}$$

$$\varepsilon_{max}=(0.174\times10^4 N) \text{m}^2\cdot\text{mol}^{-1}$$

式中 A——取代基数目；
N——共轭双键数目；
R——末端含双键的环数；
E——环外双键数。

3. 芳香族化合物的紫外吸收光谱

苯是最简单的芳香族化合物，其紫外吸收光谱有三个吸收带，波长分别为 184nm（E_1 带）、203nm（E_2 或 K 带）和 256nm（B 带）。B 带的吸收强度比较弱，在非极性溶剂中或呈气体状态时出现精细结构。当苯的一个氢原子或两个氢原子被其他基团取代时，吸收带波长将发生变化。除个别取代基外，绝大多数的取代基都能使吸收带向长波方向移动，E_1 带将移到 185～220nm、E_2 带将移到 205～250nm、B 带将移到 260～290nm。当取代基含有 n 电子时，则在 275～330nm 范围内出现 R 吸收带。

（1）单取代苯 单取代苯的吸收带波长变化有以下规律。

① 取代基能使苯的吸收带发生红移，并使 B 吸收带精细结构消失，但 F 取代除外。

② 单的烷基取代也能使吸收带红移，这是由于烷基的 σ 电子与苯环 π 电子超共轭作用所引起的。

③ 当苯环上氢原子被给电子的助色基团，如—NH_2、—OH 所取代时，由于助色基团的 p 电子与苯环上 π 电子的共轭作用，使吸收带发生红移。各种助色基团对吸收带红移影响的大小次序为：

—CH_3<—Cl<—Br<—OH<—OCH_3<—NH_2<—O^-

④ 当苯环上氢原子被吸电子取代基如—HC=CH_2、—NO_2 取代时，由于发色基团与苯环的共轭作用，使苯的 E_2（或 K）吸收带、B 吸收带发生较大的红移，吸收强度也显著增加。

表 1-11 是单取代苯的 K、B 吸收带波长及其摩尔吸光系数。

表 1-11 单取代苯的紫外吸收光谱特征

取代基	K 吸收带		B 吸收带		溶剂
	λ/nm	$\varepsilon/(m^2 \cdot mol^{-1})$	λ/nm	$\varepsilon/(m^2 \cdot mol^{-1})$	
—CH_3	206.5	700	261	22.5	甲醇
—Br	210	790	261	19.2	甲醇
—Cl	209.5	740	263.5	90	甲醇
—OH	210.5	620	270	145	甲醇
—OCH_3	217	640	269	148	甲醇
—NH_2	230	860	280	260	甲醇
—O^-	235	940	287	260	水
—COOH	230	1160	273	97	甲醇
—CH=CH_2	244	1200	282	45	乙醇
—$COCH_3^-$	240	1300	278	110	乙醇
—CHO	244	1500	280	150	乙醇
—O—C_6H_5	255	1100	272	200	甲醇
—NO_2	232	1000	280	100	环己烷
—CN	224	1300	271	100	甲醇

（2）二取代苯　当苯环上两个氢原子被取代后，无论是助色基团还是发色基团取代，其结果都能增加分子中共轭作用，使吸收带红移，吸收强度增加。

① 对位二取代苯　如果两个取代基是同类基团，即都是发色基团或都是助色基团，则 K 吸收带的位置与红移较大的单取代基大致相近。如果两个取代基不是同类基团，则 K 吸收带波长将大于两个基团单独的波长红移之和。

② 邻位和间位二取代苯　邻位和间位二取代苯的 K 吸收带波长为两个取代基单独产生的波长红移之和。

（3）酰基苯衍生物　酰基苯衍生物 R^2—C_6H_4—COR^1 中由于苯环与羰基共轭能产生很强的 K 吸收带，其吸收带波长可以根据斯科特（Scot）提出的方法按表 1-12 计算。

表 1-12 酰基苯衍生物 K 吸收带波长的计算方法

R^2—C_6H_4—COR^1	K 吸收带波长（λ）/nm		
R^1 为烷基时的基本值	246		
R^2 为 H 时的基本值	250		
R^1 为 OH 时的基本值	230		
R^2 为下列基团时	邻位	间位	对位
烷基	3	3	10
OH，OR	7	7	25
O^-	11	20	78
Cl	0	0	10
Br	2	2	15
NH_2	13	13	58
NHAc	20	20	45
NR_2	20	20	85

（4）稠环化合物　稠环化合物由于其共轭结构延长，使 E 带、K 带和 B 带移向长波，吸收强度提高且谱带呈现某些精细结构。稠环化合物的环越多，波长越长。例如萘和蒽只吸收

紫外线，不吸收可见光，而有四个环的并四苯，其吸收波长为473nm，已进入可见光区。非线型稠环化合物的吸收光谱比较复杂。

（5）杂环化合物　在杂环化合物中，只有不饱和的杂环化合物在近紫外区才会有吸收。当苯环的CH被N取代形成六元不饱和杂环化合物，或环戊二烯的CH_2被NH、S、O所取代形成五元不饱和杂环化合物时，它们的紫外吸收光谱与相应的碳环类似。

实训1-4　阿司匹林肠溶片中水杨酸的测定

一、实训目的

1．了解阿司匹林的合成方法及性质。
2．掌握紫外分光光度法分析阿司匹林含量的原理及操作。

二、实训原理

乙酰水杨酸（阿司匹林）是一种非常普遍的治疗感冒的药物，有解热止痛作用，同时还软化血管。19世纪末，人们成功地合成了乙酰水杨酸。直到目前，阿司匹林仍是一个广泛使用的具有解热止痛作用治疗感冒的药物。在过量NaOH介质中，阿司匹林定量水解为水杨酸钠，其在290～300nm处有较强的紫外吸收，且其吸光度在一定条件下，与阿司匹林的浓度呈线性关系，因此，在合适条件下，可用紫外分光光度法测定阿司匹林的含量。

溶剂和其他成分不干扰测定。

任务6　废水中微量苯酚的检测

苯酚俗名石炭酸，分子式C_6H_5OH，相对密度1.071，熔点42～43℃，沸点182℃，燃点79℃。无色结晶或结晶熔块，具有特殊气味（与浆糊的味道相似）。置露空气中或日光下被氧化逐渐变成粉红色至红色，在潮湿空气中，吸湿后，由结晶变成液体。酸性极弱（弱于H_2CO_3），有特臭，有强腐蚀性。对人有毒，要注意防止皮肤触及。室温下微溶于水，能溶于苯及碱性溶液，易溶于乙醇、乙醚、氯仿、甘油等有机溶剂中，难溶于石油醚。苯酚用途广泛。常用于测定硝酸盐、亚硝酸盐及作有机合成原料等。实训室可用溴（生成白色沉淀2,4,6-三溴苯酚，十分灵敏）及$FeCl_3$（生成$[Fe(C_6H_5O)_6]^{3-}$配离子，呈紫色）检验。第一次世界大战前，苯酚的唯一来源是从煤焦油中提取。绝大部分是通过合成方法得到，主要有磺化法、氯苯法、异丙苯法等方法。工业上主要由异丙苯制得。苯酚产量大，根据路孚特及彭博数据，截至2022年底全球苯酚产能约1650万吨，其中中国产能420万吨，占比约25%，位居世界首位。

实训1-5　废水中微量苯酚的检测

一、实训目的

1．学会使用紫外分光光度计。
2．掌握差值吸收光谱法测定废水中微量苯酚的方法。

二、实训原理

酚类化合物在酸、碱溶液中发生不同的离解，其吸收光谱也发生变化。例如，苯酚在紫外区有两个吸收峰,在酸性或中性溶液中,λ_{max} 为 210nm 和 272nm,碱性溶液中,λ_{max} 位移至 235nm 和 288nm:

$$\underset{\substack{\lambda_{max} 210nm \\ \lambda_{max} 272nm}}{\text{C}_6\text{H}_5\text{OH}} \underset{\text{H}^+}{\overset{\text{OH}^-}{\rightleftharpoons}} \underset{\substack{\lambda_{max} 235nm \\ \lambda_{max} 288nm}}{\text{C}_6\text{H}_5\text{O}^-}$$

在紫外分光光度分析中,有时利用不同的酸、碱条件下光谱变化的规律,直接对有机化合物进行测定。

废水中含有多种有机杂质,干扰苯酚在紫外区的直接测定。如果将苯酚的中性溶液作为参比溶液,测定苯酚碱性溶液的吸收光谱,利用两种光谱的差值光谱,有可能消除杂质的干扰,实现废水中苯酚含量的直接测定。这种利用两种溶液中吸收光谱的差异进行测定的方法,称为差值吸收光谱法。

任务 7 分光光度计的检验与维护

一、维护方法

① 每次使用后应检查样品室是否积存有溢出溶液,经常擦拭样品室,以防废液对部件或光路系统腐蚀。

② 仪器使用完毕应盖好防尘罩,可在样品室及光源室内放置硅胶袋防潮,但开机时必须取出。

③ 仪器液晶显示器及键盘日常使用时应注意防止划伤,并注意防水、防尘、防腐蚀等。

④ 定期进行性能指标检测,发现问题及时上报。

⑤ 长期不使用仪器时,应定期更换硅胶,每隔两星期开机运行 1h,确保仪器的正常使用。

二、安全操作注意事项

① 操作设备时应确保环境的温度及相对湿度满足要求(温度为 15~35℃,相对湿度不大于 80%)。

② 操作时不允许碰伤光学镜面,且不可以擦拭其镜面。

③ 仪器周围无有害气体及强腐蚀性气体,且不应该有强震动源。

④ 设备使用电源为 (220±10%)V,开机前应确认电源是否符合设备要求。

三、紧急应对措施

1. 接通电源后仪器不运行的应对措施

① 检查电源线是否接触良好,若松动则紧固;

② 检查保险管是否完好,若熔断则更换保险管。

2. 初始化异常的应对措施

① 检查样品室是否有挡光物,若有取出即可;

② 检查光源室钨灯或氘灯是否正常,若不亮则更换钨灯或氘灯。

四、常见故障和排除方法

作为一种精密仪器,紫外-可见分光光度计在运行过程中由于种种原因,其技术状况必然会发生某种变化,可能影响设备的性能,甚至诱发设备故障及事故。因此,分析工作者必须及时发现和排除这些隐患,对已产生的故障及时维修才能保证仪器的正常运行。紫外-可见分光光度计的常见故障及排除方法如表 1-13 所示。

表 1-13　紫外-可见分光光度计常见故障、原因及排除方法

故障现象	可能原因	排除方法
开启电源开关,仪器无反应	1. 电源未接通 2. 电源保险丝断 3. 仪器开关接触不良	1. 检查供电电源和连接线 2. 更换保险丝 3. 更换仪器电源开关
光源灯不工作	1. 光源灯坏 2. 光源供电器坏	1. 更换新灯 2. 检查电路,看是否有电压输出,请求维修人员维修或更换电路板
显示不稳定	1. 仪器预热时间不够 2. 电噪声太大（暗盒受潮或电器故障） 3. 环境震动过大,光源附近气流过大或外界强光照射 4. 电源电压不良 5. 仪器接地不良	1. 延长预热时间 2. 检查干燥剂,若受潮更换干燥剂,若不是解决要查线路 3. 改善工作环境 4. 检查电源电压 5. 改善接地状态
透射比调不到 0	1. 光门漏光 2. 放大器坏 3. 暗盒受潮	1. 修理光门 2. 修理放大器 3. 更换暗盒内干燥剂
透射比调不到 100%	1. 卤钨灯不亮 2. 样品室有挡光现象 3. 光路不准 4. 放大器坏	1. 检查灯电源 2. 检查样品室 3. 调整光路 4. 修理放大器
测试结果不正常	1. 样品处理错误 2. 比色皿不配对 3. 波长不准 4. 能量不足	1. 重新处理样品 2. 对比色皿进行配对校正,求出校正值,进行校正 3. 用错钕滤光片调校波长 4. 检查光路或更换灯源
建立浓度方程时数值输不进	1. 电路故障 2. 接插件接触不良	1. 送生产厂修理 2. 检查接插件
打印机出错	操作错误	1. 迅速关机,稍停后重新开机 2. 送生产厂修理
打印机卡纸	1. 装纸不当 2. 打印机损坏	1. 迅速关机,稍后重新开机 2. 检查或更换打印机

> **劳动素质提升 1-2　分光光度计的检验与维护保养**
>
> 以 751 型分光光度计为例进行分光光度计的保养与维修练习。
>
> 1. 为确保仪器工作稳定,在电源电压波动较大的地方,应采用稳压措施,最好另配一台稳压器。
>
> 2. 仪器接地要好,一切裸露零件的对地电位不得超过 24V。当仪器工作不正常,表无输出、指示灯不亮或电表指针不动时,要先检查保险是否熔断,后检查线路。
>
> 3. 新仪器使用前及修理后再使用,均应对仪器性能进行综合检定。波长精度还应定期校正。对在紫外区波长精度要求高的分析,应于每次分析前进行波长检查（一般可用氢灯的 486.1nm 和 655.3nm 两条谱线进行核对,可不必全面进行校正）。
>
> 4. 要经常更换仪器中装的干燥剂,如发现变色即应取出烘干再用。要严防潮气侵入。光学部分受潮后则会发生浑光甚至发霉,从而影响单色光的纯度;若放大部分受潮,则使仪器不稳定。

5. 测定前，先将仪器各暴露部分如灯室反射镜等上的灰尘用干燥空气吹除，切勿擦拭。如有油污或灰尘太多吹除不尽，则可拆卸后再用清洁蒸馏水冲洗，干燥后装还回原位。

6. 光源如氢灯或钨灯泡可用乙醇擦拭干净后使用。换灯光或调节灯位置时，不可直接去拿灯泡，因手汗中含有氨基酸或其他污物，灯泡通电受热后可留下指纹或其他污迹而影响光的强度。

7. 注意保护比色皿的光学表面，不可用手擦拭或抚摸，避免手汗或污物的污染。测定后应立即倒出被测溶液并及时清洗干净（一般用配制溶液的溶剂洗涤数次后再用蒸馏水洗净。若太脏，可用新配制的铬溶液短时浸泡洗涤，并以蒸馏水反复冲洗干净）。

8. 仪器停止工作时，必须切断电源。将选择开关置于"关"，狭缝旋转到 0.01 刻度，波长旋至 625nm，透光率旋钮至 100%上。为了避免仪器积灰和被污染，仪器不用时要用罩子将整台仪器罩住，并在罩内放数包硅胶防潮。

9. 751 型紫外分光光度计常见故障、可能原因、检查方法及维修处理见表 1-14。

表 1-14　国产 751 型分光光度计常见故障、可能原因、检查方法及维修处理

常见故障	可能原因	检查方法	维修处理
指零电表指针无反应	（1）放大器稳压电源无输出； （2）20 芯连接线脱焊； （3）指零电表线圈损坏	用万用表直流挡，按线路所注接脚，检查稳压电源插座各点电压，若均无电压输出，则整个稳压器电源有故障；若仅几组无电压输出，则可能连线有脱焊；若电阻挡检查主插座无指针偏转，或用万用电压电阻挡直接检查指零电表，若指针仍无反应，则指零电表线圈短路	（1）检修稳压电源； （2）检修指零电表线圈
电表指针偏右，无法用暗电流调节器调节至中间位置	（1）稳压电源故障； （2）直流放大器故障	用万用电表直流电压挡检查放大器插头有无电压输出；如电压正常，则为直流放大器发生故障	（1）检修稳压电源； （2）检修直流放大器
电表指针偏左，无法用暗电流调节器将指针调节至中间位置	（1）暗电流补偿电源损坏或接触不良； （2）暗电流补偿电位器损坏； （3）稳压电源故障； （4）高阻值电阻表面严重受潮； （5）直流放大器故障； （6）光电管暗电流过大或表面受潮	以万用表直流电压挡检查放大器插头，如无输出，可检查主机插头，如有输出则为电位器已损坏；如电压正常，则考虑高阻或放大器故障，在排除上述原因后，再考虑检查光电管故障	（1）按各检出原因进行维修； （2）若电阻表面受潮，可开启暗盒盖，用脱脂棉蘸乙醚清洗电阻表面，再以电吹风烘干，平时应经常更换干燥剂； （3）光电管故障暗电流过大时，只能更换之
指针无法调节至中间位置，左右来回摆动，极不稳定	（1）稳压电源故障； （2）高阻值电阻受潮； （3）光电管选择开关接触不良； （4）光闸开关接触不良； （5）外界电源波动太大； （6）光电管损坏； （7）直流放大器损坏或故障	以万用电表检查，与上法基本相同	（1）按各检出原因检修； （2）清洗开关接触点； （3）损坏者更换； （4）加用电子稳压器，其规格 1kV·A
指针调至中间位置后，持续地向左或向右移动	（1）整机接地不良； （2）光电暗管受潮； （3）直流放大管故障； （4）光电管衰退	以万用电表逐一检查，与上法基本相同	（1）严格仪器接地，可于实训室外埋 2m 金属棒，再用金属线引入主机； （2）其他依据检出原因维修

续表

常见故障	可能原因	检查方法	维修处理
指针调至中间位置时，指针剧烈抖动	（1）直流电源电压、纹波电压过高； （2）光电管工作电压过高	以万用电表检查	（1）依据检出原因检修； （2）调节光电管电压至电位器中心头对地约8V
调节狭缝至最大处，才能将电表指针调回至中间位置	（1）波长的选择与光源不符； （2）光源反射镜沾污或准直镜沾污； （3）发射光源能量减弱	据可能原因逐一检查	（1）波长360nm以上使用钨灯为光源，360nm以下使用氢灯为光源； （2）以洗耳球吹除或其他高压气流吹除光源反射镜或准直镜灰尘，若其表面脱落则需镀铝； （3）更换或调节光源灯
开启光闸调节狭缝至最大处，仍不能将电表指针调回至中间位置	（1）氢弧灯稳压电源或钨灯稳压电源损坏，无输出电源及电压； （2）发射光源灯损坏； （3）光源灯反射镜未对准光路	（1）检查电源，有无输出电流及电压； （2）检查光源； （3）检查光路系统	（1）检修电源； （2）发射光源灯损坏，则须新换； （3）按照光学系统调节光路
开启光闸调节狭缝至最小处，仍不能将电表指针调回至中间位置	（1）狭缝调节失灵（即闭不严密）； （2）盛放比色槽暗箱漏光	将发射源关闭，视电表指针是否向反方向偏转，若偏转则为狭缝调节不严密；否则即为漏光	（1）狭缝不严密应进行调整； （2）若漏光，主要是暗箱装配时固定螺栓未旋紧，可在接缝处粘贴黑色纸条
在电表指针调回中间位置处左右摇摆	（1）发射光源不稳定； （2）稳流电源故障； （3）光电管不稳定； （4）稳压电源故障	改变光源灯（即原用氢灯改钨灯，原用钨灯改氢灯），光源灯光电管即稳定，则说明系光源不稳定；检查稳压、稳流器	（1）改换光电管，解决光源不稳定； （2）维修稳流装置； （3）维修稳压装置
测定时，不服从朗伯-比尔定律，吸光度读数偏低	（1）单色光不纯； （2）波长与波长指示值不相符合； （3）校正电阻R_1、R_2变值（主要是R_2升值）	（1）检查棱镜及石英窗口是否受潮，或狭缝过大； （2）波长校正； （3）检查校正电阻	（1）单色光不纯多系棱镜及石英窗口受潮，狭缝过大引起，可用棉花球蘸无水乙醚清洗，不能用粗糙布擦拭； （2）狭缝过大可更换光源，以免光能量减弱而致狭缝过大； （3）利用氢灯的二谱线校正波长； （4）校正电阻R_1、R_2更换
测定时，不服从朗伯-比尔定律，吸光度读数偏高	主要是校正电阻R_1、R_2变值（主要是R_2升值）	检查校正电阻R_1、R_2	一般均出厂时负责；更换R_1、R_2亦由生产厂家负责
狭缝闭不严密	主要运输途中受到震动造成	检查狭缝调节装置	修理时必须小心进行，依次拆下光电管暗盒、吸收池室及透光镜盘等部件，打开主机暗箱后盖，将一灯泡点燃后，放入暗箱内照明，在狭缝出口处则可见到一线光亮，调节狭缝指示，使之处于"0"处，稍松动狭缝刀片上的两颗固定螺栓，至移动狭缝刀片看不到光线为止，遂旋紧螺栓，需反复多次调整，直至狭缝指示在"0"处并刚好狭缝关闭严密为止，最后再依次安装各个部件。注意：只能拆动一个刀片，切不可同时松动两个刀片

知识拓展　我国科学家"点亮"世界上最耀眼的极紫外光源

极紫外光,又称极端紫外线辐射,是指电磁波谱中波长从10~121nm的电磁辐射。根据普朗克-爱因斯坦方程,其光子能量从10.25~124eV(分别对应于10~121nm)。我们熟知的自然现象,如太阳日冕等高温天体,便可以产生极紫外光。在2016年,由中科院大连化学物理研究所和上海应用物理研究所联合研制的"大连光源"便发出了世界上最强的极紫外自由电子激光脉冲,单个皮秒激光脉冲可产生140万亿个光子,成为世界上最亮且波长完全可调的极紫外自由电子激光光源。

自由电子激光被认为是国际上最先进的新一代先进光源,也是当今世界先进国家竞相发展的重要方向,在科学研究、先进技术、国防科技发展中有着重要的应用前景。

"大连光源"的波长可在极紫外区域完全连续可调,具有完全的相干性,该激光可以工作在飞秒或皮秒脉冲模式,可以用自放大自发辐射(SASE)或高增益谐波放大(HGHG)模式运行。在这样的极紫外光照射下,区域内几乎所有原子和分子都"无处遁形"。因此,"大连光源"可被用于观测与燃烧、大气以及洁净能源相关的物理化学过程。

"大连光源"不仅是世界上最亮的极紫外光源,而且装置中90%的仪器设备均由我国自主研发,也是当今世界上唯一运行在极紫外波段的自由电子激光装置,这无疑标志着我国在这一领域占据了世界领先地位,"大连光源"的成功运行必将大大促进我国在能源、光学、物理、生物、材料、大气雾霾、光刻等多个重要领域研究水平的提升。

思考与练习

1. 试述产生紫外吸收光谱的原因。
2. 电子能级的跃迁类型有哪些?各处于哪个波长范围?
3. 什么是生色团或助色团?举例说明。
4. 什么是"红移""蓝移""增色效应""减色效应"?
5. 有机化合物的紫外吸收光谱有哪几种类型的吸收带?其产生的原因又是怎样的?各自的特点是什么?
6. 影响紫外吸收光谱的主要因素有哪些?
7. 在有机化合物的结构鉴定与推测方面,紫外吸收光谱所提供的信息具有什么意义?
8. 举例说明紫外吸收光谱在分析上的应用实例。
9. 如何根据异亚丙基丙酮的两种异构体的紫外吸收光谱判断该两种异构体?请说明理由。
10. 比较紫外分光光度计与可见分光光度计的异同之处,并说明原因。
11. 已知$KMnO_4$的$\varepsilon=2.2\times10^3$,计算在此波长下浓度为$6.5\times10^{-5}$ mol·L^{-1} $KMnO_4$溶液在3.0cm比色皿中的透光率。若溶液稀释一倍后透光率是多少?
12. 以丁二酮肟分光光度法测定镍,若配合物$NiDx_2$的浓度为1.7×10^{-5} mol·L^{-1},用2.0cm比色皿在470nm波长下测得的透光率为30.0%,计算配合物在该波长的摩尔吸光系数。
13. 用示差光度法测量某含铁溶液,用5.4×10^{-3} mol·L^{-1} Fe^{3+}溶液作参比,在相同条件下显色,用1cm比色皿测得样品溶液和参比溶液吸光度之差为0.300,已知$\varepsilon=2.8\times10^3$ L·mol^{-1}·cm^{-1},则样品溶液中Fe^{3+}的浓度为多少?
14. 以邻二氮菲分光光度法测定Fe(Ⅱ),称取0.500g试样,经处理后,加入显色剂,最后定容为50.0mL,用1.0cm比色皿在510nm波长下测得吸光度$A=0.430$,计算试样中的w_{Fe}(以质量分数表示)。当溶液稀释一倍后透光率是多少?($\varepsilon=1.1\times10^4$)
15. 根据下列数据绘制磺基水杨酸分光光度法测定Fe(Ⅲ)的工作曲线。标准溶液是由0.432g铁铵矾[$NH_4Fe(SO_4)_2\cdot12H_2O$]溶于水定容至500.0mL配制而成。取下表不同量标准溶液于50.0mL容量瓶中,加入显色剂然后定容,测量其吸光度。

$V_{Fe(III)}$/mL	1.00	2.00	3.00	4.00	5.00	6.00
A	0.097	0.200	0.304	0.408	0.510	0.618

测定某试液的含铁量时,吸取5.00mL试液,稀释至250.0mL,再取此稀释溶液2.00mL,置于50.0mL容量瓶中,与上述工作曲线相同条件下显色后定容,测得的吸光度为0.450,计算试液中Fe(III)的含量(以$g \cdot L^{-1}$表示)。

16. 有两份不同浓度的某有色配合物溶液,当液层厚度均为1.0cm时,对某一波长的透光率分别为:(a)65%;(b)41.8%。设待测物质的摩尔质量为47.9$g \cdot mol^{-1}$。

(1) 求该两份溶液的吸光度A_1、A_2;
(2) 如果溶液(a)的浓度为6.5×10^{-4} $mol \cdot L^{-1}$,求溶液(b)的浓度;
(3) 计算在该波长下有色配合物的摩尔吸光系数。

17. 以PAR(显色剂)分光光度法测定Nb,配合物最大吸收波长为550nm,$\varepsilon = 3.6 \times 10^4$;以PAR分光光度法测定Pb,配合物最大吸收波长为520nm,$\varepsilon = 4.0 \times 10^4$。计算并比较两者的桑德尔灵敏度。

18. 准确称取1.00mmol的指示剂于100mL容量瓶中溶解并定容,分别取2.50mL该溶液5份,调至不同pH值并定容至25.0mL,用1.0cm比色皿在650nm波长下测得如下数据:

pH值	1.00	2.00	7.00	10.00	11.00
A	0.00	0.00	0.588	0.840	0.840

计算在该波长下In^-的摩尔吸光系数和该指示剂的pK_a。

19. 以联吡啶为显色剂,用分光光度法测定Fe(II),若在浓度为0.2$mol \cdot L^{-1}$、pH=5.0时的乙酸缓冲溶液中进行显色反应,已知过量联吡啶的浓度为1×10^{-3} $mol \cdot L^{-1}$,$\lg K^H_{Inpy} = 4.4$,$\lg K_{FeAc} = 1.4$,$\lg \beta_3 = 17.6$。反应能否定量进行?

20. 用分光光度法测定含有两种配合物x与y的溶液的吸光度(b=1.0cm),获得下列数据:

溶液	c/($mol \cdot L^{-1}$)	A_1(285nm)	A_2(365nm)
x	5.0×10^{-4}	0.053	0.430
y	1.0×10^{-3}	0.950	0.050
$x+y$	未知	0.640	0.370

计算未知溶液中x和y的浓度。

21. 当分光光度计透光率测量的读数误差ΔT=0.010时,测得不同浓度的某吸光溶液的吸光度分别为:0.010、0.100、0.200、0.434、0.800、1.200。利用吸光度与浓度成正比以及吸光度与透光率的关系,计算由仪器读数误差引起的浓度测量的相对误差。

22. The following data were obtained at various wavelengths for a 3.6×10^{-4} $mol \cdot L^{-1}$ solution of permanganate held in a square cuvette with a path length of 1.00cm.

Wavelength/nm	%T	Wavelength/nm	%T
400	89	575	50
425	92	600	82
450	83	625	86
475	60	650	88
500	27	675	93
525	15	700	96
550	29		

Plot a simple absorption spectrum for permanganate using these data. At what wavelength(s) in this spectrum does permanganate have the strongest absorption of light? At what wavelength(s) does it have the weakest absorption of light?

23. Four standard solutions and an unknown sample containing the same compound give the following absorbance readings at 535nm when using 1.00cm cuvettes. What is the concentration of the analyte in the sample?

Solution	Analyte Concentration /(mol·L^{-1})	Absorbance	Solution	Analyte Concentration /(mol·L^{-1})	Absorbance
Standard # 1	0.00	0.005	Standard # 4	25.0×10^{-3}	0.805
Standard # 2	2.5×10^{-3}	0.085	Unknown sample	?	0.465
Standard # 3	5.0×10^{-3}	0.175			

【附录】 考核评分表

	考核项目	考核比重	
知识要求	1. 掌握紫外光谱中的有关术语	40	10
	2. 掌握影响紫外吸收光谱的主要因素		9
	3. 了解有机化合物的结构类型与电子跃迁类型间的关系		7
	4. 了解在紫外吸收光谱分析中,溶剂的选择原则		7
	5. 了解物质的摩尔吸光系数与物质的纯度关系		7
能力要求	1. 能够正确配制检测所需的标准溶液	50	15
	2. 能够根据所检测物质的性质,选择合适的仪器并能熟练操作相应的仪器进行检测		20
	3. 能够对所使用的仪器设备进行日常的维护保养		15
素质要求	1. 遵循实验室各项规章制度	10	1
	2. 劳动积极,主动参与		2
	3. 与其他同学积极合作		2
	4. 合理利用资源,避免浪费		2
	5. 正确使用个人防护装备,并能够有效防范事故和化学品的危害		2
	6. 尊敬师长,文明操作		1
合计			100

项目 2
用红外吸收光谱法检测有机物质

 知识目标

1. 掌握 红外光谱分析的特征性及有关术语；红外吸收光谱产生的条件；基团振动类型；各个官能团的特征吸收区域；仪器的基本组成及作用；红外谱图及其解析步骤。
2. 理解 红外光谱的基本原理和仪器结构；被研究物质分子振动状态的基本原理；实验中红外光谱仪的主要组成部分和作用。
3. 了解 红外光谱的特点，例如谱带宽度、相对强度、指纹区等，并掌握红外吸收光谱在分析化学、材料科学、环境监测等领域的应用范围。

 能力目标

1. 掌握红外吸收光谱仪的基本实验操作技能，如固体、液体样品制备和数据记录等，并能熟练进行相关实验操作。
2. 学生通过观察红外光谱图中的特征峰和吸收带，具备判断化合物中存在的官能团或者化学键的类型，从而推测物质的化学结构的能力。
3. 能够对所使用的仪器设备进行日常的维护保养。

 素质目标

1. 在学习红外吸收光谱法检测有机物质相关理论和实训过程中，鼓励学生独立从红外光谱图中提取信息、分析特征峰和吸收带，推断物质结构和性质，并不断提高分析效率和准确性，进而培养他们的分析思维能力。
2. 在红外光谱的解析过程中，通过锻炼学生细致观察和分析谱图中的各种特征，培养学生的观察力和细致性，进而提高学生对细微差别的敏感度。
3. 红外光谱分析技术的应用和发展均与国家的科技实力和经济发展息息相关。在教学过程中培养学生热爱祖国，关心国家的经济、科技和文化发展，为国家的繁荣富强做出贡献。

任务 1　认识红外光谱实训室

一、红外光谱实训室的环境要求

1. 红外光谱实训室的配套设施

（1）实训室的供电　实训室的供电包括照明电和动力电两部分，动力电主要用于各类仪器设备用电，电源的配备有三相交流电源和单相交流电源，设置有总电源控制开关，当实训室无人时，应切断室内电源。

（2）实训室的供水　实训室的供水按用途分为清洁用水和实验用水。清洁用水主要是指各种实验器皿的洗涤、清洁卫生等，如自来水。实验用水则是有一定要求，配制溶液和实验过程用水,如蒸馏水、重蒸馏水等。由于红外光谱实训室使用自来水的总量不大,因此,本实训室仅配备有一个水槽、一组水龙头及一个总水阀。当实训室长时间不用时,需关闭总水阀。

(3) **实训室的温度和湿度** 红外光谱实训室要求温度适中,湿度不得超过60%,为此,要求实训室应装配空调和除湿机。

(4) **实训室的工作台** 红外光谱实训室用铝合金窗隔开成两部分。外面部分用于样品的处理,放置一张较长的边台,摆放着红外灯、压片机和干燥器,另设试剂柜存放着一些红外吸收光谱分析中常用的试剂。里面部分主要用于上机操作,放置中央实训台,分别放置红外吸收光谱仪、电脑以及湿度计、除湿机、空调。

(5) **实训室的废液收集区** 实训室的废液是在实验操作过程中产生的,红外光谱分析中主要涉及的废液是腐蚀性强的有机溶剂,会腐蚀下水管道;以及一些毒性较强的有机溶剂。因此,实训室内配有专门的废液贮存器。

(6) **实训室的卫生医疗区** 实训室内有专门的卫生区,放置卫生洁具,如拖把、扫帚等。实训室还配有医疗急救箱,里面装有红药水、碘酒、棉签等常用的医疗急救配件。

2. 仪器设备

红外光谱实训室的仪器主要有红外吸收光谱仪、电脑、压片机、压片模具、红外灯。红外吸收光谱仪属于大型仪器,因此管理时需要小心谨慎。

① 仪器应放在防振的台子上或安装在振动甚少的环境中;

② 仪器使用的电源要远离火花发射源和大功率磁电设备,采用电源稳压设备,并应设置良好的接地线。

3. 红外光谱实训室的环境布置

红外光谱实训室和化学分析实训室一样,具有基本的设备设施,如电、水、工作台等。但红外光谱实训室含有红外吸收光谱仪等现代分析仪器,因此在环境布置上有其特殊性。这两个实训室的比较如表2-1所示。

表2-1 红外光谱实训室与化学分析实训室环境比较

项目	红外光谱实训室	化学分析实训室
温度	室温,必须安装空调设备,无回风口	常温,建议安装空调设备,无回风口
湿度	小于60%	常湿
废液排放	配置废液收集桶,集中处理	应配置专门废液桶或废液处置管道
供电	设置单相插座若干,设置独立的配电盘;照明灯具不宜用金属制品,以防腐蚀	设置单相插座若干,设置独立的配电盘;照明灯具不宜用金属制品,以防腐蚀
工作台防振	合成树脂台面,防振	合成树脂台面,防振
防火防爆	配置灭火器	配置灭火器
避雷防护	属于第三类防雷建筑物	属于第三类防雷建筑物
防静电	设置良好接地	设置良好接地
电磁屏蔽	无特殊要求无需电磁屏蔽	无特殊要求无需电磁屏蔽

二、红外光谱实训室的管理规范

1. 实训室管理员

① 仪器的管理和使用必须落实岗位责任制,制订操作规程、使用和保养制度,做到坚持制度,责任到人。

② 熟悉仪器保养的环境要求,努力保证仪器在合适的环境下保养及使用。

③ 熟悉仪器构造,能对仪器进行调试及辅助零部件的更换。

④ 熟悉仪器各项性能,并能指导学生进行仪器的正确使用。

⑤ 建立红外吸收光谱的完整技术档案。内容包括产品出厂的技术资料,从可行性论证、

购置、验收、安装、调试、运行、维修直到报废整个寿命周期的记录和原始资料。

⑥ 仪器发生故障时要及时上报，对较大的事故，负责人（或当事者）要及时写出报告，组织有关人员分析事故原因，查清责任，提出处理意见，并及时组织力量修复使用。

⑦ 建立仪器使用、维护日记录制度，保证一周开机一次。对仪器进行定期校验与检查，建立定期保养制度，要按照国家市场监督管理总局有关规定，定期对仪器设备的性能、指标进行校验和标定，以确保其准确性和灵敏度。

⑧ 定期对实训室进行水、电、气等安全检查，确保实训室卫生和整洁。

2. 红外光谱实训室的安全隐患

红外光谱实训室的安全隐患，归纳起来主要有以下几点。

① 水，如水管破裂、管道渗水等。

② 火，如实训室着火、衣物着火。

③ 电，如走电失火、触电等。

④ 化学试剂中毒与腐蚀。

由于上述隐患的存在，要求学生在红外光谱实训室里学习时应当小心谨慎，严格按照仪器操作规程与实训室规章制度进行仪器的相关操作，此外，还要求学生课后去查阅相关资料，以获取出现各种安全隐患后的应急措施。

劳动素质提升 2-1　学生整理红外光谱实训室

一、劳动目的

1. 了解与认知红外光谱实训室。
2. 了解红外光谱实训室与化学实训室的区别。

二、劳动内容

1. 将红外光谱实训室的必需品与非必需品分开，在实训台上只放置必需品。
2. 清理不要的物品，如过期的溶液和破损的玻璃仪器等。
3. 对实验所需的物品与仪器调查其使用频率，决定日常用量及放置位置，寻找废弃物处理方法，查询相关仪器的使用规则。
4. 将仪器和玻璃仪器摆放整齐。
5. 将红外光谱实训室分为药品、工具、玻璃仪器、辅助设备和小零件五大类，并将其放置于实训室不同的区域，做好标识工作。
6. 将灭火器、医疗急救箱、清洁工具等放置于实训室不同位置，并做好标识工作。
7. 检查若有需维修的仪器，应贴上标签，做好标识工作。
8. 清扫整个实训室，包括地面、仪器设备、仪器台面等。

任务 2　红外吸收光谱仪的基本操作

红外吸收光谱分析法（infrared absorption）简称红外光谱法（infrared spectroscopy，IR）。其所用仪器叫红外吸收光谱仪，也叫红外吸收分光光度计。

红外吸收光谱仪按其发展历程可分为三代。第一代是用棱镜作为单色器，缺点是要求恒温、干燥、扫描速度慢和测量波长的范围受棱镜材料的限制，一般不能超过中红外区，分辨率也低。第二代用光栅作单色器，对红外线的色散能力比棱镜高，得到的单色光优于棱镜单色器，且对温度和湿度的要求不严格，所测定的红外波谱范围较宽（12500~10cm^{-1}）。第一代和第二代红外光谱仪均为色散型红外光谱仪，随着计算机技术的发展，20 世纪 70 年代开始出现第三代干涉型分光光度计，即傅里叶变换红外光谱仪。与色散型红外光谱仪不同，傅里叶变换红外光谱仪的光源发出的光首先经过迈克耳孙干涉仪变成干涉光，再让干涉光照射样品。检测器仅获得干涉图而得不到红外吸收光谱。实际吸收光谱是用计算机对干涉图进行傅里叶变换得到的。干涉型仪器和色散型仪器虽然原理不同，但所得到的光谱是可比的。

一、红外光谱仪

目前，生产和使用的红外光谱仪主要有色散型和干涉型两大类。

1. 色散型红外光谱仪

（1）色散型红外光谱仪基本组成　色散型红外光谱仪的型号很多，其构造原理大致相同，光学系统也大致相同。并且在结构原理上与紫外和可见吸收分光光度计类似，也由光源、吸收池、单色器、检测器和显示装置（含电子放大和数据处理、记录）五个基本部分组成，如图2-1所示。它们各自的任务和作用也与在紫外-可见吸收分光光度计相似，只是具体性能上完全不同或有很大差异。下面着重介绍其特点。

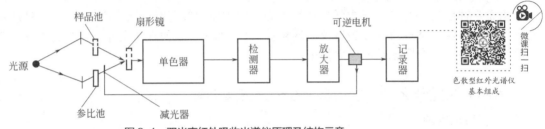

图2-1　双光束红外吸收光谱仪原理及结构示意

① 红外辐射光源。通常是用电加热一种惰性固体到1500～2000K，以便产生连续的红外辐射。其中辐射强度最大的波长范围是在1.7～2μm（或 $\sigma=5880～5000cm^{-1}$）。

常用的红外光源主要有能斯特灯、炽热的硅碳棒等。

能斯特灯系由稀土元素（Y_2O_3 与 ZrO_2，或 CeO_2 与 ThO_2）制成的长20mm、直径1～2mm的棒。一旦通电加热至2000K就会发射出红外线。该器件的电阻值随温度上升而减少。所以，通电前应首先预热，使用中也应注意限流，以防止烧损。

炽热的硅碳棒则是将碳化硅制成直径约0.5cm、长约5cm的棒状。也是采用通电加热的方式，但与能斯特灯不同的是，其电阻值是随温度升高而增大的。因此，使用起来比较安全。

② 样品室。红外光谱仪的样品室一般为一个可插入固体薄膜或液体池的样品槽，如果需要对特殊的样品（如超细粉末等）进行测定，则需要装配相应的附件。

③ 单色器。类似于紫外-可见吸收光谱仪中的单色器一样，红外吸收光谱仪中的单色器也是使用棱镜或光栅作色散元件，由于光栅的光学性能更优越，所以在这类仪器中使用也就更多一些。在光路装置上，有如同原子发射光谱仪一样采用艾伯特型光学系统，另外也有采用切尔尼-特纳系统的。使用棱镜作色散元件，棱镜的材质不同则适用的波长范围也有所区别，见表2-2。

表2-2　棱镜材质及其适用的光谱区域

棱镜材料	适用的光谱区域范围/μm	适用的 σ 范围/cm^{-1}	特点
石英	0.8～3	12500～3300	强度较大
氯化钠晶体	5～15	2000～670	易损，可溶于水
溴化钾晶体	15～40	670～250	易损，可溶于水
溴化铯晶体	15～40	670～250	易损，可溶于水
氟化锂晶体	1～5	10000～2000	易损，可溶于水

④ 检测器。由于红外线本身是一种热辐射，因而，不能使用光电池、光电管等作红外线的检测器，常采用光电导管或热检测器。

a．常用的光电导管。主要有硫化铅、硒化铅、锗光电导管等。作为半导体材料，当它们吸收红外线后，其电导相应地也要发生变化，因此测量电导，即可检测红外线的强度。光电导管可检测的最大波长为 5μm（$\sigma=2000cm^{-1}$）左右。

b．热检测器。最为常用的是灵敏热电偶（高真空热电偶），质量好的可响应 $10^{-6}℃$ 的温度变化；测辐射热计——一种电子随温度变化较大、由半导体或金属制成的元件；戈莱槽（也叫戈莱池，Golay cell）；灵敏的气体温度计——一种将气体封闭在检测器内，当受红外线照射时，气压增加并转换为电信号输出的元件。

c．高真空热电偶。这是一种根据热电偶的两端点由于温度不同产生温差热电势的原理，令红外线照射其中的一端，而使其两端点的温度产生差别，进而产生热电势，在回路中就有电流通过，而电流的大小随照射的红外线强度的不同而改变。为了减小热损失提高灵敏度，而将热电偶密封在一个高度真空的玻璃容器内。

d．测辐射热计。这是一个极薄的热感元件作受光面，并被装置在惠斯通电桥的一个臂上，当红外线照射到受光面上时，由于温度的变化，热感元件的电阻随之发生变化，从而实现对红外线强度的测量。但电桥线路需要极为稳定的电压，所以现在的红外分光光度计已很少使用这种检测器。

⑤ 戈莱槽。这是一种灵敏度较高的气胀式检测器，如图 2-2 所示。

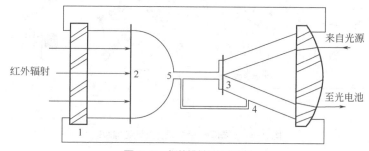

图 2-2　戈莱槽检测器示意
1—盐窗；2—涂黑金属膜；3—软镜膜；4—泄气支路；5—氙气盒

当红外线透过盐窗照射在涂黑金属膜 2 上时，2 吸收热能后，使氙气盒 5 内充的气体（氙）温度升高而体积膨胀。产生的膨胀压力又使封闭气室另一端的软镜膜凸起。同时，自光源射出的光到达软镜膜时，它将光反射到光电池上，于是产生了与软镜膜的凸出度成正比，也与最初进入气室的辐射成正比的光电流。戈莱槽检测器可用于全部红外线波谱区域的检测。但由于采用了有机材料制成的软镜膜，易老化，寿命短，且时间常数较长，不适于作为快速扫描检测器使用。

⑥ 显示器。红外吸收光谱仪必须用记录器记录吸收光谱。检测出的电信号经放大器放大后驱动可逆电机带动记录系统并促使减光器工作，以便记录下红外吸收光谱。

（2）色散型红外光谱仪工作原理　采用光栅（也可用棱镜）作色散元件的色散型红外分光光度计结构原理如图 2-3 所示。光源连续的光辐射被两个凹面镜反射形成两束光——测试光路（通过样品槽）和参比光路（通过参比槽）。通过参比槽的光经光梳与通过样品槽的光会合于斩光器上，斩光器控制使参比光束和样品光束交替地进入单色器入射狭缝成像，并被光栅（或棱镜）色散后，按频率高低依次通过出射狭缝，由滤光器滤掉不属于该波长范围的辐射之后，被反射镜聚焦到检测器上。如果样品光路和参比光路吸收情况相同，则检测器将不产生信号。如果在样品光路中放置了样品，由于样品的吸收，当测试光路的光由于样品吸收而被减弱时，破坏了两束光的平衡，两路光的能量就不再相等，检测器就有信号产生，此时，到达检测器的光强以斩光器的频率为周期交替地使检测器的输出在恒定电压基础上伴随有斩光器频率的交变电压。这一交流信号经电学系统发大后，用来驱动梳状光阑，使之对参比光路进行遮挡，直到参比光路和样品光路的辐射强度相等，这就是"光零位平衡"的原理。由于梳状光阑和光谱记录器由同一个驱动装置——伺服电机所驱动，当光阑移动时，记录器同时进行绘图，随着入射波数的改变，样品的吸收情况也发生改变，记录器以频率（波数）为横坐标，吸收强度为纵坐标，绘制成样品的红外吸收谱图。

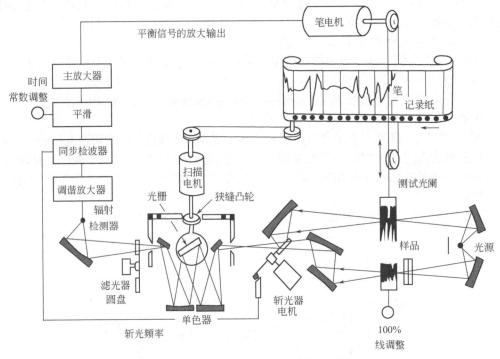

图 2-3　光栅型红外分光光度计结构原理

由于光学零位平衡法排除了来自光源和检测器的误差以及大气吸收的干扰，从而保证了红外光谱仪的精度。

（3）仪器性能指标　为了获得能真实反映物质结构的也即理想的红外吸收光谱图，作为红外吸收光谱仪应具备以下这些基本的性能指标，并应定期对其进行校验，以使仪器处于最佳工作状态。

① 光谱分辨能力。这是这类仪器的重要性能指标，它直接影响所获谱带的真实性，在实际分析工作中，事先规定一定的光谱分辨能力作为预定精度的最低要求。

所谓仪器的分辨能力被定义为：$\frac{\lambda}{\Delta\lambda}$ 或 $\frac{\nu}{\Delta\nu}$。其中 $\Delta\lambda$ 是在波长 λ 处恰好能区分的两个吸收带的间隔。对于给定的光谱区域，也习惯以 $\Delta\lambda$ 或 $\Delta\nu$ 数值的大小来表示一台仪器的光谱分辨能力的高低。

② 杂散辐射。通常由于仪器光学元器件的非理想性，单色器出口狭缝往往出现异于单色器波长的其他辐射，称之为杂散辐射。它是造成观测吸收值与真实值有差别的原因。

③ 波长（或波数）准确度。测量中所得到的波长准确性，是红外光谱仪的一个重要性能指标。一般可以某种事先已知其准确波长的标准样品来测定仪器的波长准确性。

除上述性能指标外，仪器波长的重复性、透过率的线性及再现性等也将直接影响最终得到的红外光谱图的真实性。

2. 傅里叶变换红外光谱仪

事实证明，以色散元件（如光栅、棱镜）为主要分光系统的光谱仪器在很多方面已不能完全满足分析工作的要求，例如这类仪器在远红外区的能量很弱，以至于不能得到理想的光谱；扫描速度太慢，以至于一些动态的研究及与其他仪器的联用（这是目前仪器分析的发展趋势）遇到困难；对于一些吸收红外辐射很强的或信号很弱的样品的测定以及痕量组分的分析等也都受到一定的限制，从而影响了红外光谱法的进一步应用。这就要求能开发一种新型的高操作性能的光谱分析仪器来解决上述问题。随着光学、电子学，尤其是计算机技术的迅猛发展，自20世纪60年代末，一种基于干涉调频分光的傅里叶变换的红外光谱仪诞生了，并已实现了仪器商品化，目前早已被众多分析仪器室广泛采用。

（1）傅里叶变换红外光谱仪结构　傅里叶（Fourier）变换红外光谱，简称 FT-IR，其仪器结构如图 2-4 所示。主要由光学检测和计算机两大系统组成，其光学检测系统目前主要是由迈克耳孙（Michelson）干涉仪组成，如图 2-5（a）所示。干涉仪将光源来的信号以干涉图的形式送往计算机进行傅里叶变换的数学处理，最后将干涉图还原成红外吸收光谱图。

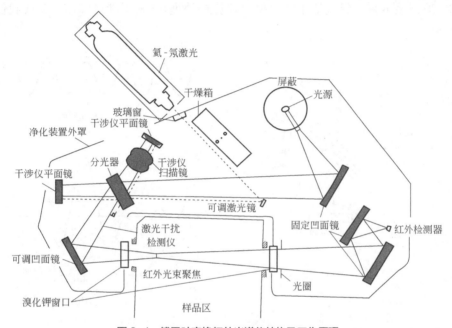

图 2-4　傅里叶变换红外光谱仪结构及工作原理

① 光源。傅里叶变换红外光谱仪也是使用能斯特灯、碳化硅等作光源。

② 干涉仪。迈克耳孙干涉仪作为傅里叶变换红外光谱仪的核心部件，其主要作用是将复色光变为干涉光。迈克耳孙干涉仪是由互成 90°的两块反射镜 M_1 和 M_2 以及与两者分别成 45°的劈光器（也叫分束器，是一块半反射半透射的膜片）B 及补偿器 C 所构成。其中，凹面反射镜 M_1 可以沿水平方向等速地左右平移，而 M_2 为固定不动的平面反射镜。

对于不同波段的这种仪器，其劈光器使用的材料不大一样。近红外干涉仪的劈光器采用石英和 CaF_2 材料；中红外干涉仪的劈光器使用溴化钾材料；远红外干涉仪的劈光器采用 Mylar 膜及网格固体材料制成。

③ 检测器。傅里叶变换红外光谱仪主要采用灵敏度高、响应速度快的热（释电）检测器和光（电导）检测器两种类型。热检测器是将某些热电材料[如氘化硫酸三甘肽（DTGS）、$LiTaO_3$]等的晶体放在两块金属板中，当光照射到晶体上时，晶体表面电荷分布就会发生变化，由此测量红外辐射的功率。光检测器分氘化硫酸三甘肽（DTGS）和钽酸锂（$LiTaO_3$）等不同类型。光检测器则利用材料本身受光照射时，导电性能会发生变化而产生电信号。最常用的是锑化铟、汞镉碲等类型。

（2）傅里叶变换红外光谱仪的工作原理　由单色光源发出的未经调制的光 S 射向劈光器 B 时，被劈分为相等的两部分即光束Ⅰ和光束Ⅱ：光束Ⅰ射向动镜 M_1 上，然后又反射回来穿过劈光器 B 和补偿器 C 到达检测器 D；另一束光 Ⅱ 穿过劈光器 B 和补偿器 C 射到固定反射镜 M_2 上，再被 M_2 反射回劈光器 B 上，在劈光器上再次反射，最后在检测器 D 处与光束 Ⅰ 汇合。当两束光通过样品（S）到达检测器 D 时，就产生了光程差而相互干涉。这一光程差将随可移动反射镜 M_1 的往复运动而呈周期性的变化。由于光的相干原理，在检测器 D 处得到的是一个强度变化为余弦形式的信号。随反射镜 M_1 每移动 $\lambda/4$ 的距离，信号强度就从明到暗（或从暗到明）地改变一次，如图 2-5（b）和（c）所示。单色光源只产生一种余弦信号，如图 2-5（b）所示；复色光源则产生对应各单色光频率的不同的余弦信号，如图 2-5（c）所示。余弦信号的变化频率与进入干涉仪的电磁辐射频率、反射镜的移动速度两个因素有关。这些信号强度相互叠加组合，得到一个迅速衰减的、中央具有极大值的对称形干涉图，通过样品（S）到达检测器（D）的干涉光的强度 I 将作为两束光的光程差 S 的函数 $I(S)$ 被记录下来，经过傅里叶变换（计算机处理），将干涉谱 $I(S)$ 变成我们熟悉的光谱 $I(\nu)$。

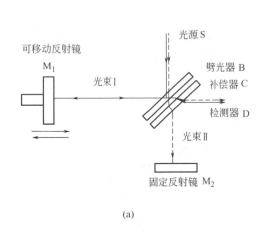
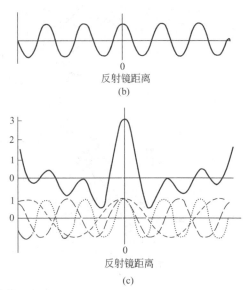

图 2-5　迈克耳孙（Michelson）干涉仪（a）和干涉图（b）、（c）

（3）傅里叶变换红外光谱法的特点　与经典色散型红外光谱仪相比，FT-IR 具有如下优点：

① 具有扫描速度极快的特点，扫描过程的每一瞬间测量都包括了分子振动的全部信息，检测时间大大缩短，利于动态过程和瞬间变化的研究；
② 光束全部通过，辐射通量大，检测灵敏度高；
③ 具有多路通过的特点，所有频率同时测量；
④ 具有极高的波数准确度；
⑤ 分辨率高且测量范围宽（$10^4 \sim 10 cm^{-1}$）；
⑥ 光学部件简单，只有一个可动镜在实验过程中运动；
⑦ 利用计算机储存，多次累加大大提高信噪比，与气相色谱联用解决了痕量分析问题。

（4）傅里叶变换红外光谱法的发展趋势　傅里叶变换红外光谱法的发展趋势是联用技术。气相色谱法具有分离能力强等优点，但最大不足是在缺乏标准样品的情况下定性比较困难。而红外光谱最大特点就是其高度的特征性，并能提供大量丰富的有关分子结构方面的信息。不足在于缺乏分离能力。随着傅里叶变换红外光谱仪的普及，扬长避短地将红外光谱法与气相色谱法相结合，极大地方便了复杂样品的分离分析问题。目前这种联用技术已在环境监测、天然产物分析、香料工业、农药、毒品分析等许多领域得到广泛应用。

二、红外制样技术

1. 制备试样的要求

红外吸收光谱分析法对分析样品的存在状态没有要求。但是,同一种物质当存在状态不同时,因原子间的相互影响不同而导致吸收频率发生改变,其红外吸收光谱将有许多差异。所以,样品的处理是红外吸收光谱分析一项极为重要而又比较特殊的工作。样品状态不同,处理方法也不一样。

试样有气、液、固三种状态。在红外光谱分析中样品的制备占有重要地位。如果处理不当,即使仪器性能再好也很难得到满意的红外吸收光谱图。为此,制样时应注意以下问题。

① 为避免各组分光谱重叠,以致无法辨认和分析谱图,多组分样品应尽量预先分离为单一组分的纯物质。

② 样品的浓度或测试厚度要适当,以测得的谱图中多数吸收峰的透射率 T 处于 15%~70% 为宜。浓度太小或厚度太薄,会使一些弱的吸收峰及光谱的细微部分不能得以显现;浓度太大或厚度太厚,又会使强的吸收峰超过标尺刻度而无法确定其真实位置。为了得到完整的红外吸收谱图,必要的话,可以用几种不同浓度或厚度的试样进行测定。

③ 样品不应含有游离水分,水对红外线产生吸收,会使所得红外吸收谱图变形,水还腐蚀盐窗(所以红外光谱仪应在恒湿的环境中才能正常工作),使盐窗变得模糊。

2. 红外样品池

红外光谱测试所用样品池的光学窗口材料不应对红外线有吸收,而玻璃或石英对红外线几乎全部吸收,因此吸收池窗口通常是由 NaCl、KBr、LiF 或 TlBr-TlI 等盐晶制成。含水分较多的样品或样品的水溶液,需用耐腐蚀的 CaF_2、AgCl 窗片。表 2-3 是不同光学材料的透光情况。其中,除 KRS-5 和 AgCl 外都易吸湿。

表 2-3 常用光学材料的一些性质

光学材料	透光范围/μm	折射率 n	室温下的溶解度/($g \cdot 100mg^{-1} H_2O$)
熔融石英	0.16~4.0	1.45	0
氟化锂	0.12~8	1.38	0.27
氟化钙	0.13~11	1.42	1.6×10^{-3}
氯化钠	0.20~22	1.50	35.7(0℃)
氯化银	0.4~25	1.98	0
溴化钾	0.2~33	1.53	54
溴化铯	0.2~42	1.66	124
碘化铯	0.24~55	1.74	44
KRS-5 {TlBr 42% / TlI 58%}	0.5~40	2.37	0.05

3. 样品制备

红外样品制备主要分为固体试样制备、液体试样制备和气体试样制取。固体试样和液体试样的制备将在后面的实训中做详细介绍,这里先简单介绍一下气体试样的制取。

气体试样可直接在气体吸收池中测试。但气体分子彼此相距较远,因此需要的光路很长。常用于气体或气体混合物试样测定的吸收池一般是具有氯化钠晶体窗的玻璃筒,它的光程可以从几厘米到几米。

(1) 气体槽 为了便于更换盐窗,气体槽通常做成可拆卸式。常用的有 5cm 和 10cm 光程的。容积一般为 50~150mL,如图 2-6 所示。

(2) 长光程气体槽 对于痕量的组分气体试样(如污染空气)、吸收较弱的气体试样以及低蒸气压物质试样的测定,应采用长光程的气体槽。为了减小吸收池的体积,通常使用具有反射内表面的吸收池,如图 2-7 所示,使光束在吸收池内反复多次(每次都经过样品)以增加光程长度。使用气体吸收池测定气体试样时,先将气体吸收池排空,再充入样品气体,密闭后测试。

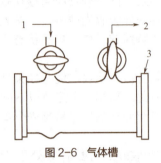

图 2-6 气体槽

1—试样进口;2—抽气口(接真空泵);
3—红外透光窗片

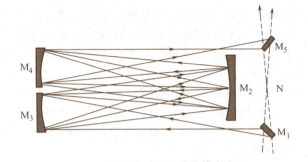

图 2-7 长光程气体槽光路

M_1、M_5—平面反射镜;M_2、M_3、M_4—球面镜;
N—通常的试样位置

4. 红外载体材料的选择

目前,在红外光谱分析中,以中红外区(波长范围为 4000~400cm^{-1})应用最为广泛。并且通常所用的光学材料——盐窗主要是氯化钠(4000~600cm^{-1})或溴化钾(4000~400cm^{-1})晶体;这些晶体很易吸水而使表面"发乌",影响红外线的透过。为此,所用的窗片应放在干燥器内保存,且应在湿度较小的环境中操作。另外,晶体片质地脆,而且价格较贵,使用时要特别当心。对含水样品的测试应采用 KRS-5 窗片(4000~250cm^{-1})、ZnSe(4000~500cm^{-1})和 CaF$_2$(4000~1000cm^{-1})等材料。远红外区用聚乙烯材料,近红外区则用石英或玻璃材料。

三、红外光谱仪的基本操作

目前,国内外的红外光谱仪有多种型号,性能各异,但实际操作步骤基本相似。下面以岛津公司 IRprestige-21 傅里叶红外分光光度计为例说明红外光谱仪的使用(见图 2-8)。

1. 开启傅里叶变换红外光谱仪

① 开启傅里叶红外光谱仪的电源。
② 开启计算机,进入 Windows 操作系统。

2. 启动 IRsolution 软件

① 点击 Start 按钮。
② 选择菜单中的程序选项。
③ 选择 Shimazu 中的 IRsolution 项,启动 IRsolution 软件。

图 2-8 IRprestige-21 傅里叶红外分光光度计外观

④ 选择测量模式,然后选择测量菜单(Measurement)中的初始化菜单(Initialize)。只有在测量模式下初始化菜单才是可以使用的。

⑤ 计算机开始和傅里叶变换红外光谱仪进行联机。

3. 图谱扫描

(1) 参数设置 可以设置扫描参数的扫描参数窗口包括 5 个栏,即"数据(Data)""仪器(Instrument)""更多(More)""文件(Files)"和"高级"。点击每一个栏就可以显示相应的栏目。

① 数据栏(Data)。设置测量模式(Measurement Mode)为透射(%Transmittance),设置去积卷(Apodization,1.2 版翻译为变迹法)为 Happ-Genzel,设置扫描次数(No.of Scans)为 1~400 次,一般设置 15 次,设置分辨率(Resolution)为 4,设置记录范围(Range)为 400~4000,见图 2-9。

② 文件栏(Files)。用文件栏保存在扫描参数栏的参数设置或者装载保存的参数。要保存参数,点击"另存为"按钮,然后选择或者输入保存路径和文件名(扩展名:*.ftir)。要装载保存的参数。点击右下角按钮,然后选择要用的参数文件。如图 2-10 所示。标记 Locked 选项,那么参数项目都会变成灰色,不能修改。

(2) 扫描

① 背景扫描。点击 BKG 按钮进行背景扫描,扫描时样品架不能放有样品,当然有时需要放置空白样品进行背景扫描,如果做压片,则需要用纯溴化钾压片做背景。

② 样品扫描。首先把样品放入样品室,点击 Sample 进行样品测试,测试完成后可以获得样品的图谱。如图 2-11 所示。点击 Stop 按钮可以停止扫描。

图 2-9 数据栏　　　图 2-10 文件栏

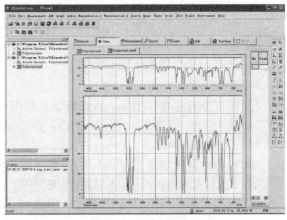

图 2-11 样品的图谱

4. 显示图谱

① 在测量模式下,用鼠标右键点击图谱,会显示下拉菜单,其中有全屏模式。

② 点击 View 按钮可以查看样品测试的图谱,选择 File 中的 Open 可以查看以前保存过的图谱。如图 2-12 所示。

5. 图谱处理

从菜单栏 Manipulation1 和 Manipulation2 的下拉菜单中可以选择各种处理功能。

点击"Manipulation1"的下拉式菜单的"Peaktable"选项自动转换到[处理]栏显示峰检测屏。要检测峰可以用"噪声(Noise)""阈值(Threshold)"和"最小面积(MinArea)"设置,给每一个参数输入一个数值点击计算(Calc)按钮显示吸收峰检测结果。最后按 OK 键可以得到峰值表。要撤销计算可以按 Calculate 键(见图 2-13)。

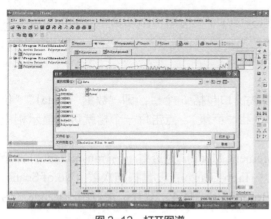
图2-12 打开图谱

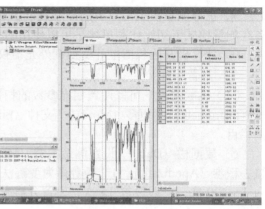
图2-13 峰值表

6. 图谱检索

点击检索（Search）按钮显示检索界面，在参数窗口的图谱库（Librarise）栏标记将要被检索的图谱库。如果没有图谱库，可点击添加（Add）按钮找到要添加的图谱库进行添加。可以同时选择多个谱库，确定好图谱库后，点击图谱检索（Spectrum Search）按钮进行检索，根据结果评价的分数可以找到最接近的图谱，评分最高是1000分，并且按照得分顺序排列检索结果，与谱库顺序无关。

7. 图谱保存

扫描完成后，图谱会自动保存到默认的文件夹，并根据目录查看。

8. 图谱打印

① 激活要打印的图谱：在查看（View）界面，点击要打印的图谱。
② 在File的下拉菜单中选择Print Preview命令。
③ 选择一个合适的模板打印图谱。

9. 退出系统

① 确保所有必要的IRsolution数据已经保存。
② 执行文件（File）—退出（Exit）命令退出IRsolution软件。
③ 退出Windows。
④ 检查计算机前面控制面板的存取指示，确保没有运行磁盘，然后关闭计算机。
⑤ 关闭IRprestige-21主机右前方的开关，绿灯灭。
⑥ 保持电源和IRprestige-21系统相接，以便系统内部干燥。橘黄色灯亮。

四、红外光谱法的分析流程

红外光谱分析，大致可以分为官能团定性和结构分析两个方面。官能团定性是根据化合物的特征基团频率来检定待测物质含有哪些基团，从而确定有关化合物的类别。结构分析或称之为结构剖析，则需要由化合物的红外吸收光谱并结合其他实验资料来推断有关化合物的化学结构式。

如果分析目的是对已知物及其纯度进行定性鉴定，那么只要在得到样品的红外光谱图后，与纯物质的标准谱图进行对照即可。如果两张谱图各吸收峰的位置和形状完全相同，峰的相对吸收强度也一致，就可初步判定该样品即为该种纯物质；相反，如果两谱图各吸收峰的位置和形状不一致，或峰的相对吸收强度也不一致，则说明样品与纯物质不为同一物质，或样品中含有杂质。

红外光谱分析的一般分析流程如下。

（1）试样的分离和精制　用各种分离手段（如分馏、萃取、重结晶、柱色谱等）提纯未知试样，以得到单一的纯物质。否则，试样不纯不仅会给光谱的解析带来困难，还可能引起"误诊"。

（2）收集未知试样的有关资料和数据　了解试样的来源、元素分析值、分子量、熔点、沸点、溶解度、有关的化学性质，以及紫外吸收光谱、核磁共振波谱、质谱等，这对图谱的解析有很大的帮助，可以大大节省谱图解析的时间。

（3）确定未知物的不饱和度　所谓不饱和度（U）是表示有机分子中碳原子的饱和程度。计算不饱和度的经验公式为：

$$U = 1 + n_4 + (n_3 - n_1)/2 \tag{2-1}$$

式中，n_1、n_3、n_4 分别为分子式中一价、三价和四价原子的数目。通常规定双键和饱和环状结构的不饱和度为 1，三键的不饱和度为 2，苯环的不饱和度为 4。

比如 $C_6H_5NO_2$ 的不饱和度 $U = 1 + 6 + (1-5)/2 = 5$，即一个苯环和一个 N=O 键。

（4）检测样品　使用红外光谱仪对样品进行检测并绘制红外吸收光谱图。

（5）谱图解析　谱图解析的程序一般可归纳为两种方式：一种是按光谱图中吸收峰强度顺序解析，即首先识别特征区的最强峰，然后是次强峰或较弱峰，它们分别属于何种基团，同时查对指纹区的相关峰加以验证，以初步推断试样物质的类别，最后详细地查对有关光谱资料来确定其结构；另一种是按基团顺序解析，即首先按 C=O、O—H、C—O、C=C（包括芳环）、C≡N 和—NO_2 等几个主要基团的顺序，采用肯定与否定的方法，判断试样光谱中这些主要基团的特征吸收峰存在与否，以获得分子结构的概貌，然后查对其细节，确定其结构。

五、红外光谱法的基本知识

红外光谱是研究分子运动的吸收光谱，亦称为分子光谱。通常红外光谱是指波长在 0.78~25μm 之间的吸收光谱，这段波长范围反映出分子中原子间的振动和变角运动。分子在振动运动的同时还存在着转动运动，虽然转动运动所涉及的能量变化较小，处在远红外区，但转动运动影响到振动运动产生偶极矩的变化，因而在红外光谱区实际所测得的谱图是分子的振动与转动运动的加合表现，因此红外光谱又称为振转光谱。

红外光谱主要是研究分子结构与红外谱图的关系，由于每一种分子中各个原子之间的振动形式十分复杂，即使是简单的化合物，其红外光谱也是复杂且有其特征的，因此可以通过分析化合物的红外谱图获得许多反映分子结构的信息，并用于化合物分子结构的鉴定。

根据红外光谱中吸收峰的位置和形状可以推断未知物的化学结构；根据特征吸收峰的强度可以测定混合物中各组分的含量；应用红外光谱可以测定分子的键长、键角，从而推断分子的立体构型，判断化学键的强弱等。因此，对于化学工作者来说，红外光谱已经成为一种不可缺少的分析工具。

红外光谱分析方法主要是依据分子内部原子间的相对振动以及分子转动等信息进行测定。

分子的总能量由平动能量、振动能量、电子能量和转动能量四部分构成。其中振动能级的能量差为 $8.01 \times 10^{-21} \sim 1.60 \times 10^{-19}$J，与红外线的能量相对应。若以连续波长的红外线为光源照射样品，所得的吸收光谱叫作红外吸收光谱，简称红外光谱，简写成 IR 光谱。由于实验技术和应用的不同，通常把红外光谱（0.78~1000μm）划分为三个区域。

近红外区（泛频区）：波长 0.78~2.5μm，主要用来研究 O—H、N—H 及 C—H 键的倍频吸收。

中红外区（基本振动-转动区）：波长 2.5~25μm（4000~400cm^{-1}）（注：也有将 2.5~50μm 划为中红外区），它是研究、应用最多的区域，该区的吸收主要是由分子的振动能级和转动能级跃迁引起的。

远红外区（转动区）：波长 25~1000μm（注：也有将 50~1000μm 划为远红外区），分子的纯转动能级跃迁以及晶体的晶格振动多出现在这一区域。

在红外吸收光谱中,常用波长(λ)和频率(ν)表示谱带位置,而更常用的是波数(cm^{-1})。波数的定义是:1cm 范围内所含光波的数目。

$$\text{波数}/cm^{-1} = \frac{10^4}{\lambda/\mu m} \tag{2-2}$$

如 2.5μm 的波长,相当于 $\frac{10^4}{2.5} cm^{-1} = 4000 cm^{-1}$,而 25μm 相当于 $\frac{10^4}{25} cm^{-1} = 400 cm^{-1}$。

1. 振动的基本类型

一般把分子的振动方式分为两大类:化学键的伸缩振动和弯曲振动。

(1)伸缩振动 指成键原子沿着价键的方向来回地相对运动。在振动过程中,键角并不发生改变,如碳氢单键、碳氧双键、碳氮三键之间的伸缩振动。伸缩振动又可分为对称伸缩振动和反对称伸缩振动,分别用 ν_s 和 ν_{as} 表示。两个相同的原子和一个中心原子相连时,如—CH_2—,其伸缩振动有对称伸缩振动(ν_s, symmetric stretching vibration)和反对称伸缩振动(ν_{as}, asymmetric stretching vibration)。

(2)弯曲振动 弯曲振动又分为面内弯曲振动和面外弯曲振动,用 δ、γ 表示。如果弯曲振动的方向垂直于分子平面,则称为面外弯曲振动,如果弯曲振动完全位于平面上,则称为面内弯曲振动。剪式振动和平面摇摆振动为面内弯曲振动,面外摇摆振动和扭曲变形振动为面外弯曲振动。图 2-14 为亚甲基(—CH_2—)的几种基本振动形式。

(a)不对称伸缩振动 (b)对称伸缩振动 (c)剪式振动 (d)面内摇摆 (e)面外摇摆 (f)扭曲变形

图 2-14 亚甲基的基本振动形式

同一种键型,其反对称伸缩振动的频率大于对称伸缩振动的频率,且又远远大于弯曲振动的频率,即 $\nu_{as} > \nu_s \gg \delta$,而面内弯曲振动的频率又大于面外弯曲振动的频率。

2. 影响峰数减少的原因

CO_2 分子是一个线性分子,其振动自由度为 4,故有四种基本振动形式:

① 对称伸缩振动 ν_s;
② 不对称伸缩振动 ν_{as} 2349cm^{-1};
③ 面内弯曲振动 δ 667cm^{-1};
④ 面外弯曲振动 γ 667cm^{-1}。

按理 CO_2 分子的红外吸收光谱中应有四个吸收峰,但实际上却只有两个吸收峰,它们分别位于 2349cm^{-1} 和 667cm^{-1} 处。其原因是在 CO_2 分子的四种振动形式中,对称伸缩振动不引起分子偶极矩的变化,因此不产生红外吸收光谱,也就不存在吸收峰。而面内弯曲振动和面外弯曲振动又因频率完全相同,峰带发生简并。在观测红外吸收谱带时,经常遇到峰数少于分子的振动自由度数目的情况,其原因如下。

① 红外非活性振动。当振动过程中分子不发生瞬间偶极矩变化时,不引起红外吸收,这种振动称为红外非活性振动。如 CO_2 分子的 ν_s 就属于非活性振动。
② 分子结构对称,某些振动频率相同,发生简并。
③ 强宽峰覆盖频率相近的弱而窄的峰。
④ 在红外区域外的峰。
⑤ 特别弱的峰或彼此十分接近的峰。

3. 红外吸收光谱图及红外吸收光谱产生的条件

红外光谱法研究的是分子中原子的相对振动,也可归结为化学键的振动。不同的化学键或官能团,其振动能级从基态跃迁到激发态所需要的能量是不同的,因此要吸收不同波长的红外线。

当一定波长的红外线照射物质的分子时，若辐射能（$h\nu$）等于振动基态（V_0）的能级（E_1）与第一振动激发态（V_1）的能级（E_2）之间的能量差（ΔE）时，则分子便吸收该红外线，由振动基态跃迁到第一振动激发态（$V_0 \rightarrow V_1$）：

$$\Delta E = E_2 - E_1 = h\nu \tag{2-3}$$

分子吸收红外线后，将引起辐射光强度的改变，又由于不同分子吸收不同波长的红外线，因此在不同波长处出现吸收峰，从而形成了红外吸收光谱。进行红外光谱分析时，当把样品放在红外光谱仪上，一般就可以记录到它的红外吸收光谱图，图 2-15 是正庚烷的红外吸收光谱图。由图可见，红外吸收光谱图以红外线的波长（μm）或波数（cm^{-1}）为横坐标，透射率（T）为纵坐标。它表示了红外线照射到样品上，光能透过的程度。

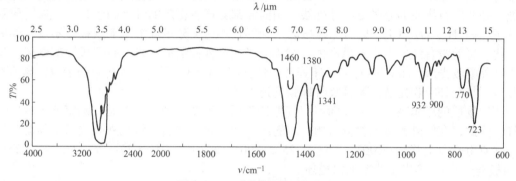

图 2-15 正庚烷的红外吸收光谱图

在红外线的作用下，只有偶极矩（$\Delta\mu$）发生变化的振动，即在振动过程中 $\Delta\mu \neq 0$ 时，才会产生红外吸收。这样的振动称为红外"活性"振动，其吸收带在红外光谱中可见；而在振动过程中，偶极矩不发生改变（$\Delta\mu=0$）的振动称红外"非活性"振动，这种振动不吸收红外线，因此也就记录不到其吸收带，在红外吸收谱图中也就找不到。如非极性的同核双原子分子 N_2、O_2 等，在振动过程中偶极矩并不发生变化，它们的振动不产生红外吸收谱带。有些分子既有红外"活性"振动，又有红外"非活性"振动。如 CO_2，其对称伸缩振动，$\Delta\mu=0$，为红外"非活性"振动；其反对称伸缩振动，$\Delta\mu \neq 0$，为红外"活性"振动，因此，在 CO_2 分子的红外吸收光谱图中仅有一个波数为 $2349cm^{-1}$ 的吸收谱带。

4. 影响红外吸收谱带强度的因素

（1）分子振动偶极矩的影响　分子振动时偶极矩的变化不仅取决于该分子能否吸收红外线，而且也关系到吸收峰的强度。红外吸收强度与分子振动过程中偶极矩变化的幅度有关，偶极矩变化幅度越大，吸收强度越大。根据量子理论，红外光谱的强度与分子振动偶极矩变化的平方成正比。一般来说，基团极性越大，在振动过程中的偶极矩变化幅度也就越大，因此吸收强度也越大。典型的例子是 C=O 基和 C=C 基的吸收是非常强的，在红外吸收光谱图中往往总是最强的吸收带；而 C=C 基的吸收则有时出现，也有时不出现，即使出现，相对来讲其强度也很弱。同样是不饱和双键，但吸收强度上却存在如此大的差别，原因在于同样为伸缩振动，但振动时偶极矩的变化幅度却是 C=O 基大于 C=C 基，因而相应地跃迁概率也是 C=O 基大于 C=C 基。

对于同种类型的化学键，偶极矩的变化也与其结构的对称性有关。例如同样是 C=C 双键，在以下三种不同结构中，吸收强度的差别却十分明显：

① R—CH = CH$_2$　　　　　　$\varepsilon=40 L\cdot mol^{-1}\cdot cm^{-1}$
② R—CH = CH—R'顺式　　$\varepsilon=10 L\cdot mol^{-1}\cdot cm^{-1}$

③ R—CH=CH—R'反式 $\varepsilon=2L\cdot mol^{-1}\cdot cm^{-1}$

由此可见，结构上对称性①②③依次越强，则吸收也就越弱。

（2）溶剂、溶液浓度的影响　同一种试样在不同的溶剂中时，或相同溶剂不同浓度溶液中时，由于氢键的影响及氢键强弱的不同，致使原子间距大小也不同。原子间距越大，偶极矩变化也就越大，吸收也就越强烈。如醇类的—OH 基在四氯化碳溶剂中的伸缩振动强度比在乙醚溶剂中弱得多。并且当溶剂相同、浓度不同时，由于缔合状态不一样，吸收强度同样也有很大差异。

（3）其他因素　吸收谱带的强度还与振动方式有关。即使是强极性基团的红外振动吸收谱带的强度也不如紫外或可见光区最强的电子跃迁吸收峰强度大，通常前者要比后者小2～3个数量级。由于红外光谱仪中的能量相对较低，测定时应使用较宽的狭缝，使单色器的光谱宽带与吸收峰宽度相近。这样一来又使红外吸收谱带的峰值及其宽度受所用狭缝宽度的影响强烈。并非所有物质的分子受到红外线作用时，都会产生相应的红外吸收光谱。如同质双原子分子（如 H_2、O_2、Cl_2）只有伸缩振动一种形式，这类分子伸缩振动过程中不发生偶极矩的变化，也就没有红外吸收光谱产生。对称分子的对称伸缩振动也没有偶极矩的变化，也不产生红外吸收光谱。而C=O、O—H 等强极性基团，其伸缩振动吸收均为强吸收，也即不仅可以得到其红外吸收光谱，而且吸收峰强度还很大。

相同物质的摩尔吸光系数 ε 随所用仪器的不同而改变，即仪器不同，测定的灵敏度也不一样。因此，在红外光谱定性分析中，ε 的用处并不大。而通常将红外吸收谱带强度分为五级，并使用 vs（很强，$\varepsilon>200$）、s（强，$75<\varepsilon<200$）、m（中，$25<\varepsilon<75$）、w（弱，$5<\varepsilon<25$）及 vw（极弱，$\varepsilon<5$）等来定性地加以描述。

5. 红外吸收光谱的特征性及有关术语

（1）红外吸收光谱的特征性　红外吸收光谱的最大特点是其具有的高度特征性。在复杂分子中存在着许多原子基团，这些原子基团（化学键）在分子受到激发时，会产生特征振动。由于红外吸收光谱的特征性是与化学键振动的特征性密不可分的，所以说分子的振动，实质上可归为化学键的振动。尽管有机化合物的种类繁多，但就其基本组成元素而言，无外乎是C、H、O、N、S 以及 X（卤素）等，而其中大部分又主要是由C、H、O、N 四种基本组成元素所构成的。从这个意义上讲，大部分有机化合物的红外吸收光谱基本上是由这四种元素所形成的化学键的振动所贡献的。经过对大量化合物的红外吸收光谱的研究后发现，相同类型化学键的振动频率也基本上相近，即总是出现在某一频率范围内。比如，CH_3CH_2Cl 中的 CH_3 基团具有一定的吸收带（3000～2800cm^{-1}），并且对于很多同样具有 CH_3 基团的化合物而言，在这个频率附近也呈现有吸收峰，我们就将出现 CH_3 吸收峰的频率称作是 CH_3 基团的特征频率。基团的特征频率反映了特定基团（化合物的基本结构单元）在化合物中的存在，故又将这个与一定的结构单元相联系的振动频率称之为基团频率。又由于在不同化合物中相同一种基团所处的环境不同，这种差别常常能反映出化合物内部结构上的特点。如 C=O 基团的伸缩振动频率范围是在 1900～1650cm^{-1} 以内，当与其直接相连的原子是C、O、N 时，C=O 基团的谱带就会分别在 1715cm^{-1}、1735cm^{-1}、1680cm^{-1} 处出现，显然可以很方便地据此区分酮、酯及酰胺。换言之，吸收峰的位置及其强度决定于分子中各种基团的振动形式及基团所处的环境。只要我们掌握了这些有关基团的振动频率（基团频率）及其位移规律，就可以比较方便地应用红外吸收光谱法鉴定出化合物中所含基团类型及其在分子中所处的位置，进而解决物质组成及分子结构的问题。

（2）红外吸收光谱中常用的几个术语

① 基频峰。当分子吸收一定频率的红外线后，振动能级从基态（V_0）跃迁到第一激发态（V_1）时所产生的吸收峰，称为基频峰。

若振动能级从基态（V_0）跃迁到第二激发态（V_2）、第三激发态（V_3）……所产生的吸收峰，称为倍频峰。

$V_0 \rightarrow V_1$　基频峰 (v)　较强

$V_0 \rightarrow V_2$　第一倍频峰　弱

$V_0 \rightarrow V_3$　第二倍频峰　更弱，难以观测

② 组合频峰。是指两个或多个基频之和或差所在的峰，其强度很弱。

③ 泛频峰。基频峰和组合频峰合称泛频峰。

常见的一些化学基团在 $4000 \sim 670 cm^{-1}$ 范围内都有其各自的特征基团频率。而这个红外光谱区域（中红外区）又是普通红外光谱仪的工作区域。实际工作中为了方便起见，又将这一区域进一步划分为若干个小的区域。

a. X—H 伸缩振动区，$4000 \sim 2500 cm^{-1}$，这里的 X 可以是 O、H、C 以及 S 原子。该区域主要包括 O—H、N—H、C—H 以及 S—H 键的伸缩振动，通常称之为"氢键区"。

b. 三键及累计双键区，$2500 \sim 1900 cm^{-1}$。主要包括炔键—C≡C—、氰键—C≡N、丙二烯基—C=C=C—、烯酮基—C=C=O、异氰酸酯基—N=C=O—等的反对称伸缩振动。

c. 双键伸缩振动区，$1900 \sim 1200 cm^{-1}$。主要包括 C=C、C=O、—NO_2 等的伸缩振动，芳环骨架振动等。

d. X—Y 伸缩振动及 X—H 变形振动区（单键区），$<1650 cm^{-1}$。该区域的光谱较为复杂，主要包括 C—H、N—H 变形振动，C—O、C—X（卤素）等伸缩振动，以及 C—C 单键骨架振动等。

（3）红外光谱中的几个主要区域　了解上述区域中主要吸收带的出现情况可以作为判断某些有机物质是否存在的重要依据。

① X—H 伸缩振动区，$4000 \sim 2500 cm^{-1}$。O—H 基的伸缩振动出现在 $3650 \sim 3200 cm^{-1}$ 的范围内，据此是否出现可判断有无醇类、酚类及有机酸类物质的存在。

当非极性有机溶剂（如四氯化碳）中溶解有 $0.01 mol \cdot L^{-1}$ 以下的醇、酚时，即可在 $3650 \sim 3580 cm^{-1}$ 处很容易见到游离 OH 基的伸缩振动吸收峰的出现，该峰尖锐且附近无其他干扰峰。不过，由于 OH 基属强极性基团，其化合物的缔合现象极为显著，随试液浓度的增大，OH 基的伸缩振动吸收峰将向低波数方向移动，一般会在 $3400 \sim 3200 cm^{-1}$ 范围内出现一宽而强的吸收峰。有机酸中的 OH 基形成氢键的能力相对更强，因而常常形成二聚体：

$$2R-C\begin{matrix}O\\OH\end{matrix} \rightleftharpoons R-C\begin{matrix}O \cdots H-O\\O-H \cdots O\end{matrix}C-R$$

值得一提的是，对 OH 基伸缩振动区的解释应注意 NH 基的干扰。这是由于胺及酰胺中的 NH 基伸缩振动同样是出现在 $3500 \sim 3100 cm^{-1}$ 范围内。

饱和及不饱和的 C—H 键的对称及不对称伸缩振动出现的区域是不一样的。一般在有机化合物中含有 C—H 键是很多的，无论是以什么状态存在，饱和的 C—H 键伸缩振动都出现在 $3000 \sim 2800 cm^{-1}$ 范围内，并且取代基对它们的影响也很小。不饱和的 C—H 键伸缩振动都出现在 $3000 cm^{-1}$ 以上。

② C=C 的伸缩振动主要出现在 $1680 \sim 1620 cm^{-1}$ 范围内，而 C=O 的伸缩振动主要出现在 $1850 \sim 1600 cm^{-1}$ 范围内，且其吸收很有特征。前者强度皆较弱，后者强度皆很强。只根据在 $1680 \sim 1620 cm^{-1}$ 范围内有无吸收峰出现来作为判断有无 C=C 键存在的依据是极其危险的。比如对于下述分子而言：

$$\begin{matrix}R^1\\R^2\end{matrix}C=C\begin{matrix}R^3\\R^4\end{matrix}$$

其 C=C 键的吸收强度还与分子中的四个基团的差异大小以及分子对称性有关。很显然，若四个基团彼此相似或相同，那么 C=C 的吸收就会很弱，甚至是非红外活性的。

③ 由于在实际工作中，三键及累计双键的情况遇到的不多，故略而不谈，遇到时可参考有关书籍加以辨认。

④ X—Y 伸缩振动及 X—H 变形振动区（单键区）

a. 特征峰。凡是能用于鉴定原子基团存在且有较高强度的吸收峰，称为特征峰，其对应的频率称为特征频率，如 NH_2 的特征峰。

b. 相关峰。一个基团除了有特征峰外，还有其他振动形式的吸收峰，习惯上把这些相互依存而又相互可以佐证的吸收峰称为相关峰，如 CH_3 的相关峰。

c. 特征区。4000～1300cm^{-1}，各种官能团的特征频率在这一区域出现。也称之为"基频区"或"官能团区"。

d. 指纹区。1300～400cm^{-1}，C—X（C、N、O）单键的伸缩振动及各种弯曲振动峰（相关峰）。

实训 2-1　红外光谱仪的基本操作

一、实训目的

1. 了解红外光谱仪各个部件及作用。
2. 掌握红外光谱仪基本操作步骤。

二、实训原理

红外光谱又称为振动转动光谱，是一种分子吸收光谱。当分子受到红外线的辐射，产生振动能级（同时伴随转动能级）的跃迁，在振动（转动）时伴有偶极矩改变者就吸收红外光子，形成红外吸收光谱。用红外光谱法可进行物质的定性和定量分析（以定性分析为主），从分子的特征吸收可以鉴定化合物的分子结构。

傅里叶变换红外光谱仪（FT-IR）和其他类型红外光谱仪一样，都是用来获得物质的红外吸收光谱，但测定原理有所不同。在色散型红外光谱仪中，光源发出的光先照射试样，而后再经分光器（光栅或棱镜）分成单色光，由检测器检测后获得吸收光谱。但在傅里叶变换红外光谱仪中，首先是把光源发出的光经迈克耳孙干涉仪变成干涉光，再让干涉光照射样品，经检测器获得干涉图，由计算机把干涉图进行傅里叶变换而得到吸收光谱。

红外光谱根据不同的波数范围分为近红外区（12800～4000cm^{-1}）、中红外区（4000～400cm^{-1}）和远红外区（400～10cm^{-1}），而中红外光谱是研究有机化合物最常用的光谱区域。红外光谱法的特点是：快速、样品量少（几微克至几毫克）、特征性强（各种物质有其特定的红外光谱图）、能分析各种状态（气、液、固）的试样以及不破坏样品。红外光谱仪是化学、物理、地质、生物、医学、纺织、环保及材料科学等的重要研究工具和测试手段，而远红外光谱更是研究金属配合物的重要手段。

任务 3　红外吸收光谱的解析及应用

一、红外定性分析的一般方法

红外光谱法由于操作简单、分析快速、样品用量少、不破坏样品等优点，在有机定性分析中应用非常广泛。红外光谱中吸收峰的位置和强度提供了有机化合物化学键类型、几何异构、晶体结构等方面的信息，不同官能团通常在红外光谱中具有不同的特征吸收峰。因此，可以利用红外光谱对化合物进行鉴定或结构分析。化合物的鉴定，仅需将有关化合物的光谱与已知结构的化合物的光谱进行比较，从而肯定或否定所提出的可能结构的化合物。结构的分析，则要通过红外光谱的特征吸收谱带，测定物质可能含有的官能团，以确定化合物的类别，再结合化合物的其他物理化学性质，结合紫外、核磁、质谱等信息，确定化合物的分子结构。

有机化合物的定性分析就是要确定未知物含有哪些官能团，是哪一类化合物，并确定其分子式。结构分析实际也属于定性分析的范围，只不过它需要确定未知物的化学结构式，以便进一步将同分异构体区别开。

应用红外光谱法进行定性及结构分析的一般方法程序如下。

① 应弄清楚样品的来源和性质，以便选择合适的光谱测定条件及对吸收光谱进行分析处理。

② 获取化合物的元素分析结果、分子量及熔点、沸点、折射率等物理常数。这些对于结构的测定都是十分重要的。根据元素分析结果可以求出化合物的经验式，再结合分子量求出化学式，由化学式即可求出不饱和度。不饱和度数可使可能的结构范围大为缩小。

③ 进行初步的红外光谱定性分析。测定样品的吸收光谱，应用各种特征基团的振动频率或相关图，对样品的定性组成做出初步估计，以便排除一部分不可能的结构，使问题简化为几种可能结构的抉择。

④ 用标准红外谱图进行对照，最终确定样品的结构式。如果是前人已经鉴定过的化合物，参考其物理常数可以使问题进一步简化。如果有标准物，可以测定标准物的红外光谱图，用以比较，必要时结合核磁共振、质谱分析、紫外光谱等其他分析手段，以得到肯定的结果。

二、官能团的特征吸收区域

1. 红外吸收光谱中的几个重要分区

红外吸收光谱的最大特点是具有高度的特征性。有机化合物的种类很多，但大部分是由 C、H、O、N 四种元素组成的。也即大部分有机化合物的红外吸收光谱基本上是由这四种元素所组成的化学键的振动的贡献结果。在红外吸收光谱中，吸收峰的位置以及强度均取决于分子中存在的各种基团（化学键）的振动类型及其所处的化学环境。因此，利用红外吸收光谱解决有机化合物的结构问题（存在哪种基团及其所处位置），关键就是要掌握各种基团的振动频率及其位移规律。

目前较为常见的一些化学基团在一般红外分光光度法的测定区域（4000～670cm^{-1}）内都有其相应的特征吸收。在实际应用中，为便于红外谱图的解析，在此基础上依据不同基团的振动与波数之间的关系进一步将这个区域分为（这种分区法并不是唯一的）如下几个区段。

（1）O—H、N—H 伸缩振动区（3750～3000cm^{-1}） 对应于醇、酚、羧酸、胺、亚胺的 O—H、N—H 伸缩振动。

（2）C—H 伸缩振动区（3300～2700cm^{-1}） 烃类化合物的 C—H 伸缩振动在 3300～2700cm^{-1} 范围，不饱和烃 ν_{C-H} 位于高频端，饱和烃 ν_{C-H} 位于低频端。通常炔氢、烯氢及芳氢的 C—H 伸缩振动大于 3000cm^{-1}，饱和 C—H 伸缩振动小于 3000cm^{-1}。

（3）三键和累计双键区（2500～1900cm^{-1}） 三键、累计双键及 B—H、P—H、I—H、As—H、Si—H 等键的伸缩振动吸收谱带位于此峰区。谱带为中等强度吸收或弱吸收。此峰区干扰小，谱带容易识别。

（4）羰基的伸缩振动区（1900～1650cm^{-1}） 双键（包括 C=O、C=C、C=N、N=O 等）的伸缩振动谱带位于此峰区，利用该峰区的吸收带，对判断双键的存在及双键的类型极为有用。另外，N—H 弯曲振动也位于此峰区。

（5）双键伸缩振动区（1900～1200cm^{-1}） 主要包括 C=C、C=N、N=N、N=O 伸缩振动和苯环骨架的振动。

（6）X—H 面内弯曲振动及 X—Y 伸缩振动区（1475～1000cm^{-1}） 此峰区为指纹区的

一部分,主要包括 C—H 面内弯曲振动,C—O、C—X 等伸缩振动。

(7) C—H 面外弯曲振动区(1000~650cm^{-1}) 烯烃的面外弯曲振动位于 1000~650cm^{-1} 范围,s 或 m 吸收带,容易识别,可用于判断烯烃的取代情况。

芳环 C—H 面外弯曲振动位于 900~650cm^{-1} 范围。出现 1~2 条强吸收带。谱带位置及数目与苯环的取代情况有关,利用此范围的吸收带可判断苯环上取代基的相对位置。芳环 C—H 弯曲振动有关情况,可用作判断苯环取代情况的辅助手段。

【例 2-1】 (1) CH$_3$CH$_2$C≡CH 在 IR 区域内可以有什么吸收?
① 3300cm^{-1} 左右单峰 $\nu_{C≡C-H}$
② 2960~2870cm^{-1} 双峰 ν_{C-H}(CH$_3$)
③ 2930~2850cm^{-1} 双峰 ν_{C-H}(CH$_2$)
④ 2140~2100cm^{-1} 单峰 $\nu_{C≡C}$
⑤ 1475~1300cm^{-1} δ_{C-H}(CH$_2$、CH$_3$)
⑥ 770cm^{-1} 左右 γ_{C-H}(CH$_2$)

(2) CH$_3$CH$_2$COOH 在 IR 区域内可以有什么吸收?
① 3000~2500cm^{-1} 宽散峰 ν_{O-H}(缔合)
② 2960~2870cm^{-1} 双峰 ν_{C-H}(CH$_3$)
③ 2930~2850cm^{-1} 双峰 ν_{C-H}(CH$_2$)
④ 1740~1700cm^{-1} 单峰 $\nu_{C=O}$(缔合)
⑤ 1475~1300cm^{-1} δ_{C-H}(CH$_2$、CH$_3$)

【例 2-2】 下列化合物的 IR 光谱特征有何不同?

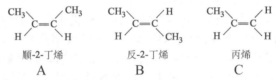

顺-2-丁烯   反-2-丁烯   丙烯
   A   B   C

① 3040~3010cm^{-1} ν_{C-H}
② 1680~1620cm^{-1} $\nu_{C=C}$

γ_{C-H}:A   690cm^{-1};B   970cm^{-1};C   910cm^{-1}、990cm^{-1}

2. 影响红外光谱吸收频率的因素

影响振动吸收频率的因素有两大类:一是外因,由测试条件不同所造成的;二是内因,由分子结构不同所决定。

(1) 内部因素 内部因素,指分子结构因素。了解并掌握分子结构因素对振动频率的影响,对解析红外光谱很有帮助。

① 电子效应 电子效应是通过成键电子起作用。诱导效应和共轭效应都会引起分子中成键电子云分布发生变化。在同一分子中,诱导效应和共轭效应往往同时存在,在讨论其对吸收频率的影响时,由效应较强者决定。该影响主要表现在 C=O 伸缩振动中。

② 诱导效应(induction effect,*I*) 诱导效应沿分子中化学键(σ 键、π 键)而传递,与分子的几何状态无关。和电负性取代基相连的极性共价键,如—CO—X,随着 X 基电负性的增大,诱导效应增强,C=O 的伸缩振动向高波数方向移动。

例如:RCOX

X 基:	R'	H	OR'	Cl	F
$\nu_{C=O}$/cm^{-1}	1715	1730	1740	1800	1850

丙酮中 CH$_3$ 为推电子的诱导效应(+*I*),使 C=O 成键电子偏离键的几何中心而向氧原子移动。C=O 极性增强,双键性降低,C=O 伸缩振动位于低频端;较强电负性的取代基(Cl、

F）吸电子诱导效应（-I）强，使 C=O 成键电子向键的几何中心靠近，C=O 极性降低，而双键性增强，$\nu_{C=O}$ 位于高频端。

带孤对电子的烷氧基（OR）既存在吸电子的诱导（-I），又存在着 p-π 共轭，其中前者（-I）的影响相对较大。酯羰基的伸缩振动频率高于酮、醛，而低于酰卤。

③ 共轭效应（conjugation effect, C）　共轭效应常引起 C=O 双键的极性增强，双键性降低，伸缩振动频率向低波数位移。如：

	RCHO	C_6H_5CHO	4-$Me_2NC_6H_4$CHO
$\nu_{C=O}$/cm^{-1}	1730	1690	1663

较大共轭效应的苯基与 C=O 相连，π-π 共轭致使苯甲醛中 $\nu_{C=O}$ 较乙醛降低 40cm^{-1}。对二甲氨基苯甲醛分子中，其对位上存在着推电子基（二甲氨基），共轭效应大，C=O 极性增强，双键性下降，$\nu_{C=O}$ 较苯甲醛向低波数位移了近 30cm^{-1}。

存在于共轭体系中的 C≡N、C=C 键，其伸缩振动频率也向低波数方向移动。

	$CH_3C≡N$	$(CH_3)_2C=CH-C≡N$
$\nu_{C≡N}$/cm^{-1}	2255	2221
$\nu_{C=C}$/cm^{-1}		1637（非共轭约1660）

又比如：

	$RCOOC_6H_5$	RCOOR'	$ROOCC_6H_5$	$RCOC_6H_5$
$\nu_{C=O}$/cm^{-1}	1750	1740	1715	1680

苯酯基中氧原子的共轭分散，-I 突出，$\nu_{C=O}$ 较烷基酯位于高波数端。苯甲酸酯中苯基对 C=O 的共轭效应与烷氧基对 C=O 的诱导效应大体相当，相互抵消，使 $\nu_{C=O}$（1715cm^{-1}）较苯基酮位于高波数端，并与烷基酮一致。

（2）场效应（field effect, F）　在分子的立体构型中，只有当空间结构决定了某些基团靠得很近时，才会产生场效应。场效应不是通过化学键，而是原子或原子团的静电场通过空间相互作用。场效应也会引起相应的振动谱带发生位移。

氯代丙酮存在以下两种不同的构象：

红外光谱测试中，观测到 C=O 的两个基频吸收带，1720cm^{-1} 与丙酮 1715cm^{-1} 接近，另一个谱带出现在较高波数处（1750cm^{-1}），这是因为在 C—Cl 与 C=O 空间接近的构象中，场效应使羰基极性降低，双键性增强，$\nu_{C=O}$ 向高波数位移。

α-溴代环己酮中，溴取代基为直立键时，场效应微弱，羰基的伸缩振动谱带与未取代的环己酮相近（1716cm^{-1}），在 4-叔丁基-2-溴代环己酮中，当溴取代基为平伏键时，$\nu_{C=O}$ 向高波数移至 1742cm^{-1}。Bellamy 认为这种现象产生是由于分子中带部分负电荷的溴原子与带负电荷的羰基氧原子空间接近，电子云相互排斥，产生相反的诱导极化，使溴原子和羰基氧原子的负电荷相应减小，C=O 极性降低，双键性增强，伸缩振动频率增加。

在甾体类化合物中类似这种场效应的现象很普遍，称为"α-卤代酮规律"，即羰基 α-位 C—X 处于平伏键时，$\nu_{C=O}$ 向高波数位移。

$\nu_{C=O}$/cm^{-1}	1725	1730	1742

（3）空间效应　环张力和空间位阻统称为空间效应或立体效应。

① 环张力引起 sp³ 杂化的碳—碳 σ 键角及 sp² 杂化的键角改变，而导致相应的振动谱带位移。环张力对环外双键（C=C、C=O）的伸缩振动影响较大。

环外双键的环烷烃系化合物中，随环张力的增大，$\nu_{C=C}$ 向高波数位移。

$\nu_{C=C}/cm^{-1}$　　1650　　1660　　1680

酯环酮系化合物中，羰基的伸缩振动谱带随环张力的增大，高频位移明显。

$\nu_{C=O}/cm^{-1}$　　1716　　1745　　1775　　1850

环内双键的 C=C 伸缩振动与以上结果相反，随环张力的增大，$\nu_{C=C}$ 向低波数位移。如环己烯、环戊烯及环丁烯的 $\nu_{C=C}$ 依次为 1645cm⁻¹、1610cm⁻¹、1566cm⁻¹。

这是因为随着环的缩小，环内键角减小，成环 σ 键的 p 电子成分增加，键长变长，振动谱带向低波数位移。而环外双键随环内角缩小，环外 σ 键的 p 电子成分减少，s 成分增大，键长变短，振动谱带向高波数位移。环烯中碳碳双键的伸缩振动也随环张力的增大而向高波数位移。环己烯、环戊烯、环丁烯中 ν_{C-H} 依次为：3017cm⁻¹、3040cm⁻¹、3060cm⁻¹。

② 空间位阻的影响是指分子中存在某种或某些基团因空间位阻影响到分子中正常的共轭效应或杂化状态，导致振动谱带位移。例如：

$\nu_{C=O}/cm^{-1}$　　1663　　1686　　1693

烯碳上甲基的引入，使羰基和双键不能在同一平面上，它们的共轭程度下降，羰基的双键性增强，振动向高波数位移。邻位另有两个 CH₃ 的引入，立体位阻增大，C=O 与 C=C 的共轭程度更加降低，$\nu_{C=O}$ 位于更高波数。

（4）氢键效应　羟基与羰基之间易形成内氢键而使 $\nu_{C=O}$、ν_{OH} 向低波数位移。如下列化合物，羰基的伸缩振动频率有较大差异。由此可判断分子中羟基的位置。

$\nu_{C=O}/cm^{-1}$　　1676,1673　　　1622,1675
ν_{OH}/cm^{-1}　　3610　　　　　　2843(宽)

分子间氢键主要存在于醇、酚及羧酸类化合物中。醇酚类化合物溶液的浓度由小到大改变，红外光谱中可依次测得羟基以游离态、游离态及二聚态、二聚态及多聚态形式存在的伸缩振动谱带，频率为 3620cm⁻¹、3485cm⁻¹ 及 3350cm⁻¹。且溶液浓度不同，其谱带的相对强度也不同。图 2-16 是不同浓度乙醇在 CCl₄ 溶液中所测得的红外吸收谱图（注：图中纵坐标为乙醇浓度）。由图可

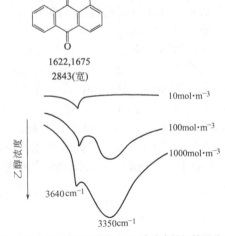

图 2-16　不同浓度乙醇在 CCl₄ 溶液中的红外吸收光谱

见，当乙醇浓度不同时，乙醇分子中氢键的存在形式也就不一样。图 2-16 中高浓度时分子间产生了缔合，以分子间氢键形式出现；低浓度时分子间氢键消失，而改以游离形式出现。但分子内氢键是不随溶液的浓度的改变而改变的，并且峰带强度也不随溶液的稀释而降低。

总之，可借助改变溶液浓度的方法，来区分游离 OH 与分子间氢键 OH。

固体或液体羧酸，一般以二聚体的形式存在。$\nu_{C=O}$ 1750～1705 cm^{-1}，较酯羰基谱带向低波数位移。极稀的溶液可测到游离态羧酸，$\nu_{C=O}$ 约 1760 cm^{-1}。

（5）振动偶合效应（vibrational coupling） 当两个或两个以上相同的基团连接在分子中同一个原子上时，其振动吸收带常发生分裂，形成双峰，这种现象称为振动偶合。有伸缩振动偶合、弯曲振动偶合、伸缩与弯曲振动偶合三类。如 IR 谱中，在 1380 cm^{-1} 和 1370 cm^{-1} 附近的双峰是 $C(CH_3)_2$ 弯曲振动偶合引起的。又如酸酐 $(RCO)_2O$ 的 IR 谱中在 1820 cm^{-1} 和 1760 cm^{-1} 附近、丙二酸二乙酯的 1750 cm^{-1} 和 1735 cm^{-1} 附近，是由 C=O 伸缩振动偶合引起的。

（6）费米共振效应（Fermi resonance） 当强度很弱的倍频带或组频带位于某一强基频吸收带附近时，弱的倍频带或组频带和基频带之间发生偶合，产生费米共振。如环戊酮，$\nu_{C=O}$ 于 1746 cm^{-1} 和 1728 cm^{-1} 处出现双峰，用重氢氘代环氢时，则于 1734 cm^{-1} 处仅出现一单峰。这是因为环戊酮的骨架呼吸振动 889 cm^{-1} 的倍频位于 C=O 伸缩振动的强吸收带附近，两峰产生偶合（Fermi 共振），使倍频的吸收强度大大加强。当用重氢氘代时，环骨架呼吸振动 827 cm^{-1} 的倍频远离 C=O 的伸缩振动频率，不发生 Fermi 共振，只出现 $\nu_{C=O}$ 的一个强吸收带。这种现象在不饱和内酯、醛及苯酰卤等化合物中也可以看到，在红外光谱解析时应注意。

（7）外部因素 外部因素大多是机械因素，如制备样品的方法、溶剂的性质、样品所处物态、结晶条件、吸收池厚度、色散系统以及测试温度均能影响基团的吸收峰位置及强度，甚至峰的形状。

影响官能团频率的因素较多，往往不只是一种因素起作用，在研究官能团频率时要综合考虑各种因素，在查对标准谱图时，应注意测定的条件，最好能在相同条件下进行谱图的对比。

3. 常见官能团的特征吸收频率

用红外光谱来确定化合物中某种基团是否存在时，需熟悉基团频率。先在基团频率区观察它的特征峰是否存在，同时也应找到它们的相关峰作为旁证。一些常见有机化合物的重要基团频率可查询相关文献资料。

三、谱图解析的一般步骤

1. 图谱解析的方法
（1）直接法 样品测定后，用标准样品图或标准图谱对照。
（2）否定法 无某种波长的吸收，则无某种官能团。
（3）肯定法 由特征峰，确定某种官能团的存在。

2. 图谱解析的步骤

红外光谱谱图解析主要是在掌握影响振动频率的因素及各类化合物的红外特征吸收谱带的基础上，按峰区分析，指认谱带的可能归属，结合其他峰区的相关峰，确定其归属。在此基础上，再仔细归属指纹区的有关谱带，综合分析，提出化合物的可能结构。必要时查阅标准图谱或与其他谱（^1H NMR，^{13}C NMR，MS）配合，确证其结构。

与其他谱比较，红外吸收光谱谱图的解析更具有经验性、灵活性。影响红外光谱谱带的数目、频率、强度及形状的因素很多，即使是简单的化合物，红外吸收光谱谱图也会比较复杂，因而单凭红外吸收光谱确定未知物的结构是困难的。

（1）了解样品来源及测试方法 红外光谱要求样品纯度 98%以上。不纯的样品在谱图中会产生干扰谱带，有的干扰谱带较强，给谱图解析带来一定的困难。所以，首先应由沸点或熔点鉴定样品的纯度。

了解样品来源可以缩小结构的推测范围。对合成的样品，要了解原料、主要产物及可能的副产物等，这对谱图的解析及结构鉴定很有帮助。天然产物最好要有元素分析数据及质谱提供的分子离子峰，以便确定其分子式。

（2）求分子式与不饱和数　由元素分析和质谱数据，确定化合物的分子式，由分子式计算不饱和数（UN）或不饱和度。$UN \geq 4$ 化合物可能含有苯环，$UN<4$，排除苯基存在的可能性。UN 的计算可用以下通式：

$$UN=(n+1)+\frac{a}{2}+\frac{b}{2} \tag{2-4}$$

式中，n 为分子中 4 价原子（如 C、Si）的数目；a 为分子中 3 价原子（如 N、P）的数目；b 为分子中 1 价原子（如 H、F、Cl、Br、I）的数目。2 价的硫、氧原子的存在，对 UN 的计算无影响。

（3）红外吸收光谱图特征峰区的分析　谱图解析时，要同时注意谱带的位置、吸收强度和峰形，提出可能的振动方式。

谱带的位置固然重要，但吸收强度和峰形不能忽视。如在 $1750 \sim 1680 cm^{-1}$ 出现一条弱的或中等强度的吸收带，就不能将此带指认为化合物含有的 C=O 伸缩振动吸收，而是化合物所含杂质中 C=O 的伸缩振动。又如在 $1680 \sim 1640 cm^{-1}$ 出现一条中等偏强的吸收带，从谱带的位置判断，可能为 C=O 或 C=C 伸缩振动，从谱带的强度只能指认为 C=C 伸缩振动。因为即使 C=C 与极性基团相连，C=C 伸缩振动谱带强度明显增大，但较同一分子中的 C=O 伸缩振动谱带，仍然要弱。利用 $1380 cm^{-1}$ 附近 CH_3 对称变形振动吸收带的裂分形状可判断是否存在同碳二甲基和同碳三甲基。

（4）某种基团存在的确认　提出某种振动方式后，应结合其他峰区的相关峰，确认某基团的存在。如在 $2850 \sim 2720 cm^{-1}$ 范围有弱的双带或在约 $2720 cm^{-1}$ 有一条弱吸收带，提出可能为醛基 C—H 吸收带，结合 C=O 伸缩振动强吸收带，可确认醛基的存在。

（5）分析红外吸收光谱图的指纹区　仔细分析 $<1500 cm^{-1}$ 的特征吸收带及弯曲振动谱带，进一步确认某些基团的存在及可能的连接方式，烯烃、芳烃的取代情况等。

（6）综合以上分析提出化合物的可能结构　对照谱图，进一步验证结构，排除与谱图相矛盾的结构或改变某种连接方式，以进一步确证结构。

难以确证的结构，可与其他谱图相配合，或查阅标准谱图以核对指纹区谱带的出现情况。这是因为不同的化合物，在指纹区有其特有的谱带（位置、强度和形状），据此可确定化合物的结构。值得注意的是，在对照标准谱图时，样品红外光谱的测试条件最好与标准谱图一致。

3．红外光谱解析实例

【例2-3】　某未知物的分子式为 C_8H_7N，在室温下为固体，熔点为 29℃，色谱分离结果表明为一纯物质，其 IR 光谱如图 2-17 所示，试解析其结构。

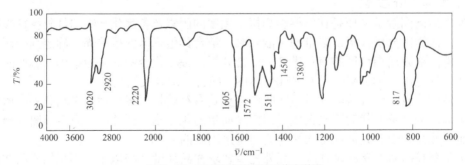

图 2-17　某未知物的红外吸收光谱图

解：根据化合物分子式求出其不饱和度为 $U=(8+1)+1/2-7/2=6$，$U>4$，表明该化合物分子中可能含有一苯环。

3500~3100cm^{-1}，无吸收带，表明无 N—H、≡C—H 存在。

3020cm^{-1} 处吸收峰是苯环上的 =C—H 伸缩振动引起的。1605cm^{-1}、1511cm^{-1} 的吸收峰是苯环共轭体系的 C=C 引起的。817cm^{-1} 说明苯环上发生了取代。因此，可初步推测为一芳香族化合物。

2220cm^{-1} 吸收峰，位于三键和累计双键的伸缩振动吸收区域，但强度很大，不可能是 C≡C 或 C=C=C 的振动引起的。而与氰基—CN（2240~2220cm^{-1}）的伸缩振动吸收接近。

1572cm^{-1} 吸收峰是苯环与不饱和基团或含有孤对电子基团共轭的结果，因此，可能是氰基与苯环共轭所致。

2920cm^{-1}、1450cm^{-1}、1380cm^{-1} 处的吸收峰说明分子中有—CH$_3$ 存在。而 785~720cm^{-1} 区无小峰，说明分子中无—CH$_2$—。

综上所述，该化合物可能是对甲基苯甲腈 CH$_3$—〈苯环〉—C≡N。该结构及分子式，与标准红外谱图相符。

实训 2-2　红外吸收光谱的解析练习

一、实训目的

1．了解运用红外光谱法鉴定未知物的一般过程，掌握用标准谱库进行化合物鉴定的一般方法。

2．了解红外光谱仪的结构和原理，掌握红外光谱仪的操作方法。

二、实训原理

比较在相同制样和测定条件下，被分析的样品和标准化合物的红外光谱图，若吸收峰的位置、吸收峰的数目和峰的相对强度完全一致，则可以认为两者是同一化合物。

任务 4　固体样品的红外吸收光谱绘制与解析

固体试样的各种制备方法

固体试样的进样方式比较多。可采用溶液（1%~5%）法（并且这种进样方式所得到的谱图分辨率较好）。也可采用糊状法进样，即将固体样品和介质（如石蜡油、全氟丁二烯）在研钵中研磨均匀后，夹在两片盐晶之间，使成均匀的薄层后进样测试；但此法进样要注意介质的干扰吸收带。还可（通常）采用压片法将固体样品 1~2mg 与金属卤化物（大多采用 KBr）粉末 100~200mg，在研钵中一起研磨均匀，置于压模磨具内，在减压下压成透明的薄片，置于样品架上测试。再有就是薄膜法，这种进样方式多适用于聚合物的测试，即直接使样品成膜（如加热熔融后涂制或压制成膜），也可间接成膜——将样品溶解在易挥发的溶剂中，待溶剂挥发后成膜。

一、压片法

采用压片法进样通常是取 0.5~2mg 试样于玛瑙研钵中，加入 100~200mg 磨细并干燥的 KBr（或 KCl）粉末，混合均匀后，加入压模磨具内，在压模机中，边抽真空边加压，制成具有一定直径和厚度的透明薄晶体片。然后将该晶体片放入仪器光路中即可测定。

压模磨具的构造如图 2-18 所示，它是由压杆和压舌组成的。压舌的直径为 13mm，两个压舌的表面粗糙度很低，以保证压出的薄片表面光滑。因此，使用时要注意样品的粒度、湿度和硬度，以免损伤压舌表面。

压模磨具的组装方法：将其中一个压舌放在底座上，光洁面朝上，并装上压片套圈，将研磨后的样品放在这一压舌上，将另一压舌光洁面向下并轻轻转动，以保证样品平面平整，顺序放压片套筒、弹簧和压杆，手动加压至10t，并持续加压30min。

将压好的晶体模片自磨具中取出的方法：将底座换成取样器（形状与底座相似），将上、下压舌及其中间的样品片和压片套圈一起移到取样器上，再分别装上压片套筒及压杆，稍加压后即可拆开磨具并取出压好的薄片。

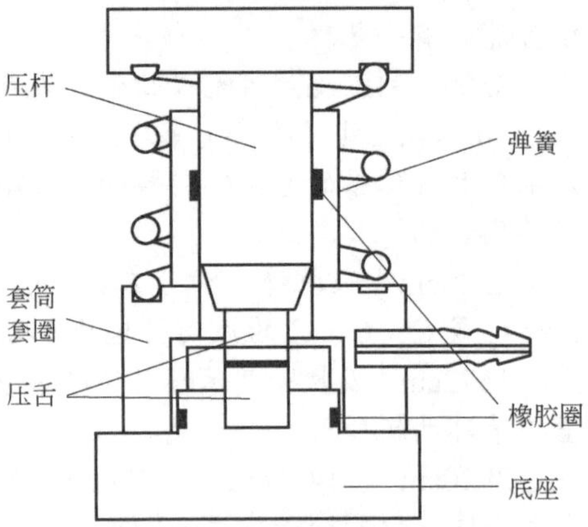

二、石蜡糊法

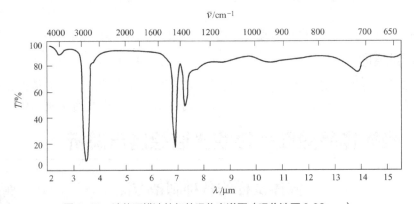

图2-18 压模磨具的构造图示

将研细成粉状的试样与石蜡油（一种精制过的长链烷烃，不含芳烃、烯烃及其他杂质）混合成糊状（这里的石蜡油叫作糊剂），夹在两盐片之间放入仪器的测试光路中进行光谱测定，这样所测得的红外吸收光谱图如图2-19所示，包含有石蜡油的吸收峰。当测定厚度适中时，仅在四个光区出现较强吸收，即3000~2850cm^{-1}光区的饱和C—H伸缩振动吸收，1468cm^{-1}和1379cm^{-1}的C—H变形振动吸收，720cm^{-1}处的CH_2面内摇摆振动引起的宽且弱的吸收。这正是为何要采用六氯丁二烯作糊剂研究饱和C—H键吸收情况的缘故。

图2-19 液体石蜡油的红外吸收光谱图（吸收池厚0.03mm）

实训 2-3　固体样品的制备

一、实训目的

1．掌握一般固体样品的制样方法。
2．了解红外光谱仪的工作原理。
3．熟悉红外固体制样的步骤和方法。

二、实训原理

不同的样品状态需要相应的制样方法。制样方法的选择和制样技术的好坏直接影响谱带的频率、数目和强度。

实训 2-4　苯甲酸红外吸收光谱的测绘——KBr晶体压片法制样

一、实训目的

1．学习用红外吸收光谱进行化合物的定性分析。

2．掌握用压片法制作固体试样晶片的方法。
3．熟悉红外分光光度计的工作原理及其使用方法。

二、实训原理

在化合物分子中，具有相同化学键的原子基团，其基本振动频率吸收峰（简称基频峰）基本上出现在同一频率区域内，例如，$CH_3(CH_2)_5CH_3$、$CH_3(CH_2)_4C≡N$ 和 $CH_3(CH_2)_5CH=CH_2$ 等分子中都有—CH_3、—CH_2—基团，它们的伸缩振动基频峰与 $CH_3(CH_2)_6CH_3$ 分子的红外吸收光谱中—CH_3、—CH_2—基团的伸缩振动基频峰都出现在同一频率区域内，即在 $<3000cm^{-1}$ 波数附近，但又有所不同，这是因为同一类型原子基团，在不同化合物分子中所处的化学环境有所不同，使基频峰频率发生一定移动，例如 $\overset{|}{-}C=O$ 基团的伸缩振动基频峰频率一般出现在 $1900\sim1650cm^{-1}$ 范围内；当它位于酸酐中时，为 $1820\sim1750cm^{-1}$；在酯类中时，为 $1750\sim1725cm^{-1}$；在醛中时，$\nu_{C=O}$ 为 $1740\sim1720cm^{-1}$；在酮类中时，$\nu_{C=O}$ 为 $1725\sim1710cm^{-1}$；在与苯环共轭时，如乙酰苯中 $\nu_{C=O}$ 为 $1695\sim1680cm^{-1}$；在酰胺中时，$\nu_{C=O}$ 为 $1650cm^{-1}$ 等。因此掌握各种原子基团基频峰的频率及其位移规律，就可应用红外吸收光谱来确定有机化合物分子中存在的原子基团及其在分子结构中的相对位置。

由苯甲酸分子结构可知，分子中各原子基团的基频峰的频率在 $4000\sim650cm^{-1}$ 范围内的如表 2-4 所示。

表 2-4　苯甲酸中基频峰频率在 $4000\sim650cm^{-1}$ 的原子基团

原子基团的基本振动形式	基频峰的频率/cm^{-1}	原子基团的基本振动形式	基频峰的频率/cm^{-1}
ν_{C-H}（Ar 上）	3077，3012	δ_{O-H}	935
ν_{C-C}（Ar 上）	1600，1582，1495，1450	ν_{C-O}	1400
δ_{C-H}（Ar 上邻接五氢）	715，690	δ_{C-O-H}（面内弯曲振动）	1250
ν_{C-H}（形成氢键二聚体）	$3000\sim2500$（多重峰）		

本实训用溴化钾晶体稀释苯甲酸标样和试样，研磨均匀后，分别压制成晶片，以纯溴化钾晶片作参比，在相同的实训条件下，分别测绘标样和试样的红外吸收光谱，然后从获得的两张图谱中，对照上述的各原子基团频率峰的频率及其吸收强度，若两张图谱一致，则可认为该试样是苯甲酸。

任务 5　液体样品的红外吸收光谱绘制与解析

液体和溶液试样制取：这是红外光谱分析法中用得最为普遍的一种测定样品的方式。在红外吸收光谱法测定中，为了提高测定的再现性，可以选择适当的浓度以使某些重要的键的吸收带显示得更清晰，通常希望使用稀的样品溶液。但要使用溶液，就需有合适的溶剂，即在所研究的光谱区域内，该溶剂不应产生红外吸收或红外吸收极微小、不与样品发生化学反应。这点在实际工作中很难做到。在红外吸收光谱法中一些常用的溶剂及其适用的光谱区域如图 2-20 所示。

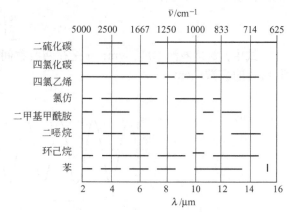

图 2-20　若干溶剂的适用波长范围

测定液体或溶液试样可采用溶液法或薄膜法。溶液法即将样品直接配制成溶液，在液体样品吸收池中测试。这种吸收池的光程长一般在 0.1~1mm 范围内，样品溶液的浓度为 0.1%~10%。

液体样品吸收池分为常用的和特殊用途的两大类。经常使用的液体吸收池又分固定式、可拆卸式、可变层厚等多种形式；满足特殊用途的有微量液体池、可加热液体池、压力池等多种形式。

一、可拆卸式液体池

分析常温下不易挥发性液体试样或分散在白油中的固体试样多采用图 2-21 所示的液体池。它由后框架、窗片框架、垫片、后窗片、间隔片、前窗片及前框架共七个部件组成。一般，后框架和前框架由金属材料制成；前窗片和后窗片为氯化钠、溴化钾、KRS-5 和 ZnSe 等晶体薄片；间隔片常由铝箔和聚四氟乙烯等材料制成，起着固定液体样品的作用，厚度为 0.01~2mm。使用时，液体池应倾斜 30°，用不带针头的注射器将试样自下孔注入两窗片之间间隔片（对于黏度大而不易流动的试样也可不用间隔片，而靠两窗片间的毛细作用来保持液体层）中，直至自上孔看到样品溢出为止，用聚四氟乙烯塞子堵住上下注射孔，用高质量的纸擦去溢出的液体后即可测试。测试完毕后，取出塞子，用注射器将样品吸出，自下孔注入溶剂进行 2~3 遍的清洗。清洗完毕，用洗耳球吸取红外灯附近空间干燥的热空气入液池内，以除去残留的溶剂（使用完毕或更换试样时，可将液体池拆开清洗），后放在红外灯下烘烤至干，放在干燥器中保存备用。

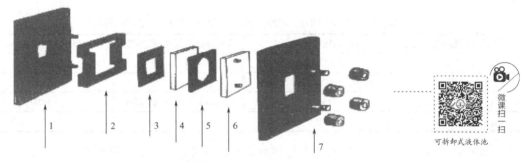

图 2-21 可拆卸式液体池分解示意

1—后框架；2—窗片框架；3—垫片；4—后窗片；5—聚四氟乙烯间隔片；6—前窗片；7—前框架

液池厚度决定了光程长，其厚度需准确测定。通常根据均匀的干涉条纹的数目测定液池的厚度。测定的方法是将空的液池作为样品进行扫描，由于两盐片间的空气对光的折射率不同而产生干涉。根据干涉条纹的数目计算池厚，如图 2-22 所示。一般选定 1500~600cm^{-1} 的范围比较好，计算公式为：

$$b=\frac{n}{2}\left(\frac{1}{\bar{\nu}_1-\bar{\nu}_2}\right) \tag{2-5}$$

式中，b 是液池厚度，cm；n 是在两波数间所夹的完整波形的个数；$\bar{\nu}_1$、$\bar{\nu}_2$ 分别为起始和终止的波数，cm^{-1}。

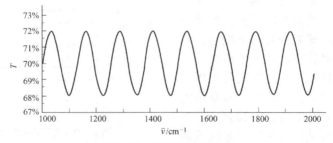

图 2-22 液体池的干涉条纹

二、固定式液体池

定性或定量测定易挥发液体试样时采用固定式液体池。这种吸收池的结构与上一种相似。为了防止液体泄漏，装配应十分严密。测定时，试样从带有聚四氟乙烯塞子的小孔注入，试样注入完毕应立即盖上塞子。

对于沸点不太低的液体样品，也可采用液膜法测试。取液体样品1～10mg于两盐晶薄片之间，当薄片在固定架上夹紧时，样品形成一均匀的薄膜。

对于一些吸收很强的液体，当采用调整厚度的方法仍得不到满意的谱图时，往往可将其进一步配制成溶液，以降低浓度再测定；因样品量少而灌不满液体池时，也可另外补充溶剂。但红外光谱法对所用溶剂是有一定要求的。如一般要求对试样有一定的溶解度，还应保证在所测光区内无吸收或吸收很小，不侵蚀盐窗，对试样无强烈的溶剂化效应等。原则上讲，分子简单、极性又小的物质即可作为试剂使用。如SO_2是在1350～600cm^{-1}区域中的常用溶剂，CCl_4常用于4000～1350cm^{-1}区域（其中1580cm^{-1}附近稍有干扰存在）。为了避免溶剂的干扰，当需要得到试样在中红外区的吸收全貌时，可采用不同溶剂配制多种溶液分别进行测定，如采用CCl_4溶液测定4000～1350nm^{-1}区域的光谱，采用CS_2溶液测定1350～600cm^{-1}区域的光谱等；其次，还可采用溶剂补偿法，即在参比光路上放置与样品吸收池配对的、充有纯溶剂的参比吸收池，但应注意对于溶剂吸收特别强的区域（如CS_2在1600～1400cm^{-1}），此法并不能得到满意的结果。

实训2-5 间、对二甲苯的红外吸收光谱定量分析——液膜法制样

一、实训目的

1．学习红外吸收光谱定量分析的基本原理。
2．掌握基线法定量测定方法。
3．学习液膜法制样。

二、实训原理

红外吸收光谱定量分析与紫外-可见分光光度定量分析的原理和方法，原则上是相同的，定量基础仍然是朗伯-比尔定律。但在测量时，由于吸收池窗片对辐射的发射和吸收；试样对光的散射引起辐射损失；仪器的杂散辐射和试样的不均匀性等都将导致测量误差，因而给红外吸收光谱定量分析带来一些困难，需采取与紫外-可见分光光度法所不同的实验技术。

由于红外吸收池的光程长度极短，很难做成两个厚度完全一致的吸收池，而且在实验过程中吸收池窗片也受到大气和溶剂中夹杂的水分侵蚀，而使其透明特性不断下降，所以在红外测定中，透过试样的光束强度，通常只简单地同以空气或只放一块盐片作为参比的参比光束进行比较。并采用基线法测量吸光度，基线法如图2-23所示。测量时，在所选择的被测物质的吸收带上，以该谱带两肩的公切线AB作为基线，在通过峰值波长处t的垂直线和基线相交于r点，分别测量入射光和透射光的强度I_0和I，依照$A=\lg(I_0/I)$，求得该波长处的吸光度。

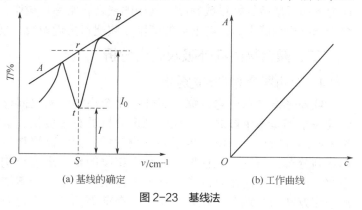

图2-23 基线法

任务6 有机聚合物的辨别与解析

一、聚合物的基本知识

聚合物，又可称为高分子或巨分子化合物，由许多较小而结构简单的小分子，借共价键来组合而成。高分子聚合物指由许多相同的、简单的结构单元通过共价键重复连接而成的高分子量（通常可达 $10^4 \sim 10^6$）化合物。例如聚氯乙烯分子是由许多氯乙烯分子结构单元"—CH_2CHCl—"重复连接而成，因此"—CH_2CHCl—"又称为结构单元或链节。由能够形成结构单元的小分子所组成的化合物称为单体，是合成聚合物的原料。聚合度表示高分子里链节的重复次数，是衡量高分子聚合物的重要指标。聚合度很低（分子量 $1 \sim 100$）的聚合物称为低聚物，只有当分子量高达 $10^4 \sim 10^6$（如塑料、橡胶、纤维等）时才称为高分子聚合物。

从单体来源、合成方法、最终用途、加热行为、聚合物结构等不同的角度可以对聚合物进行分类。

（1）按分子主链的元素结构　可将聚合物分为碳链聚合物、杂链聚合物和元素有机聚合物三类。

碳链聚合物中大分子主链完全由碳原子组成。绝大部分烯类和二烯类聚合物属于这一类，如聚乙烯、聚苯乙烯、聚氯乙烯等。

杂链聚合物中大分子主链中除碳原子外，还有氧、氮、硫等杂原子，如聚醚、聚酯、聚酰胺、聚氨酯、聚硫橡胶等。工程塑料、合成纤维、耐热聚合物大多是杂链聚合物。元素有机聚合物大分子主链中没有碳原子，主要由硅、硼、铝和氧、氮、硫、磷等原子组成，但侧基却由有机基团组成，如甲基、乙基、乙烯基等。有机硅橡胶就是典型的例子。

元素有机聚合物又称杂链的半有机高分子，如果主链和侧基均无碳原子，则称为无机高分子。

（2）按材料的性质和用途分类　可将高聚物分为塑料、橡胶和纤维。

橡胶通常是一类线型柔顺高分子聚合物，分子间次价力小，具有典型的高弹性，在很小的作用力下，能产生很大的形变，外力除去后，能恢复原状。因此，橡胶类用的聚合物要求完全无定形，玻璃化温度低，便于大分子运动。

纤维通常是线型结晶聚合物，平均分子量较橡胶和塑料低，纤维不易变形，伸长率小，弹性模量和拉伸强度都很高。

塑料是以合成或天然聚合物为主要成分，辅以填充剂、增塑剂和其他助剂在一定温度和压力下加工成型的材料或制品。其中的聚合物常称作树脂，可为晶态和非晶态。塑料的行为介于纤维和橡胶之间，有很广的范围，软塑料接近橡胶，硬塑料接近纤维。

二、聚合物的红外吸收光谱分析

1. 有机聚合物的结构分析

红外光谱与有机化合物、高分子化合物的结构之间存在密切的关系。它是研究结构与性能关系的基本手段之一。红外光谱分析具有速度快、取样量少、高灵敏并能分析各种状态的样品等特点，广泛应用于高聚物领域，如对高聚物材料的定性定量分析，研究高聚物的序列分布，研究支化程度，研究高聚物的聚集形态结构，高聚物的聚合过程反应机理和老化，还可以对高聚物的力学性能进行研究。红外光谱法对有机聚合物进行辨别与解析的原理和方法与其他有机化合物相同，在前面的任务中已有详细的介绍，这里再回顾一下相关内容。

红外光谱属于振动光谱,其光谱区域可进一步细分为近红外区(12800~4000cm^{-1})、中红外区(4000~400cm^{-1})和远红外区(400~10cm^{-1})。其中最常用的是4000~400cm^{-1},大多数高分子化合物的化学键振动能的跃迁也发生在这一区域。

图2-24为典型的聚合物红外光谱图。横坐标为波数(cm^{-1},最常见)或波长(μm),纵坐标为透光率或吸光度。

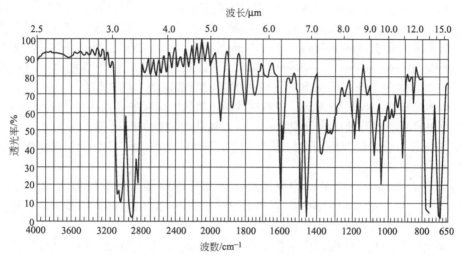

图2-24 聚苯乙烯的红外光谱

在原子或分子中有多种振动形式,每一种简谐振动都对应一定的振动频率,但并不是每一种振动都会和红外辐射发生相互作用而产生红外吸收光谱,只有能引起分子偶极矩变化的振动(称为红外活性振动)才能产生红外吸收光谱。即当分子振动引起分子偶极矩变化时,就能形成稳定的交变电场,其频率与分子振动频率相同,可以和相同频率的红外辐射发生相互作用,使分子吸收红外辐射的能量跃迁到高能态,从而产生红外吸收光谱。

在正常情况下,这些具有红外活性的分子振动大多数处于基态,被红外辐射激发后,跃迁到第一激发态,这种跃迁所产生的红外吸收称为基频吸收。在红外光谱中大部分吸收,都属于这一类型。除基频吸收外,还有倍频和合频吸收,但这两种吸收都较弱。

红外吸收谱带的强度与分子数有关,但也与分子振动时偶极矩的变化有关。变化率越大,吸收强度也越大,因此极性基团如羧基、氨基等均有很强的红外吸收带。

按照光谱和分子结构的特征可将整个红外光谱大致分为两个区,即官能团区(4000~1300cm^{-1})和指纹区(1300~400cm^{-1})。官能团区,即前面讲到的化学键和基团的特征振动频率区,它的吸收光谱很复杂,特别能反映分子中特征基团的振动,基团的鉴定工作主要在该区进行。指纹区的吸收光谱很复杂,特别能反映分子结构的细微变化,每一种化合物在该区的谱带位置、强度和形状都不一样,相当于人的指纹,用于认证化合物是很可靠的。此外,在指纹区也有一些特征吸收峰,对于鉴定官能团也是很有帮助的。

利用红外光谱鉴定化合物的结构,需要熟悉红外光谱区域基团和频率的关系。通常将红外区分为几个区,各个光谱区域如下。

(1)频率范围为4000~2500cm^{-1}是X—H伸缩振动区(X代表C、O、N、S等原子)
O—H的吸收出现在3650~3200cm^{-1}。游离氢键的羟基在3600cm^{-1}附近,为中等强度的尖峰。形成氢键后键力常数减小,移向低波数,因此产生宽而强的吸收。一般羧酸羟基的吸收频率低于醇和酚,可从3600cm^{-1}移至2500cm^{-1},并为宽而强的吸收。需要注意的是,水分子在3300cm^{-1}附近有吸收。样品或用于压片的溴化钾晶体含有微量水分时会在该处出峰。

C—H吸收出现在3000cm^{-1}附近。不饱和的C—H在大于3000cm^{-1}处出峰,饱和的C—H

出现在小于 $3000cm^{-1}$ 处。—CH_3 有两个明显的吸收带，出现在 $2962cm^{-1}$ 和 $2872cm^{-1}$ 处。前者对应于反对称伸缩振动，后者对应于对称伸缩振动。分子中甲基数目多时，上述位置呈现强吸收峰。—CH_2 的反对称伸缩和对称伸缩振动分别出现在 $2926cm^{-1}$ 和 $2853cm^{-1}$ 处。脂肪族以及无扭曲的脂环族化合物的这两个吸收带的位置变化在 $10cm^{-1}$ 以内。一部分扭曲的脂环族化合物其—CH_2 吸收频率增大。

N—H 吸收出现在 $3500\sim3100cm^{-1}$，为中等强度的尖峰。伯氨基因有两个 N—H 键，具有对称和反对称伸缩振动，因此有两个吸收峰。仲氨基有一个吸收峰，叔氨基无吸收。

（2）频率范围在 $2500\sim1900cm^{-1}$ 为三键和累计双键区　该区红外谱带较少，主要包括三键的伸缩振动和—C≡C—C、—N≡C≡O 等累计双键的反对称伸缩振动。CO_2 的吸收在 $2300cm^{-1}$ 左右。除此之外，此区间的任何小的吸收峰都提供了结构信息。

（3）频率范围在 $1900\sim1200cm^{-1}$ 为双键伸缩振动区　该区主要包括 C=O、C=C、C=N、N=O 等的伸缩振动以及苯环的骨架振动，芳香族化合物的倍频谱带。

羰基的吸收一般为最强峰或次强峰，出现在 $1900\sim1650cm^{-1}$ 内，受与羰基相连的基团影响，会移向高波数或低波数。

芳香族化合物环内碳原子间伸缩振动引起的环的骨架振动有特征吸收，分别出现在 $1600\sim1585cm^{-1}$ 及 $1500\sim1400cm^{-1}$。因环上取代基的不同，吸收峰有所差异，一般出现两个吸收峰。杂芳环和芳香单环、多环化合物的骨架振动相似。

烯烃类化合物的 C=C 振动出现在 $1667\sim1640cm^{-1}$，为中等强度或弱的吸收峰。

（4）频率范围在 $1500\sim1300cm^{-1}$ 为 C—H 弯曲振动区　CH_3 在 $1375cm^{-1}$ 和 $1450cm^{-1}$ 附近同时有吸收，分别对应于 CH_3 的对称弯曲振动和反对称弯曲振动和 CH_2 的剪式弯曲振动。$1450cm^{-1}$ 的吸收峰一般与 CH_2 的剪式弯曲振动峰重合。但戊-3-酮的两组峰区分得很好，这是由于 CH_2 与羰基相连，其剪式弯曲吸收带移向 $1439\sim1399cm^{-1}$ 的低波数并且强度增大之故。CH_2 的剪式弯曲振动出现在 $1465cm^{-1}$，吸收峰位几乎不变。

两个甲基连在同一碳原子上的偕二甲基有特征吸收峰。如异丙基 $(CH_3)_2CH$—在 $1385\sim1380cm^{-1}$ 和 $1370\sim1365cm^{-1}$ 有两个不同强度的吸收峰（即原 $1375cm^{-1}$ 的吸收峰分叉）。叔丁基$[(CH_3)_3C$—$]1375cm^{-1}$ 的吸收峰也分叉（$1395\sim1385cm^{-1}$ 和 $1370cm^{-1}$ 附近），但低波数的吸收峰强度大于高波数的吸收峰。分叉的原因在于两个甲基同时连在同一碳原子，因此有同位相和反位相的对称弯曲振动的相互偶合。

（5）频率范围在 $1500\sim910cm^{-1}$ 为单键伸缩振动区　C—O 单键振动在 $1300\sim1050cm^{-1}$，如醇、酚、醚、羧酸、酯等，为强吸收峰。醇在 $1100\sim1050cm^{-1}$ 有强吸收峰，酚在 $1250\sim1100cm^{-1}$ 有强吸收；酯在此区间有两组吸收峰，为 $1240\sim1160cm^{-1}$（反对称）和 $1160\sim1050cm^{-1}$（对称）。C—C、C—X（卤素）等也在此区间出峰。将此区域的吸收峰与其他区间的吸收峰一起对照，在谱图解析时很有用。

（6）频率范围在 $910cm^{-1}$ 以下为苯环面外弯曲振动、环弯曲振动区　如果在此区间内无强吸收峰，一般表示无芳香族化合物。此区域的吸收峰常与环的取代位置有关。

键力常数大的（如 C=C）、折合质量小的（如 X—H）基团都在高波数区；反之，键力常数小的（如单键）、折合质量大的（如 C—Cl）基团都在低波数区。

高分子化合物聚合度较高，分子量大，根据物态和性质不同，样品制备方法也不同：

① 黏稠液体样品，可用液膜法、溶液挥发成膜法、加液加压成膜法、全反射法、溶液法；

② 薄膜状样品，用透射法、镜面反射法、全反射法；

③ 能磨成粉的样品，可用漫反射法、压片法；

④ 能溶解的样品，用溶解成膜法、溶液法；

⑤ 纤维、织物等，用全反射法；

⑥ 单丝或以单丝排列的纤维样品采用显微测量技术；

⑦ 不熔不溶的高聚物，如硫化橡胶、交联聚苯乙烯等，可用热裂解法。

2. 红外光谱定量分析

（1）定量分析基本原理　红外光谱法定量分析的依据和紫外-可见或原子吸收法一样也是朗伯-比尔定律，即在某一波长的单色光，吸光度与物质的浓度呈线性关系。根据测定吸收峰峰尖处的吸光度 A 来进行定量分析。但由于制样技术不易标准化，红外光谱的定量精密度不如紫外光谱法。

红外光谱测定混合物中的各组分的含量有其独到之处，这是由于混合物的光谱是每个纯组分的加和。因此，可以利用红外光谱各化合物的官能团的特征吸收测定混合物中各组分的百分含量。有机化合物中官能团的力常数有相当大的独立性，故每个纯组分可选一两个特征峰，测其不同浓度下的吸收强度，得到吸收强度对浓度的工作曲线。使用同一吸收池盛装混合物，分别在其所含的每个纯组分的特征峰波长处测定吸收强度，从相应的工作曲线上求得各纯组分的含量。若所含杂质在同一波长处也有吸收，必然会干扰测定。克服这种干扰的方法是，对每个组分同时进行两个以上的特征峰（并尽可能是其强吸收峰）的强度测量，从中选择各组分的特征强吸收峰，而在这个强吸收峰附近其他组分的吸收很弱或根本无吸收。

在定量测定时，尽管正确地选择了测定波长，但仍会遇到透射率测量等一些技术问题。如：光源辐射的能量不如紫外和可见光谱仪光源所辐射的能量强。这是由于红外线本身是一种热辐射，加之易遭受中间介质的吸收和红外光谱仪检测器检测灵敏度低等，所以要选择较大的单色器狭缝宽度，这样一来又容易造成对吸收定律的偏离。杂散光的存在及其影响较为严重。这是因为红外光源的短波长辐射较长波长辐射要强烈得多（如 1.5μm 辐射较 10μm 辐射要强烈 100 倍）。从而引起强烈的光散射，进而导致对吸收定律的偏离。再者，由于吸收池厚度相对紫外和可见光分析要小得多（均在 0.01～1mm 间），作为光学窗口使用的盐或 NaCl 晶体易于为空气中的污物和溶剂所沾污、吸潮雾化等而导致透光性变差等。为此，若像在紫外或可见分光光度法中那样，采用一个盛装溶剂（或其他参比溶液）的吸收池来扣除各种界面反应、溶剂散射与吸收、容器透光面的吸收等所引起的偏离，就行不通了。

鉴于上述种种原因，在红外吸收光谱测定中，实际测量吸光度（通常测定的是透射率 T）需要采取一些相应的、特殊的技术措施（主要是一些经验性的方法）。

① 清池法。这种方法也称池内-池外法或点测法。适用于单光束红外光谱仪。它是使用一固定的光束（未经过吸收池或溶液）作参比，用同一吸收池分别盛装试液和溶剂，依次测定它们的透射率，计为 T_s 和 T_0，则溶液的真实透射率 T 为：

$$T = \frac{T_s}{T_0}$$

② 基线法。这种方法适用于双光束红外光谱仪。无论是用峰高或峰面积定量都可采用基线法，即采用新基线 AB 代替零吸收线进行补偿。它是基于假定一个吸收带的两个肩部（如图 2-25 中的 A 和 B）之间保持不变或至少也是呈线性变化的，因而，吸收带两肩间的连线可作为扣除其他吸收的依据。具体做法是：在所得红外吸收光谱图中，在选择的吸收带上，作一直线 AB 正切于该吸收带的峰肩，再自封顶 C 对横坐标作垂线交于 E，并交 AB 于 D，则 DE 为入射光强度 I_0，DC 为吸收光强度 I_a。于是，按吸光度的定义式即可求得吸光度 A，并由此进一步求得定量分析结果。

（2）定量分析测量和操作条件的选择

① 定量谱带的选择。理想的定量谱带应该是孤立的，吸收强度大，遵守吸收定律，不受

溶剂和样品中其他组分的干扰，尽量避免在水蒸气和 CO_2 的吸收峰位置测量。当对应不同定量组分而选择两条以上定量谱带时，谱带强度应尽量保持在相同数量级。对于固体样品，由于散射强度和波长有关，所以选择的谱带最好在较窄的波数范围内。

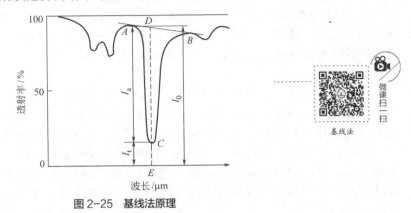

图 2-25　基线法原理

② 溶剂的选择。所选溶剂应能很好地溶解样品，与样品不发生化学反应，在测量范围内不产生吸收。为消除溶剂吸收带的影响，可采用差谱技术计算。

③ 选择合适的透射区域。透射比应控制在 20%～65% 范围内。

④ 测量条件的选择。定量分析要求 FT-IR 仪器的室温恒定，每次开机后均应检查仪器的光通量，保持相对恒定。定量分析前要对仪器的 100% 线、分辨率、波数精度等各项性能指标进行检查，先测参比（背景）光谱可减少 CO_2 和水的干扰。用 FT-IR 进行定量分析，其光谱是把多次扫描的干涉图进行累加平均得到的，信噪比与累加次数的平方根成正比。

（3）红外光谱定量分析方法

① 工作曲线法。在固定液层厚度及入射光的波长和强度的情况下，测定一系列不同浓度标准溶液的吸光度，以对应分析谱带的吸光度为纵坐标，标准溶液浓度为横坐标作图，得到一条通过原点的直线，该直线为标准曲线或工作曲线。在相同条件下测得试液的吸光度，从工作曲线上可查出试液的浓度。

② 比例法。工作曲线法的样品和标准溶液都使用相同厚度的液体吸收池，且其厚度可准确测定。当其厚度不定或不易准确测定时，可采用比例法。它的优点在于不必考虑样品厚度对测量的影响，适用于高分子化合物的定量分析。比例法主要用于分析二元混合物中两个组分的相对含量。对于二元体系，若两组分定量谱带不重叠，则：

$$R = \frac{A_1}{A_2} = \frac{\varepsilon_1 b c_1}{\varepsilon_2 b c_2} = K \frac{c_1}{c_2} \tag{2-6}$$

因 $c_1 + c_2 = 1$，故

$$c_1 = \frac{R}{K+R}, \quad c_2 = \frac{K}{K+R} \tag{2-7}$$

式中，$K = \dfrac{\varepsilon_1}{\varepsilon_2}$，是两组分在各自分析波数处的摩尔吸光系数之比，可由标准样品测得；R 是被测样品二组分定量谱带峰值吸光度的比值，由此可计算出两组分的相对含量 c_1 和 c_2。

③ 内标法。当用 KBr 压片、糊状法或液膜法时，光通路厚度不易确定，在有些情况下可以采用内标法。内标法是比例法的特例。这个方法是选择一标准化合物，它的特征吸收峰与样品的分析峰互不干扰，取一定量的标准物质与样品混合，将此混合物制成 KBr 片或油糊状，绘制红外吸收光谱图。测得一系列标准物浓度下的吸光度，作工作曲线。在相同条件下测得试液的吸光度，从工作曲线上可查出试液的浓度。

④ 差示法。该法可用于测量样品中的微量杂质，例如有两组分 A 和 B 的混合物，微量

组分 A 的谱带被主要组分 B 的谱带严重干扰或完全掩蔽,可用差示法来测量微量组分 A。很多红外光谱仪中都配有能进行差谱的计算机软件功能,对差谱前的光谱采用累加平均处理技术,对计算机差谱后所得的差谱图采用平滑处理和纵坐标扩展,可以得到十分优良的差谱图,由此可以得到比较准确的定量结果。

实训 2-6　红外光谱法对有机聚合物的辨别与解析

一、实训目的

1. 掌握 FT-IR 红外光谱仪的使用方法。
2. 掌握红外光谱法鉴定聚合物的基本原理、方法及其应用范围。
3. 掌握聚合物样品制备的方法。

二、实训要求

1. 查阅资料,讨论并汇总资料,确定分析方案。以 2～4 人一组,通过图书、网络搜索工具,查阅相关资料,整理并确定最终方案。
2. 样品处理,根据所查资料,选择合适方法处理样品,使其成为可分析的样品。
3. 运用红外光谱分析仪对有机聚合物进行测定。
4. 选用合适的定性方法,对样品进行正确辨别与解析。

三、实训原理

红外光谱分析具有速度快、取样微、高灵敏并能分析各种状态的样品等特点,广泛应用于高聚物领域,如对高聚物材料的定性定量分析,研究高聚物的序列分布,研究支化程度,研究高聚物的聚集状态结构,高聚物的聚合过程反应机理和老化,还可以对高聚物的力学性能进行研究。

红外吸收光谱法的原理是当物质受到红外照射时,由于能量小而不足以引起电子的跃迁,但它能引起分子的振动能级的跃迁。这种能级跃迁是有选择性地吸收一定波长的红外线。物质的这种性质表现为物质的吸收光谱。红外光谱法是利用某些物质对电磁波中的红外区特定频率的波具有选择性吸收的特性来进行结构分析、定性鉴定和定量测定的一种方法。红外吸收光谱是在电磁辐射的作用下,分子中原子的振动能级和转动能级发生跃迁时所产生的分子吸收光谱。由于这种跃迁时振动能级和转动能级的能量差比较小(前者为 $0.05～1eV$,后者为 $0.0035～0.05eV$),因此其吸收光谱的波长均在红外区($0.78～300\mu m$)内。当物质受到 $2.5～25\mu m$ 的红外线照射时。它吸收的能量不仅能使分子发生转动,而且还能使分子结构的原子基团相对伸缩、弯曲变形或摇摆,即通常说的振动。由于在红外光谱中出现的吸收峰一般与分子所含特征的基团有关,因此根据这些吸收峰的位置,常能提出有关化合物分子结构的特征信息。大部分的官能团都具有一定的吸收频率。因此可凭红外吸收光谱确定有羰基、羟基、羧基、醚基、乙烯基、酯基、氰基、苯基及其他官能团等。物质吸收红外线的强度在一定条件和范围内是随其含量增加而增加的,因此根据吸收强度可以进行物质的定量。

红外吸收光谱是振-转光谱,即分子中的原子或基团吸收了光能以后,进行振动或转动,因此可根据化合物吸收了哪些波长的光来进行定性分析,根据它们吸收的强度可进行定量分析。分子的振动主要有两种形式:一种是伸缩振动,系指原子间的键长发生了伸张或收缩的振动;另一种是弯曲振动,系指使键角发生了变化的振动。在伸缩振动中,又有对称型及不对称型两种,而弯曲振动的型式就更多。对于这些不同型式的振动,均有相应的吸收峰。对这些吸收峰进行剖析或对照,可以对物质进行定性分析。在复杂的分子中,分子中的各个原子团被激发以后,都会出现特征的振动。

红外光谱是研究高分子化合物的结构与性能关系的基本手段之一。高分子化合物由于聚合度较高，分子量大，如果样品很难研磨成颗粒度在 2μm 左右的粉末，压片比较困难，就不能使用压片法进行样品预处理。但高分子聚合物一般可以采用某种低沸点的溶剂将其溶解制成溶液，然后滴在盐片上，待溶剂挥发后，样品便遗留在盐片上形成一层均匀的薄膜，这种方法称为薄膜法。经过处理后的薄膜可以直接在红外吸收光谱仪上扫描红外吸收光谱图。

任务 7　红外吸收光谱仪的日常维护

一、日常维护与保养

① 仪器应定期保养，保养时注意切断电源，不要触及任何光学元件及狭缝机构。

② 经常检查仪器存放地点的温度、湿度是否在规定范围内。一般要求实训室装配空调和除湿机。

③ 仪器中所有的光学元件都无保护层，要特别防止机械摩擦。仪器在使用过程中，对光学镜面必须严格防尘、防腐蚀，绝对禁止用任何东西擦拭镜面，镜面若有积灰，应用洗耳球吹。

④ 各运动部件要定期用润滑油润滑，以保持仪器运转轻快。

⑤ 仪器不使用时用软布遮盖整台机器；长期不用，再用时需先对其性能进行全面检查。

⑥ 光源使用温度要适宜，不得过高，否则将缩短其寿命；更换、安装光源时要十分小心，以免光源受力折断。

⑦ 每星期检查干燥剂两次。

⑧ 干燥剂中指示硅胶变色（蓝色变为浅蓝色），需要更换干燥剂。

⑨ 每星期保证开机预热 2h 以上。

二、主要部件的维护和保养

1. 能斯特灯的维护

能斯特灯是红外吸收光谱仪的常用光源，使用时要求性能稳定和低噪声，因此要注意维护。能斯特灯有一定的使用寿命，要控制时间，不要随意开启和关闭，实验结束时要立即关闭。能斯特灯的力学性能差，容易损坏，因此在安装时要小心，不能用力过大，工作时要避免被硬物撞击。

2. 硅碳棒的维护

硅碳棒容易折断，要避免碰撞。硅碳棒在工作时，温度可达 1400℃，要注意水冷或风冷。

3. 光栅的维护

不要用手或其他物体接触光栅表面，光栅结构精密，容易损坏，一旦光栅表面有灰尘或污物，严禁用绸布、毛刷等擦拭，也不能用嘴吹气除尘，只能用四氯化碳溶液等无腐蚀而易挥发的有机溶剂冲洗。

4. 狭缝、透镜的维护

红外吸收光谱仪的夹缝和透镜不允许碰撞与积尘，如有积尘可用洗耳球或软毛刷清除。一旦污物难以去除，允许用软木条的尖端轻轻除去，直至正常为止。开启和关闭狭缝时要平衡、缓慢。

5. 样品池的维护

使用后的样品池应及时清洗，干燥后存放于干燥器中。

三、注意事项

① 保证房间湿度控制在 50%～70%之间。
② 仪器尽量远离振动源。
③ 仪器尽量远离腐蚀性气体。
④ 测试期间尽量减少房间内空气流动。
⑤ 使用红外光谱仪时应注意保持室内清洁、干燥，不要震动光学台，取、放样品时，样品盖应轻开轻闭。若改变测试参数，请做记录，测试完毕应复原。另外，眼睛不要注视氦-氖激光，以免受到伤害。

劳动素质提升 2-2　红外吸收光谱仪的维护

一、劳动目的
1. 进一步了解红外吸收光谱仪的工作原理。
2. 学习如何维护和保养红外吸收光谱仪。

二、仪器与试剂
1. 仪器

红外吸收光谱仪。

2. 试剂

四氯化碳溶液。

三、劳动步骤
1. 切断仪器电源，用四氯化碳溶液冲洗光栅，不要用手或其他物体接触光栅表面，光栅结构精密，容易损坏。
2. 用洗耳球或软毛刷清除狭缝和透镜上的积尘。
3. 清洗样品池，干燥后存放于干燥器中。
4. 对各运动部件用润滑油润滑，以保持仪器运转轻快。
5. 检查干燥剂，干燥剂中指示硅胶变色（蓝色变为浅蓝色），需要更换干燥剂，每次六包。

四、注意事项
1. 一旦光栅表面有灰尘或污物，严禁用绸布、毛刷等擦拭，也不能用嘴吹气除尘。
2. 狭缝和透镜不允许碰撞，如果污物难以去除，允许用软木条的尖端轻轻除去，直至正常为止。

知识拓展　我国科学家为近红外光谱技术"添砖加瓦"

近红外光谱技术因具有无损伤、快速检测等特点，广泛应用于食品检测、安全、传感、农业生产、生物医学等领域。然而，实现广泛应用的关键在于能否获得紧凑、高效、低成本的近红外光源。

传统卤钨灯存在体积大、效率低、使用寿命短的问题，不适合于现代紧凑型便携式光谱设备。虽然 LED 光源具有高效、尺寸小、全固态、寿命长的优点，但是直接实现近红外发射的半导体芯片发射带宽通常较窄，难以满足宽带近红外光源的应用需求。

综合考虑技术难度和成本等因素，采用蓝光 LED 芯片结合宽带近红外荧光粉的荧光转换型近红外 LED 光源（near-infrared pc-LED）更具成本效益。该光源具有发射波长易调节、与白光 LED 封装技术兼容等优点。那么，如何开发出宽带发射、高发光效率和高热稳定性的近红外发光材料便成为其能否被广泛应用的关键因素。

中国科学院福建物质结构研究所朱浩森团队自 2018 年开始研究宽带近红外发光材料，他们在研究过程中深入贯彻"创新是引领发展的第一动力"这一二十大精神，克服重重困难，采用 Cr^{3+} 和稀土离子作为激活离子，结合基质材料的结构、共价性和热膨胀特性，开发出一系列宽带近红外发光材料，并对激活离子间的能量传递过程、发光特性进行了深入研究。这些研究成果不但填补了国内外多项空白，而且为实现宽带近红外发光材料的广泛应用提供了有力支持。

在利用宽带近红外发光材料成功开发出近红外 LED 光源的过程中，朱浩森团队不仅体现了我国科研工作者勇攀高峰、追求真理、严谨治学的科学态度，更为我国创新型国家的建设做出了重要贡献，这无疑为我们广大青年学子树立了良好的榜样。

思考与练习

1. 产生红外吸收光谱的条件是什么？为什么并非所有分子的振动都可产生相应的红外吸收光谱？
2. 同一样品浓度不同或溶剂不同时，红外吸收峰强度是否一样，为什么？
3. 试以亚甲基为例，说明分子振动的几种基本形式是怎样的？
4. 何谓基团频率？它在红外吸收光谱分析中有何重要性及实用性？
5. 红外光谱法定量分析的依据是什么？定量分析的方法有哪些？简要叙述定量分析的步骤。
6. 红外光谱法定性分析的依据是什么？简要叙述定性分析的步骤。
7. 何谓"基频区""指纹区""泛频区"？它们各有何特点和实用性？
8. 何谓"基频峰""泛频峰""组合峰"和"相关峰"？
9. 与 850nm 波长相当的波数为多少？
10. 影响红外吸收峰强度的主要因素有哪些？
11. 依次在 95%的乙醇及正己烷溶剂中测定 2-戊酮的红外吸收光谱，请推测 $\nu_{C=O}$ 吸收带在哪一种溶剂中出现的频率比较高？原因何在？
12. 试画出 CS_2 分子的基本振动类型，并指出其中的红外活性振动。
13. 若不考虑其他影响因素，在酸、醛、酯、酰卤及酰胺类化合物中，出现 C=O 伸缩振动频率的顺序应是怎样的？
14. 色散型红外吸收光谱仪的基本组成是怎样的？
15. 傅里叶变换红外光谱仪的基本工作原理是怎样的？
16. 试由以下所给数据鉴定特定的二甲苯：

化合物 A：吸收带位于 767cm^{-1} 和 692cm^{-1} 处。

化合物 B：吸收带位于 792cm^{-1} 处。

化合物 C：吸收带位于 742cm^{-1} 处。

17. 现有一种氯苯，已知其在 900cm^{-1} 和 690cm^{-1} 间无吸收带。试推测它的可能结构是怎样的？
18. 已知某化合物的分子式为 C_5H_8O，并有下面的红外吸收谱带：3020cm^{-1}、2900cm^{-1}、1690cm^{-1} 和 1620cm^{-1}；在紫外区，其 $\varepsilon_{max}=10^4$，试提出一种结构，并说明其是否是唯一可能的。
19. 氯仿的红外吸收光谱表明，其 C—H 伸缩振动频率为 3100cm^{-1}，对于氘代氯仿（$CDCl_3$），其 C—D 伸缩振动频率是否会改变？为什么？朝哪个波数方向变？为什么？

【附录】 考核评分表

	考核项目		考核比重	
知识要求	1. 掌握红外光谱分析的特征性及有关术语	40	5
	2. 掌握红外吸收光谱产生的条件		5
	3. 掌握基团振动类型		5
	4. 掌握各个官能团的特征吸收区域		5
	5. 掌握仪器的基本组成及作用		5
	6. 掌握红外谱图及其解析步骤		5
	7. 了解红外光谱实训室的环境要求及管理规范		2
	8. 了解仪器各部分的工作原理		2
	9. 了解影响红外吸收峰数目、位置及其强度的因素		3
	10. 了解影响红外光谱吸收频率的因素		3
能力要求	1. 能熟悉并遵守红外光谱实训室的安全操作规程	50	10
	2. 能正确制备固体和液体样品		10
	3. 能熟练操作仪器进行检测		10
	4. 能对样品进行定性分析并正确解析谱图		10
	5. 能够对仪器设备进行日常维护		10
素质要求	1. 遵循实验室各项规章制度	10	1
	2. 劳动积极,主动参与		2
	3. 与其他同学积极合作		2
	4. 合理利用资源,避免浪费		2
	5. 正确使用个人防护装备,并能够有效防范事故和化学品的危害		2
	6. 尊敬师长,文明操作		1
	合计		100

项目 3

用原子吸收光谱法检测物质中微量元素

 知识目标

1. 掌握 原子吸收光谱分析方法中的有关术语，特别是特征浓度、检出限等的概念。
2. 理解 原子吸收光谱分析方法的基本原理、仪器结构和实验操作技能。能够独立进行样品制备、仪器校准、数据记录、数据处理、结果分析和误差控制等实验操作。
3. 了解 影响谱线变宽的因素，影响特征浓度的因素，仪器测量条件及其选择，干扰及其消减方法。

 能力目标

1. 掌握原子吸收光谱法的基本实验操作技能，了解原子吸收分光光度计的灵敏度、选择性、准确性等特点，并掌握原子吸收光谱在分析化学、环境监测等领域的应用范围。
2. 具备对实验数据进行处理和结果分析的能力，包括实验数据的处理、结果分析和误差控制。
3. 在实验操作中掌握解决问题的方法和技能，能够对实验过程中出现的问题进行分析、解决和改进。
4. 能够对所使用的仪器设备进行日常的维护保养。

 素质目标

1. 在学习用原子吸收光谱法检测物质中微量元素的相关理论知识和实验技能过程中，锻炼学生在实践中进行分析和解决问题的能力，引导帮助学生强化创新意识，培养学生探究和创新的精神。
2. 在学生反复验证，不断调整实验条件，以获得最为准确的结果的过程中，引导学生们勤奋向上，培养"追求卓越、勇攀高峰"的精神。
3. 教学过程中有意识地加强学生的实验室安全知识和操作技能训练。同时，也可以培养学生的责任心和安全意识，使他们能够遵守实验室规章制度，科学合理地使用化学试剂和仪器设备，确保自身安全。

任务 1　认识原子吸收实训室

一、原子吸收实训室的环境要求

① 原子吸收仪器应该放置在单独的实训室内（不与其他仪器混放）。
② 仪器上方有良好的排风装置。
③ 原子吸收仪器室不得放置有机试剂。
④ 实训室应具备独立的钢瓶室，并具备相应的防爆设施。
⑤ 稳定的 220V 电源[(220±10%)V，无波动]，避免与大型用电设备使用同相电源。

⑥ 仪器室附近无震源。
⑦ 仪器室附近无强磁场。
⑧ 仪器室内安装空调，控温，除湿。
⑨ 仪器室应具备防异物进入措施（如防鼠等）。

二、原子吸收实训室的管理规范

① 了解有关分析方法及其仪器结构的基本原理、仪器的主要组成部件及其操作过程。

② 掌握有关分析方法的实训技术，正确使用仪器。未经教师允许，不得随意改变操作参数。更不得改换、拆卸仪器的零部件。

③ 了解有关分析方法的特点、应用范围及局限性，掌握有关分析方法的分析步骤和对测试数据进行处理的方法。

④ 维护实训室的仪器设备，在每次实训完成后，要将仪器复原，罩好防尘罩。如发现仪器工作不正常，要做好记录并及时报告。由教师及实训室工作人员进行处理。

⑤ 实训室安全包括人身安全及实训室仪器设备的安全。在实训过程中必须杜绝化学药品中毒、烫伤、割伤、腐蚀等涉及人身安全事故及由燃气、高压气体、高压电源、易燃易爆化学品等导致的火灾、爆炸事故以及自来水泄漏等事故。

⑥ 实训室内禁止饮食、吸烟，切勿以实训用容器代替水杯、餐具使用，防止化学试剂入口，试验结束后要洗手。

⑦ 在实训之前，要仔细阅读仪器操作规程或认真听取教师讲解，然后再动手操作仪器。不要随便拨弄仪器，以免损坏或发生意外事故。

⑧ 使用高压气体钢瓶时，要严格按操作规程进行操作。例如，原子吸收光谱实训所用的各种火焰，其点燃与熄灭的原则是：先开助燃气，再开燃气；先关燃气，再关助燃气（即按"迟到早退"的原则开启和关闭燃气）。应将乙炔钢瓶存放在远离明火、通风良好、温度低于35℃的地方。

⑨ 可燃气体泄漏：原子吸收常用乙炔作为燃气，在管路的接口处可能存在乙炔泄漏的情况。发现乙炔泄漏，应停止一切可能产生明火的操作，关闭乙炔总阀，打开门窗，查明泄漏原因，处理泄漏处，重新试验。

⑩ 高温烫伤：原子吸收使用高温火焰，不小心可能会烫伤手臂。小面积烫伤可用大量水对受伤部位降温，涂抹烫伤膏。情况严重及时送医院抢救。

⑪ 化学烧伤：样品消化过程酸碱可能溅至皮肤、眼睛。防治方法：在通风橱中进行操作，一旦烧伤可用大量水及硼酸、稀碳酸钠溶液冲洗。包扎伤口，防止感染。

> **劳动素质提升 3-1　学生整理原子吸收实训室**
> 1. 清除试验台上杂物（如废纸、空试剂瓶等）。
> 2. 清除废弃的仪器设备、包装箱等。
> 3. 分类整理实训室的维修工具，空心阴极灯，实训用试剂，溶液，玻璃仪器如容量瓶、移液管、烧杯、洗瓶、洗耳球、滤纸篓、废纸篓、灭火器、废液筒、卫生清洁用品。
> 4. 整理电源插头、稳压电源，将电源线理齐。
> 5. 清除试验台底柜、抽屉中的多余物品。

任务 2　原子吸收分光光度计基本操作

原子吸收光谱法（atomic absorption spectrometry，AAS）在半个世纪以来，是广泛应用于定量测定试样中单独元素的分析方法。它可测定70多种元素，而且测定准确、快速、灵敏、选择性好，抗干扰能力强，仪器设备简单，操作方便，在冶金、地质、化工、生物、医药、环境等领域具有广泛的应用。

一、原子吸收分光光度计的结构

原子吸收光谱法所使用的分析仪器称为原子吸收光谱仪或原子吸收分光光度计。目前国内外生产的原子吸收光谱仪的类型及品种很多。虽然不同类型和品种的原子吸收光谱仪的具体结构有许多差异，但是设计所依据的原子吸收法的基本原理及其基本要求是一样的。在理解了原子吸收法的基本原理及其基本要求的基础上，只要熟悉这类仪器的基本组成部件的作用及性能，那么对于任何一种具体的原子吸收光谱仪就都不难掌握。作为原子吸收光谱仪主要有单光束和双光束两种类型。其基本构造原理如图 3-1 所示。由图 3-1 可见，如果将原子化器看作是分光光度计中的吸收池，则其仪器的构造原理与一般的分光光度计是相类似的，即一般由光源、原子化系统、光学系统及检测系统四个主要部分组成。

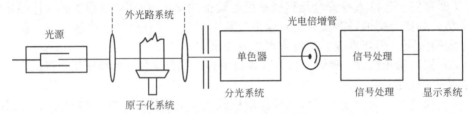

图 3-1　原子吸收光谱仪的基本构造

1. 光源

光源的作用是辐射谱线宽度很窄的待测元素的特征光波（锐线光），作为原子吸收法的入射光源。它由一种特殊的光源灯（通常为空心阴极灯）以及相应的供电装置组成。

原子吸收法对其光源的要求主要有：第一，发射的谱线的半宽度要窄，应小于吸收谱线的半宽度；第二，发射的谱线强度要足够大，以确保有足够的信噪比；第三，发射的谱线的强度要稳定，且没有背景发射或背景发射很小；第四，工作电压低，使用寿命长。

由于原子吸收光谱法使用的是锐线光源，且每一种可测定元素都要有其特定波长的锐线光源，因此原子吸收光谱仪需配备多种发射不同波长的光源灯。

蒸气放电灯、无极放电灯和空心阴极灯都能满足上述要求。但前两者只能对某几种元素应用，而空心阴极灯对可测定的元素几乎都能用，并且也是最早和目前应用最为广泛的光源。

空心阴极灯（hollow cathode lamp，HCL）是一种特殊的辉光放电管，其放电和发光机理与普通辉光放电管一样，只是在灯的阴极和阳极的材料选用以及装置方式上有其特殊之处，目的是满足产生锐线光的需要。

空心阴极灯的结构主要包括：一个阳极和一个空心圆筒形阴极。两电极密封于充有低压（2～10mmHg，1mmHg=133.322Pa）惰性气体的带有光学窗口（玻璃窗或石英）的玻璃壳中。其结构如图 3-2 所示。

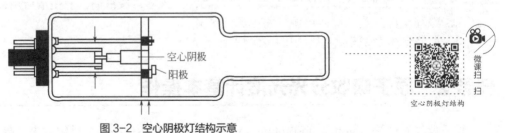

图 3-2　空心阴极灯结构示意

空心阴极灯的工作原理是：当在阴、阳两电极间施加适当直流电压（通常是300～500V）时（便开始辉光放电），两极间气体中自然存在着的极少数阳离子在电场的作用下向阴极运动，并轰击阴极表面，使阴极表面的电子获得能量而逸出（即脱离阴极），逸出的电子受电场加速并奔向阳极，在奔向阳极的途中与相遇的原子碰撞，使后者电离产生阴、阳离子，阳离子在电场作用之下奔向阴极，并轰击阴极表面。这样，放电一经在比较高的电压（启辉电压）下触发（启辉），就可以在比较低的电压下持续保持放电并发光（辉光）。

在阳离子轰击阴极表面时，不仅使阴极表面的电子获得能量而逸出，同时也使阴极表面的原子获得能量，以克服晶格能的束缚而逃逸出阴极，这种现象称之为"阴极溅射"。溅射出的原子（阴极元素）在阴极附近与其他粒子碰撞，获得能量而被激发，激发态的原子不稳定，它将重新回到基态，当它回到基态时，便将多余的能量以光的形式经过光学窗口辐射出来，这即是我们所期望得到的锐线光。

空心阴极灯将阴极做成空心管状的目的：一是使阴极区的辉光叠加，从而获得较强的发射谱线；二是使阴极溅射出的原子能最大限度地重新返回到阴极，以延长灯的使用寿命；三是为了增大阴极区阴、阳离子的密度，以使启辉及工作电压降低，工作电流增大。

空心阴极灯的阴极一般是由各种相应的高纯金属材料制成的，并以此金属元素命名，表示它可用作测定这种元素的光源灯。如铜空心阴极灯（简称铜灯），就是用铜作阴极，用来测定样品中的铜。

在阴极的外面附设有一个阴极罩，将阴极与其外侧屏蔽，以使放电集中在阴极内壁，进而使发射稳定、发射强度增大。

灯的阳极一般用钨棒制成，并使其靠近阴极，以使辉光正柱区减小，工作电压略有降低。其上贴有一小块钽或钛作为"吸气剂"，用来吸除混入的微量杂质气体（如 H_2、O_2、N_2 和 CO_2 等），以增加发射强度和避免背景发射的产生，同时减小由于放电而使灯内压力增加导致的洛伦兹（Lorentz）变宽。

灯内充气体均采用惰性气体（如 Ne、Ar），其对引起阴极溅射起了主导作用。充入的气体压力不能太高，以免引起显著的洛伦兹（Lorentz）变宽。所充气体的性质对灯的光谱性质影响很大，相比较来讲 Ne 气更好一些，引起的阴极溅射和激发多，使发射的谱线强度高，但相对其耗气量比 Ar 大，使灯的使用寿命缩短。

空心阴极灯的性能，除与其自身的质量有关外，还与使用条件有关。如供电方式、电源电压的稳定性以及灯电流。无论采取哪一种供电方式（供电方式有多种），都必须要求电源电压稳定，以免导致发射谱线强度不稳定。为此，这种仪器都要求配有专用的电源稳压器。灯电流的大小同样也对灯的发射谱线强度产生很大影响，在一定范围内提高灯电流可增加发射谱线的强度，提高稳定性。但过大的灯电流又会因自吸及多普勒（Doppler）变宽现象的加重，而使发射谱线强度反而减小、谱线变宽加剧，以致灵敏度降低。因此，对于大多数元素而言，灯电流越大，灵敏度越低。根据具体情况选择合适的灯电流也就显得尤其重要。

为了减少实际工作中换灯的麻烦，现早已设计出"多元素空心阴极灯"和"多阴极空心阴极灯"。前者是用多种金属的合金或金属间化合物制成阴极，可用于数种金属元素的测定。但这些元素间共振线必须不相互干扰。后者是在同一只灯内安装了数种不同金属的阴极，且可任意选用，减少了换灯的麻烦。但制作起来比前一种灯麻烦，因此尚未普及。

2. 原子化系统

原子化系统的作用是将样品中待测元素转变为气态的基态原子（这一过程叫作样品的原子化），并将其送入光路，以便对空心灯提供的共振（特征）辐射产生吸收。

原子化系统装置的质量对原子吸收分析测定的灵敏度和准确度均有很大的影响，在一定条件下也可以说起着决定性作用。

样品的原子化需要能量，该能量可以是热能，可由热源来供给热能。热源可以是化学火焰或电热。常用的原子化方式就有化学火焰法（即火焰原子化 flame atomization）和非火焰原子化法（flameless atomization）两种。二者相比，前者具有简单，快速，对大多数元素有较高的灵敏度和检测极限等优点，因而至今使用仍最广泛。非火焰原子化（主要包括电热原子化和氢化物发生法）具有较高的原子化效率、灵敏度和检测极限，因而发展迅速。

（1）火焰原子化装置　火焰原子化法使用的装置（叫火焰原子化器），主要由雾化器、雾室和燃烧器三部分组成。它是先用雾化器将试液雾化，在雾化室（也称膨胀室或混合室）内将较大的雾滴除去，使试液的雾滴均匀化，然后再喷入火焰，这种燃烧器所形成的火焰呈层流状，火焰轮廓清晰。

① 雾化器。雾化器（如图 3-3 所示）的作用是将试液分散成极细小（直径在 5～70μm）的雾滴，其性能对测定的灵敏度、准确度、精密度和化学干扰等有显著影响，是原子吸收光谱仪的核心部件。因此，要求喷雾稳定；雾滴微小而均匀；雾化效率（进入火焰的雾滴占所消耗溶液的百分率）高；对于不同相对密度、不同表面张力和不同黏度的液体都有较好的适应性；所需压缩气的流量应与火焰的需要量（因两者为由同一气源提供的相同流量的气体，一般为空气、氧、氧化亚氮等助燃气）相适应。目前普遍采用的是气动同心（毛细管和雾室的中轴线重合）型雾化器，其雾化效率可达 10%以上。在毛细管外壁与喷嘴口构成的环形间隙中，由于高压气体（即助燃气）产生的射流作用，使毛细管出口处形成负压区（进口一端为敞口，出口一端为负压），从而令试液被毛细管吸入，到达出口时，由于压力突然骤减而分散开形成细小的雾滴。为了进一步减小雾滴的粒度（以提高原子化效率），在出口前端数毫米处设置了一撞击球（一般为玻璃制成），喷出的雾滴经节流管碰在撞击球上而被进一步分散成细小雾滴。

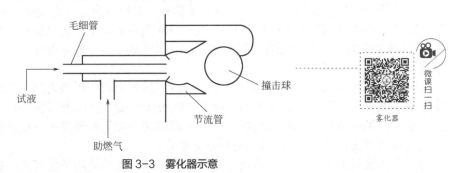

图 3-3　雾化器示意

形成雾滴的速率，除取决于溶液的物理性质（表面张力及黏度等）外，还取决于气体（即助燃气）的压力、气体导管和毛细管孔径的相对大小和位置等。增加气体流速，可使雾滴变小。但气流速度增加过大，因同时提高了单位时间内试样溶液的吸入量，反而使雾化效率降低。故应根据仪器条件（即兼顾火焰条件）和试样溶液的具体情况来确定气体（助燃气）的压力和流速。

② 燃烧器。图 3-4 为预混合型燃烧器的示意图，试液雾化后进入预混合室（也叫雾室，其作用有二，一是使雾滴直径均匀化，二是使燃气、助燃气和小雾滴均匀混合），形成气溶胶，进入火焰中，而较大的雾滴凝结在壁上，经下方的废液管排出。预混合型燃烧器的主要优点是产生的原子蒸气多，吸样和气流的稍许变动影响较小，火焰稳定性好，背景噪声较低，而且比较安全。缺点是试样利用率低，通常约为 10%（由雾化效率决定的）。

燃烧器（如图 3-5 所示）有"孔型"和"长缝型"之分，后者又有单缝与三缝之分，单缝又有长短缝之分。在预混合型燃烧器中，一般采用吸收光程较长的长缝型燃烧器。这种燃烧器的金属边缘宽，散热较快，不需要水冷。为了适应不同组成的火焰，一般仪器配有两种以上不同规格的单缝燃烧器，一种是缝长 10～11cm，缝宽 0.5～0.6mm，适用于空气-乙炔火焰；另一种是缝长 5cm，缝宽 0.46mm，适用于燃烧速度比空气快得多的助燃气（如氧化亚氮，俗称笑气），以防回火爆炸!

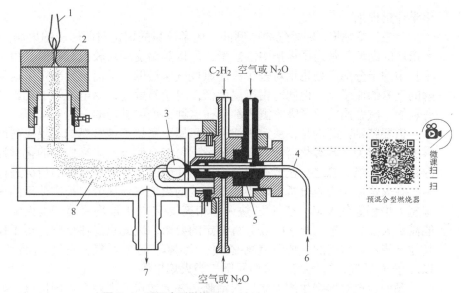

图 3-4 预混合型燃烧器

1—火焰；2—燃烧器；3—撞击球；4—毛细管；5—雾化器；6—试液；7—废液；8—预混合室

(a) 单(长)缝型燃烧器　(b) 三(长)缝型燃烧器　(c) 多(多)孔型燃烧器

图 3-5　燃烧器示意

三缝燃烧器也用于空气-乙炔火焰中。与单缝式相比较，由于增加了火焰宽度，易于光路的调节，避免了光源光束没有全部通过火焰而引起工作曲线弯曲的现象，降低了火焰噪声，提高了一些元素的灵敏度，减少了缝口堵塞等，但气体耗量较大，装置也较复杂，一般不使用。

③ 火焰及其类型。原子吸收光谱分析测定的是基态原子，而火焰为样品原子化提供了能源。化合物在火焰温度的作用下经历蒸发、干燥、汽化、解离甚至激发、电离和化合等一系列复杂的过程。在此过程中，除产生大量游离的基态原子外，还会产生很少量激发态原子、电离了的离子和重新化合或未被充分解离的分子等粒子。显然后者是我们所不希望的。

火焰是由燃气（还原剂）和助燃气（氧化剂）相遇后发生激烈的化学反应——燃烧而形成的。由于燃气和助燃气的种类不同，所形成的火焰的温度及性质也就不同；相同种类的燃气和助燃气，由于彼此间混合比例（燃助比）的不同，所形成的火焰的温度及性质也不一样。

其一，正常焰也叫中性焰。表示燃气和助燃气基本上是按它们之间的化学反应计算的量配比的，故也称为"化学计量火焰"。这种火焰具有温度高、干扰少、稳定及背景低等特点。相对于富燃焰来讲，其中间薄层高度较小（相差约一倍），因此较适于不大容易在火焰中形成单氧化物的元素（除碱金属外）的分析。

其二，富燃焰，即燃气的比例高于化学计量的配比时形成的火焰。这种火焰有丰富的半分解产物，具有较强的还原气氛。火焰温度略低于前者，但适于原子化的区域较大。特别此时该区域的半分解产物较化学计量火焰多得多，因此尤其适于易形成单氧化物后难离解的元素，如 Cr、Ba、Mo、Al 等的原子化，且无论是使用空气-乙炔或是氧化亚氮-乙炔均如此。

但应注意的是：富燃焰的火焰发射及火焰吸收背景都较强烈，干扰较多且稳定性也不如化学计量火焰。

其三，贫燃焰，即燃气的比例低于化学计量的配比时所形成的火焰。由于在这种火焰中，大量冷的助燃气带走了火焰中的热量，所以其温度相对较低。同时又由于助燃气充分，以至于其中的半分解产物也相对较少，还原性气氛最低。进而也就决定了这种火焰不利于较难离解的元素的原子化。但同时由于温度低，对于易解离、易电离等的元素的原子化却又是十分有利的。碱金属的原子吸收测定都是在这种火焰中进行的。

需要特别注意的是，决定火焰究竟是属于富燃焰或贫燃焰不仅仅与助燃比有关，还与喷雾的溶液有关。若雾化溶液为有机试剂，可能会使原本未雾化时的化学计量火焰在雾化后变为富燃性火焰。总之，在考虑实际的火焰性质时，应根据具体的情况进行分析。

在火焰原子吸收分析工作中，就形成的火焰气体区分，最常使用的火焰主要有两类，即碳氢火焰和氢气火焰。空气-乙炔火焰和笑气-乙炔火焰均属第一类火焰。这两种火焰已基本能满足大部分元素的原子吸收分析测定的要求，因此也是在日常分析工作中最常用的火焰。其他一些不太常用的火焰还有氧-乙炔、氧-氢、空气-煤气、空气-石油气（均属第一类火焰）以及空气-氢气、氩气-氢气（均属第二类火焰）等。

预混合燃烧器产生的火焰层次清晰，并大致可分为四个不同区域，如图 3-6 所示。

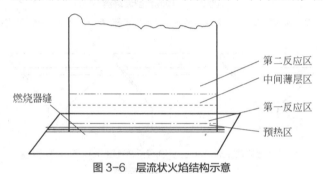

图 3-6　层流状火焰结构示意

燃气与助燃气在预混合雾室中混合之后，从燃烧器缝喷出，首先到达"预热区"，预热至着火温度而开始燃烧。由于仅有极少部分的燃气及助燃气被分解，所以这一区域的温度最低，主要是完成气溶胶的干燥。预热区的上端是"第一反应区"，通常此处有一个蓝色核心标志。燃气与助燃气在这个小的区域中进行着复杂的燃烧反应。由于燃烧不充分而产生大量的半分解产物（如 OH—、NH—、CH—、CN—等），已干燥的气溶胶在此蒸发。除了一些干扰少、易于原子化的元素外，通常不以此作为观测区域；再往上就是"中间薄层区"（自火焰侧面观察整个火焰是呈"8"字形，该区域正处于"8"字的中间的缘故），无明显标志，高度又小（且其高度随助燃比的不同还略有改变）。在该区域，由于大部分的燃气均已分解，只有极少数的稳定的分子和自由基（如·CN、·H）存在，因此温度最高，具有最适宜的原子化条件，常常作为原子吸收分析测定的主要观测区域。测定之前设定燃烧器高度的目的是使空心阴极灯的共振发射从这一小的区域经过，同时使这个区域中产生的共振吸收被检测器所检测（该区域对大多数元素的检测灵敏度相对最高）。在中间薄层区的上端，是"第二反应区"，因为燃烧反应已完全以及高压气流不断从此经过，所以温度开始下降。由于温度低，部分已解离的基态原子可能会重新在此结合成分子，再有上个区域中可能被进一步电离所形成的离子随气流上升也要从该区域经过，所以该区域不适宜作为观测区域。

现就两种最为常用的火焰情况做一介绍。

a. 空气-乙炔火焰。这是用途最广的一种火焰。其助燃比（助燃气和燃气的流量比）为 4：1，最高温度约为 2300℃，能用于测定 35 种以上的元素，但测定易形成难离解氧化物的元素（例如 Al、Ta、Ti、Zr 等）时灵敏度很低，不宜使用。这种火焰在短波长范围内对紫外线吸收较强，易使信噪比降低，因此应根据具体的分析要求，选择不同特性的火焰。

日常分析工作中，较多采用助燃比为4∶1的化学计量空气-乙炔火焰（中性火焰）。这种火焰稳定、温度较高、背景低、噪声小（除短波区域外），适于测定约35种元素。

空气-贫乙炔火焰，也称"贫燃焰"。其助燃比<4∶1，火焰燃烧高度较低；由于燃烧充分，温度较高，但区域范围小，即能产生光吸收的区域很窄；还原性差，仅适用于不易氧化的元素如 Ag、Cu、Ni、Co、Pd 等及碱土金属元素的测定。

空气-富乙炔火焰，也称"富燃焰"。其助燃比介于 (3∶1) ～ (5∶2)，火焰燃烧高度较高；温度较贫燃性火焰低，噪声较大；由于燃烧欠充分，火焰中含大量的半分解产物 CN、CH 和 C，火焰呈强还原性气氛；但由于产生下述反应而有利于金属氧化物 MO 的解离。

$$MO+C \longrightarrow M+CO$$
$$MO+CN \longrightarrow M+N+CO$$
$$MO+CH \longrightarrow M+C+OH$$

因此，适用于测定较易形成难熔氧化物的元素如 Mo、Cr、稀土等。

b. 氧化亚氮-乙炔火焰。这种火焰的燃烧反应为：

$$5N_2O \longrightarrow 5N_2 + \frac{5}{2}O_2$$
$$C_2H_2 + \frac{5}{2}O_2 \longrightarrow 2CO_2 + H_2O$$

在燃烧过程中，氧化亚氮分解出氧和氮并释放出大量热，乙炔则借助其中的氧燃烧，故火焰温度高达3000℃左右。火焰中除含 C、CO、OH 等半分解产物外，还有 CN 及 NH 等成分，因而具有强还原性气氛，可使许多离解能较高的难离解元素的氧化物分子被原子化（如 Al、B、Be、Ti、V、W、Ta、Zr 等）。这些金属氧化物 MO 在火焰的还原区中发生下列反应：

$$MO+NH \longrightarrow M+N+OH$$
$$MO+CN \longrightarrow M+N+CO$$

产生的基态原子 M 又被周围的 CN 和 NH 的气氛所保护，故原子化效率较高。由于火焰温度高，可消除在空气-乙炔火焰或其他火焰中可能存在的某些化学干扰。

对于氧化亚氮-乙炔火焰的使用，火焰条件的调节，例如助燃气与燃气的比例、燃烧器的高度等，远比用普通的空气-乙炔火焰严格，甚至稍为偏离最佳条件，也会使灵敏度明显降低，这是必须注意的。由于氧化亚氮的燃烧速度快，氧化亚氮-乙炔火焰很容易发生回火爆炸，因此在操作中应严格遵守操作规程。

在火焰原子吸收分析中，针对不同元素正确而恰当地选用火焰的种类及其类型是十分重要的，它不仅关系着待测元素能否被充分地原子化，也关系着干扰因素的多与寡、测定的灵敏度和稳定性（详见"干扰及其消除"）。关于火焰的选择，应依据试样及待测元素的具体情况而定，详细情况请见"测量条件的选择"。一些常用火焰的组成及其性质如表3-1及图3-7所示。

表3-1 常用火焰的组成及其性质

火焰名称 助-燃气	火焰类型 助-燃气流量比	火焰最高温度/℃	燃烧速度/(cm·s^{-1})	火焰气氛	发射背景或噪声	适用情况
空气-乙炔	4∶1	2300	160	氧化性	发射背景低，在短波区吸收较强烈使噪声变大	可测定约一半的元素，对于 W、Mo、V 等易形成难熔氧化物元素的灵敏度低
空气-贫乙炔	4∶<1	2300	160	氧化性强	发射背景更低，CN 和 NH 峰更少	适用于有机溶剂喷雾、碱金属等易挥发或不易形成氧化物的元素

续表

火焰名称 助-燃气	火焰类型 助-燃气 流量比	火焰最高 温度/℃	燃烧速度 /(cm·s^{-1})	火焰气氛	发射背景或噪声	适用情况
空气-富乙炔	（3:1）~ （5:2）	稍<2300	160	还原性	发射背景较强，噪声大	适于易形成氧化物的元素对于 W、Mo、V 等灵敏度高
氧化亚氮-乙炔	（3:1）~ （2:1）	2995	160	强还原性	发射背景强，噪声大，CN 和 NH 峰增多	适于易形成难熔氧化物元素（如 Al、Be、Si、Ti、W、V 及稀土）

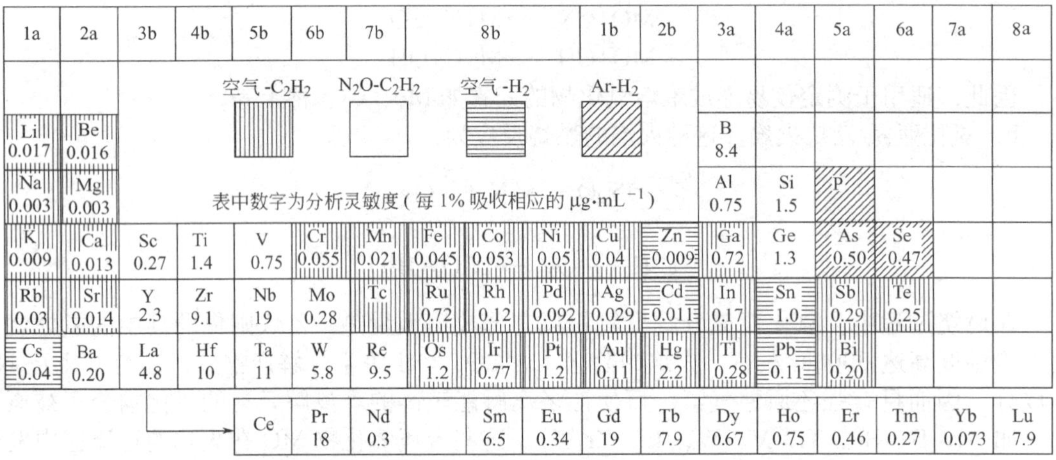

图 3-7 原子吸收法测定元素适用火焰气体情况

④ 气源装置及使用安全措施。在火焰原子吸收法中，可能用到的燃气和助燃气的种类比较多。各种气体来源也不尽相同，并非都由仪器配套供给，可据具体需要而自行设置。

a. 空气。多由空压机供给。空压机有活塞式和膜动式之分。一般前者压力为 6×10^5Pa（6atm），需经减压、稳压和净化（除去压缩空气中的水汽及空压机带入的油）后使用；后者最大压力可达 3×10^5Pa（3atm），可经安全阀调节压力至所需值。空气的使用压力一般为 2×10^5Pa（2atm），流量在 10~20L·min^{-1}。对于具体一台仪器空气的使用压力和流量应参照仪器说明书，不可盲目设置。

b. 乙炔。多由钢瓶提供。钢瓶中的乙炔是被加压溶解在多孔性吸附材料的丙酮中，需通过减压、稳压后使用；瓶内最大压力为 15×10^5Pa（15atm），可经稳压调节器调节压力至所需值。对于具体一台仪器，乙炔的使用压力和流量应参照仪器说明书设置为所需值。

c. 氧化亚氮。这种气体对嗅觉有刺激性，会使人产生兴奋感，故俗称笑气。多由钢瓶提供。瓶内压力约为 7×10^6Pa，需通过稳压调节器减压、稳压后使用。

在原子吸收分析工作中，对于燃气的使用，应注意采取并遵守以下特别的安全措施，以免发生人身或设备事故。

a. 燃气、助燃气钢瓶和乙炔气钢瓶应绝对远离火源。

b. 点火操作前应检查并确认气路系统密封良好。对于早先无微机控制的原子吸收光谱仪，点火时，应首先打开助燃气针形阀，再少许打开燃气针形阀，并即刻点火（避免气体排入空间遇到明火发生爆炸）。对于较新型号的这类仪器，一般已由微机自动控制。点火前，应先打开气源，并随手设置和确认气体压力与流量为仪器说明书规定参数。

c. 熄火时，应先关燃气阀门，待火焰熄灭后，再关闭助燃气阀门，以防发生回火。对于由微机控制的新型号仪器，关闭气源后，待火焰熄灭，再关闭仪器的总电源开关。

最后，打开空压机排气阀、净化器排气阀，将油、水一起随余气放尽。

d．膨胀室或燃烧器应安装有安全排气塞，并经常保持其良好有效，以确保安全。

e．要防止回火，尤其是氧化亚氮-乙炔火焰。点火与熄火一定要严格经过空气-乙炔火焰过渡，即确保氧化亚氮-乙炔火焰始终为富燃焰（红色火焰）。

f．工作结束应确保切断燃气气源，一切漏气的可能都是安全隐患。特别是燃气流量计的针形阀很易密封不好，一旦泄漏到仪器中，极易发生爆炸事故。

g．仪器上部应按规定安装排风装置，并保持正常有效。

（2）非火焰原子化装置　火焰原子化的主要缺点是雾化效率低，仅有约10%的试液进入火焰被原子化，而其余约90%的试液都作为废液由废液管排出，因而其原子化效率也不高。显然，这样低的原子化效率成为提高原子吸收法检测灵敏度的一大障碍。而非火焰原子化方式可以使这一问题得到大大改善，使灵敏度提高了几个数量级，检出限可达 10^{-14}g，因而得到较多的应用。

非火焰原子化是火焰原子化以外其他原子化方式的统称，包括了许多具体的方法。其中目前使用相对较多的是电热高温石墨炉原子化器，简称"石墨炉原子化器（atomization in graphite furnace，GFA）"法。

图3-8所示为石墨炉原子化器。它是将一支长28～50mm，外径8～9mm，内径5～6mm的石墨管用电极夹固定在两个电极之间，管的两端开口，安装时使其轴线刚好与光路重合，如图3-9所示，使光束由此经过，以便置于其间的样品被原子化之后所产生的基态原子蒸气对其产生吸收。石墨管壁一侧有三个直径1～2mm的小孔，中间的一个作为进样孔，用于注入试样（液体或固体粉末）；为了防止石墨管氧化，需要自三个小孔不断通入惰性气体（氩气），排除空气的情况下使大电流（300A）通过石墨管实现原子化。两端以石英制成透光窗，以使光束由此通过。管外有水冷外套以使一次测定结束后能迅速将石墨管温度降至室温。石墨炉原子化采取程序升温的方式，并分为干燥、灰化、原子化、净化（或称"除残"）四个步骤，由微机控制自动进行，如图3-9所示（图中净化过程未表示）。由两端的电极通电加热。可先通一小电流，在100℃左右进行试样的干燥，以去除溶剂和试样中的易挥发杂质，防止溶剂的存在导致灰化和原子化过程中试样的飞溅；在300～1500℃内进行灰化，以进一步去除有机物或低沸点无机物等基体成分，减少基体对待测元素的干扰；然后升温进行试样的原子化，原子化温度随被测元素而异，最高温度可达2900℃左右。每次进样量液体为5～100μL，固体为20～40μg，待测元素在极短时间内即被充分原子化并产生吸收信号，由快速相应的记录器加以记录。测定完了之后，需在下一次进样之前，将石墨管加热到3000℃左右的高温进行除残，以使前一试样所遗留的成分挥发掉，从而减少或除去前一试样对后一试样产生的记忆效应。

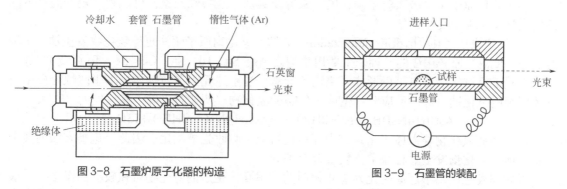

图3-8　石墨炉原子化器的构造　　　　图3-9　石墨管的装配

石墨炉原子化器的升温方式有如图3-10所示的阶梯式和斜坡式。后者能使试样更有效地灰化，减少背景干扰，还能以逐渐升温来控制化学反应速率，对测定难挥发性元素更为有利。

表 3-2 对石墨炉原子化法和火焰原子化法进行了比较。石墨炉原子化的最大优点是：注入石墨管中的试样几乎可以完全原子化（原子化效率可达约 90%），由于管腔空间相对火焰要小得多，因而原子蒸气浓度被大大提高，致使测定的灵敏度也大大提高。当试样含量很低，或只能提供很少量的试样时，使用这种原子化方式是很适合的。

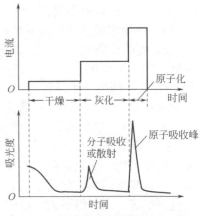

图 3-10 石墨炉原子化器升温过程示意

另外，由于采取了氩气保护，对于易形成难熔氧化物的元素，由于没有大量氧气存在，并由石墨提供了大量碳，所以能够得到较理想的原子化效率。石墨炉原子化的主要不足之处在于：共存化合物的干扰要比火焰法大。当共存分子产生的背景吸收（见"干扰及其消除"）较大时，需要调整灰化的温度及时间，以使背景吸收不与原子吸收重叠（见图 3-10），并使用背景校正方法来进行校正。其次，由于取样量很少，进样量以及注入石墨管内位置的变动会导致测量偏差，因而石墨炉原子化的精密度不如火焰法好。若采用微型泵和由微机程序控制的自动进样装置（该装置已有商品供应），可避免手工操作过程中取样体积和注入位置等物理因素造成的分析误差，以提高测量的精密度。

表 3-2 火焰原子化法与石墨炉原子化法的比较

项目	火焰原子化法	石墨炉原子化法
（1）原子化的热能提供	火焰	电能
（2）最高温度	2955℃（对乙炔-氧化亚氮火焰）	约 3000℃（石墨管的温度，管内气体温度要低些）
（3）原子化效率	约 10%	90% 以上
（4）试样体积	约 1mL	5~100μL
（5）信号（峰形）	平顶峰	尖峰
（6）灵敏度	低	高
检出极限	Cd 5×10^{-4} μg·g^{-1} Al 2×10^{-2} μg·g^{-1}	Cd 2×10^{-6} μg·g^{-1} Al 1×10^{-4} μg·g^{-1}
（7）精密度	变异系数 0.5%~1.0%	变异系数 1.5%~5%
（8）基体效应	小	大

（3）其他原子化方法　对于砷、硒、汞等及其他一些特殊元素，可以利用较低温度下的某些化学反应来使其原子化。

① 氢化物原子化（hydride atomization）装置。氢化物原子化法也称氢化物发生法。这种方法是"低温"原子化法的一种。主要用来测定 As、Sb、Bi、Sn、Ge、Se、Te 以及 Pb 等一些在常温下经过化学反应可以形成氢化物的元素。当上述元素在较低温度下于酸性介质中与强还原剂硼氢化钠（钾）反应时，生成了气态的氢化物。例如对于砷，其反应为：

$$AsCl_3 + 4NaBH_4 + HCl + 8H_2O \longrightarrow AsH_3 + 4NaCl + 4HBO_2 + 13H_2$$

然后将此氢化物导入原子化系统中即可进行原子吸收光谱测定。因此，这类方法的实训装置包括了氢化物发生器和原子化装置两个部分。

氢化物发生法由于还原转化为氢化物时的效率高，生成的氢化物可在较低的温度（一般为 700~900℃）下原子化，且氢化物生成的过程本身又同时是个分离过程，因而此法具有高灵敏度（砷、硒的检出限可达 0.001μg）、较少的基体干扰和化学干扰等优点。

② 冷原子化（cold-vapour atomization）装置。该法也称为"冷原子吸收法"。此法首先是将试液中的汞离子用 $SnCl_2$ 或盐酸羟胺还原为单质的汞，然后用空气流将汞蒸气（利用其沸点低的特性）带入具有石英窗的气体吸收管中完成原子吸收光谱的测定。本法的灵敏度和准确度都较高（可检出 0.01μg 的 Hg），是测定痕量汞的好方法。

3. 光学系统

原子吸收光谱仪的光学系统由聚光（外光路）和分光（单色器）两个系统组成。其一般结构原理如图 3-11 所示。

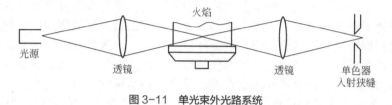

图 3-11 单光束外光路系统

（1）外光路系统 其作用是先由第一透镜使光源发出的共振线正确地聚焦于被测样品的原子蒸气（火焰）中央，再由第二透镜将通过原子蒸气后的谱线聚焦在单色器的入射狭缝上。

聚光系统的装置有许多种，图 3-11 所示为较为常见的双透镜装置。

原子吸收光谱法应用的波长范围十分广泛，从 185.0nm（Hg）到 852.1nm（Cs），即在紫外、可见及近红外范围内。因此要求透镜应以石英制成，以适应其"广泛"的波长范围；再有两个透镜的位置均应可沿光轴移动，以适应光源波长不同时的聚焦需要等。

（2）分光系统（单色器） 如图 3-12 中虚线所围部分。主要由色散元件（光栅或棱镜）、准直镜、狭缝等组成。

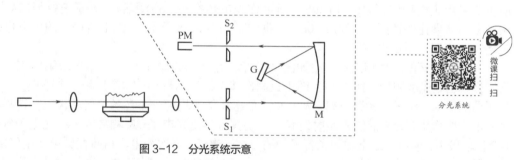

图 3-12 分光系统示意

S_1—入射狭缝；M—准直镜；G—光栅；S_2—出射狭缝；PM—检测器

原子吸收分光光度计中单色器的作用是将待测元素的共振线与相邻谱线（空心阴极灯的辉光、火焰产生的背景发射、待测元素的其他谱线）分开，只让待测元素的共振线通过。各种元素的分析线与其附近的干扰谱线之间的波长间隔大小各不相同，且相差很大。小到 0.03nm（Ge），大到 60.4nm（Li），多数在 0.3～5nm。所以要求单色器在上述波长范围内，能分开零点零几个纳米数量级的波长。

应当指出的是，在原子吸收光谱仪中，在不同的情况下，对单色器分辨率的要求是不一样的，并且悬殊也很大。为此，其单色器都是在较大范围（0.1～1nm）内可调，以便根据需要选择合适的狭缝宽度（见测量条件的选择）。

原子吸收法所用的吸收线是锐线光源发出的共振线，其单色性比较好，因此并不要求很高的色散能力，但为了便于测定，又要求入射光强度不能太低。为此，若光源强度一定，就需要选用适当的光栅色散率与狭缝宽度配合，构成适于测定的通带宽度以满足这方面的要求。通带宽度（也称光谱带通或带宽）以 B 表示。它是由色散元件的倒数线色散率与狭缝宽度（入射和出射狭缝二者的宽度通常是相等的）决定的，它们之间的关系可表示如下：

$$B = \frac{d\lambda}{dl} W \tag{3-1}$$

式中，B 为单色器的通带宽度，nm；$\frac{d\lambda}{dl}$ 为光栅的倒数线色散率，nm/mm；W 为狭缝宽度，mm。

可见，若一定的单色器采用了一定色散率的光栅，则单色器的分辨率和集光本领取决于狭缝宽度。因此使用单色器就应根据要求的出射光强度和单色器的分辨率来调节适宜的狭缝宽度，以构成适于测定的通带。一般来讲，调宽狭缝，出射光强度增加，但同时出射光包含的波长范围也相应加宽，使单色器的分辨率降低，这样，未被分开的靠近共振线的其他非吸收谱线或火焰的背景发射就将一同经出射狭缝而被检测器所接收，从而导致测得的吸收值偏低、定量关系曲线弯曲，进而造成测量误差。反之，调窄狭缝，可以改善实际分辨率，但出射光强度降低，为此必然要相应地增大光源的工作电流（以增强光源强度），或提高检测器（光电倍增管）的增益负高压，其结果又会使谱线变宽、噪声增加。因此，应根据测定的需要选择合适的狭缝宽度（见测量条件的选择）。

例如，如果待测元素的共振线没有邻近线的干扰（如碱金属、碱土金属）及连续背景很小，那么狭缝宽度宜较大，这样能使集光本领增强，有效地提高信噪比，并可提高待测元素的检测极限。相反，若待测元素具有复杂光谱（如过渡元素、稀土元素等）或有连续背景，那么狭缝宽度宜小些，以减少非吸收谱线的干扰，得到线性好的工作曲线。

4. 检测系统

原子吸收光谱仪的检测系统主要包括：检测器、放大器、对数变换器以及显示装置。

（1）检测器 原子吸收光谱仪检测器的作用是将单色器分出的光信号转换为电信号。目前主要采用光电倍增管（photomultiplier）作光电转换器（检测器）。为了选择所需要的增益和便于调节参比的透射率 $T\%$ 为 100%（也即吸光度 A 等于零），光电倍增管的电源电压（也叫增益负高压）是可调节的。

光电倍增管的原理和连接线路如图 3-13 所示。光电倍增管中有一个光敏阴极 K，若干个倍增极（也是光敏阴极，如 1~4，图中只画出 4 个，实际有 9~12 个）和一个阳极 A。外加负高压到阴极 K，经过一系列电阻（R_1~R_5）使电压依次均匀分布在各个倍增极上，这样就能发生光电倍增作用。分光后的光照射到 K 上，使其释放出光电子，K 释放的一次光电子碰撞到第 1 个倍增极上，就可以放出增加了若干倍的二次光电子，二次光电子再碰撞到第 2 个倍增极上，又可以放出比二次光电子增加了若干倍的光电子，如此继续碰撞下去，在最后一个倍增极上放出的光电子可以比最初阴极放出的电子多达 10^6 倍以上。最后，倍增了的电子射向阳极而形成电流（最大电流可达 10μA）。光电流通过光电倍增管负载电阻 R 转换成电压信号送入放大器。

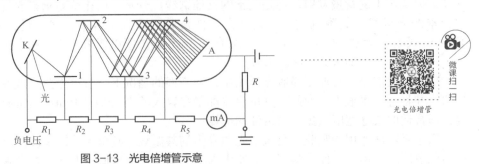

图 3-13 光电倍增管示意

K—光敏阴极；1~4—倍增极；A—阳极；R，R_1~R_5—电阻

光电倍增管适用的波长范围取决于涂敷在阴极上的光敏材料。表 3-3 给出的是一些国内

生产厂家生产的光电倍增管的情况。

表 3-3 国产光电倍增管

型号	打拿极数目	适用的光谱区域/nm	型号	打拿极数目	适用的光谱区域/nm
GDB-22	11	300~750	GDB-31	9	200~650
GDB-23	11	300~850	1975	9	160~850
GDB-28	11	400~1200			

为了使光电倍增管输出信号具有高度的稳定性,应确保其负高压电源电压稳定,一般要求其电压的稳定度能达到 0.01%~0.05%。

无论是使用、贮存或更换时,即使是短暂的强光照射,也将会使光电倍增管损坏。光电倍增管长时间接受光信号会产生疲劳现象,从而使转换性能变坏。一般在开始使用时,其灵敏度呈下降变化,工作一段时间之后即可趋向稳定,但长时间使用则又会呈下降变化,而且疲劳程度随照射光强和外加电压而加大。因此,在不需要读取吸光度数值的时候,应关闭光闸以便遮挡住非信号光,使光电倍增管休息。在使用过程中尽可能不要使用过高的增益负高压,以保持光电倍增管的良好工作特性。

(2) 放大器 其作用是将光电倍增管输出的电信号放大。由光源发出的光经原子蒸气、单色器后已经很弱,由光电倍增管放大其发出信号还不够强,故电信号在进入显示装置前还必须再经进一步放大。由于原子吸收法采取了对光源信号事先进行调制的方法,因此来自光电转换器的电信号是脉动的,为了有选择性地将这种脉动信号进行放大,要求交流放大器与光源的脉动频率严格一致(同步),因此多采用同步检波放大器,以改善信噪比。另外要求这种放大器有足够的增益(约 300 倍)和良好的稳定性。

(3) 对数变换器 原子吸收分光光度法中吸收前后光强度的变化与试样中待测元素的浓度的关系,在火焰宽度一定时服从比尔定律,即

$$\frac{I_t}{I_0} = e^{-KcL} \tag{3-2}$$

式中,I_0 为光源光(入射光)的强度;I_t 为经原子蒸气吸收后剩余光(透过光)的强度。事实上,当 I_0 一定,吸收后的光强度并不直接与浓度呈线性关系。因此,为了在指示仪表上显示出与试样浓度成比例的数值,必须进行信号的对数转换。最简单的方法是将指示仪表的表面按对数进行刻度(与一般的分光光度计相同),但这样的对数刻度疏密不均匀,浓度越高(吸光度越大),刻度越密,对高浓度测定的读数误差就较大,而且欲将指示仪表改为别的显示仪器(如记录器、数字显示器等)或进行量程扩展时也会很困难,为此信号在进入指示仪表前,利用如三极管运算放大器直流型对数变换电路进行了对数变换。

(4) 显示装置 显示的方法比较多,与紫外和可见分光光度法相同,可以用仪表、记录器或数字显示器等。在测定微量组分时,若使用仪表则由于读数小,误差大,多采用放大和对数变换,利用量程扩展进行浓度直读,或用记录器记录,将数据保留下来。也可用数字显示仪表,配合数字打印装置记录。现代一些高级原子吸收分光光度计中还设有自动调零、自动校准、背景校正、积分读数、曲线校正等装置,并应用微处理机绘制、校准工作曲线以及高速处理大量测定数据及整个仪器的操作控制及管理等。

二、原子吸收分光光度计的工作流程

原子吸收光谱分析是基于物质所产生的原子蒸气对特定波长谱线(通常是待测元素的特征谱线)的吸收作用而进行定量分析的方法。以测定试液中镁离子的含量为例,其仪器装置如图 3-14 所示,先将试液喷射成雾状并引入火焰中,含镁盐的雾滴在火焰温度下,蒸发、离解成镁原子形成原子蒸气。当用镁的空心阴极灯作光源,它便辐射出具有波长为 285.2nm 的镁的特征光谱(波),当其通过火焰中一定厚度的镁原子蒸气时,部分光被蒸气中基态镁原子

所吸收而使强度有所减弱。通过单色器分光后被检测器接收，检测器测得镁的 285.2nm 谱线光的减弱程度，进而即可求出试样中镁的含量。

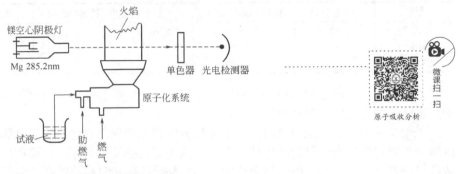

图 3-14 原子吸收分析示意

实训 3-1 仪器开、关机操作和工作软件的使用

一、开机

1. 开稳压电源，待电压稳定在 220V 后开主机电源开关。
2. 开空压机。
3. 开燃气钢瓶主阀，乙炔钢瓶主阀最多开启一圈。
4. 开排风扇和冷却水（采用石墨炉原子化时）。

二、测试

1. 装上待测元素空心阴极灯，调节灯电流与波长至所需值。
2. 点火，设置仪器测试参数。
3. 将雾化器毛细管插入去离子水中，调零后，再将雾化器毛细管插入溶液，待吸光度显示稳定后，记录测试结果，将雾化器毛细管插入去离子水中，待仪器显示回到零点；同法依次测定其他溶液。

三、关机

1. 测试完毕后，在点火状态下吸喷干净的去离子水清洗原子化系统几分钟。
2. 关闭燃气钢瓶主阀，待管路中余气燃净后关闭仪器的燃气阀门。
3. 松开仪器面板上燃气和助燃气旋钮，将灯电流旋至零。
4. 关仪器电源，关稳压电源。
5. 关排风扇和冷却水。
6. 将燃气钢瓶减压阀旋松。
7. 顺序关燃气、空压机、阴极灯。旋钮复位，关光电倍增管负高压电源、总电源。
8. 用滤纸将燃烧头缝擦干净，填写仪器使用记录。
9. 清洗玻璃仪器，复位。

实训 3-2 空气压缩机、乙炔钢瓶的使用

一、空气压缩机的使用

1. 安全操作流程

为避免发生伤害人身及损毁机器的事故，应制订详细的安全操作规程。
（1）操作人员事先应经过严格培训，并仔细阅读和理解使用说明书。

（2）机器安装、使用和操作，应遵守国家和当地的有关法律和法规。
（3）严禁随意改动机组的结构和控制方式。
（4）发生异常情况，应立即停机，并切断电源。
（5）周围环境中不应存在易燃、易爆、有毒和有腐蚀性的气体。
（6）维修或调整机组之前，必须停机卸压，并且切断电源。

2. 压缩机转向检查

将压缩机接上电源后，启动压缩机启动按钮，几秒后（时间愈短愈好）按红色急停开关。同时检查压缩机主轴转向（压缩机机身上有转向箭头标识，压缩机转向需与转向箭头标识一致）。若转向不对，将三条电线中的任意两条线调换即可。

3. 开机

（1）确认完成安装操作的所有准备和检查工作。
（2）检查接线是否正确。
（3）检查管路是否泄漏。
（4）检查油气桶内是否有足够的压缩机油。
（5）若停机很久再开机（两个月以上），应从进气阀加入约0.5L润滑油，用于转动空压机数转，防止启动时压缩机失油烧损。
（6）打开机组排气阀门。
（7）按下压缩机启动按钮。

二、乙炔钢瓶的使用

使用前检查连接部位是否漏气，可涂上肥皂液进行检查，调整至确实不漏气后才进行操作。

使用时先逆时针打开钢瓶总开关，观察高压表读数，然后逆时针打开减压阀外边的一个开关，再顺时针转动低压表压力调节螺杆（T字旋杆），使其压缩主弹簧将活门打开。这样进口的高压气体由高压室经节流减压后进入低压室，并经出口通往工作系统。

使用结束后，先顺时针关闭钢瓶总开关，再逆时针旋松减压阀并确认减压阀是否处于关闭状态（若有些减压阀外边有一个小开关的，要同时关闭这个小开关）。

注意事项如下。

（1）使用时，要把钢瓶牢牢固定，以免摇动或翻倒。
（2）开关气门阀要慢慢地操作，切不可过急地或强行用力把它拧开。
（3）乙炔非常易燃，且燃烧温度很高，有时还会发生分解爆炸。要把贮存乙炔的容器置于通风良好的地方。
（4）如发现乙炔气瓶有发热现象，说明乙炔已发生分解，应立即关闭气阀，并用水冷却瓶体，同时最好将气瓶移至远离人员的安全处，加以妥善处理。发生乙炔燃烧时，绝对禁止用四氯化碳灭火。
（5）不可将钢瓶内的气体全部用完，一定要保留0.2~0.3MPa的残留压力（减压阀表压）。

任务3　工作曲线法定量

一、工作曲线法

工作曲线法也称标准曲线法，它与紫外-可见分光光度法的工作曲线法相似，关键都是绘制一条工作曲线。

首先配制一组合适的标准溶液（通常由5~7个不同含量的标准样品或试剂制成），在选定的条件下，浓度由低到高，依次测定吸光度 A。以测得的吸光度为纵坐标，待测元素的含

量或浓度 c 为横坐标，绘制 A-c 标准曲线。然后，在相同条件下，测定试样的吸光度 A_x。最后在标准曲线上内插试样的吸光度 A_x 值（如图3-15所示），即可求得试样中待测元素的含量或浓度。

应注意，标准溶液浓度范围应尽可能将试液中待测元素的含量或浓度包括在内；浓度范围的大小应以获得合适的吸光度读数为准，不同的仪器有所不同，通常吸光度读数为 0.2～0.8 较合适，这样的读数误差相对较小；标准贮备溶液的浓度不应小于 $1000\mu g \cdot mL^{-1}$。低浓度的实训溶液临用时，用逐级稀释的方法由标准贮备溶液配制，并不宜长时间放置，以避免浓度发生变化；测定的

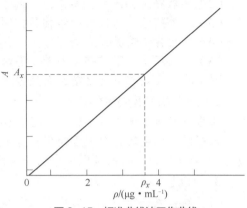

图 3-15 标准曲线法工作曲线

顺序，应由低浓度到高浓度，以避免记忆效应造成的测定误差；若连续测定时间较长，应在实训过程中注意适时地用试剂空白溶液和标准溶液检查和校正仪器的零点（或基线）的漂移与稳定性。此外，每次分析都应重新绘制工作曲线。

在实际分析中，有时出现标准曲线弯曲的现象。即在待测元素浓度较高时，曲线向浓度轴弯曲。这是因为当待测元素的含量较高时，吸收线的变宽除考虑热变宽外，还要考虑压力变宽，这种变宽还会使吸收线轮廓不对称，导致光源辐射共振线的中心波长与共振吸收线的中心波长错位，因而吸收相应地减少，结果标准曲线即向浓度轴弯曲。实训证明，当 $\Delta v_e/\Delta v_a < 1/5$ 时（Δv_e 表示发射线半宽度，Δv_a 表示吸收线半宽度），吸光度和浓度呈线性关系；当 $1/5 < \Delta v_e/\Delta v_a < 1$ 时，标准曲线在高浓度区向浓度轴稍微弯曲；若 $\Delta v_e/\Delta v_a > 1$ 时，吸光度和浓度间就不再呈线性关系了。另外，火焰中各种干扰效应，如光谱干扰、化学干扰、物理干扰等也可能导致曲线弯曲。

考虑到上述因素，在使用标准曲线法时要特别注意以下各点：

① 所配制的标准溶液的浓度，应在吸光度与浓度呈直线关系的范围内；
② 标准溶液与试样溶液都应用相同的试剂处理；
③ 应该扣除空白值；
④ 在整个分析过程中操作条件应保持不变；
⑤ 由于喷雾效率和火焰状态经常变动，标准曲线的斜率也随之变动，因此，每次测定前应用标准溶液对吸光度进行检查和校正；
⑥ 应设法使所作曲线接近 45°，以减小读数误差。

标准曲线法简便、快速，但仅适用于基体不太复杂的试样以及成批试样的分析。

二、样品处理技术

1. 样品制备

样品制备第一步是取样，取样一定要具有代表性。取样量大小要适当，取样量过小，不能保证必要的测定精度和灵敏度，取样量太大，增加了工作量和试剂、能源等的消耗量。取样量的大小取决于试样中被测元素的含量、分析方法和所要求的测量精度。

在样品制备过程中的一个重要问题是防止沾污。污染是限制灵敏度和检出限的重要原因之一，主要的污染源是水、大气、容器和所用的试剂。即使最纯的离子交换水，仍含有 $10^{-9}\%$～$10^{-7}\%$ 的杂质。在普通的化学实训室中，空气中常含有 Fe、Cu、Ca、Mg、Si 等元素，一般来说，大气污染是很难校正的。容器污染程度视其质料、经历而不同，且随温度升高而增大。对于容器的选择要根据测定的要求而定，容器必须洁净，对于不同容器，应采取各自合适的洗涤方法。

避免损失是样品制备过程中的又一个重要问题。浓度很低（小于 $1\mu g \cdot mL^{-1}$）的溶液，由

于吸附等原因，一般来说是不稳定的，不能作为贮备溶液，使用时间最好不要超过 1～2d。作为贮备溶液，应该配制浓度较大（例如 1000μg·mL^{-1} 以上）的溶液。无机贮备液或试样溶液应在聚乙烯容器中保存，并注意维持必要的酸度，保存在清洁、低温、阴暗的地方。有机溶液在贮存过程中，应避免与塑料、胶木瓶盖等直接接触。

2. 标准样品的配制

标准样品的组成要尽可能接近未知试样的组成。溶液中总含盐量对雾珠的形成和蒸发速度都有影响，其影响大小与盐的性质、含量、火焰温度、雾珠大小等有关，因此当含盐量在 0.1%以上时，在标准样品中也应加入等量的同类盐，以使在喷雾时与在火焰中发生的过程相似。实践证明，在采用石墨炉原子化的方式时，样品中的痕量元素与基体元素两者的不同含量比将对测定的灵敏度和检出限均产生重要影响，故应控制样品中的含盐量，痕量元素与基体元素的含量比最好达到 0.1μg·g^{-1}。

有时标准样品并不容易得到，所以通常更多是采用各元素合适的盐或高纯度金属（丝、棒、片）来配制其标准溶液。但不能使用海绵状金属或金属粉末来配制标准溶液。金属在溶解之前，一定要磨光并用稀酸清洗，以除去表面的氧化层。

合适的标准系列溶液浓度是，其下限大于等于待测元素的检出限，同时兼顾测定的精度；处于所用仪器对待测元素测定的线性范围之内；待测元素浓度处于标准系列溶液浓度范围内。

3. 样品预处理

（1）样品预处理方法　原子吸收法通常是采取溶液法进样，为此被测试样需在测定之前先设法转化为溶液样品。预处理方法与通常的化学分析法相同。对样品预处理的要求是：试样分解要完全，在预处理过程中试样不得沾污或造成待测组分的损失，所用试剂及反应产物对后续测定应无影响。

无机试样的预处理大都采用稀酸、浓酸或混合酸溶解的方法，对于酸不溶物质则采用碱熔融法。

有机试样的预处理方法主要有两种，即干法灰化和湿法消解。一般先进行灰化处理（以除去有机物基体）的样品，其所得残留物还需用合适的酸再溶解，以使待测元素以无机盐的形式进入溶液中。但是，对于易挥发性的元素（如 Hg、As、Gd、Pb、Sb、Se 等），则不宜采用干法灰化的处理方法，以免挥发损失造成分析误差。

近年来，微波溶样法已经得到了广泛的应用。

干法灰化就是在较高的温度下，使样品被空气中的氧氧化。具体操作是：首先准确称取一定质量的试样于已事先恒重的石英或铂质坩埚中，于 80～150℃低温下加热，以赶去大量的有机物，然后放入高温炉中，逐步升温至 450～550℃进行灰化处理。冷却后，再将灰分用 HNO_3、HCl 或其他溶剂溶解，如有必要，则加热溶液以使残渣溶解（这种情况通常称作干湿结合法）。过滤后转移到容量瓶中，稀释溶液至刻度。

湿法消解就是在加热的情况下用适合的无机酸煮沸试样，以破坏有机物，使试样中的有机阴离子挥发掉。最常用的无机酸是盐酸+硝酸法、硝酸+高氯酸法、王水-高氯酸或硫酸+硝酸等混合酸。至于采用何种酸消化样品，则要视样品的类型而定。消解后的剩余物（一般为结晶状）再用温热的稀硝酸或稀盐酸溶解，以使其转变为易溶解的无机盐（如硝酸溶解得到硝酸盐）或利于原子化的易挥发的氯化物。过滤后转移到容量瓶中，稀释溶液至刻度。

若用微波溶样技术，可将样品放在聚四氟乙烯焖罐中，于专用微波炉中加热消化样品。

关于塑料类和纺织类样品的溶解：聚苯乙烯、乙醇纤维、乙醇丁基纤维，可溶于甲基异丁基（甲）酮。聚丙烯酯可溶于二甲基甲酰胺。聚碳酸酯、聚氯乙烯可溶于环己酮。聚酰胺（尼龙）、聚酯可溶于甲醇。羊毛可溶于 5%NaOH 中。棉花和纤维可溶于 12%的硫酸中。

（2）样品预处理方案的拟定原则　在运用原子吸收法进行试样分析时，除了应掌握原子吸收法的原理、仪器组成及其使用技术、测量条件的选择方法外，还必须掌握试样的预处理技术和方法，能够将试样通过化学处理得到适合原子吸收分析的试液。

试样的预处理是一项繁杂的工作，采用何种方法、选用何种试剂等应根据试样的具体情况、分析的目的要求及原子吸收法的特点加以确定。通常可以引用或参考有关文献报道或专业书籍、手册中所提供的信息，但引用前需作验证后才可使用。若没有合适的资料可供参考，则需要自行拟定样品预处理的方案。自行拟定样品预处理方案应遵循的原则如下。

① 称取样品的量及其定容体积。应当根据待测元素的检出限（或灵敏度）及其在试样中的大体含量来确定称样量及定容体积。待测元素的灵敏度可以查阅有关资料，但应注意这些数据是应用质量及性能较好的仪器，并在较理想的条件下测得的，一般仪器或在实际条件下往往很难达到这种程度。因此，应该使用所用仪器测定实际的检出限和灵敏度作为依据。

② 在确保试样溶解完全的前提下，使用的溶剂应尽可能地简单。通常最好是将试样制成水溶液、盐酸（一般氯化物挥发性比较好，有利于样品的原子化）或硝酸（多数元素的硝酸盐溶解性较好）溶液以及碱溶液（限于酸不溶的情况）。

③ 考虑干扰元素的处理措施。应根据具体试样的组成情况，即待测元素的含量、共存元素的种类及其含量等的不同，采取不同的处理措施。

a. 易电离元素应加入消电离剂，参见表 3-4。

b. 对于化学干扰，应当优先考虑采取相应的抑制或消减措施，如加入释放剂、保护剂等。如若仍达不到预期效果，再采取化学分离的方法予以消除。

c. 如果待测元素含量甚微，干扰元素又多，则应采取预富集分离法（参见表 3-5）、离子交换、共沉淀等方法。

表 3-4 一些消除化学干扰的示例

试剂	类型	消除干扰元素	待测元素
1%CsCl	消电离剂	碱金属	K、Na、Rb
1%NaCl	消电离剂	碱金属	Rb、Cs、Ca
1%KCl	消电离剂	碱金属	Rb
1%RbCl	消电离剂	碱金属	Cs、Na
1%$CaCl_2$	消电离剂	碱金属	Na、K
1%$BaCl_2$	消电离剂	碱金属	Sr
Ba 盐	释放剂	AlO_2^-、PO_4^{3-}	Na、K、Mg
La 盐	释放剂	AlO_2^-、PO_4^{3-}、SiO_3^{2-}、SO_4^{2-}	Mg、Ca、Sr、Ba
Sr 盐	释放剂	AlO_2^-、PO_4^{3-}、SO_4^{2-}、NO_3^-、B、Se、Te	Mg、Ca、Ba
Mg 盐	释放剂	Al、PO_4^{3-}、Si、SO_4^{2-}	Ca
Ca 盐	释放剂	AlO_2^-、PO_4^{3-}、F	Mg、Sr
乙二胺四乙酸（EDTA）	保护剂	Al、Si、PO_4^{3-}、SO_4^{2-}、NO_3^-、B、Se、Te	Mg、Ca、Co、Ni、Cu、Mn
8-羟基喹啉	保护剂	AlO_2^-	Mg、Ca
甘油+$HClO_4$	保护剂	AlO_2^-、PO_4^{3-}、Si、Th、Re、B、Cr、Ti、SO_4^{2-}	Mg、Ca、Sr、Ba
甘露醇	保护剂	PO_4^{3-}、Cr、Ti、Fe	Mg、Ca、Sr、Li
蔗糖、葡萄糖	保护剂	PO_4^{3-}、B	Ca、Sr
氯化铵	保护剂	AlO_2^-	Na、Cr

表3-5 在原子吸收法中使用有机溶剂萃取的例子

配合剂	萃取剂	待测元素	试样类型
TTA	MIBK	Cu	Zn
TTA	MIBK	Al、Sb、Fe、Mo、Se、Sn、Au、In、Pb、Nb、Re	矿物、黄铜、锌基合金
8-羟基喹啉	MIBK	Mg、Ca、Fe、Ni	天然水、盐卤、铝
铜铁试剂	MIBK	Al、V	镁合金、石灰石
DDTC	MIBK	Ag、Cu、Fe、Mn、Se、Cd、Co、Cr、Pb、Ni、Te、Zn	铸铁、合金等
双硫腙	$CHCl_3$	Hg	铸铁、硒

注：TTA——噻吩甲酰三氟丙酮；DDTC——二乙基氨基磺酸钠，铜试剂；MIBK——甲基异丁基（甲）酮。

总之，试样的预处理工作，应从试样的具体情况出发，以原子吸收法对试液的要求为依据，运用已有的化学知识寻找出适当的处理方法。

一个完整的原子吸收法的分析方案，应包括下述三个方面的内容：

试样的预处理方法；仪器及其测量条件（含吸收线波长、空心阴极灯电流、光谱带通、火焰的种类和类型，燃烧器高度等）；定量方法（标准曲线法、标准加入法或其他）。

上述三个方面相互关联、相互影响，应综合考虑，有机配合，以便获得高的灵敏度的同时也能获得高的准确度，并且能满足分析要求，操作又简便。

实训 3-3　工作曲线法测定自来水中钠

一、实训目的

1．了解原子吸收光谱仪的原理和构造。
2．进一步熟悉和掌握原子吸收法测量条件及其最佳选择的基本方法。
3．掌握标准曲线法测定元素含量的操作。

二、实训原理

原子吸收法是根据物质产生的原子蒸气对特定波长的光的吸收作用来进行定量分析的。

与原子发射光谱相反，元素的基态原子可以吸收与其发射谱线波长相同的特征谱线。当光源发射的某一特征波长的光通过原子蒸气时，原子的外层电子将选择性地吸收该元素所能发射的特征波长的谱线，这时，透过原子蒸气的入射光强将减弱，其减弱的程度与蒸气中该元素基态原子的浓度满足吸收定律的关系，据此可以用标准曲线法测定试液中某元素的含量。

在火焰原子吸收法中，分析方法的灵敏度、准确度、干扰情况和分析过程是否简便快速等，除与所用仪器有关外，在很大程度上还取决于实训条件。因此最佳实训条件的选择是个重要的问题。本实训在对钠元素测定时，分别对灯电流、狭缝宽度、燃烧器高度、助燃气和燃气流量比（助燃比）等因素进行考察，并在此基础上确定最佳的仪器测量条件。

任务 4　标准加入法定量

标准加入法

标准加入法也称标准增量法。一般来说，待测试样的确切组成是不完全确知的，这就为配制与待测试样组成相似的标准溶液带来一定困难。在这种情况下，若待测试样的量足够的话，不妨采用这种方法。其操作方法如下：

首先取若干份（例如四份）体积相同的试样溶液，从第二份开始分别按比例准确加入已知不同量的待测元素的标准溶液，然后用溶剂稀释至相同体积（设试样中待测元素的浓度为 c_x，加入标准溶液后浓度的增量记为 c_0）；在选定的条件下，由稀到浓依次测定各溶液的吸光度（如 A_x、A_1、A_2 及 A_3）；再以 A 对 c_0 作图，得图 3-16 所示的标准加入法工作曲线。该曲线是一条直线，且一般不通过原点。显然，外延直线使与横坐标相交，交点到原点的距离，即为试样中待测元素的含量（浓度）c_x。

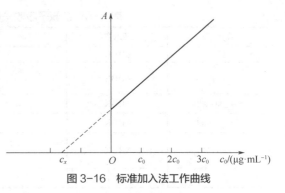

图 3-16　标准加入法工作曲线

使用标准加入法时应特别注意以下各点：

① 待测元素的浓度与其对应的吸光度应呈线性关系；

② 为了得到较为精确的外推结果，最少应采用 4 份样品溶液（包括试样溶液本身）来作外推曲线，并且第一份加入的标准溶液与试样溶液的浓度之比应适当，一般为 $c_0 \approx c_x$；

③ 本法能消除基体效应带来的影响，但不能消除背景吸收的影响，这是因为相同的信号，既加到试样测定值上，也加到增量后的试样测定值上，因此只有扣除了背景之后，才能得到待测元素的真实含量，否则将使测定结果偏高；

④ 同样应设法使所作曲线接近 45°，以减小读数误差。

标准加入法适用于基体不确知、待测组分含量低、标准样品难以得到的试样分析。但样品的需用量相对较多，操作也较标准曲线法烦琐，并且不太适合成批试样的分析。

实训 3-4　标准加入法测定水中微量镁

一、实训目的

掌握标准加入法测定元素含量的操作。

二、实训原理

当试样组成复杂，配制的标准溶液与试样组成之间存在较大差别，试样的基体效应对测定有影响或干扰不易消除，分析样品数量少时，用标准加入法定量比较好。首先将试液等分成若干份（比如四份），然后，依次准确地加入相同浓度不同体积的待测元素的标准溶液，定容并充分摇匀后，进仪器测定各溶液的吸光度。以吸光度 A 对测试液中待测元素浓度的增量 c_0 绘制标准曲线，延长直线与横轴相交，交点至原点间的距离所对应的浓度即为测试液中待测元素的浓度。

任务 5　原子吸收光谱法基本原理

一、原子吸收光谱的产生

在一般情况下，原子处于能量最低状态（最稳定态），称为基态。当原子吸收外界能量被激发时，其最外层电子可能跃迁到最高的不同能级上，原子的这种运动状态称为激发态。处于激发态的电子很不稳定，一般在极短的时间（$10^{-8} \sim 10^{-7}$s）便跃回基态（或最低的激发态），此时，原子在两个能级之间的跃迁伴随着能量的发射和吸收。原子可具有多种能级状态，原子能级是量子化的。当原子受外界能量激发时，其最外层电子可能跃迁到不同能级，因此可能有不同的激发态。电子从基态跃迁到能量最低的第一激发态时要吸收一定频率的光，产生共振吸收线；当它再通过辐射跃迁返回基态时，则发射出同样频率的光，产生共振发射线。共振发射线和共振吸收线统称为共振线。

各种元素的原子结构和外层电子排布方式的不同，使不同元素的原子从基态激发跃迁至第一激发态或由第一激发态辐射跃迁返回基态时，吸收或辐射的能量就不一样，因而各种元素的共振线不同，且各有其特征性，这种共振线是元素的特征谱线。这种自基态与第一激发态之间的跃迁最容易发生，因此对大多数元素来说，第一共振线是元素的最灵敏线。在原子吸收分析中，就是利用处于基态的待测原子蒸气对从光源辐射的共振线的吸收来进行的。

二、谱线轮廓与谱线变宽

原子发射线和原子吸收线均为原子光谱——线光谱。但原子发射线是明线，故可以借助摄谱仪将其记录在相板上；而原子吸收线是暗线，只能根据能量守恒定律的关系对吸收前后的谱线强度进行测量和记录。

若将不同频率的光（强度为 $I_{0\nu}$）通过原子蒸气，如图 3-17 所示，则将有一部分光被吸收，其透过光的强度（即原子吸收共振线后光的强度）与原子蒸气的宽度（即火焰的宽度）有关，若原子蒸气中原子密度一定，则透过光（或吸收光）的强度与原子蒸气的宽度呈正比关系，称为朗伯（Lambert）定律，即：

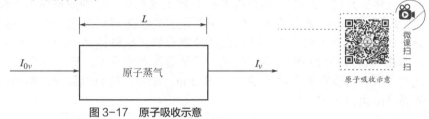

图 3-17 原子吸收示意

$$I_\nu = I_{0\nu} e^{-K_\nu L} \tag{3-3}$$

式中，I_ν 为透过光的强度；L 为原子蒸气的厚度；K_ν 为原子蒸气对频率为 ν 的光的吸收系数。

吸收系数 K_ν 与光源的辐射频率有关，因为物质的原子对光的吸收具有选择性，也即对不同频率的光，相同原子的吸收程度不同（不同原子对相同频率光的吸收程度也不一样），所以透过光的强度 I_ν 将随通过原子蒸气的光的频率不同而有所变化，这种变化规律如图 3-18 所示。

由图 3-18 可见，在频率 ν_0 处透过的光最少，即吸收掉的光最多。所以原子吸收线并非几何上的线，而是具有一定的宽度，通常称其为"自然宽度"。自然宽度与原子发生能级间跃迁时激发态原子的有限寿命有关。不同谱线有不同的自然宽度。原子吸收线的自然宽度为 $10^{-4} \sim 10^{-2}$ nm。

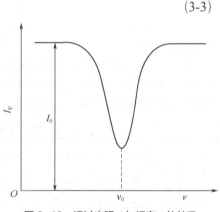

图 3-18 透过光强 I_ν 与频率 ν 的关系

原子吸收线可以用波长 λ（或频率 ν）、强度以及形状三者来表征。其中，波长 λ 决定于原子跃迁时相应两个能级间的能量差大小；强度决定于在相应两个能级间跃迁概率的大小；吸收线的形状则以轮廓图表示，并以半宽度表征。所谓原子吸收线（原子发射线也一样）的轮廓图，即以吸收系数 K_ν 对频率 ν 所作的关系曲线，如图 3-19 所示。

由图 3-19 可见，在频率 ν_0（称为中心吸收频率）

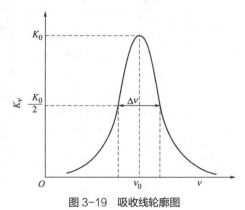

图 3-19 吸收线轮廓图

处，吸收系数有一极大值（记为 K_0，称为中心吸收系数），在距 v_0 某一点，K_v 为零；吸收线在中心频率 v_0 的两侧具有一定的宽度。通常以吸收系数等于极大值的一半（$K_0/2$）处吸收线轮廓上两点间的距离（即两点间的频率差）来表征吸收线的宽度，并称之为"吸收线的半宽度"，以 Δv 表示。

实践证明：外界因素（如温度、压力、电场、磁场等）的影响，会导致原子吸收线在自然宽度的基础上发生改变——谱线变宽。谱线变宽的结果对于原子吸收分析来讲，会导致分析测定的灵敏度降低、准确度变差，故应设法减小其变宽的程度。

1. 外界温度的影响——热变宽[多普勒（Doppler）变宽，记为 Δv_D]

这是由于外界温度影响原子在空间做热运动时的方向和速度所导致的，其结果是由有序运动变得杂乱无章。从物理学角度讲，一个运动着的原子发出的光，如果运动方向背向观测者，则在观测者看来，其频率较静止原子所发出的光的频率为低（即 λ 增加，称为"红移"）；反之，如原子面向观测者，则在观测者来看，其频率较静止原子发出的光的频率为高（即 λ 缩短，称为"紫移"或"蓝移"），这种现象称为"多普勒效应"。其结果相对中心吸收频率既有"红移"又有"紫移"，因而在原来基础上变宽了。这种变宽是由于温度引起的，故又称为"热变宽"。原子吸收分析中，气体中的原子处于无规则热运动中，在沿观测者（仪器的检测器）的观测方向上就具有不同的运动速度分量，这种运动着的发光粒子的多普勒效应，使观测者接收到很多频率稍有不同的光，于是谱线发生变宽。这种频率分布和气体中原子热运动的速度分布（麦克斯韦-玻尔兹曼速度分布）相同，具有近似高斯曲线分布。谱线的多普勒变宽 Δv_D 可由下式决定：

$$\Delta v_D = \frac{2v_D}{c}\sqrt{\frac{2\ln 2 RT}{M}} = 7.162\times 10^{-7} v_0 \sqrt{\frac{T}{M}} \tag{3-4}$$

式中，R 为气体常数；c 为光速；M 为吸光质点的原子量；T 为热力学温度；v_0 为谱线的中心吸收频率。

因此，多普勒变宽与元素的原子量、温度和谱线的频率有关。由于 Δv_D 与 $T^{1/2}$ 成正比，所以在一定温度范围内，温度稍有变化，对谱线的宽度影响并不很大。但从式（3-4）中可见，待测元素的原子量 M 越小，温度愈高，则 Δv_D 越大，如表3-6所示。

表3-6　多普勒变宽与洛伦兹变宽（10^{-4}nm）

元素	原子量	波长/nm	$T=2000K$		$T=2500K$		$T=3000K$	
			Δv_D	Δv_L	Δv_D	Δv_L	Δv_D	Δv_L
Na	22.99	589.00	39	32	44	29	48	27
Ba	137.24	553.56	15	32	17	28	18	26
Sr	87.62		16	26	17	23	19	2L
V	50.94	460.73	20		22		24	
Ca	40.08		21	15	24	13	26	12
Fe	55.85	437.92	16	13	18	11	19	10
Co	58.93	422.67	13	16	15	14	16	13
Ag	107.87	371.99	10	15	11	13	13	12
		52.69	L0	15	11	14	16	13
Cu	63.54	338.29	13	9	14	8	16	7
Mg	24.31	328.07	18		21		23	
Pb	207.19	324.76	6.3		7		8	
Au	196.97	285.21	6.1		7		7.5	
Zn	65.37	283.31	8.5		9.5		10	
		267.59						
		213.86						

多数谱线的 Doppler 变宽程度在 $10^{-2} \sim 10^{-1}$ nm，要比自然宽度大 1~2 个数量级，因此是一种主要的变宽。

2. 外界压力的影响——压力变宽

外界压力增加，会使气态原子密度增大，导致吸光原子与蒸气中原子或分子等不同粒子相互碰撞的机会增多，而引起能级稍微变化。使发射或吸收光量子频率改变而导致的谱线变宽即为压力变宽。根据与之碰撞的粒子不同。压力变宽又可分为两类。

（1）洛伦兹（Lorentz）变宽 系指待测原子和其他粒子（如待测元素的原子与火焰气体粒子）碰撞而产生的变宽，以 $\Delta \nu_L$ 表示。这种由外界压力的变化造成的谱线变宽的现象，叫作 Lorentz 效应，由此引起的变宽叫 Lorentz 变宽，记为 $\Delta \nu_L$。

Doppler 变宽和 Lorentz 变宽具有相同的数量级。但是，两者对谱线总宽度的贡献却有所区别。就吸收线的轮廓讲，上半部 Doppler 贡献占优势，下半部 Lorentz 占优势。

总之，在空心阴极灯中，因内充惰性气体的压力很小（≤10mmHg），所以产生的 $\Delta \nu_L$ 仅为 $\Delta \nu_D/10$，影响不大。即对于空心阴极灯而言，Doppler 变宽是主要的。但是，空心阴极灯的工作电流一般不能加得太高。所以说在正常使用情况下，空心阴极灯的 Doppler 效应和 Lorentz 效应引起的变宽程度都很小。换言之，尽管有 Doppler 变宽和 Lorentz 变宽现象存在，但空心阴极灯仍然是一种理想的锐线光源，从而保证了原子吸收分析方法的选择性好，干扰少。

（2）共振变宽——霍尔兹马克（Holtsmark）变宽 系指同种原子碰撞而产生的变宽。共振变宽只有在被测元素浓度较高时才有影响。在通常的条件下，压力变宽起重要作用的主要是洛伦兹变宽，亦即欲测元素的原子与各种不同粒子间的碰撞所引起的变宽。

如在原子蒸气中，因为火焰中外来气体的压力比较大，因此 Lorentz 变宽占有重要地位，是决定吸收谱线轮廓的主要因素。洛伦兹变宽的结果将不仅导致谱线在原来基础上有所改变，同时还会发生位移及轮廓变得不对称。

除上述因素外，还有其他一些影响谱线变宽的因素，例如，场致变宽（强电场和磁场导致的变宽）、自吸变宽（在空心阴极灯中，激发态的原子所发出的光，被阴极周围同类基态原子所吸收的现象称为自吸现象。它会导致谱线变宽。同时也使发射强度减弱，致使标准曲线弯曲）等。但在通常的原子吸收分析的实训条件下，吸收线的轮廓主要受多普勒和洛伦兹变宽的影响。在 2000~3000K 的温度范围内，$\Delta \nu_D$ 与 $\Delta \nu_L$ 具有相同的数量级（$10^{-2} \sim 10^{-1}$ nm）。当采用火焰原子化装置时，$\Delta \nu_L$ 是主要的。但由于 $\Delta \nu_L$ 与蒸气中其他原子或分子的浓度（压力）有关，当共存原子浓度很低时，特别在采用无火焰原子化装置时，$\Delta \nu_D$ 将占主要地位。但是不论是哪一种因素引发的谱线变宽都将导致原子吸收分析测定的灵敏度下降。

三、原子吸收吸光度与待测元素浓度的关系

理论与实践证明，样品蒸气中基态原子对待测元素共振发射线的吸收程度与原子浓度的关系在一定条件下，也服从朗伯-比尔定律，即：

$$A = \lg \frac{I_{0\nu}}{I_\nu} = 0.434 K_\nu L \tag{3-5}$$

式中，$I_{0\nu}$ 为频率为 ν 的光的入射强度；I_ν 为频率 ν 的光的透过强度；L 为光通过原子蒸气的厚度；K_ν 为原子蒸气对于频率为 ν 的光的吸收系数。K_ν 不但与元素的性质有关，并且已知（如图 3-19 所示）还与光的频率有关。由图 3-19 可见，当频率为 ν_0 时 K_ν 有最大值，称为"最大吸收系数"或"中心吸收系数"，以 K_0 表示；K_0 是随积分吸收 $\int K_\nu \mathrm{d}\nu$ 的增大而增大，并随半宽度的增大而减小。即：

$$K_0 = b \frac{2}{\Delta \nu} \int K_\nu \mathrm{d}\nu \tag{3-6}$$

式中，b 为与谱线变宽有关的比例系数，一般在 0.318~0.467 之间。

因已知 $\int K_v \mathrm{d}v = kN$，代入式 (3-6)，则有：

$$K_0 = b\frac{2}{\Delta v}kN \tag{3-7}$$

至此可见，在一定条件下，b 和 Δv 皆为定值，因此 $b\dfrac{2}{\Delta v}$ 为一常数，故 $b\dfrac{2}{\Delta v}k$ 仍为常数，设其为 K，则有：

$$K_0 = KN \tag{3-8}$$

也即中心吸收系数 K_0 在一定条件下与原子的总数目 N 成正比。但应注意，K_0 只有在一定条件下才与原子的总数目 N 成正比。这说明了在原子吸收分析测定中，严格控制实训条件的重要性。

式 (3-5) 中的 K_v 若以 K_0 代替，则有：

$$A = \lg\frac{I_{0v}}{I_v} = 0.434K_0L = 0.434KNL \tag{3-9}$$

即

$$A = K'NL \tag{3-10}$$

此式说明，当原子蒸气厚度一定时（L 为常数），该原子对共振发射线的吸收程度（即"吸光度"）与原子蒸气中原子的总数目有线性关系。而前已述及，原子蒸气中原子的总数目代表了原子蒸气中吸光原子的数目，也即基态原子数 N_0，这是原子吸收法定量计算的理论依据。

但是，在实际分析工作中要求测定的是试样中待测元素的含量（或浓度）c，而 c 是与原子蒸气中吸收辐射的原子的总数目 N（即基态原子数 N_0）呈正比的。因此，在一定的浓度范围内，一定的条件下，溶液中的待测元素浓度与原子蒸气中该元素的基态原子数目有恒定的比例关系。若以 c 代替式 (3-9) 中的 N，则有

$$A = K''cL \tag{3-11}$$

式 (3-11) 即为原子吸收法实用的定量计算公式。这个关系式表明：在一定条件下，一定含量（或浓度）范围内，试样中待测元素的原子对光的吸收程度 A 与该元素在试样中的含量（或浓度）服从朗伯-比尔定律（也称"吸收定律"）。

任务6　火焰原子吸收最佳实验条件的选择

实验条件选择的原则

在进行原子吸收光谱测定时，测定条件的选择，对测定的灵敏度、准确度和干扰情况等有很大的影响，必须予以重视。为了获得灵敏、重现性好和准确的结果，应对测定条件进行优选。

原子吸收法的测量条件及其选择方法如下。

1. 分析线波长的选择

每种元素都有若干条分析线，通常选择其中最灵敏线（共振吸收线）作为吸收线，因为这样可使测定具有较高的灵敏度。但也不是在任何情况下都是如此，当测定元素的浓度很高时或者为了避免邻近谱线的干扰、火焰的吸收等，也可以选择次灵敏线（非共振吸收线）作为吸收线。例如 As、Se、Hg 等的共振线处于远紫外区，此时火焰的吸收很强烈（参见下节），因而不宜选择这些元素的共振线作分析线。即使共振线不受干扰，在实际工作中，也未必都要选用共振线，例如在分析较高浓度的试样时，有时宁愿选取灵敏度较低的谱线，以便得到适度的吸收值，改善标准曲线的线性范围。显然，对于微量元素的测定，就必须选用最强的吸收线。最适宜的分析线，应视具体情况通过实训确定。表 3-7 列出了常用的元素的一些分析线。

表 3-7 原子吸收分光光度法中常用的分析线

元素	λ/nm	元素	λ/nm	元素	λ/nm
Ag	328.07, 338.29	Hg	253.65	Ru	349.89, 372.80
Al	309.27, 308.22	Ho	410.38, 405.39	Sb	217.58, 206.83
As	193.64, 197.20	In	303.94, 325.61	Sc	391.18, 402.04
Au	242.80, 267.60	Ir	209.26, 208.88	Se	196.09, 203.99
B	249.68, 249.77	K	766.49, 769.90	Si	251.61, 250.69
Ba	553.55, 455.40	La	550.13, 418.73	Sm	429.67, 520.06
Be	234.86	Li	670.78, 323.26	Sn	224.61, 286.33
Bi	223.06, 222.83	Lu	335.96, 328.17	Sr	460.73, 407.77
Ca	422.67, 239.86	Mg	285.21, 279.55	Ta	271.47, 277.59
Cd	228.80, 326.11	Mn	279.48, 403.68	Tb	432.65, 431.89
Ce	520.0, 369.7	Mo	313.26, 317.04	Te	214.28, 225.90
Co	240.71, 242.49	Na	589.00, 330.30	Th	371.90, 380.30
Cr	357.87, 359.35	Nb	334.37, 358.03	Ti	364.27, 337.15
Cs	852.11, 455.54	Nd	463.42, 471.90	Tl	267.79, 377.58
Cu	324.75, 327.40	Ni	232.00, 341.48	Tm	409.40
Dy	421.17, 404.60	Os	290.91, 305.87	U	351.46, 358.49
Er	400.80, 415.11	Pb	216.70, 283.31	V	318.40, 385.58
Eu	459.40, 462.72	Pd	247.64, 244.79	W	255.14, 294.74
Fe	248.33, 352.29	Pr	495.14, 513.34	Y	410.24, 412.83
Ga	287.42, 294.42	Pt	265.95, 306.47	Yb	398.80, 346.44
Gd	368.41, 407.87	Rb	780.02, 794.76	Zn	213.86, 307.59
Ge	265.16, 275.46	Re	346.05, 346.47	Zr	360.12, 301.18
Hf	307.29, 286.64	Rh	343.49, 339.69		

2. 空心阴极灯灯电流的选择

空心阴极灯的发射特性取决于工作电流，一般要预热 10～30min 才能达到稳定的输出。而商品空心阴极灯均标有允许使用的最大工作电流值与可使用的电流范围。但仍需要通过实训，即通过测定吸收值随灯电流的变化来选定最适宜的工作电流。灯电流小，发射线半峰宽窄，放电不稳定，光谱输出强度小，灵敏度高；灯电流大，发射线强度大，发射谱线变宽，但谱线轮廓变坏，导致灵敏度下降，信噪比小，灯寿命缩短。因此，必须选择合适的灯电流。选择灯电流的一般原则是，在保证有足够强且稳定的光强输出的条件下，尽量使用较低的工作电流。通常以空心阴极灯上标明的最大灯电流的一半至三分之二为工作电流。

3. 原子化条件的选择

（1）火焰的选择　火焰的选择包括火焰气体类型及火焰类型（即火焰气体的比例）的选择。它是保证高原子化效率的关键之一。不同种类的火焰，其性质各不相同，选择什么样的火焰，取决于具体的分析任务或测定的需要。不同火焰对不同波长辐射的透射性能是各不相同的。乙炔火焰在 220nm 以下的短波区有明显的吸收，因此对于分析线处于这一波段的元素，是否选用乙炔火焰就应考虑这一因素。前已述及，不同火焰的最高温度是有很大差别的。通常使用空气-乙炔火焰。显然，对于易生成难离解化合物的元素，应选择温度更高的氧化亚氮-乙炔火焰；例如在空气-乙炔火焰中测定 Ca 时，存在 PO_4^{3-}、SO_4^{2-} 会有显著的干扰，但是如果改用氧化亚氮-乙炔高温火焰，这种干扰就被消除了。反之，对于易电离元素，高温火焰常引起严重的电离干扰，是不宜选用的。火焰中气体类型选定后，还应选择火焰的类型，也就是要通过实训进一步确定燃气与助燃气流量的合适比例。可通过实训绘制吸光度-助燃气、燃气流量曲线，选出最佳的流量比-助燃比。一般空气-乙炔火焰的流量比在（3∶1）～（4∶1）之间。贫燃火焰[助燃比1∶(4～6)]为清晰不发亮蓝焰，适于不易生成氧化物的元素的测定；富燃火焰[助燃比(1.2～1.5)∶4]发亮，还原性比较强，适合于易生成氧化物的元素的测定。

前已述及，化学干扰程度的大小，在很大程度上取决于火焰温度和火焰气体组成。为此，使用高温火焰可以破坏生成的化合物分子，使其重新解离为原子，进而减低这种干扰。

（2）石墨炉原子化条件的选择　在石墨炉原子化法中，应合理选择干燥、灰化、原子化及除残的温度及其时间。

干燥条件直接影响分析结果的重现性。干燥温度应稍低于溶剂沸点，以防止试液飞溅，又应有较快的蒸干速度。条件选择是否得当可以用蒸馏水或者空白溶液进行检查。干燥时间可以调节，并和干燥温度相配合。

灰化阶段的一个作用是尽量使待测元素以相同的化学形态进入原子化阶段，除去基体和局外组分，减少基体对测定的干扰；它的另一个作用是减少原子化过程中的背景吸收。在保证被测元素没有损失的前提下，应尽可能使用较高的灰化温度。一般来说，较低的灰化温度和较短的灰化时间有利于减少待测元素的损失。对中、高温元素，使用较高的灰化温度不易发生损失，而对低温元素，因为它们较易损失，所以不能用提高灰化温度的方法来降低干扰。

原子化温度的选择原则是，选用达到最大吸收信号的最低温度作为原子化温度，这样可以延长石墨管的使用寿命。但是原子化温度过低，除了造成峰值灵敏度降低外，重现性也会受到影响。原子化时间是以保证完全原子化为准。

除残的目的是消除残留物产生的记忆效应，除残温度应高于原子化温度。

一些石墨管材料的纯度不够，特别是分析一些常见元素时，空白值较高。如果在测定前不进行热排除，即使不加样品，原子化阶段也会出现吸收信号，影响测定。可以按通常加热程序进行"空烧"处理石墨管，"空烧"时的原子化温度比分析时使用的温度要高。

4. 燃烧器高度的选择

在火焰中进行原子化的过程是一种极为复杂的反应过程。不同元素在火焰中形成的基态原子的最佳浓度区域高度不同，因而灵敏度也不同，选择燃烧器高度使光束从原子浓度最大的区域通过。燃烧器高度影响测定灵敏度、稳定性和干扰程度。一般，在燃烧器狭缝口上方2～5mm附近火焰具有最大的基态原子浓度，灵敏度最高。但对于不同测定元素和不同性质的火焰有所不同。由图3-20可见，对氧化物稳定性高的Cr，随火焰高度增加，即火焰氧化特性增强，形成氧化物的趋

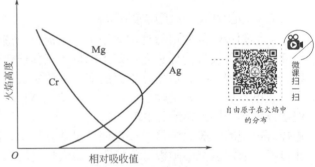

图3-20　自由原子在火焰中的分布

势增大，因此吸收值相应地随之下降。反之，对于氧化物不稳定的Ag，其原子浓度主要由银化合物的离解速度决定，故Ag的吸收值随火焰高度的增加而增大。而对于氧化物稳定性中等的Mg，吸收值开始随火焰的高度的增加而增大，达到极大值后又随火焰高度的增加而降低。这是由于在前一种情况下，吸收信号由自由Mg原子产生的速度决定，后一情况，随火焰氧化特性的增强，自由Mg原子又因生成氧化镁而损失。由此可见，由于元素基态原子浓度在火焰中随火焰高度不同而各不相同，在测定时必须仔细调节燃烧器的高度，使测量光束从自由原子浓度最大的火焰区通过，以期得到最佳的测定灵敏度。最佳的燃烧器高度，可通过绘制吸光度-燃烧器高度曲线来选定。

5. 光谱通带宽度的选择

已如前述，在原子吸收分光光度法中，谱线重叠的概率较小。因此在测定时可以使用较

宽的光谱通带宽度，选择通带宽度是以吸收线附近无干扰谱线存在并能够分开最靠近的非共振线为原则。适当放宽通带宽度，以增加检测的能量，提高信噪比和测定的稳定性，这样可以增加光强，使用小的增益以降低检测器的噪声，从而提高信噪比，改善检出限。而过小的光谱通带使可利用的光强度减弱，不利于测定。合适的光谱通带宽度由实训确定。测定每一种元素都需选择合适的通带，对谱线复杂的元素，如铁、钴、镍等就要采用较窄的通带，否则，会使工作曲线线性范围变窄。不引起吸光度减小的最大通带宽度，即为合适的通带宽度。

光谱通带宽度的选择与一系列因素有关，首先与单色器的分辨能力有关。当单色器的分辨能力大时，可以使用较宽的通带。在光源辐射较弱或共振线吸收较弱时，必须使用较宽的通带。但当火焰的背景发射很强，在吸收线附近有干扰谱线与非吸收光存在时，就应使用较窄的通带。合适的通带宽度同样应通过实训确定。

以上讨论的主要是火焰原子化法仪器工作条件的选择。除此以外，对测定时的干扰情况、回收率、测定的准确度及精密度等，都需进一步通过实训才能进行确定及评价。

对于石墨炉原子化法，显然还应根据方法特点予以考虑，例如还需合理地选择干燥、灰化、原子化及净化阶段的温度及时间等。

6．进样量的选择

试样的进样量一般在 $3\sim6mL\cdot min^{-1}$ 较为适宜，不过这也和具体的仪器有关。不同型号的原子吸收光谱仪的气体压力和流速可能不同，以至于溶液的提升量也就不同。原则上讲，试液的进样量过小，由于进入火焰的溶液太少，吸收信号弱，灵敏度低，不便测量；而进样量过大，在火焰原子化法中，大量的雾滴对火焰产生冷却效应，改变了火焰的温度，同时，较大雾滴进入火焰，难以完全蒸发，原子化效率下降，灵敏度降低。在石墨炉原子化法中，会增加除残的困难。在实际工作中，应根据吸光度随进样量的变化，来选择最佳进样量。

实训 3-5　火焰原子吸收法测钙实训条件的选择与优化

一、实训目的

1．根据具体的测定对象选择火焰原子吸收测量的最佳条件。
2．掌握原子吸收条件选择的一般原则。

二、实训原理

分析化学中衡量测量数据的两个重要因素是准确度和精密度。由于原子吸收测量的元素多为微量成分，为了保证数据的准确度和精密度，最佳实训条件的选择以获得最高灵敏度、最佳稳定性为依据。火焰原子吸收实训条件的选择包括：①分析线选择；②光谱带宽选择；③空心阴极灯电流选择；④燃气流量选择；⑤燃烧器高度选择。

原子吸收干扰类型及消除方法

原子吸收法的特点之一就是干扰少、选择性较好。这是由方法本身的特点所决定的。在原子吸收分光光度计中，使用的是锐线光源，应用的是共振吸收线，而吸收线的数目要比发射线数目少得多，谱线相互重叠的概率较小，这是光谱干扰小的重要原因。原子吸收跃迁的起始态是基态，基态的原子数目，正如前述，受温度波动影响很小，除了易电离元素的电离效应之外，一般来说，基态原子数近似地等于总原子数，这是原子吸收法干扰少的一个基本原因。但是实践证明，原子吸收法虽不失为一种选择性较好的分析方法，但其干扰因素仍然不少。甚至在某些情况下，干扰还是很严重的，因此应当了解可能产生干扰的原因有哪些？以及应采取什么相应措施来加以消减（抑制）。

原子吸收法的干扰因素大体可分为光谱干扰、物理干扰和化学干扰三种类型。现分别讨论如下。

一、光谱干扰

光谱干扰（spectral interference）是指非测定谱线进入检测器，或测定谱线遭受到待测元素以外的其他吸收或减弱而偏离吸收定律的现象。光谱干扰主要来自光源和原子化系统，并可能引起正误差或负误差。

光谱干扰包括谱线重叠，在光谱通带内多于一条吸收线，光谱通带内存在非吸收线、分子吸收、光散射等。其中分子吸收和光散射是形成光谱背景的主要因素。就光谱干扰产生的原因可将这类干扰分为：邻近线干扰和背景吸收。由于引起光谱干扰的原因各不相同，所以其消除干扰的方法也不太一样，下面将详细讨论。

1. 邻近线干扰及其消减措施

理想的情况应当是在光谱通带内一条发射线对应一条吸收线，并且两者的中心频率 v_0 很好地重合，如图 3-21 所示。但实际情况却常常是：①在单色器的光谱通带内光源所发射谱线存在着与分析线相邻的其他谱线（即多重发射），如图 3-22 和图 3-23 所示，因而将造成干扰。究其产生的原因可能来自空心阴极灯的阴极元素本身（如镍等）或阴极材料不纯或灯内充气体等。②在单色器光谱通带内有多重吸收线，如图 3-24 所示，同样也会产生干扰。造成这类情况的原因可能是来自样品中的共存元素。

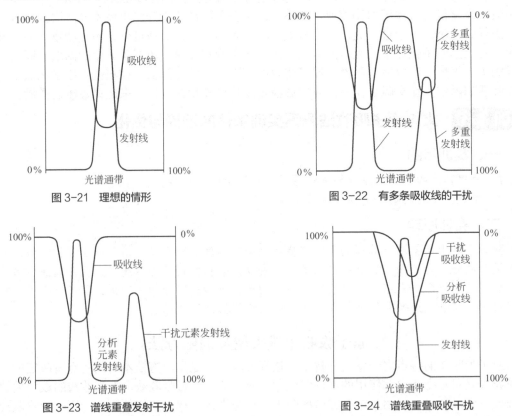

图 3-21　理想的情形　　　　图 3-22　有多条吸收线的干扰

图 3-23　谱线重叠发射干扰　　图 3-24　谱线重叠吸收干扰

① 来自样品中的共存元素的吸收线与待测元素的吸收线靠得很近，一般当两元素的吸收线波长相差 0.03nm 以下时，则认为重叠干扰十分严重。因为这时单色器不能将它们彼此分开，这时无论是测定其中的哪一种元素，另外一种元素都会一起对空心阴极灯的发射谱线产生吸收而造成干扰。不过，当干扰元素的重叠吸收线是待测元素的非灵敏线时，则认为干扰并不明显，可以忽略不计。否则不可忽略，这时只好牺牲一些灵敏度而改用待测元素的其他无干扰的分析线进行测定或预先分离掉干扰元素。

例如，欲测定试样中的 Co（其吸收线波长为 253.64nm），但试样中还共存有 Hg（其吸收线波长为 253.65nm）。单色器不能将它们两者分开。此时，只好降低一些分析测定的灵敏度，改用 Co 的其他谱线或于测定前采取预分离措施，将 Hg 事先分离掉。

属于这种情况的还有一些元素，如表 3-8 所示。

表 3-8 共存元素的吸收线与待测元素谱线接近的情况

待测元素及其分析线/nm		共存干扰元素及其谱线/nm		波长差/nm
Fe	271.902	Pt	271.903	0.001
Si	256.689	V	256.690	0.001
Hg	253.652	Co	253.649	0.003
Al	308.215	V	308.111	0.104
Bi	206.17	I	206.16	0.01
Sb	217.023	Pb	216.999	0.024
Mn	403.307	Ca	403.298	0.009
Ga	403.298	Mn	403.307	0.009
Cu	324.754	Eu	324.753	0.001

② 空心阴极灯发射的除待测元素的灵敏线以外，还有与之相邻的待测元素的其他谱线（多重发射），两者一起经过单色器的入射狭缝（见图 3-22），其结果是非吸收线亦被检测，产生一个背景信号。消除这种干扰的方法是减小狭缝，使光谱通带小到可以分开这种干扰。这种情况常见于多谱线元素如 Ni、Co、Fe。如图 3-25 是镍空心阴极灯的发射光谱。可见在镍的分析线 232.00nm 附近还有 231.98nm、232.14nm 等多条镍的发射谱线，由于单色器分不开，试样中的 Ni 对其均产生吸收（只是吸收的灵敏度高低不同），结果导致了测定灵敏度下降，工作曲线弯曲，线性范围变窄。解决的方法是，减小单色器的光谱带宽（如图 3-26 所示）或改用无干扰的其他谱线。

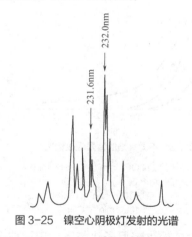

图 3-25 镍空心阴极灯发射的光谱

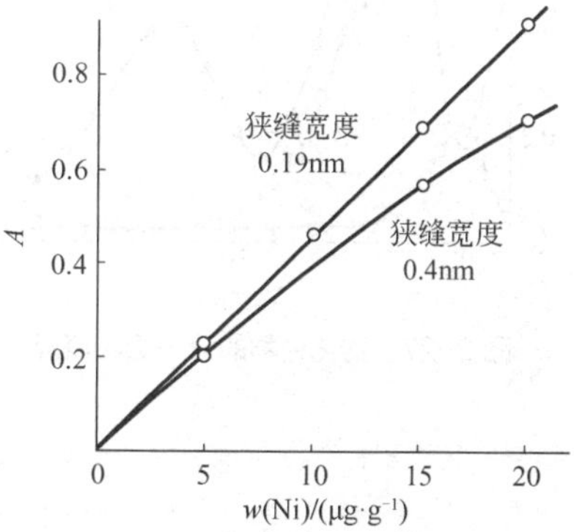

图 3-26 狭缝宽度对工作曲线的影响

③ 空心阴极灯的阴极材料不纯，即与分析线相邻的是非待测元素的谱线。如果此谱线不是其吸收线，则试样中的待测元素产生吸收，使工作曲线弯曲；如果此谱线是其吸收线，而试样中又含有此元素时，例如，Sb 灯的发射谱线为 217.02nm，灯阴极材料含有杂质元素 Pb（217.00nm），则试样中的 Sb 和 Pb 将一起产生吸收，同样使工作曲线弯曲，而得到不正确的结果。显然，这两种情况均产生"假吸收"，造成正偏差。这种干扰还常见于多元素灯。解决的办法：可能的话减小单色器的光谱带宽；牺牲一些 Sb 的测定灵敏度而改用其他谱线。

④ 空心阴极灯的内充气体产生的发射谱线与待测元素的发射谱线波长很相近，如 Cr 灯发射 Cr 线（359.35nm）的同时，灯内充气体 Ne 也发射其 359.34nm 谱线。显然这种情况的解决办法是更换内充气体。

2. 背景吸收及其消减措施

所谓背景（background）吸收是指除了待测元素以外的所有能够引起光源辐射信号减弱的因素（线光谱造成的除外）。

（1）产生背景吸收的原因　产生背景吸收的原因主要有以下几个方面。

① 光散射。指的是当光源的共振辐射经过样品蒸气时，蒸气中存在的微小固体颗粒（如火焰中未被原子化的分子等、石墨炉中的炭粒）会使其偏离原光路，结果这部分光不能被检测器所接收，从而造成"假吸收"。

② 分子吸收。是指火焰中存在着的气体、氧化物、氢氧化物、盐类等分子对光源辐射产生的吸收。如在空气-乙炔火焰中，当试样中有 Na、Ba 以及 Ca 共存时，而 Ca 将形成 $Ca(OH)_2$ 分子在 530.0～560.0nm 范围内有一吸收峰，会干扰对 Na（589.0nm）和 Ba（553.5nm）的测定；又比如当试样中有 Mg 和 Cr 共存时，而其中的 Mg 将形成 $Mg(OH)_2$ 分子，在 360.0～390.0nm 范围内有一吸收峰，而干扰对 Cr（357.9nm）的测定；再比如碱金属、碱土金属的盐类在紫外区有一强的吸收带，会干扰对 Zn、Cd、Ni 的测定；还有就是 H_2SO_4、H_3PO_4 在 250.0nm 以下也有一强吸收带（HNO_3、HCl 也有，但相对较弱），在原子吸收法中尽量不使用。图 3-27 给出了钠化合物的分子吸收情况。

③ 火焰吸收。火焰气体也会对光源的共振辐射产生吸收，并且是辐射波长越短，吸收越严重，如图 3-28 所示。

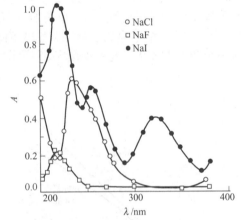

图 3-27　钠化合物的分子吸收情况

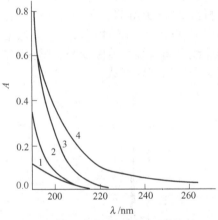

图 3-28　不同火焰的背景吸收情况

1—N_2O-C_2H_2 焰（N_2O 7L·min^{-1}，C_2H_2 6L·min^{-1}）；
2—Ar-H_2 焰（Ar 8.6L·min^{-1}，H_2 20L·min^{-1}）；
3—空气-H_2 焰（空气 10L·min^{-1}，H_2 28L·min^{-1}）；
4—空气-C_2H_2（空气 10L·min^{-1}，C_2H_2 2.3L·min^{-1}）

至此可见，背景吸收（分子吸收）主要是由于在火焰（或无火焰原子化装置）中形成了分子或较大的质点，因此除了待测元素吸收共振线外，火焰中的这些物质——分子和盐类，也吸收或散射光线，引起了部分共振发射线的损失而产生误差。这种影响一般是随波长的减短而增大的，同时随基体元素浓度的增加而增大，并与火焰条件有关。无火焰原子化器较火焰原子化器具有严重得多的分子吸收，测量时必须予以校正。

（2）消减背景吸收的方法　背景吸收是宽带吸收。据此消减背景吸收——背景扣除的方法很多。

① 首先也是最简单的方法，是设法配制一个组成与试样溶液一样，只是没有待测元素的空白溶液。在相同的条件下，测定这个空白溶液的吸光度，即为背景吸收，从试液的吸光度中减去此吸光度值，也就扣除了背景吸收的干扰。

② 邻近线扣背景。依据背景吸收是宽带吸收，若有可能，可以测量与分析线邻近的非吸收线（相对于待测元素而言）的吸收（即背景吸收），再从分析线的吸收（即总吸收）中扣除它。例如，欲测试样中的 Ni 含量。已知在 Ni 的共振吸收线 232.0nm 邻近有一条波长为 231.6nm 的 Ni 的非吸收线，为了扣除背景吸收的干扰，可于 232.0nm 处测定 Ni 的吸收和背景吸收的总和；然后改变波长为 231.6nm，在此波长处再次测定吸收值（此值实为背景吸收值）；两者相减，即为扣除了背景吸收后的 Ni 对 232.0nm 谱线的吸收。一些常见元素的邻近的非吸收线如表 3-9 所示。也可以采用试样中已经确认不存在的，而又具有邻近吸收线的元素的吸收线测定背景吸收，然后用待测元素于其共振吸收线处测得的吸收值减去背景吸收，即得到待测元素的吸收值。

表 3-9 常见元素的邻近非吸收线

待测元素	测定用的共振吸收线 /nm	背景扣除用的非吸收线/nm	待测元素	测定用的共振吸收线 /nm	背景扣除用的非吸收线/nm
Cd	228.5	226.5	Ni	232.0	231.6
Ca	324.7	296.1	Pb	217.0，283.3	220.4，282.0
Fe	248.3	251.1	Sb	217.6	215.2
Mg	285.2	281.7	Zn	213.9	210.4
Mn	279.5	257.6			

③ 氘灯（或氢灯）扣背景。氘灯（或氢灯）发射的是连续光谱（见图 3-29），原子蒸气中待测元素的基态原子对氘灯光源的发射光谱（氘光谱）的吸收很少（即使是浓的溶液，一般这部分吸收也不超过 1%），可以忽略不计。因此，可以认为用氘灯作光源，测得的吸收值是背景吸收值，而不必考虑共振线吸收的影响。而背景对氘光谱的吸收与其对空心阴极灯的发射谱线的吸收程度一样，因为背景吸收是宽带吸收。因此，可以利用氘灯测定背景吸收值，再用空心阴极灯测定（背景吸收与试样中待测元素的吸收两者的）总吸收值，然后相减即可得到扣除了背景吸收之后的待测元素的吸收值。

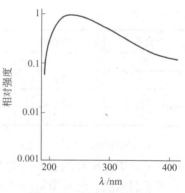

图 3-29 氘灯的发射曲线

采用氘灯校正背景，由于使用两种性质不同的光源，它们的光斑几何形状有异，试样光束与参比光束的光轴较难一致，可应用的波长范围较狭，一般为 190~360nm，不能用于可见光，背景校正能力较弱（通常可校正至吸光度值为 1.0~1.2 的背景吸收）。然而大部分的测定是在可校正的波长范围内进行的，故仍能解决许多实际问题，且装置简单，操作方便，因而得到广泛应用。

空心阴极灯产生连续的背景发射。它不仅使灵敏度降低，工作曲线弯曲，而且当试样中共存元素的吸收线处于连续背景的发射区域内时，就会产生"假吸收"。空心阴极灯的连续背景发射是由于制作不良或长期存放不用而引起的。碰到这种情况，可将灯反接，并用大电流空点，以纯化灯内气体，经过这样处理后，情况可能会有所改善。否则应更换新灯。

二、非光谱干扰

1. 化学干扰

化学干扰（chemical interference）也叫形成化合物的干扰，是指待测元素与其他组分之间的化学作用所引起的干扰效应。这种干扰既是原子吸收中最普遍的干扰，也是一种选择性干扰，它是由于液相或气相中被测元素的原子与干扰物质组分之间形成了热力学更稳定的化合物，从而影响被测元素化合物的解离及其原子化。

典型的化学干扰是待测元素与共存物质作用生成难挥发的化合物，致使参与吸收的基态原子数减少。这类干扰产生于试样的预处理到原子化的全过程。试样在预处理过程中，由于引入了某些离子，它和待测元素发生反应，形成了难原子化的化合物；在原子化过程中，基体元素与待测元素形成了难熔化合物，例如在盐酸介质中测定 Ca、Mg 时，若存在 PO_4^{3-}（类似的还有硫酸盐、氧化铝等），在较高温度时形成磷酸盐或焦磷酸盐，它们之间的键很强，具有高熔点、难挥发、难解离等特点。即使能够分解，还会形成 CaO、MgO 等，这些化合物的解离要比氯化物困难得多，结果均影响到待测元素的原子化效率，致使测定结果偏低。在火焰中容易生成难挥发氧化物的元素主要有铝、硅、硼、钛、铍等。化学干扰具有选择性，它对试样中各种元素的影响是各不相同的，不只是决定于被测元素及其伴随物的互相影响，而且与雾化器的性能、燃烧器的类型、火焰的性质（如火焰温度、火焰状态）以及观测点的位置都有关系，所以原子吸收分析中的干扰对条件的依赖性很强，一定要具体情况具体分析，不能一概而论。

2. 电离干扰

电离干扰（ionization interference）是非光谱干扰（spectralless interference）的又一重要形式，并且也可归入化学干扰的范畴。它系指在原子化条件下，待测元素的原子失去电子后形成离子，便不再对空心阴极灯的共振发射产生吸收，所以部分基态原子的电离，会使基态原子数目减少，吸收强度减弱。这种干扰多发生于电离电位≤6eV 的元素如碱金属和碱土金属等的测定中（见表3-10）。

表 3-10 一些元素的电离度

元素	电离电位/eV	电离度/%	元素	电离电位/eV	电离度/%
Be	9.3	0	Ba	5.2	88
Mg	7.6	6	Al	6.0	10
Ca	6.1	43	Yb	6.2	20
Sr	5.7	84			

为了消除电离干扰，除了应合理地选用火焰外，也可以采用事先在溶液中加入大量的较待测元素更易电离的金属元素的方法，借助这些更易电离元素的电离产生的离子，增大火焰中离子的浓度，进而抑制待测元素的电离。所加入的试剂称为"消电离剂"。常用的消电离剂有 CsCl、KCl、NaCl、RbCl、$CaCl_2$ 以及 $BaCl_2$ 等的 1%溶液。

通常可以采用几种方法来消除或减弱化学干扰，如采用化学分离（化学分离干扰物质，可以使用离子交换、沉淀分离的方法。但是由于以上两种方法的实训过程过于复杂、冗长，抵消了原子吸收分析简便快速的特点，在实际使用中并不多见。而萃取分离干扰物质的方法是原子吸收分析中经常使用的。因为在萃取分离干扰物质的过程中，不仅可以去掉大部分干扰物质，而且可以起到浓缩被测元素的作用。在原子吸收分析中常用的萃取剂多为醇、酯、酮类化合物），使用高温火焰，在试液及标液中添加一种释放剂，加入保护剂，使用基体改进剂等。在以上这些方法中，有时可以单独使用一种方法，有时需要几种方法联用。

抑制干扰是消除干扰的理想方法。在标准溶液和试样溶液中均加入某些试剂，常可控制化学干扰，这类试剂有如下几种。

（1）释放剂 即一种能与干扰成分生成更稳定或更难挥发的化合物，从而使待测元素释放出来，所加入的试剂叫作"释放剂"。例如，磷酸根的存在对钙的测定有严重干扰（Mg 和 Ba 也类似），当加入 $LaCl_3$（或锶盐）后干扰就被消除。这是因为

$$2CaCl_2+2H_3PO_4 \longrightarrow Ca_2P_2O_7+4HCl+H_2O$$
$$CaCl_2+H_3PO_4+LaCl_3 \longrightarrow LaPO_4+3HCl+CaCl_2$$

释放剂不可加入过多，否则由于释放剂形成某种难熔的化合物，起到包裹作用，会使吸收信号下降。所以在选择释放剂时，既要考虑置换反应中热化学的有利条件，又要考虑质量

作用定律，还要避免包裹作用的发生。这往往需要通过反复试验，才能找到合适的条件。

（2）保护剂　由于某些试剂的加入，能使待测元素不再与干扰成分生成难挥发的化合物，所加入的试剂叫作"保护剂"。保护剂可以与干扰元素生成稳定的配合物，把被测元素孤立起来，于是避免了干扰。例如为了消除磷酸盐对钙的干扰，也可以在碱性、中性或不太强的酸性溶液加入 EDTA 配合剂，此时二者形成一个很稳定的配合物。此时 Ca 转化为易于离解和原子化的 EDTA-Ca 配合物，它是一个配阴离子，由于静电互斥作用，使得 PO_4^{3-} 不能与 Ca^{2+} 接近，于是可以防止 PO_4^{3-} 的干扰。再有，当在被测溶液中加入保护剂后，它既与被测元素，又与干扰成分形成稳定的配合物，把它们二者都控制起来，于是消除了干扰。例如 Al 对 Mg 的干扰也可以通过加入 EDTA 进行消除，因为 EDTA 与 Mg 和 Al 都起螯合作用，于是避免了干扰。同样，在铅盐溶液中加入 EDTA，可以消除磷酸盐、碳酸盐、硫酸盐、氟离子、碘离子对于铅的测定的干扰。加入 8-羟基喹啉，可消除铝对镁、铍的测定干扰。加入氟化物，使 Ti、Zr、Hf、Ta 的氧化物转变为含氧氟化物，它比相应的氧化物更有效原子化，从而提高了这些元素的测定灵敏度。应该指出，使用有机配合剂是有利的，因为有机物在火焰中易于破坏，使与有机配合剂结合的金属元素能被重新释放而充分地被原子化。

所以保护剂一般都是配合剂或螯合剂，如 8-羟基喹啉、乙二醇、甘油、氯化铵、氟化铵等。许多试验证明，保护剂与释放剂联合使用其效果比单独使用要好得多。

在石墨炉原子吸收法中，加入基体改进剂可以提高被测物质的灰化温度或降低其原子化温度以消除干扰。

（3）缓冲剂　即于试样与标准溶液中均加入超过缓冲量（即干扰不再变化的最低限量）的同量的干扰成分，使干扰达到饱和并趋于稳定（此时吸光度相互抵消）。这种含有干扰成分的试剂叫作"缓冲剂"。如在用氧化亚氮-乙炔火焰测定钛时，可在试样和标准溶液中均加入质量分数为 $2×10^{-4}$（200μg·mL^{-1}）以上的铝盐。使铝对钛的干扰趋于稳定。

（4）其他　除了上述在标准溶液和试样溶液中加入某些试剂来控制化学干扰之外，再有就是采取"对消"的方法。如当试样中存在干扰离子 Fe^{3+} 时，不妨向标准溶液中也加入 Fe^{3+}，由于作用相近，而予以消减。

除上述一些控制化学干扰的措施之外，还可采取标准加入法来控制化学干扰，这是一种简便而有效的方法。

如果用这些方法都不能控制化学干扰，可考虑采用沉淀法、离子交换、溶剂萃取等化学或物理的分离方法，将干扰组分与待测元素分离。实践证明，化学或物理的分离方法是消除化学干扰的最有效方法，尤其对于复杂样品的分析更为适用。

在原子吸收法中，使用有机溶剂萃取分离的方法还可以同时改善溶液的表面张力以及黏度等物理性质，提高雾化效率，并可提高火焰温度、改变火焰性质，有利于提高测定的灵敏度。

一些常用的消电离剂、释放剂、保护剂的应用如表 3-4 所示，一些常用的有机溶剂萃取的例子如表 3-5 所示。

3. 物理干扰（基体效应）

所谓物理干扰（physical interference，matrix interference）系指试样在转移、溶剂的蒸发、溶质的挥发以及进样等过程中，任何物理性因素变化而引起的干扰效应。对于火焰原子化法而言，它主要影响试样喷入火焰的速度、雾化效率、雾滴大小及其分布、溶剂与固体微粒的蒸发等。这类干扰是非选择性的，亦即对试样中各元素的影响基本上是相似的。

属于这类干扰的因素有：试液的黏度，影响试样喷入火焰的速度；表面张力，影响雾滴的大小及分布；溶剂的蒸气压，影响蒸发速度和凝聚损失；雾化气体的压力，影响试液吸入量的多少；等等。上述这些因素，最终都影响进入火焰中的待测元素的原子数量，因而影响吸光度的测定。显然，当测定时引入有机溶剂后，将引起上述因素的改变。

此外，大量基体元素的存在，总含盐量的增加，在火焰中蒸发和离解时要消耗大量的热量，因而也可能影响原子化效率。

配制与待测试样具有相似组成的标准溶液，是消除基体干扰的常用而有效的方法。若待测元素含量不太低，应用简单的稀释试液的方法亦可减少以至消除物理干扰。另外，采用标准加入法也可以消除这种干扰。

4. 有机溶剂的影响

在原子吸收法中，干扰物质常采用溶剂萃取的方法进行分离，因此必须了解有机溶剂的影响。通常有机溶剂的影响可分为两方面，即对试样雾化过程的影响和火焰燃烧过程的影响。前一种在物理干扰一节中简要讨论过，有机溶剂对燃烧过程的影响则主要表现在：有机溶剂会改变火焰温度和组成，因而影响原子化效率；有机溶剂的产物还会引起火焰的发射与吸收，有的溶剂燃烧不完全还将产生微粒炭而引发光散射，因而影响背景等。如含氯有机溶剂（氯仿、四氯化碳等），苯，环己烷，正庚烷，石油醚，异丙醚等，燃烧不完全时生成的微粒炭引起光散射，同时这些溶剂本身又呈现强吸收，故不宜采用。而酯类、酮类燃烧完全，火焰稳定，在测定区域，溶剂本身又不呈现强吸收，因此是最合适的有机溶剂。在萃取分离金属离子时，应用最广的是甲基异丁基（甲）酮（MIBK）。

有机溶剂既是干扰因素之一，但也可用来有效地提高测定灵敏度。例如有机溶剂可用于提高铜的测定灵敏度，如表 3-11 所示。有机溶剂之所以能提高测定的灵敏度，一般认为是由于它能提高喷雾速率和雾化效率，加速溶剂的蒸发，降低火焰温度的衰减，对原子化提供更为有利的环境，从而改善原子化效率的缘故。

表 3-11 有机溶剂对铜原子吸收的增强作用

溶剂	相对灵敏度	溶剂	相对灵敏度
$0.1\ mol·L^{-1}\ HCl$	1.0	20%丙酮+20%异丁酮	2.35
40%甲醇	1.7	正戊酮	2.8
40%乙醇	1.7	甲基异丁基酮	3.9
40%丙酮	2.0	乙酸乙酯	5.1
80%丙酮	3.5		

实训 3-6　原子吸收法测钙的干扰与消除

一、实训目的

1. 进一步熟悉原子吸收光谱仪的使用。
2. 了解火焰原子吸收法中化学干扰及其消除方法。

二、实训原理

火焰原子吸收法测定 Ca 时，由于溶液中存在的磷酸根与 Ca 形成热力学更稳定的磷酸钙，在空气-乙炔火焰中磷酸钙不能完全解离，因此给钙的测定带来化学干扰，且随磷酸根浓度的增高，钙的吸收下降，从而给测定造成负误差。为了消除这种化学干扰，可以添加高浓度的锶盐，锶盐会优先与磷酸根反应，释放出待测元素 Ca，进而消除了干扰。

任务 7　人体指甲中的铜含量测定

一、查阅资料，讨论并汇总资料

根据项目查阅资料，设计实训方案，对实训方案进行优化，选择合适的仪器，组装实训仪器及设备，正确规范操作，准确记录数据，正确处理数据，准确表述分析结果。

二、确定分析方案

1. 参数设置

根据所测定元素的性质对实训条件进行优化。

2. 完成检验

实训 3-7　溶液配制（标准溶液等）

1. Cu 标准贮备溶液的配制

称取约 1g 金属铜（准确至 0.0002g），置于 50mL 烧杯中，加入 20mL 1+1 硝酸加热溶解，冷却后，定量转移至 1000mL 容量瓶中，用去离子水稀释至刻度，摇匀备用。此溶液含铜 $1000\mu g \cdot mL^{-1}$。

2. 标准使用溶液的制备

把 $1000\mu g \cdot mL^{-1}$ 的 Cu 标准贮备液逐次用 1%（体积分数）HNO_3 稀释，制成 $0.02\mu g \cdot mL^{-1}$、$0.04\mu g \cdot mL^{-1}$、$0.1\mu g \cdot mL^{-1}$、$0.2\mu g \cdot mL^{-1}$ 的标准系列溶液。

3. 1%（体积分数）HNO_3 溶液

移取市售分析纯硝酸 5mL，置于 500mL 容量瓶中，用去离子水稀释至刻度。

实训 3-8　样品制备

剪取的指甲试样先用去离子水洗净，准确称取 20~30mg 样品，加入 6mL 15%TMAH（四甲基氢氧化铵），于 60~70℃加热，溶解后，用水稀释至 10mL，摇匀备测。

实训 3-9　人体指甲中的铜含量的测定

一、实训目的

1. 了解石墨炉原子化器的基本构造。
2. 掌握石墨炉原子吸收法的原理、特点、分析方法和基本实训技术。

二、实训原理

石墨炉原子吸收是最灵敏的分析方法之一，绝对灵敏度高，可达 $10^{-10} \sim 10^{-14} ng \cdot mL^{-1}$。样品可以直接在原子化器中进行处理，样品用量少，每次进样量为 5~100μL。人体指甲中铜的含量很少，采用无火焰原子吸收法分析可以满足需要。

一个样品的分析需经过 4 个过程。第一步是干燥，在这个过程中升温较慢，其目的是将样品中的溶剂蒸发掉。第二步是灰化，这一过程也比较缓慢，其目的是使基体灰化完全，否则，在原子化阶段未完全蒸发的基体可能产生较强的背景或分子吸收。第三步是原子化，这一过程要求升温速率很快，这样可使自由原子数目最多。最后过程是除残阶段，其温度一般比原子化温度略高一些，以除去石墨管中残留的样品，然后冷却至室温，以便进行下一个样品的分析。

石墨炉原子化的 4 个阶段对分析结果影响很大。

① 干燥阶段。液体样品注入石墨炉后，应在略低于溶剂沸点的温度下烘干。干燥温度过低，干燥时间过短，不能达到干燥目的；温度过高，则会引起暴沸，造成样品损失。

② 灰化阶段。干燥阶段结束后进入灰化阶段，炉温升高使样品中基体杂质不易除去；温度过高，时间过长，则可能损失待测元素。

③ 原子化阶段。灰化阶段结束后，石墨炉温度迅速升高到 2000~3000℃，使待测元素原子化。这一阶段的温度和时间直接影响分析结果，温度过低或时间过短不能有效原子化；温度过高，时间过长，又会使石墨管消耗严重。

④ 除残阶段。除残温度应高于原子化温度，除残的目的是消除残留物产生的记忆效应。综合以上原因，要对多个因素进行条件选择。

任务 8　原子吸收分光光度计的维护与保养

劳动素质提升 3-2　原子吸收分光光度计的维护与保养

原子吸收分光光度计的维护与保养可以从光源、原子化系统、光学系统、气路系统等方面进行。

1. 光源

空心阴极灯应在最大允许工作电流以下使用。不用时不要点灯，否则会缩短灯的使用寿命；但长期不用的元素灯则需每隔一两个月在额定工作电流下点燃 15~60min，以免性能下降。

光源调整机构的运动部件要定期加油润滑，防止锈蚀甚至卡死，以保持运动灵活自如。

2. 原子化系统

每次分析操作完毕，特别是分析过高浓度或强酸样品后，要立即喷数分钟的蒸馏水，以防止雾化筒和燃烧头被沾污或锈蚀。点火后，燃烧器的整个缝隙上方应是一片燃烧均匀呈带状的蓝色火焰。若带状火焰中间出现缺口，呈锯齿状，说明燃烧头缝隙上方有污物或滴液，这时需要清洗，清洗的方法是在接通空气，关闭乙炔的条件下，用滤纸插入燃烧缝隙中仔细擦拭；如效果不佳，可取下燃烧头用软毛刷刷洗；如已形成熔珠，可用细的金相砂纸或刀片轻轻磨刮以去除沉积物，应注意不能将缝隙刮毛。雾化器应经常清洗，以避免雾化器的毛细管发生局部堵塞。若堵塞一旦发生，会造成溶液提升量下降，吸光度值减小。若仪器暂时不用，应用硬纸片遮盖住燃烧器缝口，以免积灰。对原子化系统的相关运动部件要进行经常润滑，以保证升降灵活。空气压缩机一定要经常放水、放油，分水器要经常清洗。

3. 光学系统

外光路的光学元件要经常保持干净，一般每年至少清洗一次。如果光学元件上有灰尘沉积，可用擦镜纸擦净；如果光学元件上沾有油污或在测定样品溶液时溅上污物，可用预先浸在乙醇与乙醚的混合液（1∶1）中洗涤过并干燥了的纱布去擦拭，然后用蒸馏水冲掉皂液，再用洗耳球吹去水珠。清洁过程中，禁用手去擦及金属硬物或触及镜面。单色器应始终保持干燥。

4. 气路系统

由于气体通路采用聚乙烯塑料管，时间长了容易老化，所以要经常对气体进行检漏，特别是乙炔气渗漏可能造成事故。严禁在乙炔气路管道中使用紫铜、H62 铜及银制零件，并要禁油，测试高浓度铜或银溶液时，应经常用去离子水喷洗。当仪器使用完毕后，应先关乙炔钢瓶输出阀门，等燃烧器上火焰熄灭后再关仪器上的燃气阀，最后再关空气压缩机，以确保安全。

知识拓展

人体中必需的微量元素

微量元素属于矿物质类营养物质，在自然界广泛分布。尽管在人体中需要的微量元素数量相对较少，但它们在人体内发挥着重要作用。目前已确定有十四种对人体有益且必不可少的微量元素，包括铁、铜、锌、锰、铬、钴、钒、锡、镍、钼、碘、氟、硒和硅。这些微量元素在人体进行各种生理活动和参与外部运动时发挥不同的功能，并且对维持人体健康起着重要作用。

人体内长期缺乏微量元素或者各种微量元素含量失调，就有可能阻碍生长发育、导致生理功能紊乱、抵抗力和免疫力下降、引发多种疾病（如贫血、癌症）等。因此，人们要想拥有健康的身体，正常参加各种活动，就要学会合理摄取微量元素。

此外，微量元素的作用并不是单一的，有时缺乏一种微量元素就有可能生成多种疾病，如缺乏微量元素锌不仅影响生长发育，还有可能导致生殖器官、中枢神经系统、免疫系统受损等。因此，人们在日常饮食中应学会合理、均衡搭配食物，获取充足的微量元素，以保障身体健康。

微量元素虽然在人体中以微小的比例存在，但对于人体的健康和生命活动具有重要的意义。同样地，每个人都可以通过自己的努力成为一个有用的人，对国家产生积极的影响。我们可以积极参与社会事务，为社区建设和公益事业贡献自己的一份力量。我们可以遵纪守法，树立良好的道德观念和行为习惯，以维护社会的公共秩序和良好风尚。我们可以不断学习、提升自己的能力，成为具备专业知识和技能的人才，为国家的发展和进步做出贡献，共同创造一个更加美好的国家和社会。

思考与练习

1. 简述原子吸收分光光度分析的基本原理，并从原理、仪器基本结构和方法特点上比较原子发射光谱法和原子吸收光谱法的异同点。

2. 何谓锐线光源？在原子吸收光谱分析中为什么要用锐线光源？

3. 在原子吸收分光光度计中为什么不采用连续光源（例如钨丝灯），而在分光光度计中则需要采用连续光源？

4. 在原子吸收分析中，若产生下述情况而导致测量误差，此时应采取什么措施来消减？
（1）光源强度变化引起基线漂移；
（2）火焰发射的辐射进入检测器（背景发射）；
（3）待测元素吸收线和试样中共存元素的吸收线重叠。

5. 在原子吸收分析中，若采用火焰原子化方法，是否火焰温度愈高，测定灵敏度也愈高？为什么？

6. 石墨炉原子化的工作原理是什么？与火焰原子化法相比较，有什么优缺点？为什么？

7. 说明在原子吸收分析中产生背景吸收的原因有哪些？如何消减？

8. 背景吸收和基体效应都与试样的基体有关，试分析它们的不同之处。

9. 原子吸收法定量分析的依据是什么？原子吸收定量分析的方法有哪些？试述它们各自的优缺点。

10. 试述选择原子吸收法最佳测量条件的意义。

11. 原子吸收法测定某元素的特征浓度为 $0.01\mu g \cdot (mL \cdot 1\% A)^{-1}$，为使测量误差最小，需要得到 0.00436 的吸收值，试计算此情况下待测元素的浓度。

12. 现有 A、B、C 三台原子吸收光谱仪，若仅从消除光谱干扰的性能考虑，根据下表所给参数，通过计算指出哪台仪器稍好些？

仪器	光谱带宽/nm	狭缝宽度/mm
A	0.1,0.2,0.4,4.0	0.05,0.1,0.2,2.0
B	0.21,0.42,2.1	0.1,0.2,1.0
C	0.19,0.38,1.9	0.1,0.2,1.0

13. 测定血浆中的 Li 含量时，将三份各 0.500mL 血浆样品加到 5.00mL 水中，再依次加入 0μL、10.0μL、20.0μL 0.0500mol·L^{-1} LiCl 标准溶液，进行原子吸收测定，测得读数为（1）23.0；（2）45.0；（3）68.0。试通过计算，报出该血浆试样中 Li 的质量浓度。

14. 在 213.9nm 波长下，对质量浓度为 0.010μg·mL^{-1} 的 Zn 标准溶液连续进行十次测定，记录数据如下表所示，试计算该仪器对 Zn 的检出限。

测定序号	1	2	3	4	5
记录纸格数	13.5	13.0	14.8	14.8	14.5
测定序号	6	7	8	9	10
记录纸格数	14.0	14.0	14.8	14.0	14.2

15. 采用标准加入法分析测定尿样中的铜含量，在 324.8nm 波长下，测得数据如下表所示，试计算该尿样中铜的质量浓度（μg·mL^{-1}）。

Cu 的质量浓度增量/(μg·mL^{-1})	测得吸光度	Cu 的质量浓度增量/(μg·mL^{-1})	测得吸光度
0.0	0.28	6.0	0.757
2.0	0.44	8.0	0.912
4.0	0.60		

16. Atomic absorption spectroscopy is used to determine the concentration of zine in a series of standards and an unknown sample. The following values of transmittance are measured when a zinc hollow cathode lamp is used as the light source along with a laminar flame that has a light path length of 10cm. What is the concentration of zinc in the unknown sample?

Sample Zn Concentration /(μg·mL^{-1})	T/%	Sample Zn Concentration /(μg·mL^{-1})	T/%
0.00	89.5	2.00	28.8
0.50	67.4	5.00	5.27
1.00	50.8	Unknown	35.6

17. Atomic absorption spectroscopy is used to measure the zinc content of an unknown sample solution by using the method of standard addition. Two 5.00mL portions of an unknown zinc sample solution are put into 10.00mL volumetric flasks. The first is diluted to the mark with distilled water and the second is diluted to the mark with an aqueous solution containing 1.00μg·mL^{-1} zinc. The first solution gives an absorbance reading of 0.386 and the second gives an absorbance of 0.497. What is the concentration of zinc in the original unknown sample solution?

【附录】 考核评分表

考核项目			考核比重	
知识要求	1. 掌握原子吸收光谱分析方法原理、仪器组成及各部分功用		40	8
	2. 掌握定量分析的依据及具体方法			6
	3. 掌握特征浓度、检出限的概念			6
	4. 了解影响谱线变宽的因素			5
	5. 了解影响特征浓度的因素			5
	6. 了解仪器测量条件及其选择			5
	7. 了解干扰及其消减方法			5
能力要求	1. 能熟悉并遵守原子吸收实训室的安全操作规程		50	10
	2. 能根据待测样品和实训室的条件制订分析测定方案			10
	3. 能根据测定要求对样品进行预处理			15
	4. 能使用原子吸收分光光度计对样品进行分析测定			15
素质要求	1. 遵循实验室各项规章制度		10	1
	2. 劳动积极,主动参与			2
	3. 与其他同学积极合作			2
	4. 合理利用资源,避免浪费			2
	5. 正确使用个人防护装备,并能够有效防范事故和化学品的危害			2
	6. 尊敬师长,文明操作			1
合计				100

项目 4

用气相色谱法检测物质

 知识目标

1. 掌握　气相色谱法的基本原理、仪器构成和基本操作流程，理解分离原理和分析机理。

2. 理解　常用各种色谱柱、固定相的特点以及如何选用合适的色谱柱、固定相。正确识别气相色谱图中的各个色谱峰，并且掌握如何进行数据处理，包括质量定量和误差控制等方面。

3. 了解　色谱法的类型，气相色谱仪的基本组成及工作原理，前处理技术的选用依据，色谱理论。

 能力目标

1. 掌握对气路系统、气化室以及检测器进行检漏的方法，会制备所需的填充柱。

2. 能够选择合适的定量方法对待测组分进行定量分析；能够熟练使用气相色谱工作站，包括实验仪器的调试、样品的制备和前处理以及实验数据的记录与分析等。

3. 在实验操作中掌握解决问题的方法和技能，能够对实验过程中出现的问题进行分析、解决和改进。

4. 能够对所使用的仪器设备进行日常的维护保养。

 素质目标

1. 在用气相色谱法检测物质相关理论知识和实验技能过程中，锻炼学生在实践中进行分析和解决问题的能力，引导帮助学生强化创新意识，培养学生探究和创新的精神。

2. 在学生反复验证，不断调整气相色谱法检测物质实验条件以获得最为准确结果的过程中，引导学生时刻保持清醒头脑，严格遵守职业道德和职业操守，把握好自己的行为准则，保证每一步实验都能达到预期效果。

3. 在气相色谱分析过程中，锻炼学生在每个实验步骤中都要仔细操作，精益求精。通过训练学生的自我约束、自我管理进而保证实验数据的准确性和可靠性。

任务 1　认识气相色谱实训室

气相色谱实训室管理规范

① 仪器的管理和使用必须落实岗位责任制，制订操作规程、使用和保养制度，做到坚持制度，责任到人。

② 熟悉仪器保养的环境要求，努力保证仪器在合适的环境下保养及使用。

③ 熟悉仪器构造，能对仪器进行调试及辅助零部件的更换。

④ 熟悉仪器各项性能，并能指导学生进行仪器的正确使用。

⑤ 建立气相色谱的完整技术档案。内容包括产品出厂的技术资料,从可行性论证、购置、验收、安装、调试、运行、维修直到报废整个寿命周期的记录和原始资料。

⑥ 仪器发生故障时要及时上报,对较大的事故,负责人(或当事者)要及时写出报告,组织有关人员分析事故原因,查清责任,提出处理意见,并及时组织力量修复使用。

⑦ 建立仪器使用、维护日记录制度,保证一周开机一次。对仪器进行定期校验与检查,建立定期保养制度,要按照国家市场监督管理总局有关规定,定期对仪器设备的性能、指标进行校验和标定,以确保其准确性和灵敏度。

⑧ 定期对实训室进行水、电、气等安全检查,保证实训室的卫生和整洁。

劳动素质提升 4-1　整理气相色谱实训室

一、劳动的难点

整理就是要把必要和不必要的东西明确、严格地区分开来,并将不必要的物品断然加以处置,而不是将工作场所的物品进行简单的收拾摆放。

二、整理气相色谱实训室

1. 将气相色谱实训室进行全面检查,包括看得到和看不到的。
2. 制订"要"和"不要"的判别基准,详见表4-1。

表4-1　"要"和"不要"判别基准

类别	基准分类	
要	1. 气相色谱工作站、各种工具;2. 工作台、椅子;3. 所需的玻璃仪器、洗瓶等;4. 灭火器、药品急救箱等;5. 课堂演示工具;6. 实训室的相关记录;7. 各种清洁工具、用品等;8. 仪器操作规程、实训室实训规范、分析检测用的样品等	
不要	地板上	1. 杂物、灰尘、纸屑、油污等;2. 不再使用的清洁工具;3. 已损坏的进样针
	工作台	1. 已过有效期的各种标准溶液;2. 损坏的玻璃仪器等;3. 多余的滤纸等;4. 私人用品
	墙上	1. 蜘蛛网;2. 老旧无用的标准说明

3. 清理"不要"的物品。
4. 对"要"的物品调查其使用频率,从而决定其日常用量和摆放的位置,制订废弃物的处理方法,每日自我检查。

任务 2　气相色谱仪的基本操作

气路系统(含外气路)基础知识

气路系统主要是指载气连续运行的密闭管路。对于某些检测器,还需要使用一些辅助气体,它们流经的管路也属于气路系统。对气路系统的基本要求是:气密性好、气体清洁、气流稳定。填充柱和毛细管柱的气路控制部分分别见图4-1和图4-2。

1. 载气

气相色谱中常用的载气如表 4-2 所示。它们一般由相应的高压钢瓶贮装的压缩气源供给,也可以由气体发生器提供。至于选用何种载气,主要取决于选用的检测器和其他一些具体因素。

2. 辅助气体

辅助气体是提供检测器燃烧或吹扫用,包括补偿气、尾吹气、燃烧气和助燃气。

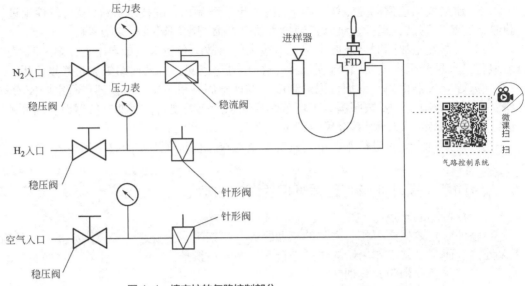

图 4-1 填充柱的气路控制部分

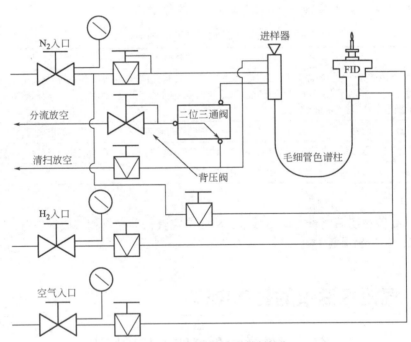

图 4-2 毛细管柱的气路控制部分

表 4-2 气相色谱常用载气

名称	分子量	热导率（100℃）/($\times 10^5$cal·cm^{-1}·s^{-1}·℃$^{-1}$)	黏度（50℃）/($\times 10^5$Pa·s)	可适用的检测器	注
H_2	2.02	53.4	94	热导、火焰离子化	绿瓶红字
He	4.00	41.6	208	热导、电子捕获	灰瓶黑字
N_2	28.02	7.5	188	火焰离子化、电子捕获	黑瓶黄字
Ar	39.94	5.2	242	热导、电子捕获	灰瓶黑字
空气	28.96	7.5	196	热导、火焰离子化	黑瓶白字

注：1cal=4.18J。

3. 气路结构

气路系统可分为单柱单气路系统和双柱双气路系统两类。单柱单气路系统适用于恒温分析，一些较简单的气相色谱仪均属于这种类型，如图 4-3 所示。双气路系统可以补偿气流不稳及固定液流失对检测器产生的干扰，特别适于程序升温操作，如图 4-4 所示。

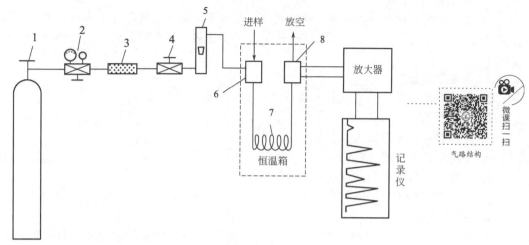

图 4-3　气相色谱过程示意

1—载气钢瓶；2—减压阀；3—净化器；4—稳压阀；5—转子流量计；6—气化室；7—色谱柱；8—检测器

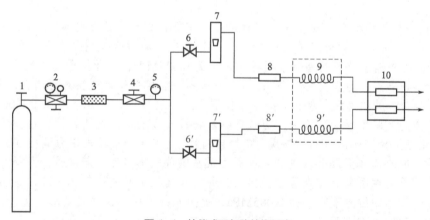

图 4-4　补偿式双气路结构示意

1—载气；2—减压阀；3—净化器；4—稳压阀；5—压力表；6，6′—针形阀；7，7′—转子流量计；8，8′—气化室；9，9′—色谱柱；10—检测器

实训 4-1　气路系统的连接与检漏

一、实训目的

1. 学会连接安装色谱气路中各部件。
2. 学习气路的检漏和排漏方法。
3. 学会用皂膜流量计测定载气流量。

二、仪器与试剂

1. 仪器

气相色谱仪、气体钢瓶、减压阀、净化器、色谱柱、聚四氟乙烯管、垫圈、皂膜流量计。

2. 试剂

肥皂水。

三、实训内容与步骤

1. 准备工作

① 根据所用气体选择减压阀：使用氢气选用氢气减压阀（氢气减压阀与钢瓶连接的螺母为左螺纹）；使用氮气、空气等气体钢瓶选用氧气减压阀（氧气减压阀与钢瓶连接的螺母为右螺纹）。

② 准备净化器。

③ 准备一定长度的不锈钢管（或尼龙管、聚四氟乙烯管）。

2. 连接气路

① 连接钢瓶与减压阀接口；

② 连接减压阀与净化器；

③ 连接净化器与仪器载气接口；

④ 连接色谱柱（柱一头接气化室，另一头接检测器）。

3. 气路检漏

① 钢瓶至减压阀之间的检漏。关闭钢瓶减压阀上的气体输出节流阀，打开钢瓶总阀门（此时操作者不能面对压力表，应位于压力表右侧），用皂液（洗涤剂饱和溶液）涂在各接头处（钢瓶总阀门开关、减压阀接头、减压阀本身），如有气泡不断涌出，则说明这些接口处有漏气现象。

② 气化密封垫的检查。检查气化密封垫是否完好，如有问题应更换新垫圈。

③ 气源至色谱柱间的检漏（在连接色谱柱之前进行）。用垫有橡胶垫的螺帽封死气化室出口，打开减压阀输出节流阀并调节至输出表压为 0.025MPa；打开仪器的载气稳压阀（逆时针方向打开，旋转至压力表呈一定值）；用皂液涂各个管接头处，观察是否漏气，若有漏气，须重新仔细连接。关闭气源，待 30min 后，仪器上压力表指示的压力下降小于 0.005MPa，则说明气化室前的气路不漏气，否则，应该仔细检查找出漏气处，重新连接，再行试漏。

④ 气化室至检测器出口间的检漏。接好色谱柱，开启载气，输出压力调在 0.2~0.4MPa。将转子流量计的流速调至最大，再堵死仪器主机左侧载气出口处，若浮子能下降至底，表明该段不漏气。否则再用皂液逐点检查各接头，并排除漏气（或关载气稳压阀，待 30min 后，仪器上压力表指示的压力下降小于 0.005MPa，说明此段不漏气，反之则漏气）。

4. 转子流量计的校正

① 将皂膜流量计接在仪器的载气排出口（柱出口或检测器出口）；

② 用载气稳压阀调节转子流量计中的转子至某一高度，如 0、5、10、15、20、25、30、35、40 等值处；

③ 轻捏一下胶头，使皂液上升封住支管，产生一个皂膜；

④ 用秒表测量皂膜上升至一定体积所需要的时间；

⑤ 计算与转子流量计转子高度相应的柱后皂膜流量计流量 $F_{皂}$，并计算 $F_{转}$ 的值。

5. 结束工作

① 关闭气源。

② 关闭高压钢瓶。关闭钢瓶总阀，待压力表指针回零后，再将减压阀关闭（T 字阀杆逆时针方向旋松）。

③ 关闭主机上载气稳压阀（顺时针旋松）。

④ 填写仪器使用记录，做好实训室整理和清洁工作，并进行安全检查后，方可离开实训室。

实训 4-2 高压气体钢瓶、减压阀等各种气体调节阀的使用操作

一、载气钢瓶的使用规程

1．钢瓶必须分类保管，直立远离热源，避免暴晒及强烈震动，氢气瓶在室内存放量不得超过两瓶。
2．氧气瓶及专用工具严禁与油类接触。
3．钢瓶上的氧气表要专用，安装时螺扣要上紧。
4．操作时严禁敲打，发现漏气立即修好。
5．气瓶用后的剩余残压不应少于 980kPa。
6．氢气压力表系反螺纹，安装拆卸时应注意防止损坏螺纹。

二、减压阀的使用

1．在气相色谱分析中钢瓶供气压力为 9.8～14.7MPa。
2．减压阀与钢瓶配套使用，不同气体钢瓶所用的减压阀是不同的。氢气减压阀接头为反向螺纹，安装时需小心。使用时需缓慢调节手轮，使用后必须旋松调节手轮和关闭钢瓶阀门。
3．关闭气源时，先关闭减压阀，后关闭钢瓶总阀，再开启减压阀，排出减压阀内气体，最后松开调节螺杆。

实训 4-3 载气流量的测定

一、实训目的

1．掌握气路流量与流速的换算。
2．掌握气相色谱仪气路流量测定。

二、实训操作

载气流量的测定过程如图 4-5 所示。

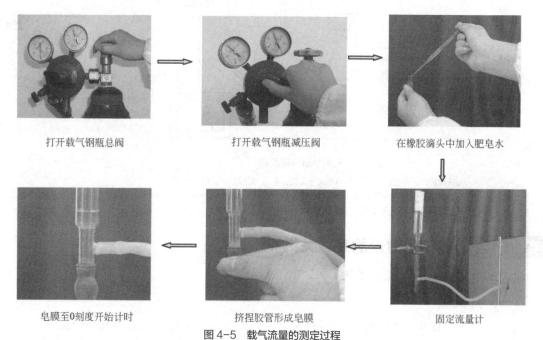

图 4-5 载气流量的测定过程

一、气相色谱仪组成系统

气相色谱分析（gas chromatography，GC）仪器一般由五个基本单元所组成，即：

供气系统 → 进样系统 → 分离系统 → 检测系统 → 记录系统

供气系统：气体钢瓶、减压阀、载气净化干燥管、针形阀、流量计。
进样系统：进样器、气化室。
分离系统：色谱柱、柱箱（又称色谱炉）及其温控装置。
检测系统：检测器及其电源、温控装置。
记录系统：放大器、记录器及数据处理装置。

显然，混合物样品能否被分离开取决于色谱柱；而分离后的组分能否被准确地检测出来又取决于检测器，因此色谱柱和检测器是气相色谱仪的关键核心部件。

二、气相色谱仪工作流程

气相色谱法的简单流程如图4-6所示。载气由高压钢瓶1提供，经减压阀2减压后，进入载气净化干燥管3干燥净化，以除去其中的水分、烃类物质、氧气等电负性强的物质。再经过针形阀4控制其进入色谱柱之前的流量和压力，并由流量计5和压力表6显示出来。继续前行又经过气化室，流动相载带着气态的混合物试样进入色谱柱（色谱柱放在一个绝热性能良好且温度均匀的色谱炉中，炉温由温控器控制）8进行分离，分离后的不同组分又随流动相依次进入检测器9之后放空（气化室、色谱柱及检测器被一恒温箱包裹着）。检测器将各被分离组分及其浓度随时间的变化量转变为易于测量的电信号（V 或 i）传给记录仪10，记录仪记录下电信号随时间的变化量就可得到一组峰形曲线——色谱流出曲线。色谱流出曲线是有关检测器的响应信号随时间变化的曲线；曲线中编号的 n 个峰代表了混合物中的 n 种不同组分。

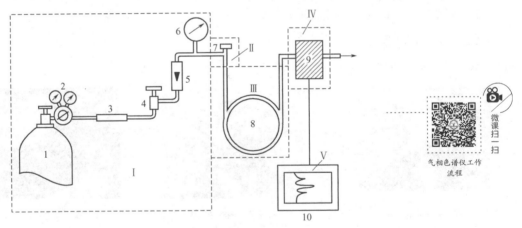

图4-6 气相色谱流程示意

1—高压钢瓶；2—减压阀；3—载气净化干燥管；4—针形阀；5—流量计；
6—压力表；7—进样器和气化室；8—色谱柱；9—检测器；10—记录仪；
Ⅰ—供气系统；Ⅱ—进样系统；Ⅲ—分离系统；Ⅳ—检测系统；Ⅴ—记录系统

实训4-4 气相色谱仪的开、关机操作

以岛津 GC-2104C 气相色谱仪为例。

一、开机操作

1．开载气：打开载气（N_2）钢瓶总阀，调节减压阀，使输出压力为 0.4MPa。
2．开机：载气开通 10min 以上，待仪器载气压力表（位于仪器上方后侧机盖内）达到

设定值,即 H_2 400kPa、载气 N_2 100kPa,开启气相色谱仪,开启计算机。

3. 开燃气、助燃气:打开氢气发生器(SPH-500A)、空气发生器(SPB-3),使仪器相应压力表升至设定值(H_2 50kPa,空气 50kPa)。

4. 启动 GC:从"SYSTEM"主屏幕上选择→"文件"→"方法 7"→"加载"→"返回"→"启动"→"MONIT"回到监视界面。

5. 点火:待检测器温度升至 100℃以上,点击仪器前面板"DET"进行点火。

6. 连接工作站:打开工作站开关,在电脑桌面打开"实时分析"界面(如界面显示"脱机",将其关掉重新开启,使之显示"准备就绪"),待基线稳定。

二、关机操作

1. 关闭氢气发生器(SPH-500A)、空气发生器(SPB-3)。
2. 关闭色谱仪:点击"SYSTEM"→"停止 GC"待仪器温度降到 80℃以下,关闭仪器。
3. 关闭计算机,关闭工作站。
4. 关载气:关机约 20min 后关闭氮气钢瓶,若此时氮气钢瓶仍用于其他仪器,用夹子夹住连接此仪器的气路即可。

实训 4-5 柱温等温度参数的设置

以岛津 GC-2104C 气相色谱仪为例。

一、设置毛细管柱信息和流速

进行流量设置,首先打开氮气气瓶的总阀,调节压力至 0.5MPa,打开空气发生器、氢气发生器电源,向气瓶供气;打开流量控制器机壳,调节压力与流量,调节氢气与空气的压力为 50kPa,载气压力为 70kPa,总气压为 300kPa,调节尾吹气流量至 30mL·min^{-1}。

二、设置检测器和进样口温度

按主机键盘"set"键,进行进样口"INJ"和检测器"DET"以及柱温的设置,仪器的最大设置温度为 440℃,为了保护色谱柱,不要使最大柱温箱温度超过最大柱温。

三、设置温度程序

按主机键盘"col"键,设置柱初始温度和温度程序,温度设置必须在允许的柱温和检测器温度范围之内。

四、启动 GC 控制

按"SYSTEM"键显示主屏幕,按"启动 GC"键启动 GC 控制,按"MONIT"键确定每一部分温度设置正确。

五、设置检测器

从"DET"键设置检测器时间常数范围,确定检测器温度升高后点燃火焰离子化检测器(FID)或设置热导检测器(TCD)电流值。

当所有参数达到其设置值时,状态指示灯变绿,系统准备进行分析。当使用双流路填充柱进样时,显示使用的入口的监控进样屏幕出现。当 GC 准备好时,检测器信号的默认零点参数,"零点就绪"出现。

实训 4-6 进样操作

一、气体样品进样

平面六通阀结构,取样(准备)和进样(工作)位置如图 4-7 所示。

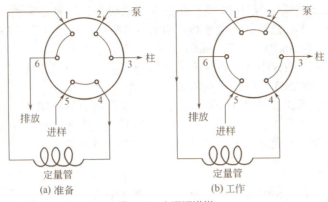

图 4-7 六通阀进样

二、液体样品进样

采用微量注射器直接进样,进样操作如图 4-8 所示。

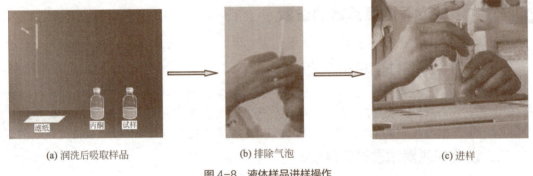

图 4-8 液体样品进样操作

三、固体样品进样

固体样品通常用溶剂溶解后,用微量注射器进样。微量注射器使用前要先用丙酮等溶剂洗净,使用后立即清洗处理。忌用重碱液洗。注射器针尖不宜在高温下工作。

实训 4-7　FID 检测器和热导检测器的基本操作

一、FID 检测器

1. FID 检测器的结构

火焰离子化(FID)检测器如图 4-9 所示,主要部件是离子室。离子室一般由不锈钢制成,包括气体入口、出口、火焰喷嘴、极化极和收集极以及点火线圈等部件。极化极为铂丝做成的圆环,安装在喷嘴之上。收集极是金属圆筒,位于极化极上方。两极间距可以用螺丝调节(一般不大于 10mm)。在收集极和极化极间加一定的直流电压(常用 150~300V),以收集极作负极,极化极作正极,构成一外加电场。

2. FID 检测器的检测原理

① 载气一般用氮气(或 Ar、He)、燃气用氢气,分别由入口处通入,调节载气和燃气的流量配比,由喷嘴喷出。助燃空气进入离子室,供给氧气。在喷嘴附近安有点火装置,点火后,在喷嘴上方产生氢火焰。

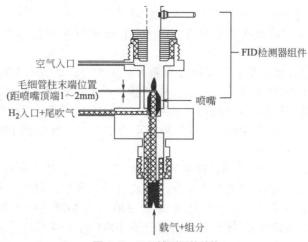

图 4-9 FID 检测器的结构

② 进样后,载气和分离后的组分(以甲烷为例)一起从柱后流出。甲烷分子在氢火焰的作用下电离成 CHO^+(载气分子不会电离),同时产生负离子和电子。

③ 在电场作用下,正离子移向收集极(负极),负离子和电子移向极化极(正极),形成微电流,流经输入电阻 R_1 时,在其两端产生响应信号 E(如图 4-10)。此信号大小与进入火焰中组分的质量成正比,这便是火焰离子化检测器的定量依据。

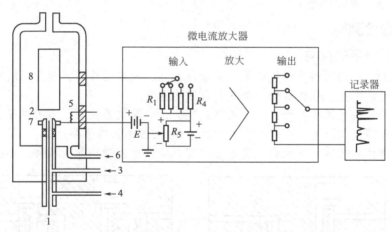

图 4-10 FID 系统示意

1—毛细管柱;2—喷嘴;3—氢气入口;4—尾收气入口;5—点火灯丝;
6—空气入口;7—极化极;8—收集极

3. 基流与基流补偿

① 当仅有载气从色谱柱后流出,进入检测器时,载气中的有机杂质和流失的固定液在氢火焰(2100℃)中发生化学电离,同样生成正、负离子和电子,因此在电场作用下,同样形成微电流,经微电流放大器放大后,在记录仪上便记录下一信号,这个信号就称为基流。只要载气流速、柱温等条件不变,基流信号亦不变。

② 实际过程中,通常可通过调节与高电阻 R 相反方向的补差电压来使流经输入电阻的基流降至"零",这就是"基流补偿"。

③ 一般在进样前均要使用基线补偿,将记录器上的基线调至零。

4. FID 检测器的检测操作

① 拧开各气体总压开关(逆时针旋转为开),旋转各调节阀,使各压力表指示在 0.3~

0.4MPa（顺时针旋转为开）。

② 通入载气（N_2），将载气流量调至 20~30mL·min^{-1}（载气压力表 1 为 0.05MPa；载气压力表 2 为 0.03MPa）。

③ 通载气约 10min 后（若长期停机后重新启动操作时，通载气 15min 以上），开启色谱仪电源总开关，设置所需柱温箱、气化室、检测器 2 的工作温度。柱温箱温度必须低于色谱柱固定相最高使用温度（不锈钢色谱柱的使用温度≤230℃，毛细管色谱柱的使用温度≤300℃），气化室和检测器温度必须高于 100℃（若无高沸点的组分，一般设置 150℃），设置好后按运行键即可升温。

④ 将"灵敏度选择"置于 2 挡，信号衰减开关置于 1 挡。打开微电流放大器开关，旋转零位调节电位器，使基线在零位附近（在此之前应打开计算机，进入 1 通道界面）。

⑤ 旋转空气流量调节阀，将空气流量调至 200~300MPa（空气压力表指示在 0.02~0.03MPa，一般调至 0.03MPa），待检测器温度升到 100℃时，即可打开 H_2，并旋转氢气调节阀到压力表指示 0.02MPa 附近，打开 H_2 点火开关阀，用电子点火枪在 FID 出口处点火，点燃后关闭 H_2 点火开关阀（判断是否点燃参见 2②）。

⑥ 待基流稳定后，准备进样（一般进样量为 0.4~0.5μL），进样后立即按下带有"A"字样的按钮，此时开始采样。

⑦ 当所有测试完毕停机时，必须先将 H_2 开关阀关闭，再将微电流放大器开关关闭，退出升温开始降温，待柱箱温度降至室温，气化室和检测器温度降至 70℃以下时，关闭载气、空气、H_2 和色谱仪电源总开关。

二、热导检测器

1. TCD 检测器的结构

热导（TCD）检测器由于结构简单，灵敏度适宜，稳定性较好，而且对所有物质都有响应，因此是应用最广泛、最成熟的一种气相色谱检测器。

但一般热导池的死体积较大，且灵敏度较低，这是其主要缺点，为了提高灵敏度并能在毛细管柱气相色谱仪上配用，应使用具有微型池体（2.5μL）的热导池。

热导池由池体和热敏元件构成，又可分双臂热导池和四臂热导池两种，如图 4-11 所示。

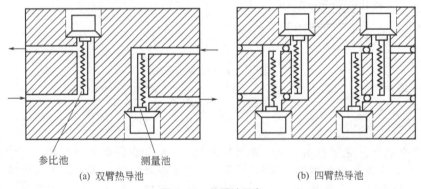

(a) 双臂热导池　　　　(b) 四臂热导池

图 4-11 热导池示意

热导池体用不锈钢块制成，上开两个大小相同、形状完全对称的孔道，每个孔里固定一根金属丝（也称热丝）。两根金属丝长短、粗细、电阻值都应一样，此金属丝称为热敏元件。为了提高检测器的灵敏度，一般选用电阻率高、电阻温度系数（即温度每变化 1℃，导体电阻的变化值）大的金属丝（钨或铼钨）或半导体热敏电阻作热导池的热敏元件。

热导池有两根钨丝的叫双臂热导池，其中，一臂是参比池，另一臂是测量池；有四根钨丝的叫四臂热导池，其中两臂是参比池，两臂是测量池。热导池体两端有气体进出口。参比池仅通过载气气流,而从色谱柱分离出来的组分气体由另一路载气携带着进入测量池。参比池和作为两个电阻与另外的两个阻值恒定的标准电阻一起组成如图 4-12 的桥式电路,就可实现测量。

2. TCD 检测器的检测原理

热导检测器,是基于不同的物质具有不同的热导率。一些物质的热导率见表 4-3。

表 4-3 某些气体与蒸气的热导率 (λ)

气体或蒸气	$\lambda/[10^{-4}\text{J}\cdot(\text{cm}\cdot\text{s}\cdot\text{°C})^{-1}]$		气体或蒸气	$\lambda/[10^{-4}\text{J}\cdot(\text{cm}\cdot\text{s}\cdot\text{°C})^{-1}]$	
	0°C	100°C		0°C	100°C
空气	2.17	3.14	正己烷	1.26	2.09
氢	17.41	22.4	环己烷	—	1.80
氦	14.57	17.41	乙烯	1.76	3.10
氧	2.47	3.18	乙炔	1.88	2.85
氮	2.43	3.14	苯	0.92	1.80
二氧化碳	1.47	2.20	甲醇	1.42	2.30
氨	2.18	3.26	乙醇	—	2.22
甲烷	3.01	4.56	丙酮	1.01	1.76
乙烷	1.80	3.06	乙醚	1.30	—
丙烷	1.51	2.64	乙酸乙酯	0.67	1.72
正丁烷	1.34	2.34	四氯化碳	—	0.92
异丁烷	1.38	2.43	氯仿	0.67	1.05

当电流通过钨丝时,钨丝被加热到一定温度,钨丝的电阻值也就增加到一定值(一般金属丝的电阻值是随温度的升高而增加的)。当参比池和测量池中有气体经过时,气体会将池体热量带走而使温度下降,进而使热丝的电阻值发生变化。如图 4-12 所示。

图 4-12 中,R_1 和 R_2 分别为参比池和测量池中的钨丝电阻,分别连于电桥中作为测量电路的两个臂——参比臂和测量臂。在安装仪器时,挑选配对的钨丝,使 $R_1=R_2$。R_3 和 R_4 是两个标准电阻。

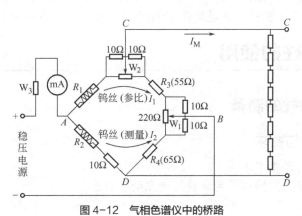

图 4-12 气相色谱仪中的桥路

由物理学已知,当电桥平衡时,$R_1R_4=R_2R_3$。

当样品尚未被分离开时,检测器的两个臂只有纯载气通过,于是两臂被带走的热量相同,两池中的钨丝温度下降和电阻值的减小程度也就相同,即 $\Delta R_1=\Delta R_2$,因此当两个池都通过相同气体——载气时,电桥仍然处于平衡状态,能满足 $(R_1+\Delta R_1)R_4=(R_2+\Delta R_2)R_3$。此时 C、D 两端的电位相等,$\Delta E=0$,也即没有信号输出,电位差计记录的是一条零位直线,称为基线。

如果从进样器注入试样，经色谱柱分离后的组分气体，由载气带入测量池。此时由于被测组分与载气组成的二元气体的热导率与纯载气不同，使测量池中钨丝散热情况发生变化，导致测量池中钨丝温度和电阻值发生改变，而与此时仍只通过纯载气的参比池内的钨丝的电阻值间就有了差异，以至于使电桥的平衡被破坏，即 $\Delta R_1 \neq \Delta R_2$，所以 $(R_1+\Delta R_1)R_4 \neq (R_2+\Delta R_2)R_3$，这时电桥 C、D 两端电位不再相等，即产生了电位差，于是就有信号输出。载气中被测组分的浓度愈大，测量池钨丝的电阻值改变量 ΔR_2 亦愈显著，因此检测器所产生的响应信号也越大。用一自动平衡电位差计记录电桥上 C、D 间不平衡电位差，在记录纸上即可得到各组分的峰形曲线——色谱峰。

W_1、W_2、W_3 为三个电位器。当调节 W_1 或 W_2 时，都要影响电桥一臂的电位值，也就是影响电桥输出信号，因此 W_1、W_2 都可用来调节桥路平衡，其中 W_1 为零点调节粗调，W_2 为零点调节细调。在进样前，先调节 W_1、W_2，使记录器基线处在一定位置。W_3 用来调节桥路工作电流的大小。C、D 之间的一串电阻是衰减电阻，用于调节输入记录器电位信号的大小，以得到大小合适的色谱峰。

3．TCD 检测器的检测操作

① 拧开载气（H_2）总压开关（逆时针旋转为开），旋转调节阀，使压力表指示在 0.3～0.4MPa（顺时针旋转为开）。

② 通入载气（H_2），将载气流量调至 20～30mL·min^{-1}（载气压力表 1 为 0.065MPa；载气压力表 2 为 0.03MPa）。

③ 通载气约 10min 后（若长期停机后重新启动操作时，通载气 15min 以上），开启色谱仪电源总开关，设置所需柱温箱、气化室、检测器 1 的工作温度。柱温箱温度必须低于色谱柱固定相最高使用温度（不锈钢色谱柱的使用温度≤230℃，毛细管色谱柱的使用温度≤300℃），气化室和检测器温度应高于柱箱 20～50℃，设置好后按运行键即可升温。

④ 接通热导池恒流源电源开关，将"桥电流"置于 80～100mA 挡，信号衰减开关置于 1 挡。旋转零位调节电位器，使基线在零位附近（在此之前应打开计算机，进入 2 通道界面）。

⑤ 待基线稳定后，准备进样（一般进样量为 1～2μL），进样后立即按下带有"B"字样的按钮，此时开始采样。

⑥ 当所有测试完毕停机时，先将热导池恒流源电源开关关闭，退出升温开始降温，待柱箱温度降至室温，气化室和检测器温度降至 70℃以下时，关闭载气和色谱仪电源总开关。

任务 3　色谱柱的使用

实训 4-8　填充柱的制备

一、实训目的与要求

1．学习固定液的涂渍方法。
2．学习装填色谱柱的操作及色谱柱的老化处理方法。

二、实训原理

色谱柱是气相色谱仪的关键部件之一，制备气相色谱的色谱柱通常应考虑以下问题。

1．载体的选择及预处理

选择气相色谱用载体，应根据被测组分的极性大小，并经过酸洗、碱洗或硅烷化、釉化等方式进行预处理，以改进载体孔径结构及屏蔽活性中心，借以提高柱效。载体的颗粒度常采用 60～80 目。

2. 固定液的选择

根据被测组分的极性，依据"相似相溶"原理，选择适合的固定液。

3. 确定固-载比

通常固-载比为 5%~25%，这一比例合适与否将直接影响涂渍在载体表面固定液的液膜厚度，进而影响柱效。

4. 柱管选择及其清洗

一般填充柱采用 1~5m 柱长、内径 3~6mm 的螺旋形不锈钢、玻璃等材质的管子，并用酸、碱反复清洗干净后再使用。

5. 柱子的装填及老化

固定相装填得是否均匀、紧密，装填过程中是否致其破碎，都将对柱效产生很大影响。装填后的固定相需进行进一步的老化处理，以除去残留的溶剂及低沸点杂质，并使固定液均匀、牢固地在载体表面形成薄的液膜。

实训 4-9　填充柱柱效的测定

一、实训目的

1．了解气相色谱仪的基本结构、工作原理及操作技术。
2．学习填充柱柱效的测定方法。
3．掌握有效塔板数、有效塔板高度的计算方法。

二、实训原理

色谱柱的柱效能是色谱柱的一项重要质量指标，混合物在色谱柱中能否实现分离，除了取决于固定相选择是否合适外，还与色谱操作条件以及柱子装填状况等因素有关。在一定的色谱条件下，色谱柱柱效可用理论塔板数或理论塔板高度来衡量。一般来讲，塔板数越多或塔板高度越小，色谱柱的分离效能就越高。在实际工作中，使用有效塔板数 $n_{有效}$ 或有效塔板高度 $H_{有效}$ 来表示色谱柱柱效的高低，则更能真实地反映色谱柱分离情况的好坏，它们的计算公式分别为：

$$n_{有效}=5.54\left(\frac{t'_R}{Y_{1/2}}\right)^2=16\left(\frac{t'_R}{Y}\right)^2$$

$$H_{有效}=\frac{L}{n_{有效}}$$

式中，t'_R 为组分的调整保留时间；Y 为色谱峰的峰底宽度；$Y_{1/2}$ 为色谱峰的半峰宽度；L 为色谱柱的长度。

由于不同组分在两相间分配系数不同，因而同一色谱柱对不同组分的柱效高低也不一样，故在报告 $n_{有效}$ 时，需注明是针对何种组分而言。

任务 4　气相色谱法分离原理

一、色谱法定义、分类

色谱法是一种分离技术，始创于 20 世纪初。当时的俄国有一位叫茨维特（Tswett）的植物学家在研究植物色素成分时，采用了一根竖直的玻璃管，里面放上颗粒状的 $CaCO_3$，然后用石油醚将植物色素提取后由管子的上端加入，并不断地用纯石油醚淋洗，结果管内形成了不同的色带，后经分析证明，每种色带代表了一种色素成分，说明不同的植物色素在管内得到了彼此分离。于是，茨维特就将这种分离方法形象地称为"色谱法"。

随着色谱技术的发展，色谱分离的对象早已不再仅仅局限于有色物质。换言之，色谱法早已失去了最初的含义。但"色谱"一词却一直沿用至今。

将色谱分离技术与适当的检测手段结合起来用于分析化学领域当中，就构成了一种新的分析手段——色谱分析法。目前作为一种分离、分析多组分混合物的极为有效的物理和物理化学分析方法，色谱法以其高分离效能、高检测效能、高分析速度、高分析灵敏度而成为现代分析领域中广泛而重要的手段。

色谱分析法分离效能高、分析速度快是与其分离原理有关的。色谱法的分离是使混合物中各个组分在两相之间进行分配，其中一相是固定不动的，称其为"固定相"，另一相是载带着混合物从固定相经过的流体，称其为"流动相"。当流动相载带着混合物从固定相经过时，就会与固定相发生作用。由于混合物中各个组分在性质上、结构上存在着差异性，致使其与固定相作用的大小及强弱产生差异，因此当受相同一个推动力的作用时，各个组分在固定相中的滞留时间就有长有短，以至于当它们再设法离开固定相时就有了先后次序，从而也就被彼此分离开来。这种借在两相之间的分配原理而使混合物分离开的技术，就称为色谱分离技术或色谱法。

若从不同角度进行分类，会得到很多种不同类型的色谱法。从流动相的存在状态来分，色谱法可分为气相色谱法（流动相为气体的色谱法）和液相色谱法（流动相为液体的色谱法）；从固定相的存在状态分，色谱法又可进一步分为气-固色谱法（固定相为固体吸附剂）、气-液色谱法（固定相为涂渍在固体表面或管子内壁上的液体）和液-固色谱法、液-液色谱法等。若再从固定相的使用形式去分，色谱法又可分为柱色谱（固定相被装填在玻璃或不锈钢管子中，色谱仪器均属此类）、纸色谱（用一种特殊的滤纸作为固定相）、薄层色谱（将作为固定相的固体粉末涂布在薄玻璃板上）等。再有就是依据分离过程的机理来区分，可进一步将色谱法分为吸附色谱（利用固体吸附剂表面对混合物样品中不同组分的吸附性能上的差异实现组分间的分离）、分配色谱（利用混合物样品中不同组分在流动相和固定相之间分配系数的差异性实现分离）、离子交换色谱（利用混合物样品中不同组分-离子与交换树脂上固定的离子基团之间亲和能力的差异性进行分离）、空间排阻色谱（也叫凝胶色谱，利用多孔性的凝胶颗粒表面的小孔穴对不同大小的分子的排阻作用进行分离）等，还有其他一些分类方法。

气相色谱法具有以下一些特点。

1. 分离效能高

色谱法在分离过程中反复多次地利用了被分离组分间（物理的或物理化学）性质上的微小差异，因此可以产生很高的分离效能。

例如，氢有三种同位素——氕、氘、氚，形成多种氢分子，又因其核自旋不同而分为正、仲氢；再比如，有机化合物中有顺、反、邻、间、对、旋光异构体之分，这些性质上仅有极其微小差别的物质如采用蒸馏、重结晶、萃取、升华等分离方法很难被分开。但原则上可用气相色谱法分离。

2. 快速

色谱法是先分离后检测，对于多组分混合物来讲，一次进样即可同时得到各个组分的定性、定量分析结果。

3. 灵敏度高

现代的色谱仪均配有高灵敏度的检测器，可检测含量低至 $10^{-9} \sim 10^{-6}$ 级的组分。常作为超纯气体、超纯试剂中杂质的分析手段。

4. 进样量少

由于灵敏度高，所以样品用量少（一般液体试样为 0.01～10μL；气体试样为 0.1～10mL）。同时，气相色谱法也存在固体试样不能直接测定；由于气相色谱检测器不能按照物质的不同给出相应的特征信号，所以无标准样品或纯组分作对照，难以完成对未知试样的定性分析；在操作温度范围（-196～450℃）内难以挥发或热稳定性差的物质不能使用等缺陷。

目前，色谱法的主要发展趋势是多机（如色-质、色-红外等）联用、计算机化、专家系统等。

二、色谱专用术语

在色谱分析中，将以组分浓度由检测器转变成的相应的电信号为纵坐标，流出时间为横坐标所作的关系曲线称为"色谱流出曲线"或"色谱图"，如图4-13所示。

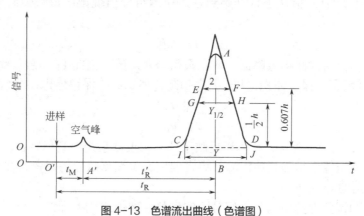

图 4-13 色谱流出曲线（色谱图）

在一定的进样量范围内，色谱流出曲线遵循正态分布。它是进行色谱定性、定量分析以及评价色谱分离情况的依据。

1. 基线

当色谱柱中只有载气经过时，检测器响应信号的记录叫"基线"。基线反映了在实训操作条件下，检测系统噪声随时间变化的情况。稳定的基线是一条直线。

基线漂移：指基线随时间定向的缓慢变化。

基线噪声：指由各种因素引起的基线起伏。

2. 色谱峰峰高（h）

色谱峰峰顶到基线间的垂直距离叫作色谱峰峰高。

3. 保留值

保留值表示试样中各组分在色谱柱内停（滞）留的时间或将组分带出色谱柱所需流动相的体积。常用时间或相应的载气体积表示。

被分离组分在色谱柱中的停（滞）留时间，主要取决于它在两相间的分配过程，因而保留值是由色谱分离过程中的热力学因素所控制的，在一定的固定相和操作条件下，任何一种物质都有其确定的保留值，保留值是色谱定性分析的参数。

（1）用时间表示的保留值

① 保留时间（t_R）。指待测组分自进样到柱后出现浓度最大值时所经历的时间，如图4-13中 $O'B$。

② 死时间（t_M）。指不被固定相吸附或溶解的气体（如空气、甲烷）从进样开始到柱后出现浓度最大值时所经历的时间，如图4-13中 $O'A'$ 所示。显然，死时间正比于色谱柱的空隙体积。

③ 调整（或校正）保留时间（t'_R）。指扣除死时间之后的保留时间，如图4-13中 $A'B$，也即：

$$t'_R = t_R - t_M \qquad (4-1)$$

（2）用体积表示的保留值

① 死体积（V_M）。指不被固定相吸附或溶解的气体（如空气、甲烷）从进样开始到柱后出现浓度最大值时所经历的体积。

也系指色谱柱在填充后柱管内固定相颗粒间所剩留的空间、色谱仪中管路和连接头间的空间以及检测器的空间之总和。当后两项很小而可忽略不计时，死体积可由死时间与色谱柱出口处的载气体积流速 F_c（$mL·min^{-1}$）来计算得到：

$$V_M = t_M F_c \tag{4-2}$$

② 保留体积（V_R）。指从进样开始到柱后被测组分出现浓度最大值时所通过的载气体积，即：

$$V_R = t_R F_c \tag{4-3}$$

载气流速大，保留时间相应降低，两者乘积仍为常数，因此 V_R 与载气流速无关。

③ 调整（或校正）保留体积（V'_R）。指扣除死体积后的保留体积，即：

$$V'_R = t'_R F_c \tag{4-4}$$

且

$$V'_R = V_R - V_M \tag{4-5}$$

同样，V'_R 与载气流速无关。死体积反映了柱子和仪器系统的几何特性，它与被测物的性质无关，故保留体积值中扣除死体积后将更合理地反映被测组分的保留特性。

4. 相对保留值（r_{21}）

指某组分 2 的调整保留值与另一组分 1 的调整保留值之比。即：

$$r_{21} = \frac{t'_{R(2)}}{t'_{R(1)}} = \frac{V'_{R(2)}}{V'_{R(1)}} \tag{4-6}$$

相对保留值的优点是，只要柱温、固定相性质不变，即使柱径、柱长、填充情况及流动相流速有所变化，r_{21} 值仍保持不变，因此它是色谱定性分析的重要参数。

5. 区域宽度

色谱峰区域宽度是色谱流出曲线中一个重要参数。从色谱分离角度着眼，希望区域宽度越窄越好。通常度量色谱峰区域宽度有三种方法。

（1）标准偏差（σ）　指 0.607 倍峰高处色谱峰宽度的一半（如图 4-13 中 EF 为 2σ）。

（2）半峰宽度（$Y_{1/2}$）　峰高一半处色谱峰的宽度（如图 4-13 中 GH）。它与标准偏差的关系为：

$$Y_{1/2} = 2\sigma\sqrt{2\ln 2} = 2.355\sigma \tag{4-7}$$

由于 $Y_{1/2}$ 易于测量，使用方便，所以常用它表示区域宽度。

（3）峰底宽度（Y）　色谱峰两侧的转折点所作切线在基线上的截距（如图 4-13 中的 IJ）。它与标准偏差的关系为：

$$Y = 4\sigma \tag{4-8}$$

利用色谱流出曲线可以解决以下问题：

① 根据色谱峰的位置（保留值）可以进行定性检定；

② 根据色谱峰的面积或峰高可以进行定量测定；

③ 根据色谱峰的位置及其宽度可以对色谱柱分离情况进行评价。

三、气相色谱法分离过程

在气相色谱分析的流程中，多组分的试样是通过色谱柱而得到分离的，那么这是怎样实现的呢？

气-固色谱分析中的固定相是一种具有多孔性及较大表面积的吸附剂颗粒。试样由载气携带进入色谱柱时，立即被吸附剂所吸附。载气不断流过吸附剂时，吸附着的被测组分就会被洗脱下来，这种洗脱下来的现象称为"解吸"（或"脱附"）。解吸下来的组分随着载气继续前行时，又可被前面的吸附剂所吸附。随着载气的流动，被测组分在吸附剂表面进行上述这种反复的物理吸附、解吸过程。由于被测物质中各个组分的性质不同，它们在吸附剂上的吸附能力就不一样，较难被吸附的组分容易解吸下来，较快地前移。容易被吸附的组分不易被解吸下来，前移得就慢些。经过一定时间之后，试样中的各个组分就彼此被拉开了距离，即实现了分离，进而顺序流出色谱柱。

气-液色谱分析中的固定相是在化学惰性的固体微粒（称为"载体"）表面，涂上一层高沸点的有机化合物的液膜（称为"固定液"）。在气-液色谱柱内，被测物质中各个组分的分离则是基于各组分在固定液中溶解度或分配系数的不同。当载气携带被测物质进入色谱柱与固定液接触时，气相中的被测组分分子就会有一部分溶解到固定液中去。载气连续流经色谱柱，溶解在固定液中的被测组分会从固定液中挥发到气相中去。随着载气的流动，挥发到气相中的被测组分分子又会重新溶解在前面的固定液中。分配系数大的组分较难挥发，停留在色谱柱中的时间就相对长一些，往前移动得也就慢些。而分配系数小的组分，往前移动得就快些，停留在色谱柱中的时间也就相对短些。经过一定时间反复多次地溶解、挥发、再溶解、再挥发过程，由于各组分在固定液中分配系数的不同，也就彼此被拉开了距离，即被分离开，顺序流出色谱柱。

物质在固定相和流动相之间发生的吸附和解吸、溶解和挥发的过程，叫作"分配"过程。被测组分按其溶解和挥发能力（或吸附和解吸能力）的大小，以一定的比例分配在固定相和流动相之间。分配系数（或吸附能力）大的组分分配给固定相就多一些，流动相中的量就少一些，分配系数（或吸附能力）小的组分分配给固定相的量就少一些，流动相中的量就多一些。在一定的柱温和柱压下，组分在两相之间分配达平衡时，组分在固定相中的浓度 c_s 和在流动相中的浓度 c_m 之比称为"分配系数"，记为 K。即：

$$K = \frac{c_s}{c_m} \tag{4-9}$$

由此可见，气-液色谱的分离原理是基于不同物质在两相间具有不同的分配系数。当两相做相对运动时，试样中的各组分就在两相间进行反复多次的分配，使得原来分配系数只有微小差异的各组分产生很大的分离效果，而彼此分离开来。

分配系数可以作为色谱分离的一个重要参数。但其与色谱参数之间却没有直接的联系，因而使用起来不大方便。

在实际工作中，常应用另外一个表征色谱分离过程的参数——"分配比"。分配比亦称"容量因子""容量比"，以 k 表示。分配比系指在一定的柱温和柱压下，组分在两相之间分配达平衡时，组分在固定相中的物质的量 n_s 和在流动相中的物质的量 n_m 之比（或相应的质量比）。即：

$$k = \frac{n_s}{n_m} = \frac{m_s}{m_m} \tag{4-10}$$

$$K = \frac{c_s}{c_m} = \frac{m_s/V_s}{m_m/V_m} = k\frac{V_m}{V_s} = k\beta \tag{4-11}$$

式中，V_m 为色谱柱中流动相体积，即柱内固定相颗粒间的空隙体积；V_s 为色谱柱中固定相体积（对于不同类型色谱分析，V_s 有不同内容，例如在气-液色谱分析中，它为固定液体积，在气-固色谱分析中，则为吸附剂表面容量）；V_m 与 V_s 之比称为"相比"，记为 β，它反映了各种色谱柱柱型及其结构的重要特性。填充柱的 β 值为 6~35，毛细管柱的 β 值为 50~1500。

由式（4-11）可见：

① 分配系数是组分在两相中浓度之比，分配比则是组分在两相中分配总量之比。它们都与组分及固定相的热力学性质有关，并随柱温、柱压的变化而变化。

② 分配系数只决定于组分和两相性质,与两相体积无关;分配比不仅决定于组分和两相性质,且与相比有关,亦即组分的分配比随固定相的量而改变。

③ 对于一给定的色谱体系(分配体系),组分的分离最终决定于组分在每相中的相对量,而不是相对浓度,因此分配比是衡量色谱柱对组分保留能力的重要参数。k 值越大,保留时间越长,k 值为零的组分,其保留时间即为死时间 t_M。

分配比 k 与组分的保留时间的关系为:

$$k = \frac{t_R - t_M}{t_M} = \frac{t'_R}{t_M} \tag{4-12}$$

由于 k 可以很方便地由色谱流出曲线得到,故分配比 k 要比分配系数 K 更常用。不过在描述色谱分离时,二者是等效的。

分配比 k 与热力学性质有关,也与柱子形状及结构有关。可作为一根色谱柱对某组分保留能力的参数,k 大则保留能力强,保留时间就长。

任务5 分离条件的选择与优化

一、分离度

评价一根色谱柱分离效果的标准有三个,其一,板高 H 要小;其二,用"选择性"评价固定相选择合适与否;其三,用"分离度"(也称分辨率)综合评价柱子的好坏。

其中,对于第一项指标,已知若 $n_{有效}$ 大,则分配达平衡的次数就多,对分离有利。但能否确实达到有效分离,还应当由选择性加以说明。

如前所述,即相对保留值 r_{21} 亦可用来表示色谱柱(即固定相)的选择性。所谓选择性系指一难分离物质对(即物化参数相近、结构相似的两个组分)的调整保留值之比。如 r_{21} 值越大,即相邻两组分的 $\Delta t'_R$ 就越大,那么固定相对该两组分的选择性保留作用就越强,分离也就越彻底。显然当 $r_{21}=1$ 时,两组分不能被分离。

可见,柱效 H 仅说明了柱子的分离效率问题,并不能说明分离效果如何。而选择性又只能说明分离效果如何,并不能说明分离效率问题。为了综合这两个方面的因素,于是就提出了"分离度"的概念,也即分离度是柱子总的分离效能的指标。所谓"分离度"系指同一样品中相邻两组分保留值之差与其峰底宽度(W_b)的算术平均值之比:

$$R = \frac{t_{R(2)} - t_{R(1)}}{\frac{1}{2}[Y_{(2)} + Y_{(1)}]} \tag{4-13a}$$

式中,$t_{R(2)}$ 和 $t_{R(1)}$ 分别为两组分的保留时间;$Y_{(1)}$ 和 $Y_{(2)}$ 为与保留值具有相同单位的相应组分峰的峰底宽度。显然,相邻两组分保留值差别越大,平均峰底宽度越小,则 R 值越大,就意味着相邻两组分分离得越好。

理论证明,若峰形对称且满足于正态分布,则当 $R=1$ 时,分离程度可达 98%,即两峰稍有重叠;当 $R=1.5$ 时,分离程度可达 99.7%。因而可用 $R=1.5$ 来作为相邻两峰完全分开的标志。

当两组分的色谱峰有重叠、峰形不对称时,峰底宽度难于测量,此时可用半峰宽代替峰底宽度,由下式计算分离度:

$$R' = \frac{t_{R(2)} - t_{R(1)}}{\frac{1}{2}[Y_{1/2(2)} + Y_{1/2(1)}]} \tag{4-13b}$$

应当指出,R' 与 R 的物理意义是一致的,但数值不同,$R=0.59R'$,应用时要注意根据具体情况采用分离度的计算方法。

总之，分离度概括了实现组分分离的热力学因素（峰间距）及动力学因素（峰宽），定量描述了样品中相邻两组分实际分离的程度，因此作为色谱柱总的分离效能指标。

二、色谱分离动力学因素与热力学因素

试样在色谱柱中分离过程的基本理论包括两方面：一是试样中各组分在两相间的分配情况，它由热力学因素所控制。二是各组分在色谱柱中的运动情况，它由色谱过程中的动力学因素所控制。在讨论色谱柱的分离效能时，必须全面考虑这两个因素。

对于混合物样品而言，利用色谱法能否使组分得到分离的必要条件：一是，相邻两组分（性质最相近的两组分）的保留时间之差 Δt_R 应足够大。二是，组分峰的半峰宽 $Y_{1/2}$ 应足够小。

1. 塔板理论

在色谱分离技术发展的初期，人们将色谱分离过程比拟化工生产过程中的蒸馏过程，因而直接引用了处理蒸馏过程的概念、理论和方法来处理色谱过程，即将连续的色谱过程看作是许多小段平衡过程的重复。这个半经验的理论把色谱柱比作一个化工生产设备——蒸馏塔，色谱柱可由许多假想的塔板组成（即色谱柱分成许多个小段），在每一小段（塔板）内，组分分子依据自身的分配系数在两相间进行分配。由于流动相在不停地移动，组分就在这些塔板间隔的气液两相间不断地达到分配平衡。塔板理论假定：

① 在这样一小段间隔内，气相平均组成与液相平均组成可以很快地达到分配平衡；这样达到分配平衡的一小段柱长称为理论塔板高度 H。

② 载气进入色谱柱，不是连续而是脉动式的，每次进气为一个板体积。

③ 试样开始时都加在第 0 号塔板上，且试样沿色谱柱方向的扩散（纵向扩散）可略而不计。

④ 分配系数在各塔板上是常数。

根据塔板理论，塔板数 n、塔板高度 H 和塔高（在此即色谱柱柱长）L 之间有如下关系：

$$H = \frac{L}{n} \tag{4-14}$$

由于色谱柱的塔板数相当多，因此性质极其相似的两组分也能获得好的分离效果。

根据塔板理论还可导出塔板数 n 的计算公式

$$n = 5.54 \left(\frac{t_R}{Y_{1/2}}\right)^2 = 16 \left(\frac{t_R}{Y}\right)^2 = \left(\frac{t_R}{\sigma}\right)^2 \tag{4-15}$$

式中，各项含义同色谱流出曲线。但使用此式时应注意各项量纲应一致。

由上面的公式可见，色谱峰越窄，塔板数 n 越大，理论塔板高度 H 就越小，此时柱效能越高，因而 n 或 H 可作为描述柱效能的一个指标。

由于死时间 t_M（或死体积 V_M）的存在，它包括在 t_R 中，而 t_M（或 V_M）不参加柱内的分配，所以往往计算出来的 n 尽管很大，H 很小，但色谱柱表现出来的实际分离效能却并不好，特别是对流出色谱柱较早（t_R 较小）的组分更为突出。因而理论塔板数 n，理论塔板高度 H 并不能真实地反映色谱柱分离的好坏。为此，在这个基础上又提出了将 t_M 除外的有效塔板数 $n_{有效}$ 和有效塔板高度 $H_{有效}$ 的概念，并作为柱效能指标。

$$n_{有效} = 5.54 \left(\frac{t'_R}{Y_{1/2}}\right)^2 = 16 \left(\frac{t'_R}{Y}\right)^2 \tag{4-16}$$

$$H_{有效} = \frac{L}{n_{有效}} \tag{4-17}$$

应该指出，同一色谱柱对不同物质的柱效能是不一样的，当用这些指标表示柱效能时，必须说明是对什么物质而言的。

塔板理论在解释色谱流出曲线的形状（呈正态分布）、浓度极大点的位置以及计算评价柱效能等方面都取得了成功。但是它的某些基本假设是不当的，例如纵向扩散是不能忽略的，分配系数与浓度无关，只在有限的浓度范围内成立，而且色谱体系几乎没有真正的平衡状态。因此，塔板理论不能解释塔板高度是受哪些因素影响的这个本质问题，也不能解释为什么在不同流速（F）下可以测得不同的理论塔板数这一实训事实，见图4-14。尽管如此，由于以n或H作为柱效能指标很直观，因而迄今仍为色谱工作者所接受。

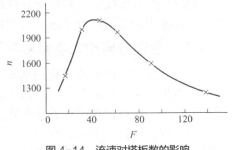

图4-14　流速对塔板数的影响

2. 速率理论

1956年，荷兰学者范第姆特（Van Deemter）等提出了色谱过程的动力学理论，他们吸收了塔板理论的概念，并把影响塔板高度H的动力学因素结合进去，导出了塔板高度H与载气线速度u的关系：

$$H = A + \frac{B}{u} + Cu \tag{4-18}$$

式中，A、B、C为三个常数，其中A称为涡流扩散项；B称为分子扩散系数；C称为传质阻力系数。上式即为范第姆特方程式的简化式。可见，影响板高H的三项因素为：涡流扩散项、分子扩散项和传质阻力项。

下面分别讨论各项的意义。

（1）涡流扩散项A　$A = 2\lambda d_p$，即A与填充物的平均颗粒直径d_p（单位为cm）的大小和填充的不均匀性λ有关，而与载气性质、线速度和组分无关，因此使用适当细粒度和颗粒均匀的载体，并尽量填充均匀，是减少涡流扩散，提高柱效的有效途径。对于空心毛细管柱，A项为零。

（2）分子扩散项B/u（或称纵向扩散项）

$$B = 2\gamma D_g \tag{4-19}$$

式中，γ是因载体填充在柱内而引起气体扩散路径弯曲的因数（弯曲因子）；D_g为组分在气相中的扩散系数（单位为$cm^2 \cdot s^{-1}$）。

纵向扩散与组分在柱内的保留时间有关，保留时间越长（相应于载气流速越小），分子扩散项对色谱峰扩张的影响就越显著。分子扩散项还与组分在载气流中的分子扩散系数D_g的大小呈正比，而D_g与组分及载气的性质有关：分子量大的组分，其D_g小，D_g反比于载气密度的平方根或载气分子量的平方根，所以采用分子量较大的载气（如氮气），可使B项降低，D_g随柱温增高而增加，但反比于柱压。

弯曲因子γ为与填充物有关的因素。它的物理意义可理解为由于固定相颗粒的存在，使分子不能自由扩散，从而使扩散程度降低。对于空心毛细管柱，$\gamma = 1$；在填充柱中，由于填充物的阻碍，使扩散路径弯曲，扩散程度降低，$\gamma < 1$。

（3）传质阻力项Cu　其中Cu包括气相传质阻力项$C_g u$和液相传质阻力项$C_l u$。

所谓气相传质过程是指试样组分从气相移动到固定相表面的过程，在这一过程中，试样组分将在两相间进行质量交换，即进行浓度分配。这种过程若进行缓慢，表示气相传质阻力大，将引起色谱峰扩张。对于填充柱：

$$C_g = \frac{0.01k^2}{(1+k)^2} \times \frac{d_p^2}{D_g} \tag{4-20}$$

式中，k为容量因子。由上式可见，气相传质阻力与填充物粒度的平方呈正比，与组分在载气中的扩散系数呈反比。因此采用粒度小的填充物和分子量小的气体（如氢气）作载气可使 C_g 减小，从而可提高柱效。

液相传质阻力系数 C_l 为：

$$C_l = \frac{2}{3} \times \frac{k}{(1+k)^2} \times \frac{d_f^2}{D_l} \tag{4-21}$$

固定相的液膜厚度 d_f 小，组分在液相中的扩散系数 D_l 大，则液相传质阻力就小。

对于填充柱，固定液含量较高（早期固定液含量一般为 20%～30%）。中等线速时，塔板高度的主要控制因素是液相传质阻力项，而气相传质阻力项数值很小，可以忽略。然而随着快速色谱的发展，在用低固定液含量柱、高载气线速进行快速分析时，C_g 对 H 的影响，不但不能忽略，甚至会成为主要控制因素。

将常数项的关系式代入简化式中可得：

$$H = 2\lambda d_p + \frac{2\gamma D_g}{u} + \left[\frac{0.01k^2}{(1+k)^2} \times \frac{d_p^2}{D_g} + \frac{2}{3} \times \frac{k}{(1+k)^2} \times \frac{d_f^2}{D_l}\right]u \tag{4-22}$$

至此可见，范第姆特方程式说明了固定相颗粒填充的均匀程度、载体的粒度、载气的种类、载气流速、柱温、液体固定相的液膜厚度等对柱效、峰扩张的影响。因此，对于色谱分离条件的选择具有理论上的指导意义。

三、气相色谱分离条件的选择与优化方法

1. 载气及其流速的选择

对一定的色谱柱和试样，有一个最佳的载气流速，此时柱效最高，根据式（4-17）于不同的载气流速下测得的塔板高度 H 对载气流速 u 作图，结果如图 4-15 所示。在曲线的最低点塔板高度 H 最小（记为 $H_{最小}$），柱效最高，对应的载气流速即为最佳载气流速（记为 $u_{最佳}$）。

因此有：

$$H_{最小} = A + 2\sqrt{BC}$$

在实际工作中，为了缩短分析时间，往往使载气流速稍高于最佳流速。

从以上讨论可见，当流速较大时，传质阻力项 Cu 为色谱峰扩张的主要因素，在这种情况下，宜采用分子量较小的载气（H_2、He），此时组分在载气中有较大的扩散系数，可减小气相传质阻力，提高柱效；而当载气流速较小时，则分子扩散项 $\frac{B}{u}$ 成为控制因素，此时应采用分子量较大的载气（N_2、Ar），使组分在载气中有较小的扩散系数。选择载气时还应考虑与检测器的匹配。

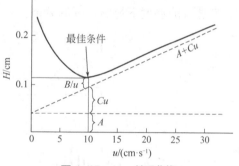

图 4-15　H-u 关系曲线

2. 柱温的选择

柱温直接影响分离效能和分析速度。选择柱温的原则是：首先要考虑到每种固定液都有一定的使用温度。柱温不能高于固定液的最高使用温度，否则固定液挥发流失；其次，由于柱温对组分分离的影响较大，如在较高的柱温下分离，可加速组分分子在两相中的传质过程，减小传质阻力，提高柱效。但柱温高易致各组分的挥发靠拢，不利于分离，所以，从分离的角度考虑，以能使难分离物质对达到理想的分离效果、峰形正常、分析周期长短适中为前提，而采用较低的柱温为宜。柱温低还有利于减少固定液的流失，延长柱子使用寿命及稳定基线等好处。但柱温太低，被测组分在两相中的扩散速率大为降低，分配不能迅速达到平衡，峰形变宽，柱效下降，并延长了分析时间。从缩短分析周期考虑，升高柱温又可以缩短保留时间，提高分析速度。通常情况下，柱温每升高 30℃，保留时间可缩短二分之一。再有，从抓

主要矛盾入手若分离是主要的,柱温应低;若分析速度是主要的,柱温应高;若既要获得高分离度,同时还要分析周期短,可采用低配比、低柱温的办法。低柱温则分配比就足够大,选择性就好;低配比则液膜薄,分配比又不会太大,周期就不会延长。

另外,还需要考虑样品的沸点范围。分离各类组分具体应根据不同的实际情况而定,一般应接近被分离组分的平均沸点及以下。如:对于沸点较低(100~200℃)的混合物,柱温可选在其平均沸点2/3左右,固定液质量分数为10%~15%。

对于高沸点(300~400℃)的混合物,希望在较低的柱温下(低于其沸点100~200℃)分析。为了提高液相传质速率,可用低固定液含量(质量分数为1%~3%)的色谱柱,使液膜薄一些,但同时最大允许进样量也相应减小。故此时应注意采用高灵敏度检测器。

对于沸点居中的混合物(200~300℃),可在中等柱温下操作,固定液质量分数为5%~10%,柱温比其平均沸点低100℃。

但是,对于气体、气态烃类(均属低沸点)的混合物,柱温选在其沸点或沸点以上,以便能在室温或50℃以下分析。固定液质量分数一般在15%~25%。而对于沸点范围较宽的试样,宜采用程序升温,即柱温按预定的加热速度,随时间作线性或非线性增加。升温的速度一般是呈线性的,如 $2℃·min^{-1}$、$4℃·min^{-1}$、$6℃·min^{-1}$ 等。在较低的初始温度,沸点较低的组分(最早流出的峰)可以得到良好的分离。随柱温增加,较高沸点的组分也能较快地流出,并和低沸点组分一样能得到分离良好的尖峰。图 4-16 为宽沸程试样在恒定柱温及程序升温时的分离结果比较。图 4-16(a)为柱温(t_c)恒定于 45℃时的分离结果,此时只有五个组分流出色谱柱,但低沸点组分分离良好;图 4-16(b)为柱温恒定于 120℃时的分离情况,因柱温升高,保留时间缩短,低沸点的组分峰较密集,即分离得不理想;图 4-16(c)为采取起始于 30℃,升温速度为 $5℃·min^{-1}$ 的程序升温方式分离的结果,可见低沸点及更高沸点组分都能在各自适宜的温度下得到良好的分离。

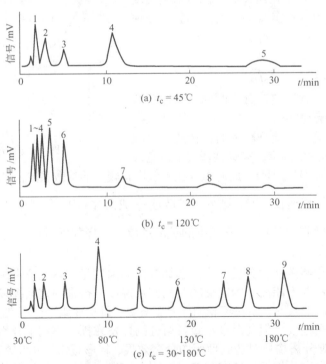

图 4-16 宽沸程试样在恒定柱温及程序升温时的分离结果比较

1—丙烷(-42℃);2—丁烷(-0.5℃);3—戊烷(36℃);4—己烷(68℃);
5—庚烷(98℃);6—辛烷(126℃);7—溴仿(150.5℃);
8—间氯甲苯(161.6℃);9—间溴甲苯(183℃)

3. 固定液及其用量的选择

目前，使用的固定液已达近千种，为完成一项色谱分离任务，选择适宜的固定液是关键问题。就目前来说，解决这个问题，还没有一套严格的规律可循。通常是根据样品情况和分析要求，按照"相似相溶"原则，结合文献和经验来加以选择。

通常载体的表面积越大，固定液用量可以越高，允许的进样量也就越多。但由前述已知 $C_l \propto d_f^2$，因此为了改善液相传质，应使液膜薄一些。目前填充柱色谱中广泛使用的低固定液含量的柱子，具有固定液液膜薄，柱效能提高，并可缩短分析周期的特点。但事实上固定液用量太低，虽然液膜会更薄，但允许的进样量也相对越少。因此固定液的用量应依具体情况而定。

固定液的配比（指固定液与载体的质量比——固载比）一般采用 $(5:100) \sim (25:100)$，也有低于 5:100 的。同样为达到较高的柱效，对于不同的载体，其固定液的配比往往是不同的，这源于不同单体的表面积大小不同。一般来说，载体的表面积越大，固定液的用量可以相应越高。

4. 载体的选择

载体的选择主要系指载体粒度的选择。由速率方程的讨论已知，载体的粒度将直接影响到涡流扩散项（$A=2\lambda d_p$）及传质阻力项（$C_g \propto d_p^2$）。显然粒度小而均匀，则柱效高。对于内径为 3～6mm 的柱子，通常使用 60～80 目（筛目：指单位长度上筛孔的数目。各国的筛标准不完全相同。我国由原一机部颁发的标准中规定的目数指每 25.4mm 长度上的孔数）的载体就比较合适。当然粒度过细，会增大系统的阻力，使柱压降增大，对操作不利。

其次是载体种类的选择。载体的表面结构和孔径分布决定了固定液在载体上的分布以及液相传质和纵向扩散的情况。要求载体表面积大，表面和孔径分布均匀，以利于将固定液涂渍在载体表面上时形成均匀而薄的膜，进而使液相传质快，柱效也才可能提高。

5. 进样时间和进样量的选择

色谱法要求进样速度必须很快，以防人为造成色谱峰原始宽度变大、峰扩张更加严重，甚至峰变形。因而要求采用注射器或进样阀进样时，进样都在 1s 以内完成。

色谱分析法的进样量一般较少。如液体试样一般进样 0.1～5μL，气体试样 0.1～10mL。这是因为进样量过多，会造成分离不理想，如组分出峰的时间差变小而形成叠峰。但进样量太少，又会使含量少的组分因检测器检测灵敏度低而检测不出来，即不出峰。通常最大允许的进样量，应控制在峰面积或峰高与进样量呈正比的范围内。

6. 气化温度的选择

液体样品进样后首先经气化室瞬间气化再继续随流动相进入色谱柱实现分离。故气化室温度应足够高，应以试样能被迅速气化而又不分解为宜。一般选择气化温度要比柱温高 20～70℃。适当地提高气化温度对分离及定量有利，尤其当进样量比较大时更是如此。

实训 4-10　载气流速及柱温变化对分离度的影响

一、实训目的

1. 进一步理解分离度的概念及其影响因素。
2. 掌握分离度的计算方法。
3. 了解实训条件的选择对色谱分析的重要性。

二、实训原理

理论塔板数（$n_{理}$）或有效理论塔板数（$n_{有效}$）是衡量柱效的重要指标，从理论上讲，理论塔板数越多，柱效越高。但理论塔板数多到什么程度才能满足实际分离的要求，一般很难给出确切的定量指标，然而，分离度（R）可以作为色谱柱总的分离效能的量化指标，因为它从本质上反映了热力学和动力学两方面的因素。分离度主要是针对两个相邻色谱峰而言，在混合物中一般指"难分离物质对"的相邻两峰之间的保留时间差别越大，越有利于分离，两峰的峰宽越窄，越有利于分离，因此，按定义，分离度 R 正比于相邻两峰保留值之差，反比于两峰宽之和的一半。

$$R=\frac{2(t_{R_2}-t_{R_1})}{Y_1+Y_2} \tag{4-23}$$

或

$$R=\frac{2(t_{R_2}-t_{R_1})}{Y_{1/2(1)}+Y_{1/2(2)}} \tag{4-24}$$

式中，t_{R_2}、t_{R_1} 分别为组分 2 和组分 1 的保留时间；Y_1、Y_2 分别为组分 1 和组分 2 的峰底宽度；$Y_{1/2(1)}$、$Y_{1/2(2)}$ 分别为组分 1 和 2 的半峰宽。上述两个公式的物理意义相同，只是数值不同。两组分保留差别的大小取决于固定相的性质，即色谱柱的选择性。而色谱峰的宽窄主要是动力学问题，直观反映着柱效的高低。因此，分离度与固定相的选择性和柱效有密切的关系，从分离度的基本定义可以导出下列关系式：

$$R=\frac{1}{4}\sqrt{n}\times\frac{\alpha-1}{\alpha}\times\frac{k}{1+k} \tag{4-25}$$

式中，α 是色谱柱的选择性，也称相对保留值，可以定量地描述色谱体系中两种物质迁移速率不同的特性，相对保留值的定义式为：

$$\alpha=\frac{t'_{R_2}}{t'_{R_1}}=\frac{t_{R_2}-t_M}{t_{R_1}-t_M}=\frac{k_2}{k_1} \tag{4-26}$$

式中，t'_{R_2}、t'_{R_1} 分别为组分 2 和组分 1 的调整保留时间；t_{R_2}、t_{R_1} 分别为组分 2 和组分 1 的保留时间；t_M 是空气保留时间（即死时间）；k_1 和 k_2 分别为组分 1 和 2 的容量因子。组分在固定相中的质量（W_s）和分配在气相中的质量（W_g）之比，称为容量因子，以 k 表示：

$$k=\frac{W_s}{W_g}=\frac{t'_R}{t_M} \tag{4-27}$$

k 值主要由组分和固定液的性质决定。

分离度 R 是塔板数（n）、相对保留值（α）及容量因子（k）的函数，因此，可通过调整柱温、柱压和气、液体积等因素来改变 n 或 α 或 k，从而达到改善分离度的目的。

任务 6　归一化法定量

气相色谱定性基础知识

色谱定性分析就是要弄清楚所得色谱图中各组分峰究竟代表什么物质。可用色谱法定性的物质是很多的。各种物质在一定色谱条件下均有其确定的保留值，即保留值是特征的，这可作为色谱定性分析的依据。但是，不同物质在同一色谱条件下，其保留值又可能相同，即保留值并非是专属的，因此特别是对于"完全未知物"进行定性就显得"比较困难"。这就要求分析者应事先对样品的来源做到心中有数。

所谓"完全未知物"系指自然界中早已存在，而目前刚刚被发现的（因此文献中尚未有记载）、性质完全未知的物质。若样品中所含组分是事先就已经知道的，则称之为"已知混合物"。若文献中已记载了其性质，但不知道要定性的是样品中的哪一种，这类物质叫作"一般未知物"。显然一般未知物的定性要比已知混合物来得麻烦，通常要经过初步鉴别、元素分析、溶解度分组、分类试验、衍生物制备、仪器调试等若干步骤，最终所测物理化学性质与文献中记载的哪一种物质相同，然后才可做出定性的结论来。

色谱定性分析常采用已知纯组分样品对照的方式，并利用保留参数作为定性分析的指标。因此，对于未知物样品或没有已知纯物质的样品的定性是很困难的。色谱定性分析的具体方法比较多，下面仅介绍一些常用的基本方法。

1. 利用绝对保留值定性

对于组成较为简单的多组分混合物，如果其所有待测组分均为事先已知，它们的色谱峰也能一一分离，为了确定各个色谱峰所代表的是什么物质，这时可将各个保留值与各相应的标准试样在同一条件下所测得的保留值进行比对。

理论及实践证明，当固定相及操作条件严格恒定时，各组分均有其确定的调整保留值，并且一般不受其他组分的影响。又由于在一定操作条件下，保留值固定不变，所以经常是直接采用保留时间或保留体积作为定性分析的依据。

根据这一道理，即可由所得色谱图比较各已知纯物质的色谱峰及已知混合物样品各组分的峰，相同者即可能是同一种物质。

不过这种方法仅限于当未知物在考虑其他方面（如来源，其他定性方法的结果等）的基础上，已被初步确定为可能是哪几种化合物或所属类型时，用作最后的确证；但其可靠性不足以用来鉴定完全未知的物质。

2. 利用相对保留值定性

利用绝对保留值定性，需严格控制操作条件的一致性，这又常常难以做到，以至于结果不重现。另外上述方法的可靠性与色谱柱的分离效率有密切关系。只有在高的柱效下，其鉴定结果才可认为有较充分的根据。为了提高可靠性，应采用重现性较好和较少受到操作条件影响的保留值。但保留时间（或保留体积）受柱长、固定液含量、载气流速等操作条件的影响较大，因此一般宜采用仅与柱温有关，而不受其他操作条件影响的相对保留值 r_{21} 作为定性分析的依据。

具体方法是：先将作为基准用的标准物与已知混合物样品分别进样，测得 $r_{21(1)}$，再到手册中查找与之对应的标准物及已知纯物质在相同条件下的 $r_{21(2)}$ 值，若相同则为同一种物质。

这里用作基准的标准物质可以是试样中含有的与待测组分保留值相近的另一种组分的纯物质；也可以是试样中不含有的，但与待测组分保留值相近的其他物质。常用的基准物有正丁烷、苯、对二甲苯、环己烷等。

3. 利用加入纯物质增加峰高的方法定性

当试样中所含组分种类较多时，由于保留值相近而使所得到的色谱图上的色谱峰过密，以致难以确认各个色谱峰，进而也就难以确认所含有的组分。这时，可将纯组分直接加到试样中去，此时若某组分峰增高了，即表示试样中可能含有与所加入的纯组分相同的物质。

4. 利用保留指数定性

保留指数是一种重现性较其他保留参数都好的、较为可靠的定性参数。保留指数是将待测组分的保留行为用两种与之相邻的基准物（通常是选用正构烷烃）来标定从而得到的，即某待测组分的保留指数（记为 I_x）是在一定条件下，用两种与之相邻的正构烷烃作参比，进行调整保留值的测定而得到的。并且规定：正构烷烃的保留指数等于其碳数的 100 倍。如正戊烷、正己烷、正庚烷的保留指数分别为 500、600、700。这种方法可根据所用固定相和柱温条件下测得的待测组分的保留指数直接与文献值对照而不需要标准试样，所以纯属利用文献值定性的方法。

具体方法是，首先选定两种与待测组分相邻的正构烷烃，其中一种的碳数记为 Z，另一种的碳数记为 $Z+1$。三者的调整保留值分别记为 $t'_{R(Z)}$、$t'_{R(Z+1)}$、$t'_{R(x)}$，并要求所选用的两种正构烷烃应满足 $t'_{R(Z+1)} \geq t'_{R(x)} \geq t'_{R(Z)}$。然后将三者均匀混合之后在一定条件下进样，得到色谱图；

从图中测得有关参数，带入下面的公式，计算出待测组分的保留指数 I_x；再将计算结果与文献值对照，找出与计算值相同的保留指数所对应的物质名称。

$$I_x=100\left[Z+\frac{\lg t'_{R(x)}-\lg t'_{R(Z)}}{\lg t'_{R(Z+1)}-\lg t'_{R(Z)}}\right] \quad (4-28)$$

式中，$t'_{R(x)}$ 为待测组分的调整保留时间（也可用其调整保留体积或相应的记录纸的距离表示）；$t'_{R(Z)}$ 和 $t'_{R(Z+1)}$ 为具有 Z 个和 $Z+1$ 个碳原子数的正构烷烃的调整保留时间（并且也可用其调整保留体积或相应的记录纸的距离表示）。应注意，在进行保留指数的计算时，分子分母应带入相同量纲的参数。

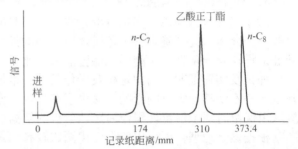

图 4-17 在阿皮松 L 柱上测定乙酸正丁酯保留指数时的出峰情况

例如，现欲在阿皮松 L（一种固定相）柱上，于柱温为 100℃ 的情况下，测定乙酸正丁酯的保留指数。选用正庚烷、正辛烷两种正构烷烃作参比，如图 4-17 所示，乙酸正丁酯的色谱峰在所选用的两正构烷烃的色谱峰的中间。

注意，图 4-17 中横坐标是以相当于调整保留时间的记录纸距离表示的。其中，与正庚烷（$n-C_7$）的调整保留时间相当的记录纸距离为 174.0mm，lg174.0=2.2405；与待测组分乙酸正丁酯的调整保留时间相当的记录纸距离为 310.0mm，lg310.0=2.4914；与正辛烷（$n-C_8$）的调整保留时间相当的记录纸距离为 373.4mm，lg373.4=2.5722，正庚烷的碳原子数 $Z=7$，将这些数据代入式（4-28）得：

$$I_x=100\times\left(7+\frac{2.4914-2.2405}{2.5722-2.2405}\right)=775.64$$

当固定相一定时，相同组分的保留指数只与温度呈线性关系。因此，可以很方便地用内插法或外推法求得组分在任意柱温下的保留指数 I_x 值。保留指数的有效数字为三位，其准确度和重现性都很好，相对误差小于 1%。因此只要柱温和固定液相同，就可用文献上的保留指数进行定性鉴定，而不必采用纯物质对照。这可解决因一时找不到纯组分而无法完成色谱定性分析的问题。

实训 4-11 标准对照法定性操作

一、实训目的

1. 学习利用保留值及相对保留值进行色谱对照的定性方法。
2. 熟悉色谱仪的操作。

二、实训原理

各种物质在一定的色谱条件（一定的固定相与操作条件等）下有各自确定的保留值，因此保留值可作为一种色谱定性的指标。对于较为简单的多组分已知混合物样品，它们的色谱峰又均能被分开，则可将各个组分峰的保留值与各相应的标准纯物质在相同条件下所得色谱峰的保留值进行比对，从而确定各色谱峰所代表的物质，这就是纯物质对照法定性的原理。该法是气相色谱中最常用的一种定性分析方法。以保留值作为定性分析的指标，虽然简便，但由于保留值的测定受色谱操作条件的影响较大，而相对保留值，仅与所用固定相及温度有关，不受其他色谱操作条件的影响，因而更适合于色谱定性分析。

应当注意的是，有些物质在相同的色谱条件下，常常具有相近的甚至是相同的保留值，因此在进行这类物质的定性分析时,应当使用柱效更高的色谱柱,以获得更高的分辨率,并且采用双柱(即在极性差比较大的两个色谱柱上分别测定保留值)法。当一时找不到纯物质作对照时,可借助保留指数的文献值完成样品的定性分析。对于组成更为复杂的混合物,还可采用更为有效的定性分析方法——多机联用技术。

本实训以甲苯作为标准物质,利用保留值和相对保留值进行苯、乙苯及 1,2,3-三甲苯的定性分析。

气相色谱定量基础知识与归一化法

前已述及,在一定的色谱操作条件下,组分 i 的质量 (m_i) 或其在载气中的浓度是与检测器的响应信号(色谱图上表现为峰面积 A_i 或峰高 h_i)呈正比的,可写作:

$$m_i = f_i A_i \tag{4-29}$$

这就是色谱定量分析的依据。式(4-29)中比例系数 f_i 称为定量校正因子。可见,在色谱定量分析中,为使结果准确可靠就需要准确测量检测器的响应信号峰面积 A(或峰高 h)、准确测定定量校正因子以及选用适宜的定量计算方法等。

1. 峰面积的测量

峰面积的测量直接关系到定量分析的准确度。常用而简便的峰面积测量方法(根据峰形的对称与否)有如下几种。

(1)峰高乘半峰宽法 当色谱峰为对称峰时可采用此法。根据等腰三角形面积的计算方法,可以近似地认为峰面积等于峰高乘以半峰宽:

$$A = h Y_{1/2} \tag{4-30}$$

这样测得的峰面积为实际峰面积的 0.94 倍,实际上峰面积应为:

$$A = 1.065 h Y_{1/2} \tag{4-31}$$

显然,在作绝对测量时(如测灵敏度),应乘以 1.065。但在相对计算时,1.065 可约去。

由于此法简单、快速,所以在实际工作中常采用;但对于不对称峰、很窄或很小的峰,由于 $Y_{1/2}$ 测量误差较大,就不能应用此法。

(2)峰高乘峰底宽度法 这是一种作图求峰面积的方法。这种作图法测得的峰面积约为真实面积的 0.98 倍。对于矮而宽的峰,此法更准确些。但应注意,在同一分析中,只能用同一种近似测量的方法。

(3)峰高乘保留值法 在一定操作条件下,同系物的半峰宽与保留时间成正比,故有:

$$Y_{1/2} = b t_R \tag{4-32}$$

$$A = h Y_{1/2} = h b t_R \tag{4-33}$$

在相对计算时,b 可约去,于是有:

$$A = h Y_{1/2} = h t_R \tag{4-34}$$

此法适用于狭窄的峰,是一种简便快速的测量方法,常用于工厂的中控分析。

(4)峰高乘平均峰宽法 以上均为对称峰峰面积的测量方法,而对于非对称峰为了获得较准确的测量结果,则应采取峰高乘以平均峰宽。所谓平均峰宽是指在峰高 0.15 和 0.85 处分别测量色谱峰的宽度,然后取其算术平均值:

$$A = h \times \frac{Y_{0.15} + Y_{0.85}}{2}$$

关于色谱峰峰形是否对称,绝不能凭直观去判断,而应由不对称因子 S_n($S_n = ac/2ab$)去衡量,如图 4-18 所示。

显然,当 $S_n = 1$ 时为对称峰;$S_n > 1$ 时为拖尾峰;$S_n < 1$ 时

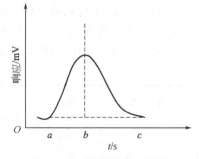

图 4-18 不对称因子 S_n 示意

为前伸峰。

以上介绍的是手工测量色谱峰的方法，而目前比较先进的气相色谱仪都有自己的自动积分仪或称数据处理机测量峰面积，具有方便、速度快、线性范围宽、精度一般可达 0.2%～2%，对小峰或不对称峰也能得出较准确的测量结果的特点。数字电子积分仪能以数字的形式把峰面积和保留时间打印出来。

随着计算机技术在分析仪器上的广泛应用，许多色谱仪器现已配有称为"色谱工作站"的微型计算机控制系统，它不仅具有自动积分仪的所有功能，还能对仪器进行实时控制，对色谱输出信号进行自动数据采集和处理，以可视的图像和数据形式监控整个分析过程，以报告格式给出定性、定量分析结果，使测定的精度、灵敏度、稳定性和自动化程度都大为提高。

2. 定量校正因子

色谱定量分析是基于被测物质的量与其峰面积（或峰高）呈正比例关系。但是由于同一检测器对不同的物质具有不同的响应值，以至于相同量的两种物质的色谱峰峰面积往往不相等，这样就不能用峰面积来直接计算物质的含量。为了使检测器产生的响应信号能真实地反映出物质的含量，就要对响应值进行校正，因此引入"定量校正因子"。

式（4-29）中 f_i 为绝对定（质）量校正因子，也就是单位峰面积所代表的物质的质量。它主要由仪器的灵敏度决定，它既不易准确测定，也无法直接应用。所以在色谱定量分析工作中都是采用相对定量校正因子 f_{is}'，即某物质的绝对定量校正因子 f_i 与一标准物质 s 的绝对定量校正因子 f_s 的比值。平常所指或由文献查得的定量校正因子均为物质的相对定量校正因子。用来测量相对定量校正因子的标准物质随检测器的不同而有所区别，比如热导检测器常采用苯，火焰离子化检测器常采用正庚烷。按被测组分使用的计量单位的不同，定量校正因子又有相对质量校正因子 f_m'、相对摩尔校正因子 f_M' 和相对体积校正因子 f_V'（通常把"相对"二字略去）之分。

应当注意，相对定量校正因子是无量纲的量，但其数值却与所用单位有关；依进入检测器的组分的量的单位不同（可以是 g、mol 或 L），相对定量校正因子又有相对质量、相对摩尔和相对体积定量校正因子之分。其中相对质量校正因子最常用。再者，除可采用色谱峰峰面积定量外，还可采用峰高定量，所以相对定量校正因子又有峰面积相对定量校正因子 f_{is}^A 和峰高相对定量校正因子 f_{is}^h 之分，其中峰面积相对定量校正因子较常用，且不加注明时均表示峰面积相对定量校正因子，使用时应注意其与所用参量的一致性；相对定量校正因子的数值可由文献中查到，但引用文献值时应保证实训条件与文献的一致性，以免得出错误的计算结果。

3. 相对应答值 S_{is}

相对应答值也叫相对响应值。它是待测组分 i 的绝对响应值（绝对灵敏度）与作为基准的标准物质 s 的绝对响应值（绝对灵敏度）之比。单位相同时，S_{is} 与相对定量校正因子 f_{is}' 互为倒数关系，即：

$$S_{is}=\frac{S_i}{S_s}=\frac{1}{f_{is}'} \tag{4-35}$$

式中，S_{is} 和 f_{is}' 只与试样、标准物质以及检测器类型有关，而与操作条件和柱温、载气流速、固定液性质等无关，因而是一个能通用的常数。表 4-4 给出了一些物质的相对定量校正因子数据（未加注明时均表示面积相对定量校正因子）。

表 4-4 一些化合物的相对定量校正因子

化合物	沸点/℃	分子量	热导检测器		火焰离子化检测器 f_m
			f_M	f_m	
甲烷	-160	16	2.80	0.45	1.03
乙烷	-89	30	1.96	0.59	1.03
丙烷	-42	44	1.55	0.68	1.02

续表

化合物	沸点/℃	分子量	热导检测器 f_M	热导检测器 f_m	火焰离子化检测器 f_m
丁烷	-0.5	58	1.18	0.68	0.91
乙烯	-104	28	2.08	0.59	0.98
乙炔	-83.6	26			0.94
苯	80	78	1.00	0.78	0.89
甲苯	110	92	0.86	0.79	0.94
环己烷	81	84	0.88	0.74	0.99
甲醇	65	32	1.82	0.58	4.35
乙醇	78	46	1.39	0.64	2.18
丙酮	56	58	1.16	0.68	2.04
乙醛	21	44	1.54	0.68	
乙醚	35	74	0.91	0.67	
甲酸	100.7				1.00
乙酸	118.2				4.17
乙酸乙酯	77	88	0.9	0.79	2.64
氯仿		119	0.93	1.10	
吡啶	115	79	1.0	0.79	
氨	33	17	2.38	0.42	
氮		28	2.38	0.67	
氧		32	2.5	0.80	
CO_2		44	2.08	0.92	
CCl_4		154	0.93	1.43	
水	100	18	3.03	0.55	

校正因子的测定方法是：准确称量被测组分和标准物质，混合后，在实训条件下进样分析（注意进样量应在线性范围之内），由所得色谱图分别测量它们各自的峰面积，然后根据公式计算相对定量校正因子。如果数次测量的结果接近，可取其平均值。

4. 几种常用的定量计算方法

（1）归一化法 若将所有出峰组分的含量之和按 100% 计，则这种定量计算的方法叫作归一化法。也即只有当试样中所有组分均能出峰时，才可用此法进行定量计算。

假设试样中有 n 个组分，每个组分的质量分别为 m_1, m_2, $\cdots$, m_n，这 n 个组分的含量之和 m 为 100%，其中组分 i 的质量分数 w_i 可按以下公式计算：

$$w_i(100\%) = \frac{m_i}{m} \times 100\% = \frac{A_i f_{is}^A}{\sum\limits_{i=1}^{n} A_i f_{is}^A} \times 100\% \tag{4-36a}$$

对于狭窄的色谱峰，也可用峰高代替峰面积来进行定量测定。当各种操作条件保持严格不变时，在一定的进样量范围内，峰的半宽度是不变的，因此峰高就直接代表某一组分的量。

$$w_i(100\%) = \frac{m_i}{m} \times 100\% = \frac{h_i f_{is}^h}{\sum\limits_{i=1}^{n} h_i f_{is}^h} \times 100\% \tag{4-36b}$$

这种方法快速简便，最适合于工厂和一些具有固定分析任务的化验室使用。此时，式中 f_{is}^h 为峰高相对定量校正因子，此值需自行测定，测定方法同峰面积校正因子，不同的只是用峰高来代替峰面积。

若各组分的 f 值相近或相同（例如同系物中沸点相近的各个组分），则上式可进一步简化为：

$$w_i(100\%) = \frac{m_i}{m} \times 100\% = \frac{A_i}{\sum_{i=1}^{n} A_i} \times 100\% \tag{4-36c}$$

归一化法的优点是：简便、准确，当操作条件（如进样量、流速等）变化时，对分析结果的影响比较小。

（2）内标法　当试样中所有组分不能全部出峰，需测定的组分出峰时，可采用这种方法。

所谓内标法是将一定量的纯物质作为内标物，加入准确称取的试样中去，根据被测物和内标物的质量及其在色谱图上相应的峰面积的比，求出待测组分的含量。例如要测定试样中组分 i（质量为 m_i）的质量分数 w_i，可事先向质量为 m 的试样中加入质量为 m_s 的内标物，则：

$$\frac{m_i}{m_s} = \frac{A_i f_i}{A_s f_s} \tag{4-37a}$$

$$m_i = \frac{A_i f_i}{A_s f_s} m_s \tag{4-37b}$$

在分析工作中，常以内标物为基准，则 $f_s=1$，此时计算公式

$$w_i(100\%) = \frac{m_i}{m} \times 100\% = \frac{A_i f_i}{A_s f_s} \times \frac{m_s}{m} \times 100\% \tag{4-37c}$$

可简化为：

$$w_i(100\%) = \frac{A_i}{A_s} \times \frac{m_s}{m} f_i \times 100\% \tag{4-37d}$$

可见，内标法是通过测量内标物及待测组分的峰面积的相对值来进行计算的，因而由于操作条件变化所引起的误差，都将同时反映在内标物及待测组分上，从而被相互抵消，所以可得到较为准确的分析结果。这一内标法的主要优点，已在很多仪器分析方法上得到应用。

（3）外标法（又称定量进样——标准曲线法）　所谓外标法就是单独应用待测组分的纯物质来制作标准曲线，这与分光光度分析中的标准曲线法相同。此时用待测组分的纯物质加稀释剂（对液体试样用溶剂稀释，气体试样用载气或空气稀释）配成不同质量分数的标准系列溶液，依次取固定量的标准系列溶液进样分析，从所得色谱图上测出响应信号（峰面积或峰高等），然后绘制响应信号（纵坐标）对质量分数（横坐标）的标准曲线。然后进行样品分析，取和制作标准曲线时相同量的试样（固定量进样），进样后由所得色谱图测得该试样中待测组分的响应信号，带入标准曲线中查出其对应的质量分数。

此法的优点是操作简单，计算方便；但结果的准确度主要取决于进样量的重现性和操作条件的稳定性。

实训 4-12　定量校正因子的测定

一、实训要求

1．掌握气相色谱法进样的基本操作。
2．掌握相对校正因子的测定操作。

二、实训原理

定量校正因子分为绝对校正因子和相对校正因子。绝对校正因子是指某组分 i 通过检测器的量与检测器对该组分的响应信号之比。绝对校正因子受仪器及操作条件的影响很大，故其应用受到限制。在实际定量分析中，一般常采用相对校正因子。相对校正因子是指组分 i 与基准组分 s 的绝对校正因子之比。相对校正因子是一个无量纲量，但它的数值与采用的计量单位有关。

实训 4-13　归一化法定量测定丁醇异构体混合物

一、实训目的

1. 学会使用归一化法定量测定。
2. 掌握 FID 的结构和 FID 工作原理。
3. 了解 FID 的性能特征、检测条件的选择、FID 的应用和 FID 的日常维护。

二、实训原理

DNP 柱对醇类有很好的选择性，特别是对四种丁醇异构体化合物的分析，在一定的色谱操作条件下，四种丁醇异构体化合物可以得到完全的分离，而且分析时间短。

任务 7　外标法定量

色谱工作站基础知识

1. 简介

Chromato-Solution Light（简称 CS-Light）中文色谱工作站由以下两个部分组成：

① CS-Light Real Time Analysis（CS-Light 实时分析）/（数据采集）;

② CS-Light Postrun Analysis（CS-Light 再解析）/（数据分析）。

2. CS-Light 色谱工作站的基本流程

CS-Light 色谱工作站的基本流程见图 4-19。

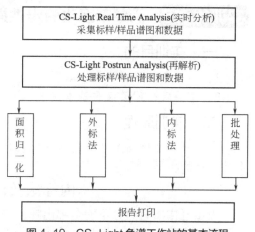

图 4-19　CS-Light 色谱工作站的基本流程

实训 4-14　色谱工作站的基本操作练习——外标法测定未知组分含量

一、实训目的

1. 了解外标法定量的原理与应用。
2. 进一步掌握气相色谱法中利用保留值定性的实训技术。

二、实训原理

外标定量法也称定量进样-校正曲线法，是常用的一种简便、快速的定量方法。在一定色谱操作条件下，用已知纯样配制成系列标样，定量进样，然后绘制响应值（峰面积或峰高）和组分含量 c 的校正曲线，在分析时注入相同体积的未知样，从色谱图上得出未知样的峰面积，由校正曲线查出对应的含量。

实训 4-15　外标法测定未知组分含量

苯甲酸钠（化学式为：$C_6H_5CO_2Na$），是苯甲酸的钠盐。苯甲酸钠是常用的食品防腐剂，有防止食品变质发酸、延长保质期的效果，在世界各国均被广泛使用。然而近年来对其毒性的顾虑使得它的应用受限，有些国家如日本已经停止生产苯甲酸钠，并对它的使用作出限制。

实训原理

样品酸化后，用二氯甲烷萃取山梨酸、苯甲酸，用附火焰离子化检测器的气相色谱仪进行分离测定，与标准系列比较定量。

任务 8　内标法定量

同系物定性基础知识

在确定的色谱条件下，每种物质具有一定的保留值，这是色谱定性的重要依据。

利用色谱定性分析往往需要标准物作对照，在没有标准物时，色谱的定性分析就比较困难，因此需要和其他方法配合进行分析。但在没有标准的情况下，利用保留值随分子结构或性质变化规律定性，也是色谱中常用的定性方法之一。

同系物保留值的碳数规律性依据是：同系物调整保留时间的对数与碳原子数呈线性关系：

$$\lg t_R = An + C \tag{4-38}$$

式中，n 为同系物的碳原子数；A 和 C 为与物质性质有关的常数。

只要测定三个以上已知同系物的相对保留时间 t_R，由于 n 已知，即可作工作曲线，求出 A、C。

实训 4-16　简单苯系物的定性操作

一、实训目的

1．学习色谱分析的基本原理。
2．掌握气相色谱仪的基本使用方法。

二、实训原理

定性分析是要确定每个色谱峰代表什么物质，色谱热力学过程的表观值 t'_R、k 可以作为定性分析的指标。

内标法及内标物的选择原则

当试样中所有组分不能全部出峰，需测定的组分出峰时，可采用这种方法。

所谓内标法是将一定量的纯物质作为内标物，加入准确称取的试样中去，根据被测物和内标物的质量及其在色谱图上相应的峰面积的比，求出待测组分的含量。内标法是通过测量内标物及待测组分的峰面积的相对值来进行计算的，因而由于操作条件变化所引起的误差，都将同时反映在内标物及待测组分上，从而被相互抵消，所以可得到较为准确的分析结果。这一内标法的主要优点，已在很多仪器分析方法上得到应用。

显然，在内标法中内标物的选择至关重要。它应该是试样中不存在的纯物质；加入的量应接近于被测组分的含量；同时要求内标物的色谱峰位于被测组分色谱峰附近，或几个被测组分色谱峰的中间，并且与这些组分的组分峰完全分离；还应注意内标物与待测组分的物理及物理化学性质（如挥发度、化学结构、极性以及溶解度等）应相近，以便当操作条件发生变化时，内标物与待测组分作匀称的变化。

内标法的优点在于定量较准确，而且不像归一化法有使用上的限制；但每次分析都要准确称取试样和内标物的质量，因而不适于生产中作快速控制分析。

实训 4-17　定量分析正己烷中的环己烷

一、实训目的

1．了解内标法的定量原理以及选择内标物的原则。
2．学会用内标法进行定量分析的实训技术。

3．熟悉火焰离子化检测器的特点及使用方法。

二、实训原理

内标法也是常用的一种比较准确的色谱定量分析方法。当样品中的所有组分因各种原因不能全部流出色谱柱，或检测器不能对各组分都有响应，或只需测定样品中某几个组分时，可采用内标法定量。内标法的原理是，准确称取一定量样品，加入一定量的内标物，根据被测物和内标物的质量及其在色谱图上的峰面积比，求出被测组分的含量，计算公式如下：

$$P_i（100\%）= \frac{A_i f_i' W_s}{A_s f_s' W_m} \times 100\% \tag{4-39}$$

式中，P_i 是组分 i 的百分含量；W_m、W_s 分别是样品和内标物的质量；A_i、A_s 分别是被测组分和内标物的峰面积；f_i'、f_s' 分别是被测组分和内标物的相对质量校正因子。内标法要求选择一个适宜的内标物，并且它是样品中本来不存在的组分，当加入内标物进行色谱分离时，在色谱图上内标物的峰应与被测组分的峰靠得很近，且与其他组分完全分离，内标物的量也应与被测组分的量相当，以提高定量分析的准确度。

任务 9　白酒主要成分的验证

一、毛细管柱气相色谱法

最早的毛细管柱亦称为空心柱，是一种又细又长，形同毛细管的开放式管柱，固定液涂在毛细管内壁上。

1．毛细管柱的种类

（1）涂壁空心柱（wall-coated open tubular column，WCOT 柱）　固定液直接涂在毛细管内壁上，是最早的毛细管柱。

（2）多孔层柱（porous-layer open tubular column，PLOT 柱）　吸附型多孔层柱：在管壁上涂一层多孔材料，如分子筛、氧化铝、熔融石英及高分子多孔微球等。

分配型多孔层柱：将普通的载体涂于表面，再涂布合适的固定液。

2．毛细管柱气相色谱仪

与普通色谱仪的不同之处在于气路系统和进样系统两部分。毛细管柱气相色谱仪的气路系统加了一个尾吹装置，从而减少了柱后死体积，改善了柱效；其进样系统由于可以选择分流、不分流或冷柱头进样，从而保证了进样量的准确性。

3．毛细管柱的优缺点

（1）总柱效高　毛细管柱内径一般为 0.1～0.7mm，内壁固定液膜极薄，中心是空的，因阻力很小，而且涡流扩散项不存在，谱带展宽变小。由于毛细管柱的阻力很小，长可为填充柱的几十倍，其总柱效比填充柱高得多。

（2）分析速度快　毛细管柱的相比为填充柱的数十倍。由于液膜极薄，分配比 k 很小，相比大，组分在固定相中的传质速度极快，因此有利于提高柱效和分析速度。它可在 1h 内分离出包含一百多种化合物的汽油成分，可在几分钟内分离十几个化合物。

（3）柱容量小　毛细管柱的相比高，k 必然很小，因此使最大允许进样量受到限制，对单个组分而言，约 0.5μg 就达到极限。为将极微量样品导入毛细管柱，一般需采用分流进样法。此法就是将均匀挥发的样品进行不等量的分流，只让极小部分样品（几十分之一或几百分之一）进入柱内。进入柱内的样品量占注射样品量的比例称为"分流比"。

二、查阅资料，讨论并汇总资料

根据项目查阅资料，设计实训方案，实训方案优化，选择合适的仪器，组装实训仪器及设备，正确规范操作，准确记录数据，正确处理数据，准确表述分析结果。

三、确定分析和验证方案

1. 参数设置

可根据实际分离情况设置多个柱温，确定最佳柱温。温度设置过低，前面的色谱峰能完全分离，峰形较好，但后面的峰峰形宽，分析时间长；若温度设置过高，则前面的色谱峰挤在一起，无法完全分离。如：用填充柱分析速度相对较快，但分离效果不好；用毛细管柱分析速度能接受，但找不到满意的最佳条件之类的。

2. 完成检验

实训 4-18　样品制备

一、实训目的

学会实训所需样品的配制方法。

二、实训原理

实训室样品的制备是分析检验工作的重要环节，是获得较高准确性和良好检验结果的基础。

实训 4-19　毛细管气相色谱法（含程序升温）分析白酒的主要成分验证

一、实训目的

1. 学会程序升温的操作。
2. 了解毛细管柱的功能、操作方法与应用。
3. 掌握毛细管柱气相色谱法分析白酒中主要成分的定性定量操作。

二、实训原理

程序升温是气相色谱分析中一项常用而且十分重要的技术。对于每一个欲分析的组分来说，都对应着一个最佳的柱温，但是当分析样品比较复杂、沸程很宽的时候，若使用同一柱温进行分离，其分离效果很差，因为低沸点的组分由于柱温太高，很早流出色谱柱，色谱峰重叠在一起不易分开；高沸点的组分则因为柱温太低，很晚流出色谱柱，甚至不流出色谱柱，其结果是各组分的色谱峰分布疏密不均，有时还出现"怪峰"，给分析工作带来困难。因此，对于宽沸程多组分的混合样品，必须采用程序升温来代替等温操作。程序升温的方式可分为线性升温和非线性升温，根据分析任务的具体情况，可通过实训来选择适宜的升温方式，以期达到比较理想的分离效果。白酒主要成分的分析便是用程序升温来进行的。

任务 10　气相色谱仪常见故障分析

> 劳动素质提升 4-2　气相色谱仪常见故障分析与排除
>
> 一、劳动目的
> 1. 了解气相色谱仪的常见故障。
> 2. 学会对气相色谱仪常见故障进行分析与排除。
>
> 二、知识背景
> 近年来，气相色谱分析仪以其分离效能高，分析速度快，样品用量少，可进行多组分测量等优点广泛应用于石油化工行业中，在化工分析中占有十分重要的地位。但是，由于

工作人员维护不到位，样品预处理系统的不完善以及仪器本身有缺陷等原因，造成仪器在使用过程中出现各种故障，从而影响了正常的生产秩序。因此，能够及时准确地分析排除故障非常重要。

三、所需仪器
气相色谱工作站。

四、劳动内容
1. 排除气路系统故障

气相色谱仪的气路系统是一个载气连续运行、管路密闭的系统。气路系统的气密性、载气流速的稳定性以及流量的准确性都会对气相色谱检测结果产生影响。

针对由于不同原因造成的气路系统故障处理方法如下：

① 在气路中按照气体走向顺序查到具体故障发生的位置进行消漏或清堵；
② 更换减压阀或稳压阀；
③ 调整气源压力至合适范围内，并有稳定的输出；
④ 清洗阀件，必要时更换。

2. 排除检测器故障

（1）热导（TCD）检测器 热导检测器是利用被测气体与载气间及被测气体各组分间热导率的差异，使测量电桥产生不平衡电压，从而测出组分浓度。热导检测器的常见故障如下。

① 桥电流不能调到预定值，此种故障产生的原因有：热导单元连线没接对；热丝断开或引线开路；桥路稳压电源有故障；桥路配置电路断开；电流表有故障。

② 检测器基线不能调零的故障产生的原因有：热丝阻值不对称或引线接错；热丝碰壁或污染严重；调零电位器引线开路；记录仪开路或无反应；测量气路与参比气路流量相差太大。

（2）火焰离子化（FID）检测器 火焰离子化检测器是根据含碳有机物在氢火焰中燃烧产生碎片离子，在电场作用下形成离子流，根据离子流产生的电信号强度，检测被色谱柱分离的组分。火焰离子化检测器常见故障如下。

① 检测器点不着火。解决办法：更换点火线圈；重新调节氢气、空气和载气的流量配比；提供稳定的电压源，并排除接线故障；清理喷嘴。

② 基线产生噪声。解决办法：更换气源或再生氢气、空气过滤器；重新调整氢气、空气和载气的流量；检查地线是否接好，有无外来电场干扰；清洗喷嘴；排除漏气现象。

3. 排除温控系统故障

温控系统故障主要表现为色谱柱恒温箱不升温，其可能原因是：仪器温控部件老化或本身质量就有问题。使用温度比较高，时间一长就容易造成加热丝和铂电阻坏。仪器使用的电压不稳，从而使温控部件工作不正常。仪器被雷击，电路损坏，所以仪器接地要良好。

4. 出峰故障

常见的畸形峰有前延峰、拖尾峰和平顶峰。

（1）前延峰 故障原因：①样品在系统中冷凝；②载气流速太低；③进样口气化温度太低；④两个峰同时出现；⑤进样量过大，造成色谱柱过载。处理方法：①适当升高气化室、色谱柱和检测器的温度；②重复进样，提高进样技术；③适当提高载气流速；④升高进样口的温度，以缩短气化时间；⑤优化色谱条件，必要时更换色谱柱；⑥改小定量管。

（2）拖尾峰 故障原因：①色谱柱有固体碎屑；②柱子使用不当或柱性能下降，样品与载体发生相互作用；③柱温太低；④进样气管有污垢。处理方法：①老化柱子；②重选色谱柱，改用极性较强的填料；③适当提高柱温；④清洗或更换进样气管。

（3）平顶峰 故障原因：①记录仪的滑线电阻或驱动记录笔的机械部分有故障；②超过记录仪测量范围；③进样量过大。处理方法：①检修记录仪；②改变记录仪量程；③减少进样量。

知识拓展　　分析化学新武器——全二维气相色谱

全二维气相色谱（comprehensive two-dimensional gas chromatography，GC×GC）是在传统的一维气相色谱基础上发展起来的一个新技术，与传统的多维色谱不同，它提供了一种真正的正交分离系统，其峰容量约等于两根柱各自峰容量的乘积，非常适合于复杂样品的分析。

气相色谱作为一种重要的分析挥发性和半挥发性有机化合物的工具在环保等领域中得到了广泛的应用。但是，在对组分数多达几千的复杂体系进行分析时，传统的一维色谱（1D-GC）不仅费时，而且由于峰容量不够，峰重叠十分严重，即便是多维分离系统如：高效液相色谱-气相色谱联用（HPLC-GC）、超临界流体色谱-气相色谱联用（SFC-GC），以及通常的中心切割式二维色谱（2D-GC）等，也只能实现对部分感兴趣组分的分离，无法对各组分进行准确的定性和定量。

20世纪90年代初，美国南伊利诺伊大学John Phillips教授和他当时的学生Zaiyou Liu博士提出的全二维气相色谱（GC×GC）方法，提供了一种真正的正交分离系统。它是将分离机理不同而又互相独立的两支色谱柱以串连的方式结合成二维气相色谱，经第1支色谱柱分离后的每一个馏分，经调制器聚焦后以脉冲方式进入第2支色谱柱中进行进一步的分离，通过温度和极性的改变实现气相色谱分离特性的正交化。

目前，全二维气相色谱以其峰容量大（为两根柱各自峰容量的乘积）、分析速度快、分辨率高、族分离和瓦片效应等特点，已广泛应用于烟草、食品、环境等领域专门用于复杂混合物的分离，在石油地质试样，包括原油轻烃组成分析、生物标记物检测等方面也获得了大量应用。面对科学分析领域内越来越高的要求与标准，全二维气相色谱的发展正是体现了世界各国科学家与时俱进、勇于担当和解决实际问题的精神，仪器分析技术的进步，也无一不是科学家们追求卓越、面对科研精益求精精神的真实写照。

思考与练习

1. 试用方块图表明气相色谱仪的基本组成，并说明仪器各部分的功用。
2. 试述TCD的检测原理，说明其通常使用H_2（或He）作载气，而不用N_2作载气的原因？使用TCD时应注意什么问题？
3. 试述FID的检测原理，使用FID时应注意什么问题？
4. 测定TCD灵敏度的有关数据为：进纯苯1.0μL（相对密度为0.88），苯峰高4mV，半峰宽1min，柱子出口处载气流速20mL·min^{-1}。求该检测器的灵敏度。
5. 测定TCD灵敏度时，注入1.0μL纯苯，测得色谱峰高为12.5cm，半峰宽为0.50cm。使用N_2作载气，柱前压力表读数为182.2kPa，转子流量计读数为20.0mL·min^{-1}，记录仪灵敏度为0.2mV·cm^{-1}，记录纸速度为1.0cm·min^{-1}，大气压为100kPa。求该检测器的灵敏度。
6. 测定FID灵敏度，注入含苯0.05%的CS_2溶液1.0μL，测得苯峰高为10cm，半峰宽为0.5cm，记录仪纸速为1cm·min^{-1}，记录纸每厘米宽为0.2mV，总机械噪声为0.02mV，计算其灵敏度和检出限。
7. 气相色谱固定相分哪几类？如何选择气-液色谱固定相？
8. 常用气相色谱载体有哪几种？各有何特点？
9. 气相色谱条件包括哪些？从哪些方面可以衡量色谱条件选择合适与否？
10. 在某色谱条件下，将含有物质A和B以及相邻的两种正构烷烃的混合物注入色谱柱。A 在相邻的两种正构烷烃之间流出,它们的调整保留时间分别为 10min、11min 和 12min,最先流出的正构烷烃的保留指数为 800,而组分 B 的保留指数为 882.3,计算组分 A 的保留指数。试问物质 A 和 B 是否可能为同系物?

11. 已知 CO_2 气体的体积含量分别为 80%、40%、20% 时,对应的峰高为 100mm、50mm、25mm(等体积进样),试做出外标曲线。现进一等体积的试样,得 CO_2 峰高为 75mm,那么该试样中 CO_2 的体积百分含量是多少?

12. 在气相色谱仪中,积分仪、记录仪、微处理机的作用各是什么?

13. 色谱柱柱温的高低对色谱分离有什么影响吗?

14. 现有环己烷与苯的混合样品,采用何种固定液可将二者分离开?

15. 非极性组分使用非极性固定液实施分离时,出峰顺序是怎样的,为什么?

16. 由气相色谱分析得如下数据。试计算 B、C、D 对 A 的相对保留值。

组分	空气	A	B	C	D
保留时间/min	0.15	2.33	3.76	6.12	10.98

17. 现有一化合物 x 与正十八烷、正十九烷混合后进样,得以下数据。计算 x 的保留指数。

组分	n-$C_{18}H_{38}$	x	n-$C_{19}H_{40}$
t_R /min	10.12	11.50	13.38

18. 使用一支长 4.25m,直径 6mm,内装 10g Celite545 和 40g 邻硝基苯乙醛的柱子进行色谱分析,当载气流速为 $50mL·min^{-1}$ 时,得以下数据。试计算:
(1) 各化合物的调整保留体积;
(2) 有效理论塔板数及有效理论塔板高度;
(3) 相邻峰对的分离度。

19. 组分 A 和 B 在一色谱柱上的调整保留时间分别为 12.4min 和 12.8min,理论塔板数对 A 和 B 均为 4096。试计算:
(1) 能将 A 和 B 分离的程度;
(2) 假如 A 和 B 的保留时间不变,欲达到 1.0 的分离度时,所需的理论塔板数是多少?

20. 某气相色谱柱柱长为 2m,固定液质量为 10g。以氢气为载气,色谱柱进口压力为 273.5kPa,出口压力为 98.6kPa(已扣除水蒸气分压),柱温为 165℃,出口温度为 23℃,在柱子出口处测得载气流量为 $24.0mL·min^{-1}$,测得某组分保留时间为 19.0min,空气的保留时间为 0.28min。计算:
(1) 该色谱柱的压力校正值;
(2) 校正到柱温柱压下的载气平均流量;
(3) 该组分的保留体积、调整保留体积、校正保留体积和比保留体积;
(4) 色谱柱的平均压力;
(5) 载气的线速度。

21. A chromatogram for analysis of volatile organic compounds in unleaded gasoline using a 100m long column gave a separation that had 400000 theoretical plates.Based be expected for peaks due to n-pentane(t_R=10min), toluene(t_R=33min)and 1,2,4-trimethylbenzene(t_R=58min) in this separation.You may assume that each peak has a Gaussian shape.

22. The following retention times were measured for 1-octanol,2,4-dimethylaniline, and n-dodecane by GC on a column where the void time was 0.55min.

Temperature/℃	Retention Time/min		
	1-Octanol	2,4-Dimethylaniline	n-Dodecane
80	8.50	13.74	17.16
90	5.57	8.87	10.56
100	3.86	5.92	6.86
110	2.79	4.27	4.72
120	2.10	3.12	3.31
130	1.60	2.37	2.46

(a) Make a plot of the retention time versus column temperature T(in ℃) for each of these compounds. What observations can you make from these graphs?

(b) Make a second series of graphs in which the logarithm of each compound's adjusted retention time, or $\lg t'_R$, is plotted versus $1/T$ (now expressed in kelvin). What observations can you make from this new group of graphs?

(c) Based on the results in Part(b), discuss the relative advantages of using $\lg t'_R$ instead of t_R as measure of retention when calculating a Kováts retention index.

【附录】 考核评分表

考核项目		考核比重	
知识要求	1. 掌握色谱法基本知识	40	5
	2. 掌握常用气相色谱检测器及检测原理		7
	3. 掌握色谱条件及其选择		8
	4. 掌握气相色谱定性分析方法、气相色谱定量分析方法及有关计算		10
	5. 了解色谱法的类型		2
	6. 了解气相色谱仪的基本组成及工作原理		3
	7. 了解色谱理论		5
能力要求	1. 能够对气路系统、气化室以及检测器进行检漏	50	10
	2. 会制备所需的填充柱		10
	3. 能够选择合适的定量方法对待测组分进行定量分析		15
	4. 能够熟练使用气相色谱工作站		15
素质要求	1. 遵循实验室各项规章制度	10	1
	2. 劳动积极,主动参与		2
	3. 与其他同学积极合作		2
	4. 合理利用资源,避免浪费		2
	5. 正确使用个人防护装备,并能够有效防范事故和化学品的危害		2
	6. 尊敬师长,文明操作		1
合计			100

项目 5

用高效液相色谱法检测物质

 知识目标

1. 掌握 高效液相色谱分离工艺的基本原理、仪器构成和操作流程,理解分离与分析的基本机理。
2. 理解 高效液相色谱分离方式的选择机理,通过优化柱温、流速等参数实现最佳分离效果的原因,影响色谱分离度的因素。
3. 了解 液相色谱常用固定相及流动相,梯度淋洗及其特点,以及常用检测器的检测原理及特点。

 能力目标

1. 掌握高效液相色谱仪器的使用方法,了解不同类型的样品制备和前处理技术,掌握实验的基本操作技能。
2. 理解如何选择合适的数据处理和分析方法,并能够正确识别峰形、峰高、峰宽等参数,掌握成分和浓度计算方法并进行误差分析。
3. 在实验操作中掌握解决问题的方法和技能,能够对实验过程中出现的问题进行分析、解决和改进。
4. 能够对所使用的仪器设备进行日常的维护保养。

 素质目标

1. 在学习用高效液相色谱法检测物质相关理论知识和实验技能过程中,锻炼学生在实践中进行分析和解决问题的能力,引导帮助学生强化创新意识,培养学生探究和创新的精神。
2. 在学生进行液相色谱实验过程中,培养学生的耐心、毅力和勇气,尤其是涉及复杂性、多参数和多环节等问题时,更加强调学生拼搏精神的培养,让学生在坚持不懈地探索和尝试中,养成良好的钻研精神和探索精神。
3. 在学生相互配合完成实训、协同分析数据过程中,注重培养学生团队的协作精神和沟通能力,提高学生的合作意识和成果共享精神。

任务 1　认识液相色谱实训室

一、液相色谱实训室的环境要求

为维持液相色谱仪的寿命、性能,应避免在腐蚀性气体、粉尘较多的场所设置。

使用具有易燃性或毒性的溶剂作为流动相时,必须进行室内换气。特别在使用易燃性溶剂时,室内严禁使用明火。并且,应实施全面的防静电措施。为防备万一发生火灾,应常设灭火器材。

应在仪器设备附近设置洗手池,以便当溶剂进入眼睛或接触了有毒性溶剂时,可立即冲洗。不要在产生强磁的机器附近设置仪器设备。并且,当电源线噪声较大时,应追加使用噪声屏蔽手段（噪声过滤器）。

液相色谱设计为在操作台上使用。设置装置的操作台应平稳牢固，可负载整体仪器的重量，纵深尺寸在 60cm 以上，具体尺寸根据不同型号的仪器设备进行确定。并且，在液相色谱仪的左右侧设置其他装置时，应留出 3cm 以上的间隔。

室温在 4～35℃（使用样品冷却器时 4～30℃）以内，一天内的室温变化应较小。应避开空调直吹风，避开直射阳光，避免振动。室内相对湿度应为 45%～85%。

二、液相色谱实训室的管理规范

1. 实训室管理员

① 仪器的管理和使用必须落实岗位责任制，制订操作规程、使用和保养制度，做到坚持制度，责任到人。

② 熟悉仪器保养的环境要求，努力保证仪器在合适的环境下保养及使用。

③ 熟悉仪器构造，能对仪器进行调试及辅助零部件的更换。

④ 熟悉仪器各项性能，并能指导学生进行仪器的正确使用。

⑤ 建立液相色谱仪等仪器的完整技术档案。内容包括产品出厂的技术资料，从可行性论证、购置、验收、安装、调试、运行、维修直到报废整个寿命周期的记录和原始资料。

⑥ 仪器发生故障时要及时上报，对较大的事故，负责人（或当事者）要及时写出报告，组织有关人员分析事故原因，查清责任，提出处理意见，并及时组织力量修复使用。

⑦ 建立仪器使用、维护日记录制度，保证一周开机一次。对仪器进行定期校验与检查，建立定期保养制度，要按照国家市场监督管理总局的有关规定，定期对仪器设备的性能、指标进行校验和标定，以确保其准确性和灵敏度。

⑧ 定期对实训室进行水、电、气等安全检查。保证实训室卫生和整洁。

2. 学生

① 学生应按照课程教学计划，准时上实验课，不得迟到早退。违反者应视其情节轻重给予批评教育，甚至令其停止实验。

② 严格遵守课堂纪律。实验前要做好预习准备工作，明确实验目的，理解实验原理，掌握实验步骤，经指导教师认可后可做实验、没有预习报告一律不许进实训室；听从指挥，服从安排；按时交实验报告。

③ 进实训室必须统一穿白大褂。在实训课时准备好白大褂，进实训室统一服装；不得穿拖鞋进实训室。

④ 加强品德修养，树立良好学风。进入实训室必须遵守实训室的规章制度。不得高声喧哗和打闹，不准抽烟、不随地吐痰和乱丢纸屑废物。

⑤ 注意实验安全。爱护实验器材、节约药品和材料，使用教学仪器设备时要严格遵守操作规程，仪器设备发生故障、损坏、丢失及时报告指导老师，并按有关规定进行处理。

⑥ 按指定位置做指定实验，不得擅自离岗。非本次实验所用的仪器、设备，未经教师允许不得动用，做实验时要精心操作，细心观察实验现象，认真记录各种原始实验数据，原始记录要真实完整。

⑦ 实验时必须注意安全，防止人身和设备事故的发生。若出现事故，应立即切断电源，及时向指导老师报告，并保护现场，不得自行处理。

⑧ 完成实验后所得数据必须经指导教师签字，认真清理实验器材，将仪器恢复原状后，方可离开实训室。

⑨ 要独立完成实验，按时完成实验报告，包括分析结果、处理数据、绘制曲线及图表。在规定的时间内交指导教师批改。

⑩ 凡违反操作规程、擅自动用与本实验无关的仪器设备、私自拆卸仪器而造成事故和损

失的，肇事者必须写出书面检查，视情节轻重和认识程度，按有关规定予以赔偿。

⑪ 实验课一般不允许请假，如必须请假需经教师同意。无故缺课者以旷课论处，缺做实验一般不予重做，成绩以零分计，对请假缺做实验的学生要另行安排时间补做。

⑫ 学生请假缺做实验或实验结果不符合要求需补做、重做者，应按材料成本价交纳材料消耗费。

三、实训室的卫生管理

① 实训室工作人员和教师应树立牢固的安全观念，应认真学习用电常识和消防知识与技能，遵守安全用电操作制度和消防规定。

② 实验前，应对学生进行严格的安全用电、防火、防爆教育。避免发生触电、失火和爆炸事故。

③ 实训室内对带有火种、易燃品、易爆品、腐蚀性物品及放射性同位素的存放和使用严格按安全规定操作。

④ 严禁违章用电，严格遵守仪器设备操作规程，墙上电源未经允许管理部门许可，任何人不得拆装、改线。

⑤ 非工作需要严禁在实训室使用电炉等电热器和空调，使用电炉和空调等电器时，使用完毕后必须切断电源。不准超负荷使用电源，对电线老化等隐患要定期检查，及时排除。

⑥ 对易燃、易爆、有毒等危险品的管理按有关管理办法执行。

⑦ 实训室根据实际情况必须配备一定的消防器材和防盗装置。

⑧ 严禁在实训室内吸烟。

⑨ 实验工作结束后，必须关好水、电、门、窗。

⑩ 定期进行安全检查，排除不安全因素。

劳动素质提升 5-1　整理液相色谱实训室

一、劳动目的

1．了解与认知液相色谱实训室。

2．了解液相色谱实训室与普通化学实训室的区别。

二、劳动内容

1．将液相色谱实训室的必需品与非必需品分开，在实训台上只放置必需品。

2．清理不要的物品，如过期的溶液和破损的玻璃仪器等。

3．对实验所需的物品与仪器调查其使用频率，决定日常用量及放置位置，寻找废弃物处理方法，查询相关仪器的使用规则。

4．将仪器和玻璃仪器摆放整齐。

5．将液相色谱实训室分为药品、工具、玻璃仪器、辅助设备和小零件五大类，并将其放置于实训室不同的区域，做好标识工作。

6．将灭火器、医疗急救箱、清洁工具等放置于实训室不同位置，并做好标识工作。

7．检查若有需维修的仪器，应贴上标签，做好标识工作。

8．清扫整个实训室，包括地面、仪器设备、仪器台面等。

任务 2　高效液相色谱仪基本操作

一、液相色谱仪的基本组成及工作流程

高效液相色谱仪是实现高效液相色谱分析（high performance liquid chromatography，

HPLC) 的仪器设备，实现了对样品的高速、高效和高灵敏度的分离测定。高效液相色谱仪现在多是由单个单元组件根据分析要求将所需部件组合而成，其基本结构和流程如图 5-1 所示，一般主要包括贮液器、高压输液泵、梯度淋洗装置、进样器、色谱柱、检测器以及记录仪（工作站）等部分。

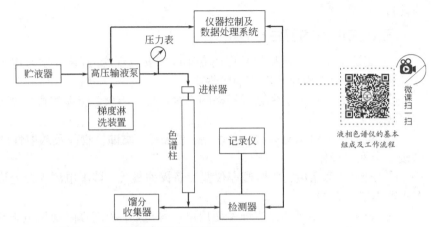

图 5-1 高效液相色谱仪典型结构示意

高效液相色谱仪的工作流程：贮液器中经过滤的流动相由高压输液泵以稳定的流速或压力输送到色谱柱入口（若采用梯度淋洗方式，常需双泵系统完成流动相的输送）；样品由进样器自进样口注入后随流动相流经色谱柱，在色谱柱中完成组分分离。分离后的组分随流动相离开色谱柱，依次进入检测器，检测器将检测到的信号输给记录仪（工作站）或其他数据处理系统记录、处理和保存。若需搜集馏分作进一步分析，则可在色谱柱出口一侧将馏分进行搜集。

二、仪器各部分功用

1. 贮液器

贮液器是贮存流动相液体（常需事先除气）的设备，用来供给足够数量、符合要求的流动相，以完成分离分析任务。其应满足以下条件：有足够的容积，确保重复测定时的供液；便于脱气；能耐一定压力；所选用的材质对所贮溶剂都是化学惰性的。

贮液器一般为不锈钢或玻璃制成。容积一般为 0.5~2L。流动相用前须脱气。因为色谱柱是带压操作，而检测器是常压操作。若流动相中所含气体不排除，则流入色谱柱时会因受压而压缩，流出色谱柱进入检测器时会因常压而溢出，从而造成检测器噪声增大，基线不稳，仪器工作不正常。这在梯度淋洗时尤显重要。

常用的脱气方法有如下几种。

（1）低压脱气法 电磁搅拌、抽真空，可同时加温或吹氮。但对于二元以上组成的抽真空和加温都不适用。因此时一些低沸点的流动相成分可能会挥发损失而改变其组成。

（2）吹氦脱气法 氦气经由一圆筒过滤器通入流动相溶剂中，在 $0.5\mathrm{kg \cdot cm^{-2}}$ 压力下保持约 15min，氦气的小气泡可将溶解在流动相溶剂中的空气带出。方法简便，且适于各种流动相溶剂脱气。

（3）超声波脱气法 将流动相容器置于超声波清洗槽中，以水为介质进行超声脱气。一般 500mL 流动相溶剂需超声 20~30min，即可达到脱气目的。该法方便，不影响溶剂组成。但注意盛放溶剂的容器应避免与超声波清洗槽的底或壁接触，以免破裂。

2. 高压输液泵

高压输液泵（高压泵）是高效液相色谱仪的重要部件之一，因此，应满足：流量稳定，精度应为 1%，以保证重复测定结果的重现性和定性定量的精度；输出压力高且平稳，无脉动。最高压力可达 35~50MPa；流量范围宽。此乃分离条件之一，一般应在 $0.001 \sim 10\mathrm{mL \cdot min^{-1}}$

范围任选；耐腐蚀；压力波动小（检测器对压力的波动一般很敏感，易使噪声增加，最小检测量变坏），死体积小，易于清洗和更换溶剂；适于梯度淋洗。

常用于高效液相色谱仪的高压输液泵按输液性能可分为两类：恒压泵（如气动放大泵）和恒流泵（如往复式柱塞泵）。按机械结构又分为往复式柱塞泵和气动放大泵等。

（1）气动放大泵　气动放大泵结构如图5-2所示。气动放大泵具有制备容易，输液时压力稳定无脉动的特点。但是这种泵的流量调节不方便，很少用于梯度淋洗，在柱系统流路阻力变化时，流量也随之改变。目前主要用于装柱。

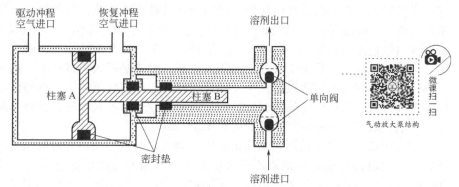

图5-2　气动放大泵结构示意

（2）往复式柱塞泵　这是目前高效液相色谱仪使用最为广泛的一种泵。其结构原理如图5-3所示。这种泵的柱塞往复式运动频率较高，对密封环的耐磨性、单向阀的刚性及精度要求都很高。密封环采用聚四氟乙烯添加剂材料，单向阀的球、阀座及柱塞采用人造宝石材料。往复泵分单、双及三柱塞几种，柱塞多流量平衡、脉动小。

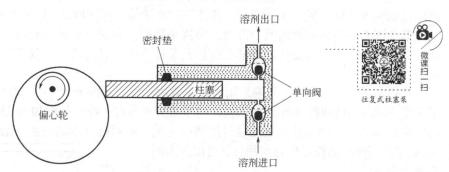

图5-3　往复式柱塞泵结构示意

3. 梯度淋洗装置

梯度淋洗又称梯度洗提、梯度洗脱。梯度淋洗由两种或两种以上不同极性的溶剂作流动相，在分离过程中按一定程序连续地适时地改变流动相的极性配比，以改变欲分离组分的分离状况。梯度淋洗方式可以提高柱子的分离度，缩短分析周期等。这种方式使复杂混合物的分离变得更容易。

梯度淋洗分为高压梯度淋洗（也即内梯度淋洗）和低压梯度淋洗（也即外梯度淋洗）。

（1）低压梯度淋洗　低压梯度淋洗是采用在常压下预先按一定的程序将溶剂混合后再用泵输入色谱柱系统，也称泵前混合。

（2）高压梯度淋洗　高压梯度淋洗是用泵（通常要两台泵）将溶剂预先加压之后输入色谱系统的梯度混合室，进行混合后再送入色谱柱，也称泵后（高压）混合。

4. 进样器

进样器是将样品引入色谱柱的装置。对于液相色谱而言，要求其重复性好，死体积小，保证柱中心进样，进样时对色谱柱系统流量波动小，便于自动化等。进样包括取样（准备）和进样（工作）两个环节。对于 HPLC 而言，进样方式和进样体积对柱效的影响是很大的。要获得良好的分离效果及重现性，需要将样品"浓缩"地瞬时注入色谱柱上端柱载体的中心并成一小点。若将样品注入色谱柱载体前的流动相溶剂中，通常会使溶质以扩散的形式进入柱子顶端，易导致样品组分分离效能下降。目前符合要求的进样方式主要有以下三种。

（1）注射器进样 同气相色谱法一样，用 1～10μL 微量注射器将样品注入专门设计的与色谱柱相连的进样头内（头部装有弹性的隔膜，针尖直达上端的固定相或多孔的不锈钢滤片），这种进样方式可以获得比其他任何一种进样方式都高的柱效，且价廉易于操作。但操作压力不可过高，一般适于在 $10MPa·cm^{-2}$ 以下使用。由于密封垫的泄漏，不宜采取带压进样。可采取停流（停止流动相流动）进样方式。进样前，首先打开流动相泄流阀，使柱前压力降至为零，再注入样品，然后关闭阀门，使压力恢复，将样品带入色谱柱中。由于液体的扩散系数很小，样品在柱顶的扩散很慢，因此停流进样的效果同样可以达到非停留进样的要求。只是这种进样方式无法取得精确的保留参数，峰形重现性也不太理想。此外，隔垫易因吸附样品而产生记忆效应，进样重复性只能达到 1%～2%。

（2）阀进样 这是借助于高压定量进样阀（常为六通阀）直接向压力系统进样的一种进样方式。进样阀分为定体积和不定体积两种。常用为定体积的进样阀。可以在高压（35～40$MPa·cm^{-2}$）下将样品送入色谱柱，不需停流。进样量由固定体积的定量管控制，所以重复性好。如装上电动或气动驱动装置，还可实现简单的自动进样。

（3）自动进样器 即在程序控制器或微机控制下，自动完成取样、进样、清洗等一系列操作的一种进样方式。操作者只需将样品按顺序装入贮样装置。

5. 色谱柱

目前，HPLC 使用的标准柱型是内径为 4.6mm 或 3.9mm，长 10～30cm 的直形不锈钢柱。微粒固定相的粒度一般为 3～10μm，其柱效的理论值可达 50000～160000m^{-1} 理论塔板数。影响柱效的因素有内因和外因两个方面，特别是外因，为使色谱柱达到应有的柱效，除了系统的死体积要小之外，需要合理的柱结构以及装柱方法。这是因为高效液相色谱柱的获得，装填技术是重要环节。

在日常分析中，HPLC 普遍采用微粒高效固定相，100mm 长柱子即可满足分析要求，如果采用 3μm 的填料时，30mm 长即可。对于难分离样品，柱长可增加到 250mm。常用的分析柱内径是 4.6mm，并且柱内壁是经过严格抛光的。随着柱技术的发展，细内径柱受到人们的重视，内径 2mm 的柱已作为常用柱，可使溶剂消耗量大为下降。

6. 色谱柱恒温装置及馏分收集器

（1）水浴式 用恒温水浴槽给色谱柱夹套内注入所需温度的循环水，借助水的温度使色谱柱恒定于某一温度。夹套如图 5-4 所示。

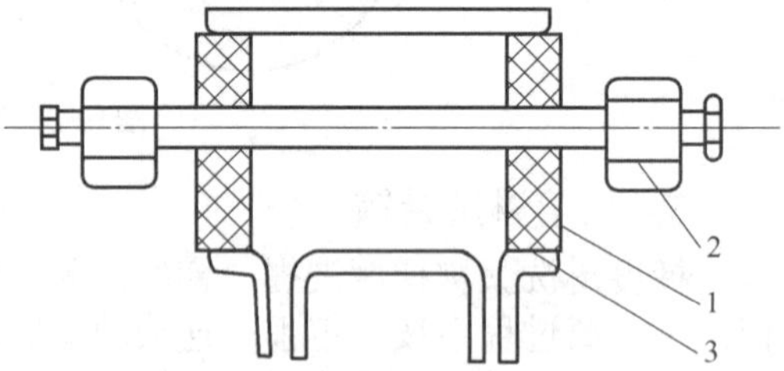

（2）电加热式 在金属块（常用铝）上安装电加热元件，温度控制器控制电加热元件的电流大小，可以使金属块恒定温度，将色谱柱置于两块金属之间。由金属块传递温度到恒温。

图 5-4 水浴式恒温装置示意

1—橡胶塞；2—色谱柱；3—恒温夹套（材料为金属或玻璃）

（3）恒温箱式 即把电加热式中所用的装有电加热元件的金属块，安装在具有保温性能的箱体内，使整个箱体的温度恒定在所需范围内。为保证安全，运转时以一定的流速向箱内吹氮，以防万一有机溶剂泄漏浓度过高时发生危险。

用于液相色谱柱恒温装置的最高温度不超过 100℃，否则流动相汽化会使分析工作无法进行。

7. 检测器

理想的液相色谱检测器应具备灵敏度高、重现性好、响应速度快、线性范围宽、通用性强、对流动相流速及温度变化不敏感、死体积小的特点。几种主要的常用液相色谱检测器的基本特性见表5-1。

表 5-1　几种主要的常用液相色谱检测器的基本特性

检测器	检测下限/(g·mL^{-1})	线性范围	选择性	梯度淋洗
紫外-可见	10^{-10}	$10^3 \sim 10^4$	有	可
示差折光	10^{-7}	10^4	无	不可
荧光	$10^{-12} \sim 10^{-11}$	10^3	有	可
电导	10^{-8}	$10^3 \sim 10^4$	有	不可
电化学	10^{-10}	10^4	有	困难
火焰离子化	$10^{-13} \sim 10^{-12}$	10^4	有	可

（1）紫外-可见检测器　这是一种使用最早且应用最广泛的检测器之一。这种检测器不仅有较高的灵敏度和选择性，而且对环境温度、流动相组成及流速的变化不甚敏感，因此，无论是等度或梯度淋洗都适用。

这种检测器是基于欲测组分（在流通池中）对特定波长的紫外线产生选择性吸收，对于单色光，组分浓度与吸光度之间服从吸收定律。

紫外-可见检测器有固定波长（单波长和多波长）及可变波长（紫外分光和紫外-可见分光）两类。

图 5-5 是一种双光路结构的紫外-可见检测器光路图。光源 1（常采用低压汞灯）产生的紫外光束经透镜 2 变为平行光束，再经遮光板 3 变为一对细小的平行光束，分别通过测量池 4 和参比池 5，然后经紫外滤光片 6 滤掉非单色光，用两只紫外光敏电阻组成桥式电路，根据两池输出信号的差值（即代表被测试样的浓度）进行检测。为适应高效液相色谱分析的要求，测量池的体积都做得非常小（5～10μL），光路长为 5～10mm，呈 H 形（见图 5-5）或 Z 形（见图 5-6）。接收元件为光电管、光电倍增管、光敏电阻。检测波长一般固定在紫外区中的 254nm 和 280nm。

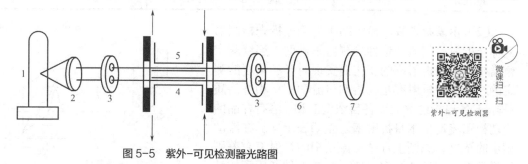

图 5-5　紫外-可见检测器光路图

1—光源；2—透镜；3—遮光板；4—测量池；5—参比池；6—滤光片；7—接收器

由于这种检测器的检测灵敏度很高，因而对一些吸收较弱的物质，也可以实现检测。但这种检测器对流动相溶剂的选用有一定限制。各种溶剂均有其一定的可透过波长下限值，超过这一数值时，溶剂的吸收会变得很强，以至于检测不出待测组分的吸收值。表 5-2 列出了 HPLC 常用部分溶剂的透过波长下限。下限值是指溶剂在以空气为参比，流动池光程长为 1cm 时，恰好能产生 1.0 个吸光度时相应的波长 (nm)。也即在溶剂透射率 $T=10\%$ 时所对应的波长值。

采用二极管阵列作为检测元件用于紫外-可见检测器是一大进展。阵列由 211 个光电二极管组成，每个二极管宽 50μm，各自完成一窄段的光谱测量。由图 5-6 可见，在这种检测器中，先使光源发出的紫外或可见光通过样品流通池，被流动相中的样品组分进行选择性吸收，再通过入射狭缝进行分光，这样就使所得含有吸收信息的全部波长的光聚焦在阵列上同时被检测,并用电子学方法以及计算机技术对二极管阵列快速扫描采集数据。由于扫描速度极快,每帧图像仅需 10^{-2} s,远远超出色谱流出峰的速度,因此可无需停留扫描而观察色谱柱流出物的各个瞬间的动态光谱吸收图。经计算机处理后可得到三维色谱-光谱图(如图 5-7)。因此,可利用色谱保留值规律及光谱特征吸收曲线综合进行定性分析。同时还可于色谱分离的同时,对每个色谱峰的指定位置(峰的前沿、顶点、峰的后沿)实时记录吸收光谱图并进行比对,从而判断色谱峰的纯度以及分离状况。

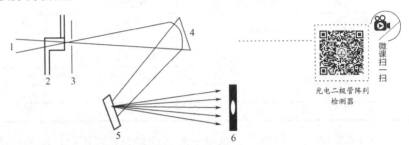

图 5-6　光电二极管阵列检测器光路图

1—光源;2—Z 形流通池;3—入射狭缝;4—反射镜;5—光栅;6—二极管阵列

表 5-2　HPLC 常用部分溶剂透过波长的下限值

溶剂名称	透过波长下限/nm	溶剂名称	透过波长下限/nm	溶剂名称	透过波长下限/nm
丙酮	330	氯仿	245	甘油	220
乙腈	210	环己烷	210	庚烷	210
苯	280	二氯乙烷	230	乙烷	210
三溴甲烷	360	二氯甲烷	230	甲醇	210
乙酸丁酯	255	二乙醚	260	甲基环己烷	210
丁醚	235	环戊烷	210	甲酸甲酯	265
二硫化碳	380	甲酸乙酯	260	异丙醇	210
四氯化碳	265	乙酸乙酯	260	甲苯	285

（2）示差折光检测器（RI）　示差折光检测器又称光折射检测器。这种检测器是借助于连续测定色谱柱流出物折射率的变化而实现对样品浓度的测定的。溶液的折射率是纯溶剂（流动相）和纯溶质（样品）各自折射率乘以各自浓度的和。溶有样品的流动相和流动相本身折射率之差即表示样品在流动相中的浓度。原则上凡是与流动相的折射率有差别的样品都可用该法测定,所以它是一种通用型的浓度检测器。方法的检测下限可达 $10^{-6} \sim 10^{-7}$ g·mL^{-1}。表 5-3 是常用溶剂在 20℃时的折射率。

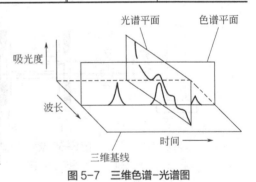

图 5-7　三维色谱-光谱图

表 5-3　常用溶剂在 20℃时的折射率

溶剂名称	折射率	溶剂名称	折射率
水	1.333	苯	1.501
乙醇	1.326	甲苯	1.496
丙酮	1.358	己烷	1.375
四氢呋喃	1.404	环己烷	1.462
乙烯乙二醇	1.427	庚烷	1.388

续表

溶剂名称	折射率	溶剂名称	折射率
四氯化碳	1.463	乙醚	1.353
氯仿	1.446	甲醇	1.329
乙酸乙酯	1.370	乙酸	1.329
乙腈	1.344	苯胺	1.358
异辛烷	1.404	氯代苯	1.525
甲基异丁酮	1.594	二甲苯	1.500
氯代丙烷	1.389	二乙胺	1.387
甲乙酮	1.381	溴乙烷	1.424

按检测原理示差折光检测器可分为偏转式和反射式两种类型。其中前者的折射率测量范围较宽（1.00~1.75），池体积较大，一般只在制备色谱及凝胶渗透色谱中使用。而通常的HPLC均使用反射式，因其池体积小（一般为5μL左右），这样可以获得较高的检测灵敏度。

由于折射率对于温度的变化非常敏感，多数溶剂的折射率都在约$5×10^{-4}$，因此检测器需恒温（温度控制精度应为±10^{-3}℃），以利获得精确的测定结果。该检测器不适于梯度淋洗。

（3）荧光检测器 这是一种很灵敏且选择性好的检测器。许多化合物，特别是具有对称共轭结构的有机芳香族的化合物、生化物质，如有机胺、多环芳烃、维生素、激素、黄曲霉素、酶、卟啉类化合物等被入射的紫外线照射之后，能吸收其中一定波长的光，使原子中的某些电子从基态的最低振动能级跃迁到较高电子能级的某些振动能级。之后，由于电子在分子中的碰撞，消耗一定的能量，而下降到第一电子能级的最低振动能级，再跃迁至基态电子能级中的某些不同振动能级，同时发射出比原来所吸收的频率较低、波长较长的光，即荧光。被这些物质所吸收的光叫作激发光，产生的荧光叫作发射光。荧光的强度与入射光强、量子效率以及样品浓度呈正比关系。图5-8为典型的直角型荧光检测器示意。

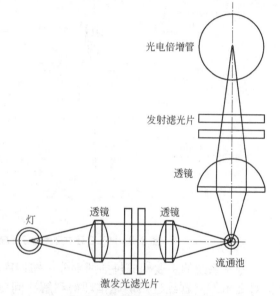

图5-8 直角型荧光检测器示意

由卤钨灯（光源）产生280nm以上（或氙灯产生250~600nm）的强连续光谱，经透镜和激发滤光片从中分出所要求的谱带宽度并聚焦于流通池上，流通池中待测组分发射出与激发光呈90°角的荧光，经透镜聚焦、透过发射滤光片照射在光电倍增管上，变为可测量的信号。某些物质虽然自身并不能产生荧光，但若含有某些适当的官能团，则其可与荧光试剂（如邻苯二甲醛、丹酰氯以及分析氨基酸和肽时常用的荧光胺）发生衍生反应，生成荧光衍生物，则也可用荧光检测器检测。

荧光检测器最大的优点是具有极高的灵敏度（比紫外检测器高1~3个数量级，达 $μg·L^{-1}$ 级）及良好的选择性；样品用量少，适于药物及生化分析；线性范围仅约为10^3。

8．工作站

工作站又称色谱专家系统，是新购置的高效液相色谱仪的配置单元，它是发展智能色谱所必需的。工作站的配置可使所有分析过程均可在线模拟显示，数据自动采集、处理和存储，并对整个分析过程实现自动控制。若事先设置好有关的分析条件及测定参数，还可自动给出最终的分析结果。为此，为了能准确、快速和有效地分析实际样品，需建立一个适当的分析方法。色谱分析法的建立由许多具体步骤组成。首先应选择合适的柱分离模式，如具体的液相色谱分离方法以及相关的仪器操作参数。其次是选择流动相，以使被分析样品的分析周期控制在可接受范围之内，也即保留值最优化。在分析工作中，常常会遇到虽然被分离的样品分析时已被控制在适当的范围内，但其分离的选择性并不理想，这时就可以通过调节流动相的配比及组成达到分离选择性的优化。同时还可对柱长、固定相粒度以及流动相流速等参数进行最优化。最终还要经过试验确证方法的正确性。图 5-9 是上述步骤中典型的色谱分离示意。这样的工作通常只有那些具有足够实际经验和知识的色谱专家才能做得到。而对于一般大部分色谱操作人员，建立一个适合的分析方法是需要花费大量时间的，色谱专家系统正是为了解决非色谱专家也能很好地建立一套适合的分析方法以完成实际样品的分析任务而建立的，它是色谱理论的研究成果与计算机技术完美结合的产物。

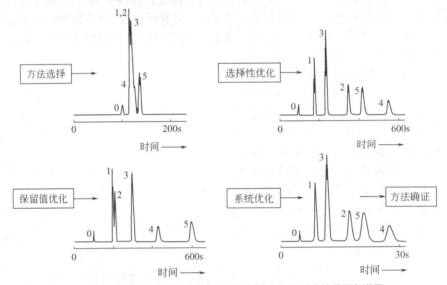

图 5-9　HPLC 建立适当的分析方法的过程步骤所对应的典型色谱图

专家系统的主要构成包括两部分：知识库和推理机。知识库是规则与事实的集合，推理机对提出的问题经过知识库推理得到解决问题的结论。专家系统的特征是其解释系统、用户界面及外设。解释系统用于对专家系统得到结论的演绎过程进行解释；用户界面是用户与专家系统交流的平台或媒介，借此还可以对专家系统的操作与使用提供咨询；外设主要用于从数据库中抽提信息或完成专家系统推理过程中的有关数学运算。专家系统中各模块间的关系如图 5-10 所示。

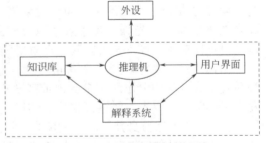

图 5-10　色谱专家系统结构示意

三、高效液相色谱仪的基本操作

目前，常见的液相色谱仪的品牌型号有很多，但实际操作步骤都大体相同。下面以日本岛津公司的 LC-20A 型液相色谱为例，说明其使用方法。

1. 系统组成

LC-20A 型液相色谱由 2 个 LC-20AD 溶剂输送泵（分为 A、B 泵）、手动进样器、C_{18} 填料色谱柱、SPD-20A 紫外-可见检测器、N2010 工作站等组成（见图 5-11）。

2．准备工作

① 流动相准备。使用前应按待检样品的检验方法准备所需的流动相（水使用纯净水，其他有机溶剂要求色谱纯，无机盐缓冲液浓度一般低于 20mmol·L^{-1}），用合适的 0.45μm 滤膜过滤（有机相和水相分别选用各自的专用滤膜，有机相用尼龙，水相用纤维素），超声脱气 20min 以上待用。

② 色谱柱准备。根据待检测样品的需要选用合适的色谱柱，柱进出口方向应与流动相流向一致（检查柱上"FLOW"流向）。

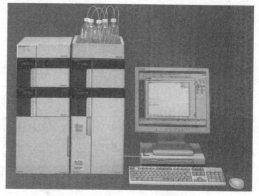

图 5-11 LC-20A 型液相色谱外观

③ 样品溶液的配制。配制样品和标准溶液（也可在平衡系统时配制），用合适 0.45μm 的样品过滤器过滤后待用。如检测中发现检测峰拖尾严重，可稀释后使用。严禁使用未经处理的浑浊溶液进样。

④ 检查仪器各种部件的电源线、数据线和输液管道是否连接正常。

3．开机、参数设定及平衡系统

① 接通电源，依次开启稳压电源、A 泵、B 泵、检测器，待泵和检测器自检结束后，打开电脑显示器、主机，启动工作站软件。LC-20AD 溶剂输送泵面板和 SPD-20A 紫外-可见检测器面板分别见图 5-12 和图 5-13。

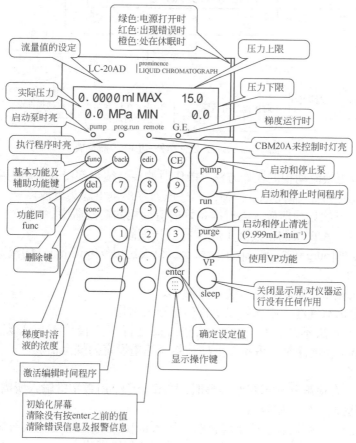

图 5-12 LC-20AD 溶剂输送泵面板

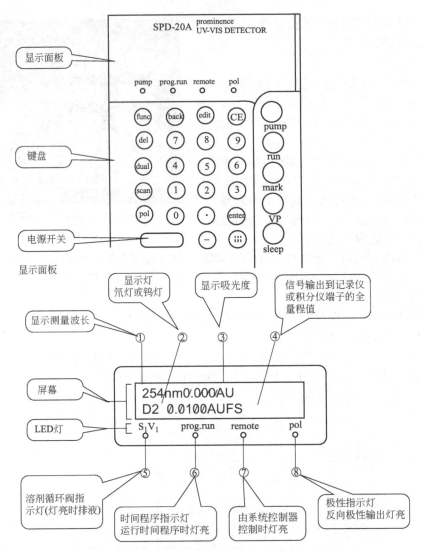

图 5-13 SPD-20A 紫外-可见检测器面板

② 排气泡或更换流动相的操作方法（操作时滤头必须全部浸入流动相中，否则，可能带入气泡。更换流动相时，需先把泵关掉，等柱压为零再拿出滤头更换）

a. 将 A/B 管路的吸滤器放入装有准备好的流动相的贮液瓶中。

b. 逆时针转动 A/B 泵的排液阀 180°，打开排液阀。

c. 按 A/B 泵的[purge]键，pump 指示灯亮，泵大约以 $9.9\text{mL}\cdot\text{min}^{-1}$ 的流速冲洗，3min（可设定）后自动停止。

d. 将排液阀顺时针旋转到底，关闭排液阀。

e. 如管路中仍有气泡，则重复以上操作直至气泡排尽。

f. 如按以上方法不能排尽气泡，从柱入口处拆下连接管，放入废液瓶中设流速为 $5\text{mL}\cdot\text{min}^{-1}$，按[pump]键停泵，重新接上柱并将流速重设定为规定值。

③ 参数设定

a. 波长设定：在检测器显示初始屏幕时，按[func]键，用数字键输入所需波长值，按[enter]键确认。按[CE]键退出到初始屏幕。

b. 流速设定：在 A 泵显示初始屏幕时，按[func]键，用数字键输入所需流速（柱在线时流速一般不超过 $1\text{mL}\cdot\text{min}^{-1}$），按[enter]键确认。按[CE]键退出。

c．流动相比例设定：在 A 泵显示初始屏幕时，按[conc]键，用数字键输入流动相 B 的浓度百分数，按[enter]键确认。按[CE]键退出。

d．梯度设定

(a) 在 A 泵显示初始屏幕时，按[edit]键，[enter]键；

(b) 用数字键输入时间，按[enter]键，重复按[func]键选择所需功能（FLOW 设定流速，BCNC 设定流动相 B 的浓度），按[enter]键，用数字键输入设定值，按[enter]键；

(c) 重复上一步设定其他时间步骤；

(d) 用数字键输入停止时间，重复按[func]键直至屏幕显示 STOP，按[enter]键确认，按[CE]键退出。

④ 平衡系统

a．按《N2010 色谱数据工作站操作规程》打开"在线色谱工作站"软件，输入实验信息并设定各项方法参数。

b．等度洗脱方式

(a) 按 A 泵的[pump]键，A、B 泵将同时启动，pump 指示灯亮。用检验方法规定的流动相冲洗系统，一般最少需 6 倍柱体积的流动相。

(b) 检查各管路连接处是否漏液，如漏液应予以排除。

(c) 观察泵控制屏幕上的压力值，压力波动应不超过 1MPa。如超过则可初步判断为柱前管路仍有气泡，进行气泡排除操作。

(d) 观察基线变化。如果冲洗至基线漂移<0.01mV·min^{-1}，噪声为小于 0.001mV 时，可认为系统已经达到平衡状态，可以进样。

c．梯度洗脱方式

(a) 以检查方法规定的梯度初始条件，按上述方法平衡系统。

(b) 在进样前运行 1~2 次空白梯度。方法：按 A 泵的[run]键，prog.run 指示灯亮，梯度程序运行；程序停止时，prog.run 指示灯灭。

(c) 如果使用前色谱柱中保存的流动相为纯甲醇或纯乙腈，而新流动相中含有缓冲盐时，应先用纯水冲洗色谱柱 10min 左右再使用流动相，以免盐析出，损坏系统。

(d) 如系统为正相或反相交换使用，应先将所有管路用异丙醇清洗后再换新流动相使用。

4．检测

① 进样前按检测器[zero]键调零。

② 用试样溶液清洗注射器，并排除气泡后抽取适量。

③ 每次进样量要基本一致，进样针里不可有气泡，如有，及时赶去。

④ 在进样阀处于 inject 状态时，插入进样器，迅速旋转至 load 状态，注入样品，旋回 inject 位置，进样结束。

⑤ 至样品检测结束，在 N2010 色谱工作站软件上计算结果（见图 5-14）。

5．清洗系统关机

（1）手动进样器清洗　用注射器吸 20mL 超纯水后套上冲洗头，将冲洗头轻轻顶在进样口上（不宜用力过大，否则容易损坏进样口），使进样阀保持在 load 位置，慢慢将水推入，水将通过注射针导入口、引导管和注射针密封圈，由样品溢出管排出。

（2）色谱柱清洗　继续以分析中使用的流动相冲洗 10min 以上，待基线平稳后关闭检样器，冲洗色谱柱。

① 如果流动相不含缓冲盐，可以用甲醇∶水=70∶30（或用纯甲醇）直接冲洗 30min 以上后把流速设为零，然后关闭所有仪器设备，顺序为：先退出工作站软件，再依次关闭系统控制器、检测器、自动进样器、柱温箱、泵。

② 如流动相含缓冲盐，可先用纯水冲洗 20～30min 后再用甲醇：水=70：30（或用纯甲醇）冲洗 30min 以上，流速设零后再关闭仪器各部分电源，然后关闭总电源结束实验，离开实训室。

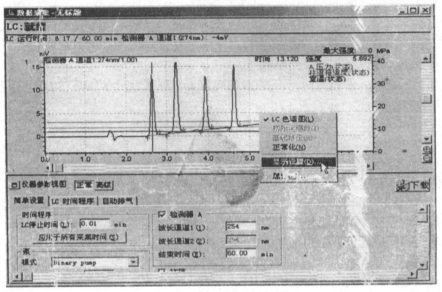

图 5-14 色谱工作站数据采集

实训 5-1　高效液相色谱基本操作

一、实训目的

1．了解高效液相色谱仪各个部件及其功用。
2．掌握高效液相色谱仪基本操作步骤。

二、仪器与试剂

1．仪器

LC-20A 型液相色谱仪（SPD-20A 紫外-可见检测器）；C_{18} 反相键合相色谱柱（150mm×4mm）；微量注射器（25μL）；溶剂过滤器（0.45μm）及脱气装置。

2．试剂

0.5%苯和甲苯（1：1）样品；甲醇（色谱纯）；重蒸馏水（新制）。

三、实训内容

学生分组练习，一部分学生练习配制流动相，一部分学生练习操作仪器，然后交换练习。
① 流动相准备：使用溶剂过滤器过滤，超声脱气 10～15min，转移至贮液瓶。
② 把流动相贮液器放置在略高于高压泵的位置，插入带有不锈钢滤头的输液管。
③ 依次打开高压恒流泵、检测器、工作站电源，待自检完成后，将高压恒流泵设置为外控状态，设定波长。
④ 开启高压泵电源开关，打开排放阀，仪器开始清洗高压泵和排除管路中的气泡，观察废液出口，若没有气泡，停止排放，关闭排放阀；设置流动相比例、流量等参数，运行高压泵。
⑤ 打开色谱数据处理系统，新建方法。
⑥ 取样：先用进样器取样，用油膜过滤后，用微量进样器进样，转动阀门。

⑦ 开始采样。
⑧ 采样结束后数据处理，打印报告。

实训 5-2　高效液相色谱仪性能检查

一、实训目的要求

1. 掌握色谱柱理论塔板数的计算方法。
2. 掌握分离度的计算方法。
3. 掌握高效液相色谱仪的操作方法。
4. 了解高效液相色谱仪的构造及工作原理。
5. 了解考察色谱柱的基本特性的方法和指标。

二、实训提要

1. 理论塔板数和理论塔板高度

在色谱柱性能测试中，理论塔板数或理论塔板高度反映了色谱柱本身的特性，是一个具有代表性的参数，可以用其衡量柱效能。根据塔板理论，理论塔板数越大，板高越小，柱效能越高。

2. 分离度

分离度是从色谱峰判断相邻两组分在色谱柱中总分离效能的指标，用 R 表示。相邻两组分的分离度应大于 1.5，才能达到完全分离。

任务 3　高效液相色谱法基本原理

一、高效液相色谱分析法的特点

高效液相色谱分析法又称高压、高速或现代柱液相色谱分析法。它是在经典的液相柱色谱的基础上，引入气相色谱的理论，在技术上采用了高压泵、高效固定相和高灵敏度检测器，而于 20 世纪 70 年代迅速发展起来的一种高效、快速的分离分析技术。

经典液相柱色谱的固定相通常是大于数十微米的粗粒度多孔吸附剂（硅胶或氧化铝）。固定相传质慢，因此柱效率低，分离能力差，只能用于简单化合物的分离；而高效液相色谱法采用<10μm 微球，粒度小，传质快，柱效高 2~3 个数量级。经典液相柱色谱用的是玻璃管柱，柱长一般为 1~2m，柱内径 1~2cm，使用一次便报废，每次都要重新装柱；而高效液相色谱法采用尺寸小得多（柱长在 50cm 以下，柱内径几毫米）的封闭式不锈钢（内壁经严格抛光的）或厚壁玻璃管色谱柱，可反复使用成百上千次。经典的液相柱色谱流动相是靠其自身重力前移的，因此，传质扩散慢，分离速度极低；而高效液相色谱法采用高压输液泵（压力在 10^4kPa 以上）配合微粒固定相（压差在 10^3Pa 以上），因此传质扩散快，分析速度大大提高。

气相色谱法使用气体流动相，被分析样品须有一定的蒸气压，气化后才能在柱上进行分析（目前已知的所有化合物中，仅有 15%左右符合这一要求，加上可以通过样品预处理转变为符合要求的物质在内也不过 20%左右），使分析对象的范围受到一定限制，一些挥发性差的物质需要的气化温度和柱温很高，更重要的是这些物质在如此高的温度下被气化的同时也已经被分解而改变了原有的结构和性质，使进一步的分析不再成为可能，而高效液相色谱法是在接近室温的条件下操作（温度低更有利于色谱分离），最高不超过流动相的沸点。只要被分析物在流动相中有一定的溶解度，便可以实现分离分析。所以高效液相色谱法尤其适用于那些沸点高、分子量大、极性强、对热稳定性差的物质（如生化物质、药物、离子型化合物及天然化合物）的分析。主要是一些生命科学、环境科学、高分子和无机物，因此，高效液相色谱有着广泛的应用前景。

高效液相色谱用流动相参与分离过程，从而为分离的控制和改善创造了气相色谱无法比拟的条件。尽管高效液相色谱法用固定相不如气相色谱法的种类多，但足以解决相当范围的分离分析问题。

应当指出，气相色谱与高效液相色谱各有所长，相互补充。在高效液相色谱越来越广泛地获得应用的今天，气相色谱仍发挥着重要作用。

二、高效液相色谱法类型及其分离原理

1. 液-液分配色谱法

要求两相不互溶而有一明显分界面。试样溶于流动相后，在柱内经过分界面进入固定液中，由于试样在两相间相对溶解度不同，因而，在两相间进行分配。当分配达平衡时仍服从于式（4-9）和式（4-11）。

和气-液分配色谱相似，分离的顺序决定于组分分配系数的大小。但是，气相色谱法中流动相的性质对分配系数影响不大，而液相色谱的流动相对分配系数的影响却是比较大的。

在液-液分配色谱中，为了避免固定液的流失，对于亲水性固定液，常选用疏水性流动相，即流动相的极性小于固定液的极性，这种情况又称之为正相分配色谱。反之，若流动相的极性大于固定液的极性，则称之为反相分配色谱。因为二者的出峰顺序刚好相反而得名。

2. 液-固吸附色谱法

这种色谱技术的作用机理是：溶质分子（X）与溶剂分子（S）对吸附剂表面活性中心的竞争吸附。溶质分子 X 被吸附，将取代固定相表面上的溶剂分子，这种竞争吸附达到平衡时，可用下式表示：

$$K = \frac{[X_a][S_m]^n}{[X_m][S_a]^n} \tag{5-1}$$

式中，K 为吸附平衡系数；X_m 和 X_a 分别表示在流动相中和被吸附剂吸附的溶质分子；S_a 代表被吸附在吸附剂表面上的溶剂分子；S_m 表示在流动相中的溶剂分子；n 是被吸附的溶剂分子数。显然，K 值大的组分，吸附剂对它的吸附力强，保留值就大。

液-固吸附色谱法适用于分离分子量中等的油溶性试样、具有不同官能团的化合物和异构体。缺点是易出现峰的拖尾现象。

3. 离子交换色谱法

这种方法是基于离子交换树脂上可交换的离子基团与流动相中具有相同电荷的溶质离子进行可逆交换，依据其对离子交换树脂上的固定离子基团亲和力的不同而将溶质离子分离开。

凡是在流动相溶剂中可电离的物质通常都可以此法进行分离。被分析物质电离后产生的离子与树脂上带相同电荷的离子（反离子）进行可逆交换达到平衡时，以阴离子为例，可用下式表示：

$$K_x = \frac{[-NR_4^+X^-][Cl^-]}{[-NR_4^+Cl^-][X^-]} \tag{5-2}$$

式中，K_x 为交换平衡系数；$-NR_4^+$ 为树脂上固定离子基团；Cl^- 为树脂上可交换离子基团；X^- 为溶液电离后产生的阴离子。

对于阳离子交换过程，类推可得相应的 K。

显然 K 值愈大，表示电离后产生的 X^- 与离子交换树脂上固定离子基团的亲和力愈大，在柱中的保留值也就愈大。

离子交换色谱法主要用来分离离子或可离解的化合物，它不仅应用于无机离子的分离，

还用于有机物的分离,因此在生物化学领域中已得到广泛应用。

4. 空间排阻(凝胶)色谱法

以表面具有不同大小(一般为几个纳米到数百个纳米)空穴的凝胶为固定相的色谱法称为空间排阻色谱法(又称凝胶色谱法)。溶质在两相之间被分离是靠自身体积大小的不同。对于一定的凝胶,它具有一定大小的孔穴分布。试样进入色谱柱后,随流动相在凝胶外部间隙以及孔穴旁流过。试样中一些分子由于体积太大不能进入凝胶孔穴中而被排斥在外,因而直接通过并离开色谱柱,首先被检测器接收而在色谱图上出现;另外一些体积太小的分子可以进入所有凝胶孔穴而渗透到颗粒中,这些组分经过色谱柱所需的时间相比最长,在柱上的保留值最大,最后被检测器接收而在色谱图上出现;中等体积的分子可以渗入孔径较大的凝胶孔穴中,但受到孔径较小的孔穴的排阻,就以中等速度通过柱子。因为溶剂分子通常是体积非常小者,因此最后(在 t_M 时)被洗脱,结果使整个试样都在 t_M(死时间)以前被洗脱而离开色谱柱。这和前述几种色谱方法所看到的情况恰好相反。

图 5-15 是空间排阻色谱分离情况的示意图。图中下半部分为各具有不同窄分布分子量聚合物标准试样的洗脱曲线。上部分表示洗脱体积和聚合物分子量之间的关系(即校正曲线)。由图 5-15 可见,凝胶有一个排斥极限(如图中 A 点)。凡是比 A 点相应的分子量大的分子,均被排斥于所有的胶孔之外,因而将以一个单一的谱峰 C 出现,在保留体积 V_0 时一起被洗脱,显然,V_0 是柱中凝胶填料颗粒之间的体积。另一方面,凝胶还有一个全渗透极限(如图 5-15 中 B 点),凡是比 B 点相应的分子量小的分子都可完全渗入凝胶孔穴中。同理,这些化合物也将以一个单一的谱峰 F 出现,在保留体积 V_M 时被洗脱。可预期,分子量介于上述两个极限点之间的化合物,将按分子量降低的次序被洗脱。通常将 $V_0<V_e<V_M$ 这一范围称为分级范围。当化合物的分子大小不同而又在此分级范围之内时,它们才有可能借助空间排阻色谱法实现分离。

空间排阻色谱法又分为凝胶渗透色谱法(以有机溶剂为流动相)和凝胶过滤色谱法(以水为流动相)。它们的分离机理是完全相同的。

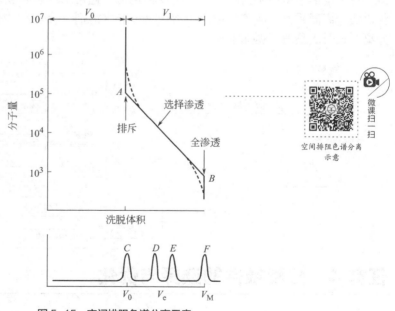

图 5-15 空间排阻色谱分离示意

由于排阻色谱法的分离机理与其他类型的色谱法不同,因此,具有一些独特之处。排阻色谱法的组分峰全部在溶剂的保留时间(即死时间)前出现,它们在柱内停留时间整体上讲都来得短,故柱内峰扩展就比其他分离方法小得多,所得峰通常都较窄,这有利于进行检测;固定相和流动相的选择简便;适用于分离分子量大的化合物(约为 2000 以上),并且在合适的条件下,也可分离分子量小至 100 的化合物,故分子量为 $100\sim8\times10^5$ 的任何类型的化合物,只要在流动相中是可溶的,都可用排阻色谱法进行分离;然而,由于方法本身所限,排阻色谱法只能分离分子量差别在 10% 以上的分子,而不能用来分离大小相似、分子量接近的分子,例如异构体等;对于一些高聚物,由于其组分分子量的变化是连续的,显然这种分离方法是不适用的。但对于这类物质人们常常关心其分子量的分布情况,而这正是空间排阻色谱法可以胜任的。

三、高效液相色谱分离方式的选择

在了解、熟悉各种具体的液相色谱类型及其特点的基础上,应用高效液相色谱法对样品进行分离、分析方法的选择,主要应考虑的因素包括样品的性质(如分子量、化学结构、极性、溶解度参数等化学性质及物理性质)、各种液相色谱分离方法的特点及其适用范围、实验室现有仪器、色谱柱等条件。

对于分子量较低、挥发性较好的样品,适宜采用气相色谱法分离、分析。对于分子量在 200~2000 的样品,宜采用 HPLC 中的液-固、液-液、离子交换、离子对色谱及离子色谱等进行分离、分析;对于分子量大于 2000 的样品,宜采用凝胶色谱,并可判定样品中是否有高分子量的聚合物、蛋白质等化合物及做出分子量的分布情况。

了解样品在多种溶剂中的溶解性,是选择分离类型的基础。对于可溶于水的样品,可采用反相色谱法;对可溶于酸性或碱性水溶液的样品,则因表明了样品为离子型化合物,故宜采用离子交换色谱法、离子对色谱法或离子色谱法;对于非水溶性样品(大多有机物均属此类),事先弄清它们在烃类溶剂(戊烷、己烷、异辛烷等)、芳烃类溶剂(苯、甲苯等)、二氯甲烷及氯仿、甲醇等溶剂中的溶解性是很有必要的。对于可溶于苯或异辛烷等烃类溶剂的样品,可采用液-固吸附色谱;对于可溶于二氯甲烷或氯仿中的样品,多采用正相色谱或吸附色谱;对于可溶于甲醇中的样品,可用反相色谱。通常采用吸附色谱法分离异构体,正、反相色谱法分离同系物。凝胶色谱用于溶于水或非水溶剂、分子尺寸有差别的样品的分离。选择分离方式时的参考依据如下:

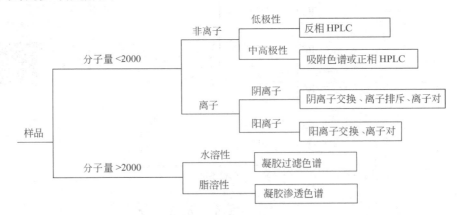

任务 4　分离条件的选择与优化

一、色谱柱的填充技术

目前,大多数实验室使用已填充好的商品色谱柱。色谱柱的性能除了与固定相性能有关外,还与填充技术有关。图 5-16 为装柱流程示意。

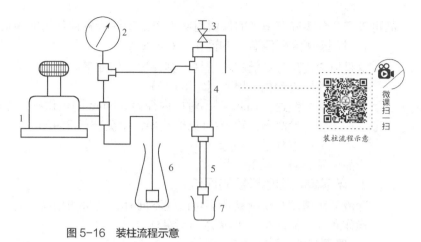

图 5-16　装柱流程示意
1—高压泵；2—压力表；3—排空气阀；4—匀浆罐；5—色谱柱；6—加压介质瓶；7—废液杯

根据填料粒度的大小，高效液相色谱柱可分为干法和湿法装填两种方法。其中对于直径大于 20μm 的填料，一般采用经典的干法填充技术，即将填料通过漏斗加入垂直放置的柱管中，同时，进行敲打或振动柱管，以得到填充紧密而均匀的填充床。目前高效液相色谱所采用的填料粒度多在 3～10μm 范围内（3μm、4μm、5μm、7μm、10μm），这类微粒填料由于其表面活性很强，容易结团，干法装柱无法使填料填充紧密均匀，必须采用湿法装柱技术——淤浆装柱法。这是一种在 20 世纪 70 年代出现的新技术，它的出现解决了 10μm 以下填料的装柱问题，从而使这种微粒型填料真正进入实际的应用阶段，并且这种微粒型填料已成为目前广泛应用的高效柱填料。所谓淤浆装柱法，即以一种或数种溶剂配制成悬浮液，以超声处理，使填料粒子在悬浮液中高度分散并呈现悬浮状态，即匀浆。然后用加压介质（己烷或甲醇等）在高压下将匀浆压入柱管中，制备成具有均匀、紧密填充床的高效液相色谱柱。淤浆装柱方法较多，有"平衡密度法""黏度法""稳定淤浆法"和"非平衡密度法"等，淤浆装柱必须满足下述条件：

① 制备成的匀浆，其固定相粒子应在介质中高度分散悬浮。
② 匀浆配制稠度，即固定相与匀浆介质的比例，在匀浆罐容积允许范围内宜大一些。
③ 装填压力由固定相粒度、柱长等因素而定。对于常规柱控制在 $35\sim60\mathrm{MPa\cdot cm^{-2}}$。柱管越长，则要求的填充压力也越高。

值得注意的是，加压介质应尽可能选择与分析冲洗条件接近的溶剂，以便省略溶剂转换和柱性能调整等步骤。

必须指出，性能优良的高效液相色谱柱的获得，装填技术是重要环节，但根本问题还在于填料本身性能的优劣，以及配套的色谱仪系统的结构是否合理。

二、色谱柱的评价方法

一支色谱柱的好坏必须用一定的指标进行评价。无论是自己装填的还是购买的色谱柱，使用前都要对其性能进行考察，使用期间或放置一段时间后也要重新检查。柱性能指标包括在一定实验条件（样品、流动相、流速、温度）下的柱压、理论塔板高度和塔板数、对称因子、容量因子和选择性因子的重复性或分离度。一般来说，容量因子和选择性因子的重复性在±5%或±10%以内。进行柱效比较时，还要注意柱外效应是否有变化。

一个合格的色谱柱评价报告应给出色谱柱的基本参数，如色谱柱长度、内径、填充载体的种类、粒度、色谱柱的柱效、不对称度和柱压降等。评价液相色谱柱的仪器系统有相当高的要求，一是液相色谱仪器系统的死体积应该尽可能小，这包括进样阀、连接管和检测器的池体积等因素；二是采用的样品及操作条件应当合理，在此合理的条件下，评价色谱柱的样品可以完全分离并有适当的保留时间。以下是评价各种常用的色谱柱的样品及其操作条件。

1. 烷基键合相色谱柱的评价（C_8、C_{18}）

这是目前应用最广泛的色谱柱，其评价方法如下。

操作条件　流动相：甲醇/水（83/17）。
　　　　　线速：$1mm·s^{-1}$，对柱内径为 5.0mm 的色谱柱，流量大约为 $1mL·min^{-1}$。
　　　　　检测器：紫外-可见检测器，检测波长 254nm。
　　　　　进样量：10μg。

样品：苯、萘、联苯、菲。

2. 苯基键合相色谱柱的评价

除流动相浓度与烷基键合相色谱柱不同外，其余均相同。

操作条件　流动相：甲醇/水（57/43）。

3. 氰基键合相色谱柱的评价

操作条件　流动相：正庚烷/异丙醇（93/7）。
　　　　　线速：$1mm·s^{-1}$。
　　　　　检测器：紫外-可见检测器，检测波长 254nm。
　　　　　进样量：10μg。

样品：三苯甲醇、苯乙醇、苯甲醇。

4. 氨基键合相色谱柱的评价

（1）—NH_2 作为极性固定相

操作条件　流动相：正庚烷/异丙醇（93/7）。
　　　　　流速：$1mm·s^{-1}$。
　　　　　检测器：紫外-可见检测器，检测波长 254nm。
　　　　　进样量：10μg。

样品：苯、萘、联苯、菲。

（2）—NH_2 作为弱阴离子交换剂

操作条件　流动相：水/乙腈酯（98.5/1.5）。
　　　　　流速：$1mm·s^{-1}$。
　　　　　检测器：示差折光检测器。
　　　　　进样量：10μg。

样品：核糖、鼠李糖、木糖、果糖、葡萄糖。

5. —SO_3H 键合相色谱柱的评价

—SO_3H 是强阳离子交换剂。

操作条件　流动相：$0.05mol·L^{-1}$ 甲酸铵/乙醇（90/10）。
　　　　　流速：$1mm·s^{-1}$。
　　　　　检测器：紫外-可见检测器，检测波长 254nm。
　　　　　进样量：10μg。

样品：阿司匹林、咖啡因、非那西丁。

6. —R_4NCl 键合相色谱柱的评价

—R_4NCl 是强阴离子交换剂。

操作条件　流动相：$0.1mol·L^{-1}$ 硼酸盐溶液（加 KCl）（pH 9.2）。
　　　　　线速：$1mm·s^{-1}$。
　　　　　检测器：紫外-可见检测器，检测波长 254nm。
　　　　　进样量：10μg。

样品：尿苷、胞苷、脱氧胸腺苷、腺苷、脱氧腺苷。

7. 硅胶柱的评价

操作条件　流动相：正己烷。

　　　　　流速：$1mm·s^{-1}$，对于柱内径为 5.0mm 的色谱柱，大约为 $1mL·min^{-1}$。

　　　　　检测器：紫外-可见检测器，检测波长 254nm。

　　　　　进样量：$10\mu g$。

样品：苯、萘、联苯、菲。

上述仅是一些普通色谱柱的评价方法，当然也可以用其他适当的样品及条件来评价高效液相色谱柱。

三、影响色谱峰扩展及色谱分离的因素

HPLC 法的基本概念和基本理论，如保留值、分配系数、分配比、分离度、塔板理论、速率理论等是与气相色谱法基本一致的，区别在于流动相的不同。液体的扩散系数仅有气体的万分之一到十万分之一，而液体的黏度比气体大 100 倍，密度则约大 1000 倍（见表5-4）。而流动相这些性质上的差别必然影响到色谱过程。

表 5-4　影响液相色谱峰扩展的主要物理性质

参数	气体	液体
扩散系数 $D_m/(cm^2·s^{-1})$	10^{-1}	10^{-5}
密度 $\rho/(g·cm^{-3})$	10^{-3}	1
黏度 $\eta/(g·cm^{-1}·s^{-1})$	10^{-4}	10^{-2}

1. 涡流扩散项 H_1

$$H_1 = 2\lambda d_p$$

式中，各项含义同气相色谱法。

2. 纵向扩散项 H_2

当试样分子随流动相从色谱柱经过时，由分子本身运动引起的纵向扩散同样会导致色谱峰的扩展。纵向扩散项 H_2 与分子在流动相中的扩散系数 D_m 呈正比，而与流动相的线速度 u 呈反比：

$$H_2 = \frac{C_d D_m}{u} \tag{5-3}$$

式中，C_d 为一常数。由于分子在液体中的扩散系数比在气体中要小 4～5 个数量级，因此在液相色谱中，当流动相的线速度大于 $0.5cm·s^{-1}$ 时，H_2 对色谱峰扩展的影响实际上达可忽略的地步；而在气相色谱法中已知该项却是重要的影响因素之一。

3. 传质阻力项 H_3

在液相色谱法中，这一项又可进一步分为两项，即固定相传质阻力项 H_s 和流动相传质阻力项 H_m。

（1）固定相传质阻力项 H_s　主要发生在液-液分配色谱中。试样分子自流动相进入固定液内进行质量交换的传质过程取决于固定液的液膜厚度 d_f，以及试样分子在固定液内的扩散系数 D_s：

$$H_s = \frac{C_s d_f^2}{D_s} u \tag{5-4}$$

式中，C_s 是与容量因子 k 有关的系数。由上式可见，它与气相色谱法中液相传质阻力项的含义是一致的。因此，对于由固定相的传质引起的峰扩展，主要应从改善传质、加快溶质

分子在固定相上的解吸过程着手加以解决。对于液-液分配色谱，应设法使用薄的固定相液膜；对吸附色谱、排阻色谱以及离子交换色谱，应尽量使用小颗粒固定相。显然也可通过使用大扩散系数的固定液、减小流动相的流速以达到改善传质的目的。当然这些又都是与分子扩散作用相矛盾的，并不利于缩短分析周期。

（2）流动相传质阻力项 H_m　试样分子在流动相中的传质过程有两种形式，即在流动的流动相中的传质以及在滞留的流动相中的传质。

① 在流动的流动相中的传质阻力项 H_m　当流动相流过色谱柱内的填充物时，靠近填充物颗粒的流动相流动稍慢一些，也即在柱内流动相的流速并非均匀的，靠近固定相表面的试样分子相对于中间的走的距离要短一些。即：

$$H_m = \frac{C_m d_p^2}{D_m} u \tag{5-5}$$

式中，C_m 为一常数，是容量因子 k 的函数，其值与柱内径、柱形状以及填料填充规则与否有关。填料填充得规则、紧密，有利于降低 C_m。

② 在滞留的流动相中的传质阻力项 H_{sm}　由于固定相的多孔性，造成部分流动相溶剂滞留其中且停止不动。流动相中的组分分子欲到达孔穴内固定相表面进行质量交换，需首先经过滞留区中的滞留流动相。若孔穴既小又深，则这部分的传质速率必然很慢，结果会加剧峰的扩展。滞留的流动相中的传质阻力项 H_{sm} 为：

$$H_{sm} = \frac{C_{sm} d_p^2}{D_m} u \tag{5-6}$$

式中，C_{sm} 为一常数，其与微孔中被流动相所占据部分的分数以及容量因子有关。

总之，对高效液相色谱而言，影响柱效 H 的因素可以归纳为：

$$H = H_1 + H_2 + H_s + H_m + H_{sm}$$

$$= 2\lambda d_p + \frac{C_d D_m}{u} + \left(\frac{C_m d_p^2}{D_m} + \frac{C_{sm} d_p^2}{D_m} + \frac{C_s d_f^2}{D_s} \right) u \tag{5-7}$$

也可简化为与气相色谱的速率方程在形式上一致的下式：

$$H = A + \frac{B}{u} + Cu \tag{5-8}$$

但应注意到，高效液相色谱法和气相色谱法的速率方程虽然具有相同的形式，可是对于高效液相色谱法而言，纵向扩散项可略而不计，即影响板高 H 的主要因素是传质阻力项。

综上所述，提高液相色谱的分离效率，应通过减小柱填料的粒度、改善填充均匀性来实现。薄壳型载体（即在 30～40μm 直径的实心核上，覆盖一层 1～2μm 厚的多孔硅胶）具有相对较大的孔径和小的孔道，因此，传质效率可以大大提高。而大小均一的球形又进一步为柱内填充的均匀性提供了保证。如同在项目 4 中对气相色谱的讨论一样，在液相色谱分析中各种影响柱效 H 的因素也是相互联系和相互制约的。比如，选用低黏度的流动相，或适当提高柱温来降低流动相黏度，有利于传质，但提高柱温会降低分辨率；降低流动相流速对减小传质阻力项的影响显然是有利的，但同时又会增加纵向扩散项，以致分析周期延长。

对于高效液相色谱法来讲，影响色谱峰扩展的因素除上述以外，还有柱外展宽（超柱效应）等其他一些影响因素。

柱外（峰）展宽是指色谱柱之外的各种引起色谱峰扩展的影响因素，如进样引起的柱前展宽。HPLC 多采用将试样直接注入柱子顶端滤塞上或进样器的液流中的进样方式。由于进样器的死体积以及进样时液流的扰动引起的扩散（称之为柱前扩散），致使色谱峰出现不对称和展宽。若改为直接将试样注入柱顶端填料上的中心点，或填料中心内 1～2mm 处，从而可减少试样在柱前的扩散，使峰的不对称性得到改善、柱效显著提高。再者是因连接管路及检测器流通池的体积所引起的柱后展宽。

实训 5-3 色谱柱性能评价

一、实训目的

1. 复习 HPLC 仪器的基本组成及其工作原理，熟练操作技能。
2. 学习 HPLC 柱效能的测定方法。

二、实训原理

气相色谱中评价色谱柱柱效能的方法及计算理论塔板数的公式，同样适用于 HPLC：

$$n=5.54\left(\frac{t_R}{Y_{1/2}}\right)^2=16\left(\frac{t_R}{Y}\right)^2 \tag{5-9}$$

速率理论及其方程式对于研究影响 HPLC 柱效的各种因素，也同样具有指导意义：

$$H=A+\frac{B}{u}+Cu \tag{5-10}$$

然而，由于组分在液体中的扩散系数较在气体中小，纵向扩散项（B/u）对色谱峰扩展的影响实际上可以忽略不计，而传质阻力项（Cu）则成为主要影响柱效的因素，可见欲提高 HPLC 的柱效能，提高柱内填料的装填均匀性并减小其粒度，以加快传质速率是极为重要的。目前所使用的固定相，一般是直径 5~10μm 的微粒，而装填质量的好坏也将直接影响柱效能的高低。除上述影响柱效能的因素以外，对于 HPLC 则还应考虑柱外展宽的一些因素，其中包括进样器的死体积和进样技术等所引起的柱前展宽，以及由柱后连接管、检测器流通池体积所引起的柱后展宽。

实训 5-4 苯系混合物分离条件的选择

一、实训目的

1. 掌握 HPLC 仪器的基本操作。
2. 选择 HPLC 分析甲苯最佳条件的方法。

二、实训原理

液相色谱操作条件主要包括色谱柱、流动相组成与流速、色谱柱温度、检测器波长等。苯系物的分离一般采用反相 HPLC，使用常见的 C_{18} 反相键合色谱柱，流动相主体是水，在极性溶剂中适当添加少量甲醇可以得到任意所需极性的流动相。通过实训主要了解确定检测波长的方法，以及流动相中甲醇含量对样品的保留时间和分离性能的影响，流动相流速对样品的保留时间和分离性能的影响，基本目标是将苯系物分离，同时希望在最短的时间内完成分析，获得足够的柱效。

任务 5 归一化法定量分析

一、标准对照法定性

利用标准样品对未知化合物定性是最常用的液相色谱定性方法，该方法的原理与气相色谱法的定性方法相同。由于每一种化合物在特定的色谱条件下（流动相组成、色谱柱、柱温等相同），其保留值具有特征性，因此可以利用保留值进行定性。如果在相同的色谱条件下被测化合物与标样的保留值一致,就可以初步认为被测化合物与标样相同。若流动相组成经多次改变后,被测化合物的保留值仍与标样的保留值一致,就能进一步证实被测化合物与标样为同一化合物。

二、归一化法的运用

若将所有出峰组分的含量之和按100%计,则这种定量计算的方法就叫作归一化法。归一化法要求所有组分都能分离且有响应,其基本方法、使用条件以及计算公式均与气相色谱分析法相同:

$$C_i = \frac{f_i A_i}{\sum_{i=1}^{n} f_i A_i} \times 100\% \tag{5-11}$$

详细内容可参阅气相色谱定量计算方法中的归一化法。

三、内标法

当试样中所有组分不能全部出峰,需测定的组分出峰时,也可采用内标法。与气相色谱内标法一样,也是将一定量的纯物质作为内标物,加入准确称取的试样中去,根据被测物和内标物的质量及其在色谱图上相应的峰面积的比,求出待测组分的含量。详细内容可参阅气相色谱定量计算方法中的内标法。

四、高效液相色谱方法建立的一般模式

一般情况下,液相色谱分离方法的建立应遵循以下步骤。

1. 了解样品的基本情况

所谓样品的基本情况,主要包括样品所含化合物的数目、种类(官能团)、分子量、pK_a 值、UV 光谱图以及样品基体的性质(溶剂、填充物等)、化合物在有关样品中的浓度范围、样品的溶解度等。

2. 明确分离目的

① 主要目的是分析还是回收样品组分?
② 是否已知样品中所有成分的化学特性,或是否需做定性分析?
③ 是否有必要解析出样品中所有成分(比如对映体、非对映体、同系物、痕量杂质)?
④ 如需做定量分析,精密度需多高?
⑤ 本法将适用几种样品分析还是许多种样品分析?
⑥ 将使用最终方法的常规实验室中已有哪些液相色谱设备和技术?

3. 了解样品的性质和需要的预处理

考察样品的来源形式,可以发现,除非样品是适于直接进样的溶液,否则,高效液相色谱分离前均需进行某种形式的预处理。例如,有的样品需加入缓冲溶液以调节 pH 值;有的样品含有干扰物质或"损柱剂"而必须在进样前将其去除;还有的样品本身是固体,需要用溶剂溶解,为了保证最终的样品溶液与流动相的成分尽量相近,一般最好直接用流动相溶解(或稀释)样品。

4. 检测器的选择

不同的分离目的对检测器的要求不同,如测单一组分,理想的检测器应仅对所测成分有响应,而其他任何成分均不出峰。另外,如目的是定性分析或是制备色谱,则最好用通用型检测器,以便能检测到混合物中的各种成分。仅对分析而言,检测器灵敏度越高,最低检出量越小越好;如目的是用作制备分离,则检测器的灵敏度没必要很高。

应尽量使用紫外-可见检测器,因为目前一般的液相色谱都配有这类检测器,它方便且受

外界影响小。如被测化合物没有足够的紫外（UV）生色团，则应考虑使用其他检测手段：如示差折光检测器、荧光检测器、电化学检测器等。如果实在找不到合适的检测器，才可以考虑将样品衍生化为有 UV 吸收或有荧光的产物，然后再用紫外-可见或荧光检测器检测。

5. 分离模式的选择

在充分考虑样品的溶解度、分子量、分子结构和极性差异的基础上，确定高效液相色谱的分离模式。

6. 固定相与流动相的选择

合理地选择液相色谱用固定相与流动相是完成液相色谱样品分离分析最关键的一个因素。从液相色谱的分离模式上讲，主要包括吸附色谱、正相和反相（分配）色谱等。对于每种液相色谱的分离模式，其所选用的色谱流动相和固定相是不同的。应根据分离目的和效果选择适合的流动相和固定相。

五、液相色谱用固定相与流动相

1. 液相色谱固定相

（1）液-固吸附色谱固定相　液-固吸附色谱常用的固定相有硅胶、氧化铝、分子筛、聚酰胺等全多孔型或薄壳型的固体吸附剂。目前较常用的是直径为 5~10μm 的全多孔型硅胶微粒。

（2）液-液分配色谱及离子对色谱固定相

① 全多孔型载体。HPLC 使用的载体为颗粒均匀的氧化铝、氧化硅、硅藻土等制成的直径为 100μm 的全多孔小球，以及一种由纳米级硅胶堆聚而成直径小于 10μm 的全多孔型载体。

② 表面多孔型载体。它是在直径为 30~40μm 的实心玻璃微球表面附一层 1~2μm 的多孔硅胶而成。目前，粒径在 5~10μm 的全多孔微粒载体成为使用最广泛的高效载体。

在液-液色谱固定相中固定液的种类相对比较少。原则上讲，凡气-液色谱可以使用的固定液，只要不与流动相互溶，同样可用在液-液色谱中。但和气相色谱不同，液相色谱的流动相参与分离过程，因此可用于液-液色谱的固定液就只有极性不同的几种，如强极性的 β,β'-氧二丙腈、非极性的角鲨烷以及中等极性的聚乙二醇-400 等。

③ 化学键合型固定相。它是借助化学反应将有机分子通过化学键的形式结合在载体表面。根据在硅胶表面（具有 ≡Si—OH 基团）的化学反应不同，键合固定相分为：硅氧碳键型（≡Si—O—C）、硅氧硅碳键型（≡Si—O—Si—C）、硅碳键型（≡Si—C）以及硅氮键型（≡Si—N）。在硅胶表面利用硅烷化得到 ≡Si—O—Si—C 键型（C_{18} 烷基键合相）的反应为：

在上述类型中目前使用最多的是 ≡Si—O—Si—R—C 型，这是由于它的化学稳定性、耐水性、耐热性、耐有机溶剂性良好。

化学键合型固定相具有以下特点：

a. 表面无液坑，较一般液体固定相传质快。

b. 固定液不易流失，增加了固定相的耐冲刷性，从而延长了柱子的使用寿命。

c. 可以随心所欲地键合不同的官能团来满足分离选择性的需要，从而应用于多种色谱类型及样品分离分析。表 5-5 给出了化学键合相色谱的应用实例。

d. 利于梯度淋洗，利于与灵敏检测器的匹配以及馏分的收集。

e. 但由于键合基团不一定能将载体表面全覆盖，即存在键合基团覆盖率问题；分离机制既不属于全部吸附，又非典型的液-液分配，而是两者兼而有之，只是按键合量的多少而有所侧重。

表 5-5　化学键合相色谱的应用实例

试样类型	键合基团	流动相	色谱类型	实例
低极性溶解于烃类	—C_{18}	甲醇-水 乙腈-水 乙腈-四氢呋喃	反相	多环芳烃、甘油三酯、类脂、脂溶性维生素、甾族化合物、氢醌
中等极性可溶于醇	—CN —NH_2	乙腈、正己烷 氯仿 正己烷 异丙醇	正相	脂溶性维生素、甾族、芳香醇、胺、类脂止痛药 芳香胺、脂、氯化农药、苯二甲酸
中等极性可溶于醇	—C_{18} —C_8 —CN	甲醇、水 乙腈	反相	甾族、可溶于醇的天然产物、维生素、芳香酸、黄嘌呤
高极性可溶于水	—C_{18} —CN	甲醇、乙腈、水、缓冲溶液	反相	水溶性维生素、胺、芳醇、抗生素、止痛药
高极性可溶于水	—C_{18}	水、甲醇、乙腈	反相离子对	酸、磺酸类染料、儿茶酚胺
高极性可溶于水	—SO_3^-	水及缓冲溶液	阳离子交换	无机阳离子、氨基酸
高极性可溶于水	—NR_3^+	磷酸缓冲液	阴离子交换	核苷酸、糖、无机阴离子、有机酸

（3）离子交换色谱固定相　这类色谱的固定相是离子交换树脂，它有两种类型。

① 薄膜型离子交换树脂。常用的是薄壳型离子交换树脂，即以薄壳玻璃珠作为载体，在其表面涂以约 1% 的离子交换树脂。

② 离子交换键合固定相。其中的载体可以是薄壳玻璃珠，也可以是微粒硅胶。因此，离子交换键合固定相又进一步分为两种类型，键合薄壳型和键合微粒载体型。

上述两种类型的离子交换树脂，又可分为阴离子交换树脂和阳离子交换树脂两种类型。进一步按离子交换官能团、酸碱性及其强弱而分为强酸性、强碱性、弱酸性、弱碱性四种类型。其中，强酸性和强碱性离子交换树脂的稳定性相对更好些，pH 适用范围也比较宽，因此在高效液相色谱中使用得也更广泛些。

（4）空间排阻（凝胶）色谱固定相　排阻色谱用固定相是凝胶。所谓凝胶，系指含有大量液体（通常为水）的柔软并富有弹性的物质，是一种经过交联而具有立体多孔网状结构的多聚体。分为软质、半硬质和硬质三种类型。

① 软质凝胶。如葡聚糖凝胶、琼脂糖凝胶等，适用于水为流动相的凝胶过滤色谱。

② 半硬质凝胶。如苯乙烯-二乙烯基苯交联共聚凝胶（交联聚苯乙烯凝胶）是目前应用最多的半硬质凝胶。适用于非极性有机溶剂，但不适于丙酮、乙醇一类的极性溶剂。另外，由于不同溶剂的溶胀因子不同，因此不得随意更换溶剂。能耐较高压力，但流速不可过大。

③ 硬质凝胶。如多孔硅胶、多孔玻璃微球等，其中，多孔硅胶具有化学稳定性、对热稳定性以及机械强度高，可在柱中直接更换溶剂等特点，是目前用得较多的无机凝胶。

2. 液相色谱流动相（洗脱剂）

溶质在液相色谱中的保留值取决于溶质和流动相、固定相之间的作用强度。因为溶质在液体中的溶解度远大于其在气体中的溶解度，因此，一般认为气相色谱的流动相不参加色谱分离过程，而液相色谱的流动相不仅参与分离过程，并且是液相色谱分离过程中极为重要的调节因素。特别在选定液相色谱固定相之后，流动相的选择也很重要。流动相的种类和配比均能显著地影响液相色谱的分离效果，与气相色谱分析相比，液相色谱的流动相是其分离分析的一个极为重要的、不可忽视的因素。理想的液相色谱流动相应当满足黏度低、与检测器兼容性好、易于纯化和毒性低等要求。

常用溶剂的极性由大至小的顺序为：

水，甲酰胺，乙腈，甲醇，乙醇，丙醇，丙酮，二氧六环，四氢呋喃，甲乙酮，正丁醇，乙酸乙酯，乙醚，异丙醚，二氯甲烷，氯仿，溴乙烷，苯，氯丙烷，甲苯，四氯化碳，二硫化碳，环己烷，正己烷，庚烷，煤油。

为了获取适宜的流动相极性，HPLC 经常采用多元组合的溶剂系统。并根据其各自在组合溶剂系统中所起作用的不同，分为洗脱剂和调节剂。前者决定基本的分离，后者起调节样品组分的滞留并对某几个组分具有选择性的分离作用。因此，流动相中的洗脱剂和调节剂的组合选择直接影响分离效率。在正相色谱中，洗脱剂采用低极性的溶剂（正己烷、苯、氯仿等）；而调节剂则根据样品组分的性质选择极性较强的针对性溶剂（醚、酯、酮、醇、酸等）。在反相色谱中，常以水为流动相的主体，以加入不同配比的有机溶剂作为调节剂。常用的有机溶剂有甲醇、乙腈、二氧六环、四氢呋喃等。

在正相色谱中，溶剂的冲洗强度随极性的增加而增大；在反相色谱中，溶剂的冲洗强度却随极性的增加而减小。应当注意的是：尽管液相色谱流动相用溶剂都是些具有适当纯度的商品化有机溶剂，但有些这类的溶剂并不适于直接用作液相色谱流动相使用，需要事先进行纯化，以除去干扰性杂质。如卤代有机溶剂有可能包含有微量的酸性杂质而使系统中的不锈钢部件遭受破坏，或与水混合后易于分解，或与各种醚类（如乙醚）反应，形成的产物对不锈钢造成腐蚀；卤代化合物（如二氯乙烷）易与某些有机溶剂（如乙腈）发生作用形成结晶对系统造成堵塞。一些液相色谱常用的流动相溶剂及其性质见表5-6。

表5-6 HPLC常用流动相溶剂及其性质

溶剂	沸点/℃	黏度/(mPa·s)	毒性/($\mu g \cdot mL^{-1}$)
正己烷	68	0.32	500
正庚烷	98	—	500
二氯甲烷	40	0.44	—
氯仿	61	0.57	50
四氯化碳	77	0.97	—
丙酮	56	0.32	1000
二氧六环	101	1.54	100
四氢呋喃	66	—	200
乙腈	80	0.29	40
甲醇	65	0.58	200
乙醇	78	1.19	1000
异丙醇	82	2.30	400
水	100	1.01	—

(1) 正相色谱常用流动相　正相色谱分为硅胶吸附色谱和正相键合色谱。

正相色谱所用流动相，按其吸附强度大小分类，可称为溶剂洗脱能力序列。常以 ε^0（单位面积标准吸附剂的吸附能力）作为流动相溶剂的吸附强度参数。即 ε^0 值越大，表明溶剂的吸附强度越大。表 5-7 给出了在正相色谱中以硅胶为固定相时一些溶剂的吸附强度参数 ε^0。在正相色谱中，样品分子的 k 值随流动相溶剂 ε^0 值的增加而下降，因此，溶剂洗脱能力序列可用于特定的分离问题，以寻找最佳的流动相溶剂强度。比如，在等度洗脱（即流动相溶剂的强度不随时间改变而变化的冲洗方式）中，若最初选用的流动相溶剂强度太大或太小，使样品 k 值过小或过大，则可自表 5-7 中改用 ε^0 值较为合适的其他溶剂代替。当然，改变溶剂的种类的同时也改变了样品的选择性 α 值。为了进一步调整所需的 α 值，特别是二元流动相要比纯溶剂使用得更多些。表 5-7 同时给出了一些二元组合流动相在硅胶柱上的 ε^0 值。

表 5-7　在硅胶柱上液固色谱流动相溶剂的洗脱能力序列

洗脱强度参数 ε^0	Ⅰ	Ⅱ	Ⅲ
0.00	戊烷	戊烷	戊烷
0.05	4.2%氯化异丙烷/戊烷	3%二氯甲烷/戊烷	4%苯/戊烷
0.10	10%	7%	11%
0.15	21%	14%	26%
0.20	4%乙醚/戊烷	26%	乙酸乙酯/戊烷
0.25	11%	50%	11%
0.30	23%	82%	23%
0.35	56%	3%乙腈/苯	56%
0.40	2%甲醇/乙醚	11%	—
0.45	4%	31%	
0.50	8%	乙腈	
0.55	20%		
0.60	50%		

(2) 反相色谱常用流动相　反相色谱常用流动相溶剂有水、甲醇、乙腈和四氢呋喃。通常用甲醇/水的混合流动相足以满足多数样品的分离要求。甲醇的毒性比乙腈小，且价格低廉。因此，成为反相色谱法中常用的流动相溶剂中的强组分。

(3) 离子交换色谱用流动相　离子交换色谱主要在含水介质中进行。组分的保留值可用流动相中盐的浓度（或离子强度）以及介质酸碱度进行控制，增加盐的浓度可致保留值降低。由于不同的流动相离子与交换树脂之间的作用力不同，因此，流动相中的离子类型对样品组分的保留值有显著影响。通常阴离子的保留顺序由大至小为：柠檬酸离子>SO_4^{2-}>草酸离子>I^->NO_3^->CrO_4^{2-}>Br^->SCN^->Cl^->$HCOO^-$>CH_3COO^->OH^->F^-。所以用柠檬酸离子洗脱要比用氟离子来得快。阳离子的保留顺序由大至小大致为：Ba^{2+}>Pb^{2+}>Ca^{2+}>Ni^{2+}>Cd^{2+}>Cu^{2+}>Co^{2+}>Zn^{2+}>Mg^{2+}>Ag^+>Cs^+>Rb^+>K^+>NH_4^+>Na^+>H^+>Li^+。但彼此差别不如阴离子明显。

流动相 pH 与组分保留值之间有一定关系，对于阳离子交换柱：随流动相 pH 的增加，保留值减小；而对于阴离子交换柱：随流动相 pH 的增加，保留值增加。

(4) 空间排阻色谱用流动相　排阻色谱法所用流动相应与凝胶非常相似，以便浸润凝胶并防止其吸附作用的发生，当固定相采用的是软质凝胶时（通常如此），所选流动相溶剂必须能溶胀凝胶，因为在这种情况下，软质凝胶的孔径大小是流动相溶剂吸留量的函数；另外，对于一些扩散系数相当低的大分子而言，流动相溶剂自身的黏度大小也是十分重要的因素，黏度过高将使扩散作用受到一定制约，从而影响分辨率。一般来讲，分离高分子有机化合物，主要采用四氢呋喃、甲苯、间甲苯酚、N,N-二甲基甲酰胺等作流动相；分离生物样品则主要是采用水、盐缓冲溶液、乙醇以及丙酮等作流动相。

实训 5-5　对羟基苯甲酸酯类混合物的反相 HPLC 分析

一、实训目的

1. 学习 HPLC 保留值定性方法和归一化法定量方法。
2. 熟悉 HPLC 分析操作过程。

二、实训原理

在对羟基苯甲酸酯类混合物中含有对羟基苯甲酸甲酯、对羟基苯甲酸乙酯、对羟基苯甲酸丙酯、对羟基苯甲酸丁酯，它们均为强极性化合物，可以采用反相 HPLC 进行分析，选用非极性的 C_{18} 烷基键合相为固定相，甲醇水溶液为流动相。

由于在一定的实验条件下，酯类各组分的保留值保持恒定，因此在相同的实验条件下，将测得各未知物中各组分的保留时间，与已知纯酯类各组分的保留时间进行比较对照，即可确定未知物中各组分是否存在。这种利用纯物质对照进行定性分析的方法，适用于来源已知、组分简单的混合物的定性分析。

本实验进一步采用归一化法定量，对羟基苯甲酸酯类混合物属同系物，具有相同的生色团和助色团，因此在紫外-可见检测器上它们具有相同的定量校正因子，故式（5-11）可进一步简化为：

$$C_i = \frac{A_i}{\sum_{i=1}^{n} A_i} \times 100\% \tag{5-12}$$

任务 6　外标法定量分析

一、外标法的运用

外标法又称定量进样-标准曲线法，与气相色谱法的外标法相同。就是以待测组分纯品配制不同质量分数的标准试样系列溶液，然后依次进样色谱分析，依据色谱数据绘制标准曲线，最后和待测试样所作色谱分析数据进行比较而定量。此方法进样量的重现性和操作条件的稳定性会直接影响结果的准确度。详细内容可参阅气相色谱外标法定量计算方法。

二、常用的样品预处理方法

液相色谱样品预处理的目的是去除基体中干扰样品分析的杂质，提高被测定化合物检验的灵敏度和检验的准确度，改善定性、定量分析的重要性。用于液相色谱样品处理的方法很多，如液-液萃取、固相萃取、固相微萃取、稀释、过滤、离心等。下面将介绍目前使用广泛的液-液萃取、固相萃取和固相微萃取等常用样品处理方法。

1. 液-液萃取

液-液萃取（LLE）常用于样品中目标组分与基质的分离。根据目标组分在两种互不相溶液体（或相）之间的分配，达到纯化目标组分、消除基质干扰的目的。多数情况下，一种液相是水溶剂，另一种液相是有机溶剂。可通过选择两种互不相溶的液体，以控制萃取过程的选择性和分离效率。在水和有机相组成的液-液萃取体系中，亲水化合物的亲水性越强，进入水相的比例越大；而疏水性化合物进入有机相的比例也越大。通常，在有机溶剂中分离出目标组分，有机溶剂多具有较高的蒸气压，可以便利地通过蒸发的方法将溶剂除去，以浓缩目标组分。

(1) 液-液萃取的基本操作　用液-液萃取 (LLE) 可从干扰物中分离出目标组分，基于其在两种不互溶的液体（或相）中的分配系数的不同，达到分离的目的。萃取进有机相的被测物经溶剂挥发容易回收，而萃取进入水相中的被测物经常能够直接注入反相 HPLC 中进行分离分析。将目标组分由水溶液萃取进有机相中的基本操作如图 5-17 所示。将目标组分萃取入水相时，使用的方法与此类似。

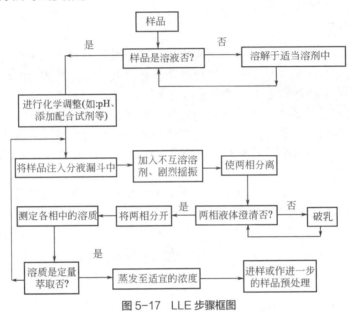

图 5-17　LLE 步骤框图

由于萃取为一平衡过程，效率有限，两相中仍存在数量可观的被测物。因此可利用包括改变 pH、离子对、配合作用等提高回收率，或消除干扰。

(2) 液-液萃取溶剂的选择　LLE 中所采用的有机溶剂必须满足以下条件：

① 在水中有较低的溶解度 (<10%)；
② 具有挥发性，萃取后易于除去，使样品浓缩；
③ 与 HPLC 检测技术相容（避免使用对 UV 有强吸收的溶剂）；
④ 适当极性并可形成氢键，以利于提高有机相中被测物的回收率；
⑤ 纯度高，尽可能降低对样品的污染。

在溶剂萃取中，离子型被测物按所选用条件的不同，其在两相中的分配系数也会不同。如果被测物的 K_D 不适宜，可能需另外的萃取方法以提高回收率。这种情况下，在原样品中重新加入不混溶的溶剂，提取剩余的溶质，最后合并所有的提取液。一般来说，最终提取溶剂的体积一定时，多次萃取比单次萃取的溶质回收率高。也可以用反提法进一步减少干扰物。

如果 K_D 非常低或所需样品的体积很大，多步提取将不适用，这种情况可采用连续液-液萃取方法。

(3) 液-液萃取常用装置　在连续液-液萃取中，新鲜的有机溶剂可以循环地连续使用，通过含有被萃取物的水相。图 5-18 给出了连续液-液萃取器的结构。使用比水重的有机溶剂进行萃取。这种萃取溶剂从烧瓶中被加热蒸馏，上升到冷凝器被冷凝，并淋滴出两种不混合的水和带有萃取物的溶剂。最后，溶剂和萃取物返回烧瓶中。此过程连续地进行，直到足够量的被测物质被萃取出来。

图 5-18 所示的装置也可以使用比水轻的有机溶剂进行连续萃取。撤去溶剂返回管，用两个塞子堵住接口，并将一端带有玻璃筛板的漏斗管放进萃取器中，在萃取器中放入样品和溶剂。冷凝的溶剂流入漏斗，由于冷凝液的静压高差通过玻璃筛板。较轻的溶剂通过液体上升并且由于在萃取管中溢出而返回烧瓶中。如果使用玻璃微珠充填萃取管内空间，可以减少萃取体积，给萃取溶剂提供弯曲的途径，可以改进液-液接触。

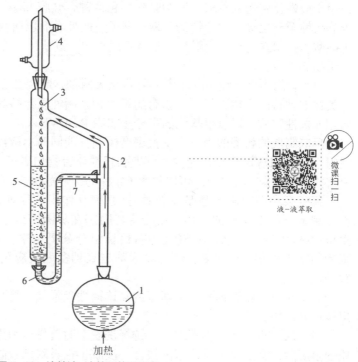

图 5-18　连续液-液萃取装置示意

1—萃取溶剂收集器；2—气态溶剂；3—萃取溶剂；4—冷凝器；5—萃取液；6—溶剂返回管；7—溶剂萃取返回收集器

对于效率更高的 LLE，如逆流分配装置能提供上千次的平衡分配。可对 K_D 值极小的被测物进行抽提；逆流分配也可使被测物与干扰物更好地分离。

微萃取为 LLE 的另一种模式，其提取在有机相/水相比例为 0.001～0.01 范围内进行。与常规的 LLE 相比，回收被测物会受妨碍，但目标组分浓度在有机相中有很大提高，所用溶剂也大大减少。这种萃取可以很方便地在容量瓶中进行。选择密度小于水的有机萃取溶剂，以便使小体积的有机溶剂聚集在瓶颈处，方便取出。对定量分析来说，应该使用内标，以对萃取结果加以校正。

2. 固相萃取

固相萃取（solid phase extraction，SPE）基于液-固色谱理论，采用选择性吸附、选择性洗脱的方式，利用固体吸附剂将液体样品中的目标化合物吸附，与样品的基体和干扰化合物分离。然后再用洗脱液洗脱或加热解吸附，实现样品的富集、分离、纯化，是一种包括液相和固相的物理萃取过程，也可以将其近似地看作一种简单的色谱过程。

由于 SPE 实现了选择性的提取、分离、浓缩三位一体的过程，操作时间短、样品量小、干扰物质少，因此可用于挥发性和非挥发性组分的预处理，并具有很好的重现性。

与液-液萃取相比，固相萃取有很多优点：固相萃取不需要大量互不相溶的溶剂，处理过程中不会产生乳化现象，它采用高效、高选择性的吸附剂（固定相），能显著减少溶剂的用量，简化样品的预处理过程，同时所需费用也有所减少。一般来说，固相萃取费用为液-液萃取的五分之一,但其缺点是目标化合物的回收率和精密度要略低于液-液萃取。

(1)固相萃取常用的吸附剂　吸附剂是固相萃取的核心,吸附剂选用的好坏直接关系到能否实现萃取操作以及萃取效率,同时新型吸附剂的研发也是固相萃取技术发展和应用的关键所在。

早期的吸附剂多为活性炭、氧化铝等强吸附性材料。常用的固相吸附材料有正相、反相和离子交换吸附剂三种。正相吸附剂主要包括硅酸镁、氨基、氰基、双醇基硅胶、氧化铝等,适用于极性化合物的萃取;反相吸附剂包括键合硅胶 C_{18}、键合硅胶 C_8、芳环氰基等,适用于非极性至一定极性化合物的萃取;离子交换吸附剂包括强阳离子吸附剂(苯磺酸、丙磺酸、丁磺酸等)和强阴离子吸附剂(三甲基丙基铵、氨基、二乙基丙基胺等),适用于阴阳离子型有机物的萃取。

目前,国内外已经研制出多种复合型吸附剂。聚合二乙烯苯-N-乙烯基吡咯烷酮及其盐是一类性能独特的反相吸附剂,独有的亲水和亲脂性质保持其在水中湿润,能同时萃取极性物质和非极性物质。以氯甲基化的高分子树脂 PS-DVB(苯乙烯-联苯乙烯共聚物)与二亚乙基三胺反应制成的新型的阴离子交换聚合树脂,能同时萃取离子型和非离子型化合物;将碳化吸附剂与 PS-DVB 合用,能同时萃取强极性化合物和离子型化合物;将未封尾的 C_{18} 硅胶与单官能团的 C_{18} 硅胶混合,可以扩大 C_{18} 柱的极性范围。

免疫亲和型吸附剂是基于抗体-抗原相互作用的原理而研制出来的新型固相吸附剂。首先制备一种专属性的抗体,然后将其固定在琼脂糖或硅胶上,当样品通过吸附床层时发生抗原-抗体结合,从而专属性地将目标组分分离出来。这种吸附剂是目前已知选择性最强的固定吸附剂。近年来,这种吸附剂越来越多地被应用于医学、生物学以及环境分析等领域。

分子印迹型吸附剂是一类新型的高选择性吸附剂,能从复杂的生物基质中选择性地提取出微量分析物。

(2)洗脱剂　在固相萃取中,选择洗脱剂时首先应考虑其对固定相的适应性和对目标物质的溶解度,其次是传质速率的快慢。洗脱正相吸附剂吸附的目标组分时,一般选用非极性有机溶剂(如正己烷、四氯化碳等);洗脱反相吸附剂吸附的目标物质时,一般选用极性有机溶剂(如甲醇、乙腈、一氯甲烷等);对于离子交换吸附剂,常采用的洗脱剂是高离子强度的缓冲液。

为了提高回收率,洗脱剂多选用小分子有机溶剂,同时增大洗脱剂用量。这样可使吸附剂上的目标组分尽可能地被洗脱下来,但同时可能会引进一些杂质,给分析带来干扰。值得注意的是,以甲醇为洗脱剂洗脱树脂时,如果甲醇体积过大,则会引起树脂的充分溶胀,目标物质深入树脂的内部间隙,很难再被洗脱,导致洗脱不完全,回收率降低。

(3)固相萃取装置　自 1970 年发明固相萃取技术以来,其发展非常迅猛,出现了多种形式的萃取装置,包括 SPE 柱(SPE cartridge)、尖形 SPE 管(SPE pipette tip)、SPE 盘(SPE disk)以及 SPE 板(SPE plate)等。

SPE 柱(见图 5-19)的使用最为普遍,简单的 SPE 柱就是一根直径为数毫米的小玻璃柱,或聚丙烯、聚乙烯、聚四氟乙烯等塑料或不锈钢制成的柱子。柱下端有一孔径为 20μm 的烧结筛板,用于支撑吸附剂。在筛板上填装一定量的吸附剂,然后在吸附剂上再加一块筛板,以防止加样品时破坏柱床。基于对纯度的考虑,一般选用无添加剂且含有微量杂质的医用聚丙烯作为柱体材料,以免在萃取过程中污染试样。为了降低 SPE 空白中的杂质,可选用玻璃、纯聚四氟乙烯作为柱体材料。筛板材料是另一可能的杂质来源,制作筛板的材料有聚丙烯、纯聚四氟乙烯、不锈钢和钛等。金属筛板不含有机杂质,但易受酸的腐蚀。由于从柱体、筛板和填料都可能向试样中引进杂质,在建立和验证 SPE 方法时,必须做空白萃取实验。

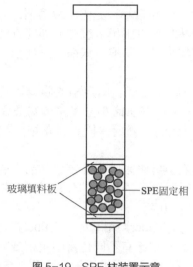

图 5-19 SPE 柱装置示意

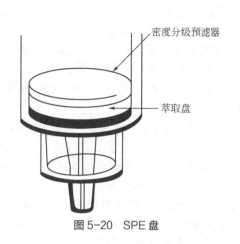

图 5-20 SPE 盘

SPE 的另一种形式是 SPE 盘（见图 5-20），外观上与膜过滤器十分相似。盘式萃取器是含有填料的纯聚四氟乙烯圆片，或载有填料的玻璃纤维片。填料占 SPE 盘总量的 60%～90%，盘的厚度约 1mm。SPE 柱和盘式萃取器的主要区别在于床厚度与直径之比。对于等重的填料，盘式萃取的截面积比柱式萃取大 10 倍左右，因而允许液体样品以较高的流量流过。

当所需处理的样品量较大时，如医药中间体的回收等，可采用板式 SPE 的固相萃取装置。图 5-21 给出了 SPE 板的结构简图，上、下两块板上装有多个 SPE 小柱，待处理的液体，依靠重力、压力、真空或离心力的作用，通过萃取板，同时在收集板上进行样品的收集。

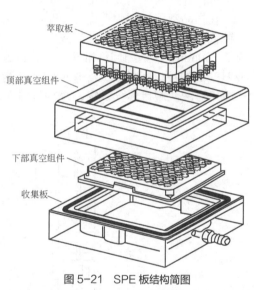

图 5-21 SPE 板结构简图

（4）固相萃取基本操作　典型的固相萃取一般分为五个基本步骤。

① 根据检测量的大小，待检物质的化学、物理性质选择合适的吸附柱。

② 活化填料：有利于吸附剂和目标物质相互作用，提高回收率。一般采用甲醇来活化，另外甲醇还能起到除杂的作用。每一活化溶剂的用量为 $1\sim2\text{mL}\cdot100\text{mg}^{-1}$（固定相）。

③ 进样：使样品流经吸附柱并被吸附。为了保留分析物，尽可能使用最弱的样品溶剂，并允许采用大体积（0.5～1L）的上样量。

④ 冲洗：用水或者是适当的缓冲溶液对吸附柱进行冲洗，将杂质冲洗掉。通常冲洗溶剂的体积为 $0.5\sim0.8\text{mL}\cdot100\text{mg}^{-1}$（固定相）。

⑤ 洗脱：选择适当的洗脱剂进行洗脱，收集洗脱液，然后进行浓缩、检验，或者是直接进行在线检测。洗脱溶剂用量一般为 $0.5\sim0.8\text{mL}\cdot100\text{mg}^{-1}$（固定相）。

3. 固相微萃取

固相微萃取技术（solid phase microextraction，SPME）是在固相萃取的基础上发展起来的用于吸附并浓缩样品中目标物质的一种新型、高效的样品预处理方法。它集采集、浓缩于一体，简单、方便、无溶剂，不会造成二次污染，是一种有利于环保的很有应用前景的预处理方法。与液-液萃取和固相萃取相比，具有操作时间短，样品量小，无需萃取溶剂，适用于分析挥发性与非挥发性物质，重现性好等优点。这种方法几乎克服了传统样品处理方法的所有缺点，无需有机溶剂、简单方便、测试快、费用低，集采样、萃取、浓缩、进样于一体，能够与气相或液相色谱仪联用。

固相萃取过程是一个平衡过程，萃取的平衡时间与搅拌速度、固定相的膜厚以及被分析样品的分配常数、扩散系数、萃取温度有关。大分子量的物质比小分子量的物质需更长的分析时间。搅拌有利于减少达到平衡所需的时间，当达到平衡时，固相微萃取方法的灵敏度最高。

固相微萃取技术采用涂（或键合）有固定相的熔融石英纤维来吸附、富集样品中的目标组分。均匀涂渍在硅纤维上的圆柱状吸附剂涂层在萃取时既继承了 SPE 的优点，又有效克服了采用固相萃取的操作烦琐、空白值高、易堵塞吸附柱等缺陷。

（1）固相微萃取装置及操作步骤　SPME 装置由手柄（holder）和萃取头（fiber）两部分构成（见图 5-22），形状类似于一支色谱注射器，萃取头是一根涂有不同色谱固定相或吸附剂的熔融石英纤维，接不锈钢丝，外面套细的不锈钢针管（保护石英纤维不被折断及进样），纤维头可在针管内伸缩或进出。手柄用于安装和固定萃取头，可永久使用。

在样品萃取过程中首先将 SPME 针管穿透样品瓶隔垫，插入瓶中，推手柄杆使纤维头伸出针管，纤维头可以浸入水溶液中（浸入方式）或置于样品上部空间（顶空方式），萃取时间为 2~30min。然后缩回纤维头，再将针管退出样品瓶，迅速将 SPME 针管插入 GC 仪进样口或 HPLC 的接口解吸池。使萃取的化合物脱附，推手柄杆，伸出纤维头，热脱附样品进色谱柱或用溶液洗脱目标分析物，缩回纤维头，移去针管。

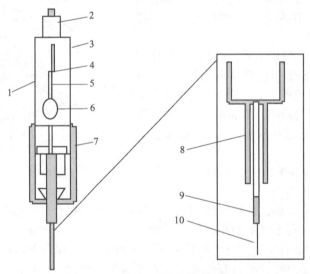

图 5-22　固相微萃取装置示意

1—手柄；2—活塞；3—外套；4—活塞固定螺杆；5—Z 形沟槽；6—观察窗口；
7—可调节针头导轨/深度标记；8—隔垫穿孔针头；9—纤维固定管；10—弹性硅纤维涂层

由不同固定相所构成的萃取头对物质的萃取吸附能力是不同的，故萃取头是整个 SPME 装置的核心，这包括两个方面，固定相和其厚度的选择，对固相微萃取灵敏度的影响最为关键。萃取头的选择由欲萃取组分的分配系数、极性、沸点等参数共同确定。

一般而言，纤维头上的膜越厚，萃取的目标组分越多，厚膜可有效地从基质中吸附高沸点组分。但是解吸时间相应要延长，并且被吸附物可能被带入下一个样品萃取分析中，薄膜纤维头用来确保分析物在热解吸时较高沸点化合物的快速扩散与释放。膜的厚度通常为 10~100μm。

按照聚合物的极性，固定相涂层可分为极性涂层、非极性涂层和中等极性混合型涂层。一般来说，不同种类待测物要用不同类型的固定相涂层进行萃取，其选择的基本原则是"相似相溶原理"，即用极性涂层萃取极性化合物，用非极性涂层萃取非极性化合物。

（2）固相微萃取条件选择

① 萃取时间的确定。萃取时间主要是指达到或接近平衡所需要的操作时间。影响萃取时间的主要因素有萃取头的选择、分配系数、样品的扩散系数、顶空体积、样品萃取的温度等。萃取开始时萃取头固定相中物质浓度增加得很快，接近平衡时速度极其缓慢，因此一般的萃取过程不必达到完全平衡，因为平衡之前萃取头涂层中吸附的物质量与其最终浓度就已存在一个比例关系，所以在接近平衡时即可完成萃取操作。视样品的情况不同，萃取时间一般为2~60min。延长萃取时间也无坏处，但要保证样品的稳定性。

② 萃取温度的确定。萃取温度对吸附采样的影响具有双重性，一方面，温度升高会加快样品分子运动，导致液体蒸气压的增大，有利于吸附过程，尤其对于顶空固相微萃取（HS-SPME）；另一方面，温度升高也会降低萃取头吸附分析组分的能力，使得吸附量下降。实验过程中还要根据样品的性质而定，一般萃取温度为40~90℃。

③ 样品的搅拌程度。样品经搅拌后可以促进萃取并相应地减少萃取时间，特别对于高分子量和高扩散系数的组分。一般有磁力、高速匀浆、超声波等搅拌方式。采取搅拌方式时一定要注意搅拌的均匀性，不均匀的搅拌比没有搅拌的测定精确度更差。

④ 萃取方式、盐浓度和pH。SPME的操作方式有两种，一种为顶空萃取方式，另一种为浸入萃取方式，实验中采取何种萃取方式主要取决于样品组分是否存在蒸气压，对于没有蒸气压的组分只能采用浸入方式来萃取。在萃取前于样品中添加无机盐可以降低极性有机化合物的溶解度，产生盐析，提高分配系数，从而达到增加萃取头固定相对分析组分的吸附。一般添加无机盐用于顶空方式，对于浸入方式，盐分容易损坏萃取头。此外调节样品的pH可以降低组分的亲脂性，从而大大提高萃取效率，注意pH不宜过高或过低，否则会影响固定相涂层。

实训 5-6　维生素 E 胶丸中 α-V_E 的 HPLC 定量测定

一、实训目的

1. 进一步熟悉高效液相色谱仪的使用方法。
2. 掌握 HPLC 外标法定量分析的原理和方法。
3. 通过实验了解反相 HPLC 流动相组成对 α-V_E 分离的影响。
4. 了解常用的样品预处理方法和溶剂处理技术。

二、实训原理

正相和反相 HPLC 都可以用来定量 α-V_E，本实验采用反相 HPLC。反相 HPLC 使用的是非极性或弱极性的固定相分离柱（如 ODS 柱），流动相使用的是极性或比固定相极性强的溶剂（如甲醇、乙醇），依据样品中各个组分在两相中分配系数的差异性而实现分离。样品中极性强的组分在两相中被保留的时间相对稍短些。定量方法采用外标法（3点）。维生素 E 胶丸中可能存在 α、β、γ 和 δ-等异构体中的某几种，还可能含有工艺中产生的副产物以及添加剂，这些物质不一定能全部同时被分离。根据各类物质的紫外吸收特性，选择合适的检测波长达到准确定量的目的。α-V_E 在 200nm 附近和 292nm 附近有两个最大吸收峰，而且 220nm 的吸收比 292nm 的吸收更强，但在 220nm 附近很多溶剂和有机化合物都有吸收，对 α-V_E 的定量有干扰，因此，通常选择干扰小的 292nm 作检测波长。

任务 7　果汁中苹果酸、柠檬酸的测定

一、流动相的选择

流动相的选择是与分离方式有关联的，下面介绍两种较为常用的液相色谱方法的流动相问题。

1. 吸附色谱流动相

吸附色谱中用得最多的流动相是非极性烃类，如己烷、庚烷等。有时为了调整流动相的极性，另需加入一些极性的溶剂，如二氯甲烷、甲醇等，因此极性越大的组分，此时保留时间也就自然相对越长。选择流动相的依据是溶剂强度或极性参数。

在吸附色谱中广泛使用混合溶剂作流动相，不同强度的溶剂按不同比例混合即可得到所需溶剂强度。流动相溶剂组成上的某些改变会显著影响分离，即使使用和某单一溶剂相同强度的混合溶剂，也有可能得到差异很大的保留值。

吸附色谱所用固定相（硅胶或氧化铝）具有非常不均一的表面能，即使有极微量的水或其他极性分子吸附在表面上，也会使吸附剂活性大大降低，从而使容量因子明显降低，使分离效果变差。同时，含水量的微小变化也会导致容量因子的变化，从而难以获得较好的重现性。失活或不可逆污染后的吸附柱可以按下列溶剂顺序各冲洗 10~15min。

二氯甲烷→甲醇→水→甲醇→干燥二氯甲烷→干燥己烷

如果流动相是含大量水的极性溶剂，则硅胶会因吸附水而呈现一种动态离子交换的功能，可用来分离某些极性化合物。不过，此时的分离机理已不是吸附作用。

2. 反相分配色谱流动相

反相分配色谱所用流动相是黏度小、沸点适中、性质稳定、对紫外线产生的背景吸收尽量小、对样品溶解范围宽的极性的水、与水可互溶的有机溶剂或它们的混合物，并且后者使用更多一些。

值得注意的是，水和有机溶剂混合之后的黏度与两者的配比并非呈线性的函数关系，并且混合物的黏度总是高于纯溶剂的黏度，在某一配比时达最大值。黏度的增加将使柱压增高，并使溶质的扩散阻力增大，从而使柱效降低。

流动相溶剂的表面张力、介电常数对分离也会产生显著的影响。在常用的溶剂中，水是最弱的淋洗剂，这是由于其表面张力最大。增加水中有机溶剂的比例，表面张力减小，溶剂强度增加，淋洗能力增强，溶质的保留值就会减小；若在水中加入无机盐，会使表面张力增大，溶剂强度减小，淋洗能力减弱，溶质的保留值就会增加。

通常的分离情况是，要求流动相的溶剂强度大于水而小于纯溶剂。显然，将水与有机溶剂按不同比例混合，就可获得适合于不同类型样品分析的流动相溶剂。为了获得最佳的分离效果，常采用的是三元及其以上的混合流动相。不过考虑到流动相的黏度及其对紫外线产生的背景吸收等因素，反相色谱中最具代表性的混合流动相溶剂系统是甲醇/水、乙腈/水、四氢呋喃/水。

二、溶剂处理技术

1. 溶剂的纯化

尽管分析纯和优级纯溶剂在大多数情况下都可以满足色谱分析的要求，但不同的色谱柱和检测方法对溶剂的要求不同，如用紫外检测时，溶剂中就不能含有在检测波长下有吸收的杂质。目前专供色谱分析用的"色谱纯"溶剂除最常用的甲醇外，其余多为分析纯，有时要进行除去紫外杂质、脱水、重蒸等纯化操作。

分析纯的乙腈是常用的流动相溶剂，但其还含有少量的丙酮、丙烯酯、丙烯醇和噁唑化合物，产生较大的背景吸收。通常采用活性炭或酸性氧化铝吸附的方法可以对其加以纯化，也可采用高锰酸钾/氢氧化钠氧化裂解与甲醇共沸方法使之纯化。

四氢呋喃不大稳定，故其中加入了抗氧化剂 BHT（3,5-二叔丁基甲苯），可用蒸馏的方法将其除去。但应在使用前进行蒸馏，否则长时间地放置又会使其氧化，而且在使用前应检查有无氧化产物。检查方法是取 10mL 四氢呋喃和 1mL 新配制的 10%碘化钾溶液，混合 1min 后，不出现黄色（四氢呋喃氧化形成的过氧化物颜色）即可使用。

与水不混溶的溶剂（如氯仿）中的微量极性杂质（如乙醇），卤代烃（CH_2Cl_2）中的 HCl 杂质可以用水萃取除去，然后再用无水硫酸钙干燥。

正相色谱中使用的亲油性有机溶剂通常都含有 $50\sim2000\mu g\cdot mL^{-1}$ 的水，水是极性最强的溶剂，特别是对吸附色谱来说，即使很微量的水也会因其强烈的吸附而占领固定相中很多吸附活性点，致使固定相性能下降。通常可用分子筛床干燥除去微量水。

卤代溶剂与干燥的饱和烃混合后性质比较稳定，但卤代溶剂（氯仿、四氯化碳）与醚类溶剂（乙醚、四氢呋喃）混合后会产生化学反应，生成的产物对不锈钢有腐蚀作用，有的卤代溶剂（如二氯甲烷）与一些反应活性较强的溶剂（如乙腈）混合放置后会析出结晶。因此，应尽可能避免使用卤代溶剂，万不得已时也应注意现用现配。

2. 流动相脱气

流动相溶液往往会因为溶有氧气或混入了空气而形成气泡。气泡进入检测器后会引起检测信号的突然变化，并在色谱图上出现尖锐的噪声峰。小气泡慢慢聚集后还会变成大气泡，当其进入流路中时，会使流动相的流速变慢或出现流速不稳定，致使基线起伏；气泡一旦进入色谱柱中，再想排出这些气泡就很费时间；溶解氧常和一些溶剂结合生成有紫外吸收的化合物；当使用荧光检测器时，溶解氧还会使荧光猝灭；溶解气体还可能引起某些样品的氧化降解或使溶液的 pH 变化。

目前，液相色谱流动相脱气使用得较多的方法是利用超声波振荡脱气、惰性气体鼓泡吹扫脱气以及在线（真空）脱气装置脱气。纯溶剂中的溶解气体比较容易脱除，而水溶液中的溶解气体就比较难脱去。超声波振荡脱气比较简便，基本上能满足日常分析的要求，是目前用得最多的脱气方法。惰性气体采用（通常用 He）鼓泡吹扫脱气的方法效果最好，因为 He 气将其他气体顶替出去，而其自身在溶剂中的溶解度又很小，微量 He 气所形成的小气泡对检测器又无影响。在线（真空）脱气装置的原理是将流动相通过一段由多孔性合成树脂膜制成的输液管，该输液管外有真空容器，真空泵工作时，膜外侧被减压，分子量小的 O_2、N_2 以及 CO_2 就会从膜内进入膜外，而被脱除。

3. 过滤

为了防止不溶物堵塞流路和色谱柱入口处的微孔垫片，作为液相色谱用流动相溶剂，严格来讲，在使用之前须经 0.45μm 以下微孔滤膜过滤。滤膜分有机溶剂专用和水溶液专用两种。

实训 5-7　果汁中苹果酸、柠檬酸的测定

一、实训目的

1．了解 HPLC 在食品分析中的应用。
2．掌握溶液（流动相、标准溶液等）的配制方法。
3．掌握 HPLC 法测定果汁中苹果酸、柠檬酸的基本步骤及方法。

二、实训要求

1．根据所学相关知识，查阅资料，讨论并汇总资料，确定分析方案。以 2～4 人一组，

通过图书、网络搜索工具，查阅相关资料，整理并确定最终方案。
2．样品处理。根据所查资料，选择合适方法处理样品，使其成为可分析的溶液。
3．溶液配制。将所掌握的配制方法，综合应用在本次实训任务中。
4．完成果汁中苹果酸、柠檬酸的测定。
5．选用合适的方法，对数据进行正确处理。

三、实训原理

在食品中，主要的有机酸是乙酸、乳酸、丁二酸、苹果酸、柠檬酸、酒石酸等。这些有机酸在水溶液中有较大的离解度。食品中有机酸的来源有3个，一是从原料中带来的，二是在生产过程中（如发酵）生成的，三是作为添加剂加入的。有机酸在波长210nm附近有较强的吸收，苹果汁中有机酸主要是苹果酸和柠檬酸。有机酸可以用反相分配色谱法、离子交换色谱法等多种液相色谱分析方法进行分析。除HPLC外，还可以用气相色谱和毛细管电泳等其他色谱分析方法进行分析。本实验采用反相分配色谱法，在酸性（如pH=2～5）流动相条件下，上述有机酸的疏水性不同，疏水性大的有机酸在固定相中保留作用强。本实验采用单点比较法定量苹果汁中苹果酸和柠檬酸的含量。

任务8　高效液相色谱仪的保养与维护

一、日常的维护保养及注意事项

1．安全使用注意事项

① HPLC使用的溶剂大多是易燃并对人体有毒害作用的，所以安装仪器的房间应通风良好，房间内严禁烟火，附近应配备防护设备。还应避免腐蚀性气体或大量灰尘的侵入；避免湿度过大、温度过高或过低等不利因素。

② 确保供电电压稳定，电流容量足以使仪器系统正常运行，仪器应有良好接地，防止静电的产生。

③ 检查或维护前先切断电源，更换零部件时应采用正规产品。

2．关于流动相

① 必须使用纯净的有机溶剂、纯净的水、高纯度的酸及盐，使用前先除气泡。

② 有机溶剂和水性溶液的混合，缓冲液的配制等如果操作不当，有时会造成分析结果产生很大差异。

③ 缓冲液配制时应注意pH的大小，盐的溶解度，避免结晶析出。

④ 流动相中的水，不仅要求高纯度，而且要注意防止长时间存放过程中微生物在其中的生长，为获得好的分析结果，应尽量提高水及有机溶剂的等级，从而避免或减少基线的噪声及波动，防止鬼峰等现象的出现。

3．关于色谱柱

① 注意各种柱子使用的pH范围是不同的，应引起重视。

② 注意各种柱子使用的压力是有限制的，压力过高会降低柱的使用寿命。

③ 为了减少或降低柱的劣化，延长其使用寿命，请注意以下几点：

a．样品必须用不大于0.45μm孔径的滤膜过滤；

b．色谱柱使用后必须清洗干净；

c．谨防色谱柱受到污染；

d．注意不同色谱柱需用不同的试剂来保存；

e. 色谱柱需轻拿轻放；

f. 色谱柱长期不用应先冲洗干净，然后将其从仪器上取下，封紧其两头并妥善存放，以防柱填料变干；

g. 对不同的样品尽可能使用不同的色谱柱，这样既能有好的分离效果，又能延长色谱柱的寿命。

④ 关于色谱柱的冲洗

a. 一般来讲，实验结束后为了保护仪器及柱子都应进行必要的冲洗。

b. 对于以有机溶剂和水做流动相的体系，实验结束后，用甲醇加水或乙腈加水冲洗即可。

c. 对于流动相中含缓冲溶液的场合，必须先用含水的溶剂来置换以防盐的析出，最后用甲醇加水或乙腈加水来冲洗。

d. 特殊的检测器及柱子应认真参照说明书来制订冲洗方案。

二、常见故障判断与排除方法

1. 液相色谱输液泵常见故障判断与排除方法

有关液相色谱输液泵的常见故障的判断及其排除方法，参见表 5-8。

表 5-8 液相色谱输液泵常见故障判断与排除方法

现象	判断	排除方法
压力高于正常值	泵出口过滤器堵塞（非连续色谱系统）测定流量正常否	若正常，拆下过滤器用硝酸超声清洗；若不正常，检查流量设定是否错误
压力低于正常值或流量小于设定值	某连接处泄漏，堵住泵的出口，开泵压力升到 30～40MPa，利用暂停键或超压保护停机的办法停泵，观察压力指示下降情况，同时用一小片滤纸检查各连接处有无泄漏	将泄漏处重新拧紧或更换密封刃环及管子接触处缠一点聚四氟乙烯薄膜临时解决，待事后再作进一步处理
	柱塞密封处泄漏	将泵拆下，更换新的柱塞密封圈
压力波动增大	单向阀被污染，观察柱塞推杆的动作；向前推压力下降，入口阀问题；向后退压力下降，出口阀问题	拆下单向阀用硝酸超声反复清洗直至正常
	泵腔有气泡。首先检查溶剂瓶中入口过滤器是否堵塞。将溶剂瓶中入口过滤器提出液面吸入一小段气泡约 10mm 长，观察气泡运动情况。泵吸液时气泡随液体前进，排液时气泡不后退证明泵腔中存在气泡	如有堵塞，用硝酸超声清洗入口过滤器 在泵的出口一侧接一支 10mL 注射器，抽动注射器用产生负压的方法将气体吸出，若不成功可反复多次直至气泡排净为止

2. 液相色谱进样阀常见故障判断与排除方法

有关液相色谱进样阀的常见故障判断及其排除方法，参见表 5-9。

表 5-9 高效液相色谱进样阀常见故障判断与排除方法

现象	判断	排除方法
进样不出峰或者峰高不正常	1. 注射器泄漏 2. 阀转子上针头密封垫磨损，导致泄漏 3. 选用的注射器针头与阀不匹配，配 7123 阀，针头直径为 0.7mm 4. 定子与转子接触密封面损坏，引起内通道断路	1. 更换新注射器 2. 更换新的零件 3. 更换合适的针管，国产 7 号长针头比较合适，但需加工成适当长度，国产微量注射器不能用，它的针头直径多是 0.5mm 4. 损坏不严重经重新研磨能恢复性能，否则更换新的转子

续表

现象	判断	排除方法
出现无名峰	1. 转子针头密封垫及进样针导管污染 2. 阀样品通路清洗不干净	1. 清洗阀的样品通路，方法是把阀切换到进样位置并倒置，用一只容积较大的注射器吸满清洁溶剂，插入进样针导管一半处，将溶剂推出，任其从导针口流出，反复多次，如果仍无效果必须将被污染零件拆下，浸泡在溶剂中一段时间，然后重新装配好 2. 方法同上，但必须让注射器插到底，使清洗溶剂从排空口流出
峰形拖尾	1. 定体积量管与阀连接出现死区 2. 色谱柱与阀的连接管连接过程出现死区	1. 更换新管，消除死区 2. 方法同上

3. 色谱柱常见故障及排除

有关高效液相色谱柱的常见故障判断及其排除方法，参见表 5-10。

表 5-10　高效液相色谱柱常见故障的判断及排除方法

现象	判断	排除方法
柱压高于正常值	1. 柱端过滤器堵塞 2. 长期使用柱端固定相板结 3. 分析生化、染料等易污染固定相的样品	1. 拆下过滤器用硝酸超声清洗 2. 挖掉板结部分，修补柱端 3. 方法同上，采用保护柱
柱压低于正常值	某连接处泄漏	打高压 30MPa，查找泄漏处，拆下柱子加适当力拧紧或衬聚四氟乙烯薄膜
分离度变差	1. 柱端固定相板结 2. 柱端床层塌陷 3. 柱子寿命已到	1. 挖掉修补，重填固定相 2. 修补柱端 3. 更换新柱
保留时间不重复	1. 更换流动相时新流动相未完全顶替掉 2. 正相柱，流动相脱水不完全	1. 延长平衡时间 2. 重新脱水
出现无规律色谱峰	长期进样滞留在柱中的组分被洗脱出来	用强极性溶剂冲洗；再用流动相平衡

4. 与检测器有关的故障及其排除

（1）**流动池内有气泡**　如果有气泡连续不断地通过流动池，将使噪声增大，如果气泡较大，则会在基线上出现许多线状"峰"，这是由于系统内有气泡，需要对流动相进行充分的除气，检查整个色谱系统是否漏气，再加大流量驱除系统内的气泡。如果气泡停留在流动池内，也可能使噪声增大，可采用突然增大流量的办法除去气泡（最好不连接色谱柱）；或者启动输液泵的同时，用手指紧压流动池出口，使池内增压，然后放开。可反复操作数次，但要注意不使压力增加太多，以免流动池破裂。

（2）**流动池被污染**　无论参比池或样品池被污染，都可能产生噪声或基线漂移。可以使用适当溶剂清洗检测池，要注意溶剂的互溶性；如果污染严重，就需要依次采用 $1mol \cdot L^{-1}$ 硝酸、水和新鲜溶剂冲洗，或者取出池体进行清洗，更换窗口。

（3）**光源灯出现故障**　紫外-可见或荧光检测器的光源灯使用到极限或者不能正常工作时，可能产生严重噪声，基线漂移，出现平头峰等异常峰，甚至使基线不能回零。这时需要更换光源灯。

（4）**倒峰**　倒峰的出现可能是检测器的极性接反了，改正后即可变成正峰。用示差折光检测器时，如果组分的折射率低于流动相的折射率，也会出现倒峰，这就需要选择合适的流动相。如果流动相中含有紫外吸收的杂质，使用紫外-可见检测器时，无吸收的组分就会产生倒峰，因此必须用高纯度的溶剂作流动相。在死时间附近的尖锐峰往往是由于进样时的压力变化，或者由于样品溶剂与流动相不同所引起的。

三、色谱柱的使用技术

1. 柱子串接

对于 k 值很接近的两个以上的组分，在使用通常的高效柱无法分离时，若在柱系统不变的情况下，改变流动相的组成可能有一定效果，另外唯一的方法是增加色谱柱的理论塔板数，对此通过减小固定相粒度和增加柱长是可以达到目的的。但因装填设备及技术所限，不能超出常规的极限。因此，有人曾设想将两根或多根高效柱串联起来使用（串接方法见图 5-23），以获得相应几倍的柱效，这在理论上是可以的，实际得到的结果是 4 根 2×250mm i.d.（N=80000m^{-1} 理论塔板数）的高效柱，串接后的柱效为 N=70000m^{-1} 理论塔板数。说明串接是可行的，只是柱效也有相应 10%～15% 的损失。

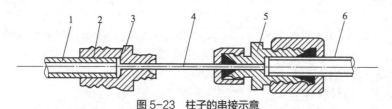

图 5-23　柱子的串接示意

1—色谱柱Ⅰ；2—色谱柱Ⅰ出口接头；3—网片；4—连接管；
5—色谱柱Ⅱ入口接头；6—色谱柱Ⅱ

2. 保护柱

保护柱即在分析柱的入口端，装有与分析柱相同固定相的短柱（5～30mm长）。可以经常而且方便地更换，因此起到保护、延长分析柱寿命的作用。

保护柱的采用会使分析柱损失一定的柱效。可是，换一根分析柱不仅浪费（柱子失效是柱端部分），而且费事，而保护柱对色谱系统的影响则可以忽略不计。所以即使损失一点柱效也还是划得来的。

3. 色谱柱的切换

关于色谱柱的切换技术是近几十年所发展起来的液相色谱应用技术。如图 5-24 所示。用两只结构相同、操作同步的切换阀，在对应的位置连接不同性能、不同规格的分析柱，根据需要可以完成更换色谱柱、改变冲洗条件、反冲及馏分切割等流程。若进一步配合微机控制，便使之成为智能型液相色谱仪的又一重要部分。

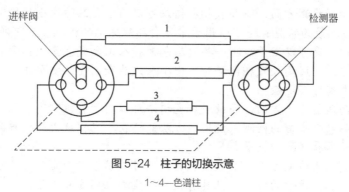

图 5-24　柱子的切换示意

1～4—色谱柱

劳动素质提升 5-2　液相色谱仪的维护

一、劳动目的
1. 进一步了解液相色谱仪的工作原理。
2. 学习如何维护和保养液相色谱仪。

二、仪器与试剂
1. 仪器
依利特 P230 型高效液相色谱仪；ES2000 色谱数据工作站；色谱柱 Sino chrom ODS-BP C_{18}；超声波清洗器；流动相过滤器；无油真空泵。
2. 流动相
色谱级甲醇；超纯水。

三、劳动内容
1. 流动相的预处理
甲醇（色谱纯）和重蒸馏水，用 0.45μm 的有机滤膜过滤，装入流动相贮液器内，用超声波清洗器脱气。
2. 操作
(1) 按仪器操作说明书规定的顺序依次打开仪器各单元的电源（注：有的仪器需要先打开工作站电源并运行系统软件）。开机，并使仪器处于工作状态。
(2) 用甲醇与水的比例为 90∶10 的流动相冲洗整个系统 30min。
(3) 观察系统软件操作界面，待系统达平衡后，基线呈平直。
(4) 将色谱柱从仪器上取下，封紧其两头并妥善存放，以防柱填料变干。

四、注意事项
1. 严格按照所用仪器使用说明书、仪器操作规程进行操作。
2. 因检测项目不同，实验条件应据所检测的项目进行适当调整（如流动相种类及配比）。
3. 特殊的检测器及柱子应认真参照说明书来制订冲洗方案。

知识拓展　食品安全卫士——高效液相色谱

所谓民以食为天，是因为食品作为生活必需品能够为人们发育、成长等提供必要的能量。而食又以安为先，这里所说的"安"其实指的就是党中央和国家一直关心的食品安全问题。因此，如何通过高效便捷的检测技术快速、准确地判断出食品中有害物质含量以及食品添加剂超标与否，便成为食品安全检测过程中所必须面对的难题。近年来，高效液相色谱仪以其灵敏度高、检测范围广、检测时间短等诸多优点逐渐在食品安全领域内发挥着越来越重要的作用。

在食品添加剂检测方面，高效液相色谱法可以用于食品防腐剂的检测，主要以山梨酸、苯甲酸的检测最为常见；还可以用于常见食品甜味剂的检测，如阿斯巴甜、安赛蜜、甜蜜素等甜味剂；更可以用于检测一些天然色素和人工合成色素，如食品中的柠檬黄、日落黄等。目前，利用高效液相色谱对《中华人民共和国食品安全法》中所允许（或禁止）添加的色素都可实现检测。

在食品农药残留检测方面，高效液相色谱法可以用于有机磷类农药、合成拟除虫菊酯类等多种食品农药残留的检测，使用该方法能够在一定程度上简化样品前处理流程，从而提高检测效率和样品回收率。

在食品真菌毒素检测方面，高效液相色谱法可以用于黄曲霉毒素、呕吐毒素以及赭曲霉毒素等常见真菌毒素的检测，且具有较好的检测准确度和重复性。为了进一步提升检测的精确性，当前，该领域的研究主要集中在前处理条件优化，以及多真菌毒素同时测定等方面。

综上所述，在我国全面建设社会主义现代化国家的进程中，高效液相色谱法在食品检测领域的应用价值正逐渐得到多方证实，这充分体现了党中央重视人民群众生命健康安全，始终坚持"人民群众利益至上"不动摇的决心。与此同时，我国科研工作者也在不断探索基于高效液相色谱的新技术、新工艺、新设备，以创新驱动高效液相色谱技术的发展，高效液相色谱必将为人民群众的食品安全提供更强有力的保障。

思考与练习

1. 从仪器构造、分离原理及方法的适用范围比较说明 GC 和 HPLC 的异同点？
2. 同 GC 相比，影响 HPLC 色谱峰扩张的因素有哪些主要不同之处？
3. 在 HPLC 中提高柱效的最有效途径是什么？
4. HPLC 分为哪几种类型？各自的分离原理是什么？各自最适宜分离的物质是什么？
5. 解释以下概念：等度洗脱和梯度洗脱，正相色谱和反相色谱，液-液、液-固离子交换色谱和离子色谱，离子对色谱，凝胶色谱，化学键合固定相。
6. GC 与 HPLC 的进样技术有何不同？
7. HPLC 的梯度洗脱与 GC 的程序升温有何异同之处？
8. 在 HPLC 分析中，假设使用环己烷作流动相，于硅胶柱上分离某几个组分，分离度很高，但分析时间太长，请给出既保证相互分离，又可使分析时间缩短的方法及其理由。
9. 若在 HPLC 实验中压力指示突然降低或升高，其产生的主要原因及对策是什么？
10. 在硅胶柱上，以甲苯为流动相时，某组分的保留时间为 28min。若改用四氯化碳或三氯甲烷为流动相，指出可减小该组分保留时间者。
11. 分别指出下列组分在正相色谱、反相色谱中的洗脱顺序：
（1）正己烷　　正己醇　　苯
（2）乙酸乙酯　乙醚　硝基丁烷
12. 采用 HPLC 分离核苷，用紫外-可见检测器测得其各被分离组分峰，经鉴定结果如下：

组分	空气	尿核苷	肌苷	鸟苷	腺苷	胞啶
t_R/min	4.0	30	43	57	71	96

若在另一色谱柱中填充相同固定相，但柱子的尺寸不同，测得空气峰为 5min，尿核苷为 53min，某组分洗脱时间为 100min，试说明这个组分是什么物质？

【附录】　考核评分表

考核项目			考核比重	
知识要求	1. 掌握高效液相色谱的不同类型及其分离原理		40	5
	2. 掌握高效液相色谱仪的组成及作用			5
	3. 掌握高效液相色谱分离方式的选择			5
	4. 掌握影响色谱分离度的因素			5
	5. 了解液相色谱实训室的环境要求及管理规范			4
	6. 了解液相色谱常用固定相及流动相			4
	7. 了解仪器各部分工作原理			4
	8. 了解梯度淋洗及其特点			4
	9. 了解常用检测器的检测原理及特点			4

续表

考核项目		考核比重
能力要求	1. 能熟悉并遵守液相色谱实训室的安全操作规程	5
	2. 能正确评价色谱柱性能	5
	3. 能建立正确的液相色谱方法	6
	4. 能熟练操作仪器进行检测	8
	5. 能使用正确的方法处理样品	5
	6. 能正确选择流动相	5
	7. 能对样品进行正确定性定量分析	10
	8. 能够对仪器设备进行日常维护	6
	小计	50
素质要求	1. 遵循实验室各项规章制度	1
	2. 劳动积极，主动参与	2
	3. 与其他同学积极合作	2
	4. 合理利用资源，避免浪费	2
	5. 正确使用个人防护装备，并能够有效防范事故和化学品的危害	2
	6. 尊敬师长，文明操作	1
	小计	10
合计		100

项目 6

用离子色谱法检测无机离子

 知识目标

1. 掌握 离子色谱中的有关术语、离子色谱的分类与应用、影响离子色谱的主要因素。
2. 理解 离子色谱法的基本原理和仪器结构、离子色谱的分类和实验操作技能。能够独立进行样品制备、仪器校准、数据记录、数据处理、结果分析和误差控制等实验操作。
3. 了解 离子与固定相之间的相互作用,离子在柱上的分离机制和选择性,以及色谱参数的优化。

 能力目标

1. 掌握离子色谱法的基本实验操作技能,仪器的工作流程和各参数的设置。可以通过掌握仪器的操作步骤和正确的参数设置,获得准确可靠的分析结果。
2. 掌握检测器的工作原理和检测方式,掌握对样品的定性和定量分析等,了解不同离子的特点和相关标准,加深对分析结果的理解和解读能力。
3. 在实验操作中掌握解决问题的方法和技能,能够对实验过程中出现的问题进行分析、解决和改进。
4. 能够对所使用的仪器设备进行日常的维护保养。

 素质目标

1. 在学习离子色谱法检测无机离子相关理论知识和实验技能过程中,锻炼学生在实践中进行分析和解决问题的能力,引导帮助学生强化创新意识,培养学生探究和创新的精神。
2. 在学生相互配合完成实训、协同分析数据过程中,鼓励团队合作和集体荣誉,以提高学生的团队意识和协作能力。同时,培养学生勇攀高峰、追求卓越的精神。
3. 离子色谱仪的发展和应用,充分体现了多学科融合的重要性,这与国家经济的发展息息相关,在教学中应培养学生宽广的视野,增强他们的学科交叉融合能力,同时引导学生热爱祖国,关心国家的经济、科技和文化发展,为国家的繁荣富强做出贡献。

任务 1 认识离子色谱实训室

一、离子色谱实训室的环境要求

1. 操作温度:10~35℃。
2. 操作湿度:5%~95%。
3. 载气及压力:氦气、氩气、氮气、压缩空气,0.55~0.83MPa(80~120psi)。
4. 操作压力:21MPa(3000psi)。

二、离子色谱实训室的管理规范

1. 实训室应有足够的通风换气设备,以及实训废气的排放管道,保持实训室的空气新鲜洁净。

2．实训室应配备冰柜，用于保存样品和试剂。

3．实训室应配备保险柜，用于保存剧毒物品。

4．对实训室内部不同功能的区域，尤其是进行具有高毒性和"三致效应"的环境污染物分析场所，应进行分隔并设置明显的标志，加以区分。

5．对进入不同区域的人员、设备和分析项目存在干扰的情况进行控制，如使用警示标识或门禁，以避免实训室环境发生交叉或外来因素干扰色谱分析室。

(1) 配备气瓶贮藏室。

(2) 配备样品处理间：有洗涤池、实训台、药品柜、通风柜等。

(3) 不宜和原子吸收、气相色谱放在同一个房间。

(4) 有稳固的色谱仪器台，仪器台应离墙距离600mm，以便于仪器的检修。

(5) 供电电源：需单相三线110V AC、220V AC电源及三相五线380V AC电源。

劳动素质提升 6-1　学生整理离子色谱实训室

一、劳动目的

1．了解与认知离子色谱实训室。

2．了解离子色谱实训室与化学实训室的区别。

二、劳动内容

1．将离子色谱实训室的必需品与非必需品分开，在实训台上只放置必需品。

2．清理不要的物品，如过期的溶液和破损的玻璃仪器等。

3．对实训所需的物品与仪器调查其使用频率，决定日常用量及放置位置，寻找废弃物处理方法，查询相关仪器的使用规则。

4．将仪器和玻璃仪器摆放整齐。

5．将离子色谱实训室分为药品、工具、玻璃仪器、辅助设备和小零件五大类，并将其放置于实训室不同的区域，做好标识工作。

6．将灭火器、医疗急救箱、清洁工具等放置于实训室不同位置，并做好标识工作。

7．检查若有需要维修的仪器，应贴上标签，做好标识工作。

8．清扫整个实训室，包括地面、仪器设备、仪器台面等。

任务2　离子色谱仪基本操作

一、离子色谱仪的基本构造

离子色谱仪（ion chromatograph，IC）的构成与液相色谱相同，仪器一般由高压输液泵、进样器、色谱柱、检测器和数据系统（或工作站）组成。此外，还可根据需要配置流动相在线脱气装置、梯度装置、自动进样系统、流动相抑制系统、柱后反应系统和全自动控制系统等。图6-1是离子色谱仪最常见的两种配置的构造示意。图6-1（a）没有流动相抑制系统，是通常所说的非抑制型离子色谱仪；图6-1（b）带流动相抑制系统，是通常所说的抑制型离子色谱仪。离子色谱仪的基本构成及工作原理与液相色谱相同，所不同的是离子色谱仪通常配置的检测器不是紫外-可见检测器，而是电导检测器，通常所用的分离柱不是液相色谱所用的吸附型硅胶柱或分配型ODS柱，而是离子交换剂填充柱。另外，离子色谱的流动相要求耐酸碱腐蚀，以及在可与水互溶的有机溶剂（如乙腈、甲醇和丙酮等）中不溶胀的系统，因此仪器的流路系统耐酸耐碱的要求更高一些。

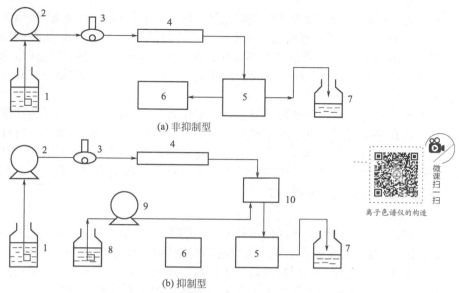

图 6-1　离子色谱仪的构造示意

1—流动相容器；2—流动相输液泵；3—进样器；4—色谱柱；5—电导检测器；
6—工作站；7—废液瓶；8—再生液容器；9—再生液输液泵；10—抑制器

1. 流动相输送系统

一个完整的流动相输送系统包括流动相容器、脱气装置、梯度洗脱装置和输液泵四个主要部件。

流动相容器通常是由一个或多个聚乙烯瓶或硬质玻璃瓶组成。离子色谱中所用流动相多为电解质水溶液，配制流动相所用水应是经过蒸馏的去离子水，通常称重蒸去离子水。配好的流动相应用 0.45μm 以下孔径的滤膜过滤，防止流动相中有固体小颗粒堵塞流路。流动相放置一段时间后可能会因微生物的作用而出现絮状物，因此，流动相一次不能配制太多，应经常清洗流动相容器和过滤头，经常更换流动相。

高压输液泵是离子色谱仪的关键部件，其作用是将流动相以稳定的流速或压力输送到色谱系统。输液泵的稳定性直接关系到分析结果的重复性和准确性。和高效液相色谱一样，输液泵按输出液恒定的因素分恒压泵和恒流泵。恒压泵的泵出口压力维持不变，恒流泵的泵出口流量维持不变。按工作方式输液泵又分为气动泵和机械泵两大类。

由于流动相溶液中的气泡，会使色谱图上出现尖锐的噪声峰，会使基线起伏，一旦进入色谱柱很难排出，因此必须对流动相脱气。与液相色谱相同，离子色谱脱气装置使用较多的是超声波振荡脱气、惰性气体鼓泡吹扫脱气和在线（真空）脱气装置三种。

梯度洗脱装置主要解决溶液的混合问题，其主要部件除高压泵外，还有混合器和梯度程序控制器。根据梯度装置所能提供的流路个数，分别称为二元梯度、三元梯度等。根据溶液混合的方式，可以将梯度洗脱分为高压梯度和低压梯度。

2. 进样器

进样器是将样品溶液准确送入色谱柱的装置，同样分手动和自动两种方式。进样器要求密封性好，死体积小，重复性好，进样时引起色谱系统的压力和流量波动很小。六通阀进样器是最常用的，进样体积由定量环确定，与液相色谱基本一致。

3. 色谱柱

离子色谱的最重要的部件是色谱柱，是实现分离的核心部件，要求柱效高、柱容量大和性能稳定。柱性能与柱结构、填料特性、填充质量和使用条件有关。柱管材料应是惰性的，一般均在室温下使用。离子色谱柱结构类似液相色谱柱，内径通常在 4～8mm 范围内。产柱内径多为5mm，国外柱最典型的柱内径是4.6mm，另外还有4mm和8mm内径柱。柱长通常为50~100mm，比普通液相色谱柱要短。柱管内部填充5~10μm粒径的球形颗粒填料。内径为1~2mm的色谱柱通常称为半微柱。内径在1mm以下的色谱柱通常称为微型柱。与液相色谱相同，色谱柱是有使用方向的，即流动相的方向应与柱的填充方向（装柱时填充液的流向）一致。

此外，普通的液相色谱仪通常是可以不配置柱恒温箱的，而离子色谱仪通常需要配柱恒温箱，将离子色谱柱、电导池和抑制器置于恒温箱中。这是因为离子交换柱和抑制器中所进行的离子交换反应、电导池中柱流出物中离子的迁移率都对温度很敏感，有时温度对分离也会产生很大的影响。通常的柱恒温箱可在20~60℃范围内恒温，在无特别目的时，一般将柱温箱温度设定在略高于室温，如30~40℃。

4. 检测器

检测器是用来连续监测经色谱柱分离后的流出物的组成和含量变化的装置。它利用溶质（被测物）的某一物理或化学性质与流动相有差异的原理，当溶质从色谱柱流出时，会导致流动相背景值发生变化，从而在色谱图上以色谱峰的形式记录下来。如果所测定的是流出物的整体性质，则称为整体性质检测器；如果所测定的是溶质离子的性质，则称为溶质性质检测器。例如电导检测器测定的是流出物整体的电导率，所以它是一种整体性质检测器。而紫外-可见检测器测定的是溶质的紫外吸收，所以是一种溶质性质检测器。离子色谱常用的检测方法可以归为两类，即电化学法和光学法。电化学法包括电导和安培检测器，而光学法主要是紫外-可见检测器和荧光检测器。根据检测器的适用离子的范围，又可将检测器分为通用型检测器和选择性检测器。对所有离子（绝大多数离子）都有响应的检测器称作通用型检测器，电导检测器对所有离子都有响应，是离子色谱中应用得最多的通用型检测器。只对部分离子有响应的检测器称为选择性检测器，如紫外-可见检测器只对有紫外吸收的离子有响应，电化学检测器只对具有电活性（氧化性或还原性）的离子有响应，是离子色谱中常用的选择性检测器。离子色谱检测器的选择，主要的依据是被测离子的性质、淋洗液的种类等因素，同一种物质有时可以用多种检测器进行检测，但灵敏度不同。

电导检测器因其对水溶液中的离子具有通用性，是离子色谱中最主要的检测方式。当电解质（酸、碱或盐）溶于水，就会离解为带电荷的离子。如果是弱电解质（弱酸或弱碱），则只能部分离解。溶液中离子的浓度既取决于电解质的初始浓度及其离解常数的大小，也取决于溶液的pH、溶剂的介电常数等。如果在溶液中放上两根电极并施以电压，溶液中将会有电流形成，这是因为溶液也具有电导。电导检测器正是利用这一原理来检测溶液中的离子性物质。电导检测器由电导池、测量电导率所需的电子线路、变换灵敏度的装置和数字显示仪等组成，核心是电导池。电导池基本结构是在柱流出液中放置两根电极，然后通过适当的电子线路测量溶液的电导率。图6-2是一种简单电导池的结构。

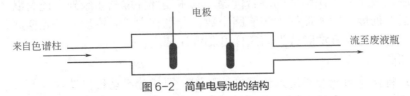

图6-2 简单电导池的结构

其他类型检测器的结构和工作原理可参阅相关著作。

5. 抑制器

化学抑制型电导检测法中，抑制反应是构成离子色谱的高灵敏度和选择性的重要因素，也是选择分离柱和淋洗液时必须考虑的主要因素。

抑制型电导检测离子色谱使用的是强电解质流动相，如分析阴离子用碳酸钠、氢氧化钠，分析阳离子用稀硝酸、稀硫酸等。这类流动相的背景电导高，而且被测离子以盐的形式存在于溶液中，检测灵敏度很低。为了提高检测灵敏度，就需降低流动相的背景电导并将被测离子转变成更高电导率的形式。将抑制器连接在分离柱和检测器之间，柱流出物从一端流入抑制器，再生液从相反的另一端流入抑制器。在抑制器中，流动相与再生液之间进行离子交换反应，达到降低背景电导和增加溶质电导的目的。抑制器主要起三种作用：一是降低淋洗液的背景电导；二是增加被测离子的电导值，改善信噪比；三是消除反离子峰对弱保留离子的影响。分析阴离子时通常用稀硫酸（$10\sim20\,mmol\cdot L^{-1}$）作再生液，分析阳离子时通常用稀氢氧化钠作再生液。一个输液泵专门用于将再生液输送至抑制器。

目前，最先进的抑制器是自动再生电解抑制器。阴离子分析用的电解型阳离子抑制器的原理如图6-3所示，其工作原理是将水电解成H^+和OH^-，只有H^+能通过阳离子交换膜进入流动相（NaOH水溶液）中，将NaOH中和，使流动相变成难离解的H_2O，达到降低背景电导，即增加检测灵敏度的目的，电解型阴离子抑制器的原理类似，不同的只是采用阴离子交换膜。这种抑制器还可用于梯度洗脱。

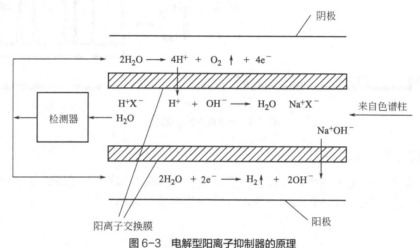

图 6-3 电解型阳离子抑制器的原理

其他类型抑制器的结构和工作原理可参阅相关著作。

6. 数据处理系统（工作站）

用作离子色谱仪的数据处理系统常用的也有色谱工作站，主要内容与液相色谱类似，不再赘述。

二、离子色谱的分析流程

离子色谱仪的工作过程是：输液泵将流动相以稳定的流速（或压力）输送至分析体系，在色谱柱之前通过进样器将样品导入，流动相将样品带入色谱柱，在色谱柱中各组分被分离，并依次随流动相流至检测器，抑制型离子色谱则在电导检测器之前增加一个抑制系统，即用另一个高压输液泵将再生液输送到抑制器，在抑制器中，流动相的背景电导被降低，然后将流出物导入电导检测池，检测到的信号送至数据系统记录、处理或保存（见图6-4）。非抑制型离子色谱仪不用抑制器和输送再生液的高压泵，因此仪器的结构相对要简单得多，价格也要便宜很多。

离子色谱的基本分析流程也与液相色谱类似：根据待测样品选择分离方式和检测方式；选择适当淋洗液并配制；样品的预处理和制备；启动离子色谱仪及相关配件，检查各部件，做好准备工作；启动色谱工作站并设置好软件；进样检测并得到色谱数据；优化色谱条件使样品更好分离;分析已知组成和浓度的标准样品溶液,由数据处理系统生成校正曲线,再分析经过必要前处理的样品溶液,数据处理系统将其结果与先前生成的校正曲线进行比较,完成定性、定量计算,打印色谱图及样品数据结果;关机并进行维护检查。

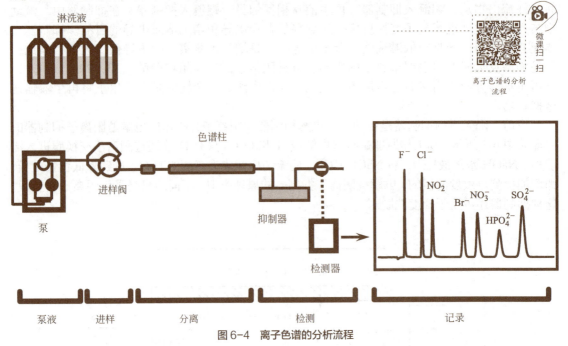

图 6-4 离子色谱的分析流程

三、离子色谱仪的操作

目前,离子色谱仪的品牌型号很多,但实际操作步骤大体相同。因此,以美国戴安公司 ICS-90 型离子色谱仪为例,介绍离子色谱仪的操作方法(见图 6-5)。

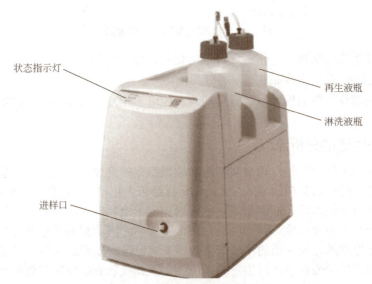

图 6-5 ICS-90 型离子色谱仪外观

1. 淋洗液和再生液的制备

对淋洗液进行过滤和脱气,并储存在惰性气体加压保护的容器中,它有助于防止泵和检测池中产生气泡。常用的淋洗液脱气方法有:真空脱气、氦气鼓泡和超声波等。

使用氦气、氩气或氮气对淋洗液加压，减压阀的压力调节至 0.2MPa。气管与淋洗液瓶口处的压力表连接，拔出黑色旋钮，顺时针调节至 5psi，将黑色旋钮推回原位锁住（见图 6-6）。再生液储罐必须加满，使用过程中不能晃动。

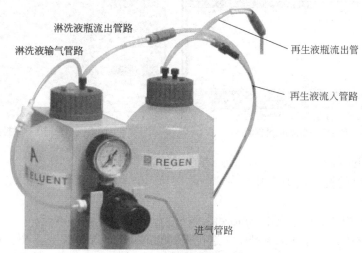

图 6-6　淋洗液加压示意图

2．样品的制备

（1）样品的选择和储存　样品收集在用去离子水清洗的高密度聚乙烯瓶中。不要用强酸或洗涤剂清洗该容器，这样做会使许多离子遗留在瓶壁上，对分析带来干扰。

如果样品不能在采集当天分析，应立即用 0.45μm 的过滤膜过滤，否则其中的细菌可能使样品浓度随时间而改变。即使将样品储存在 4℃ 的环境中，也只能抑制而不能消除细菌的生长。

尽快分析 NO_2^- 和 SO_3^{2-}，它们会分别氧化成 NO_3^- 和 SO_4^{2-}。不含有 NO_2^- 和 SO_3^{2-} 的样品可以储存在冰箱中，一星期内阴离子的浓度不会有明显的变化。

（2）样品预处理　对于酸雨、饮用水和大气飘尘的滤出液可以直接进样分析；对于地表水和废水样品，进样前要用 0.45μm 的滤膜过滤；对于含有高浓度干扰基体的样品，进样前应先通过预处理柱。

（3）稀释　不同样品中离子浓度的变化会很大，因此无法确定一个稀释系数。很多情况下，低浓度的样品不需要进行稀释。

$NaHCO_3/Na_2CO_3$ 作为淋洗液时，用其稀释样品，可以有效地减小水负峰对 F^- 和 Cl^- 的影响（当 F^- 的浓度小于 $50\mu g \cdot L^{-1}$ 时尤为有效），但同时要用淋洗液配制空白和标准溶液。稀释方法通常是在 100mL 样品中加入 1mL 浓 100 倍的淋洗液。

3．开机

① 确认淋洗液和再生液的储量是否满足需要。

② 将压缩气瓶的输出压力调节至 0.2MPa，淋洗液瓶的压力调节至 5psi。

③ 打开后面板的电源开关。接通电源后，泵处于 OFF 状态，进样阀处于 LOAD 状态，检测稳定器显示当前读数。

4．启动色谱工作站

色谱工作站可以完成仪器控制、信号采集、数据处理等，预先设定的分析方法使用户能够迅速得出分析结果，控制面板可以监控分析过程。

① 点击 Start > Programs > PeakNet > PeakNet，进入以上界面（见图 6-7）；

② 在浏览器中，点击 Dionex Templates > Panel > Dionex_IC > Dionex_ICS-90_System；

③ 点击 Control > ConnecttoTimebase，出现图 6-8 界面。

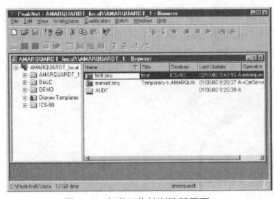
图 6-7　色谱工作站浏览器界面

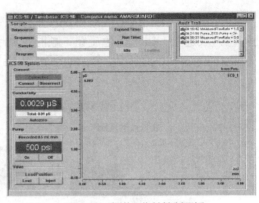
图 6-8　色谱工作站控制面板

5. 运行前的准备工作

① 在 ICS-90 的控制面板中开泵。

② 清洗泵头。

③ 平衡系统约 30min，点击 Autozero，补偿背景电导，调节零点。

④ 在浏览器中，点击 File > New，选择 Program File，按 OK 键，根据提示编辑程序文件；在浏览器中，点击 File > New，选择 Sequence（Using Wizard），按 OK 键，根据提示编辑样品表；在浏览器中，点击 Batch > Start > Add，选择需要运行的样品表，按 Start 键。

⑤ 在控制面板上进行基线监测。

6. 进样检测

待基线稳定后，用注射器将样品注入进样阀的定量环，进样检测。

7. 数据分析

离子色谱仪将电导池的测量信号输送到运行色谱软件的计算机中，进行样品和标准的谱图对照比较。根据保留时间定性，峰高/峰面积定量，色谱工作站可以自动计算样品的分析结果并打印报告。

8. 关机维护

样品分析完毕，让淋洗液以原流量继续淋洗 10~20min，然后将流量慢慢降至零。检查泵头与泵体等各组件连接处有无泄漏并及时清洗。关闭仪器电源，填写实训记录。

实训 6-1　离子色谱仪的基本操作

一、实训目的

1．了解离子色谱仪的基本构造和工作过程。

2．掌握仪器的基本操作步骤。

二、实训原理

输液泵将流动相以稳定的流速（或压力）输送至分析体系，在色谱柱之前通过进样器将样品导入，流动相将样品带入色谱柱，在色谱柱中各组分被分离，并依次随流动相流至检测器，抑制型离子色谱则在电导检测器之前增加一个抑制系统，然后将流出物导入电导检测池，检测到的信号送至数据系统记录、处理或保存。

三、仪器与试剂

1．仪器

ICS-90 型离子色谱仪（抑制型电导检测器）。

2. 试剂

1000mg·L^{-1} 的 Cl$^-$ 和 SO$_4^{2-}$ 的贮备液。

流动相：0.0035mol·L^{-1} 的 Na$_2$CO$_3$ 和 0.001mol·L^{-1} 的 NaHCO$_3$ 的混合溶液。

四、实训内容

1. 淋洗液和再生液的制备

称取 0.371g 碳酸钠和 0.084g 碳酸氢钠，用超纯水溶解后定容至 1000mL。

2. 样品的制备

用优级纯的钠盐分别配制浓度为 1000mg·L^{-1} 的 Cl$^-$ 和 SO$_4^{2-}$ 的贮备液，用超纯水稀释成 10~20mg·L^{-1} 的标准溶液。

3. 基本操作

① 检查色谱仪器中所使用的离子交换柱；

② 打开仪器电源后，打开泵和抑制器的开关；

③ 将压缩气瓶的输出压力调节至 0.2MPa，淋洗液瓶的压力调节至 5psi；

④ 打开计算机，启动色谱工作站；

⑤ 调节泵的旋钮，使流速保持在 1.2mL·min^{-1}，打开工作站上的显示基线开关，观察基线，约 30min 后，基线平稳；

⑥ 待基线稳定后，用注射器将样品注入进样阀的定量环，进样检测；

⑦ 根据保留时间定性，峰高/峰面积定量，进行样品和标准的谱图对照，得到分析结果，并打印报告。

4. 关机维护

① 样品分析完毕，让淋洗液以原流量继续淋洗 10~20min，然后将流量慢慢降至零。

② 检查泵头与泵体等各组件连接处有无泄漏并及时清洗。关闭仪器电源，填写实训记录。

任务 3　离子色谱基本原理

一、离子色谱的分类及应用

离子色谱是高效液相色谱的一种，是分析阴离子和阳离子的一种液相色谱方法。离子色谱不仅灵敏度高，分析速度快，能进行多种离子的同时分离，而且还能将一些非离子型物质转变成离子型物质后测定，所以在环境化学、食品化学、化工、电子、生物医药、新材料等许多领域都得到了广泛的应用，见表 6-1。

表 6-1　应用领域

领域	样品	应用
环境/污染	雨水/河水/大气/污水	雨水中的离子
城市用水	自来水/水源	自来水中消毒副产物
化学品	设备提取物/聚合物	环氧类黏合剂中的阴离子
电子/半导体	高纯水/晶片冲洗水	高纯水中的离子型杂质
金属/钢材	表面处理液/镀槽/冷却水	电镀槽中的抗坏血酸
农业	肥料/土壤/植物等	土壤中离子
医学	血液/尿	尿中草酸
化妆品	化妆品/清洁剂/洗发液	化妆品液体中的阴离子

续表

领域	样品	应用
制药	化学/液体	化学品中的重金属
电力	冷却水/超纯水（HPW）	锅炉蒸汽中的杂质
食品/饮料	酒/饮料/糖果	饮料中的有机酸
造纸/纸浆	纸浆液/处理水	纸张和液体中的离子

离子色谱的分离机理主要是离子交换，根据分离方式的不同，可进一步分为高效离子交换色谱（HPIC）、离子排斥色谱（HPIEC）和离子对色谱（MPIC）。用于3种分离方式的柱填料的树脂骨架基本都是苯乙烯-二乙烯基苯的共聚物，但树脂的离子交换功能基和容量各不相同。HPIC用低容量的离子交换树脂，HPIEC用高容量的树脂，MPIC用不含离子交换基团的多孔树脂。这3种分离方式各基于不同分离机理：HPIC的分离机理主要是离子交换，HPIEC主要为离子排斥，而MPIC则是主要基于吸附和离子对的形成。

1. 高效离子交换色谱

离子交换分离是基于流动相与固定相上的离子交换基团之间发生的离子交换过程。对高极化度和疏水性较强的离子，分离机理中还包括非离子交换的吸附过程。离子交换色谱主要用于无机和有机阴离子和阳离子的分离。离子交换功能基为季氨基的树脂用作阴离子分离，为磺酸基和羧酸基的树脂用作阳离子分离。

2. 离子排斥色谱

离子排斥色谱的分离机理包括唐南（Donnan）排斥、空间排阻和吸附过程。固定相是具有较高交换容量的全磺化交联聚苯乙烯阳离子交换树脂，这种阳离子交换树脂一般不能用于阳离子的离子交换色谱分离。离子排斥色谱主要用于有机酸、无机弱酸和醇类的分离。一个特别的优点是可用于从强酸中分离弱酸以及弱酸的相互分离。强酸不被保留，在死体积被洗脱。如果选择适当的检测方法，离子排斥色谱还可以用于氨基酸、醛及醇的分析。

3. 离子对色谱

离子对色谱的主要分离机理是吸附与分配。固定相则是普通HPLC体系中最常用的低极性的十八烷基或八烷基键合硅胶，固定相的选择性主要靠改变流动相来调节，通过在流动相中加入一种与溶质离子带相反电荷的离子对试剂，使之与溶质离子形成中性的疏水性化合物。离子对色谱基本上可以采用通常的反相HPLC的分离体系。离子对色谱主要用于表面活性的阴离子和阳离子以及金属配合物的分离。

二、离子色谱的分离原理

狭义而言，离子色谱法是以低交换容量的离子交换树脂为固定相对离子性物质进行分离，用电导检测器连续检测流出物电导变化的一种色谱方法；广义而言，就是利用被测物质的离子性进行分离和检测的液相色谱法。离子色谱分离的原理主要是基于离子交换树脂上可离解的离子与流动相中具有相同电荷的溶质离子之间进行的可逆交换和分析物溶质对交换剂亲和力的差别而被分离。离子色谱主要用于阴、阳离子的分析，特别是阴离子的分析，检出限在 $\mu g \cdot L^{-1} \sim mg \cdot L^{-1}$ 量级，而且多种离子可同时测定，简便，快速。到目前为止，离子色谱仍然是测定阴离子最佳的方法。

例如阴离子的分离：样品溶液进样之后，首先与分析柱的离子交换位置之间直接进行离子交换（即被保留在柱上），如用NaOH作淋洗液分析样品中的 F^-、Cl^- 和 SO_4^{2-}，保留在柱上的阴离子即被淋洗液中的 OH^- 置换并从柱上洗脱下来。对树脂亲和力弱的分析物离子先于对树脂亲和力强的分析物离子洗脱下来，这就是离子色谱分离过程，淋出液经过化学抑制器，将来自淋洗液的背景电导抑制到最小，这样当被分析物进入电导池时就有较大的可准确测量的电导信号。

离子色谱法是液相色谱法的一个分支领域,而液相色谱法的基本理论又是在气相色谱法理论的基础上发展起来的,因此,各种色谱分析方法的基础理论都是相通的。这里复习几个离子色谱法中常用的基本概念和理论问题。

1. 分离度

色谱过程的目的是将混合物分离成单一的化合物,用分离度(R)或分辨率的概念评价色谱柱的分离效能。分离度定义为两相邻色谱峰的峰中心之间的距离与两峰的平均峰宽的比值,即分离度

$$R = \frac{t_{R(2)} - t_{R(1)}}{\frac{1}{2}\left[Y_{(2)} + Y_{(1)}\right]} \tag{6-1}$$

式中,$t_{R(2)}$和$t_{R(1)}$分别为两组分的保留时间;$Y_{(1)}$和$Y_{(2)}$为与保留值具有相同单位的相应组分峰的峰底宽度。

分离度是个无量纲的参数,它表明两个溶质峰彼此离得越远,分离就越好;两个峰越尖锐、越窄,分离就越好。式(6-1)给出了一个衡量分离好坏的尺度,但它并没有告诉我们如何获得一个较好的分离。为了搞清这个问题,将分离度表示为含有三个色谱分离参数的函数,这三个参数分别为柱效、选择性和保留特性,这些参数与固定相和流动相的性质有关。

$$R = \frac{1}{4}\sqrt{n}\left(\frac{\alpha-1}{\alpha}\right)\left(\frac{k}{k+1}\right) \tag{6-2}$$

式中,$\frac{1}{4}\sqrt{n}$表示柱效;$\frac{\alpha-1}{\alpha}$表示选择性;$\frac{k}{k+1}$表示保留特性。

分离初始,在零时刻,样品位于色谱柱的顶端。被分析的样品随流动相进入固定相,样品组分基于对两相亲和力的不同而被分离。一般来讲,固定相与流动相之间化学性质的差别应该足够大,被分析物才能与其中一相发生较强作用。正是由于保留时间的不同,使得分离得以实现。

2. 柱效

色谱过程是一个分离过程。色谱过程中不同溶质在色谱柱的不同位置上的浓度是不断变化的。各组分在柱内的浓度分布形状称为谱带。色谱中使用塔板理论来描述和表征这种浓度的变化过程。

柱效是指色谱柱保留某一化合物而不使其扩散的能力,柱效能是一支色谱柱得到窄谱带和改善分离的相对能力。

用理论塔板数来衡量色谱柱的柱效。在色谱柱中,理论塔板数n定义为

$$n = 5.54\left(\frac{t_R}{Y_{1/2}}\right)^2 = 16\left(\frac{t_R}{Y}\right)^2 = \left(\frac{t_R}{\sigma}\right)^2 \tag{6-3}$$

式(6-3)中各项含义同气相色谱法理论塔板数计算式(4-15),不再复述。理论塔板是指固定相和流动相之间平衡的理论状态。在一个塔板的平衡完成之后,分析物进入下一个平衡塔板,这种传递过程不断重复,直至完全分离。分子根据自身的性质(分子大小和电荷)进行转移或迁移,基于它们对固定相和流动相的亲和力的不同进行分离。分子移动并形成一条带状,以正态分布(高斯)的色谱峰流出。

理论塔板数可以用来衡量整个色谱系统谱带的扩散程度。谱带扩散程度越小(即色谱峰越窄),理论塔板数n越大。理论塔板数n与色谱柱长度呈正比:也就是说,色谱柱越长,理

论塔板数 n 越大。

$$H = \frac{L}{n} \tag{6-4}$$

理论塔板高度 H 是单位长度色谱柱效能的量度，可用于比较不同长度的色谱柱的理论塔板数 n。

这个方程表明高效率的色谱柱具有较大的理论塔板数，具有较小的理论塔板高度。影响理论塔板高度的因素有：

① 多流路；
② 纵向扩散；
③ 传质影响。

多流路描述由于柱子装填不匀，造成流路分叉而引起的扩散。分析物在色谱柱中的流路受到柱子装填和树脂等许多因素的影响。填料颗粒的直径直接影响柱效。一般来说，粒径越小，分离效率越高。同时，颗粒大小的均匀度和装填的均匀度越好，柱效也越高。如果一根柱子由大小不均匀的颗粒填充，溶质分子将由于相遇颗粒粒径大小的不同而以不同速度移动，这样造成溶质分子的流出谱带变宽。在一些装填不均匀的柱子中，溶质分子经过一些未填均匀的空隙或与树脂颗粒的相互作用将导致谱带扩散。因此，提高颗粒的均匀度和减小粒径可以减小谱带的扩散。

纵向扩散用于描述任何气体和液体扩散或分散的内在趋势。这种情况可以发生在整个色谱系统中的任何地方。在最初的窄的谱带中的溶质分子向周围的溶剂扩散，使谱带变宽。理论上讲，纵向扩散也可以在流动相和固定相中发生。结果表明，扩散问题在离子色谱填充柱中并不像在气相色谱中那样普遍。

溶质传递动力学用于描述溶质分子在固定相和流动相之间运动的速度。理想状态下，与填充柱固定相作用的溶质分子不断出入固定相。当分子在固定相中时，分子被保留而位于谱带中央的后面。当分子在流动相中时，由于液体流动速度总是大于谱带的速度，则它的速度总是大于谱带中心的速度。这种在两相之间的随意出入引起谱带扩散。如果不发生流动，溶质分子就会在两相之间达成平衡。正因为存在流动，在流动相中真实的溶质浓度与相邻的固定相总是处于非平衡状态。色谱峰的扩散可以通过减小不平衡程度和增加交换速度来降低。溶质传递的动力学经常是谱带扩散的主要原因，因此对柱效的影响也是最大的。

3. 选择性

选择性是交换过程的一个热力学函数。色谱柱的选择性是两个化合物的调整保留时间的比值，也等于两个化合物在固定相和流动相之间平衡常数的比值。

$$r_{21} = \frac{t'_{R(2)}}{t'_{R(1)}} = \frac{V'_{R(2)}}{V'_{R(1)}} \tag{6-5}$$

当保留时间的比值等于 1 时，没有分离或成共洗脱。选择性越好或比值越大，对于两个化合物的分离越容易。当保留时间发生相对较小的改变，就会使分离度发生较大的改变。较高选择性可以在柱效相对较低的柱子上得到较好的分离。一般来说，流速和柱压的改变，对选择性没有影响。

4. 保留特性

用容量因子 k 描述分离柱对化合物的保留性质，其定义与气相色谱相同：

$$k = \frac{t_R - t_M}{t_M} = \frac{t'_R}{t_M} \tag{6-6}$$

式中，t_R 是色谱峰中央到进样起始时间点的差值；t_M 是死体积时间。本质上，容量因子给出了分析物在固定相中的时间超过在流动相中时间的数量。k 值小，说明化合物被柱子保留弱，化合物洗脱体积与死体积接近。k 值大，说明被分析物与固定相作用较强而具有好的分离，但是 k 值大导致较长的分析时间和色谱峰的展宽。一般来说，k 值的最佳范围在 2～10 之间，可以通过改变流动相组成来获得最佳 k 值。

综上所述，分离度是与柱效、选择性、保留特性有关的函数，利用这些参数可以获得较好的分离度。其中每一项都可以用于改善分析效果。当建立方法时，色谱柱的选择十分重要，因为它对分离的影响最大。柱效与流速有关，流速越慢，柱效越高。这是由于流动相中的被分析物可以有更多的时间与固定相作用，但会造成色谱峰的扩展。作为容量因子的函数，保留特性是确定柱子状态的最有用的参数，因此需要适当清洗和恢复色谱柱。

三、分离方式和检测方式的选择

对于待测离子，首先应了解待测化合物的分子结构和性质以及样品的基体情况，如无机或有机离子，离子的电荷数，是酸还是碱，亲水还是疏水，是否为表面活性化合物等。待测离子的疏水性和水合能是决定选用何种分离方式的主要因素。水合能高和疏水性弱的离子，如 Cl^- 或 K^+，最好用 HPIC 分离。水合能低和疏水性强的离子，如高氯酸（ClO_4^-）或四丁基铵，最好用亲水性强的离子交换分离柱或 MPIC 分离。有一定疏水性也有明显水合能的 pK_a 值在 1～7 之间的离子，如乙酸盐或丙酸盐，最好用 HPIEC 分离。

有些离子既可用阴离子交换分离，也可用阳离子交换分离，如氨基酸、生物碱和过渡金属等。很多离子可用多种检测方式。例如测定过渡金属时，可用单柱法直接用电导或脉冲安培检测器，也可用柱后衍生反应，使金属离子与 4-(2-吡啶偶氮)间苯二酚（PAR）或其他显色剂作用，再用紫外-可见（UV-Vis）检测器检测。一般的规律是：在水溶液中以离子形态存在的离子，即较强的酸或碱，应选用电导检测；具有对紫外或可见光有吸收的基团或经柱后衍生反应后（IC 中较少用柱前衍生）生成对紫外或可见光有吸收的基团的化合物，选用光学检测器；具有在外加电压下发生氧化或还原反应基团的化合物，可选用直流安培或脉冲安培检测。对一些复杂样品，为了一次进样得到较多的信息，可将两种或三种检测器串联使用。若对所要解决的问题有几种方案可选择，分析方案的确定主要由基体的类型、选择性、过程的复杂程度以及是否经济来决定。

离子色谱柱填料的发展推动了离子色谱应用的快速发展，对多种离子分析方法的开发提供了多种可能性。特别应提出的是在 pH=0～14 的水溶液和 100% 有机溶剂（反相高效液相色谱用有机溶剂）中稳定的亲水性高效、高容量柱填料的商品化，使得离子交换分离的应用范围更加扩大。常见的在水溶液中以离子形态存在的离子，包括无机和有机离子，以弱酸的盐（Na_2CO_3/$NaHCO_3$、KOH、NaOH）或强酸（H_2SO_4、甲基磺酸、HNO_3、HCl）为流动相，阴离子交换或阳离子交换分离，电导检测，已是成熟的方法，有成熟的色谱条件可参照。对近中性的水可溶的有机"大"分子（相对常见的小分子而言），若待测化合物为弱酸，则由于弱酸在强碱性溶液中会以阴离子形态存在，因此选用较强的碱为流动相，阴离子交换分离；若待测化合物为弱碱，则由于在强酸性溶液中会以阳离子形态存在，选用较强的酸作流动相，阳离子交换分离；若待测离子的疏水性较强，由于与固定相之间的吸附作用而使保留时间较长或峰拖尾，则可在流动相中加入适量有机溶剂，减弱吸附，缩短保留时间、改善峰形和选择性，对该类化合物的分离也可选用离子对色谱分离，但流动相中一般含有较复杂的离子对试剂。此外，对弱保留离子可选用高容量柱和弱淋洗液以增强保留，对强保留离子则反之。对疏水性和多价离子的分离，可选用亲水性固定相减弱样品离子与固定相之间的疏水作用。表 6-2 和表 6-3 列出了离子色谱中常用的两种主要检测器：电化学检测器（包括电导和安培）和光学检测器。

表 6-2 分离方式和检测器的选择（阴离子）

分析离子				分离（机理）方式	检测器
无机阴离子	亲水性	强酸	F^-、Cl^-、NO_2^-、Br^-、SO_3^{2-}、NO_3^-、PO_4^{3-}、SO_4^{2-}、PO_2^-、PO_3^-、ClO^-、ClO_2^-、ClO_3^-、BrO_4^-、低分子量有机酸	阴离子交换	电导、UV
			SO_3^{2-}	离子排斥	安培
			砷酸盐、硒酸盐、亚硒酸盐	阴离子交换	电导
			亚砷酸盐	离子排斥	安培
		弱酸	BO_3^-、CO_3^{2-}	离子排斥	电导
			SiO_3^{2-}	离子交换、离子排斥	柱后衍生/Vis
	疏水性		CN^-、HS^-（高离子强度基体）	离子排斥	安培
			BF_4^-、$S_2O_3^{2-}$、SCN^-、ClO_4^-	阴离子交换	电导
			I^-	离子对、阴离子交换	安培/电导
	缩合磷酸剂		未络合	阴离子交换	柱后衍生/Vis
	多价螯合剂		已络合	阴离子交换	电导
	金属络合物		$[Au(CN)_2]^-$、$[Au(CN)_4]^-$、$[Fe(CN)_6]^{4-}$、$[Fe(CN)_6]^{3-}$	离子对	电导
			EDTA-Cu	阴离子交换	电导
有机阴离子	羧酸	一价	脂肪酸，C<5（酸消解样品，盐水，高离子强度基体）	离子排斥	电导
			脂肪酸，C>5 芳香酸	离子对/阴离子交换	电导，UV
		一至三价	一元、二元、三元羧酸+无机阴离子	阴离子交换	电导
			羟基羧酸、二元和三元羧酸+醇	离子排斥	电导
	磺酸		烷基磺酸盐、芳香磺酸盐	离子对，阴离子交换	电导，UV
	醇类		C<6	离子排斥	安培

表 6-3 分离方式和检测器的选择（阳离子）

分析离子			分离方式	检测器
无机阳离子		Li^+、Na^+、K^+、Rb^+、Cs^+、Mg^{2+}、Ca^{2+}、Sr^{2+}、Ba^{2+}、NH_4^+	阳离子交换	电导
	过渡金属	Cu^{2+}、Ni^{2+}、Zn^{2+}、Co^{2+}、Cd^{2+}、Pb^{2+}、Mn^{2+}	阴离子交换	柱后衍生/Vis
		Fe^{2+}、Fe^{3+}、Sn^{2+}、Sn^{4+}、Cr^{3+}	阳离子交换	电导
		UO_2^{2+}、Hg^{2+}、Al^{3+}	阳离子交换	柱后衍生/Vis
		Cr^{6+}（CrO_4^{2-}）	阴离子交换	柱后衍生/Vis
	镧系金属	La^{3+}、Ce^{3+}、Pr^{3+}、Nd^{3+}、Sm^{3+}、Eu^{3+}、Gd^{3+}	阴离子交换	柱后衍生/Vis
		Tb^{3+}、Dy^{3+}、Ho^{3+}、Er^{3+}、Tm^{3+}、Yb^{3+}、Lu^{3+}	阳离子交换	柱后衍生/Vis
有机阳离子		低相对分子质量烷基胺，醇胺，碱金属和碱土金属	阳离子交换	电导、安培
		高相对分子质量烷基胺，芳香胺，环己胺，季铵，多胺	阳离子交换、离子对	电导、紫外、安培

四、色谱条件的优化

1. 决定保留的参数

与高效液相色谱不同，离子色谱的选择性主要由固定相的性质决定。当固定相确定之后，对于待测离子而言，决定保留的主要参数是待测离子的价数、离子的大小、离子的极化度和离子的酸碱性强弱。

（1）**价数** 一般的规律是，待测离子的价数越高，保留时间越长，如二价的 SO_4^{2-} 的保留时间大于一价的 NO_3^-。例外是多价离子，如磷酸盐的保留时间与淋洗液的 pH 有关，在不同的 pH，磷酸盐的存在形态不同，随着 pH 的增高，磷酸由一价阴离子（$H_2PO_4^-$）到二价（HPO_4^{2-}）和三价（PO_4^{3-}），三价阴离子 PO_4^{3-} 的保留时间大于一价的 $H_2PO_4^-$。

（2）**离子半径** 待测离子的离子半径越大，保留时间越长。例如，下列一价离子的保留时间按下列顺序增加：$F^- < Cl^- < Br^- < I^-$。

（3）**极化度** 待测离子的极化度越大，保留时间越长，例如二价 SO_4^{2-} 的保留时间小于极化度大的一价离子 SCN^-。因为 SCN^- 在固定相上的保留除了离子交换之外，还加上了吸附作用。

2. 改善分离度

（1）**稀释样品** 对组成复杂的样品，若待测离子对树脂亲和力相差颇大，就要作几次进样，并用不同浓度或强度的淋洗液或梯度淋洗。对固定相亲和力差异较大的离子，增加分离度的最简单方法是稀释样品或作样品前处理。例如盐水中 SO_4^{2-} 和 Cl^- 的分离，若直接进样，其色谱峰很宽而且拖尾，表明进样量已超过分离柱容量，在常用的分析阴离子的色谱条件下，30min 之后 Cl^- 的洗脱仍在继续。在这种情况下，在未恢复稳定基线之前不能再进样。若将样品稀释 10 倍之后再进样，就可得到 Cl^- 与痕量 SO_4^{2-} 之间的较好分离。对阴离子分析推荐的最大进样量，一般为柱容量的 30%，超过这个范围就会出现大的平头峰或肩峰。

（2）**改变分离和检测方式** 若待测离子对固定相亲和力相近或相同，样品稀释的效果常不令人满意。对这种情况，除了选择适当的流动相之外，还应考虑选择适当的分离方式和检测方式。例如，NO_3^- 和 ClO_3^-，由于它们的电荷数和离子半径相似，在阴离子交换分离柱上共淋洗。但 ClO_3^- 的疏水性大于 NO_3^-，在离子对色谱柱上就很容易分开了。又如 NO_2^- 与 Cl^- 在阴离子交换分离柱上的保留时间相近，常见样品中 Cl^- 的浓度又远大于 NO_2^-，使分离更加困难，但 NO_2^- 有强的 UV 吸收，而 Cl^- 则很弱，因此应改用紫外-可见检测器测定 NO_2^-，用电导检测器检测 Cl^-，或将两种检测器串联，于一次进样同时检测 Cl^- 与 NO_2^-。对高浓度强酸中有机酸的分析，若采用离子排斥，由于强酸不被保留，在死体积排除，将不干扰有机酸的分离。

（3）**样品前处理** 对高浓度基体中痕量离子的测定，例如海水中阴离子的测定，最好的方法是对样品作适当的前处理。除去过量 Cl^- 的前处理方法有：使样品通过 Ag^+ 型前处理柱除去 Cl^-，或进样前加 $AgNO_3$ 到样品中沉淀 Cl^-；也可用阀切换技术，其方法是使样品中弱保留的组分和 90%以上的 Cl^- 进入废液，只让 10%左右的 Cl^- 和保留时间大于 Cl^- 的组分进入分离柱进行分离。对含有大的有机分子的样品，应于进样前除去有机物，较简单的方法是用 Dionex 的前处理柱 OnGuard 的 RP 或 P 柱或在线阀切换除去有机基体。

（4）**选择适当的淋洗液** 离子色谱分离是基于淋洗离子和样品离子之间对树脂有效交换容量的竞争，为了得到有效的竞争，样品离子和淋洗离子应有相近的亲和力。下面举例说明选择淋洗液的一般原则。用 $CO_3^{2-} - HCO_3^-$ 作淋洗液时，在 Cl^- 之前洗脱的离子是弱保留离子，包括一价无机阴离子、短碳链一元羧酸和一些弱离解的组分，如 F^-、甲酸、乙酸、AsO_2^-、CN^- 和 S^{2-} 等。对乙酸、甲酸与 F^-、Cl^- 等的分离应选用较弱的淋洗离子，常用的弱淋洗离子有 HCO_3^-、OH^- 和 $B_4O_7^{2-}$。由于 HCO_3^- 和 OH^- 易吸收空气中 CO_2，CO_2 在碱性溶液中会转变成 CO_3^{2-}，CO_3^{2-} 淋洗强度较 HCO_3^- 和 OH^- 大，因而不利于上述弱保留离子的分离。$B_4O_7^{2-}$ 亦为弱淋洗离子，但溶液稳定，是分离弱保留离子的推荐淋洗液。中等强度的碳酸盐淋洗液对高亲和力组分的洗脱效率低。对离子交换树脂亲和力强的离子有两种情况，一种是离子的电荷数大，如 PO_4^{3-}、AsO_4^{3-} 和多聚磷酸盐等；一种是离子半径较大，疏水性强，如 I^-、SCN^-、$S_2O_3^{2-}$、苯甲酸和柠檬酸等。对前者以增加淋洗液的浓度或选择强的淋洗离子为主。对后一种情况，推荐的方法是在淋洗液中加入有机改进剂（如甲醇、乙腈和对氰酚等）或选用亲水性的柱子，有机改进剂的作用主要是减少样品离子与离子交换树脂之间的非离子交换作用，占据树脂的疏水性位置，减少疏水性离子在树脂上的吸附,从而缩短保留时间,减少峰的拖尾,并增加测定灵敏度。

在离子色谱中,可由加入不同的淋洗液添加剂来改善选择性,这种淋洗液添加剂只影响树脂和所测离子之间的相互作用,而不影响离子交换。对与树脂亲和力较强的离子,如一些可极化的离子,I^-和ClO_4^-,以及疏水性的离子,苯甲酸和三乙胺等,在淋洗液中加入适量极性的有机溶剂如甲醇或乙腈,可缩短这些组分的保留时间,并改善峰形的不对称性。为了减少样品离子与树脂之间的非离子交换作用,减少树脂对疏水性离子的吸附,在阴离子分析中,可在淋洗液中加入对氰酚。如测定1%NaCl中的痕量I^-和SCN^-时,加入对氰酚占据树脂对I^-和SCN^-的吸附位置,从而减少峰的拖尾并增加测定的灵敏度。离子交换色谱中,一价淋洗离子洗脱一价待测离子,二价淋洗离子洗脱二价待测离子,淋洗液浓度的改变对二价和多价待测离子保留时间的影响大于一价待测离子。若多价离子的保留时间太长,增加淋洗液的浓度是较好的方法。

3. 减少保留时间

缩短分析时间与提高分离度的要求有时是相互矛盾的。在能得到较好的分离结果的前提下,分析时间自然是越短越好。为了缩短分析时间,可改变分离柱容量、淋洗液流速、淋洗液强度,在淋洗液中加入有机改进剂和用梯度淋洗技术。

以上方法中最简便的是减小分离柱的容量,或用短柱。例如用3×500mm分离柱分离NO_3^-和SO_4^{2-},需用18min,而用3×250mm的分离柱,用相同浓度的淋洗液只用9min。但NO_3^-和SO_4^{2-}的分离不好,若改用稍弱的淋洗液就可得到较好的分离。

大的进样体积有利于提高检测灵敏度,但导致大的系统死体积,即大的水负峰,因而推迟样品离子的出峰时间。如在Dionex的AS11柱上用NaOH为淋洗液,进样量分别为25μL、250μL和750μL时,F^-的保留时间分别为2.0min、2.5min和3.6min。为了减小保留时间,最好用小的进样体积。

增加淋洗液的流速可缩短分析时间,但流速的增加受系统所能承受的最高压力的限制,流速的改变对分离机理不完全是离子交换的组分的分离度的影响较大,例如对Br^-和NO_2^-之间的分离,当流速增加时分离度降低很多,而分离机理主要是离子交换的NO_3^-和SO_4^{2-},甚至在很高的流速时,它们之间的分离度仍很好。

增加淋洗液的强度对分离度的影响与缩短分离柱或增加淋洗液的流速相同。用较强的淋洗离子可加速离子的淋洗,但对弱保留和中等保留的离子,会降低分离度。当用弱淋洗液(如$B_4O_7^{2-}$)分离弱保留样品离子时,弱保留离子,如奎尼酸盐、F^-、乳酸盐、乙酸盐、丙酸盐、甲酸盐、丁酸盐、甲基磺酸盐、丙酮酸盐、戊酸盐、一氯乙酸盐、BrO_3^-和Cl^-等得到较好分离。但一般样品中都含有一些对阴离子交换树脂亲和力强的离子,如SO_4^{2-}、PO_4^{3-}、草酸盐等,如果用等浓度淋洗,它们将在1h之后甚至更长时间才被洗脱。对这种情况,应于3~5次进样之后,用高浓度的强淋洗液作样品进一次样,将强保留组分从柱中推出来,或者用较强的淋洗液洗柱子30min。

在淋洗液中加入有机改进剂,可缩短保留时间和减小峰的拖尾。

4. 改善检测灵敏度

第一种方法是按说明书操作,使仪器在最佳工作状态下,得到稳定的基线,才可将检测器的灵敏度设置在较高灵敏挡,这是提高检测灵敏度的最简单方法,但此时基线噪声也随之增大。

第二种方法是增加进样量。直接进样,进样量的上限取决于保留时间最短的色谱峰与死体积(IC中一般称水负峰)之间的时间,例如用IonPac CS12A柱,12mmol·L^{-1}硫酸作淋洗液。进样体积为1300μL,可直接用电导检测低至μg·L^{-1}的碱金属和碱土金属,见图6-9。图6-9中,Li^+(保留时间最小的峰)的保留时间为4.1min,水负峰为1.6min,Li^+峰与水负峰之间相隔达2.5min,因此可直接用大体积进样。而在阴离子分析中,若用CO_3^{2-}/HCO_3^-作流动相，由于 F⁻ 峰（保留时间最短的峰）靠近水负峰，若增加进样体积，水负峰增大，F⁻ 的峰甚至与水负峰分不开；另一方面由于 F⁻ 的保留时间一般小于 2min，若进样量大于 1mL，流速为 1～2mL·min⁻¹，F⁻ 没有足够的时间参加色谱过程，因此峰拖尾定量困难。若用亲水性强的固定相，以 NaOH 为淋洗液，特别是梯度淋洗时，由于梯度淋洗开始时 NaOH 浓度低，又由于通过抑制器之后的背景溶液是低电导的水，几乎无水负峰，这种情况可适当增大进样量，图 6-10 表明，若进样量为 750μL，可直接测定 10^{-1}μg·L⁻¹ 的常见阴离子。

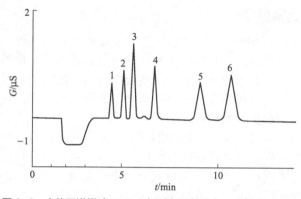

图 6-9　大体积进样（1300μL）测定低含量（μg·L⁻¹）的阳离子

分离柱 IonPac CS12A，2mm；淋洗液 12mmol·L⁻¹ H₂SO₄；进样体积 1300μL；检测器为抑制型电导色谱峰（μg·L⁻¹）：1—Li⁺(1)；2—Na⁺(4)；3—NH₄⁺(5)；4—K⁺(10)；5—Mg⁺(5)；6—Ca⁺(10)

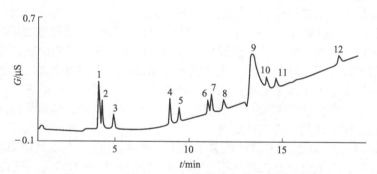

图 6-10　大体积（750μL）进样测定低至 μg·L⁻¹ 的阴离子

分离柱 IonPac AS11，2mm；淋洗液 NaOH 梯度（0.5～26mol·L⁻¹）；检测器为抑制型电导色谱峰（μg·L⁻¹）：1—F⁻(0.5)；2—乙酸(0.20)；3—甲酸(0.10)；4—Cl⁻(0.25)；5—NO₂⁻(0.25)；6—Br⁻(0.75)；7—NO₃⁻(0.50)；8—未知；9—CO₃²⁻；10—SO₄²⁻；11—草酸(0.50)；12—PO₄³⁻

第三种方法是用浓缩柱，但一般只用于较清洁的样品中痕量成分的测定，用浓缩柱时要注意，不要使分离柱超负荷。柱子的动态离子交换容量小于理论值的 30%。用浓缩柱富集 F⁻时，若样品中同时还含有保留较强的离子，如 SO₄²⁻ 或 PO₄³⁻ 等，F⁻ 的回收不好。其原因是样品中的 SO₄²⁻ 或 PO₄³⁻ 也起淋洗离子的作用，可将弱保留的 F⁻ 部分洗脱下来。对弱保留的离子，若浓缩柱的柱容量不是足够大，则用加大进样量方法所得到的结果较用浓缩柱好。除此之外，用浓缩柱时还应考虑样品的基体。例如，动力厂冷凝水中 Cl⁻ 和 SO₄²⁻ 的含量只有 1～10μg·L⁻¹。用浓缩柱后，SO₄²⁻ 的测定结果很好，而 Cl⁻ 的结果则很不正常。其原因是工厂为了防止腐蚀，在水中加氨以降低水的 pH。氨与水作用生成的氢氧化铵中，OH⁻ 对树脂的亲和力与 Cl⁻ 相近，其浓度则远大于 Cl⁻，因而起了淋洗离子的作用。而 SO₄²⁻ 对树脂亲和力较大，因而受 OH⁻ 的影响小。

第四种方法是用微孔柱。离子色谱中常用的标准柱的直径为 4mm，微孔柱的直径为 2mm。

因为微孔柱较标准柱的体积小 4 倍，在微孔柱中进同样（与标准柱）质量的样品，将在检测器产生 4 倍于标准柱的信号。而且淋洗液的用量只为标准柱的四分之一，因而减少淋洗液的消耗。

任务 4　自来水中阴离子的分析

一、溶剂和样品预处理

离子色谱是液相色谱（HPLC）的一个分支，主要侧重于无机阴、阳离子及低分子量的亲水性有机分子的分离与检测，与 HPLC 所分析的对象显著不同，很多适合于 HPLC 样品前处理的方法，不能直接用于离子色谱，必须经实践检验后方能采用。尽管离子色谱固定相的选择性比液相色谱高，但大多数的离子色谱柱填料不兼容有机溶剂，柱子一旦被污染后，不能像 HPLC 柱那样可以用有机溶剂清洗。

离子色谱法的灵敏度较高，一般用较稀的样品溶液。对未知液体样品，最好先稀释 100 倍后进样，再根据所得结果选择合适的稀释倍数，这样既可以避免色谱柱容量的超载，也可以减少强保留组分对柱子的污染。另一个很重要的步骤就是过滤除去颗粒物。用过滤器（其内可能残留一些离子如 Cl^-、Na^+、CH_3COO^- 等）时，必须事先用 5～10mL 去离子水清洗，然后再用清洗剂进行清洗，待得到满意的空白后再用。清洗过滤器的溶剂不仅应与样品溶液的 pH 相同，而且也要与样品的溶剂相同，如果样品的溶剂是水与有机溶剂的混合物，清洗剂也应为同样的混合物。

对于一般澄清的、基体简单的水溶液，如测定酒类、饮料和酸雨等中的有机酸、无机阴离子和阳离子时，无需前处理，用去离子水稀释后，经 0.45μm 的滤膜过滤即可进样分析。除了用去离子水稀释样品外，还可用淋洗液作稀释剂，以减小水负峰的影响。若样品中有色素和有机物，可用 PTC_{18} 预处理柱过滤。工业污水样品，一般含有重金属离子或有机物等，重金属离子可用多种类型的阳离子交换树脂经静态交换或动态离子交换除去，有机物可用活性炭吸附或其他类型的有机吸附剂除去。当遇有悬浮颗粒或微生物、细菌的样品，可以用细菌漏斗或滤纸过滤、紫外线照射等方法处理。

对饮用水如自来水、矿泉水及其他瓶装水中阴离子的测定，可在氦气流中将样品吹 5min，以除去其中的臭氧、二氧化氯及二氧化碳。然后再加入 50μL 的 5%乙二胺防腐剂保存样品。对碳酸类饮品，一般应将其温热（约 50℃），搅拌除去 CO_2 或超声脱气，冷至室温，过滤后即可进行离子色谱，测定其中的有机酸、无机阴离子和阳离子，样品中的蛋白质或多糖则大多数在死体积中流出。对于有明显悬浮物的样品溶液，如猕猴桃汁和一些肉眼很难看见的水样等，最好离心分离后取上清液分析，或通过滤膜（0.5μm）除去颗粒物。

对分析过渡金属的样品，盛装样品的容器应为在 10%硝酸中充分浸泡过的聚乙烯塑料瓶，使用前顺序用稀硝酸和去离子水充分洗涤，取样之后应立即加入稀酸酸化，这样一方面是为了防止金属离子的水解，另一方面可消除金属离子在有机胶质上的吸附，减慢 Fe^{2+} 的氧化速率。废水中常含有机配位体，这些配位体会与痕量金属离子络合，若不作前处理，则只有游离的金属离子和中等强度络合的金属离子可被测定。酸化不能消除有机干扰。酸化后的样品通过 0.2μm 滤膜过滤，储存于 4℃，一周内有效。

对固体样品，与 HPLC 方法需要冗长的样品前处理过程相比较，一般情况下离子色谱仅需要较少的样品前处理步骤，特别是测定样品中易溶于水的离子时，经常是直接用去离子水、淋洗液、酸、碱或其他化学试剂提取，对样品中不易溶于水的有机物如药物，可用甲醇、乙醇、二氯甲烷或三氯乙酸提取。对土壤，测定可给态（即水可溶部分）时，应根据土壤的性质选择提取液。为了使提取液易于过滤，一般选用浓度较淋洗液大 1～2 个数量级的盐类作提取液。

对难溶样品，样品前处理方法主要包括三个方面：样品的消解技术、样品的净化技术和样品制备与样品分离的自动在线联用技术。如今，样品制备的一个很重要的研究领域就是在线进行，从而实现分析的自动化，因为自动化技术简单、快速、影响因素相对较少、回收率高。分析阳离子时，不管是固体样品还是液体样品，实训室常用的三酸（硝酸、氢氟酸、高氯酸）消解法均适用；但碱溶法只能用于过渡金属、重金属和镧系元素的分析，不能用于碱金属的分析。土壤样品和岩石样品，如果不测定其中的阴离子，用通用的酸溶或碱溶均可。如果要测定样品中的阴离子，则由于三酸是离子色谱灵敏的组分，不能用三酸消解样品，可改为微波消解、热解法分解、氧弹或氧瓶燃烧法等消解样品。

此外，溶解后的样品，进入离子色谱分析前，常需要净化。净化的方法有简单的滤膜过滤或更进一步处理，即从复杂基体中选择性地富集痕量待测离子或选择性地去除基体。样品的净化经常占去大部分的分析时间，而且往往决定着最后分析结果的成败。样品净化技术一般既可以离线，也可以在线进行。常用的样品净化技术一般为固相萃取法、膜分离法及在线浓缩富集和基体消除技术。

离子色谱分析中的样品溶液和标准溶液的配制一般均使用电导率在 $0.5\mu S \cdot cm^{-1}$ 以下的去离子水做溶剂，需要用专门的去离子水制备装置制备纯水。配制好的样品溶液和标准溶液都要用滤膜过滤，放置时间不宜过长，最好现配现用。

配制淋洗液也要使用电导率在 $0.5\mu S \cdot cm^{-1}$ 以下的去离子水，然后进行过滤和脱气，并储存在惰性气体加压保护的容器中，它有助于防止泵和检测池中产生气泡。常用的淋洗液脱气方法有真空脱气、氦气鼓泡和超声波等。

二、离子色谱定性定量方法

1. 定性方法

离子色谱中的定性方法与高效液相色谱的定性方法相似，主要采用保留时间定性、紫外和可见光谱图定性或者与其他分析仪器串联或用其他分析仪器离线检测定性。

保留时间定性：待测组分在色谱图中出现的位置（即保留时间）与待测组分的性质密切相关。因此原理上可用保留时间进行定性。定性分析时，测定样品中各组分的峰保留时间，并与相同条件下测得的标准物质的峰保留时间进行比较，保留时间相同即初步确定为同一物质。

紫外和可见光谱图定性：有些色谱仪带紫外和可见光全波长扫描功能。当最高浓度的待测组分进入检测器时，停止流动相的继续流动，并对滞留在检测器中的组分进行全波长扫描，得到该组分的光谱图。然后注入标准溶液，按测量待测组分同样的方法得到标准物的光谱图。如果样品与标准物的光谱图相同，则说明两者是同一种物质。

与其他分析仪器串联或用其他分析仪器离线检测定性：有很多仪器分析方法适于定性分析，如质谱法、红外光谱法、核磁共振法等，可将离子色谱和这些仪器分析方法联用，也可将分离的、没有被离子色谱检测器破坏的各个组分收集起来，再用其他分析方法鉴定。

2. 定量方法

离子色谱的定量方法与其他色谱的定量方法一样，可以通过归一化法、内标法、外标法以及标准加入法对待测组分进行定量分析。具体内容可参照气相色谱法和液相色谱法的相关内容。

实训6-2 离子色谱法测自来水中的阴离子

一、实训目的

1. 了解离子色谱仪的基本构造和原理，学习仪器的基本操作。

2. 学习用阴离子交换色谱分析无机阴离子的方法。

二、实训原理

分析无机阴离子通常用阴离子交换柱。其填料通常为季铵盐交换基团，样品阴离子以静电相互作用进入固定相的交换位置，又被带负电荷的淋洗离子交换下来进入流动相。不同阴离子与交换基团的作用力大小不同，在固定相中的保留时间也就不相同，从而彼此达到分离。自来水中主要是 Cl^-、NO_3^- 和 SO_4^{2-} 等常见无机阴离子，这些离子在一般的阴离子交换柱上均能得到分离。本实训用峰面积标准曲线法定量。

任务5　离子色谱仪的日常维护

由于不同品牌的仪器结构设计有较大不同，同一型号的仪器，因为所使用的色谱柱、流动相、检测器甚至分析泵的不同也可以产生多种组合。因此，在这里只讨论一些仪器的典型故障和注意事项。

一、例行保养与常见故障的排除

1. 分析泵和输液系统常见故障

高压分析泵是离子色谱仪最重要的部件之一。分析泵的作用主要是通过等浓度或梯度浓度的方式在高压下将淋洗液经由进样阀输送到色谱柱内并对待测物进行洗脱。分析泵性能的好坏直接影响仪器结果的可靠性。为了适应离子色谱分离的需要，大多数离子色谱仪上配备的高压泵为全塑泵。此种泵不但能够承受强酸强碱的腐蚀，对反相有机溶剂也能完全兼容。新型的离子色谱仪在其承受压力部分和流动相通过的流路均由耐压耐腐蚀的 PEEK 材料（聚醚醚酮）制造。离子色谱仪用分析泵应能满足以下要求。

（1）输出压力高　离子色谱分离的压力通常为 7~21MPa，考虑到与液相色谱的兼容性，因此泵的输出压力应不低于 35MPa。

（2）耐腐蚀　由于离子色谱使用的流动相包括强酸、强碱、络合剂和有机溶剂，因此要求泵的所有与液体接触的区域能够承受 pH=1~14 的溶剂。另外，还要求能够完全兼容反相有机溶剂（如甲醇、乙腈）。

（3）流量稳定　分析泵输出稳定的流量对分析结果的重现性有很大的影响。要求泵的输出流量准确，脉动小，流量精度和重复性为±0.5%以上。

（4）其他　具有良好的密封性，噪声小等。

高压分析泵和输液系统主要由高压输液泵、压力传感器、启动阀、单向阀、淋洗液瓶和输液管路等部分组成。离子色谱用分析泵有并联和串联两种液体输送方式。通常，串联方式分析泵的流量精度更高一些，更适合于那些 2mm 内径、淋洗液流量较小的色谱柱；而并联方式的分析泵流量范围通常要更大一些。因此，可适应的色谱柱的范围更宽一些。例如，能够满足内径为 2mm、4mm、9mm 色谱柱的流量要求。并联分析泵一般的流量范围为 0.04~10mL·min^{-1}。图 6-11 为一种并联高压分析泵的结构。

① 分析泵常见故障与排除。高压泵工作正常的情况下，系统压力和流量稳定，噪声很小，色谱峰形正常。与之相反，在高压泵工作不正常的情况时，系统压力波动较大，产生噪声，基线的噪声加大，流量不稳并导致色谱峰形变差（出现乱峰）。产生以上情况的原因有多种，下面分别予以叙述。

a. 淋洗液的脱气与泵内气泡的排除。仪器初次使用或更换淋洗液时，管路中的气泡容易进入泵内，造成系统压力和流量不稳定，同时分析泵电机为维持系统压力的平衡而加快运转产生噪声。另外，分析泵工作时要求能够提供充足的淋洗液，否则分析泵容易抽空。因此淋洗液瓶需要施加一定的压力，通常施加的压力<35kPa。对于一些容易产生气体的溶液如加入部分甲醇的淋洗液，可先离线用真空抽滤脱气的办法除去溶液中大部分的气体，再于系统中用惰性气体（氦气或高纯氮气）加压保护。

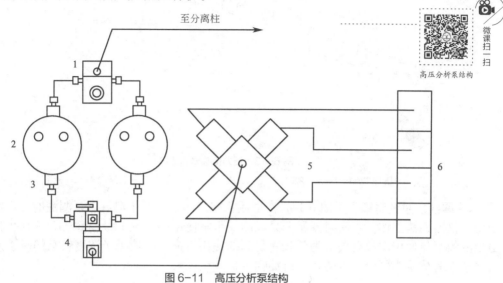

图6-11 高压分析泵结构

1—压力传感器；2—活塞；3—单向阀；4—启动阀；5—淋洗液比例阀；6—淋洗液瓶

在更换淋洗液后，因为淋洗液管路离开了液面而易使管路内产生气泡。此时建议先旋松启动阀的螺钉，开泵，用一容器接收流出的淋洗液，注意观察直到管路内的气泡排出。停泵，旋紧启动阀螺钉再开泵。如果气泡已经进入泵内，会观察到泵压不稳定，同时有噪声产生。此时要先停泵，然后通过启动阀排除。具体方法是：旋松压力传感器上的旋钮，用一个10mL注射器在启动阀处向泵内注射去离子水或淋洗液，可反复几次直到气泡排除为止，然后再将泵启动。另外，大部分分析泵上都设有大流量冲洗泵头的开关，但启用之前，切记先要将系统旁路，以免高压使系统管路崩溃。建议不要频繁使用此功能，因为电机长时间过快地转动会加速电机内部转子的磨损。

b. 系统压力波动大，流量不稳定。系统中进入了空气，或者单向阀的宝石球与阀座之间有固体异物，使得两者不能闭合密封，需卸下单向阀浸入盛有乙醇的烧杯用超声波清洗。图6-12是单向阀的分解图。

当使用了浓度较高的淋洗液后，如0.2mol·L^{-1}，建议停机前用去离子水冲洗系统至中性，以免一些盐沉淀在单向阀内。此外，分析泵上的压力传感器用来探测液体流动时的压力变化，并将其变化反馈至分析泵电路以调整电机的转速。压力传感器有故障时也会造成压力波动，应检查传感器旋钮上的O形密封圈是否有磨损。图6-13为一种压力传感器的结构。

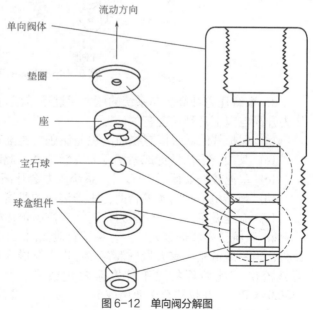

图6-12 单向阀分解图

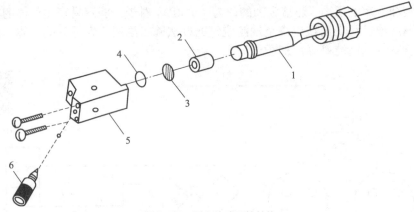

图 6-13 压力传感器的结构

1—压力传感器探头；2—套筒；3—压力衬垫；4—O 形密封圈；5—传感器基座；6—旋钮

c. 漏液。泵密封圈（见图 6-14）变形后，在高压下会产生泄漏。泵漏液时，系统压力不稳定，仪器无法工作。泵密封圈属于易耗品，正常使用的情况下每隔 6~12 个月更换一次。更换的频率与使用次数有关。为延长密封圈的使用寿命，在使用了浓度较高的碱以后，要用去离子水清洗泵头部分，以防产生沉淀物。

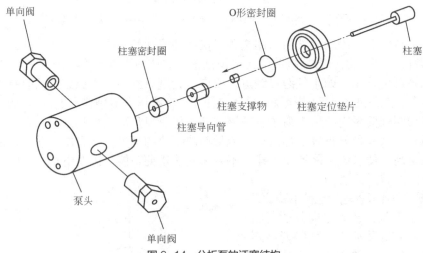

图 6-14 分析泵的活塞结构

d. 系统压力升高。在系统的压力超过正常压力的 30% 时，可以认为该系统压力不正常。压力升高与以下几种情况有关：

(a) 保护柱的滤片因有物质沉积而使压力逐渐升高，此时应更换滤片；
(b) 某段管子堵塞造成系统压力突然升高，此时应逐段检查、更换；
(c) 室温较低如低于 10℃ 时，系统压力会升高，应设法使室温保持在 15℃ 以上；
(d) 当有机溶剂与水混合时，由于溶液的黏度、密度变化，压力亦会升高；
(e) 流速设定过高，使压力升高，应按照色谱柱的要求设定分析泵的流速。

e. 系统压力降低或无压力。系统有泄漏时，压力会降低。仔细检查各种接头是否拧紧。此外，当系统流路中有大量气泡存在，进入泵内形成空穴，启动泵后系统无压力显示，亦无溶液流出。此种现象在单柱塞泵常观察到。为避免上述问题，流动相的容器要加压（≤0.03MPa）；在仪器初次使用或更换淋洗液时要注意排除输液管路内的空气。

② 分析泵的日常维护

a. 泵的清洗。经常用去离子水对泵进行清洗有助于使泵处于一个良好的状态。使用强酸强碱后必须要冲洗,以防止泵内密封圈受到损害。某些正相有机溶剂(如二氯甲烷等)对 PEEK 材料有腐蚀作用,应避免使用。

b. 泵的维护。在泵的使用过程中应适时添加淋洗液,以避免溶液耗光,造成泵空抽。产生气泡后应先停机,然后予以排除。特别要防止在无人的情况下,泵内进入气泡,泵为维持压力平衡而加快转速对电机内转子的磨损。防止泵内进气泡最好的方法是对淋洗液瓶加压。在排净流路中的气泡后,加压的系统基本上不会再产生气泡。

2. 检测器常见故障

检测器常见的故障是基线漂移、噪声增大。检测器尚未达到稳定状态可使基线产生漂移(见图 6-15)。另外在使用抑制器时,正常情况下背景电导会由高向低的方向逐渐降低,最后达到平衡。如果背景电导值持续增加,说明抑制器部分有问题,检查抑制器是否失效。

性能良好的检测器其基线噪声在较高灵敏度时仍能保持很小。但随着输出灵敏度的进一步增加,检测器的噪声会逐渐变大。除此以外,在离子色谱中,电导池或流动池内产生气泡也会使基线噪声增大。通常这种噪声的图形有规律性,它是随着泵的脉动而产生的(见图 6-16)。池内的气泡可通过增加出口的反压和向池内注射乙醇或异丙醇除去。检测池被沾污也会造成噪声增加。用酸清洗电导池和对电极表面抛光可以使基线噪声减小。另外,应避免为了提高检测灵敏度而将检测器的输出范围设置过于灵敏,以防止基线噪声增加。

图 6-15 基线漂移　　　　　　　　图 6-16 检测器噪声

配制淋洗液的水应该满足电阻率 > 17.8MΩ·cm 的要求。实训中发现淋洗液使用纯度较低的水配制时基线噪声较大。在进行痕量分析时,所使用的淋洗液要用电阻率 > 18.0MΩ·cm 的水配制,以减小基线噪声,提高测定灵敏度。

3. 色谱柱常见故障

(1) 柱压升高　柱压升高可能与以下原因有关。

① 色谱柱过滤网板被沾污,需要更换。一般先更换保护柱进口端的网板。更换时应注意不可损失柱填料。

② 柱接头拧得过紧,使输液管端口变形。因此接头不能拧得过紧,不漏液即可。

③ PEEK 材料的管切口不齐。

④ 环境温度的变化对色谱柱的压力也有一定的影响,在温度较低时(<10℃),柱压一般会升高 0.2～0.3MPa。

(2) 分离度降低　色谱柱分离度下降可能与以下原因有关:系统有泄漏时分离度会降低;分离柱被沾污后柱容量因子变小;淋洗液类型和浓度不合适等。

分离度受容量因子、理论塔板数、组分的相对保留值的影响。因此,改变淋洗液的离子强度可以控制保留值,从而改变保留时间,以提高分离度。增加色谱柱的理论塔板数可以改善分离的效果。通过选择合适的固定相和流动相的浓度或组成来增加相对保留值以达到提高分离度的目的。除上所述,改善色谱柱的分离度还要综合考虑组分对交换树脂的亲和力大小、离子半径以及价态高低等诸因素,从而确定适当的淋洗液类型、浓度和判定是否需要梯度淋洗。

待测离子的亲水性和水合能的大小是决定选择何种分离方式的主要因素。针对不同的测定对象,应选用适当的分离(柱)方式。一般,水合能高和亲水性强的离子适合于用离子交换分离,如一些常见阴、阳离子,可以选用树脂表面疏水性的分离柱;而水合能低、疏水性强的离子，可以选择亲水性较强的分离柱。此类离子除可用电导检测外，许多还可以用安培检测，而且灵敏度更高。

此外，离子交换树脂被一些强亲和力的离子沾污后可以对树脂的交换容量造成严重的伤害，有时是不可逆的。因此，对于基体复杂的样品进行适当的样品前处理有利于改善分离，同时对分离柱也有保护作用。例如高含氯样品中氯离子的去除改善了相邻组分的分离。某些离子半径较大的阴离子在碱性条件下在阴离子交换树脂上有较强的保留。

（3）保留时间缩短或延长　色谱峰保留时间的改变会影响待测组分的定性和定量，因为在色谱分析中稳定的保留时间对于获得准确、可靠的结果是十分重要的。离子色谱中影响保留时间稳定的因素如下所示。

① 仪器的某部分可能有漏液，例如接头处没拧紧等。
② 系统内有气泡，使得泵不能按设定的流速传送淋洗液。
③ 分离柱交换容量下降，使保留时间缩短。
④ 由于抑制器的问题引起保留时间的变化。抑制器的问题常常被误认为分离柱的问题。抑制器可以被样品中的金属离子、疏水型离子所沾污（例如，离子型表面活性剂的沾污可使硫酸根的保留时间延长）。
⑤ 使用 NaOH 淋洗液时空气中 CO_2 对保留时间的影响。碳酸根的存在使洗液的淋洗强度增大。

解决的办法是：采用 50%NaOH 贮备液；使用预先经过脱气的水配制；配好的淋洗液用氦气或高纯氮气保护。

4. 抑制器使用中的常见故障

抑制器在化学抑制型离子色谱中具有举足轻重的作用。抑制器工作性能的好坏对分析结果有很大的影响。抑制器是由不同性质的微膜、电极和筛网构成的。抑制器最常见的故障是漏液，使峰面积减小（灵敏度下降）和背景电导升高。

（1）峰面积减小　峰面积减小主要由以下的原因造成：微膜脱水、抑制器漏液、溶液流路不畅和微膜被沾污。抑制器长时间停用之后，若保管不善常发生微膜脱水现象，需要活化。对于目前新型的抑制器，可用注射器向阴离子抑制器内以淋洗液流路相反的方向注入少许去离子水，同时向再生液进口注入少许去离子水，并将抑制器放置 30min 以上，方可激活抑制器。活化就是让抑制器内的微膜充分水化，恢复离子交换功能。另外，在微膜充分水化之前，应避免用高压泵直接泵溶液进入抑制器，因为微膜脱水后变脆易破裂。

抑制器内的微膜也会被沾污，特别是金属离子。沾污后抑制容量会有所下降。抑制器内沾污的金属离子可以用草酸溶液清洗。草酸可与金属离子生成配合物，从而消除金属离子对微膜的沾污。

（2）背景电导升高　在化学抑制型电导检测分析过程中，若背景电导高，则说明抑制器部分存在一定的问题。绝大多数的问题是操作不当造成的。例如，淋洗液或再生液流路堵塞，系统中无溶液流动造成背景电导偏高或使用的电抑制器其电流设置得太小等。

膜被污染后交换容量下降亦会使背景电导升高。而失效的抑制器在使用时会出现背景电导持续升高的现象，此时应更换一支新的抑制器。

（3）漏液　抑制器漏液主要有以下几个原因。

① 使用前抑制器内的微膜没有经过充分水化，使得抑制器的交换膜缺乏良好的渗透性。因此，长时间未使用的抑制器在使用前应先向内注入少许去离子水（3～5mL），并放置 30min，待微膜水化溶胀后再使用。
② 长期使用后在抑制器内的交换膜表面和流路中会产生某些沉淀物，从而造成流路堵塞，反压升高，引起抑制器漏液。
③ 再生液废液出口堵塞，造成抑制器内反压增加，造成漏液。

另外，由于抑制器保管不当造成抑制器内的微膜收缩、破裂也会发生漏液现象。

二、色谱柱和抑制器的保存与清洗

1. 色谱柱的保存方法

色谱柱的填料不同，其保存方法也各异。一般而言，大多数阴离子分离柱是在碱性条件下保存的，而阳离子分离柱是在酸性条件下保存的。具体的保存方法可参考色谱柱的使用说明书。需要长时间保存时（30天以上），先按要求向柱内泵入保存液，然后将柱子从仪器上取下，用无孔接头将柱子两端堵死后放在通风干燥处保存。短时间不使用，建议每周应至少开机一次，让仪器运行 1～2h。

2. 微膜抑制器的保存方法

微膜抑制器应让其内部保持潮湿的环境。因为微膜在干燥的环境中会变脆，应待微膜充分水化溶胀之后再将其连接到仪器上。从仪器上取下的抑制器必须用无孔接头将所有接口堵死，以防内部干燥。

3. 色谱柱与抑制器的清洗

色谱柱、抑制器被沾污后将使色谱柱的柱效和抑制器的抑制容量下降。其现象：分离柱的保留时间较正常时间缩短，分离度下降。使用电导检测器时，背景电导较以前增加，说明抑制器的抑制能力减小了。以上问题是复杂样品中存在的一些无机离子或有机物对离子交换树脂（膜）的可逆或不可逆的损害造成的。就阴离子分离柱而言，样品中可能存在的离子半径较大的阴离子，对离子交换树脂有较强的亲和力，用正常浓度的淋洗液不能将其洗脱，因此这些离子便占据了部分交换容量，从而使交换容量下降、分辨率降低。样品中过量的有机溶剂对交换树脂表面的交换基团有不利的影响，特别是对一些交联度不高的交换树脂。

选择适当的柱清洗方法可使受污染色谱柱的分离度得到恢复或部分恢复。色谱柱的清洗方法可以从该色谱柱的使用说明书中查到，通常在发现色谱柱保留时间开始提前后便应当进行清洗，不要等到色谱柱污染较严重后再清洗，因为此时的效果往往不好。

（1）色谱柱的清洗　色谱柱清洗时应注意：清洗前，应先将系统中的保护柱取下，并连接到分离柱之后，但色谱柱流动方向不变。这样做的目的是防止将保护柱内的污染物冲至相对清洁的分离柱内。将分离柱与系统分离，让废液直接排出。另外，每次清洗后应用去离子水冲洗 10min 以上，再用淋洗液平衡系统。清洗时的流速不宜过快，最好在 $1mL·min^{-1}$ 以下。清洗的时间依色谱柱而定，一般高容量色谱柱的清洗时间要长于普通容量的柱子。对于无机离子的沾污，首先应考虑用组分相同但浓 10 倍的淋洗液清洗色谱柱。对于疏水性的污染物，常用酸和有机溶剂配合清洗。清洗色谱柱内的有机物常用甲醇或乙腈，但对带有羧基的阳离子分离柱要避免使用甲醇。一般用草酸清洗金属离子引起的沾污。

（2）抑制器的清洗　化学抑制型离子色谱抑制器长时间使用后性能会有所下降。清洗时可使溶液由分析泵直接进入抑制器，然后从抑制器排至废液。液体流动的方向是：分析泵→抑制器淋洗液进口→淋洗液出口→再生液进口→再生液出口→废液。

劳动素质提升 6-2　离子色谱仪的维护

一、劳动目的

1. 进一步了解离子色谱仪的工作原理。
2. 学习如何维护和保养离子色谱仪。

二、仪器与试剂

1. 仪器

ICS-90 型离子色谱仪（配抑制型电导检测器）。

2. 流动相

5mmol·L^{-1}的Na_2CO_3和1.0mmol·L^{-1}的$NaHCO_3$的混合溶液。

三、劳动内容

1. 配制淋洗液

称取0.742g的碳酸钠和0.103g的碳酸氢钠，用超纯水溶解后定容为1000mL。

2. 操作

(1) 打开仪器电源后，打开泵和抑制器的开关。

(2) 将压缩气瓶的输出压力调节至0.2MPa，淋洗液瓶的压力调节至5psi。

(3) 淋洗液加压后旋松启动阀和废液阀，打开淋洗液阀1~2min后，停泵，关闭淋洗液阀，旋紧启动阀；再开泵冲洗1~2min后，将气泡排出。

(4) 打开计算机，启动色谱工作站。

(5) 调节泵的旋钮，使流速保持在1.2mL·min^{-1}。打开工作站上的显示基线开关，观察基线，约30min后，基线平稳。

(6) 如果系统压力始终波动，可采取以下办法解决：

① 更换淋洗液后应先打开泵右侧初始阀，排出气泡；

② 取出单向阀超声清洗；

③ 定期更换过滤头或取下超声清洗；

④ 建议用0.22μm过滤膜过滤实训用水。

3. 关机维护

(1) 让淋洗液以原流量继续淋洗10~20min，然后将流量慢慢降至零。

(2) 检查泵头与泵体等各组件连接处有无泄漏并及时清洗。关闭仪器电源，填写实训记录。

四、注意事项

1. 色谱柱用淋洗液保存，不能用纯水冲洗。

2. 每星期至少开机1~2次，每次冲洗1~2h。

3. 色谱柱、抑制器长时间不用需卸下，并用死堵头堵上。

4. 系统压力产生波动的原因：

更换淋洗液时泵内带进气体；单向阀堵塞；淋洗液过滤头堵塞。

5. 不要过度拧紧废液阀和启动阀。

知识拓展

中国离子色谱学科卓越贡献者——牟世芬

随着市场需求不断上升和离子色谱技术的迅速发展，离子色谱的应用领域越来越广泛。作为近年来发展最快的分析技术之一，离子色谱的应用范围从常见阴、阳离子和有机酸，发展到过渡金属及其不同氧化态、水溶性极性有机化物、氨基酸和糖类化合物等，已广泛应用于环境、食品、农业、能源、饮用水、半导体工业、医学等众多领域的常规检测和科学研究。

而这里，我们不得不感谢我国离子色谱学科的开创者——中国科学院生态环境研究中心研究员，博士生导师，牟世芬研究员。自20世纪80年代起，牟世芬研究员便与离子色谱结下了不解之缘。此后三十年，她一直潜心于离子色谱的研究，开创了我国离子色谱应用的先河，为我国离子色谱技术的应用、发展做出了卓越的贡献。牟老师是我国离子色谱学科的开创者，创建了国内第一个离子色谱应用基础研究实验室，培养了国内第一批离子色谱领域的博士生和硕士生，是我国离子色谱界公认的权威科学家和学科带头人。1997年当选为国际离子色谱科学委员会委员，1999年获得对离子色谱学科发展作出突出贡献国际奖（每年评选一名），是全世界仅有的几名获奖者中唯一的女性科学家，也是中国唯一获此殊荣的人。在国内外学术刊物上发表了270余篇离子色谱领域的学术论文，其中80余篇发表在国际SCI刊物上。编著了5本离子色谱专著，其中由科学出版社出版的《离子色谱》一书，更是我国第一本该领域的专著。

面对不断涌现的分析方法，牟世芬研究员始终强调离子色谱在常见阴离子与阳离子分析方面的重要性，特别是对阴离子分析的难以取代性，这无疑对于推动国内离子色谱技术的发展具有重要意义。

从上面的事例不难看出，牟世芬研究员始终以创新意识为指导，以追求真理和解决实际问题为目标，致力于离子色谱学科的研究和应用，展现出对科学进步不懈的追求和开拓精神。她在离子色谱学科的杰出成就和开拓精神无疑会成为我们青年学子学习和效仿的榜样，而她在离子色谱学科的贡献也将为后人带来深远影响。

思考与练习

1. 根据不同的分离机理，离子色谱可分为（   ）、（   ）和（   ）。
2. 离子交换色谱中用于阴离子分析的分离柱一般选用具有（   ）基团的离子交换树脂，用于阴、阳离子分析的分离柱一般选用具有（   ）基团的离子交换树脂。
3. 说明离子交换色谱的方法原理。
4. 简述离子交换色谱中影响离子分离的因素。
5. 离子交换色谱法主要应用于哪些方面？
6. 简述离子色谱仪最基本的组成。
7. 在离子色谱中应用最多的检测器是什么？
8. 简述离子色谱仪的工作流程。
9. 简单说明离子抑制器的工作原理。
10. 试说明离子色谱仪的日常维护。
11. 离子色谱分析中改善分离度的方法有哪几种？各适用于何种情况？
12. 离子色谱分析中如何改善检测灵敏度？
13. 流动相流速增加，离子的保留时间是增加还是减小？为什么？
14. 为什么离子色谱输液系统不能进入气泡？
15. 简述离子色谱柱的分离原理。

【附录】 考核评分表

	考核项目		考核比重
知识要求	1. 掌握离子色谱法的分离原理	40	8
	2. 掌握离子色谱的分类及应用		7
	3. 掌握仪器的基本构造及作用		8
	4. 掌握离子色谱的分析流程		7
	5. 了解离子色谱实训室的管理规范及环境要求		5
	6. 了解色谱参数的优化		5

续表

考核项目		考核比重	
能力要求	1. 能熟悉并遵守离子色谱实训室的安全操作规程	50	8
	2. 能熟练操作仪器进行检测		8
	3. 能正确选择分离和检测方式		8
	4. 能对溶剂和样品进行正确预处理		8
	5. 能对样品进行正确定性和定量分析		10
	6. 能够对仪器设备进行日常维护		8
素质要求	1. 遵循实验室各项规章制度	10	1
	2. 劳动积极，主动参与		2
	3. 与其他同学积极合作		2
	4. 合理利用资源，避免浪费		2
	5. 正确使用个人防护装备，并能够有效防范事故和化学品的危害		2
	6. 尊敬师长，文明操作		1
合计			100

项目 7

用电位分析法检测物质

 知识目标

1. 掌握　工作电池的组成，离子选择性电极的概念及性能指标，不同类型电极的使用及选择，仪器的基本结构。
2. 理解　电位法测定溶液 pH 的原理，离子选择性电极的概念及性能指标，测定离子活度（浓度）的方法及主要影响因素，电位滴定法的概念及终点确定方法。
3. 了解　pH 的实用定义，pH 玻璃电极与甘汞电极的原理、优缺点以及适用范围，了解离子选择性电极的类型。

 能力目标

1. 能熟练操作仪器进行检测，掌握 pH 计的原理和操作方法，能够准确地使用 pH 计进行 pH 值的测量和记录，并了解如何操作 pH 计的控制按钮和调节功能。
2. 能正确配制 pH 标准缓冲溶液，能正确校正 pH 计，能正确选择并使用 TISAB，能够根据条件使用正确方法对样品进行定量分析。
3. 在实验操作中掌握解决问题的方法和技能，能够对实验过程中出现的问题进行分析、解决和改进。
4. 能够对所使用的仪器设备进行日常的维护保养。

 素质目标

1. 在学习用电位分析法测定溶液 pH 的过程中，通过探索型实验和开放性实验，激发学生的思维创新能力和实践能力，让学生们根据实验现象和数据结果进行推理和分析，发掘问题的本质和解决方案，培养学生探究和创新的精神。
2. 在我国科技创新和产业升级中电位分析法无疑具有广泛应用前景。通过讲解相关的政策法规和国家战略，引导学生树立正确的政治观念，积极投身国家的发展事业。
3. 在学生相互配合完成实训、协同分析数据过程中，鼓励团队合作和集体荣誉，以提高学生的团队意识和协作能力。

任务 1　认识电化学实训室

一、电化学分析实训室的环境要求

1. 仪器正常工作条件
① 环境温度：5~35℃。
② 相对湿度：不大于 75%。
③ 供电电源：直流通用电源（+9~+15V，300mA）。
④ 周围无影响性能的振动存在。

⑤ 周围空气中无腐蚀性的气体存在。
⑥ 周围除地磁场外无其他影响性能的电磁场干扰。

2. 电化学实训室的配套设施

（1）实训室的供电　实训室的供电包括照明电和动力电两部分，动力电主要用于各类仪器设备用电，电源的配备有三相交流电源和单相交流电源，设置有总电源控制开关，当实训室无人时，应切断室内电源。

（2）实训室的供水　实训室的供水按用途分为清洁用水和实训用水，清洁用水主要是指各种实训器皿的洗涤、清洁卫生等，如自来水。实训用水则是有一定要求，配制溶液和实训过程用水，如蒸馏水、重蒸馏水等。因此，电化学分析实训室配备有总水阀、多个水龙头，当实训室长时间不用时，需关闭总水阀。

（3）实训室的工作台　电化学分析实训室内配备有中央实训台和边台实训台。在中央实训台上设有药品架和电源插座，两端设有水池，实训台下是抽屉和器具柜，可放置电化学分析的仪器设备。边台实训台与中央实训台配套，可以放置实训所用的公用试剂。

（4）实训室的废液收集区　实训室的废液是在实训操作过程中产生的，有的废液含有有害有毒物质，如直接排放，会造成环境污染；有的废液含有腐蚀性极强的有机溶剂，会腐蚀下水管道，因此，实训室内配有专门的废液贮存器。

（5）实训室的卫生医疗区　实训室内有专门的卫生区，放置卫生洁具，如拖把、扫帚等。实训室还配有医疗急救箱，里面装有红药水、碘酒、棉签等常用的医疗急救配件。

3. 仪器

电化学分析实训室中除了 pH 计、离子计、电位滴定仪等主要仪器以及各种类型电极外，还包括辅助设备，如电磁搅拌器、升降台灯。电极要注意维护和保护。电化学分析仪器的特点是结构简单，多为小型仪器，可以带到野外现场去进行测试。

4. 电化学分析实训室的环境布置

电化学分析实训室和化学分析实训室一样，具有基本的设备设施，如电、木、水、工作台等。但电化学分析实训室含有 pH 计等现代分析仪器，因此在环境布置上具有特殊性。这两个实训室的比较如表 7-1 所示。

表 7-1　电化学分析实训室和化学分析实训室的环境设置比较

项目	电化学分析实训室	化学分析实训室
温度	0~40℃	常温，建议安装空调设备，无回风口
湿度	不大于85%	常湿
供水	多个水龙头，有化验盆、地漏	多个水龙头，有化验盆、地漏
废液排放	配置专门废液桶或废液处置管道	应配置专门废液桶或废液处置管道
供电	设置单相插座若干，设置独立的配电盘；照明灯具不宜用金属制品，以防腐蚀	设置单相插座若干，设置独立的配电盘；照明灯具不宜用金属制品，以防腐蚀
工作台防振	合成树脂台面，防振	合成树脂台面，防振
防火防爆	配置灭火器	配置灭火器
避雷防护	属于第三类防雷建筑物	属于第三类防雷建筑物
防静电	设置良好接地	设置良好接地
电磁屏蔽	无特殊要求，无需电磁屏蔽	无特殊要求，无需电磁屏蔽
放射性辐射	无特殊情况不产生放射性辐射	无特殊情况不产生放射性辐射
通风设备	一般不需要	配置通风柜，要求具有良好通风

二、电化学实训室的管理规范

1. 实训室管理员

① 仪器的管理和使用必须落实岗位责任制,制订操作规程、使用和保养制度,做到坚持制度,责任到人。

② 熟悉仪器保养的环境要求,努力保证仪器在合适的环境下保养及使用。

③ 熟悉仪器构造,能对仪器进行调试及辅助零部件的更换。

④ 熟悉仪器各项性能,并能指导学生进行仪器的正确使用。

⑤ 建立 pH 计、离子计、电位滴定仪等仪器的完整技术档案。内容包括产品出厂的技术资料,从可行性论证、购置、验收、安装、调试、运行、维修直到报废整个寿命周期的记录和原始资料。

⑥ 仪器发生故障时要及时上报,对较大的事故,负责人(或当事者)要及时写出报告,组织有关人员分析事故原因,查清责任,提出处理意见,并及时组织力量修复使用。

⑦ 建立仪器使用、维护日记录制度,保证一周开机一次。对仪器进行定期校验与检查,建立定期保养制度,要按照国家市场监督管理总局的有关规定,定期对仪器设备的性能、指标进行校验和标定,以确保其准确性和灵敏度。

⑧ 定期对实训室进行水、电、气等安全检查,确保实训室卫生和整洁。

2. 学生

① 学生应按照课程教学计划,准时上实训课,不得迟到早退。违反者应视其情节轻重给予批评教育,甚至令其停止实训。

② 严格遵守课堂纪律。实训前要做好预习准备工作,明确实训目的,理解实训原理,掌握实训步骤,经指导教师认可后可做实训,没有预习报告一律不许进实训室;听从指挥,服从安排;按时交实训报告。

③ 进实训室必须统一穿白大褂。在实训课时准备好白大褂,进实训室统一服装;不得穿拖鞋进入实训室。

④ 加强品德修养,树立良好学风。进入实训室必须遵守实训室的规章制度。不得高声喧哗和打闹,不准抽烟、不随地吐痰和乱丢纸屑废物。

⑤ 注意实训安全。爱护实训器材、节约药品和材料,使用教学仪器设备时要严格遵守操作规程,仪器设备发生故障、损坏、丢失及时报告指导教师,并按有关规定进行处理。

⑥ 按指定位置做指定实训,不得擅自离岗。非本次实训所用的仪器、设备,未经教师允许不得动用,做实训时要精心操作,细心观察实训现象,认真记录各种原始实训数据,原始记录要真实完整。

⑦ 实训时必须注意安全,防止人身和设备事故的发生。若出现事故,应立即切断电源,及时向指导老师报告,并保护现场,不得自行处理。

⑧ 完成实训后所得数据必须经指导教师签字,认真清理实训器材,将仪器恢复原状后,方可离开实训室。

⑨ 要独立完成实训,按时完成实训报告,包括分析结果、处理数据、绘制曲线及图表。在规定的时间内交指导教师批改。

⑩ 凡违反操作规程、擅自动用与本实训无关的仪器设备、私自拆卸仪器而造成事故和损失的,肇事者必须写出书面检查,视情节轻重和认识程度,按有关规定予以赔偿。

⑪ 实训课一般不允许请假,如必须请假需经教师同意。无故缺课者以旷课论处,缺做实训一般不予重做,成绩以零分计,对请假缺做实训的学生要另行安排时间补做。

⑫ 学生请假缺做实训或实训结果不符合要求需补做、重做者,应按材料成本价交纳材料消耗费。

3. 实训室的卫生管理

① 实训室工作人员和教师应树立牢固的安全观念，应认真学习用电常识和消防知识与技能，遵守安全用电操作制度和消防规定。

② 实训前，应对学生进行严格的安全用电、防火、防爆教育。避免发生触电、失火和爆炸事故。

③ 实训室内对带有火种、易燃品、易爆品、腐蚀性物品及放射性同位素的存放和使用严格按安全规定操作。

④ 严禁违章用电，严格遵守仪器设备操作规程，墙上电源未经管理部门许可，任何人不得拆装、改线。

⑤ 非工作需要严禁在实训室使用电炉等电热器和空调，使用电炉和空调等电器时，使用完毕后必须切断电源。不准超负荷使用电源，对电线老化等隐患要定期检查，及时排除。

⑥ 对易燃、易爆、有毒等危险品的管理按有关管理办法执行。

⑦ 实训室根据实际情况必须配备一定的消防器材和防盗装置。

⑧ 严禁在实训室内吸烟。

⑨ 实训工作结束后，必须关好水、电、门、窗。

⑩ 定期进行安全检查，排除不安全因素。

> **劳动素质提升 7-1　整理电化学分析实训室**
>
> 一、劳动目的
> 1. 了解与认知电化学实训室。
> 2. 了解电化学实训室与化学实训室的区别。
>
> 二、劳动内容
> 1. 将电化学实训室的必需品与非必需品分开，在实训台上只放置必需品。
> 2. 清理不要的物品，如失去作用的电极、过期的溶液和破损的玻璃仪器等。
> 3. 对实训所需的物品与仪器调查其使用频率，决定日常用量及放置位置，寻找废弃物处理方法，查询相关仪器的使用规则。
> 4. 将仪器和玻璃仪器摆放整齐。
> 5. 将电化学实训室分为药品、工具、玻璃仪器、辅助设备和小零件五大类，并将其放置于实训室不同的区域，做好标识工作。
> 6. 将灭火器、医疗急救箱、清洁工具等放置于实训室不同位置，并做好标识工作。
> 7. 检查若有需维修的仪器，应贴上标签，做好标识工作。
> 8. 清扫整个实训室，包括地面、仪器设备、仪器台面等。

任务2　pH 计与离子计的基本操作

一、电化学分析法概述

基于电化学原理和物质的电化学性质而建立的分析方法统称为电化学分析法 (electrochemical analysis)。

溶液中的电化学现象既复杂又多样，利用不同的电化学性质可以建立相应的、具有各自特殊内容的分析方法。因此，电化学分析包括许多种原理及特点各不相同的分析方法。但无论是哪种具体的电化学分析方法，其共同点均以待分析的样品溶液作为化学电池（也称电化学电池，包括原电池或电解池）的一个组成部分，根据这样一个电池的某些电物理量（如两

电极间的电位差 ΔE、通过电解池的电流 i 或电量 Q、电解质溶液的电阻 R 等）研究其某种电化学特性或利用它们与物质的化学量之间的内在联系，通过测定某种电物理量进而求得分析结果。电化学分析法可以分为如下三类。

第一类是通过试液的浓度在某一特定的实训条件下与化学电池中的某些物理量（如电极电位、电阻、电量、电流-电压关系曲线等）之间的关系来进行分析的。相应地形成了电位分析、电导分析、库仑分析以及伏安法等。这是电化学分析中的一大重要分支，所包括的具体方法最多，应用最广泛，发展也最为迅速。

第二类是以电物理量的突变作为容量分析的终点指示，因此称为"电容量分析"。如电位滴定、电流滴定、电导滴定等。

第三类是将试液中的某一待测组分经过电极反应转为固相，在电极上析出，通过对电极称重来确定该组分的含量。这种方法实际上属于重量分析法的范畴，只是未使用化学沉淀剂，而是使用了"电"作为沉淀剂。因而称为"电重量分析"，即电解分析。

一些重要的电化学分析方法及其特点如表 7-2 所示。

表 7-2 重要的电化学分析方法及其特点

类型	方法名称		测定的电物理量	主要特点及其应用
测定某一电物理量	电位分析及离子选择性电极分析		电极电位	1. 用于微量成分测定 2. 用于数十种金属或非金属离子的定量测定 3. 选择性很好
	电导分析		电阻或电导	选择性很差，仅能测定水-电解质二元混合物体系中电解质的总量，但是对于水的纯度分析具有特别重要的实用意义
	库仑分析	控制电位	电量	1. 无需标准样品作对照，准确度高 2. 适于具有多种稳定氧化态的物质，可测定多种金属离子、非金属离子及一些有机化合物
		恒电流（库仑滴定）	电量（恒定电流下测时间）	1. 无需标准样品作对照，准确度高 2. 各种化学容量分析皆可用于库仑滴定 3. 尤其适于微量组分测定
	极谱分析		极化电极（汞电极）上电流-电压变化关系	1. 可作定性及定量分析 2. 可用于微量甚至超微量分析 3. 可用于多种金属离子和有机化合物的分析 4. 选择性较好
测定某一电物理量的突跃变化	电导滴定		电导的突跃变化	1. 可用于"四大滴定"的终点指示 2. 可减少主观误差，提高准确度 3. 易于实现滴定的自动化 4. 电导滴定可用于弱酸、弱碱的含量测定
	电位滴定		电极电位的突跃变化	
	电流滴定		电流的突跃变化	
用电作沉淀剂的重量分析（电重量分析）	恒电流电解分析		以恒电流进行电解至完全	1. 选择性很差 2. 无需标准样品，准确度高，适于高含量成分分析 3. 常用于 Cu、Pb、Ag、Sn 等的测定
	控制电极电位电解分析		在选择并控制印迹电位的条件下进行电解至完全	较上法的选择性大有提高，除用于分析外，还是重要的分离手段之一

电化学分析法具有如下特点：准确度高；灵敏度较高（如离子选择性电极法检出限可达 $10^{-7} mol \cdot L^{-1}$）；手段多样；分析浓度范围视具体方法而异（电位分析、离子选择性电极分析、极谱分析等可用于微量组分的测定；电解及库仑分析、电容量分析等可用于中等含量组分，甚至纯物质分析）；所用仪器设备简单，除离子选择性电极法和控制阴极电位电解法、极谱法外选择性较差；既可进行物质组成的测定，又可进行状态、价态及相态分析，适于各种不同

体系。因而应用十分广泛。又由于它属于物理分析方法,在分析测定过程中得到的是电信号,因而易于实现自动化及连续测定。

电化学分析法在化学研究中也有着十分重要的应用。现已广泛应用于电化学基础理论、有机化学、药物化学、生物化学、临床化学、环境生态学等许多领域的研究中。

总之,电化学分析在成分分析、生产过程控制以及科学研究等许多方面均具有极为重要的意义。

二、电位分析法的基本装置

电位分析法简称电位法,是以测量电池的电动势(从而测量指示电极的电极电位)为基础的定量分析方法。它是以待测试液作为化学电池的电解质溶液,并于其中浸入两个电极,其中一个是电极电位与待测组分的活度(在一定条件下可用浓度代替)有确定函数关系的指示电极;另一个是电极电位稳定不变(与试液成分无关)的参比电极,用电极电位仪(pH 计或离子计等)在零电流条件下,测定这个电池的电动势(即两极间的电位差,也即指示电极的电极电位,见图 7-1),实现对待测组分的定量分析。

由指示电极的电极电位确定待测物质的含量的方法有两种:一种是由指示电极的电极电位数值,再根据其电极电位与待测物质的活(浓)度间的确定的函数关系计算出待测物质的含量,这种方法称为"直接电位分析";另一种是由指示电极的电极电

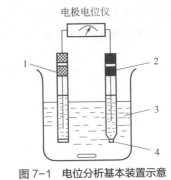

图 7-1 电位分析基本装置示意
1—指示电极;2—参比电极;3—待测试液;4—液体接界

位的变化作为容量分析的终点指示,再按照标准溶液(滴定剂)的浓度及所消耗的体积计算出物质的含量,这种方法称为"电位滴定"。

电位分析法是仪器分析中历史较为悠久的方法之一,起源于 18 世纪末,但是直到 20 世纪初才被广泛应用。这是因为 20 世纪 60 年代中,一种新型的电化学传感器——膜电极的诞生,即选择性能良好的指示电极——离子选择性电极(ISE)制成给直接电位分析法带来了新的生命力,并且发展很快,被称为是一种全新的技术,成为当时分析领域中可与气相色谱法和原子吸收法相媲美的新的分析技术,以至于成为一类具有独特性能的仪器分析方法——离子选择性电极法。

电位分析法,特别是离子选择性电极法具有以下一些特点:选择性好,共存离子的干扰很小,并不受试液颜色和浑浊等物理性质的影响;灵敏度高,直接电位分析法的相对检出限一般可达 $10^{-6} mol \cdot L^{-1}$,甚至 $10^{-20} mol \cdot L^{-1}$,因此尤其适于微量组分的定量测定(电位滴定则可用于中等或高含量成分的分析);用样量少,且不破坏试液,直接电位分析法只需数十毫升试液,离子选择性电极法仅需数十微升试液;分析速度快,一般数分甚至数十秒即可完成分析测定;操作简便,易于实现自动测定,适于生产过程中的连续监测;应用范围十分广泛。

三、工作电池的组成

化学电池分为性质和作用各不相同但又常常可以相互转化的原电池和电解池。

原电池是将化学能转变为电能的装置,如图 7-2 所示。构成原电池的必备条件是:在两个电极上,电极与其周围的电解溶液形成的界面上,分别发生氧化或还原反应,从而有电荷在两相(固相电极和液相的电解质溶液)之间转移;两个电极周围的电解质溶液之间要有接界,允许离子通过,以实现电荷在溶液中的输送;两电极的外电路要有导线相连接,以实现电子在两极间的转移。

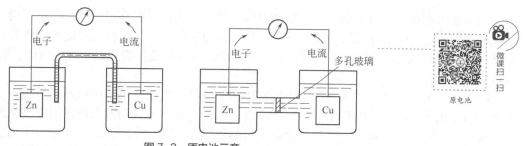

图 7-2 原电池示意

电解池则是将电能转变为化学能的装置,其组成及结构与原电池一样,只是使用条件不同,因而其作用和性质也不一样。当将一外电源反向接在原电池的两个电极上,并且外加电压大于原电池的电动势时,由于此时的电极反应是电能转化为化学能,这时的电池称为电解池,因此可以认为电解池是原电池的反应的逆过程的装置。

四、不同类型电极的使用及选择

大家熟知的将金属浸入含有其盐的溶液(如锌片浸于含有 Zn^{2+} 的溶液)中所构成的电极只是电极中的一种类型。在电化学分析中用到的电极种类甚多。电极可按其作用机理分类,也可按其性质分类,还可按其用途分类。

1. 按电极的可逆性质分类

按电极是否具有可逆性,可将电极分为可逆电极和不可逆电极。对于电极反应是可逆的(系指当电极通过相反的电流时,电极反应也互为逆反应)、交换电流很大的电极体系称为"可逆电极"。凡是电极反应为不可逆的,或交换电流小的电极均称为"不可逆电极"。

2. 按电极电位的形成机理分类

按电极电位的形成机理可将电极分为第一、二、三、零类及膜电极。

(1) 第一类电极　即将金属浸入含有该金属离子的盐溶液中所构成的半电池。如上面提到的将金属锌浸入含有 Zn^{2+} 的溶液中的情形。

(2) 第二类电极　系指由一种金属及该金属的微溶盐以及与该微溶盐具有相同阴离子的可溶盐溶液组成的电极体系。如由 Hg 和 $Hg_2Cl_2(s)$ 及 KCl 溶液组成的电极。

(3) 第三类电极　系指由一种金属、该金属的微溶盐、含有与该微溶盐相同阴离子的第二种微溶盐以及与第二种微溶盐具有相同阳离子的可溶盐溶液组成的电极体系,如 Pb、$PbC_2O_4(s)$、$CaC_2O_4(s)$ 及 $CaCl_2$ 溶液组成的电极。

(4) 零类电极(又称均相氧化还原电极或惰性气体电极)　系指将一种惰性金属浸入含有两种不同氧化态的某种元素的离子的溶液中组成的电极体系。如将铂浸入含有 Fe^{3+} 和 Fe^{2+} 的溶液中所组成的电极。一些气体电极如氢电极 $(Pt|H^+, H_2)$、氧电极 $(Pt|OH^-, O_2)$、卤素电极 $(Pt|X^-, X_2)$ 等均属此类。

(5) 膜电极　这是一类特殊电极,它与上述四种类型的电极本质区别在于电极电位的形成机理不同,膜电极的电极电位的形成不是由于电子转移的结果,通常将其视为一个浓差电池,且原则上也用能斯特方程计算其电极电位。

3. 按电极的用途分类

(1) 标准氢电极　单个的半电池不能独立地工作,单独一个电极体系的电位差——电极电位的绝对数值也无法测定。实际上只能测定两个电极的电极电位的差值,即两电极电位的相对大小数值。为了比较各种电极的电极电位的相对大小,要选择一个比较的基准,即以这个电极的电极电位为标准。公认的这样的电极就是在给定条件下的氢电极。这是因为氢电极具有电极反应充分可逆;重现性好,对温度和浓度响应速度快且无滞后效应;稳定性好,制作简便等特点。

（2）参比电极　在电极电位的实际测量中，并不直接使用标准氢电极，而是应用其他一些电极电位稳定的电极作为比较的标准，这种在实际工作中用作比较标准的电极称为"参比电极"（或副标准电极）。符合上述要求又较为常用的标准电极主要有饱和甘汞电极、银-氯化银电极等。

（3）指示电极　在电化学分析中，经常用到一些电极电位随溶液中待测离子活（浓）度的变化而变化并指示出待测离子的活（浓）度的电极。具有这种功能和用途的电极称为"指示电极"。所以，"指示电极"一词是根据电极的用途（作用）来定义的；它是一类可以用来反映溶液中某种离子的活（浓）度的电极，也就是那些电极电位与溶液中某种离子的活（浓）度有函数关系的电极的统称。

指示电极是电位分析仪器中最为重要的部件之一。可以说没有指示电极，就没有电位分析法。可用作指示电极的电极有很多，如前面介绍的第一、二、三、零类以及膜电极均可用作指示电极。按作用机理的不同，指示电极可以分为金属基指示电极和离子选择性电极（膜电极）两大类型。

金属基指示电极的基本特征是其电极电位的产生与电子的转移有关，即半电池反应是氧化或还原反应。同时这类电极的电极反应（即在电极上发生的氧化还原反应）大都有金属参与，故而得名。

五、标准溶液

标准溶液是直接电位分析法中必需的。其作用主要是用来校正仪器的读数和制作标准曲线。

在电位分析中，依据用途（校正 pH 计或离子计）的不同，标准溶液分为如下两种。

1. pH 标准缓冲溶液

在溶液 pH 的电位法测定中，需要使用具有确定的和已知 pH 的标准缓冲溶液来校正 pH 计的读数，以便确保溶液的 pH 稳定不变。

根据具体需要可以制备精度达 0.01pH 的各种不同 pH 标准缓冲溶液（具体可由有关手册中查到）。但在实际使用中，仅需三种不同 pH 的标准缓冲溶液。

为了减小测定误差，在使用 pH 标准缓冲溶液校正仪器读数时，应注意选用与待测溶液具有相近 pH 的标准缓冲溶液。

2. 金属离子标准溶液

金属离子标准溶液，也称为 pX、pA、pM 标准溶液。具体分为两种情况：一是已知活度的溶液；二是已知浓度的溶液。可根据具体需要加以选用。

其中浓度标准溶液可由分析纯以上的该金属易溶盐（常为硝酸盐或氯化物），按化学计量准确地进行配制即可。

六、pH 计与离子计的基本组成及操作

1. pH 计的基本组成和操作

测定溶液 pH 的仪器是 pH 计，是根据 pH 的定义设计而成的。不同类型的 pH 计一般均由电极系统和高阻抗毫伏计两部分组成，功能基本也一致。下面以 pHS-25 型 pH 计为例介绍 pH 计的基本组成和使用方法（有关 pH 玻璃电极的内容将在后面的任务中做详细介绍）。

（1）仪器结构　pHS-25 型 pH 计是一台精密数字显示 pH 计，采用带蓝色背光、双排数字显示液晶，可同时显示 pH、温度值或电位（mV），配上离子选择性电极可测出该电极的电极电位值。

① pH 计外形结构及后面板如图 7-3 所示。

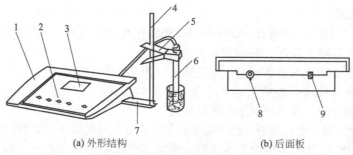

(a) 外形结构   (b) 后面板

图 7-3   pH 计外形结构及后面板

1—机箱；2—键盘；3—显示屏；4—电极梗；5—电极夹；6—电极；
7—电极梗固定座（已安装在机箱底部）；8—测量电极插座；9—电源插座

② 仪器键盘说明见表 7-3。

表 7-3   仪器键盘说明

按键	功能
pH/mV	"pH/mV" 转换键，pH、mV 测量模式转换
温度	"温度"键，对温度进行手动调节
标定	"标定"键，对 pH 进行定位、斜率标定工作
△	"△"键，此键为数值上升键，按此键为调节数值上升
▽	"▽"键，此键为数值下降键，按此键为调节数值下降
确认	"确认"键，按此键为确认上一步操作并返回 pH 测试状态或下一种工作状态。此键的另外一种功能是如果仪器因操作不当出现不正常现象时，可按住此键，然后将电源开关打开，使仪器恢复初始状态
OFF/ON	仪器电源的开关

③ 仪器附件如图 7-4 所示。

（2）操作步骤

① 开机前的准备

a. 将电极梗 4 插入电极梗固定座 7 中；

b. 将电极夹 5 插入电极梗 4 中；

c. 将 pH 复合电极（图 7-4 中 2）安装在电极夹 5 上；

d. 将 E-201-C 型 pH 复合电极下端的电极保护套（图 7-4 中 3）拔下，并且拉下电极上端的橡胶套，使其露出上端小孔；

e. 用蒸馏水清洗电极（见图 7-5）。

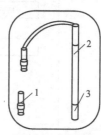

图 7-4   仪器附件

1—Q9 短路插头；2—复合电极；3—电极保护套

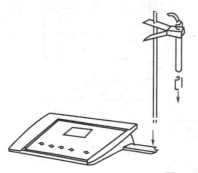 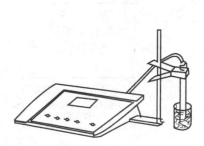

图 7-5   pH 计操作演示图

② 仪器的标定

a. 自动标定（适用于 4.00pH、6.86pH、9.18pH 标准缓冲溶液）。仪器使用前首先要标定。一般情况下仪器在连续使用时，每天要标定一次。

(a) 在测量电极插座 8 处拔掉 Q9 短路插头（图 7-4 中 1）。

(b) 在测量电极插座 8 处插入复合电极（图 7-4 中 2）。

(c) 打开电源开关，仪器进入 pH 测量状态。

(d) 按"温度"键，使仪器进入溶液温度调节状态（此时温度单位℃指示灯闪亮），按"△"键或"▽"键调节温度显示数值上升或下降，使温度显示值和溶液温度一致，然后按"确认"键，仪器确认溶液温度值后回到 pH 测量状态。

(e) 把用蒸馏水或去离子水清洗过的电极插入 pH=6.86（或 pH=4.00，或 pH=9.18）的标准缓冲溶液中，按"标定"键，此时显示实测的 mV 值，待读数稳定后按"确认"键（此时显示实测的 mV 值对应的该温度下标准缓冲溶液的标称值），然后再按"确认"键，仪器转入"斜率"标定状态。

(f) 仪器在"斜率"标定状态下，把用蒸馏水或去离子水清洗过的电极插入 pH=4.00（或 pH=9.18，或 pH=6.86）的标准缓冲溶液中，此时显示实测的 mV 值，待读数稳定后按"确认"键（此时显示实测的 mV 值对应的该温度下标准缓冲溶液的标称值），然后再按"确认"键，仪器自动进入 pH 测量状态。如果用户误使用同一标准缓冲溶液进行定位、斜率标定，在斜率标定过程中按"确认"键时，液晶显示器下方"斜率"显示会连续闪烁三次，通知用户斜率标定错误，仪器保持上一次标定结果。

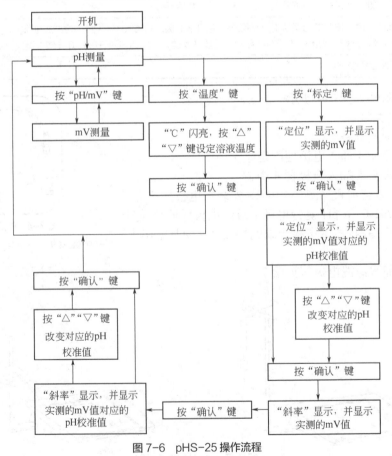

图 7-6　pHS-25 操作流程

(g) 用蒸馏水及被测溶液清洗电极后即可对被测溶液进行测量（见图7-6）。

b. 手动标定。仪器使用前首先要标定。一般情况下仪器在连续使用时，每天要标定一次。

(a) 在测量电极插座处拔掉Q9短路插头（图7-4中1）。

(b) 在测量电极插座处插入复合电极（图7-4中2）。

(c) 打开电源开关，仪器进入pH测量状态。

(d) 按"温度"键，使仪器进入溶液温度调节状态（此时温度单位℃指示灯闪亮），按"△"键或"▽"键调节温度显示数值上升或下降，使温度显示值和溶液温度一致，然后按"确认"键，仪器确认溶液温度值后回到pH测量状态。

(e) 把用蒸馏水或去离子水清洗过的电极插入pH=6.86（或pH=4.00，或pH=9.18或已知标准缓冲溶液）的标准缓冲溶液中，按"标定"键，此时显示实测的mV值，待读数稳定后按"确认"键（此时显示实测的mV值对应的该温度下标准缓冲溶液的标称值），按"△"键或"▽"键调节显示值上升或下降，使显示值和该温度下已知标称值一致，然后再按"确认"键，仪器转入"斜率"标定状态。

(f) 仪器在"斜率"标定状态下，用蒸馏水或去离子水清洗过的电极插入pH=4.00（或pH=9.18，或pH=6.86或pH已知标准缓冲溶液）的标准缓冲溶液中，此时显示实测的mV值，待读数稳定后按"确认"键（此时显示实测的mV值对应该温度下标准缓冲溶液的标称值），按"△"键或"▽"键调节显示值上升或下降，使显示值和该温度下已知标称值一致，然后再按"确认"键，仪器自动进入pH测量状态。如果用户误使用同一标准缓冲溶液进行定位、斜率标定，在斜率标定过程中按"确认"键时，液晶显示器下方"斜率"显示会连续闪烁三次，通知用户斜率标定错误，仪器保持上一次标定结果。

(g) 用蒸馏水及被测溶液清洗电极后即可对被测溶液进行测量。如果在标定过程中操作失误或按键按错而使仪器测量不正常，可关闭电源，然后按住"确认"键后再开启电源，使仪器恢复初始状态。然后重新标定。

③ 测量pH。经标定过的仪器，即可用来测量被测溶液，根据被测溶液与标定溶液温度是否相同，其测量步骤也有所不同。具体操作步骤如下。

a. 被测溶液与标定溶液温度相同时，测量步骤如下：

(a) 用蒸馏水清洗电极头部，再用被测溶液清洗一次；

(b) 把电极浸入被测溶液中，用玻璃棒搅拌溶液，使其均匀，在显示屏上读出溶液的pH。

b. 被测溶液和标定溶液温度不同时，测量步骤如下：

(a) 用蒸馏水清洗电极头部，再用被测溶液清洗一次；

(b) 用温度计测出被测溶液的温度值；

(c) 按"温度"键，使仪器进入溶液温度状态（此时℃温度单位指示灯闪亮），按"△"键或"▽"键调节温度显示数值上升或下降，使温度显示值和被测溶液温度值一致，然后按"确认"键，仪器确定溶液温度后回到pH测量状态；

(d) 把电极插入被测溶液内，用玻璃棒搅拌溶液，使其均匀后读出该溶液的pH。

c. 测量电极电位（mV值）

(a) 打开电源开关，仪器进入pH测量状态，按"pH/mV"键，使仪器进入mV测量即可；

(b) 把ORP复合电极夹在电极架上；

(c) 用蒸馏水清洗电极头部，再用被测溶液清洗一次；

(d) 把复合电极的插头插入测量电极插座处；

(e) 把ORP复合电极插在被测溶液内，将溶液搅拌均匀后，即可在显示屏上读出该离子选择电极的电极电位（mV值），还可自动显示极性；

(f) 如果被测信号超出仪器的测量（显示）范围，或测量端开路时，显示屏显示1---mV，作超载报警。

2. 离子计的基本组成及操作

离子选择电极法测量离子活（浓）度的仪器由指示电极、参比电极、电磁搅拌和测量电动势的离子计组成，电位测量精度高于一般 pH 计，而且稳定性好。离子计型号很多，但功能和组成基本一致，下面以 PXSJ-216 型离子分析仪为例说明离子计的基本组成和操作（有关离子选择电极的内容将在后面的任务中做详细介绍）。

（1）仪器结构 PXSJ-216 型离子分析仪（以下简称仪器）是一种用于测定溶液中离子浓度的常规实训室电化学分析仪器，其测定方式类似于常见的 pH 计，即以各种离子选择电极为指示电极，再辅以适当的参比电极，一起插入待测溶液中，构成供测定用的电化学系统。

① 仪器正面图和仪器后面板分别如图 7-7 和图 7-8 所示。

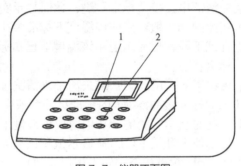

图 7-7 仪器正面图

1—显示屏；2—键盘

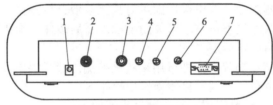

图 7-8 仪器后面板

1—电源插座；2—测量电极 1 插座；3—测量电极 2 插座；
4—参比电极插座；5—接地接线柱；6—温度传感器插座；
7—RS232 接口（九芯针式）

② PXSJ-216 型离子分析仪的键盘如图 7-9 所示。

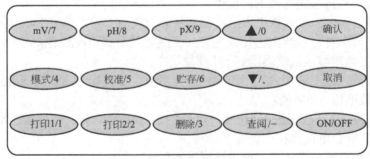

图 7-9 键盘

仪器面板上共有 15 个操作键，分别为：打印 1/1、打印 2/2、删除/3、模式/4、校准/5、贮存/6、mV/7、pH/8、pX/9、▲/0、▼/.、查阅/-、确认、取消、ON/OFF 等。除了"确认""取消""ON/OFF"三键是单功能以外，其他键都是复用的，它们有两个功能，即功能键和数字键，平时它们是功能键，按这些键可以完成相应的功能；第二功能即为数字键，并且仅当需要输入数据时,这些键是数字键。如"mV/7"键,平时按此键,可以在仪器的起始状态下将测量模式切换到 mV 测量;在输入数字时,按此键,将输入数字"7"。

各键功能的具体定义如下。

a."打印 1/1"键:用于打印当前的测量数据;输入数字"1"。

b."打印 2/2"键:用于打印储存的测量数据;输入数字"2"。

c."删除/3"键:用于删除储存的全部测量数据;输入数字"3"。

d."模式/4"键:用于有关浓度测量以及浓度打印、浓度查阅、浓度删除等的操作;输入数字"4"。

e."校准/5"键:用于校准电极的斜率;输入数字"5"。

f."贮存/6"键:用于储存测量数据;输入数字"6"。

g."mV/7"键:用于切换仪器至 mV 测量状态;输入数字"7"。

h."pH/8"键:用于切换仪器至 pH 测量状态;输入数字"8"。

i."pX/9"键:用于切换仪器至 pX 测量状态;输入数字"9"。

j."▲/0""▼/."键:在电极插口选择、斜率校准方法选择、浓度测量方法选择以及查阅存储的测量数据时,用于上下翻看选项和数据;输入数字"0"和小数点。

k."查阅/-"键:用于查阅仪器所储存的测量数据;输入数字的负号。

l."确认"键:用于确认仪器当前的操作状态。

m."取消"键:用于终止功能模块,然后返回到仪器的起始状态;输入数据有错时,可以清除数据,重新输入(按两次)。

n."ON/OFF"键:用于仪器的开机或关机。

③ 仪器配件及附件。包括玻璃电极、温度传感器、电磁搅拌器等。

(2)操作步骤

① 开机。仪器连接好通用电源器后,按下"ON/OFF"键,仪器将显示"PXSJ-216 离子分析仪、雷磁商标"等,数秒后,仪器自动进入电位测量状态。测量结束后,按"ON/OFF"键,仪器关机。

② 仪器的起始状态。仪器一开机即进入 mV 测量状态,显示如图 7-10 (a),其中显示屏上方显示有当前的测量结果,下方为仪器的状态提示(反向显示)。图 7-10 (a) 即表示当前为 mV 测量状态,电极插口设置为 1 号。用户还可以进行 pH 或者 pX 测量[图 7-10 (b)],mV、pH、pX 等三种测量状态统称为仪器的起始状态,在此状态下可以完成所有仪器的功能。

③ pX 斜率校准。除了电位测量,其余的 pH、pX、浓度测量都需要进行斜率校准。下面主要介绍 pX 测量的斜率校准。

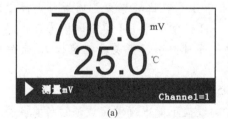
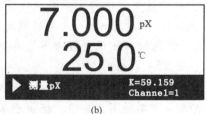

图 7-10 起始状态

pX 斜率校准方式有一点校准、二点校准和多点校准三种。在仪器的起始状态,按"pX/9"键,进入 pX 测量状态,按"校准/5"键,即可选择斜率校准方式,显示如图 7-11。用户可以按"▲/0"或"▼/."键翻看斜率校准方式,再按"确认"键即可进行相应的斜率校准。

a.一点校准。本校准法是将预先设定的斜率值或通过其他方法获得的斜率值(25℃时)输入仪器。仪器即以此斜率值作为新的斜率值。即在提示"电极插入标液中"字样后输入新的斜率值并按"确认"键；再输入标液的 pX 值并按"确认"键，仪器将显示当前的电位和温度值。等显示稳定后，按"确认"键，仪器即完成一点校准，显示校准结束，并显示预设定的斜率值，如图 7-12。至此，一点校准结束，按"确认"键，仪器返回起始状态。

图 7-11　pX 斜率校准

图 7-12　一点校准

b. 二点校准。此校准法是比较常用的斜率校准法。通过测量两种不同标准液的电位值，计算出电极的实际斜率值。

具体操作如下：选择二点校准并按"确认"键以后，按仪器要求将电极清洗干净后放入标液 1 中，稍后输入标液 1 的 pX 值，按"确认"键，仪器显示标液 1 的电位和温度值，如图 7-13。等显示稳定后，按"确认"键，按照仪器提示将电极从标液 1 中取出，并清洗干净，放入标液 2 中。再输入标液 2 的 pX 值，按"确认"键，

图 7-13　二点校准

仪器即显示标液 2 的电位和温度值。等显示稳定后，按"确认"键，仪器即显示出校准好的电极斜率。至此，二点校准结束。按"确认"键，返回仪器的起始状态。

④ pX 测量。测量溶液中的 pX 值时，在仪器的起始状态下，按"pX/9"键即可切换到 pX 测量状态。仪器显示的是当前的 pX、温度值。也可进行浓度测量、mV 和 pH 测量，但显示内容有所不同。

实训 7-1　pH 计的基本操作——实训用水的 pH 测定

一、实训目的

1. 加深对电位分析法测定溶液 pH 及电极电位的理论知识的理解。
2. 掌握 pH 计及电极的基本操作和使用方法。
3. 学习直接电位分析法测定 pH 的方法。

二、实训原理

在实训、科研及生产过程中，对其所用水质均有严格的要求。通常对水或配制的溶液需精确测定其 pH，一般用 pH 计来完成测定。pH 计常采用 pH 玻璃电极为工作电极（指示电极），用氯化钾饱和的甘汞电极为参比电极（亦可使用二者复合的电极），与待测溶液组成工作电池。则 25℃时有：

$$E_{池} = K' + 0.0592 \text{pH} \tag{7-1}$$

式中，K' 在一定条件下为定值，但由于 K' 的数值不能准确测定或通过计算获得。因此，在实际测量中是根据 pH 实用定义，采用标准缓冲溶液对仪器进行校正（定位）后，再于相同条件下用于溶液 pH 的测定。

实训 7-2　离子计基本操作——水样中 K⁺ 的测定

一、实训目的

1. 巩固离子选择性电极分析的理论知识。

2．了解离子计的基本结构，并掌握其操作方法。
3．掌握校准电极法（离子计法）的分析方法。
4．了解 ISE_{K^+} 及测定 K^+ 的条件。

二、实训原理

离子计法也称校准电极法，是利用离子计作为分析仪器的一种离子选择性电极法。这种测定方法的基本过程分为两步：首先使用一或两个标准溶液对离子计进行校正；然后，在与校正离子计相同的条件下测定试液，由离子计直接读取 pX 值或浓度值。

这种方法的优点是，测定速度快，操作简便。分析的精度高低则由离子计本身的性能及质量决定。使用离子计法时，应注意保证标准溶液和试液的浓度及组成相近[为此加入离子强度调节剂（ISAB）或总离子强度调节剂（TISAB）是必需的]、温度相同或至少相近。

任务3　工业废水 pH 的测定

一、活度及活度系数

实训证明，溶液的一些与离子浓度有关的性质，如冰点下降、沸点上升等会导致真正表现出离子的性质或行为的离子数目要少于按理论计算的结果，其中于溶液中能真正表现出离子性质的那部分离子的浓度或称"有效浓度"或称"活度"，并记为"a"。在分析化学中，所测定的数据实际上都是"活度"而并非浓度，但应严格区分二者的概念，在一定条件下，电解质溶液的活度 a 与浓度 c 间存在如下定量关系：

$$a=fc \tag{7-2}$$

式中，f 称为活度系数。它是实际溶液对理想溶液偏离程度的量度。显然，当 $f=1$ 时活度与浓度相等，即表示该溶液是理想溶液（如极稀的电解质溶液）；f 值越小，则说明实际溶液偏离理想溶液的程度越大。

二、离子的淌度和迁移数

金属导电是由于金属晶体中存在着的自由电子受电场作用发生定向移动形成电流。而电解质溶液的导电则是由于在电场作用下，阴、阳离子向相反极性的电极移动，同时阴离子将电子给予正极、阳离子从负极获得电子，进而完成溶液中的电荷传递。

在电场作用下，溶液中的离子做定向运动，运动的速度与多种因素有关。比如电场电位梯度越大，离子的运动速度就越快；溶液的黏度越大，离子运动速度就越慢；溶液温度高，则离子的运动速度加快。为了比较不同离子在相同条件下的运动速度，规定：在电场电位梯度为 $1V\cdot cm^{-1}$，温度为 25℃ 的水溶液中的离子的运动速度为离子运动的"绝对速度"，称之为离子的"淌度"，用符号"u_i"表示，并以"u_+"和"u_-"分别表示阳离子和阴离子的淌度，单位是 $cm\cdot s^{-1}$。显然，淌度只与离子的性质有关，是离子的特征常数。溶液的导电能力与溶液中离子的淌度呈正比例关系。一些常见离子的淌度如表 7-4 所示。

表 7-4　常见离子的淌度

阳离子	$u_+/(cm\cdot s^{-1})$	阴离子	$u_-/(cm\cdot s^{-1})$
H^+	36.2×10^{-4}	OH^-	20.5×10^{-4}
Li^+	4.01×10^{-4}	SO_4^{2-}	8.27×10^{-4}
Na^+	5.19×10^{-4}	Cl^-	7.91×10^{-4}
K^+	7.61×10^{-4}	NO_3^-	7.40×10^{-4}
Ba^{2+}	6.60×10^{-4}	HCO_3^-	4.61×10^{-4}

由表 7-4 中数据可见,H^+ 和 OH^- 的淌度比其他离子大得多。这是强酸、强碱溶液导电性能特别强的主要原因。

离子的迁移数即离子在溶液中的相对运动速度。用符号 "t" 或 "n" 表示,并以 "t_+" 或 "n_+" 表示阳离子的迁移数,用 "t_-" 或 "n_-" 表示阴离子的迁移数。事实上,一种离子的迁移数不能脱离溶液的具体情况去描述。因为离子的迁移数不仅与离子的种类(因而与离子的淌度及电荷)有关,还与溶液的性质及共存离子的性质有关。

三、电位法测定溶液 pH 的原理

图 7-14 是典型的电位法测定溶液 pH 的电极体系。图 7-14 中的玻璃电极是作为溶液中 H^+ 浓度的指示电极,而饱和甘汞电极作为外部参比电极。这两个电极与欲测溶液组成一个原电池。

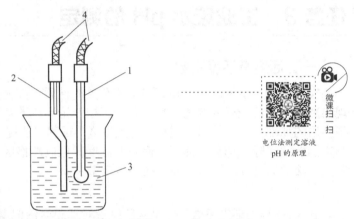

图 7-14 测量溶液 pH 的电池装置
1—玻璃电极;2—SCE;3—试液;4—接至 pH 计

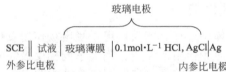

在这样的一个以玻璃电极为正极,饱和甘汞电极(SCE)为负极的原电池中,电池的电动势 $E_{池}$ 为:

$$E_{池} = E_{玻} - E_{SCE} = E_{Ag/AgCl} + E_{膜} - E_{SCE} \tag{7-3}$$

假定在测定过程中,玻璃电极的不对称电位 E_a 和液接电位 E_j 不变,而 $E_{Ag/AgCl}$ 和 E_{SCE} 数值一定,则在 25℃ 时有:

$$E_{池} = 常数 - \frac{2.303RT}{F} pH_{试} \tag{7-4}$$

由式(7-4)可见,原电池电动势 $E_{池}$ 与溶液 pH 之间呈线性关系。其斜率为 $-2.303RT/F$,此值与温度有关,于 25℃ 为 $-0.0592V$,即溶液 pH 变化一个单位时,电池电动势将变化 59.2mV(25℃)。这就是电位法测定溶液 pH 的依据。

四、能斯特方程和直接电位法的定量依据

在电位分析法中,电池电动势 $E_{池}$ 为指示电极电位 $E_{指}$ 与参比电极电位 $E_{参}$ 之差,另加不可忽略的液接电位 $E_{接}$。

$$E_{池} = E_{指} - E_{参} + E_{接} \tag{7-5}$$

式中，指示电极的电极电位 $E_\text{指}$ 与溶液中有关离子的活度 a 的关系可用能斯特（Nernst）方程表示：

$$E_\text{指} = E^\ominus + \frac{RT}{nF} \ln \frac{a_\text{Ox}}{a_\text{Red}} \tag{7-6}$$

式中，a_Ox、a_Red 是参与电极反应物质的氧化态、还原态的活度。

对于金属指示电极，还原态是纯金属，其活度是个常数，规定为 1，则 Nernst 方程可简化为：

$$E_\text{指} = E^\ominus + \frac{RT}{nF} \ln a_{M^{n+}} \tag{7-7}$$

式中，$a_{M^{n+}}$ 表示 M^{n+} 金属离子的活度。

将式（7-7）代入式（7-5）并整理后有：

$$E_\text{池} = E^\ominus + \frac{RT}{nF} \ln a_{M^{n+}} - E_\text{参} + E_\text{接} \tag{7-8}$$

式中，$E_\text{参}$ 是与被测离子活度无关的常数。液接电位在一般情况下可用盐桥减至最小值而忽略不计，或在实训条件保持恒定的情况下，液接电位可视为常数；$E^\ominus$、$E_\text{参}$、$E_\text{接}$ 三项合并为一常数，则

$$E_\text{池} = 常数 + \frac{RT}{nF} \ln a_{M^{n+}} \tag{7-9}$$

此式表明，电池电动势是金属离子活度的函数，其数值反映了溶液中待测离子活度的大小。这就是电位法定量分析的理论基础。

五、pH 的实用定义

pH 标度也称 pH 的实用定义。在 20 世纪初索伦森（Sorensen）将氢离子浓度的负对数定义为 pH，并用测定原电池电动势的方法研究了 pH 的测定问题。后来认识到用原电池电动势所测定的 pH 是根据氢离子的活度而不是浓度。当热力学活度的概念建立以后，他又对 pH 的定义作了修正，定义为氢离子活度的负对数，即

$$\text{pH} = -\lg a_{H^+} = -\lg f_{H^+}[H^+] \tag{7-10}$$

式中，f_{H^+} 为 H^+ 的活度系数。式（7-10）为 pH 的严格的热力学定义，也即 pH 的理论值。由于实际上无法测得单个离子的活度，也无法准确计算个别离子的活度系数，所以在具体的实训中无法将定义与实训值确切地联系起来。因此，在实际操作中，试液的 pH 是与 pH 标准缓冲溶液相比较而得到的。即试液的 pH 的实用定义为：

$$\text{pH}_x = \text{pH}_s - \frac{E_s - E_x}{2.303 RT/F} \tag{7-11}$$

式中，pH_x 为试液的 pH；pH_s 为 pH 标准缓冲溶液的 pH；E_s 和 E_x 分别为 pH 标准缓冲溶液和试液充入下述电池当中时的电池电动势。

外参比电极 ‖ 标准缓冲溶液或试液 ‖ pH 玻璃电极

试液的 pH 测定结果准确与否关键在于 pH 标准缓冲溶液的 pH_s 准确与否。用于校准 pH 电极的标准缓冲液应仔细选择和配制。为了实际应用起来便利，国际上制定出一系列标准缓冲溶液，并按照国际纯粹与应用化学联合会（IUPAC）的规定，定出 pH 标度。在这"一系列标准缓冲溶液"中，常被使用的是按照美国国家标准局（NBS）制备的一些标准缓冲体系，并规定它们为适用于广泛温度范围的 pH 标准。其中的一部分数据如表 7-5 所示。

表 7-5 NBS 标准缓冲溶液的 pH

温度/℃	（二级标准）0.05mol·L^{-1} 四草酸钾	饱和（25℃）酒石酸氢钾	0.05mol·L^{-1} 柠檬酸二氢钾	0.05mol·L^{-1} 邻苯二甲酸氢钾	0.025mol·L^{-1} KH$_2$PO$_4$ 和 Na$_2$HPO$_4$	0.008695 mol·L^{-1} KH$_2$PO$_4$ 和 0.03043 mol·L^{-1} Na$_2$HPO$_4$	0.01mol·L^{-1} Na$_2$B$_4$O$_7$	0.025mol·L^{-1} NaHCO$_3$ 和 Na$_2$CO$_3$	（二级标准）饱和（25℃）Ca(OH)$_2$
0	1.666		3.863	4.003	6.984	7.534	9.464	10.317	13.423
5	1.668		3.840	3.999	6.951	7.500	9.395	10.245	13.207
10	1.670		3.820	3.998	6.923	7.472	9.332	10.179	13.003
15	1.672		3.802	3.999	6.900	7.448	9.276	10.118	12.810
20	1.675		3.788	4.002	6.881	7.429	9.225	10.062	12.627
25	1.679	3.557	3.776	4.008	6.865	7.413	9.180	10.012	12.454
30	1.683	3.552	3.766	4.015	6.853	7.400	9.139	9.966	12.289
35	1.688	3.549	3.759	4.024	6.844	7.389	9.102	9.925	12.133
40	1.694	3.547	3.753	4.035	6.838	7.380	9.068	9.889	11.984

【例 7-1】 下述电池中溶液 pH=9.18 时，测得电池电动势为 0.418V，若换一未知试液，测得电池电动势为 0.312V。问该未知试液的 pH 为多少？

$$\text{玻璃电极}|H^+(a_s \text{ 或 } a_x)|SCE$$

解：
根据式（7-11）

$$pH_x = pH_s - \frac{E_s - E_x}{2.303RT/F} = 9.18 - \frac{0.418 - 0.312}{0.0592} = 7.39$$

六、pH 玻璃电极与饱和甘汞电极的结构和工作机理

1. 玻璃电极

玻璃电极是最早被人们使用的离子选择性电极，早在 20 世纪初就已用于测量溶液的 pH 了。玻璃电极的形状有许多种，其中最常见的是球形玻璃膜电极，其结构如图 7-15 所示。

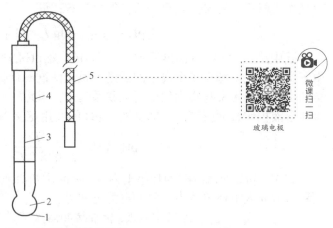

图 7-15 pH 玻璃电极构造示意

1—敏感膜；2—内参比溶液（0.1mol·L^{-1} HCl）；3—内参比电极（Ag-AgCl）；4—电极杆；5—带屏蔽的导线

在玻璃管的一端是由特殊成分玻璃制成的球状薄膜（膜厚为 0.03~0.1mm），它是决定电极性能的关键部分。球内贮有 0.1mol·L^{-1} HCl 溶液作为内参比溶液（也可采用 pH=4.0 或 7.0 的 NaCl 缓冲溶液），插入一根镀有 AgCl 的 Ag 丝（也可采用 Hg-Hg$_2$Cl$_2$ 电极，但 Ag-AgCl 电极的温度滞后现象较小，制作又较为方便，所以被更多地采用），其与内参比溶液构成内参

比电极。玻璃电极的导线须用金属网屏蔽和使用相应的电极插头，金属网屏蔽层接在测量仪器的金属外壳上并很好地接地，以便消除感应电流的干扰。玻璃电极的性能，特别是选择性如表 7-6 所示，主要由玻璃膜材料的组成决定。由钠硅酸盐制成的玻璃电极，主要是对溶液中的 H^+ 响应敏感。但其仅适用 pH<9 的情况。pH>9 时，就会变得对溶液中的 Na^+、K^+ 等其他阳离子敏感了，从而使 pH 的测定产生偏差。这种在碱性溶液（pH>10）中，电极电位与溶液的 pH 失去线性关系所产生的偏差，叫作"钠差"或"碱差"。若增大玻璃中的钙含量，则可降低钠差，扩大电极的 pH 适用范围，若在玻璃中加入钾、锂或稀土元素等，可进一步降低钠差，使电极甚至可用于 pH=14 的强碱性溶液中的测定。电极的适用温度也和玻璃组成有关。

表 7-6 pH 玻璃电极的成分及其性能

阳离子	玻璃成分（摩尔分数）/%				代号	范围 pM	选择性系数
	M_2O	MO	M_2O_3	SiO_2			
H^+	21.4(Na)	6.4(Ca)		72.2	Corning015	1～9	$K_{H,Na}=10^{-9}$
	18.2(Li)	9.6(Ca)		72.2		1～13	$K_{H,Na}=10^{-12}$
	28(Li)		4(La)	65		1～13	稳定到 90℃
	3(Cs)						$K_{H,Na}=10^{-12}$
Li^+	15(Li)		25(Al)	60	LAS15-25		$K_{Li,Na}=0.3$
							$K_{Li,K}=10^{-3}$
Na^+	11(Na)		18(Al)	71	NAS11-18	1～5	$K_{Na,K}=4\times10^{-4}$(pH 11)
							$=3\times10^{-3}$(pH 7)
	10.4(Na)		22.6(Al)	67	LAS10.4-22.6		$K_{Na,K}=10^{-5}$
							（选择性随电极的老化而改变）
K^+	27(Na)		4(Al)	69	NAS27-4	1～4	$K_{K,Na}=5\times10^{-2}$
Ag^+	28.8(Na)		19.1(Al)	52.1	NAS28.8-19.1		$K_{Ag,H}=10^{-5}$
							（稳定性差）
	11(Na)		18(Al)	71	NAS11-18		$K_{Ag,Na}=10^{-3}$

2. 饱和甘汞电极

在分析化学的电位法中，原电池反应两个电极中一个电极的电位随被测离子浓度的变化而变化，称为指示电极。而另一个电极不受离子浓度的影响，具有恒定电位，受外界影响小，对温度或浓度没有滞后现象，具备良好的重现性和稳定性。电位分析法中最常用的参比电极是甘汞电极和银-氯化银电极，尤其是饱和甘汞电极，此电极通常用金属汞、甘汞和氯化钾组成。

（1）电极的组成和结构 甘汞电极由纯汞、Hg_2Cl_2-Hg 混合物和 KCl 溶液组成。甘汞电极有两个玻璃套管，内套管封接一根铂丝，铂丝插入纯汞中，汞下装有甘汞和汞的糊状物；外套管装入 KCl 溶液，电极下端与待测溶液接触，熔接陶瓷芯或玻璃砂芯等多孔物质。

（2）甘汞电极的电极反应和电极电位 甘汞电极的半电池为汞，$Cl^-|Hg_2Cl_2(s)+Hg(l)$ 电极反应为

$$2Hg+2Cl^- \longrightarrow Hg_2Cl_2+2e^-$$

于是：$E_{甘汞}=E^{\ominus}_{甘汞}-0.0592\lg a_{Cl^-}$ （25℃时）

可见，在一定温度下，甘汞电极的电位取决于 KCl 溶液的浓度，当 Cl^- 活度一定时，其电位值是一定的。由于 KCl 的溶解度随温度而变化，电极电位与温度有关。因此，只要内充 KCl 溶液，温度一定，其电位值就保持恒定。

（3）饱和甘汞电极使用注意事项

① 带有外套的为双盐桥饱和甘汞电极，型号有 217、801、802、803、811、851 等。若

没有（去除）外套，则为单盐桥饱和甘汞电极，单盐桥饱和甘汞电极的型号有 212、222、232 等。当测定易受 K^+ 或 Cl^- 干扰的样品时，则需要在外套管内充别的适当溶液。例如：配钾电极测 K^+ 时充 $0.1mol·L^{-1}$ LiAc；配氯电极测 Cl^- 时充 $0.1mol·L^{-1}$ KNO_3；配硫电极测 S^{2-} 时充 $1mol·L^{-1}$ KNO_3 等。

② 当甘汞电极外表附有 KCl 溶液或晶体，应随时除去。如发现被测溶液对甘汞电极液络部有沾污，应随时刮去污垢。

③ 测量时电极应竖直放置，甘汞芯应在饱和 KCl 液面下，电极内盐桥溶液面应略高于被测溶液面，防止被测溶液向甘汞电极回扩散。

④ 电极内 KCl 溶液中不能有气泡，溶液中应保留少许 KCl 晶体。

⑤ 甘汞电极在使用时，应先拔去侧部和端部的电极帽，以使盐桥溶液借重力维持一定流速，与被测溶液形成通路。

⑥ 电极使用时，应每天添加内管内充液，双盐桥饱和甘汞电极应每日更换外盐桥内充液。

⑦ 因甘汞电极的电极电位有较大的负温度系数和热滞后性，因此，测量时应防止温度波动，精确测量应该恒温。

⑧ 甘汞电极一般不宜在温度 70℃ 以上的环境中使用。

⑨ 因甘汞易光解而引起电位变化，使用和存放时应注意避光。

⑩ 电极不用时，取下盐桥套管，将电极保存在 KCl 溶液中，千万不能使电极干涸。

⑪ 电极长期（半年）不用时，应把端部的橡胶帽套上，放在电极盒中保存。

七、pH 的实用定义及 pH 计的校正

1. pH 的实用（操作性）定义及 pH 的测量

pH 的热力学定义为：$pH = -\lg a_{H^+} = -\lg \gamma_{H^+} [H^+]$ （7-12）

活度系数 γ_{H^+} 难以准确测定，此定义难以与实训测定值严格相关。因此提出了一个与实训测定值严格相关的实用（操作性）定义。如下的测量电池：

$$E = \varphi_{SCE} - \varphi_G \xrightarrow{25℃} \varphi_{SCE} - K + 0.0592pH = K' + 0.0592pH$$

因此 K' 是一个不确定的常数，所以不能通过测定 E 直接求算 pH，而是通过与标准 pH 缓冲溶液进行比测，分别测定标准缓冲溶液（pH_s）及试液（pH_x）的电动势（E_s 及 E_x），得到：

$$E_s = K_1' + 0.0592 pH_s$$ （7-13）

$$E_x = K_2' + 0.0592 pH_x$$

$$K_1' = K_2'$$

解得 $pH_x = pH_s + \dfrac{E_x - E_s}{0.0592}$

即 pH 是试液和 pH 标准缓冲溶液之间电动势差的函数，这就是 pH 的实用（操作性）定义。

2. pH 计的校正

（1）一点校正法　一点校正法的具体方法是：制备两种标准缓冲溶液，使其中一种的 pH 大于并接近试液的 pH，另一种小于并接近试液的 pH。先用其中一种标准缓冲溶液与电极对组成工作电池，调节温度补偿器至测量温度，调节"定位"调节器，使仪器显示出标准缓冲液在该温度下的 pH。保持定位调节器不动，再用另一标准缓冲液与电极对组成工作电池，调节温度补偿器至溶液的温度处，此时仪器显示的 pH 应是缓冲溶液在此温度下的 pH。两次相

对校正误差在不大于 0.1pH 单位时，才可进行试液的测量。

（2）二点校正法　二点校正法先是用一种接近 pH=7 的标准缓冲溶液"定位"，再用另一种接近被测溶液 pH 的标准缓冲溶液调节"斜率"调节器，使仪器显示值与第二种标准缓冲溶液的 pH 相同。经过校正后的仪器可以直接测量被测溶液。

实训 7-3　工业废水 pH 的测定

一、实训目的

1. 掌握测定溶液 pH 的原理。
2. 熟练掌握 pHS-2C（或 pHS-3C）型 pH 计使用方法及性能。
3. 掌握测定工业废水 pH 的实训技术。

二、基本原理

水溶液酸碱度的测量，一般用玻璃电极作为测量电极，甘汞电极或银-氯化银电极作为参比电极（或直接使用复合电极），当氢离子活度发生变化时，玻璃电极和甘汞电极之间的电动势也随着变化，电动势的变化符合能斯特方程式，即每当 pH 改变一个单位时，其电位变化为 59.1mV（指在 25℃时），用公式表示如下：

$$E = E^{\ominus} - 0.0592 \text{pH}$$

式中　E——测得电位；

$E^{\ominus}$——常数；

pH——氢离子浓度的负对数，pH=$-\lg[H^+]$。

任务 4　饮用水中氟离子含量的测定

一、电极电位

了解电极电位的概念对于电化学分析具有非常重要的意义，因为电化学分析几乎都要涉及电极电位的应用。

前已谈到，当将一种金属浸到含有该金属离子的盐溶液中时，即形成一个半电池，与此同时在金属与溶液界面上就形成一定的电位差。其中的金属称为电极，相应形成的电位差叫作电极电位，记为"E"。

为什么当将一种金属浸到其盐溶液中时，即会产生电位差（电极电位）呢？对这一现象常用所谓的"双电层"理论加以解释。该理论认为：当金属浸入该金属盐溶液中（含浸入纯水中的情况）时，一方面晶格中的离子在水分子作用下脱离其晶格而进入溶液中（溶解），另一方面，溶液中的该金属水合离子又不断地沉积到金属表面（渗透），结果就在金属与溶液之间建立了一种平衡：

$$M \rightleftharpoons M^{a+} + ae^- \tag{7-14}$$

若金属的溶解大于金属离子的渗透，则达平衡时，就有过多的金属离子进入溶液，从而在金属表面也就会有过多的电子积累，使金属具负电性；金属表面的负电性反过来又吸引溶液中的阳离子到达金属表面，从而形成如图 7-16（a）所示的双电层结构。而当金属的溶解小于金属离子的渗透时，情况则刚好相反，即平衡时金属离子会沉积在金属上，而使金属具正电性，并吸引溶液中的阴离子到达金属表面，形成如图 7-16（b）所示的双电层结构。双电层的形成就使金属与溶液间产生了电位差，也即电极电位。所以电极电位也就有了正与负之分，由于不同金属溶解到溶液中或其离子渗透到金属表面的能力不同，因此不同金属电极的电极电位也就不一样。电极电位的正与负、大与小主要由金属本身的性质决定，其次也与溶液中该金属离子的活（浓）度等有关。

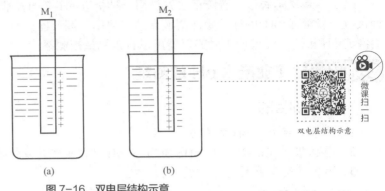

图 7-16　双电层结构示意

二、液体接界电位

为了正确地测量电极电位，必然涉及液体接界电位的问题。组成原电池的两个半电池的电解质溶液间要有液体接界，允许离子在两溶液间自由迁移，以实现电荷在溶液中的输送。在液体接界处存在着一个电位差，称其为"液体接界"电位或"液接电位"。它是构成原电池电动势的一个组成部分。只有当液接电位很小且为恒定值时，才能够仅根据阳极的电极电位和阴极的电极电位来计算原电池的电动势。在电化学分析中，尤其是电位分析和离子选择性电极分析中，利用一个参比电极和一个指示电极组成原电池，测定这样一个原电池的电动势，再根据原电池电动势的计算公式：

$$E_{电池}=E_{阴}-E_{阳} \tag{7-15}$$

或

$$E_{电池}=E_{正}-E_{负} \tag{7-16}$$

计算指示电极的电极电位，进而求得溶液中待测离子的活（浓）度。因此就要求液接电位应很小并稳定不变，以便略去不计。

当两个组成不同或组成相同而活度不同的溶液相互接触时，两种溶液中的离子就会产生扩散。扩散过程中由于阴、阳离子的淌度不同，其中淌度较大的离子向前扩散的距离长，结果在前方积累了较多的它所带的电荷；淌度较小的离子向前扩散的距离短，在较后方积累了较多的它所带的电荷，从而就在两种组成不同或组成相同而活度不同的溶液的接触面上形成了如图 7-17 所示的双电层结构，产生了一定的电位差，即液接电位。

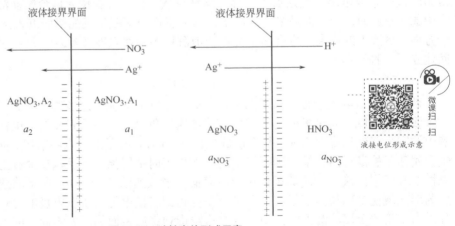

图 7-17　液接电位形成示意

三、膜电位产生的机理

离子选择性电极的基本特征是：这类电极均有一传感膜或称敏感膜。当膜的一侧或两侧与电解质溶液接触时就产生电位差，称之为膜电位。这个电位差不是电子转移的结果，它实质上也是一种相间电位，只是由于膜的种类和性质不同，膜电位的大小和产生的机理也不尽相同。

对于一般的离子选择性电极（如玻璃电极、固态和非均态电极、流动载体电极等）而言，其膜电位的产生机理比较公认的理论是尼柯尔斯基（Nicolsky）的离子交换理论。他认为：凡是能做成电极的各种薄膜，都可以认为是一种离子交换材料。当它与含有某些离子的溶液接触时，其中那些具有适合电荷和适合大小的离子将与薄膜中某种离子发生交换反应，从而形成双电层，并由此产生了一个稳定的膜电位。

各种离子选择性电极的膜电位在一定条件下皆遵守 Nernst 方程，并且对于阳离子有响应的离子选择性电极，其膜电位为：

$$E_{膜} = 常数 + \frac{2.303RT}{nF} \lg a_{阳} \tag{7-17}$$

对于阴离子有响应的离子选择性电极，则其膜电位为：

$$E_{膜} = 常数 - \frac{2.303RT}{nF} \lg a_{阴} \tag{7-18}$$

应当注意，公式中的"常数"项与金属基电极的 Nernst 方程式中的 $E^{\ominus}$ 的含义不一样，此"常数"值是与敏感膜、内部溶液等有关的，并且同一种电极的不同支电极的该"常数"值可能不相同。测定时需严格控制条件的一致，方可视其为常数；在一定条件下，离子选择性电极的膜电位是与溶液中待测离子的活度的对数呈直线关系的，这是离子选择性电极法测定离子活（浓）度的基础。

pH 玻璃电极在使用前需用水浸泡（24h），以便形成水化层而使其具有 pH 功能。

$$E_{玻璃} = E' + \frac{2.303RT}{F} \lg a_{H^+试} = E' - \frac{2.303RT}{F} pH \tag{7-19}$$

式中，E' 为包括膜内表面的电位、内参比电极电位等在内的电位，当温度和内参比溶液的组成一定时，E' 是一个常数。式（7-19）表明玻璃电极的电极电位 $E_{玻璃}$ 与试液中待测 H^+ 的活（浓）度之间有确定的函数关系。据此，测定了离子选择性电极的电极电位，即可求得膜外溶液（即待测溶液）中待测 H^+ 的活（浓）度。这是使用玻璃电极测定溶液 pH 的理论依据。

当待测溶液中除待测离子外，还含有其他的离子 j 时，并且 j 离子也可以发生类似于 i 离子的行为时，则 j 离子为干扰离子。干扰离子也会对电极电位产生影响，其影响程度是与膜对 i 离子以及 j 离子的选择性系数 $K_{i,j}$（详见离子选择性电极的性能指标）和 j 离子的活度 a_j 有关。当有 j 离子存在时，式（7-19）则可表示为：

$$E_{玻璃} = E' + \frac{2.303RT}{F} \lg(a_i + K_{i,j} a_j) \tag{7-20}$$

这是当体系中同时存在干扰离子时，玻璃电极的电极电位与溶液中 H^+ 的活（浓）度之间的定量关系式。由式（7-20）可以看出：只有当 $K_{i,j}$ 或 a_j 很小时，共存离子的干扰才可以忽略。这也是采用离子选择性电极法测定高 pH 溶液时会产生较大测量误差的原因所在。

四、离子选择性电极的类型

大家已熟知的测量溶液中氢离子活度的 pH 玻璃电极，就是最早使用的离子选择性电极。随着科学技术的发展，目前已制成了 Na^+、X^-、S^{2-} 等很多种离子选择性电极。

IUPAC 推荐的定义为"离子选择性电极是一类电化学传感器，它的电位对溶液中给定的离子的活度的对数呈线性关系。这些装置不同于包含氧化还原反应的体系"。根据这个定义可以看出：第一，离子选择性电极是一种指示电极，它对给定离子有 Nernst 响应；第二，这类电极的电位不是由于氧化还原反应所形成的，这是离子选择性电极与金属基电极在电位形成机理上的本质区别。

离子选择性电极的类型和品种很多。但它们的基本结构如图 7-18 所示，都是由敏感膜、内导体系、电极杆以及带屏蔽的导线几部分组成。

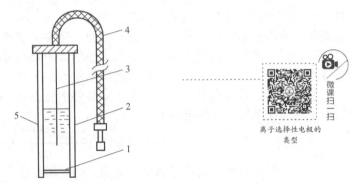

图 7-18　离子选择性电极的结构示意

1—敏感膜；2—内参比溶液；3—内参比电极；4—带屏蔽的导线；5—电极杆

① 敏感膜（或称传感膜）。它起到将溶液中给定离子的活度转变成电信号的作用。它是离子选择性电极最重要的组成部分，也是决定电极性质的实体。

② 内导体系。包括内参比溶液和内参比电极。它起将膜电位引出的作用。

③ 电极杆。它是起固定敏感膜的作用。通常用高绝缘的、化学稳定性好的玻璃或塑料制成。

④ 带屏蔽的导线。它起到将内导体系传输出的膜电位输送至仪器的输入端的作用。由于电极敏感膜的内阻一般很高，可达 $10^6\Omega$ 以上，因此用高绝缘的（$10^{12}\Omega$ 以上）聚乙烯屏蔽线，以减少旁路漏电和外界交变电磁场及静电感应的干扰。

离子选择性电极的分类，是依据膜的组成、结构及其相应机理进行划分的。IUPAC 推荐的分类如表 7-7 所示。

表 7-7　离子选择性电极分类

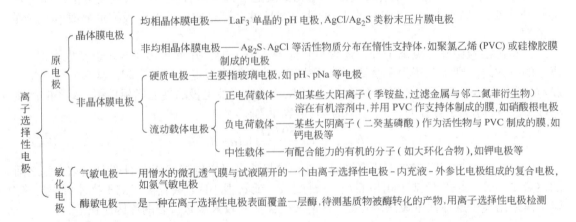

1. 晶体膜电极

这类电极一般是由难溶盐经过加压或拉制成单晶、多晶或混晶的活性膜，故又称为微溶盐膜电极。由于制备敏感膜的方法不同，晶体膜又分为均相晶体膜电极和非均相晶体膜电极两类。均相晶体膜电极的敏感膜由一种或几种化合物的均匀混合物的晶体构成；而非均相晶体膜电极则除了电活性物质外,还加入惰性材料,如硅橡胶、聚氯乙烯、聚苯乙烯、石蜡等。其中电活性物质对膜电极的功能起决定作用。

不是所有晶体都能制成这种敏感膜。只有那些室温下具有固体电解质性质(即可导电),且微溶于水的晶体才能用于制作离子选择性电极的敏感膜。

以氟离子选择性电极为例,其敏感膜由 LaF_3 单晶制成,它是最好的离子选择性电极之一。测定时氟离子选择性电极和外参比电极(饱和甘汞电极)组成如下电池:

$$Hg\mid Hg_2Cl_2, KCl(饱和)\mid F^-试液\mid LaF_3膜 \begin{array}{l} 0.01mol \cdot L^{-1}\ NaF \\ 0.1mol \cdot L^{-1}\ NaCl \end{array} \mid AgCl\mid Ag$$

在 LaF_3 膜的内侧,离子活度保持恒定,如果外参比甘汞电极的电位及其液接电位均保持恒定,则电池电动势为:

$$E_{池} = 常数 - \frac{RT}{nF}\ln a_{F^-} \tag{7-21}$$

式中,a_{F^-} 为待测试液中 F^- 的活度。

F^- 活度在 $1\sim 10^{-6} mol \cdot L^{-1}$ 范围内完全符合式(7-21)的关系。当 F^- 活度较高时,电极响应迅速;当 F^- 活度较低时,响应需要几分钟。

氟离子选择性电极具有较好的选择性。NO_3^-、SO_4^{2-}、PO_4^{3-}、Ac^-、X^-(卤素离子)和 HCO_3^- 等阴离子均不干扰对 F^- 的测定。但 OH^- 的存在会对 F^- 的测定产生干扰,因为此时它在电极表面发生如下反应:

$$LaF_3 + 3OH^- \rightleftharpoons La(OH)_3 + 3F^- \tag{7-22}$$

而反应生成的 F^- 为电极本身所响应,从而引起正的测量误差。当 pH 较低时,由于部分形成 HF 或 HF_2^-,而使 F^- 活度降低,从而又会造成负误差。实训证明,F^- 的测定需要控制溶液的 pH 在 5~6 之间为宜。一些常用的晶体膜电极及其性能见表 7-8。

表 7-8 常用晶体膜电极的性能

电极名称	膜组成	被测离子	检测范围 /($mol \cdot L^{-1}$)	pH 范围	内阻	主要干扰离子
氟电极	LaF_3	F^-,La^{3+},Al^{3+}	$1\sim 10^{-6}$	0~11(在 $10^{-6}mol \cdot L^{-1}$ 溶液中 pH<8)	<30MΩ	OH^-
氯电极	$AgCl$-Ag_2S	Cl^-	$1\sim 5\times 10^{-5}$ ($1\times 10^{-1}\sim 5\times 10^{-5}$)	0~13 (1~10)	<30MΩ (50kΩ 左右)	Br^-,I^-,S^{2-},NH_3,CN^-
溴电极	$AgBr$-Ag_2S	Br^-	$1\sim 5\times 10^{-6}$ ($1\times 10^{-1}\sim 5\times 10^{-6}$)	0~14	<10MΩ (50kΩ 左右)	I^-,S^{2-},NH_3,CN^-
碘电极	AgI-Ag_2S	I^-	$1\sim 5\times 10^{-8}$ ($1\sim 5\times 10^{-7}$)	0~14 (2~9)	1~5MΩ (50kΩ 左右)	S^{2-},CN^-
硫银电极	Ag_2S	S^{2-},Ag^+	$1\sim 10^{-7}\ Na_2S$ ($1\sim 10^{-5}\ AgNO_3$)	0~14	<1MΩ	Hg^{2+}
铜电极	CuS-Ag_2S	Cu^{2+}	$1\sim 10^{-7}$ ($1\sim 5\times 10^{-7}$)	0~14 (2~6)	<1MΩ (40kΩ)	Hg^{2+},Ag^+,S^{2-}
铅电极	PbS-Ag_2S	Pb^{2+},SO_4^{2-}	$1\sim 10^{-7}$ ($10^{-1}\sim 10^{-6}$)	2~14 (2~6)	<1MΩ (<100kΩ)	Hg^{2+},Ag^+,Cu^{2+}
镉电极	CdS-Ag_2S	Cd^{2+}	$1\sim 10^{-7}$ ($1\sim 5\times 10^{-7}$)	1~14 (2~6)	<1MΩ (<100kΩ)	Hg^{2+},Ag^+,Cu^{2+}
氰电极 硫氰根 电极	AgI-Ag_2S $AgSCN$-Ag_2S	CN^- CNS^-	$10^{-2}\sim 10^{-6}$ ($10^{-2}\sim 5\times 10^{-5}$) $1\sim 10^{-5}$	3~14 0~14	<30MΩ	I^-,S^{2-},Br^-,I^-,S^{2-},NH_3,CN^-

2. 非晶体膜电极

(1)硬质电极 pH 玻璃电极属于硬质电极,并且至今仍属应用最广泛的一类离子选择性电极。属于此类的离子选择性电极还有 pNa 电极等。这类离子选择性电极的选择性主要取决于薄玻璃膜材料的组成。对 Na_2O-Al_2O_3-SiO_2 玻璃膜，改变三组分的相对含量可使该电极的选择性表现出很大的差异。例如，Na：Al：Si=11：18：71 的 pNa 电极适用于 pM 1～5 范围的测定，其选择性系数 $K_{Na,K}=4\times10^{-4}$；Na：Al：Si=10.4：22.6：67 的 pNa 电极适用于 pM 1～5 范围的测定，其选择性系数 $K_{Na,K}=10^{-5}$。

（2）流动载体电极　流动载体电极也称"液膜电极"，其特点是用液体薄膜代替固体薄膜。它是将活性物质（被测离子的有机酸盐或有关的螯合物）溶于有机溶剂中，成为一种液体离子交换剂（活动载体），由于有机溶剂与水互不溶解而形成膜。为了固定这一液膜，通常将含有活性物质的有机溶液浸在由烧结玻璃、陶瓷片、聚乙烯或乙酸纤维等惰性材料制成的多孔膜内。图 7-19 所示为钙离子选择性电极的液膜结构示意及与玻璃电极的结构特点对比。

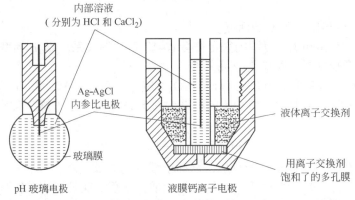

图 7-19　钙离子选择性电极的液膜结构示意及与玻璃电极的结构特点对比

钙离子选择性电极是带负电荷流动载体的典型代表。该电极在 pH=5～11 范围内，受氢离子的影响很小。在 Na^+、K^+ 过量一千倍的情况下，该电极对溶液中的 Ca^{2+} 仍响应良好。其线性范围为 $1\sim10^{-5}$ $mol\cdot L^{-1}$。

硝酸根是带正电荷的流动载体，并将季铵盐溶于邻硝基苯十二烷醚作为活性物质。

除了上述带正电荷的和带负电荷的流动载体之外，流动载体也可以是中性分子（即中型载体电极）。一些常用流动载体电极的性能如表 7-9 所示。

表 7-9　常用流动载体电极性能

电极	膜组成	被测离子	检测范围/(mol·L^{-1})	pH 范围	内阻/MΩ	主要干扰离子/(mol·L^{-1})
pCa（国产 PVC 膜）	2（2-异辛基苯基磷酸钙）	Ca^{2+}	$10^{-1}\sim5\times10^{-6}$	5～10	2	Mg^{2+} 4.5×10^{-3} Zn^{2+} 7×10^{-1} Fe^{2+} 3×10^{-1}
pNO$_3$（国产液膜）	"7402"季铵盐	NO_3^-	$1\sim1\times10^{-5}$	2.5～10 (0.1mol·L^{-1} NO_3^-) 3.5～8.5 (10^{-3}mol·L^{-1} NO_3^-)	<1	Cl^- 4.9×10^{-2} SO_4^{2-} 4.3×10^{-5}
pK（国产 PVC 膜）	4,4-二叔丁基乙苯并 30-冠-10	K^+	$1\sim10^{-6}$	3.5～10.5	5	Na^+ 2.5×10^{-3} Li^+ 1×10^{-3} NH_4^+ 8.5×10^{-2}
pK（液膜 oriou）	缬氨霉素	K^+	$1\sim10^{-6}$	2～11	<25	Cs^+ 约 1.0 NH_4^+ 3×10^{-2} Na^+ 1×10^{-2}

续表

电极	膜组成	被测离子	检测范围 /(mol·L^{-1})	pH 范围	内阻/MΩ	主要干扰离子 /(mol·L^{-1})
pK(pvcphi lips)	缬氨霉素	K$^+$	1~10^{-6}	2~11	<2	Cs$^+$ 0.38 NH$_4^+$ 10^{-2} Na$^+$ 10^{-5} SO$_4^{2-}$ 2.5×10^{-2}
PBF$_4$（国产 PVC）	三庚基十二烷基氟硼酸铵	BF$_4^-$	0.1~3×10^{-8}			F$^-$ 3×10^{-6} Cl$^-$ 6×10^{-5}

3. 气敏电极

气敏电极是对某些气体敏感的电极。实质上，气敏电极本身是一种化学电池，一支离子选择性电极和一支参比电极组装在一个套管内，管中盛有电解质溶液，管的底部紧靠选择性电极敏感膜的位置装有一透气膜，以使管中的电解质溶液与外部试液彼此隔开。试液中待测组分气体扩散通过透气膜，进入离子选择性电极的敏感膜与透气膜之间的极薄的液层内，使液层内某一能使离子选择性电极产生响应的离子的活度发生变化，从而使电池电动势发生变化，继而反映出试液中待测组分的含量。

气敏电极中以氨电极比较成熟，应用较广。除了氨气敏电极外，目前也已经有 CO_2、SO_2、HF、H_2S 和 HCN 等气敏电极。一些气敏电极的性能见表 7-10。

表 7-10 一些气敏电极的性能

被测气体	指示电极	薄膜	内充溶液 /(mol·L^{-1})	检出限 /(mol·L^{-1})	最适宜 pH	干扰情况
CO_2	pH 玻璃电极	0.5mol·L^{-1} 微孔膜	10^{-2}NaHCO$_3$ 10^{-2}NaCl	约 10^{-5}	<4	—
NH_3	pH 玻璃电极	0.1mm 微孔聚四氟乙烯	10^{-2}NH$_4$Cl 0.1KNO$_3$	约 10^{-6}	>12	挥发性胺
SO_2	pH 玻璃电极	0.025mm 硅橡胶膜	10^{-5}NaHCO$_3$ pH 5	约 5×10^{-5}	<0.7	Cl$_2$、NO$_2$ 必须用 N$_2$H$_4$ 破坏，HCl、HF、HAc 干扰
NO$_2$/NO	pH 玻璃电极	0.025mm 微孔聚丙烯膜	0.02NO$_2$ 0.1KNO$_3$	约 10^{-6}	<0.7	用 CrO$_4^{2-}$ 除去 SO$_2$、CO$_2$ 干扰
HF	氟离子电极	微孔聚四氟乙烯	1H$^+$	约 10^{-3}	<5	—
H$_2$S	Ag$_2$S 膜电极	微孔聚四氟乙烯	柠檬酸缓冲液 pH 5	约 10^{-8}	<5	用抗坏血酸除去 O$_2$
HCN	Ag$_2$S 膜电极	微孔聚四氟乙烯	10^{-2}Ag(CN)$_2$	约 10^{-7}	7	用 Pb^{2+} 除去 H$_2$S

4. 酶敏电极

如图 7-20 所示，酶敏电极如同气敏电极一样，也是通过使用离子选择性电极来测量经过化学反应后物质的变化量来间接求得分析结果的。其中的酶被固定在胶层中，胶层包在通常的离子选择性电极的外面。由该离子选择性电极对反应过程中某一组分活度的变化产生响应。例如测定脲的酶敏电极。在酶的作用之下脲发生以下分解：

$$CO(NH_2)_2 + 2H_2O \longrightarrow 2NH_4^+ + CO_3^{2-}$$

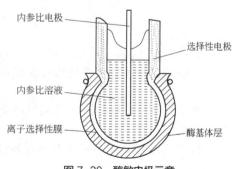

图 7-20 酶敏电极示意

反应过程中所产生的 NH_4^+ 可使铵离子玻璃电极产生响应，从而间接测定脲的含量。

五、离子选择性电极的性能指标

1. 电位选择性系数 [$K_{i,j}^{pot}$ 及选择比（$K_{j,i}$）]

离子选择性电极并非专属性的，而只是有相对的选择性。也即离子选择性电极对某种给定离子表现为响应敏感，但对其他离子并非毫无响应。前者称为响应离子（即待测离子），记为 i，后者称为干扰离子，记为 j。一支离子选择性电极的选择性能好坏就表现在其对待测离子的响应程度及对干扰离子的相应程度的相对关系上。选择性系数正是这种选择性能的量度。

电位选择性系数 $K_{i,j}^{pot}$ 系指引起离子选择性电极的电位有相同的变化时，所需待测离子的活（浓）度与所需干扰离子的活（浓）度之间的比值。它是反映离子选择性电极选择性好坏的一个性能指标。通常简称为"选择性系数"，并用符号 $K_{i,j}$ 表示。

例如，对于一支 pH 玻璃电极而言，当溶液中 H^+ 活度 a_{H^+} 为 $10^{-11} mol \cdot L^{-1}$ 时，对电极电位的影响与当 Na^+ 的活度 a_{Na^+} 为 $1 mol \cdot L^{-1}$ 时对电极电位的影响相同，那么这支离子选择性电极的选择性系数

$$K_{H^+,Na^+} = \frac{10^{-11}}{1} = 10^{-11} \tag{7-23}$$

这表明该电极对 H^+ 较对 Na^+ 的响应要灵敏 10^{11} 倍。由此可见，一支离子选择性电极的 $K_{i,j}$ 越小，则表示该离子选择性电极的选择性越好。

任何一支离子选择性电极的选择性系数都不是一个确定的数值，而是一个大略的范围，这是因为它与具体的测定方法有关。测定离子选择性电极的选择性系数的方法有"分别溶液法"和"混合溶液法"。后者又有"固定干扰法"和"固定待测（主要）离子法"之分。其中以固定干扰法的测定条件比较接近电极的实际使用情况。

具体方法为：在含有干扰离子 j 的、活度为定值（设为 a_j）的溶液中，只不断改变待测离子 i 的活度 a_i，使用 ISE$_i$ 测定相应的电位值。再以电极电位 E 对 $-\lg a_i$ 作图，并将所得曲线的直线部分外推相交，得到如图 7-21 所示的图形。图 7-21 中 Ⅰ～Ⅱ 段为干扰严重区，即电极电位主要由干扰离子的活（浓）度决定；Ⅱ～Ⅲ 段为混合响应区，即电极电位由待测离子和干扰离子的活（浓）度共同决定；Ⅲ～Ⅳ 段为干扰消除区，在此区电极电位只由待测离子的活（浓）度决定。直线外推所得交点 A，为离子选择性电极响应相等点，即对应于该点的电极电位溶液中待测离子和干扰离子的贡献相同。当已知干扰离子的活（浓）度为 a_j，即可由图 7-21 中查得相应的待测离子的活（浓）度为 a_i，并可进一步由以下公式计算出该电极对这两种离子的选择性系数：

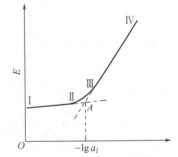

图 7-21 固定干扰法测定选择性系数

$$K_{i,j} = \frac{a_i}{a_j^{n/m}} \tag{7-24}$$

式中，n 为 i 离子的电荷数；m 为 j 离子的电荷数。

一般商品离子选择性电极在其说明书中均已标明其 $K_{i,j}$ 值，必要时也可采用上述方法自行测定。

离子选择性电极的选择性系数在离子选择性电极的使用中是很有用处的参数。具体可以体现在如下几个方面。

首先可以帮助判断所用电极对各种离子的选择性响应性能的好坏，如由式（7-25）初步

判断出在某一条件下干扰离子对于待测定离子的电极响应所产生的误差大小；其次，还可用于判断所用电极对测定系统的适应性。再有可作为选择适合的离子强度调节剂的依据。

$$误差 = \frac{K_{i,j} \times a_j^{n/m}}{a_i} \times 100\% \tag{7-25}$$

离子选择性电极的选择性也可用选择性系数的倒数"选择比"表示，记为"$K_{j,i}$"。它表示干扰离子 j 的活（浓）度比待测离子 i 的活（浓）度要大多少倍时，两种离子赋予电极的电位值才相等。所以选择比越大，表示该电极的选择性越好，干扰离子的干扰程度越小。

2. Nernst 响应及检出限

用离子选择性电极作指示电极，饱和甘汞电极作参比电极测定溶液中的离子活度时，若电池的布置方法按下式进行：

$$Hg \mid Hg_2Cl_2, KCl（饱和）\mid F^- 试液 \mid LaF_3 膜 \begin{vmatrix} 0.01\text{mol·L}^{-1}\ NaF \\ 0.1\text{mol·L}^{-1}\ NaCl \end{vmatrix}, AgCl \mid Ag$$

则电池电动势与离子活度 a 的关系在 25℃时，可表示为：

$$E_{池} = 常数 \pm \frac{0.0592}{n} \lg a \tag{7-26}$$

式（7-26）中第二项的正、负号是由离子的电荷性质所决定，对阳离子取正号，阴离子取负号。此式表明，$E_{池}$ 与 $\lg a$ 呈直线关系。若将测得的电池电动势对 $\lg a$ 作图，则得如图 7-22 所示曲线。若符合 Nernst 的理论公式，则图中直线部分的斜率，在 25℃时，当 $n=1$ 时，为 59mV；$n=2$ 时，为 29.5mV。这种符合理论斜率的直线关系称作离子选择性电极的 Nernst 响应，其中的直线部分即为离子选择性电极的校正曲线（工作曲线），它是离子选择性电极法定量分析的基础。

由图 7-22 可见，当溶液中待测离子的活度低至某一限度时，$E_{池}$ 与 $\lg a$ 之间将偏离线性关系。

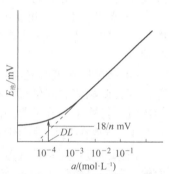

图 7-22 离子选择性电极法工作曲线

IUPAC 规定：校正曲线偏离线性 $18/n$ mV（25℃）处对应的离子的活度称为离子选择性电极的检出限（图 7-22 中 DL 点）。在检出限附近，电极电位不稳定，使离子选择性电极法定量测定结果的重现性及准确性都较差。

影响离子选择性电极检出限的主要因素有膜材料在水中的溶解度和电极膜的表面光洁程度。电极膜材料在水中的溶解度越小，其检出限就越低。例如，当 ISE_{Cl^-} 电极膜由 $AgCl/Ag_2S$ 混晶制成时，由于 AgCl 溶度积为 1.6×10^{-10}（25℃），此时电极的检出限约为 $5 \times 10^{-5}\text{mol·L}^{-1}$；若改用 Hg_2Cl_2/Ag_2S 制成电极膜，则由于 Hg_2Cl_2 的溶度积为 2×10^{-18}（25℃），此时 ISE_{Cl^-} 检出限可达 $5 \times 10^{-6}\text{mol·L}^{-1}$；检出限还与电极膜的表面粗糙度有关，表面粗糙度越低，检出限越低。如表面粗糙的 F^- 电极检出限为 $1 \times 10^{-5}\text{mol·L}^{-1}$，而抛光后可达 $1 \times 10^{-6}\text{mol·L}^{-1}$。

3. 响应时间

（1）离子选择性电极响应时间　离子选择性电极的实际响应时间，简称"响应时间"。这也是离子选择性电极的重要而有实际意义的一项性能指标。它表明了在实际测定中需要经过多长时间才能读取数据和记录测定结果。根据 IUPAC 的建议响应时间是指从离子选择性电极和参比电极一起接触试液的瞬间算起，直至达到电位稳定在 1mV 以内所需要的时间。

（2）影响离子选择性电极响应时间的因素　离子选择性电极的响应时间主要与离子选择性电极的响应速度、参比电极的稳定性、液接电位的稳定性以及溶液中电荷传递等因素有关。

实际工作中，总是设法将参比电极的稳定性以及液接电位的影响降到最小程度而不再予以考虑，因此测量的电池达到稳定的速度主要是由电极的响应速度和电极表面吸附层中的离子扩散速度所决定。

各种离子选择性电极的响应时间是不一样的，并且彼此差别很大。重要的影响因素如下。

① 电极的敏感膜的性质与结构。如固态膜电极的响应时间比较短，而液态膜电极的响应时间比较长。

② 待测离子的活（浓）度。同一支离子选择性电极浸于相同离子的不同活（浓）度的溶液中，其响应时间长短是不一样的。通常电极在浓溶液中比在稀溶液中的响应时间要短，并且溶液越稀，响应时间也越长（极稀溶液中甚至可达几个小时）。

③ 共存离子种类及浓度。溶液中共存有非干扰离子时，可缩短响应时间。如使用 $ISE_{Cu^{2+}}$ 测定事先加入 KNO_3 并使离子强度为 1.0 时的溶液，其响应时间为 22s；离子强度为 0.1 时，其响应时间为 7min。当溶液中共存有干扰离子时，将使响应时间延长。如在含有一定量的 OH^- 的溶液中，ISE_{F^-} 的响应时间将延长，当加入酸以降低 OH^- 的浓度时，响应时间即可恢复正常。

④ 溶液搅拌情况。搅拌可加速待测离子向电极表面的扩散速度，从而缩短响应时间。搅拌速度越快，响应时间越短。

⑤ 温度。提高温度，可提高电极表面离子交换的速率；降低电极内阻，加速电荷在膜内的传导；增加待测离子由本体溶液向电极表面的扩散速度。因此，溶液温度越高，响应时间越短。

⑥ 敏感膜厚度及光洁程度。膜越薄、越光洁，响应时间越短。膜表面有缺陷、粗糙不洁净，都会使响应时间延长。在实际工作中，使用前对电极膜的清洗或（对于晶体膜电极用金相砂纸）打磨是十分必要的。

4. 温度效应和等电位点

所谓温度效应系指温度变化对离子选择性电极的电极电位产生的影响。这种影响是多方面的。首先是影响 Nernst 方程的斜率。实训表明，对于一价离子，温度改变 1℃，Nernst 方程的斜率将变化 0.1984mV；对于二价离子，为 0.09922mV。为此，仪器上设置了温度补偿器旋钮。其次，在 Nernst 方程中，电极电位与被测离子活度的对数呈线性，而离子活度与其活度系数有关，活度系数又与温度有关。对于弱电解质或形成配合物的情况，离子的活度还与其平衡常数有关，而平衡常数又与温度有关。对于给定活度的待测离子溶液，待测离子活度随温度不同而改变，这种影响称为溶液的温度系数，由此，在不同温度下，测得的电位值也不一样。再有，温度影响标准电位 $E^{\ominus}$ 值，此谓标准电位的温度系数。它由敏感膜、内参比电极、内参比溶液所决定，是给定的离子选择性电极的特定性质。标准电位的温度系数具体表现在 E-$\lg a_i$ 曲线上为纵坐标（电位）轴上的截距变化。

总之，温度可导致离子选择性电极法定量校准曲线斜率和截距的改变。实训表明：使用同一支离子选择性电极，在不同温度下测定一系列标准溶液所绘制的各条校准曲线（如表 7-11 所示）会有一交点。交点在横坐标上的投影为 B，在纵坐标上的投影为 C。这说明，当待测离子的活（浓）度的负对数为 pX_0 时，无论实训温度如何，测得的电位值都是同一个 C 值。即在这一点，电极的响应不与温度有关，不存在温度效应。这样的点（图 7-23 中的 A 点）称为"等电位点"，与其相对应的待测离子的活（浓）度则称为"等电位活（浓）度"。

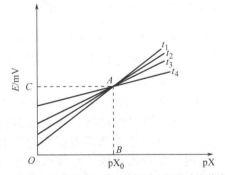

图 7-23 不同温度下离子选择性电极的响应曲线

表 7-11 几种常用于校正 pH 计的 pH 标准缓冲溶液

温度/℃	pH			温度/℃	pH		
	0.05mol·L⁻¹ 邻苯二甲酸氢钾	0.025mol·L⁻¹ 磷酸二氢钾 0.025mol·L⁻¹ 磷酸二氢钠	0.01mol·L⁻¹ 硼砂		0.05mol·L⁻¹ 邻苯二甲酸氢钾	0.025mol·L⁻¹ 磷酸二氢钾 0.025mol·L⁻¹ 磷酸二氢钠	0.01mol·L⁻¹ 硼砂
5	4.00	6.95	9.39	35	4.03	6.84	9.10
10	4.00	6.92	9.33	40	4.04	6.84	9.07
15	4.00	6.90	9.27	45	4.05	6.83	9.04
20	4.01	6.88	9.22	50	4.06	6.83	9.01
25	4.01	6.86	9.18	55	4.08	6.82	8.99
30	4.02	6.85	9.14	60	4.10	6.82	8.95

离子选择性电极在等电位活（浓）度或其附近范围使用可以不受或少受温度的影响，这对分析工作是十分有利的。离子选择性电极在设计时，通过改变其内参比溶液的组成来调整等电位点，以便使之与实际应用时的情况（待测离子最常遇到的活度）相适应。

六、定量方法

离子选择性电极直接电位分析法的具体定量方法很多，主要可以分为标准校准法和增量法（加入法）两大类。

如同大家早已熟悉的，标准校准法的基本原理和过程是：使用一个或数个标准溶液与被测试液在相同条件下进行电位测量，然后根据标准溶液的浓度及测量数据，求得被测试液中待测离子的浓度。这种方法又可进一步分为单标准比较（或计算）法和标准曲线法、校准电极（即离子计）法等。

单标准比较法和标准（工作）曲线法在原则上是相同的，即都是先分别测得标准溶液和试液的电位值，再由直接电位法的基本计算公式，计算得到分析结果。两者区别仅在于，前者只需使用一个标准溶液，并通过计算求得分析结果；后者则需用数个不同浓度的标准溶液，并通过作图的方法求得分析结果。后者的分析精度较前者高，但操作较前者烦琐一些，更适于成批样品的分析。

使用标准校准法时，需加入 ISAB 或 TISAB（有时还需加入抗氧化缓冲调节剂 SAOB 或消除配位体干扰缓冲剂 LIPB），同时溶液温度要求一致（离子计法除外）。这种方法不适于成分特别复杂的样品的分析测定，遇此应采用增量法。

下面仅就一些较为常用的方法作一介绍。

1. 单标准比较法

对浓度为 c_x 的某一离子未知液进行定量时，配制一浓度为 c_s（并要求 $c_s \approx c_x$）的标准溶液与之比较，两者加入同量的适当的 ISAB 或 TISAB，以保证所比较试液间有相似的化学组成。然后，用同一支离子选择性电极在相同条件下，测定两溶液各自的电位值。

假设测得未知液和标准溶液的电池电动势分别为 E_x 和 E_s，则据式（7-26）有：

$$E_x = 常数 \pm \frac{2.303RT}{nF} \lg c_x$$

$$E_s = 常数 \pm \frac{2.303RT}{nF} \lg c_s \tag{7-27}$$

若令 $S = \pm \dfrac{2.303RT}{nF}$，则：$E_x - E_s = S \lg \dfrac{c_x}{c_s}$

$$\lg \frac{c_x}{c_s} = \frac{E_x - E_s}{S}$$

整理后可得方法的计算式：
$$c_x = c_s \times 10^{\left(\frac{E_x-E_s}{S}\right)} \tag{7-28}$$

此法适合于个别样品的分析。

应当注意，使用这一公式时，必须求得电极的实际斜率 S。其具体方法是，取两个浓度不同的（设为 c_1 和 c_2，且 $c_1 > c_2$）标准溶液，在与上述相同的实训条件下，用同一支电极分别测定其电位值，设为 E_1 和 E_2，则电极的斜率 S 为：

$$S = \frac{E_1 - E_2}{\lg c_1 - \lg c_2} \tag{7-29}$$

2. 标准曲线法

其具体方法已为大家所熟知，即首先配制一个标准系列（5～7 个不同浓度），在相同条件下用同一支电极分别测定各溶液的电位值。然后，在半对数（横坐标）纸上，以电位 E（纵坐标）对浓度 c（横坐标）作图，得图 7-24 所示标准（工作）曲线。最后在相同条件下，测定试液的电位值，再由曲线上查得试液中待测离子的浓度 c_x。

3. 增量法

采用这种方法定量测定，首先对试液进行电位法测量，然后向试液中加入某种给定的物质后，再进行电位测量，最后经数据处理得到分析结果。这种方法又进一步分为一次和多次标准增量法等。

（1）一次标准增量法　这是增量法中较为简单的一种方法。它是以被测物质的标准溶液作加入物质，只加入一次。其具体操作过程是：首先量取一定体积 V_x(mL) 的试液（设其浓度为 c_x），然后向其中加入一定体积的、适当的 ISAB 或 TISAB，

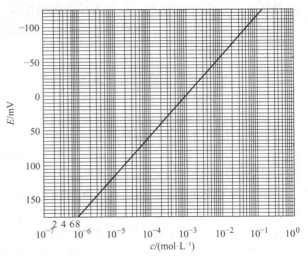

图 7-24　标准（工作）曲线

用适当的电极测定其电位，设为 E_x（mV）；然后再向其中加入浓度为 c_s 的标准溶液[V_s(mL)，要求 V_s 较 V_x 小 1/100～1/20]，搅拌均匀后，于相同条件下，测量其电位，设为 E_{x+s}(mV)，然后由式（7-28）计算试液的 c_x：

$$c_x = \Delta c (10^{\Delta E/S} - 1)^{-1} \tag{7-30}$$

式中，Δc 项是加入标准溶液后试样浓度的变化，$\Delta c = \frac{V_s c_s}{V_x + V_s}$；$\Delta E$ 是加入标准溶液前后电位的变化，$E_{x+s} - E_x = \Delta E$；S 代表 Nernst 系数 $\pm \frac{2.303RT}{nF}$，它是一常数。

本法的优点及注意事项：由于是在同一溶液（只是被测离子的浓度稍有不同）中测量两次不同浓度的被测离子，溶液条件几乎完全相同，所以，适用于试液成分复杂的情况，精确度较高；电极不需要校正，不需要作校正曲线；仅需要一个标准溶液；常常可不必加入 ISAB 或 TISAB，因此操作简便快速；标准物质的加入量，即 Δc 对分析结果的误差影响较大，无论 Δc 过大还是过小都将使误差增加。最好 Δc 选择在 $c_x \sim 4c_x$ 之间，以使 ΔE 落在 15～40mV 之间，此时误差最小；V_x 和 V_s 均需准确量取。V_x 一般为 100mL，而 V_s 一般为 1mL，最多不得超过 10mL。在有大量过量络合剂存在的体系中，该法是使用离子选择性电极测定离子总浓度的有效方法。

（2）多次标准增量法　方法的基本过程及原理是：首先，取一定量[设为 V_x(mL)]的试液，

在适当的条件下，用适当的电极测定其电位值[设为 E_1(mV)]。然后，加入一定体积[设为 V_{s1}(mL)]的标准溶液，测量其电位[设为 E_2(mV)]。再加入一定体积[设为 V_{s2}(mL)]的标准溶液，测量相应的电位值[设为 E_3(mV)]。可如此进行多次的加入和测量，最终根据实训数据列出相应多个方程式联立，求解而得到分析结果。

显然，若仅加入一次标准溶液，即为前面的一次标准增量法。而若进行 n 次的加入，即可得到 $n+1$ 个方程式（由于活度系数可视为相同而并入常数项），经联立求解即可得到 c_x。显然这种求解过程除非使用计算机，否则对三次以上加入法的计算就显得既复杂又烦琐。于是就有了下面的方法——格兰（Gran）作图法。

4. 格兰（Gran）作图法

格兰作图法属多次（连续）标准增量法，它是多次标准增量法的一种图解求值的方法，其测定步骤与标准加入法相似，只是将 Nernst 公式以另外一种形式表现，并用另一种方式作图以求得待测离子的浓度。

格兰作图法的基本原理是：依一次标准增量法的计算公式。设 c_x、V_x 为待测试液的浓度和体积；c_s、V_s 为加入的标准溶液的浓度和体积。当加入 V_s(mL)标准溶液后，测得的电动势 E 与 c_x 和 c_s 有下列关系（对阳离子）：

$$(V_x+V_s)10^{E/S}=10^{\text{常数}/S} f (c_x V_x+c_s V_s)$$

令 $10^{\text{常数}/S} f = K$，则

$$(V_x+V_s)10^{E/S}=K(c_x V_x+c_s V_s) \tag{7-31}$$

实训中每次添加标准溶液 V_s 后测量电动势 E 值，根据式（7-31）计算出 $(V_x+V_s)10^{E/S}$，以它为纵坐标，V_s 为横坐标作图，可得一直线。延长直线使之与横坐标轴相交，得 V_s（为负值），此时在纵坐标零处，亦即

$$(V_x+V_s)10^{E/S}=0$$

由式（7-31）可得：

$$K(c_x V_x+c_s V_s)=0$$

即

$$c_x=\frac{c_s V_s}{V_x} \tag{7-32}$$

该式为格兰作图法的计算式，由此式可计算出 c_x。

格兰作图法的一般过程如下。

① 首先做一空白试验，准确吸取去离子水 100mL（若需加入 ISAB 或 TISAB，也应使总体积保持在 100mL），依次加入标准溶液 0.00mL、1.00mL、1.50mL、2.00mL、2.50mL、3.0mL，在给定的条件下，用适当的离子选择性电极分别测定各溶液的电位值（mV）。

② 100mL 试液，并在与上述相同条件下测定电位值（设为 E）。

③ 分别依次测量加入一定体积（自小到大）的标准溶液 V_s 后的电位值（设为 E_1、E_2、E_3、E_4、E_5…）。

④ 标以 mV 值标度，标度方法应视具体情况（被测离子的种类及其在试液中的浓度）而定，可任意设定，只应保持其相对比例恒定。通常是以空白试样中的第一个溶液的电位值为起点，自下而上地进行标度；或以溶液的最大电位值在最上，自上而下地进行标度。

⑤ 据空白实训的数据，在格兰坐标纸上作图，得到空白线，延长使其与横坐标相交，交点读数为 $V_{\text{空白}}$。

⑥ 据测得的试液及加入标准溶液后各溶液的电位值依次作图，得测定线，延长使其与横坐标相交，交点读数为 $V_{\text{测}}$。

⑦ 以 $V_{\text{测}}$ 与 $V_{\text{空白}}$ 的差为 V_e，将 V_e 值代入下式，即可计算得出试液中被测离子的浓度 c_x：

$$c_x=\frac{c_s(V_{\text{测}}-V_{\text{空白}})}{V_x}=\frac{c_s V_e}{V_x} \tag{7-33}$$

【例 7-2】 用氟离子选择性电极测 F^- 浓度。已知 V_x=100mL，加入了 5 次 c_s=2×10^{-3}mol·L^{-1} F^- 的标准溶液于试液中，每次添加 1.0mL。测得电动势值见下表。

加入标液/mL	0.00	1.00	2.00	3.00	4.00	5.00
E/mV	95.8	89.0	82.6	78.2	74.0	70.6
$(V_x+V_s)10^{E/S}$	2.23	2.95	3.84	4.62	5.51	6.37

根据表中的数据，用 $(V_x+V_s)10^{E/S}$ 对 V_s 作图，如图 7-25 所示。

为了省去每次计算 $(V_x+V_s)10^{E/S}$ 的麻烦，专门设计出了一种如图 7-26 所示的半反对数坐标纸（其纵坐标为反对数坐标 E，试液体积 V_x 固定为 100mL，横坐标为 V_s），可直接用 E 对 V_s 作图，结果如图 7-26 中所示。

在图 7-26 中校正了由于加入标准溶液而使溶液体积增大对电位的影响（图中横线的倾斜即为校正这一影响），这样可根据加入标准溶液后所测得的 E 值和 V_s 值直接作图，不需要再作复杂而烦琐的运算。外推直线即可得到 V_s，然后由格兰作图法的计算式计算出 c_x。

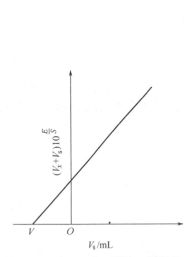

图 7-25　$(V_x+V_s)10^{E/S}$ 与 V_s 的关系

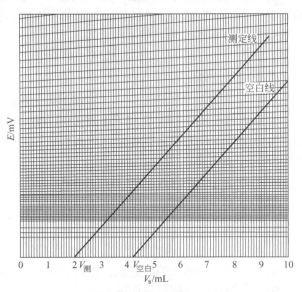

图 7-26　格兰作图法

应当指出，用格兰作图纸，电极的响应斜率为 58mV（一价离子），或 29mV（二价离子）。如果斜率与上述值偏离较大，则将带来较大的误差。通常为了减少这种误差，可作电极斜率校正或在进行分析时作一条空白校正曲线，进行空白值校正。

格兰作图法的优点在于，操作较简便，精确度较高；可测量复杂成分的试液；可用于浓度低于离子选择性电极法检出限的试液的测定。

5. 离子计法（校准电极法）

这是一种利用离子计作为分析仪器的离子选择性电极法。这种测定方法的基本过程分为两步：首先使用一个或两个标准溶液校正离子计；然后，在与校正离子计相同的条件下测定试液，由离子计直接读取 pX 值或浓度值。

这种方法的优点是，测定速度快，操作简便。分析的精度高低则由离子计本身的性能及质量决定。使用离子计法时，应注意保证标准溶液和试液的浓度及组成相近（为此加入 ISAB 或 TISAB 是必需的）、温度相同或至少相近。

七、测定溶液离子活度（浓度）的方法

已知 $a=fc$，而定量分析的目的在于求得样品中待测组分的含量或试液中待测组分的浓度，而离子选择性电极法测得的是溶液中待测离子的活度。解决这样一对矛盾的方法有两个：一是将所测得的活度换算成浓度；二是找到适当的条件，以便在这样的条件下直接用待测离子的浓度代替其活度。

由于在给定条件下待测离子的活度系数 f 是很难得到的，所以在实际工作中，常常是采用第二种处理方法，并且是采用向溶液中加入大量惰性盐的方法以使溶液的离子强度足够大，以至于接近不变的常数值。这时电极电位与待测离子的浓度之间也符合 Nernst 方程的关系，因而可由电极电位的测量求得溶液中待测离子的浓度。

为了使溶液的离子强度足够大，并趋于一个稳定的常数值，以便用浓度代替活度，而向溶液中加入的大量的惰性盐称为"离子强度调节剂"，用缩写符号"ISAB"表示。

此外，在电位分析法中，为了满足测定条件的需要，常常还需要向溶液中加入适当的缓冲溶液，以确保溶液有适当的 pH 环境；为了消除共存离子的干扰，往往还需要向溶液中加入掩蔽剂。

八、TISAB 的组成及作用

在实际分析工作中，为了方便使用，常常事先将离子强度调节剂、pH 缓冲溶液以及掩蔽剂三者混合在一起，这样的混合溶液称为"总离子强度调节剂"，并用缩写符号"TISAB"表示。所以 TISAB 的作用在于：维持溶液中的离子强度足够大并为恒定值；维持溶液的 pH 为给定值；消除共存离子的干扰和使液接电位稳定。

具体讲 TISAB 和 ISAB 的组成主要是由离子选择性电极的性质来确定，并兼顾试液的具体情况。例如，对于 ISE_F-使用的 TISAB 是由 NaCl、柠檬酸钠（或环己二胺四乙酸 CPCDTA）、乙酸及乙酸钠所组成的。其中 NaCl 加入的目的在于维持溶液一定的离子强度；柠檬酸钠的作用在于通过络合掩蔽溶液中的 Fe^{3+}、Al^{3+} 等干扰离子；乙酸及乙酸钠组成缓冲溶液以维持溶液的 pH≈5.5，从而消除 OH^- 对于 ISE_F-的干扰。因此，对于 TISAB 和 ISAB 的组成，应根据具体情况来决定其配方。表 7-12 给出了一些推荐使用的 TISAB 和 ISAB。

表 7-12 一些推荐使用的 TISAB 和 ISAB

待测离子	ISE	可应用的离子强度调节剂
$AgNO_3$	硝酸银电极	0.1mol·L^{-1} KNO_3 或 0.025mol·L^{-1} 硫酸铝
氨	氨气敏电极	1mol·L^{-1} NaOH
铵	氨气敏电极	1mol·L^{-1} KCl
钾	钾离子电极	0.1mol·L^{-1} 乙酸锂或氯化锂或 1mol·L^{-1} NaCl 或乙酸镁
氯	氯离子电极	①一般样品，0.1mol·L^{-1} KNO_3 ②0.3mol·L^{-1} KNO_3 或 1mol·L^{-1} 乙酸镁
氟	氟离子电极	TISAB：57mL 冰乙酸、58g 氯化钠、4g 柠檬酸钠、加水 500mL，用 5mol·L^{-1} NaOH 调 pH 为 5～5.5，定容至 1L
钠	钠玻璃电极	①1mol·L^{-1} 氨水与 1mol·L^{-1} 氯化铵的混合溶液 ②二异丙胺、三乙醇胺或饱和氢氧化钡
银	Ag_2S 电极	1mol·L^{-1} KNO_3
硫	Ag_2S 电极	①2mol·L^{-1} NaOH（通氮气） ②SAOB（抗氧化缓冲调节剂由抗坏血酸、氢氧化钠配制）
钙	钙离子电极	1mol·L^{-1} 三乙醇胺
铅	铅离子电极	1mol·L^{-1} $NaNO_3$
铜	铜离子电极	①LIPB（消除配位体干扰缓冲剂）：0.4mol·L^{-1} 三亚乙基四胺、0.2mol·L^{-1} HNO_3、2mol·L^{-1} KNO_3 混合液，按 1:1 加入试液 ②1mol·L^{-1} $NaNO_3$
镉	镉离子电极	1mol·L^{-1} $NaNO_3$ 或 KNO_3

应当指出的是，对于有些离子选择性电极，针对其特殊性，除需要使用 TISAB 或 ISAB 外，还需加入另外一些物质。如对于 $ISE_{S^{2-}}$，为了防止其氧化，需加入抗坏血酸或通氮气作为抗氧化缓冲调节剂（SAOB）；对于 $ISE_{Cu^{2+}}$ 有时需加入三亚乙基四胺作消除配位体干扰缓冲剂（LIPB）等。

九、影响离子活度测定的因素

1. 温度

温度的变化会引起直线斜率的变化，因此在整个过程中应保持温度恒定，以提高测量的准确度。

2. 电动势的测量

电动势的测量的准确度直接影响测定结果准确度，电动势测量误差 ΔE 与分析测定误差的关系是

$$相对误差 = \frac{\Delta c}{c} = 0.039 n \Delta E \tag{7-34}$$

式中，n 为被电离的电荷数；ΔE 为电动势测量的绝对误差，mV。由式（7-34）可知，对一价离子，当 $\Delta E = 1\text{mV}$ 时，浓度的相对误差可达 3.9%；对二价离子，则高达 7.8%。因此，测量电动势所用的仪器必须具有较高的灵敏度。

3. 干扰离子

干扰离子能直接为电极响应的，则其干扰效应为正误差；干扰离子与被测离子反应生成一种在电极上不产生响应的物质，则其干扰效应为负误差。消除共存干扰离子的简便方法是，加入适当的掩蔽剂掩蔽干扰离子，必要时则需要分离。

4. 溶液的酸度

测量时的酸度范围与电极类型和被测溶液浓度有关，在测定过程中必须保持恒定的 pH 范围，必要时使用缓冲溶液来维持。例如氟离子选择性电极测氟时 pH 控制在 5~7。

5. 待测离子浓度

离子选择性电极可以测定的浓度范围为 $10^{-1} \sim 10^{-6} \text{mol·L}^{-1}$。检测下限主要决定于组成电极膜的活性物质，此外还与共存离子的干扰、溶液 pH 等因素有关。

6. 迟滞效应

迟滞效应是指对同一活度值的离子试液测出的电位值与电极在测定前接触的试液成分有关的现象。也称为电极存储效应，它是直接电位法出现误差的主要原因之一。如果每次测量前用去离子水将电极电位清洗至一定值，则可有效地减免此类误差。

实训 7-4　氟离子选择性电极法测定自来水中的氟离子含量

一、实训目的

1. 熟悉仪器的基本操作。
2. 掌握氟离子选择性电极法测定水样中氟离子含量的原理。
3. 学会以氟离子选择性电极为指示电极测定水样中氟离子含量的测定方法。

二、实训原理

以氟离子选择性电极（为指示电极）、饱和甘汞电极（为参比电极），与被测溶液组成一个电化学电池。测定前将总离子强度调节剂 TISAB 加入被测溶液中，以保证该溶液的离子强度基本不发生变化。一定条件下，其电池的电动势 E 与氟离子活度 a_{F^-} 的对数值呈直线关系。

测量时，若指示电极接正极，则 $E=K'-0.0592\lg a_{F^-}$（25℃）。当被测溶液的总离子强度不变时，氟离子选择性电极的电极电位与溶液中氟离子浓度的对数呈线性关系，即 $E=K'-0.0592\lg c_{F^-}$（25℃）。可用标准曲线法和标准加入法进行测定。

任务 5　测定 H_3PO_4 的含量

一、电位滴定法的概念

电位滴定法是用测定在滴定过程中的电位变化来确定滴定终点的容量分析方法。学习电位滴定法主要应了解，在滴定过程中溶液的电位变化以及如何应用这种规律来确定滴定终点等。

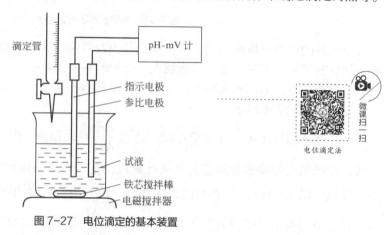

图 7-27　电位滴定的基本装置

电位滴定的基本装置如图 7-27 所示。进行电位滴定时，每加一次滴定剂，测量一次电动势，直到超过化学计量点为止。这样就得到一系列的滴定剂用量（V）和相应的电动势（E）数据。滴定终点可用作图法或二阶微商内插法计算求得。

二、滴定终点的确定方法

如同化学容量分析中，化学计量点的实质是溶液中某种离子的浓度发生突跃变化。如酸碱滴定中的 H^+ 或 OH^- 浓度的突跃变化；沉淀滴定和络合滴定中的金属离子浓度的突跃变化以及氧化还原滴定中的氧化剂或还原剂的浓度的突跃变化等。显然，当在溶液中插入一支适当的指示电极，依其对溶液中有关的离子产生能斯特效应，此时电极的电极电位就会有突跃变化。这是电位法确定滴定终点的基本原理。应用上述原理确定滴定终点的方法有很多。如经典的 E-V 曲线法、一阶微商曲线法、二阶微商曲线法、格兰作图法、实用的"永停"法以及自动电位滴定法等。

如前所述，若在一般的容量分析（如酸碱、氧化还原、沉淀和络合滴定）中，于溶液中插入一支适当的指示电极（对被测离子或滴定剂有响应），那么随着滴定剂（标准溶液）的不断加入，电极电位将相应地不断地发生变化。这种变化规律可以用电极电位 E 对标准溶液的加入体积 V 作图来描述，所得图形称为电位滴定曲线。由于作图方法的不同，电位滴定曲线分为三种类型，即如图 7-28 所示的 E-V 曲线、$\dfrac{\Delta E}{\Delta V}$-$\overline{V}$ 曲线和 $\dfrac{\Delta^2 E}{\Delta V^2}$-$\overline{V}$ 曲线。

作出电位滴定曲线，然后由曲线即可确定滴定终点。

1. E-V 曲线法

图 7-28（a）所示为 E-V 曲线法的电位滴定曲线。曲线中的拐点即为滴定反应的化学计量点，其相应的体积 V_e 为滴定到达化学计量点时所需滴定剂（标准溶液）的体积（以 mL 计），

相应的电位 E_e 为化学计量点电位。

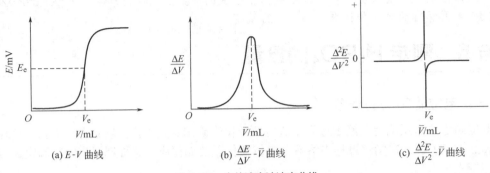

图 7-28 电位滴定法滴定曲线

与一般的容量分析法相同，电位突跃范围及斜率的大小是与滴定反应的平衡常数以及被测定物质的浓度有关的。这一数值越大，分析的误差就越小。

由于方法本身的准确度较差，尤其当滴定曲线斜率不够大时，难以确定滴定终点。

2. 一阶微商曲线法

一阶微商曲线也称一次导数曲线，即以 $\frac{\Delta E}{\Delta V}$ 对 $\bar{V}$ 作图，得到如图 7-28（b）所示 $\frac{\Delta E}{\Delta V}$-$\bar{V}$ 曲线。曲线的突起峰的最高点为化学计量点，其所对应的体积 V_e 为终点时所消耗的标准溶液的体积（以 mL 计）。与 E-V 曲线法比较，该方法所得到的终点更准确。作一阶微商曲线时，首先要根据实训所得数据求得 ΔE、ΔV、$\frac{\Delta E}{\Delta V}$ 以及 $\bar{V}$。ΔV 表示相邻两次加入标准溶液的体积 V_2 和 V_1 之差，即 $\Delta V=V_2-V_1$。ΔE 表示相应的相邻两次测得的电极电位 E_2 和 E_1 之差，即 $\Delta E=E_2-E_1$。所以：

$$\frac{\Delta E}{\Delta V}=\frac{E_2-E_1}{V_2-V_1} \tag{7-35}$$

与 $\frac{\Delta E}{\Delta V}$ 相应的标准溶液的加入体积 $\bar{V}$ 是相邻两次加入标准溶液的体积 V_1 和 V_2 的算术平均值，即：

$$\bar{V}=\frac{V_1+V_2}{2} \tag{7-36}$$

然后再以 $\frac{\Delta E}{\Delta V}$ 对 $\bar{V}$ 作图。有关的数据处理实例如表 7-13 所示。

3. 二阶微商曲线法

二阶微商曲线也称二次导数曲线，如图 7-28（c）所示。即以 $\frac{\Delta^2 E}{\Delta V^2}$ 对 $\bar{V}$ 作图得到的 $\frac{\Delta^2 E}{\Delta V^2}$-$\bar{V}$ 曲线。曲线中 $\frac{\Delta^2 E}{\Delta V^2}=0$ 时为终点，相应的体积 V_e 为终点时所耗用的标准溶液体积（以 mL 计）。其中 $\frac{\Delta^2 E}{\Delta V^2}$ 为相邻两次 $\frac{\Delta E}{\Delta V}$ 值之差，除以相应两次加入的 $AgNO_3$ 标准溶液的体积之差；$\bar{V}$ 为相邻两 $\frac{\Delta E}{\Delta V}$ 值的相应的 $AgNO_3$ 标准溶液的体积的算术平均值，即：

$$\frac{\Delta^2 E}{\Delta V^2} = \frac{\left(\frac{\Delta E}{\Delta V}\right)_2 - \left(\frac{\Delta E}{\Delta V}\right)_1}{V_2 - V_1}$$

$$\bar{V} = \frac{V_1 + V_2}{2} \tag{7-37}$$

有关的数据处理实例如表 7-13 所示。

表 7-13 以 Ag 电极为指示电极，0.1000mol·L⁻¹ AgNO₃ 标准溶液滴定 NaCl 溶液的数据

作 E-V 曲线所用数据		作 $\frac{\Delta E}{\Delta V} - \bar{V}$ 曲线所用数据				作 $\frac{\Delta^2 E}{\Delta V^2} - \bar{V}$ 曲线所用数据	
加 AgNO₃ 的体积/mL	电极电位/mV	ΔE/mV	ΔV/mL	$\frac{\Delta E}{\Delta V}$	加 AgNO₃ 的体积/mL	$\frac{\Delta^2 E}{\Delta V^2}$	加 AgNO₃ 的体积/mL
10.10	114	16	4.90	3.3	12.55	0.4	14.53
15.00	130	15	3.00	5.0	16.50		
18.00	145	23	2.00	11.5	19.00	3	17.75
20.00	168	34	1.00	34	20.50	15	19.75
21.00	202	8	0.10	80	21.05	84	20.78
21.10	210	14	0.10	140	21.15	600	21.08
21.20	224	26	0.10	260	21.25	1200	21.20
21.30	250	53	0.10	530	21.3	27	21.30
21.40	303	25	0.10	250	21.45	-2800	21.40
21.50	328	36	0.50	72	21.75	-590	21.60
22.00	364	25	1.00	25	22.50	-63	22.13
23.00	389	12	1.00	12	23.50	-13	23.00
24.00	401						

4. 永停法

在实际应用电位滴定法时，常常可以根据具体情况采取一些简便的终点确定的方法。但它们依然是基于滴定到达化学计量点时，由特定的化学计量点电位值或电极电位有突跃变化这样的基本规律。比如永停法就属于电位滴定法中的一种特殊方法，其原理不同于一般的电位滴定，多用于电量法。永停法的基本装置如图 7-29 所示。将两支铂电极插入被滴定的 I_2 溶液中，调节可调电阻器 R_2，以控制加在两极之间的电压为 10~15mV。由于外加电压使阳极和阴极分别发生电极反应，而使回路有电流通过，使检流计 G 产生一定的偏转（调节外加电压，可以调节该偏转的大小。通常指针位于检流计刻度中间位置较好）。用硫代硫酸钠标准溶液进行滴定时，在到达化学计量点之前，溶液中始终存在着 I^- 和 I_2，维持电极反应而有电流通过检流计。当滴定到达化学计量点时，溶液中的 I_2 浓度突然减小到一个不能再维持电极反应进行的数值，以至于没有电流再经过检流计，检流计 G 的指针回到零点，并"永停"下来。此时即使再加硫代硫酸钠标准溶液，检流计指针也不再动。因此，可由滴定过程中检流计指针恰回到零点来确定滴定终点的到达。

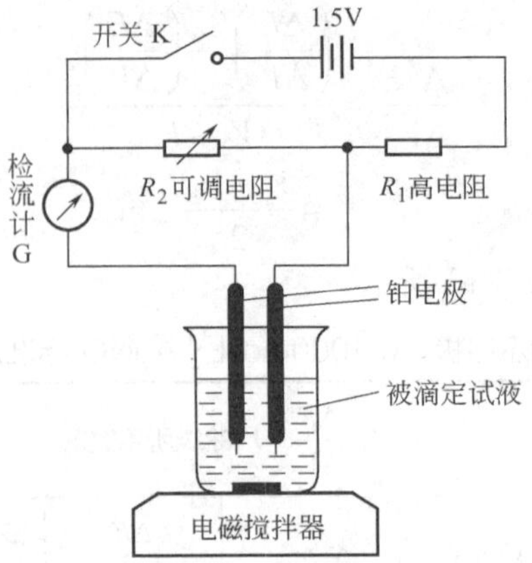

图 7-29 永停法基本装置示意

若是以 I_2 标准溶液滴定硫代硫酸钠，则在滴定开始至达到化学计量点之前，检流计指针始终指在零点。而恰到化学计量点时，检流计指针即发生偏转，表示滴定终点已到。

永停法具有简单、灵敏，且在接近滴定终点时检流计指针还略有摆动，预示着终点的即将来临，这一点对准确滴定尤其有利。该法的不足之处在于其仅能用于滴定反应中有一个电对在给定条件下为不可逆的情况。

5. 自动电位滴定法

自动电位滴定法就是借助电子技术使电位滴定自动化。这样既可简化操作和数据处理的手续，又可减小误差，提高分析的准确度而受到欢迎。

自动电位滴定法有三种方式：第一种方式是利用电子仪器自动控制加入标准溶液的速度，测量电极电位并自动记录 E-V 曲线。这种方式所用仪器复杂，成本高。第二种方式是根据确定电位值法的原理（即指示电极的电极电位到达给定值时为终点），用电位计来测定电极电位，并指令滴定管的开关控制器，当电极电位未达到给定值时，滴定管接通进行滴定；而一旦电极电位达到给定值时，滴定管关闭停止滴定，表示已达到滴定终点。例如国产 ZD-2 型自动电位滴定计就属这种仪器设备。第三种方式是基于在化学计量点时，二阶微商从最大值降到最小值这一规律，电极电位信号经仪器本身的电子电路的处理，使之以二阶微商的形式输出，在化学计量点时电信号发生突然降落，从而启动一个继电器工作并通过电磁阀将滴定管的滴定通路关闭。这种方法无需事先知道化学计量点电位值（这是不同于上法之处），自动化程度更高，当然相应的仪器成本也高。

三、电位滴定用仪器设备

电位滴定的仪器设备种类较多，即可自己组装，也有成套的商品仪器。不同仪器的通用性也不一样。如采用各种可以用来测定电极电位的仪器（如电位计、电极电位仪、pH 计及离子计等）与一台电磁搅拌器（这是必需的，因为在滴定中，充分搅拌是重要的、提高分析速度和保证分析结果准确性的条件）即可组合成这方面的仪器，如图 7-30 所示。这样组合起来的装置的适用对象还相当广泛。自动电位滴定计是专门为电位滴定设计的成套商品仪器。使用起来也很方便，分析速度快，分析结果的准确度也高。电位滴定的自动化有多种方式，因此这方面的商品仪器也有许多种。国内应用较多的是 ZD-2 型自动电位滴定计。成套的商品 ZD-2 型自动电位滴定计是由 ZD-2 型电位滴定计（可单独作为 pH 计或毫伏计使用）和 ZD-1 型滴定装置配套组成的，合称为 ZD-2 型自动电位滴定计。其工作原理如图 7-30 所示。两电极的信号（被测电池的电动势）进入 ZD-2 型电位滴定计后，经调制式电子电路（斩波调制器 ZB）将直流信号调制成交流信号，再经放大器 AmP 放大并解调而还原为直流信号，以驱动直流电表 A（以 mV 值刻度），显示所测量的读数（这时即可单独作 pH 计或毫伏计使用)。用作电位滴定时,通过切换开关将经过调制解调和放大后的信号反馈给取样回路及"信号测试(e)-吸通时间(t)转换器"(简称"e-t 转换器")。取样回路由取样电阻 R_L、内参比电阻 R_Z(其中 $R_L=R_Z$)和预设终点调节电源 E 组成。其作用是选定预设的终点电位 mV 值,并将电极电位信号与预设终点电位比较,将其差值输入到"e-t 转换器"。"e-t 转换器"是一组继电器开关电路,它的吸通时间长短与电信号的大小有正比例关系,因此可将电信号转变为短路的脉冲输出,该脉冲输出又作为 ZD-1 型滴定装置的输入信号而控制滴定管的通与闭。当电极信号未达到预设的终点电位时,即有短路的脉冲信号输给 ZD-1 型滴定装置而使滴定管通路进行滴定;当电极信号达到预设的终点电位时,没有信号输入 ZD-1 型滴定装置,使滴定管闭路而停止滴定,即表示滴定终点已到,从而完成自动滴定。

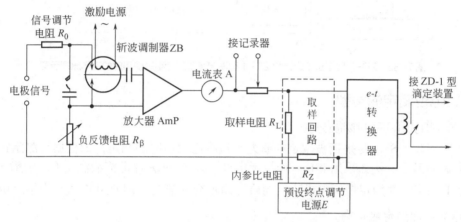

图 7-30 ZD-2 型自动电位滴定计工作原理示意

ZD-1 型滴定装置的工作原理如图 7-31 所示。它是由一台电磁搅拌器、电极系统的固定和支架装置及电磁阀等组成。其中电磁阀是滴定的执行机构,由 ZD-2 型电位滴定计输入的短路脉冲信号驱动,当有信号输入时,阀门畅通,进行滴定;当无信号输入时,阀门关闭,即停止滴定。另外,为了防止过滴现象的发生,ZD-1 型滴定装置内设了电子延时电路,这样当滴定达到预设置的终点电位以后约 10s (这一时间是为了保证滴定反应达到平衡)电位不再变化时,则延时电路就会自动使电磁阀永远闭塞。ZD-1 型滴定装置也可用来配合其他型号的电极电位仪或 pH 计使用作自动电位滴定。

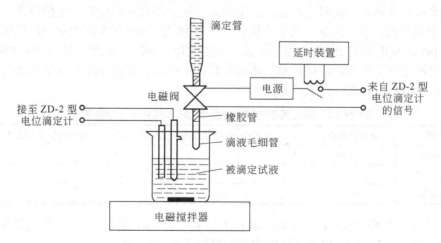

图 7-31 ZD-1 型滴定装置工作原理示意

ZD-2 型电位滴定计和 ZD-1 型滴定装置配套使用的工作原理如图 7-32 所示。

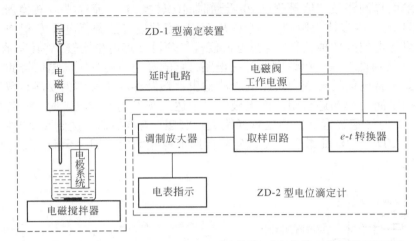

图 7-32　ZD-2 型电位滴定计和 ZD-1 型滴定装置配套组装使用时的工作原理示意

四、电位滴定的类型

1. 按对电极响应的物质分类

（1）S 滴定　S 滴定是指被测定物质为电极响应物质时的滴定，即根据被测定物质而选择指示电极的滴定。例如采用 ISE_{Cl^-} 作指示电极，以 $AgNO_3$ 标准溶液滴定 Cl^- 的情况。

（2）T 滴定　T 滴定是指电极响应物质为滴定剂的情况，例如用 ISE_{Ag^+} 作指示电极，以 $AgNO_3$ 标准溶液滴定氯化物。

（3）R 滴定　R 滴定是指需要另外加入一种物质作"指示剂"，而这种"指示剂"是对电极响应的物质。例如用 EDTA 滴定 Co^{3+} 时，可加入少量的 Cu-EDTA 络合物，用 $ISE_{Cu^{2+}}$ 作指示电极进行滴定。在这种情况下，Cu^{2+} 是一种"指示剂"。这是因为在未达到终点时，Cu-EDTA 中的 Cu^{2+} 被 Co^{2+} 取代而溶液中有 Cu^{2+} 对 $ISE_{Cu^{2+}}$ 响应，产生相应的电位。达到化学计量点时，Cu^{2+} 与最后加入的 EDTA 络合，使 Cu^{2+} 浓度发生突跃性变化，相应的电位也发生突跃性变化，从而指示滴定终点的到达。

由此可见，R 滴定方式，可以解决被测离子和滴定剂都无适当指示电极的困难。

2. 按滴定反应的类型分类

（1）酸碱电位滴定　酸碱电位滴定是指滴定反应为酸碱中和反应的电位滴定。其本质是 H^+ 和 OH^- 生成水的反应。因此，化学计量点时有 H^+ 浓度或 pH 的突跃变化。所以这种滴定方式皆是以 pH 玻璃电极或 ISE_{Sb} 作指示电极，参比电极为 SCE。化学计量点的 pH 和终点 pH 突跃范围与滴定剂及被滴定的酸或碱的离解常数大小有关；终点 pH 突跃范围还与被滴定溶液及标准溶液的浓度有关，见表 7-14。

表 7-14　酸碱滴定的化学计量点 pH 和终点 pH 突跃范围

反应物质	化学计量点 pH	终点 pH 突跃范围（反应物浓度为 0.1000mol·L⁻¹，误差 0.1%）
强酸与强碱	7.00	5.4
强酸滴定弱碱	4～5	2
强碱滴定弱酸	9～10	2

表 7-14 中，强酸（碱）滴定弱碱（酸）的化学计量点数据仅供参考，准确数据应据被滴定的弱酸（碱）的 K_a 或 K_b 以及溶液的浓度计算得到。

（2）沉淀电位滴定　基于沉淀反应的电位滴定称为沉淀电位滴定。这类滴定的情况较为复杂。涉及的具体滴定反应很多,可概括为两大类型:一类是用金属离子标准溶液滴定阴离子(常为酸根);另一类是用阴离子(酸根)滴定金属离子。因而所用指示电极也就分为两类,即阴离子选择性电极或阳离子选择性电极。参比电极常用 SCE 或 Ag-AgCl 电极。这类滴定的化学计量点电位可以从滴定反应方程式通过计算求得。即由滴定反应所生成的微溶化合物的溶度积求得平衡时的响应离子浓度,再由 Nernst 方程式求得化学计量点电位。例如用 $AgNO_3$ 标准溶液滴定 Cl^-,以 Ag-AgCl 电极作指示电极时,其化学计量点时电位可计算如下:

首先求得化学计量点时 Cl^- 的浓度$[Cl^-]$:

因为:$K_{sp(AgCl)} = [Ag^+][Cl^-]$

所以:$[Cl^-] = \sqrt{K_{sp(AgCl)}} = \sqrt{1.82 \times 10^{-10}} = 1.35 \times 10^{-5} (\text{mol} \cdot \text{L}^{-1})$

Ag-AgCl 电极在化学计量点时的电位 E_e 为:

$$E_e = E^\ominus_{AgCl/Ag} - 0.0592\lg(1.35 \times 10^{-5})$$
$$= 0.222 + 0.288$$
$$= 0.510(\text{V})$$

对 SCE($E=+0.242\text{V}$)而言,化学计量点电位 E_e 为:

$$E_e = 0.510 - 0.242$$
$$= 0.268(\text{V})$$
$$= 268\text{mV}(\text{vs SCE})$$

(3)氧化还原电位滴定 基于氧化还原反应的电位滴定称为氧化还原电位滴定。由于这类反应是均态的氧化还原体系,因此常用惰性金属做指示电极(零类电极),其中最常用的是铂电极(也可用 Au、Hg 等电极)。参比电极使用饱和甘汞电极或 W 电极。

化学计量点电位可作如下粗略计算:

$$E_e = \frac{E^\ominus_{Ox} + E^\ominus_{Red}}{2} \tag{7-38}$$

或

$$E_e = \frac{bE^\ominus_{Ox} + aE^\ominus_{Red}}{a+b} \tag{7-39}$$

式中,右下标 Ox 表示氧化剂;Red 表示还原剂;$E^\ominus$ 表示标准电极电位;a 和 b 分别表示氧化剂和还原剂在反应方程式中的系数。前一方程式仅适用于氧化剂和还原剂的系数为 1 的情形,后者适用于氧化剂和还原剂的系数为 a 和 b 的情形。

实际工作中 E_e 也可通过实训方法求得。

(4)络合电位滴定 基于络合反应的电位滴定称为络合电位滴定,一般系指用 EDTA 标准溶液滴定金属离子。对于这类滴定,可以使用滴汞电极($Hg-HgY^{2-}$)作指示电极。其化学计量点的电位获得方法如下。

① 首先由滴定反应方程式求得化学计量点时的$[M^{a+}]/[MY^{a-4}]$值,然后代入式(7-40),计算出化学计量点的电位。

$$E = K + 0.0296\lg\frac{[M^{a+}]}{[MY^{a-4}]} \tag{7-40}$$

式中,K 在一定温度下是一常数;$[M^{a+}]$为待测定的金属离子的平衡浓度;$[MY^{a-4}]$为达络合平衡时,络合离子的平衡浓度。该式表明滴汞电极的电极电位与$[M^{a+}]/[MY^{a-4}]$有函数关系。在络合滴定中,化学计量点的本质是$[M^{a+}]$发生突跃的变化,从而引起$[M^{a+}]/[MY^{a-4}]$有相应的突跃变化,进而使滴汞电极的电位有突跃的变化。

② 用被滴定的离子选择性电极作指示电极，或采用 R 滴定的方式（即加入另一种金属的 EDTA 络合物作"指示剂"，并用该金属的离子选择性电极作指示电极），参比电极一般是采用饱和甘汞电极，通过测定这样一个电池的电动势而得到。

五、电位滴定法的特点

和化学容量法相比较，电位滴定法具有以下一些主要特点：
① 不受被测溶液有无颜色、是否浑浊的限制。
② 适于找不到合适指示剂的场合。
③ 可用于浓度较稀的溶液或滴定反应进行不够完全（如滴定很弱的酸或碱时）的情况。
④ 灵敏度和准确度高。如化学容量法中的酸碱滴定使用指示剂时，要求终点 pH 突跃范围应有 2 个 pH 以上，而电位滴定法则仅需不足 1 个 pH 变化就行。
⑤ 可实现自动的连续滴定。

正因为电位滴定法有这样一些特点，因此在实际分析工作中比化学容量法有着更广泛的用途。

六、电位滴定法的应用实例

由于电位滴定法有许多独特的优点，因而其用途要比普通化学容量分析法广泛得多，具体部分应用实例见表 7-15。

表 7-15 电位滴定法的应用实例

欲测离子	适用的滴定剂	反应类型	指示电极
Fe^{2+}	$KMnO_4$、$K_2Cr_2O_7$	氧化还原	铂电极
Fe^{3+}	EDTA	络合	$Pt|Fe^{3+}$，Fe^{2+}电极
I^-	$KMnO_4$、$K_2Cr_2O_7$	氧化还原	铂电极
Sn^{2+}	$KMnO_4$、$K_2Cr_2O_7$	氧化还原	铂电极
X^-	$AgNO_3$	沉淀	Ag 电极或 AgI 晶体膜电极
S^{2-}	$AgNO_3$、$Pb(NO_3)_2$	沉淀	Ag 电极或 Ag_2S 晶体膜电极
CNS^-	$AgNO_3$	沉淀	Ag 电极或 AgBr 晶体膜电极
Ag^+	$MgCl_2$	沉淀	Ag 电极
F^-	$La(NO_3)_3$	沉淀	LaF_3 单晶膜电极
SO_4^{2-}	$BaCl_2$	沉淀	$PbSO_4$ 晶体膜电极
K^+	$Ca[B(C_6H_5)_4]_2$	沉淀	K 玻璃膜或中性载体电极
CN^-	$AgNO_3$	络合	Ag 电极或 AgI 晶体膜电极
Mn^{2+}	EDTA	络合	滴汞电极（Hg/HgY^{2-}电极）
Ca^{2+}	EDTA	络合	Ca^{2+}液体膜电极
Al^{3+}	NaF	络合	LaF_3 单晶膜电极

实训 7-5　NaOH 电位滴定法测定 H_3PO_4 的含量及 H_3PO_4 的各级酸离解常数

一、实训目的

1．学习电位滴定法的基本操作。
2．以玻璃电极为指示电极进行 H_3PO_4 的电位滴定分析。
3．学习多元弱酸各级离解常数的测定方法。

二、实训原理

1. H_3PO_4 浓度的测定

由 NaOH 滴定多元弱酸 H_3PO_4 时,滴定分步进行。由于 H_3PO_4 的 $pK_{a2}-pK_{a1}>5$,H_3PO_4 被滴定到 $H_2PO_4^-$ 时,出现第一个突跃;$pK_{a3}-pK_{a2}>5$,$H_2PO_4^-$ 进一步滴定到 HPO_4^{2-} 时,出现第二个突跃,但因 $cK_{a3}<10^{-8}$,HPO_4^{2-} 不能被继续滴定。NaOH 滴定 H_3PO_4 的滴定曲线如图 7-33 所示。

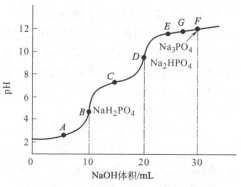

图 7-33 NaOH 滴定 H_3PO_4 的滴定曲线

2. H_3PO_4 的离解常数 K_{a1}、K_{a2}、K_{a3} 的测定

K_{a1} 的测定:

H_3PO_4 的第一级离解为

$$H_3PO_4 \longrightarrow H_2PO_4^- + H^+$$

其 $K_{a1} = \dfrac{[H_2PO_4^-][H^+]}{[H_3PO_4]}$

在未滴加 NaOH 时,H_3PO_4 离解生成 $H_2PO_4^-$ 和 H^+,$[H^+]=[H_2PO_4^-]$,$[H^+]$ 可由 pH 测定求得;H_3PO_4 的总浓度 $[H_3PO_4]_T$ 由滴定至第一化学计量点时 NaOH 消耗的体积(以 mL 计)计算;$[H_3PO_4]$ 则可由 $[H_3PO_4]_T$ 减去 $[H^+]$ 得到,从 $[H^+]$、$[H_2PO_4^-]$、$[H_3PO_4]$ 可求得 K_{a1}。K_{a1} 也可由在滴定过程中第一化学计量点前任一点加入的 NaOH 的浓度与相应的 pH 计算得到。

设滴定曲线上任一点加入的 NaOH 总浓度为 $[NaOH]_T$,由溶液电荷平衡:

$$[H^+]+[Na^+]=[H_2PO_4^-]+[OH^-]$$

由于加入的 NaOH 完全离解:

$$[Na^+]=[NaOH]_T$$

由 H_3PO_4 的物料平衡:

$$[H_3PO_4]_T=[H_3PO_4]+[H_2PO_4^-]$$

将上述各式联立求解得:

$$pK_{a1}=pH+\lg\{[H_3PO_4]_T-[NaOH]_T-([H^+]-[OH^-])\}/\{[NaOH]_T+([H^+]-[OH^-])\}$$

式中,$[H^+]-[OH^-]$ 可由 pH 测定值求得。由于 H_3PO_4 的 K_{a1} 较大,此项不能忽略。这样可以由滴定曲线上的点求得 K_{a1}。

类似地也可以计算出 K_{a2}、K_{a3} 值。

任务 6 溶液中 Bi^{3+}、Pb^{2+}、Ca^{2+} 的测定

若溶液中同时含有几种离子 M_1、M_2、M_3,并且又都能与 EDTA 形成配合物,其 $K_{M_1Y}>K_{M_2Y}>K_{M_3Y}$。这样,当用 EDTA 滴定时,$M_1$ 首先被滴定。M_1 能否被准确滴定,决定于溶液中 M_2 和 M_3 是否干扰 M_1 的滴定。干扰主要来自 M_2,选择适当的 pH,在式(7-41)的条件下可准确滴定 M_1 而 M_2 不干扰。

$$\lg(c_{M_1}K'_{M_1Y})=\lg K_{M_1Y}-\lg K_{M_2Y}+\lg(c_{M_1}/c_{M_2})\geqslant 6 \qquad (7-41)$$

式中,c_{M_1} 是在化学计量点时 M_1 的浓度;c_{M_2} 是在化学计量点时 M_2 的浓度;$\lg K_{M_1Y}$、$\lg K_{M_2Y}$ 分别为金属离子 M_1 和 M_2 与 EDTA 的配合形成常数的对数;$\lg K'_{M_1Y}$ 是 M_1 与 EDTA 的条件配合形成常数的对数。

Bi^{3+}、Pb^{2+}、Ca^{2+} 与 EDTA 的配合稳定常数分别为 28.2、18.0 和 10.7。当 Bi^{3+}、Pb^{2+}、Ca^{2+} 各为 $0.01 mol \cdot L^{-1}$ 时,一次取样可连续分别滴定各自的含量,然而无合适的指示剂而不能实现。而用电位滴定法则可解决这一困难。将溶液的 pH 调节至 1.2,用滴汞电极为指示电极,饱和

甘汞电极为参考电极可准确滴定 Bi^{3+}，而 Pb^{2+}、Ca^{2+} 不干扰，当 Bi^{3+} 滴定至终点，将溶液 pH 调节至 4.0，再滴定 Pb^{2+}，这时 Bi^{3+} 已经配合为 BiY 而不干扰对 Pb^{2+} 的滴定，Ca^{2+} 的存在满足上式也不干扰对 Pb^{2+} 的滴定。当 Pb^{2+} 滴定至终点后，再将溶液的 pH 调节至 8.0 滴定 Ca^{2+}，因而可连续测定样品中三种离子的浓度。

由于 Cl^- 与 Hg^{2+} 有形成配合物的倾向，同时 $PbCl_2$ 溶解度也低，因而在使用滴汞电极时宜在硝酸介质而不宜在盐酸介质中进行，以避免在滴定过程中 Cl^- 浓度的变化对滴定曲线产生的干扰，滴定曲线如图 7-34 所示。

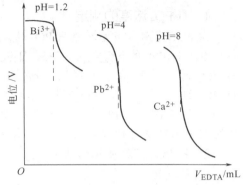

图 7-34　EDTA 滴定 Bi^{3+}、Pb^{2+}、Ca^{2+} 的滴定曲线

Bi^{3+} 的滴定曲线对称性较差，这可能是由于在低 pH 时，HgY 不够稳定所致。但仍可准确找出突跃点。

实训 7-6　EDTA 配合电位滴定法连续测定溶液中 Bi^{3+}、Pb^{2+} 和 Ca^{2+} 含量

一、实训目的

学习以汞电极为指示电极进行配合滴定的方法以及连续测定样品中不同物质的原理与方法。

二、实训要求

1．查阅资料，讨论并汇总资料，确定分析方案。以 2~4 人一组，通过图书、网络搜索工具，查阅相关资料，整理并确定最终方案。

2．样品处理，根据所查资料，选择合适方法处理样品，使其成为可分析的溶液。

3．溶液配制。将前面所学的知识，综合运用在本次任务中。

4．完成 EDTA 配合电位滴定法连续测定溶液中 Bi^{3+}、Pb^{2+} 和 Ca^{2+} 的含量。

5．选用合适的方法，对数据进行正确处理。

三、实训原理

若溶液中同时含有 Bi^{3+}、Pb^{2+}、Ca^{2+}，这几种离子均能与 EDTA 形成稳定的配合物，但其稳定性又有相当大的差别，Bi^{3+}、Pb^{2+}、Ca^{2+} 与 EDTA 的配合稳定常数分别为 28.2、18.0 和 10.7，那么可以考虑电位滴定法，利用控制溶液酸度来进行连续滴定。

任务 7　离子计、pH 计及电极的使用与维护

一、离子计的使用与维护

1．离子测量前，需尽可能先查阅相关的技术文献，选择正确的离子测量方法、离子浓度计与离子选择电极。

2．由于各种溶液的成分不一样，离子价态也不一样，其温度系数也不一样，故分析仪要对任何溶液都做出温度补偿是办不到的，在进行离子浓度的精确测量时，需要将离子标准液和样品温度调节到同一温度。

3．离子浓度的测量，需要配合相应的离子强度调节剂和标准液。

4．校准和测试过程中，如果溶液是由稀到浓（浓度相差 10 倍以上），电极使用时一般无需清洗，只需将溶液吸干或甩干就可以了；如果溶液是由浓到稀，电极要用纯水反复冲洗干

净，必要时应测试检查电极在纯水中的空白电位。

5. 测试完样品后，所用电极应浸在蒸馏水中。

6. 仪器不使用时，短路插头也要接上，以免仪器输入开路而损坏仪器。

7. 离子计的电极接口应保持高度清洁，并保证接触良好（有污迹时可用无水酒精擦净）。

8. 离子选择性电极要定期更换电极膜和电极内充液，电极膜的安装要求平整、无渗漏，即使免保养电极，按本法进行维护也可延长使用寿命。电极长期使用后，因电极内充液的消耗而不能使用，可将电极钻一小孔，灌入电极内充液后再用胶带封口，可有效延长该电极的使用寿命，充电极内液时一定要避免产生气泡，如有气泡，可用手指轻轻弹击电极，使气泡移动到电极的上部。

9. 离子选择性电极要定期进行去蛋白清洗及电极的活化。仪器长期使用后，蛋白质吸附在电极膜上可改变电极电位，从而使定标失败或者影响测定结果。仪器一般都配有去蛋白质清洗液，每天应按操作规程的要求进行去蛋白质清洗，几乎所有的去蛋白清洗液都对电极有一定的腐蚀性，不宜用其连续、多次地清洗，也不宜用其长期浸泡电极。文献介绍用细棉线穿过电板，然后轻轻地来回擦拭电极内壁，可擦除电极膜上附着的蛋白质。

10. Na^+ 玻璃电极要定期用专用的电极调整液（或称为电极活化剂）进行保养。电极调整液主要成分为 Na^+ 玻璃电极，要定期用专用的电极调整液（或称为电极活化剂）进行保养。电极调整液主要成分为 NaF。

11. 参比电极内充液主要是 KCl，长期使用后可能会渗漏到电极表面，应定期将电极的外表面擦洗干净。

12. Ag/AgCl 电极要注意 AgCl 的沉积，定期用细砂纸擦除附在电极上的 AgCl。

13. 氟离子选择性电极在使用前，应在纯水中浸泡数小时或过夜，连续使用的间隙可浸泡在纯水中。每次测定前应使用合格的去离子水清洗电极，使其空白电位为 -340mV 以上，达到要求即可使用。若经清洗后，仍难以达到空白电位时，则应考虑电极膜是否钝化。若是，可将电极膜作适当抛光处理。

二、pH 计的使用与维护

1. pH 计安装时要用手指夹住电极导线插头安装，切勿使球泡与硬物接触。玻璃电极下端要比饱和甘汞电极高 2～3mm，防止触及杯底而损坏。

2. 由于仪器的 pH 示值仅适于 25℃情况下的测量，在使用标准缓冲溶液对仪器进行 pH 校正（定位）之前，先应借助"温度补偿"旋钮调节至待测溶液的温度。

3. pH 计的电极插孔应保持干燥洁净。读取数据时，电极连线及溶液均应保持静止，以免造成读数不稳定。

4. 由于空气在溶液中的溶解而改变 pH，因此试液采集后应随即进行测定。

5. 进行待测液 pH 的测定时，其"定位调节"旋钮和"斜率调节"旋钮在进行校正时已调好，无需再旋动，直接读取所显示的数据即可。

6. 平行测定两份溶液，若两份溶液测定的结果相差大于 3 个 pH 单位，则应重新校正仪器。

7. pH 玻璃电极，使用前应先用去离子水浸泡 24h，使之活化。平时也应浸泡在蒸馏水中以备随时使用。如果在 50℃蒸馏水中浸泡 2h，冷却至室温后可当天使用。

8. 玻璃电极不宜在 5℃以下使用。由于玻璃电极的球泡很薄，其厚度小于 0.1mm，使用和保存时要避免高温，当温度过高时（＞60℃），球泡有可能因为内部气体膨胀而损坏。

9. 玻璃电极不要与强吸水溶剂接触太久，在强碱性溶液中使用应尽快操作，用毕立即用水洗净。

10. 玻璃电极球泡膜很薄，不能与玻璃杯及硬物相碰。

11. 玻璃膜沾上油污时，应先用酒精，再用四氯化碳或乙醚，最后用酒精浸泡，再用蒸馏水洗净。

12. 测量胶体溶液、染料溶液时，用后必须用棉花或软纸蘸乙醚小心地擦拭，酒精清洗，最后用蒸馏水洗净。如电极表面被蛋白质污染，可将电极浸泡在稀 HCl（$0.1mol·L^{-1}$）中 $4\sim 6min$ 来校正。

13. 电极清洗后只能用滤纸轻轻吸干，切勿用织物擦抹，这会使电极产生静电荷而导致读数错误。

三、饱和甘汞电极的使用与维护

1. 当甘汞电极外表附有 KCl 溶液或晶体时，应随时除去。如发现被测溶液对甘汞电极液络部有沾污，应随时刮去污垢。

2. 测量时电极应竖直放置，甘汞芯应在饱和 KCl 液面下，电极内盐桥溶液面应略高于被测溶液面，防止被测溶液向甘汞电极回扩散。

3. 甘汞电极在使用时，应先拔去侧部和端部的电极帽，以使盐桥溶液借重力维持一定流速，与被测溶液形成通路。

4. 电极使用时，应每天添加内管内充液，双盐桥饱和甘汞电极应每日更换外盐桥内充液。

5. 因甘汞电极的电极电位有较大的负温度系数和热滞后性，因此，测量时应防止温度波动，精确测量应该恒温。

6. 因甘汞易光解而引起电位变化，使用和存放时应注意避光。

7. 电极不用时，取下盐桥套管，将电极保存在 KCl 溶液中，不能使电极干涸。电极长期（半年）不用时，应把端部的橡胶帽套上，放在电极盒中保存。

8. 饱和甘汞电极应经常补充管内的饱和氯化钾溶液，溶液中应有少许 KCl 晶体，不得有气泡。补充后应等几小时再用。

9. 饱和甘汞电极不能长时间浸泡在被测水样中。不能在 60℃ 以上的环境中使用。

四、复合电极的使用与维护

1. 复合电极不用时，可充分浸泡在 $3mol·L^{-1}$ 氯化钾溶液中。切忌用洗涤液或其他吸水性试剂浸洗。

2. 使用前，检查玻璃电极前端的球泡。正常情况下，电极应该透明而无裂纹；球泡内要充满溶液，不能有气泡存在。

3. 测量浓度较大的溶液时，尽量缩短测量时间，用后仔细清洗，防止被测液黏附在电极上而污染电极。

4. 清洗电极后，不要用滤纸擦拭玻璃膜，而应用滤纸吸干，避免损坏玻璃薄膜，防止交叉污染，影响测量精度。

5. 测量中注意电极的银-氯化银内参比电极应浸入球泡内氯化物缓冲溶液中，避免电计显示部分出现数字乱跳现象。使用时，注意将电极轻轻甩几下。

6. 电极不能用于强酸、强碱或其他腐蚀性溶液。

7. 严禁在脱水性介质如无水乙醇、重铬酸钾等中使用。

8. 使用时，将电极加液口上所套的橡胶套和下端的橡胶套全取下，以保持电极内氯化钾溶液的液压差。

五、标准缓冲溶液的配制及保存

1. pH 计用的标准缓冲溶液，要求有较大的稳定性及较小的温度依赖性。

2. pH 标准物质应保存在干燥的地方，如混合磷酸盐 pH 标准物质在空气湿度较大时就会发生潮解，一旦出现潮解，pH 标准物质即不可使用。

3．配制 pH 标准溶液应使用二次蒸馏水或者是去离子水。如果用于 0.1 级 pH 计测量，则可以用普通蒸馏水。

4．配制 pH 标准溶液应使用较小的烧杯来稀释，以减少沾在烧杯壁上的 pH 标准液。存放 pH 标准物质的塑料袋或其他容器，除了应倒干净以外，还应用蒸馏水多次冲洗，然后将其倒入配制的 pH 标准溶液中，以保证配制的 pH 标准溶液准确无误。

5．配制好的标准缓冲溶液一般可保存 2~3 个月，如发现有浑浊、发霉或沉淀等现象时，不能继续使用。

6．碱性标准溶液应装在聚乙烯瓶中密闭保存。防止二氧化碳进入标准溶液后形成碳酸，降低其 pH。

六、pH 计的正确校准

1．pH 计校准实际操作时应选择与水样 pH 接近的标准缓冲溶液校正仪器。

2．在校准前应特别注意待测溶液的温度，以便正确地选择标准缓冲液，并调节电计面板上的温度补偿旋钮，使其与待测溶液的温度一致。不同的温度下，标准缓冲溶液的 pH 是不一样的。

3．将电极取出，洗净、吸干，再浸入第二份标准缓冲溶液中，测定 pH。如果测定值与第二份标准缓冲溶液已知 pH 之差小于 0.1pH，则说明仪器正常，否则需检查仪器、电极或标准溶液是否有问题。

4．校准工作结束后，对使用频繁的 pH 计一般在 48h 内仪器不需再次标定。如遇到下列情况之一，仪器则需要重新标定：

① 溶液温度与定标温度有较大的差异时；
② 电极在空气中暴露过久，如 30min 以上时；
③ 定位或斜率调节器被误动；
④ 测量过酸（pH<2）或过碱（pH>12）的溶液后；
⑤ 换过电极后；
⑥ 当所测溶液的 pH 不在两点定标时所选溶液的中间，且距 pH=7 又较远时。

劳动素质提升 7-2　离子计、pH 计的维护和使用

一、劳动目的

1．巩固 pH 计及电极的基本操作和使用方法。
2．巩固离子计的操作方法。
3．学习维护离子计及离子电极的方法。
4．学习 pH 计及玻璃电极的维护方法。

二、仪器与试剂

1．仪器

PXD-2 型离子计；pH 计（pHS-3C 型精密 pH 计），E-201-C 型 pH 复合电极（或用 pH 玻璃电极和饱和甘汞电极）；电磁搅拌器；温度计。

2．试剂

pH=4.00、6.86、9.18 的标准缓冲溶液；10^{-3}mol·L^{-1}、10^{-4}mol·L^{-1} 的 KCl 标准溶液。

三、劳动内容

1．按仪器操作说明书规定的顺序依次打开仪器，并使仪器处于工作状态。

2．pH 计的维护与使用

（1）更换 pH 玻璃电极，玻璃电极在使用前要在蒸馏水中浸泡 24h，使玻璃电极表面膨胀变软形成水化胶层，否则测定结果不稳定，甚至连数据也测不出来。使用 0.1mol·L^{-1} 稀

盐酸，可缩短水化时间至 2h 左右，达到使用要求。

（2）依次配制 pH=4.00、6.86、9.18 的标准缓冲溶液（方法在前面的任务中已经介绍过，不再赘述）。

（3）将仪器接通电源，检查仪器是否正常，预热 20min。

（4）将电极与 pH 计连接。在使用 pH 复合电极时，可直接与 pH 计连接；若用 pH 玻璃电极和饱和甘汞电极，饱和甘汞电极下端应略低于 pH 玻璃电极小球泡下端。

（5）使用前必须调节温度调节器或斜率调节旋钮，使所测溶液的温度与标准缓冲液的温度相同。

（6）依据待测溶液的 pH 值范围，分别选用两种 pH 标准缓冲溶液，采用两点校正法来校正 pH 计。

（7）测量完毕，关闭电源，冲洗电极，玻璃电极要浸泡在蒸馏水中。

3．离子计的维护与使用

（1）离子选择性电极在使用前，应在纯水中浸泡数小时或过夜，连续使用的间隙可浸泡在纯水中。

（2）配制 10^{-3} mol·L^{-1} KCl 标准溶液（pK=3）及 10^{-4} mol·L^{-1} KCl 标准溶液（pK=4）。

（3）按仪器使用说明书预热好仪器，检查仪器是否工作正常。

（4）连接离子选择性电极，使用合格的去离子水清洗电极，使其空白电位达到使用要求。

（5）用 10^{-3} mol·L^{-1} KCl 标准溶液（pK=3）及 10^{-4} mol·L^{-1} KCl 标准溶液（pK=4），按两点定位法校正仪器。

（6）测量完毕，关闭电源，冲洗电极，电极要浸泡在蒸馏水中。

四、注意事项

1．离子选择性电极的种类很多，应严格按照使用说明书使用与维护。

2．离子计的测量电极插口如果在使用时只用一个，则另一个必须接上短路插头，仪器才能正常工作。

3．pH 测定结果的准确度取决于 pH 标准缓冲溶液 pH$_s$ 的准确度、pH 玻璃电极和参比电极的性能以及酸度仪器的质量。

知识拓展　重金属的电化学检测新方法——传感器法

所谓重金属主要是指生物毒性高的汞、铬、镉、铅，以及类金属砷，还包括具有毒性的重金属锌、锡、铜、镍、钒和钴等污染物。虽然重金属在工业、医疗、农业和食品等部门的广泛应用给人们带来了相对便利的生活，但同样引发了人们对重金属为环境和人类健康带来负面影响的担忧。因此，建立迅捷、恰当的重金属离子检测技术对于农业领域、工业领域、食品安全和人体健康有着非常重要的意义。

目前，重金属离子检测方法主要包括光学检测法、生物学检测法和电化学分析检测法等。其中，电化学分析检测法更是以设备简易，检出限低，灵敏度高，相对标准误差小，可同时检测多种重金属离子等优点逐渐吸引了众多研究者的目光。在现有的电化学检测技术中，电位分析法、电位溶出法和伏安法仍是目前重金属离子检测的首选。但随着技术的发展，使用光电化学传感器检测重金属的方法被越来越多的学者所关注，其原理是以光信号为激发源，以电信号为检测信号，在光照射下，光活性材料被激发产生光生电子-空穴对，光生电子被转移到电极表面，产生光电流，实现光能向电能的转换。我国科学家 Hu 等人便研究了一种基于纳米复合材料 g-C_3N_4 与炭黑（CB）的光电化学传感器，并在 $0\sim7\times10^{-7}$ mol·L^{-1}、$0\sim3\times10^{-7}$ mol·L^{-1} 和 $0\sim5\times10^{-7}$ mol·L^{-1} 范围内分别对 Cd^{2+}、Pb^{2+} 和 Hg^{2+} 表现出优异的传感性能，检出限分别为 2.1×10^{-9} mol·L^{-1}、2.6×10^{-10} mol·L^{-1} 和 2.2×10^{-10} mol·L^{-1}，在实际环境系统中检测微量分析物离子时也表现出令人满意的结果。我国科学家 Lu 等人还使用表面等离子共振（SPR）与电化学技术（EC）制作了 EC-SPR 光纤传感器，并应用于重金属离子的检测，结果显示 EC-SPR 光纤传感器的回收率为 $95.2\%\sim104.0\%$，相对标准偏差（RSD）为 $3.2\%\sim6.2\%$，具有良好的分析性能。

此外，电化学检测与生物学检测相结合还可以制成电化学生物传感器，该传感器通过电极表面上的特定生化相互作用（如抗体/抗原结合或酶/底物相互作用）转换为可检测的电化学信号，包括电阻、电容和电流，以便能够以定量或半定量方式评估目标分析物。电化学活性材料的使用对于电化学生物传感器的有效运行至关重要，目前电化学生物传感器对重金属离子检测的研究较少。我国科研工作者 Wang 等便利用单碳纳米管（SWNTs）与场效应晶体管（FET）结合 DNA 酶制备了电化学生物传感器，并用来检测 Cu^{2+} 和 Hg^{2+}，其线性范围分别为 $1\times10^{-5}\sim1\times10^{-1}$ mol·L^{-1} 和 $5\times10^{-9}\sim1\times10^{-5}$ mol·L^{-1}，回收率为 $93.33\%\sim107.5\%$ 和 $92.32\%\sim106.3\%$，检出限为 6.7×10^{-12} mol·L^{-1} 和 3.43×10^{-9} mol·L^{-1}，在环境检测中体现了很好的适用性。

近年来，随着我国生态文明制度体系逐渐健全，污染防治攻坚不断向纵深推进，我国针对重金属离子污染的检测与治理也得到了全方位、全地域、全过程加强。在党中央的强力领导下，我国科学家在重金属离子传感器领域接连取得突破的同时，也逐渐实现了我国在重金属检测领域内的高水平自立自强，这无疑为我国深入推进精准治污、科学治污、依法治污，持续深入打好蓝天、碧水、净土保卫战做出了巨大贡献。

思考与练习

1. 电位分析法的依据是什么？
2. 电极分为哪些类型？举例说明。
3. 金属基电极有何特点？
4. 何谓膜电极？其电位与溶液中待测离子活度间有何关系？
5. 为何离子选择性电极对于欲测定离子具有选择性？
6. 列表说明适用于各类反应的电位滴定中所用的指示电极和参比电极。说明应如何选用指示电极？
7. 用 pH 玻璃电极测定 pH=5 的溶液，测得电池电动势为 0.0435V；测定某一未知液时，得电池电势为 +0.0145V。电极的响应斜率为 58.0mV/pH，试计算未知液的 pH。
8. 用直接电位法测定如下电池中的 $C_2O_4^{2-}$ 浓度。

$$Ag|AgCl(s), KCl(饱和)\|C_2O_4^{2-}(未知), Ag_2C_2O_4(s)|Ag$$

以 Ag|AgCl(s) 为负极（电位为 $E^{\ominus}$ =0.2000V），25℃时，测得电池电动势为 0.402V。试计算 pC_2O_4 值。

9. 采用标准加入法测定溶液的离子浓度。于 100mL Cu^{2+} 溶液中加入 1.00mL 0.100mol·L^{-1} $Cu(NO_3)_2$ 之后，电池电势增加了 4mV。求原始 Cu^{2+} 浓度。

10. 采用电位滴定法，用 0.1mol·L^{-1} $AgNO_3$ 标准溶液滴定 5×10^{-3}mol·L^{-1} KI 溶液，以全固态晶体膜碘电极为指示电极，参比电极采用 SCE。碘电极的响应斜率为 60.0mV/pI，试计算滴定开始及化学计量点时电池的电动势。

11. 采用 0.1000mol·L^{-1} NaOH 标准溶液电位滴定 50.00mL 某一元弱酸的数据如下：

V/mL	pH	V/mL	pH	V/mL	pH
0.00	2.90	12.00	6.11	15.80	10.03
1.00	4.00	14.00	6.60	16.00	10.61
2.00	4.50	15.00	7.04	17.00	11.30
4.00	5.05	15.50	7.70	18.00	11.60
7.00	5.47	15.60	8.24	20.00	11.96
10.00	5.85	15.70	9.43	24.00	12.57

（1）绘制滴定曲线；
（2）绘制 $\Delta pH/\Delta V$-V 曲线；
（3）试采用二阶微商法确定滴定终点；
（4）求化学计量点的 pH。

【附录】 考核评分表

	考核项目		考核比重
知识要求	1. 掌握工作电池的组成	40	4
	2. 掌握离子选择性电极的概念及性能指标		5
	3. 掌握不同类型电极的使用及选择		4
	4. 掌握仪器的基本组成		4
	5. 掌握电位法测定溶液 pH 的原理		5
	6. 掌握测定离子活度（浓度）的方法及主要影响因素		4
	7. 掌握电位滴定法的概念及终点确定方法		4
	8. 了解电化学实训室的管理规范及环境要求		2
	9. 了解电位分析法的类型及其原理		2
	10. 了解 pH 的实用定义		2
	11. 了解 pH 玻璃电极与甘汞电极的结构和工作原理		2
	12. 了解离子选择性电极的类型		2
能力要求	1. 能熟悉并遵守电化学实训室的安全操作规程	50	6
	2. 能熟练操作仪器进行检测		8
	3. 能正确配制 pH 标准缓冲溶液		6
	4. 能正确校正 pH 计		6
	5. 能够根据条件使用正确方法对样品进行定量分析		10
	6. 能正确选择并使用 TISAB		6
	7. 能够对仪器设备及电极进行日常维护		8
素质要求	1. 遵循实验室各项规章制度	10	1
	2. 劳动积极，主动参与		2
	3. 与其他同学积极合作		2
	4. 合理利用资源，避免浪费		2
	5. 正确使用个人防护装备，并能够有效防范事故和化学品的危害		2
	6. 尊敬师长，文明操作		1
	合计		100

项目 8

能力拓展——其他仪器分析方法介绍

 知识目标

1. 掌握 原子发射光谱分析法中常用的光源、光谱仪器等设备的工作原理,气相色谱-质谱联用仪器的组成和工作流程。
2. 理解 原子发射光谱分析法的基本原理,包括激发和发射过程以及能级结构,气相色谱-质谱联用技术的原理和优势。
3. 了解 原子发射光谱分析法的应用范围和限制,气相色谱(GC)和质谱(MS)的基本原理和工作原理及特点。

 能力目标

1. 能够正确选择和操作原子发射光谱分析法所需的仪器设备,如光源、光栅、检测器等,能够进行样品的预处理、进样和测量,控制实验条件和参数,具备对原子发射光谱分析法得到的数据进行解析和定量分析的能力。
2. 掌握对气路系统、气化室以及检测器进行检漏的方法,能够正确设置和优化气相色谱-质谱联用仪器的参数,如进样量、流速等,能够独立操作气相色谱-质谱联用仪进行样品的分析和数据采集,具备对气相色谱-质谱联用数据进行解析和解释的能力,如峰识别、质谱图解析等。
3. 在实验操作中掌握解决问题的方法和技能,能够对实验过程中出现的问题进行分析、解决和改进。
4. 能够对所使用的仪器设备进行日常的维护保养。

 素质目标

1. 在本项目涉及的仪器和方法检测物质的过程中,锻炼学生在实践中进行分析和解决问题的能力,培养学生科学思维和实验设计的能力,引导帮助学生强化创新意识,培养学生探究和创新的精神。
2. 在学生反复验证,不断调整实验条件以获得最为准确结果的过程中,引导学生们时刻保持清醒头脑,严格遵守职业道德和职业操守,把握好自己的行为准则,保证每一步实验都能达到预期效果。
3. 在学习本项目涉及的仪器和检测方法过程中,不仅需要培养学生精确和细致的实验态度,保证实验结果的准确性和可靠性,还应引导学生对实验数据的分析和判断能力,增进学生对化学分析方法和仪器操作的兴趣。

任务 1　原子发射光谱分析法

一、原子发射光谱分析的基本原理

1. 原子发射光谱的产生

原子发射光谱(atomic emission spectrometry)分析是根据原子所发射的光谱来测定物质

的化学组成的。不同物质由不同元素的原子所组成，而原子都包含着一个结构紧密的原子核，核外围绕着不断运动的电子。每个电子处在一定的能级上，具有一定的能量。在正常的情况下，原子处于稳定状态，它的能量是最低的，这种状态称为"基态"。但当原子受到外界热能、电能或光能等的作用时，原子由于与高速运动的气态粒子和电子相互碰撞而获得了能量，使原子中外层的电子从基态跃迁到更高的能级上，处在这种状态的原子称为"激发态"。这种将原子中的一个外层电子从基态跃迁至激发态所需的能量称为激发能（或激发电位，单位 eV）。当外加的能量足够大时，可以把原子中的电子从基态跃迁至无限远处，也即脱离原子核的束缚而成为离子，这一过程称为"电离"。原子失去一个外层电子成为离子时所需的能量称为一级电离电位。当外加的能量更大时，离子还可进一步电离成二级离子（失去两个外层电子）或三级离子（失去三个外层电子）等，并具有相应的电离电位。这些离子中的外层电子如同原子的外层电子一样，当受到外界热能、电能或光能等的作用时也能被激发，其所需的能量即为相应离子的激发电位 (excitation potential)。

处于激发态的原子或离子是十分不稳定的，在极短的时间内（约 10^{-8}s）便跃迁至基态或其他较低的能级上，当原子或离子从较高能级跃迁到基态或其他较低的能级的时候，就将释放出多余的能量，这种能量以一定波长的电磁波（即光）的形式辐射出去（为区分前一种跃迁过程，通常将这种由较高能级向较低能级的跃迁形象地称为辐射跃迁），从而形成了相应的一条光谱线，其辐射的能量可用下式表示：

$$\Delta E = E_2 - E_1 = h\nu = \frac{hc}{\lambda} \tag{8-1}$$

式中，E_2、E_1 分别为高能级、低能级的能量，eV。

从式 (8-1) 可见，每一条所发射的谱线的波长，取决于跃迁前后两个能级之间的能量差。由于原子的能级很多，原子在被激发之后，其外层电子可产生不同的辐射跃迁，但这些跃迁均应遵循"光谱选择定则"，因此对特定元素的原子可产生一系列不同波长的特征光谱线（或光谱线组），这些谱线按一定的顺序排列，并保持一定的强度比例。原子能级是不连续（量子化）的，电子的跃迁也是不连续的，这就是原子光谱为线状的根本原因。

原子发射光谱分析就是从识别这些元素的特征光谱来鉴别元素存在与否（定性分析）；而这些光谱线的强度又与该元素在试样中的含量有关，此又可利用这些谱线的强度来测定元素的含量（定量分析）。

原子发射光谱分析（摄谱法）的一般过程是：使试样在外界能量的作用下转变成气态原子并使原子外层电子进一步被激发；当被激发的电子从较高能级跃迁到较低的能级时，原子将释放出多余的能量，从而产生光辐射——特征发射谱线；所产生的光辐射经过摄谱仪器进行色散（分光），按波长长短顺序记录在感光板上；经暗室处理后，借助光谱投影仪就可观察到有规则的谱线条即光谱图；根据所得光谱图进行元素定性鉴定或定量分析。

2. 元素光谱化学性质与元素周期表的关系

由于原子光谱的性质与原子的外层电子构型密切相关，进而也就与元素周期表有着密不可分的联系。了解这些联系的规律，对于认识各种元素的光谱特性，指导光谱分析中工作条件的选择是非常有意义的。

元素光谱化学性质与周期表之间的关系，大致有如下一些规律。

首先，同一周期的元素，随原子序数的增加，其外层电子也逐渐增多，光谱也变得越加复杂，谱线强度却逐渐减弱。因此，氢的发射谱线最简单，且分布在可见及近紫外区，谱线间距离及强度有规则地向着短波方向缩短和减弱。在各个周期中，也总是碱金属的原子光谱相对较简单。

其次，对于主族元素而言，由于其外层电子出现在 s 和 p 层轨道上，因此谱线条数多、强度也大，同组元素的光谱化学性质也较为接近。如ⅠA 元素均只有一个价电子，激发时只有这个电子向较高能级跃迁，因而所发射的光谱也较为简单。同时，又由于这些原子内有闭合层存在，使价电子因受到屏蔽而与原子核间的作用力被削弱，因而变得同样易被激发。但由于先前经历了一次电离而仅剩下闭合屏蔽层，因而又使进一步被激发变得极其困难。正因如此，所以碱金属的离子线均在远紫外区域出现，即使是使用较高能量的光源去激发它，也较难得到。ⅡA族元素的原子具有两个价电子，激发状态相对碱金属元素原子也就复杂些，因而它们的发射光谱也就相对复杂些。但当它们发生了一次电离后，由于电子排布就相当于碱金属元素，进一步激发所需能量也较小，因而较容易得到碱土金属元素的离子谱线。ⅢA族元素都具有三个价电子，其中两个s电子和一个p电子，而且这个p电子与已组成闭合亚层的s电子相互间作用不大，所以该族元素的光谱与碱金属元素相似，也较为简单，除B之外激发电位也较低。ⅣA族有四个价电子，两个s和两个p电子，相互间作用较强，因而电离电位较高。ⅤA、ⅥA、ⅦA族元素，相互间作用力更进一步增强，除Sb、Bi外均需要很高的能量去激发，因此共振发射线都位于远紫外区。

就副族元素而言，情况就较为复杂些。Cu、Ag、Au、Zn、Cd、Hg的原子，其内层d电子数均已饱和，外层为s电子排布，因而激发电位较低，谱线也较为简单。除此之外，其余副族元素为d外层电子排布，谱线也就相当复杂，如已熟悉的Fe的发射谱线就高达5000条以上。稀土元素和超铀元素均具有d和f的外层电子排布，其发射光谱自然就复杂了，且各条谱线间的波长差很小，强度也很弱，一般分辨率低的仪器是很难将它们彼此分开的。

综上所述，就整个周期表而言，左下角的元素，金属性强，激发及电离电位都低，其共振发射线波长长，发射谱线位于近红外区；右上角的元素，非金属性强，激发及电离电位都高，其共振发射线波长最短，发射谱线位于远紫外区；位于周期表中间的大多数过渡金属元素，具有较为接近的、中等程度的激发电位和电离电位，相应的共振线波长比较居中，发射谱线位于近紫外及可见光区，是原子发射光谱分析法主要分析的元素。

二、原子发射光谱仪

当采用原子发射光谱的摄谱分析法时，首先要将样品蒸发、原子化、激发以便产生光辐射，为此要有一激发光源；然后要将光辐射（混合光）色散开，以便展开成谱并用相板加以记录得到光谱图，为此要有一摄谱仪；最后再对所得到的光谱图进行波长鉴别，以完成定性分析，为此需要一映谱仪，或黑度测量以完成定量分析，为此需要一测黑度计。

因此，原子发射光谱仪的基本组成应包括：激发光源、摄谱仪（含分光系统及照相系统）、映谱仪（也即光谱投影仪）、测黑度计（也叫测微光度计）。

1. 激发光源

（1）激发光源的作用　提供试样蒸发、原子化、激发所需要的能量，以便产生光辐射。

（2）激发光源需满足的要求

① 有足够的蒸发、原子化、激发的能力；

② 放电稳定；

③ 不与被测物发生化学反应，以致影响样品的组成；

④ 光谱背景小；

⑤ 结构简单，操作安全，适用性强。

（3）几种常用的激发光源　光谱分析的试样种类繁多，试样的状态有气体、液体或固体；而固体又可能是块状或粉末状的；试样有良导体、绝缘体、半导体之分；分析的元素有易激发的、难激发的等。光谱分析用的光源应能适合于各种分析要求和目的，因而种类较多，具有一定的选择范围。

目前，激发光源主要有两大类：经典光源，如直流电弧、交流电弧、电火花光源等；近代光源，如激光及电感耦合等离子体焰炬（inductively coupled plasma，ICP）等。

① 直流电弧光源。也叫直流电弧发生器。这种光源的基本电路如图 8-1 所示。利用直流电作为激发能源：常用电压为 150~380V，电流为 5~30A。可变电阻（称作镇流电阻）用于稳定和调节电流的大小，电感（有铁芯）用来减小电流的波动。G 为放电间隙（分析间隙）。

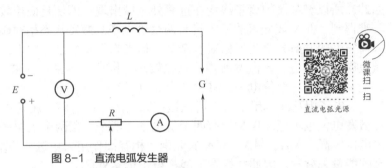

图 8-1　直流电弧发生器

E—直流电源；V—直流电压表；A—直流安培表；R—镇流电阻；L—电感；G—分析间隙

利用这种光源激发时，分析间隙一般以两个碳电极作为阴、阳两极。试样装在一个电极（下电极）的凹孔内。由于直流电不能击穿两电极，故应先行点弧，为此可手动使分析间隙的两电极接触或用某种导体（如碳棒）接触两电极，使之短路，随后迅速断开，使两电极相距 4~6mm，这时电极尖端被烧热，而使电弧被引燃，就得到了电弧光源。因触点电阻很大，瞬间短路产生高热。使阴极尖端发射热电子并形成热电子流，断开后，热电子被电场加速奔向阳极，轰击阳极表面产生高热，形成 3800K 炽热的阳极斑，使事先置于其上的试样被蒸发、解离、原子化，蒸发的原子因与电子碰撞，电离成正离子，并以高速运动轰击阴极表面，使其产生热电子发射。于是电子、原子、离子在分析间隙互相碰撞，发生能量交换，引起试样原子激发，产生一定波长的光辐射。这样的过程如同雪崩一样，一旦引发将不断进行下去，从而维持电弧不灭。这种光源的弧焰温度与电极和试样的性质有关，一般可达 4000~7000K，可使 70 种以上的元素激发。因其温度相对较低，产生的发射谱线主要是一些原子线。

其主要特点是：电极温度高，因而蒸发能力强；分析的绝对灵敏度高；光谱背景小；适宜于进行定性分析及低含量杂质的测定；因存在着弧光游移（也叫斑点游移）现象，使得分析的再现性比较差；电极头温度比较高，所以弧焰半径大，有自吸收存在；同时这种光源不宜用于定量分析及低熔点元素的分析，低熔点金属及合金也不能直接作阳极使用，以防烧损；设备简单，操作安全，易于燃烧，曝光时间短。

② 交流电弧光源。交流电弧光源又称为交流电弧发生器。这是一类由交流电维持电弧燃烧的光源。分为高压交流电弧和低压交流电弧两种。前者工作电压高达 2000~4000V，为的是利用高电压将弧隙击穿而燃烧，但由于装置复杂，操作危险性大，因此实际上已很少使用。低压交流电弧光源的工作电压较低，一般为 110~220V，设备简单，操作也安全，因此实际工作中更多使用这种交流电弧光源。由于交流电具有随时间以正弦波形式发生周期性变化的特点，因而交流电弧光源不能像直流电弧光源那样，依靠两个电极的短暂接触来点弧，而必须采用一个引弧电路——高频引燃装置，使其在每一交流半周时自动引燃一次，以维持电弧不灭。交流电弧发生器的典型电路如图 8-2 所示。

接通交流电源（110V 或 220V），电流经可变电阻器 R_1 适当降压后，由变压器 B_1 升压至 2.5~3kV，并向电容器 C_2 充电（充电电路为 l_2-L_1-C_2，放电盘 G'断路），充电速度由 R_1 调节。当 C_2 所充电能达到放电盘 G'处空气的击穿电压时，放电盘击穿跳过火花，此时由于在回路内有高频变压器 B_2 的初级线圈电感存在，因而产生一高频振荡电流（振荡电路为 C_2-L_1-G'，l_2 不作用），振荡的速度可由放电盘 G'的间距及充电速度来控制，使每半周只振荡一次。振荡电压经 B_2 的次级线圈升压达 10kV，通过电容器 C_1 将电极间隙 G 的空气绝缘击穿，产生高频振荡放电（高频电路为 L_2-C_1-G）。当电极间隙 G 被击穿时，跳过的火花使电极间隙之间的空气电离，电源的低压部分便沿着已形成的电离气体通道，通过 G 进行弧光放电（低压放电电路 R_2-L_2-G，C_1 不作用）。当电压降至低于维持电弧放电所需的数值时，电弧便熄灭，但此时第二个交流半周又开始，并重复着上述过程，使 G 又被高频放电击穿，随之又进行电弧放电，如此反复进行而维持电弧不灭。

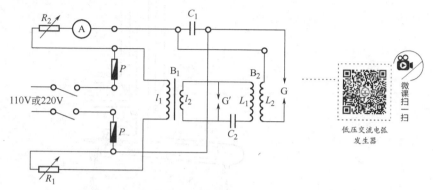

图 8-2　低压交流电弧发生器

由于交流电弧的电弧电流有脉冲性，它的电流密度比直流电弧中要大，弧温也较直流电弧高（略高于 4000～7000K），所以在最终得到的光谱中，出现的"离子线"（注：离子被激发后产生的发射谱线）也自然要比使用直流电弧光源所得到的光谱中稍多些。这种光源的最大优点是：因每半周改变一次电极极性，稳定性比直流电弧高；每半周引燃、熄灭一次，使放电具有间隙性，从而抑制了斑点游移现象及放电半径的扩大；操作简便安全，放电稳定性高，因此再现性好，比直流电弧的电弧温度高，适于难激发元素的分析，但比直流电弧的电极温度低，因而灵敏度较差。广泛应用于光谱定性、定量分析中。

③ 高压（电）火花光源。也叫高压火花发生器。其电路如图 8-3 所示。电源电压 E 由调节电阻 R 适当降压后，经变压器 B 产生 10～25kV 的高压，然后通过扼流圈 D 向电容器 C 充电。当电容器 C 上的充电电压达到分析间隙 G 的击穿电压时，就通过电感 L 向分析间隙 G 放电，产生具有振荡特性的火花放电。放电完了以后，又重新充电。充电、放电，反复进行以维持电火花不灭。

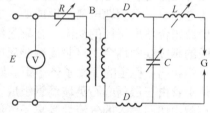

图 8-3　高压火花发生器

这种光源的特点是放电的稳定性好，电弧放电的瞬间温度即可高达 10000K 以上，特别适于定量分析及难激发元素的测定（前已述及低压交流电弧光源适于难激发元素的分析，但 S、P、C、X 等极难激发的元素却需用此光源）；由于激发能量大，所产生的谱线主要是"离子线"（又称"火花线"）；但这种光源每次放电后的间隙时间较长，电极头温度较低，因而试样的蒸发能力较差，灵敏度较差，背景大，不宜作痕量元素的分析，而较适合于分析低熔点的试样；另一方面，由于电火花仅射击在电极的一个小点上，若试样不均匀，产生的光谱不能全面代表被分析试样的组成情况，所以，高压火花光源仅适用于金属、合金等组成较为均匀的试样的分析。由于使用高压电源，操作时应注意安全。

④ 电感耦合等离子体焰炬（ICP）。这是当前原子发射光谱分析中发展最为迅速、最受重视的一种新型近代光源。它的基本结构如图 8-4 所示，主要包括高频发生器、等离子体炬管和雾化器。

所谓"等离子体"是指电离了的但在宏观上呈电中性的物质。对于部分电离的气体，只要满足宏观上呈电中性这一条件，也称为等离子体。这些等离子体的力学性质（可压缩性，气体分压正比于热力学温度等）与普通气体相同，但由于带电粒子的存在，其电磁学性质却与普通中性气体相差甚远。

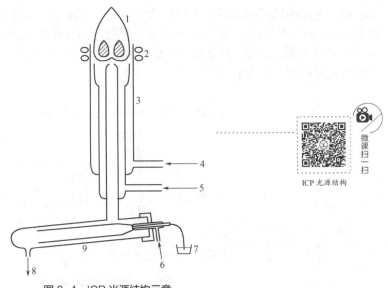

图 8-4 ICP 光源结构示意

1—等离子体焰炬；2—高频感应线圈；3—石英炬管；4—等离子气流；5—辅助气流；6—载气；7—试样溶液；8—废液；9—雾化器

作为发射光谱分析激发光源的等离子体焰炬有多种，ICP 只是其中最常用的一种。

ICP 形成的原理同高频加热的原理相似：将石英玻璃炬管置于高频感应线圈中，等离子工作气体（通常为氩气）持续地从炬管内通过。最初，在感应线圈上施加高频电场时，由于气体在常温下不导电，因而没有电流产生，也就不会出现等离子体。若使用一感应线圈产生电火花触发少量气体电离（或将石墨棒等导体插入炬管内，使其在高频交变电场作用下产生焦耳热而发射热电子），产生的带电粒子在高频交变电磁场的作用下高速运动，碰撞气体原子，使之迅速、大量地电离，形成如"雪崩"式放电。电离了的气体在垂直于磁场方向的截面上形成闭合环形路径的涡流，在感应线圈内形成相当于变压器的次级线圈，并同相当于初级线圈的感应线圈耦合，这股高频感应电流产生的高温又将气体加热、电离，并在管口形成一个火炬状的、稳定的等离子体焰炬。如图 8-5 所示，等离子体炬管由三层同心石英玻璃管组成。从外管和中间管间的环隙中切向导入的气流为等离子气流（通常为氩气，流量一般为 10～16L·min^{-1}），它既是维持 ICP 的工作气流，又将等离子体与管壁隔离，防止石英管烧熔；中间管一般以 1L·min^{-1} 的流量，通入氩气以辅助等离子体的形成，这种气流称为辅助气流。在进行某些分析工作时（有机试样分析等），它还可起抬高等离子体焰，减少炭粒沉积，保护进样管的作用。ICP-AES 可适用于气体、液体、粉末和块状固体试样的分析。其中大多数采用液体进样，此时载气携带由雾化器（参见原子吸收光谱分析一章）生成的试样气溶胶从进样管（内管）进入等离子体焰中央，形成一个中央通道，试样就在其中被激发。

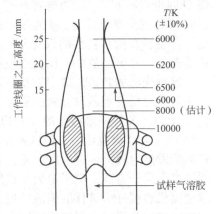

图 8-5 典型 ICP 焰炬的剖面及温度

以 ICP 作为光源的发射光谱分析（ICP-AES）具有下述一些特性。

a. ICP 的工作温度比其他光源高，在等离子体核处达 10000K，在中央通道的温度也有 6000～8000K（见图 8-5），且又是在惰性气氛条件下，原子化条件极为良好，有利于难熔化合物的分解、原子化以及元素的激发，因此对大多数元素都有很高的分析灵敏度。

b. 由 ICP 形成过程可知，ICP 是涡流态的，且在高频发生器频率较高时，等离子体因"趋肤效应"（高频电流密度在导体截面呈不均匀的分布，即电流不是集中在导体内部，而是集中在导体表层的现象）而形成环状。此时等离子体外层电流密度最大，中心轴线上最小，与此相应，表层温度最高，中心轴线处温度最低（见图8-5），这有利于从中央通道进样而不影响等离子体的稳定性。同时由于从温度高的外围向中央通道气溶胶加热，不会出现发射光谱中常见的因外部冷原子蒸气造成的"自吸收"现象，这就大大扩展了测定的线性范围（通常可达 4～5 个数量级）。

c. ICP 中电子密度很高，所以碱金属的电离在 ICP 中不会造成很大的干扰。

d. ICP 是无极放电，没有电极污染。

e. ICP 的载气流速较低（通常为 0.5～2L·min^{-1}），有利于试样在中央通道中充分地被激发，而且试样的消耗量也较少。

f. ICP 一般以氩气作工作气体，由此产生的光谱背景干扰也比较少。

ICP 光源上述这些特点，使得 ICP-AES 也具有灵敏度高、检出限低（10^{-9}～10^{-11}g·L^{-1}）、精密度好（相对标准偏差一般为 0.5%～2%）、工作曲线线性范围宽等优点，因此同一份试液可用于从宏量至痕量元素的分析，试样中基体和共存元素的干扰小，甚至可以用一条工作曲线测定不同基体的试样中的相同元素。

2. 摄谱仪

摄谱仪是用来观察光源产生的光辐射并可进一步将其分解为按一定次序排列的光谱的装置。

发射光谱分析又据接收光辐射方式的不同而形成三种不同的分析方法，即看谱法、摄谱法和光电直读法。图 8-6 是这三种方法的示意图。由图 8-6 可见，这三种方法基本原理是相同的，即皆是将试样被蒸发、激发后产生的光辐射（复合光）经入射狭缝投射在分光元件上，被其色散成光谱，再通过测量谱线而检测试样中的分析元素。区别仅在于检测方式的不同，看谱法是用人眼作检测器去观察光谱辐射信号，摄谱法则是用感光板接收光谱辐射信号，光电直读法则用光电倍增管、阵列检测器接收光谱辐射信号。本章重点介绍摄谱法。

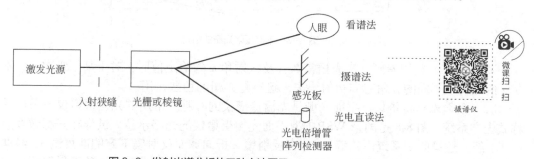

图 8-6 发射光谱分析的三种方法图示

以光栅作为色散元件的摄谱仪叫光栅摄谱仪，它利用光的衍射现象进行分光。光栅可以用于由几纳米到几百微米的整个光谱区域，因而是一种非常有用的色散元件。由于光栅刻划技术的不断提高，并应用了复制技术，因而光栅摄谱仪以及其他一些应用光栅作色散元件的光学仪器（如红外分光光度计等）得到愈来愈广泛的应用。光栅摄谱仪比棱镜摄谱仪有更高的分辨率，且色散率基本上与波长无关，它更适用于一些含复杂谱线的元素如稀土元素、铀、钍等试样的分析。现以 WSP-1 型平面光栅摄谱仪为例说明光栅摄谱仪的基本原理。

（1）光栅的结构及其色散作用　现主要就平面反射光栅对光的色散原理作一介绍。

平面光栅是在一块铝膜光学平面上刻划了许许多多条相距很近、相互平行的等距、等宽且有反射面的沟槽所构成。将其沿垂直于刻线的方向截取一小段，如图 8-7 所示。假设现有一束平行光以 α 角入射到光栅上，就会被光栅的每一个衍射面以 β 角衍射出去（衍射光线朝各个方向射出）。由于相邻两刻线间距离 a 是与波长具有相同的数量级，因此这些衍射光具有一很大的角幅度。设其中两条入射光线 1 和 2 依次分别射到相邻两刻槽的衍射面的 A 和 B 两个点上，经衍射后以衍射角 β 离开光栅时对应光线依次记为 1'和 2'。当入射光线 1 和 2 分别在 A、D 两点是同相位时（AD 垂直于入射光束），则它们到达 A、B 点的光程差为 $DB=a\sin\alpha$。并且当它们自刻槽的衍射面以相同的衍射角 β 衍射出去时，光程差又增加或减少 $AC=a\sin\beta$。因此总的光程差为 $DB\pm AC=a(\sin\alpha+\sin\beta)$。显然，当光线 1、2 和 1'、2'在光栅平面法线的同侧时，总光程差为 $DB+AC$；在异侧时总光程差为 $DB-AC$。据光的干涉原理，若总光程差等于光线的波长的正整数倍，则自各个刻线槽的衍射面上以相同 β 角衍射出去的光线都是同相位的，即彼此叠加相互增强的。此时若用成像物镜将这些光线聚焦，则可在空间与法线成 β 角的方向上见到一个明亮的像。而在空间与法线成其他衍射角的位置，由于光的相互干涉而使光强为零。至此可得光栅公式：

$$mn\lambda=a(\sin\alpha\pm\sin\beta) \tag{8-2}$$

式中，入射角 α 永远取正值；衍射角 β 若与入射角 α 同在光栅平面法线的一侧，则 β 取正值，反之则取负值；a 为相邻两刻线槽的间距，也称光栅常数；λ 为衍射光波长；n 为单位长光栅的沟槽数（为常数，如 1200 条/mm）；m 为干涉级，也称光谱级（次），简称谱级，其可取任意整数 0、±1、$\pm2\cdots$，m 取正数，叫作正级光谱，m 取负数，叫作负级光谱。

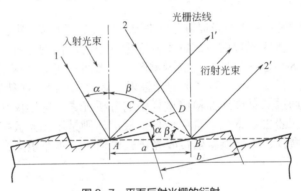

图 8-7 平面反射光栅的衍射

从式 (8-2) 可以看到，当光栅常数 a 及入射角 α 为给定值时，对于某一级次 m，不同波长 λ 的光将以不同的 β 角方向衍射出去，这就是光栅的色散作用。

（2）平面光栅摄谱仪 平面光栅是光栅摄谱仪的心脏。常用的光栅摄谱仪多采用垂直对称式光学系统。图 8-8 是国产 WSP-1 型平面光栅摄谱仪的光路示意。试样在光源激发后发射的光，经三透镜照明系统由狭缝 1、平面反射镜 2 折向球面反射镜下方的准直镜 3，经准直镜 3 将散射光束变为平行光束射到光栅 4 上，由光栅 4 分光后的光束，经球面反射镜上方的成像物镜 5 按波长大小顺序排列并聚焦于感光板 6 上。旋转光栅转台 8 可改变光栅的入射角，同时可相应改变所需的波段范围及衍射光谱级次，7 为二次衍射反射镜，由光栅 4 反射到其表面上的光线被射回到光栅 4，从而进行再次分光，然后再到成像物镜 5，最后聚焦成像在一次衍射光谱下面 5nm 处。这样经过两次衍射的光谱，其色散率和分辨率比一次衍射的大一倍。为避免两次衍射光谱间的相互干扰，在暗盒前设置了一个光阑将一次衍射光谱挡掉。不用二次衍射时，可在仪器面板上转动一手轮，使挡板将二次衍射反射镜 7 遮挡住。

（3）光栅摄谱仪的光学性能 光栅摄谱仪的光学性能主要以线色散率、分辨率和闪耀特性三者进行表征。

① 线色散率。光栅摄谱仪的线色散率 $dx/d\lambda$ 可用其角色散率 $d\alpha/d\lambda$ 与摄谱物镜焦距 f 的乘积表示，即：

$$\frac{dx}{d\lambda}=\frac{d\alpha}{d\lambda}f=\frac{nf}{a\cos\beta} \tag{8-3}$$

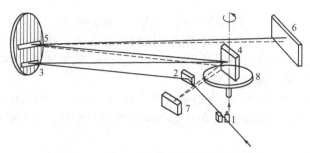

图 8-8　WSP-1 型平面光栅摄谱仪光路示意

1—狭缝；2—平面反射镜；3—准直镜；4—光栅；5—成像物镜；6—感光板；7—二次衍射反射镜；8—光栅转台

可见光栅摄谱仪的色散率大小与光栅常数 a 成反比关系，即光栅上每毫米内的刻线槽数越多，色散率就越大；同一块光栅其光谱级次越高，色散率也越大，由一级光谱转为二级光谱时，色散率增加一倍；线色散率还随摄谱物镜焦距的延长而提高；由于光束的衍射角（β）很小，$\cos\beta \approx 1$，因此光栅摄谱仪的线色散率几乎与波长无关，各波长之间的谱线能以均等位置排列，这一点比棱镜要优越。

② 分辨率。光栅摄谱仪的理论分辨率 R 可由下式表示：

$$R = \frac{\lambda}{\Delta\lambda} = mN \tag{8-4}$$

式中，N 为光栅的总刻线槽数；m 为光谱级次。式（8-4）表明：光栅刻线总数和谱级越大，分辨率就越高。例如，一块长为 95mm 的光栅，每毫米刻线槽数为 1200 条时，其对一级光谱的理论分辨率为 114000，对二级光谱的理论分辨率则为 228000。但实际分辨率如同棱镜一样是达不到以上数值的。由于光栅表面的光学质量、刻线间距的均匀性等问题，在正常狭缝宽度时，一般光栅的实际分辨率，在一级光谱中只能达到理论值的 70%~80%，在二级光谱中仅大约为理论值的 60%。

③ 闪耀特性。光栅色散与棱镜不同的是，它所衍射的光的能量因波长的不同，其分配是不均匀的，这就是所谓的"闪耀特性"，它是由光栅刻线槽的微观形状所决定的。通常来讲，一般的反射光栅其衍射光的强度主要集中在零级光谱处，即 $m=0$ 处，光栅无色散作用，因此，在此处看到的是明亮的混合光（即白光）。而零级光谱又占去衍射光强度的大部分，并且其余级次的衍射光强随级次的增加而减弱，但又恰恰是我们所需要的。

为了使辐射能能够最大限度地集中在所要求的波长范围内（即保证所关心的谱线其强度是最大的），于是采用了定向闪耀的办法，即将光栅表面刻划成具有一定角度的沟槽，试验表明：当入射角 α、衍射角 β 与光栅衍射面和光栅平面的夹角 θ 三者相等时，刻线槽所衍射的光最强，这时称 θ 角为"闪耀角"。并且闪耀角对应的闪耀极大的波长叫作"闪耀波长"，记为 λ_θ。且有：

$$2\sin\theta = mn\lambda_\theta \tag{8-5}$$

所以，由 θ 可决定 λ_θ。对于具体一块光栅来讲，由于 θ 角已为定值，因此 λ_θ 也为定值。由 λ_θ 可计算出具体一块光栅所适用的波长范围，即：

$$\lambda_{(m)} = \lambda_\theta/(m \pm 0.5) \tag{8-6}$$

例如，WPG-100 型光栅摄谱仪配备有两块光栅，它们的 n 相同（1200 条/mm），但 θ 角不同，所以 λ_θ 也就不一样（分别为 300.0nm 和 570.0nm）。因此，适用的波长范围也就不同。例如，同样是对于一级光谱，其适用波长范围可计算如下：

$\lambda_{(1)} = 300.0/(1+0.5) = 200.0$nm
$\lambda_{(1)} = 300.0/(1-0.5) = 600.0$nm
$\lambda_{(1)} = 570.0/(1+0.5) = 380.0$nm

$$\lambda_{(1)}=570.0/(1-0.5)=1140.0\text{nm}$$

也即对于第一块光栅而言,其对一级光谱适用的波长范围是 200.0～600.0nm;对于第二块光栅,其对于一级光谱适用的波长范围是 380.0～1140.0nm。如果还是这两块光栅,可自己计算一下其对于二级光谱的适用波长范围是多少。

另外,光栅分光还有一特点——光谱级次的重叠。如,对于 $\lambda=600$nm 的一级光谱、$\lambda=300$nm 的二级光谱、$\lambda=200$nm 的三级光谱以及 $\lambda=150$nm 的四级光谱线,它们将会在空间的同一位置出现。因此有重叠公式:

$$m_1\lambda_1=m_2\lambda_2=m_3\lambda_3=\cdots \tag{8-7}$$

式 (8-7) 可以帮助我们推算出在光谱分析中有无因光谱线重叠所造成的对分析测定的干扰存在。消除光谱重叠干扰的方法较多,如使用单色滤光片、利用不同感光板的感光灵敏度、于入射狭缝前加前置滤光器等。如上例中,对于 150.0nm 谱线而言,可被空气吸收掉;对于 600.0nm 谱线,选用紫外相板,则对 600.0nm 谱线不感光,再选用一块可滤掉 200.0nm 谱线的滤光片,这样一来最终可得到无干扰的 300.0nm 谱线的二级光谱。

3. 映谱仪（光谱投影仪）

映谱仪也叫光谱投影仪。当将通过洗相处理好的谱片（感光板）放在映谱仪上时,映谱仪即将该谱片放大 20±0.25 倍,以便进行谱线的观察,完成光谱定性分析。图 8-9 是 WTY 型光谱投影仪的光路示意。

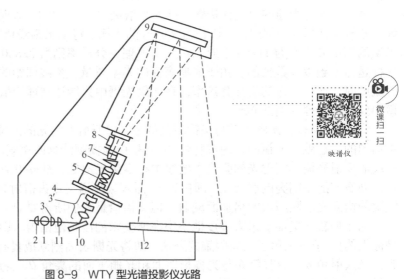

图 8-9 WTY 型光谱投影仪光路

1—光源;2—球面反射镜;3—聚光镜;3'—聚光镜组;4—光谱底板;5—透镜;6—投影物镜组;7—棱镜;8—调节透镜;9—平面反射镜;10—反射镜;11—隔热玻璃;12—投影屏

其工作过程是:来自光源 1（12V 50W 钨丝灯）的光线,经球面反射镜 2 反射,通过聚光镜 3 及隔热玻璃 11,再经反射镜 10 将光线转折 55°角,由聚光镜组 3'射向被分析的光谱底板 4,使光谱底板上直径为 15mm 的面积得到均匀的照明。投影物镜组 6 使被均匀照明的光谱线经过棱镜 7,再由平面反射镜 9 反射,最后投影于投影屏 12 上。调节投影物镜组 6 中的透镜 5,使其上下移动,即可在 19.75～20.25 的范围内改变该仪器的放大倍数,以使谱片观察起来更清晰。8 为调节透镜,可转至光路中,以作调节照明强度之用。

4. 测微光度计（测黑度计）

测微光度计也叫测黑度计,是用来测量感光板上所记录的谱线黑度（即深浅程度）的装置,它是光谱定量分析中不可或缺的设备。

在光谱分析时，投射到感光板上的光线越强，照射时间越长，则感光板上的谱线越黑。常用黑度来表示谱线在感光板上的变黑程度。若将一束强度为 a 的光投射到感光板上未感光部位（如图 8-10 中右侧所示）时，则透过光的强度为 I_0（显然 $I_0=a$），而投射到感光板上已感光部位即变黑部位（如图 8-10 中左侧所示）时，则透过光的强度为 I，那么感光板变黑处的透过率 T 被定义为：

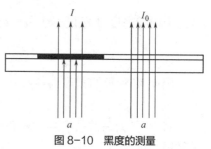

图 8-10 黑度的测量

$$T = \frac{I}{I_0} \tag{8-8}$$

而黑度 S 被定义为：透过率 T 的倒数的常用对数，即：

$$S = \lg\frac{1}{T} = \lg\frac{I_0}{I} \tag{8-9}$$

值得一提的是：在光谱分析中的所谓黑度，实际上相当于分光光度法中的吸光度 A。只不过在测量时，测微光度计所测量的面积远比分光光度法小，一般只有 $0.02 \sim 0.05 mm^2$，故被测量的谱线需经放大 $20±0.25$ 倍才可辨认得清；其次，只是测量谱线对白光的吸收，因此可使用连续光源。常用 9W 型测微光度计光路如图 8-11 所示。其工作过程是：自光源 1 发出的光线分两路进行。向左方进行的光，经过聚光镜 15 照亮检流计的读数标尺 16，再经透镜 17 照射至检流计悬镜 18 上。检流计的悬镜因光电流大小的不同而偏转，随着偏转角度不同，将读数标尺上的不同读数反射至直角反射镜 19 上，然后折射，经透镜 20 和 21 照射至反射镜 22，再反射，将读数标尺的读数投影到毛玻璃幕 23 上。另一束向右方进行的光，经聚光镜 2、照明狭缝 3、直角反射镜 4，折射后经显微物镜 5 聚焦于感光板 6 上，谱线的像再经显微物镜 5'放大，由直角反射镜 7 将光折射，经过测量狭缝 10、透镜 11、灰色圆楔（减光器）12、灰色滤光片 13 照射至光电池 14 上。由于谱线黑度不同，透光率也就不一样，以致在光电池上产生不同大小的光电流，使检流计悬镜产生不同角度的偏转，从而在毛玻璃光幕上显示出不同读数的黑度值。

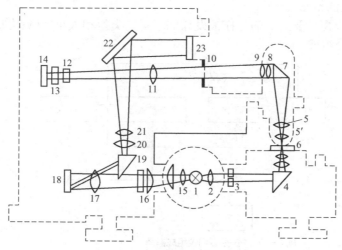

图 8-11 9W 型测微光度计光路

1—光源（12V，50W）；2，15—聚光镜；3—照明狭缝（绿玻璃片）；4，7，19—直角反射镜；5，5'—显微物镜；6—感光板；8，9—附加透镜（改变放大倍数）；10—测量狭缝；11，17，20，21—透镜；12—灰色圆楔（减光器）；13—灰色滤光片；14—光电池；16—读数标尺；18—检流计悬镜；22—反射镜；23—毛玻璃幕

测微光度计上具有三种读数标尺：一种是直线标尺，即 D 标尺，刻度为 $0 \sim 1000$，它相当于分光光度计上的透光度 T 标尺；另一种是黑度 S 标尺，刻度为 $0 \sim \infty$，它相当于分光光

度计上的吸光度 A 标尺；还有一种是 W 标尺，W 标尺和 T 标尺的关系为：

$$W=\lg\left(\frac{1}{T}-1\right) \tag{8-10}$$

因而 W 标尺的刻度为 $-\infty \sim +\infty$。有的仪器采用 P 标尺，而 P 值可按下式换算得到。

$$P=lS+(1-l)W=W+(S-W) \tag{8-11}$$

式中，l 为与波长有关的校正值。S 标尺在光谱分析中应用得最多，用 S 标尺可直接读出黑度值。

任务 2 气相色谱-质谱联用技术

一、气-质联用仪

气-质联用仪（GC-MS）是分析仪器中较早实现联用技术的仪器，自 1957 年 J.C.Holmes 和 F.A.Morrell 首次实现气相色谱和质谱联用以后，这一技术得到了长足的发展。在所有联用技术中气-质联用（gas chromatograph-mass spectrometry，GC-MS）发展最完善、应用最广泛。目前从事有机物分析的实验室几乎都把 GC-MS 作为主要的定性确认手段之一，同时 GC-MS 也被用于定量分析。另一方面，目前市售的有机质谱仪，不论是磁质谱、四极杆质谱、离子阱质谱还是飞行时间质谱（TOF）、傅里叶变换质谱（FTMS）等均能和气相色谱联用。还有一些其他的气相色谱和质谱连接的方式，如气相色谱-燃烧炉-同位素比质谱等。GC-MS 已经成为分析复杂混合物最为有效的手段之一。

气-质联用法是将气-液色谱和质谱的特点结合起来的一种用于确定测试样品中不同物质的定性定量分析方法，其具有 GC 的高分辨率和质谱的高灵敏度。气相色谱将混合物中的组分按时间分离开来，而质谱则提供确认每个组分结构的信息。气相色谱和质谱由接口相连。气-质联用法广泛应用于药品检测、环境分析、火灾调查、炸药成分研究、生物样品中药物与代谢产物定性定量分析及未知样品成分的确定。气-质联用法也被用于机场安检中，用于行李中或随身携带物品的检测。

气-质联用仪根据其要完成的工作被设计成不同的类型和大小。气-质联用仪系统一般由图 8-12 所示的部分组成。

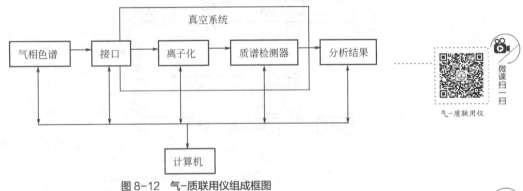

图 8-12 气-质联用仪组成框图

二、GC-MS 的常用测定方法

总离子流色谱法（total ionization chromatography，TIC）——经色谱分离流出的组分不断进入质谱，质谱连续扫描进行数据采集，每一次扫描得到一张质谱图，将每一张质谱图中所有离子强度相加，得到一个总的离子流强度。然后以离子强度为纵坐标，时间为横坐标绘制总离子色谱图，如图 8-13 所示。类似于 GC 图谱，用于定量。反复扫描法（repetitive scanning method，RSM）——按一定间隔时间反复扫描，自动测量、运算，制得各个组分的质谱图，可进行定性。质量色谱法（mass chromatography，MC）——记录具有某质荷比的离子强度随时间变化图谱。在选定的质量范围内，任何一个质量数都有与总离子流色谱图相似的质量色谱图。

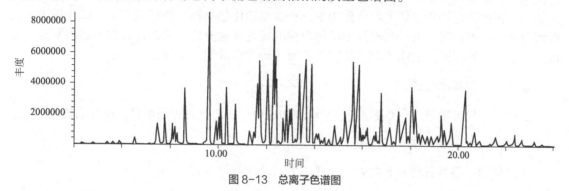

图 8-13　总离子色谱图

选择性离子监测（selected ion monitoring，SIM）——对选定的某个或数个特征质量峰进行单离子或多离子检测，获得这些离子流强度随时间的变化曲线。其检测灵敏度较总离子流检测高 2~3 个数量级。

质谱图——带正电荷的离子碎片质荷比与其相对强度之间关系的棒图（见图 8-14）。质谱图中最强峰称为基峰，其强度规定为 100%，其他峰以此峰为准，确定其相对强度。

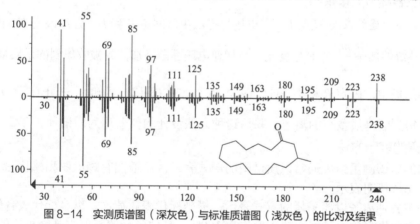

图 8-14　实测质谱图（深灰色）与标准质谱图（浅灰色）的比对及结果

由于气相色谱法在项目 4 中已经做过详细介绍，这里重点对质谱进行介绍。

三、质谱法

质谱法（mass spectrum，MS）是将样品离子化，变为气态离子混合物，并按质荷比（m/z）分离的分析技术；质谱仪是实现上述分离分析技术，从而测定物质的质量、含量及其结构的仪器。质谱分析法是一种快速、有效的分析方法，利用质谱仪可进行同位素分析、化合物分析、气体成分分析以及金属和非金属固体样品的超纯痕量分析。在有机混合物的分析研究中证明了质谱分析法比化学分析法、光学分析法具有更加卓越的优越性，其中有机化合物质谱分析在质谱学中占最大的比重，全世界几乎有 3/4 仪器从事有机分析，现在的有机质谱法，不仅可以进行小分子的分析，而且可以直接分析糖、核酸、蛋白质等生物大分子，在生物化学和生物医学上的研究成为当前的热点，生物质谱学的时代已经到来，当代研究有机化合物已经离不开质谱仪。

1. 基本原理

质谱法是通过将样品分子转化为运动着的气态离子,并按质荷比(离子质量与其所带电荷的比值,m/z)的不同进行分配和记录,根据所记录的结果进行物质结构和组成分析的方法。在质谱仪中,物质的分子在气态条件下受到具有一定能量的电子轰击时,首先会失去一个外层价电子,被电离成带正电荷的分子离子,分子离子进一步可碎裂成碎片离子。这些带正电荷的离子在高压电场和磁场的综合作用下,按照质荷比依次排列并记录下来,即得质谱。根据所得质谱数据,可以进行有机及无机化合物的定性定量分析、未知化合物的结构鉴定,可以进行样品中各种同位素比的测定及固体表面结构和组成的分析等。

磁场质谱的基本公式:

$$\frac{m}{z} = \frac{H^2 R^2}{2V} \tag{8-12}$$

式中,m 代表质量;z 代表电荷;V 代表加速电压;R 代表磁场半径;H 代表磁场强度;$\frac{m}{z}$ 代表质荷比,当离子带一个正电荷时就是质量数。

由此可知,要将各种 m/z 的离子分开,可以采取两种方式。

(1)固定 H 和 V,改变 R 固定磁场强度 H 和加速电压 V,由式(8-12)可知,不同 $\frac{m_i}{z}$ 将有不同的 R_i 与 i 离子对应,这时移动检测器狭缝的位置,就能收集到不同 R_i 的离子流。但这种方法在实验上不易实现,常常是直接用感光板照相法记录各种不同离子的 $\frac{m_i}{z}$,采用这种方法设计的仪器称为质谱仪。

(2)固定 R,连续改变 H 或 V 在电场扫描法中,固定 R 和 H,连续改变 V,由式(8-12)可知,通过狭缝的离子 $\frac{m_i}{z}$ 与 V 呈反比。当加速电压逐渐增加,先被收集到的是质量大的离子。

在磁场扫描中,固定 R 和 V,连续改变 H,由式(8-12)可知,$\frac{m_i}{z}$ 正比于 H^2,当 H 增加时,先收集到的是质量小的离子。采用这种方法设计的仪器称为质谱计。

2. 质谱的表示方法

化合物的质谱测量结果通常以质谱图的形式表示,质谱图有峰形图和棒状图,目前大部分质谱图都用棒状图表示。

质谱图中各种离子以离子峰的方式表示,横坐标代表质荷比,纵坐标代表各峰强度,常以质谱中的最强峰(称为基峰)的高度作为100%,其他各峰的高度与基峰相比的相对高度,称为相应离子的相对丰度。目前文献中还常以表格形式发表质谱数据,在表格中列出化合物的各主要离子峰及其相对丰度,以供阅读和结构解析。

3. 离子的主要类型

在质谱中出现的离子有分子离子、同位素离子、碎片离子等。

(1)分子离子 分子丢失一个外层价电子而形成的带正电荷的离子,称为分子离子(常用 M^+ 表示,也称为母体离子):

$$M + e^- \longrightarrow M^+ + 2e^-$$

由于分子离子的质荷比就等于它的分子量,因此实际过程中往往利用分子离子峰来测定有机化合物的分子量。

(2)同位素离子 组成有机化合物常见的十几种元素如 C、H、O、N、S、Cl、Br 等(除 F、P、I 以外)都有同位素。

由于以上元素(除 F、P、I 以外)都有同位素,在质谱中会出现由不同质量的同位素形成的峰，称为同位素峰。同位素峰的强度比与同位素的丰度比是相当的。其中丰度比很小，但在分子中含有较多数目如 C、H、O、N 等的同位素产生的同位素峰很小；而 S、Si、Cl、Br 等元素的同位素丰度高，因此含有 S、Cl 和 Br 的分子离子、碎片离子其 M+2 峰的强度较大，可根据 M 和 M+2 两个峰的强度比判断化合物中是否有 S、Cl 和 Br 的元素，以及含有几个这样的原子。

（3）碎片离子　碎片离子是由分子离子进一步产生键的断裂而形成的。由于键断裂位置不同，同一个分子离子可产生不同大小的碎片离子，而其相对量与键断裂的难易有关，即与分子结构有关。根据质谱中几个主要的碎片离子峰，可以粗略地推测化合物的大致结构。

4. 谱图解析

质谱图可提供有关分子结构的许多信息，可以比较方便地测出未知分子的分子量、化学式和结构式，因此，质谱分析的定性能力特别强。

（1）分子量的测定　从分子离子峰可以准确地测定该物质的分子量，这是质谱解析的独特优点，它比经典的分子量测定方法（如冰点下降法、沸点上升法、渗透压力测定等）迅速而准确，且所需试样量少（一般仅 0.1mg）。由于在质谱中最高质荷比的离子峰不一定是分子离子峰，因此，测定未知物质分子量的关键是分子离子峰的判断。在判断分子离子峰时应注意以下一些问题。

① 分子离子稳定性的一般规律。分子离子的稳定性与分子结构有关。碳数较多，碳链较长（有例外）和有支链的分子，分裂概率较高，其分子离子的稳定性低；具有 π 键的芳香族化合物和共轭链烯，分子离子的稳定性高。分子离子稳定性的顺序为：芳香环 > 共轭链烯 > 脂环化合物 > 直链的烷烃类 > 硫醇 > 酮 > 胺 > 酯 > 醚 > 分支较多的烷烃类 > 醇。

② 分子离子峰质量数的规律（氮律）。由 C、H、O 组成的有机化合物，分子离子峰的质量一定是偶数。而由 C、H、O、N 组成的化合物，含奇数个 N，分子离子峰的质量数是奇数；含偶数个 N，分子离子峰的质量则是偶数。这一规律称为氮律。凡不符合氮律者，就不是分子离子峰。

③ 分子离子与邻近峰的质量差是否合理。如有不合理的碎片峰，就不是分子离子峰。例如分子离子不可能裂解出两个以上的氢原子和小于一个甲基的基团，故分子离子峰的左面，不可能出现比分子离子峰质量小 3～14 个质量单位的峰；若出现质量差 15 或 18，这是由于裂解出·CH_3 或一分子水，因此这些质量差都是合理的。

④ M+1 峰。某些化合物（如醚、酯、胺、酰胺等）形成的分子离子不稳定，分子离子峰很小，甚至不出现；但 M+1 峰却相当大，这是由于分子离子在离子源中捕获一个 H 而形成的。

⑤ M-1 峰。有些化合物没有分子离子峰，但 M-1 峰却较大，醛就是一个典型的例子。因此在判断分子离子峰时，应注意形成 M+1 峰或 M-1 峰的可能性。

（2）总览质谱图　从分子离子峰的强度、整个质谱图碎片离子情况、低质量端碎片离子系列等方面，可对未知物的类型作一推断。

（3）化学式的确定　各元素具有一定的同位素天然丰度，因此不同的化学式，其(M+1)/M 和(M+2)/M 的百分比都有所不同。若以质谱法测定分子离子峰及分子离子的同位素峰(M+1、M+2)的相对强度，就是根据(M+1)/M 和(M+2)/M 的百分比来确定化学式。为此，J.H.Beynon 等计算了含碳、氢、氧和氮的各种组合的质量和同位素丰度比，通过它可以推断出未知物质的结构式。

（4）研究重要的碎片离子，推测物质分子的结构单元　包括碎片离子、重排离子、特征离子、亚稳离子等，尤其应注意反映物质分子结构的特征性离子。高质量端的离子的重要性远大于中、低质量范围的离子，因为它与分子离子的关系密切，能较为突出地显示所测定物质的结构特征。重排离子反映物质分子的结构特征，是推测物质分子结构的一条重要线索。

（5）根据结构单元推测分子结构　根据质谱图中重要离子碎片所提供的结构单元信息，对结构单元进行合理的组合，推测出分子的基本原始结构。

（6）对质谱的校核和归属　对所推测的分子结构，用质谱图进行校核。质谱图中重要的峰，包括基峰、高质量端的峰、特征碎片离子峰、重排离子峰、强峰等，应得到合理解释，找到归属。

5. 质谱仪器

质谱仪器一般由真空系统、进样系统、离子源、质量分析器和计算机控制与数据处理系统（工作站）等部分组成（见图8-15）。

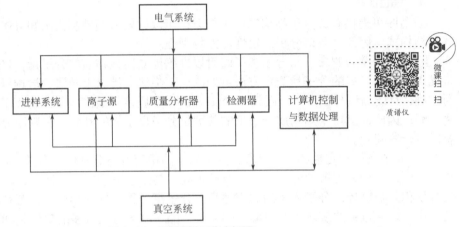

图8-15　质谱仪器工作方框图

（1）真空系统　质谱仪的离子源、质量分析器和检测器必须在高真空状态下工作，以减少本底的干扰，避免发生不必要的离子分子反应。离子源的真空度应达 $10^{-4} \sim 10^{-3}$ Pa，质量分析器和检测器的真空度应达 $10^{-5} \sim 10^{-4}$ Pa 以上。

质谱仪的高真空系统一般是由机械泵和涡轮分子泵串联组成的。机械泵作为前级泵，将真空系统抽至 $10^{-2} \sim 10^{-1}$ Pa，然后再由涡轮分子泵继续抽到高真空。在与色谱联用的质谱仪中，离子源是通过"接口"直接与色谱仪连接，色谱的流动相可能会有一部分或全部进入离子源。为此，与色谱联用的质谱仪的离子源所使用的高真空泵的抽速应足够大，以保证色谱的流动相进入离子源后能及时、迅速地被抽走，保证离子源的高真空度。

（2）进样系统（气相色谱仪和质谱仪的接口）　色谱-质谱联用仪的接口和色谱仪组成了质谱的进样系统。样品由色谱进样器进入色谱仪，经色谱柱分离出的各个组分依次通过接口进入质谱仪的离子源。通常色谱柱的出口端近似为大气压力，这与质谱仪中的高度真空抉态是不相容的，接口技术要解决的关键问题就是实现从气相色谱仪的大气压工作条件向质谱计的高真空工作条件的切换和匹配。接口要把气相色谱柱流出物中的载气尽可能除去，而保留或浓缩各待测组分，使近似于大气压的气流转变成适合离子化装置的粗真空，把待测组分从气相色谱仪传输到质谱仪，并协调色谱仪和质谱计的工作流量。

根据质谱仪的工作特点，色谱-质谱联用仪进样系统的接口应满足以下几个条件：

a. 接口的存在不破坏离子源的高真空，也不影响色谱柱分离的柱效，即不增加色谱系统的"死体积"；

b. 接口应能使色谱分离后的各组分尽可能多地进入质谱仪的离子源，使色谱流动相尽可能不进入质谱仪的离子源；

c. 接口的存在不改变色谱分离后各组分的组成和结构。

① 直接导入型接口（direct coupling）。目前，市售气相色谱-质谱联用仪多采用直接导入

型接口。下面简单介绍这种接口。

内径在 0.25～0.32mm 的毛细管色谱柱的载气流量为 1～2mL·min^{-1}。这些柱通过一根金属毛细管直接引入质谱仪的离子源。这种方式是迄今为止最常用的一种技术。其基本原理见图 8-16。毛细管柱沿图中箭头方向插入直至有 1～2mm 的色谱柱伸出该金属毛细管。载气和待测物一起从气相色谱柱流出立即进入离子源的作用场。由于载气氦气是惰性气体不发生电离，而待测物却会形成带电离子。待测物带电离子在

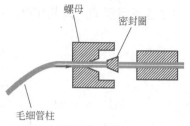

图 8-16 直接导入型接口工作原理

电场作用下加速向质量分析器运动，而载气却由于不受电场影响，被真空泵抽走。接口的实际作用是支撑插入毛细管，使其准确定位。另一个作用是保持温度，使色谱柱流出物始终不产生冷凝。

使用这种接口的载气限于氦气或氢气。当气相色谱仪出口的载气流量高于 2mL·min^{-1} 时，质谱仪的检测灵敏度会下降。一般使用这种接口，气相色谱仪的流量为 0.7～1.0mL·min^{-1}。色谱柱的最大流速受质谱仪真空泵流量的限制。最高工作温度和最高柱温接近。接口组件结构简单，容易维护。传输率大约为 100%，这种连接方法一般都使质谱仪接口紧靠气相色谱仪的侧面。这种接口应用较为广泛。

② 开口分流型接口（open-split coupling）。色谱柱洗脱物的一部分被送入质谱仪，这样的接口称为分流型接口。在多种分流型接口中开口分流型接口最为常用。该接口是放空一部分色谱流出物，让另一部分进入质谱仪，通过不断流入清洗氦气，将多余流出物带走。此法样品利用率低。

③ 喷射式分子分离器接口。常用的喷射式分子分离器接口工作原理是根据气体在喷射过程中不同质量的分子都以超声速的同样速度运动，不同质量的分子具有不同的动量。动量大的分子，易保持沿喷射方向运动，而动量小的易于偏离喷射方向，被真空泵抽走。分子量较小的载气在喷射过程中偏离接收口，分子量较大的待测物得到浓缩后进入接收口。喷射式分子分离器具有体积小、热解和记忆效应较小，待测物在分离器中停留时间短等优点。这种接口适用于各种流量的气相色谱柱，从填充柱到大孔径毛细管柱。主要的缺点是对易挥发的化合物的传输率不够高。

（3）离子源　离子源的作用是将被分析的样品分子电离成带电的离子，并使这些离子在离子光学系统的作用下，会聚成有一定几何形状和一定能量的离子束，然后进入质量分析器被分离。离子源的结构和性能与质谱仪的灵敏度和分辨率有密切的关系。样品分子电离的难易与其分子组成和结构有关。有机质谱仪常用的离子源有：电子轰击电离源（EI）、化学电离源（CI）和解吸化学电离源（DCI）、场致电离源（FI）和场解吸电离源（FD）、快原子轰击电离源（FAB）和离子轰击电离源（IB）、激光解吸电离源（LD）等。在此，只对电子轰击电离源做一介绍。

电子轰击电离源（EI）是有机质谱仪中应用最多、最广泛的离子源，也是色谱-质谱联用仪，特别是气相色谱-质谱联用仪中应用最多的离子源。所有的有机质谱仪几乎都配有电子轰击电离源。图 8-17 是电子轰击电离源的示意。从热灯丝发射的电子被加速通过电离盒，射向阳极（trap），此阳极用来测量电子流强度。通常所用的电子流强度为 50～250μA。改变灯丝与电离盒之间的电位，可以改变电离电压（即电子能量）。当电子能量较小（即电离电压较小，如 7～14eV）时，电离盒内产生的离子主要是分子离子。当加大电子能量（如电离电压加大到 50～100eV，常用为 70eV），产生的分子离子由于带有多余的能量，会部分产生断裂（电子轰击分子产生分子离子后多余的一部分能量会使分子离子产生断裂），成为碎片离子。可以使用降低电子能量的方法来简化质谱图。但电子能量太低，电离效率也降低，产生的分子离子将很少，使检测灵敏度大大降低。所以现有的标准电子轰击电离谱图（EI 谱图）都是用 70eV

电子能量得到的。因此在用计算机用标准谱图进行检索时，电离电压必须使用70eV。

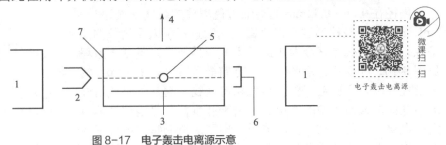

图8-17　电子轰击电离源示意
1—源磁铁；2—灯丝；3—推斥极；4—离子束；5—样品入口；6—阳极；7—电离盒

电子轰击电离的特点是稳定，操作方便，电子流强度可精密控制，电离效率高，结构简单，温控方便，所形成的离子具有较窄的动能分散，所得到的质谱图是特征的，重现性好。因此，目前绝大部分有机化合物的标准质谱图都是采用电子轰击电离源得到的。

另外，为了增强电子轰击离子源的抗污染性，电子轰击离子源需要采用惰性材料。如Agilent公司的5973系列产品，采用铜金属材料的离子源，大大增强了离子源的惰性，提高了其抗污染能力，同时也大大降低离子源的清洗频率。

电子轰击电离源要求被测有机样品必须能气化，不能气化或者气化时产生分解的有机化合物样品不能使用电子轰击源电离。正因如此，由于气相色谱所分析的有机化合物样品是必须气化的，气相色谱-质谱联用仪使用电子轰击电离源是最为合适的。

EI的特点如下。

a．电离效率高，能量分散小，结构简单，操作方便。

b．图谱具有特征性，化合物分子碎裂大，能提供较多的信息，对化合物的鉴别和结构解析十分有利。

c．所得分子离子峰不强，有时不能识别。

本法不适合于高分子量和热不稳定的化合物。

（4）质量分析器　质量分析器是质谱仪的核心，是它将离子源产生的离子按其质量和电荷比（m/z，m——离子的质量数，z——离子携带的电荷数）的不同、在空间的位置、时间的先后或轨道的稳定与否进行分离，以便得到按质荷比（m/z）大小顺序排列而成的质谱图。质谱仪中常见的质量分析器有：磁质量分析器、四极杆质量分析器（四极杆滤质器）、飞行时间质量分析器、离子阱质量分析器和离子回旋共振质量分析器。其中磁质量分析器为静态质量分析器，其他为动态质量分析器。根据所用的质量分析器不同，相应的质谱仪分别称为磁质谱仪、四极杆质谱仪、飞行时间质谱仪、离子阱质谱仪和离子回旋共振质谱仪。由于质量分析器仅是将离子源产生的离子按其质荷比进行分离，而不与色谱仪器直接连接，直接与色谱仪器连接的是离子源，因此，各种质量分析器的质谱仪原则上都可通过"接口"与色谱仪器联用。目前与色谱仪器联用较多的是四极杆质谱仪、离子阱质谱仪和飞行时间质谱仪，下面将主要介绍在现代质谱仪中最常用的四极杆型质量分析器。

传统的四极杆质量分析器是由四根笔直的金属或表面镀有金属的极棒与轴线平行并等距离地排列构成，棒的理想表面为双曲面。整体式的四极杆设计，可使四极杆具有永久的空间结构，真正做到理想的双曲面结构。

如图8-18，在x与y各两支电极上分别加上$\pm(U+V\cos 2\pi ft)$的高频电压（V为电压幅值，U为直流分量，$U/V=0.16784$，f为频率，t为时间），离子从离子源出来后沿着与x、y方向垂直的z方向进入四极杆的高频电场中。这时，只有质荷比（m/z）满足式（8-13）的离子才能通过四极杆到达检测器。

$$\frac{m}{z} = \frac{0.136V}{r_0^2 f} \tag{8-13}$$

式中，r_0 为场半径，cm。

其他离子则撞到四根电极上而被"过滤"掉。当改变高频电压的幅值（V）或者频率（f），则用 V 或 f 扫描时，不同质荷比的离子可陆续通过四极杆而被检测器检测。

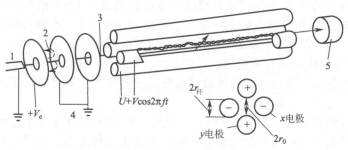

图 8-18 四极杆质量分析器示意
1—阴极；2—电子；3—离子；4—离子源；5—检测器

四极杆质量分析器具有质量轻、体积小、造价低廉等优点，因此发展很快。近年来四极杆质量分析器的分辨率和质量范围都有很大提高，使得目前的色谱-质谱联用仪中的质谱仪大部分采用了四极杆质量分析器。

（5）检测器　质谱仪常用的检测器有直接电检测器、电子倍增器、闪烁检测器和微通道板等，在色谱-质谱联用仪中目前使用最多的是电子倍增检测器。下面对几种检测器的工作原理作一简单介绍。

① 直接电检测器。直接电检测器是用平板电极或者法拉第圆筒接收由质量分析器出来的离子流，然后由直接放大器或者静电计放大器进行放大，而后记录。

② 电子倍增器。电子倍增器运用质量分析器出来的离子轰击电子倍增管的印迹表面，使其发射出二次电子，再用二次电子依次轰击一系列电极，使二次电子获得不断倍增，最后由阳极接收电子流，使其离子束信号得到放大。系列电极数目可多到十几级。通常电子倍增器有 14 级倍增器电极，可大大提高检测灵敏度。

③ 闪烁检测器。由质量分析器出来的高速离子打击闪烁体使其发光，然后用光电倍增管检测闪烁体发出的光，这样可将离子束信号放大。

④ 微通道板。微通道板是 20 世纪 70 年代发展起来的检测器，它是由大量微型通道管（管径约 20μm，长约 1mm）组成的。微通道管由高铅玻璃制成，具有较高的二次电子发射率。每一个微通道管相当于一个通道型连续电子倍增器。整个微通道板则相当于若干个这种电子倍增器并联，每块板的增益为 10^4。欲获得更高的增益，可将微通道板串联使用。

（6）计算机系统　现代质谱仪都配有完善的计算机系统，它不仅能快速准确地采集数据和处理数据，而且能监控质谱仪各单位的工作状态，实现质谱仪的全自动操作，并能代替人工进行化合物的定性和定量分析。色谱-质谱联用仪配有的计算机还可以控制色谱和接口的操作。下面对质谱仪的计算机系统的功能作一简单介绍。

① 数据的采集和简化。一个被测的化合物可能有数百个质谱峰，若每个峰采数 15～20 次，则每次扫描采数的总量在 2000 次以上，这些数据是在 1s 到数秒内采集到的，必须在很短的时间内把这些数据收集起来，并进行运算和简化，最后变成峰位（时间）和峰强数据储存起来。经过简化每个峰由两个数据——峰位（时间）和峰强表示。

② 质量数的转换。质量数的转换就是把获得的峰位（时间）谱转换为质量谱（即质量数-峰强关系图）。对于低分辨质谱仪先用参考样（根据所需质量范围选用全氟异丁胺、全氟煤油、碘化铯等物质作为参考样）作出质量内标，而后用指数内插及外推法，将峰位（时间）转换

成质量数[质荷比 (m/z), 当 $z=1$ 即单电荷离子, 质荷比即为质量数]。在作高分辨质谱图时, 未知样和参考样同时进样, 未知样的谱峰夹在参考样的谱峰中间, 并能很好地分开。按内插和外推法用参考样的精确质量数计算出未知样的精确质量数。

③ 扣除本底或相邻组分的干扰。利用"差谱"技术将样品谱图中的本底谱图或干扰组分的谱图扣除, 得到所需组分的纯质谱图, 以便于解析。

④ 谱峰强度归一化。把谱图中所有峰的强度对最强峰(基峰)的相对百分数列成数据表或给出棒图(质谱图), 也可将全部离子强度之和作为 100, 每一谱峰强度用总离子强度的百分数表示。归一化后, 有利于和标准谱图比较, 便于谱图解析。

⑤ 标出高分辨率质谱的元素组成。对于含碳、氢、氧、氮、硫和卤素的有机化合物, 计算机可以给出: 高分辨率质谱的精确质量测量值; 按该精确质量计算得到的差值最小的元素组成; 测量值和元素组成计算值之差。

⑥ 用总离子流对质谱峰强度进行修正。色谱分离后的组分在流出过程中浓度在不断变化, 质谱峰的相对强度在扫描时间内也会变化, 为纠正这种失真, 计算机系统可以根据总离子流的变化(反映样品浓度的变化)自动对质谱峰强度进行校正。

⑦ 谱图的累加、平均。使用直接进样或场解析电离时, 有机化合物的混合物样品蒸发会有先后的差别, 样品的蒸发量也在变化。为观察杂质的存在情况, 有时需要给出量的估计。计算机系统可按选定的扫描次数把多次扫描的质谱图累加, 并按扫描次数平均。这样可以有效地提高仪器的信噪比, 也就提高了仪器的灵敏度。同时从杂质谱峰的离子强度也可估计杂质的量。

⑧ 输出质量色谱图。计算机系统将每次扫描所得质谱峰的离子流全部加和, 以总离子流(TIC)输出, 称为总离子流色谱图或质量色谱图。根据需要, 可按扣除指定的质谱峰输出单一质谱峰的离子流图, 称为质量碎片色谱图。

⑨ 单离子检测和多离子检测。在质谱仪的质量扫描过程中, 由计算机系统控制扫描电压"跳变", 实现一次扫描中采集一个指定质荷比的离子或多个指定质荷比的离子的检测方法称为单离子检测(single ion monitoring, SIM)或多离子检测(multiple ion monitoring, MIM)。单离子检测的灵敏度比全扫描检测高 2~3 个数量级。单离子检测和多离子检测主要用于定量分析和高灵敏度检出某一指定化合物的分析。

⑩ 谱图检索。利用计算机能够存储大量已知化合物的标准谱图, 这些标准谱图绝大多数是用电子轰击电离源, 70eV 电子束轰击已知化合物样品, 在双聚焦磁质谱仪上作出的。因此, 为了能利用这些标准谱图去检索预测样品, 预测样品也必须用电子轰击电离源在 70eV 电子束下轰击电离, 这时得到的质谱图才能与已知标准谱图比对。计算机可按一定程序比对两张谱图(预测样品谱图与标准谱图), 并根据峰位和峰强度比对结果计算出相似性指数, 最后根据比对结果给出相似性指数排在前列(即较为相似)的几个化合物的名称、分子量、分子式、结构式和相似性指数。可以根据样品的其他已知信息(物理的和化学的), 从检索给出的这些化合物中最后确定欲测样品的分子式和结构式。在这里特别要注意的是相似指数最高的并不一定就是最终确定的分析结果。目前通用的质谱谱库有标准谱图 10 万多张, 此外还有一些专用谱库, 如农药谱库, 可用于一些特有类型化合物的检索, 谱图检索现已成为气相色谱-质谱联用仪主要的定性手段。

实训 8　气-质联用法测定市售矿泉水中塑化剂

一、实训目的

1. 掌握 GC-MS 的基本原理。
2. 了解 GC-MS 的基本构造、分析条件的设置和工作流程。

3. 掌握利用 GC-MS 对有机物进行定性定量分析的方法。

二、实训原理

气相色谱法是一种以气体作为流动相的色谱分析方法，适合进行定量分析，由于主要采用比较保留值法定性，对于复杂样品很难给出准确的鉴定结果。质谱法是将样品分子置于高真空的离子源中，使其受到高速电子流或强电场等作用，失去外层电子而生成分子离子，进而断裂成各种碎片离子，经加速形成离子束，进入质量分析器，再利用电场和磁场的作用使其发生色散，聚焦，获得质谱图。根据质谱图提供的信息进行化合物的结构分析。

气-质联用（GC-MS）法是将气相色谱（GC）和质谱（MS）通过接口连接起来，样品首先经过气相色谱柱被分离成单一组分，再进入质谱计的离子源，在离子源中，样品分子被电离成离子，离子经过质量分析器之后，即按照 m/z 顺序排列成谱。经检测器检测后，得到质谱，计算机通过采集并储存质谱，经过适当处理即可得到样品的色谱图、质谱图等信息。经谱库检索后可得到化合物的定性结果，由色谱图还可以进行各组分的定量分析，测量范围在每升几纳克到几百纳克数量级。

塑化剂是工业上被广泛使用的高分子材料助剂，在塑料中添加这种物质，可以使其柔韧性增强，容易加工，可合法用于工业用途。2011 年 5 月，在台湾食品中先后检出邻苯二甲酸二(2-乙基己基)酯（DEHP）、邻苯二甲酸二异壬酯（DINP）、邻苯二甲酸二正辛酯（DNOP）、邻苯二甲酸二丁酯（DBP）、邻苯二甲酸二甲酯（DMP）、邻苯二甲酸二乙酯（DEP）等 6 种邻苯二甲酸酯类塑化剂成分，药品中检出邻苯二甲酸二异癸酯（DIDP）。随后卫生部紧急发布公告，将邻苯二甲酸酯类物质列入食品中可能违法添加的非食用物质和易滥用的食品添加剂名单。

本实训利用全扫描和选择离子扫描的方法测定市售矿泉水中塑化剂的成分和含量。DEP 结构示意图见图 8-19。

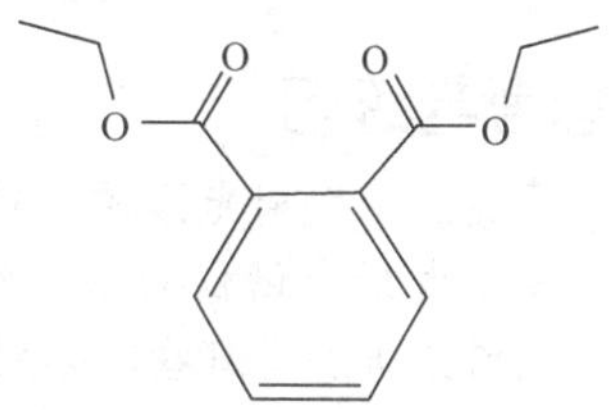

图 8-19 邻苯二甲酸二乙酯（DEP）结构示意图

知识拓展　微塑料污染检测——仪器分析的新挑战

微塑料是指直径小于 5mm 的塑料薄膜、纤维、颗粒和碎片，可能来源于大塑料在不同环境（如光、热、辐射等）条件下分解，也有可能是来自面部洗涤剂或牙膏中添加的塑料微珠等物质。自 2004 年提出微塑料概念以来，经过研究已经充分证明了微塑料在水体环境中的广泛存在。尽管微塑料的性质相对稳定，可长期存在于环境中，但其表面理化性质会在阳光、风力、波浪等因素的作用下发生变化。由于微塑料的尺寸较小、比表面积大、疏水性强，它也是许多疏水性有机污染物和重金属的理想载体。微塑料还易被浮游生物和鱼类等误食，长时间滞留生物体内，并在食物链中发生转移和富集，对生态环境安全构成严重威胁。

近年来，针对水体中微塑料的检测技术主要以非破坏性的原位分析方法为主，普遍使用傅里叶变换红外光谱、拉曼光谱等方法进行微塑料成分的鉴定，在联合其他检测手段（比如紫外光谱和扫描电镜）后，也可同时对微塑料进行定量分析。还有人利用透射电子显微镜（TEM）结合能谱技术，在 X 射线能谱分析（EDS）模式也实现了对微塑料的定性定量分析。但不能否认的是上述技术也均存在着不足之处。如傅里叶变换红外光谱对样品大小、形状不敏感；拉曼光谱可以获取微塑料表面官能团信息及局部微观形貌，但只能获得表面信息；透射电镜（或扫描电镜）-能谱分析等方法准确性有待提高等。

不得不说，以微塑料为代表的新型污染物的出现，确实给仪器分析带来了巨大挑战。

首先，在检测限度方面，微塑料通常以纳米或微米级别存在，因此，需要仪器具备更高的灵敏度和低检测限度，分析仪器需要能够准确地检测到极低浓度的微塑料颗粒，以满足环境和食品安全要求。其次，在分离与识别方面，微塑料样品可能同时存在多种不同类型和颜色的颗粒，需要仪器能够对其进行有效的分离和识别，这涉及开发不同的分析方法和技术，以区分不同的微塑料种类。再次，在前处理方面，微塑料通常与复杂的环境基质混合存在，如土壤、水体、食品等，因此如何对样品进行适当的前处理，如提取、过滤、浓缩等，以消除干扰物质对分析结果的影响便成为了关键。最后，对于微塑料污染的数据解释和评估也是一个挑战，仪器分析所得的数据需要结合环境背景、来源、迁移路径等因素进行全面分析，并与监管标准进行比较和评估，以确定微塑料污染的实际风险和影响。

近年来，我国始终强调生态文明建设的重要意义，大力推动经济社会发展与生态环境保护的良性互动。国家更是积极监测微塑料污染并制定了多项相关政策，这无不体现了国家对生态环境的高度重视，但微塑料污染的监测仍然需要依靠更先进的科学技术手段，包括微塑料检测技术、数据分析及处理方法等，从而进一步提高监测的准确性和科学性，这些均对仪器分析领域的广大科研工作者提出了更高的要求，也是一种不得不面对的新挑战。

思考与练习

1. 简述原子发射光谱常用光源的工作原理及其特点，在实际工作中如何正确选择光源。
2. 原子发射光谱仪的基本组成是怎样的？其各部分的功用是怎样的？
3. 光谱分析法有哪些实际用途？光谱定性分析、半定量分析和定量分析的依据各是什么？
4. 光谱定性分析、半定量分析和定量分析的方法有哪些？
5. 自吸收现象是如何产生的？它会对光谱分析产生什么影响？
6. 说明影响原子发射光谱分析中谱线强度的因素有哪些？
7. 光谱定性分析摄谱时，一定要用哈特曼光阑吗？为什么？
8. 应根据什么原则选择分析线？
9. 简述光谱定性分析、半定量分析和定量分析的方法原理及基本步骤。
10. 什么是乳剂特性曲线？什么时候要用到乳剂特性曲线？乳剂特性曲线是如何得到的？
11. 叙述内标原理。如何选择内标元素及内标线？
12. 质谱法的基本原理是什么？
13. 熟悉常见离子破碎的质谱数据。
14. GC-MS 联用系统一般由哪几部分组成？
15. GC-MS 联用中要解决哪些问题？常用的接口有哪几种？
16. 什么是总离子流色谱图？
17. 质谱仪主要由哪几个部件组成？各部件作用如何？
18. 试说明质谱仪的工作流程。
19. 如何确定分子离子峰？
20. 解释下列名词：分子离子　碎片离子　同位素离子

附录

根据元素种类选择合适特征谱线

元素常用光谱特征线

元素	灵敏线/nm	次灵敏线/nm	元素	灵敏线/nm	次灵敏线/nm
Ag	328.068	338.289	Cs	852.110	894.350 455.536 459.316
Al	309.271	308.216 309.284 394.403 396.153	Cu	324.754	216.509 217.894 218.172 327.396
As	188.990	193.696 197.197	Dy	421.172	419.485 404.599 394.541 394.470
Au	242.795	267.595 274.826 312.278	Mg	285.213	279.553 202.580 230.270
B	249.678	249.773	Mn	279.482	222.183 280.106 403.307 403.449
Ba	553.548	270.263 307.158 350.111 388.933	Mo	313.259	317.035 319.400 386.411 390.296
Be	234.861	313.042 313.107	Na	588.995	330.232 330.299 589.592
Bi	223.061	206.170 222.825 227.658 306.772	Nb	334.371	334.906 358.027 407.973 412.381
Ca	422.673	239.356 272.164 393.367 396.847	Nd	463.424	468.35 489.693 492.453 562.054
Co	240.725	242.493 252.136 304.400 352.685	Ni	232.003	231.096 231.10 233.749 323.226
Cr	357.869	359.349 360.533 425.437 427.480	Os	290.906	305.866 790.10

续表

元素	灵敏线/nm	次灵敏线/nm	元素	灵敏线/nm	次灵敏线/nm
Pb	216.999	202.202 205.327 283.306	Ga	287.424	294.418 403.298 417.206
Pd	247.642	244.791 276.309 340.458	Gd	368.413	371.357 371.748 378.305 407.870
Pr	495.136	491.403 504.553 513.342	Ge	265.158	259.254 270.963 275.459
Pt	265.945	214.423 248.717 283.030 306.471	Hf	307.288	286.637 290.441 302.053 377.764
Rb	789.023	420.185 421.556 794.760	Hg	184.957	253.652
Re	346.046	345.188 242.836 346.473	Ho	410.384	405.393 410.109 412.716 417.323
Rh	343.489	339.685 350.252 369.236 370.091	In	303.936	256.015 325.609 410.476 451.132
Ru	349.894	372.803 379.940	Ir	263.971	263.942 266.479 284.972 237.277
Sb	217.581	206.833 212.739 231.147	K	766.491	404.414 404.720 769.898
Sc	391.181	326.991 390.749 402.040 402.369	La	550.134	357.443 392.756 407.918 494.977
Er	400.797	415.110 381.033 393.702 397.360	Li	670.784	274.120 323.261
Eu	459.403	311.143 321.057 462.722 466.188	Lu	335.956	308.147 328.174 331.211 356.784
Fe	248.327	208.412 248.637 252.285 302.064	Se	196.090	203.985 206.219 207.479

续表

元素	灵敏线/nm	次灵敏线/nm	元素	灵敏线/nm	次灵敏线/nm
Si	251.612	250.690 251.433 252.412 252.852	Tl	276.787	231.598 237.969 258.014 377.572
Sm	429.674	476.027 520.059 528.291	U	351.463	355.082 358.488 394.382 415.400
Sn	224.605	235.443 286.333	V	318.398	382.856 318.540 437.924
Sr	460.733	242.810 256.947 293.183 407.771	W	255.135	265.654 268.141 294.740
Ta	271.467	255.943 264.747 277.588	Y	407.738	410.238 412.831 414.285
Tb	432.647	390.135 431.885 433.845	Yb	398.799	266.449 267.198 346.437
Te	214.275	225.904 238.576	Zn	213.856	202.551 206.191 307.590
Ti	364.268	319.990 363.546 365.350 399.864	Zr	360.119	301.175 302.952 354.768

参考文献

[1] 施荫玉，冯亚非. 仪器分析解题指南与习题. 北京：高等教育出版社，1998.

[2] 王俊德，商振华，郁蕴璐. 高效液相色谱法. 北京：中国石化出版社，1992.

[3] 朱良漪. 分析仪器手册. 北京：化学工业出版社，1997.

[4] 李启隆，迟锡增，曾泳淮，等. 仪器分析. 北京：北京师范大学出版社，1990.

[5] 于世林，李寅蔚. 波谱分析法. 2 版. 重庆：重庆大学出版社，1994.

[6] 陈培榕，邓勃. 现代仪器分析实验与技术. 北京：清华大学出版社，1999.

[7] 高鸿. 分析化学前沿. 北京：科学出版社，1991.

[8] 邓勃，宁永成，刘密新. 仪器分析. 北京：清华大学出版社，1991.

[9] 郭德济. 光谱分析法实验与习题. 重庆：重庆大学出版社，1993.

[10] 北京大学化学系分析化学教研室. 基础分析化学实验. 北京：北京大学出版社，1993.

[11] 赵文宽. 仪器分析实验. 北京：高等教育出版社，1997.

[12] 北京大学化学系仪器分析教研组. 仪器分析教程. 北京：北京大学出版社，1997.

[13] 吴瑾光. 近代傅里叶变换红外光谱技术及应用. 北京：科学技术文献出版社，1994.

[14] Charles B. Abrams. Infrared Spectroscopy Tutorial and Reference. U.S.A：Perkin Elmer Company，1995.

[15] 周申范，宋敬埔，王乃岩. 色谱理论及应用. 北京：北京理工大学出版社，1994.

[16] 卢佩章，戴朝政，张祥民. 色谱理论基础. 2 版. 北京：科学出版社，1997.

[17] 化学分离富集方法及应用编委会. 化学分离富集方法及应用. 长沙：中南工业大学出版社，1997.

[18] 王彦吉，宋增福. 光谱分析与色谱分析. 北京：北京大学出版社，1995.

[19] 梁汉昌. 痕量物质分析气相色谱法. 北京：中国石化出版社，2000.

[20] 王秀萍. 仪器分析技术. 北京：化学工业出版社，2003.

[21] 张剑荣，戚苓，方惠群. 仪器分析实验. 北京：科学出版社，1999.

[22] 刘虎威. 气相色谱方法及应用. 北京：化学工业出版社，2000.

[23] 杨根元，金瑞祥，应武林. 实用仪器分析. 北京：北京大学出版社，1996.

[24] 于世林. 高校液相色谱方法及应用. 北京：化学工业出版社，2000.

[25] 黄一石. 仪器分析技术. 2 版. 北京：化学工业出版社，2008.

[26] 牟世芬，刘克纳. 离子色谱方法及分离. 北京：化学工业出版社，2000.

[27] 丁明浩. 仪器分析. 北京：化学工业出版社，2010.

[28] 郭英凯. 仪器分析. 北京：化学工业出版社，2006.

[29] 丁明玉，田松柏. 离子色谱原理与应用. 北京：清华大学出版社，2000.

[30] 牟世芬，刘克纳，丁晓静. 离子色谱方法及应用. 北京：化学工业出版社，2005.

[31] 丁敬敏. 仪器分析测试技术. 北京：化学工业出版社，2011.

[32] 容蓉，邓赟. 仪器分析. 2 版. 北京：中国医药出版社，2018.

[33] 胡坪，王氢. 仪器分析. 5 版. 北京：高等教育出版社，2019.

[34] 孙延一，许旭. 仪器分析. 2 版. 武汉：华中科技出版社，2019.

[35] 伍惠玲，漆寒梅. 色谱分析技术. 湖南：化学工业出版社，2021.

[36] 张寒琦. 仪器分析. 3 版. 北京：高等教育出版社，2020.

[37] 白立军. 仪器分析检验技术. 湖南：化学工业出版社，2022.

[38] 哈罗德 M.麦克奈尔，詹姆斯 M.米勒，尼古拉 H.斯诺. 基础气相色谱学. 朱书奎译. 湖南：化学工业出版社，2023.

[39] 周言凤，王祝，漆寒梅. 光谱分析技术. 湖南：化学工业出版社，2022.

[40] 欧阳津，那娜，秦卫东，等. 色谱技术丛书 液相色谱检测方法. 3 版. 湖南：化学工业出版社，2020.

实训工作手册

化学工业出版社

·北京·

目录

实训 1-1	仪器基本操作练习	1
实训 1-2	工作曲线法测定水中微量铬	1
实训 1-3	邻二氮菲测铁实训条件选择及铁含量测定	3
实训 1-4	阿司匹林肠溶片中水杨酸的测定	5
实训 1-5	废水中微量苯酚的检测	7
实训 2-1	红外光谱仪的基本操作	8
实训 2-2	红外吸收光谱的解析练习	9
实训 2-3	固体样品的制备	10
实训 2-4	苯甲酸红外吸收光谱的测绘——KBr 晶体压片法制样	11
实训 2-5	间、对二甲苯的红外吸收光谱定量分析——液膜法制样	12
实训 2-6	红外光谱法对有机聚合物的辨别与解析	14
实训 3-1	仪器开、关机操作和工作软件的使用	17
实训 3-2	空气压缩机、乙炔钢瓶的使用	18
实训 3-3	工作曲线法测定自来水中钠	19
实训 3-4	标准加入法测定水中微量镁	21
实训 3-5	火焰原子吸收测钙实训条件的选择与优化	23
实训 3-6	原子吸收法测钙的干扰与消除	24
实训 3-7	溶液配制（标准溶液等）	26
实训 3-8	样品制备	26
实训 3-9	人体指甲中的铜含量的测定	27
实训 4-1	气路系统的连接与检漏	28
实训 4-2	高压气体钢瓶、减压阀等各种气体调节阀的使用操作	30
实训 4-3	载气流量的测定	31
实训 4-4	气相色谱仪的开、关机操作	32
实训 4-5	柱温等温度参数的设置	32
实训 4-6	进样操作	33
实训 4-7	FID 检测器和热导检测器的基本操作	34
实训 4-8	填充柱的制备	34
实训 4-9	填充柱柱效的测定	36
实训 4-10	载气流速及柱温变化对分离度的影响	38
实训 4-11	标准对照法定性操作	39
实训 4-12	定量校正因子的测定	41
实训 4-13	归一化法定量测定丁醇异构体混合物	42
实训 4-14	色谱工作站的基本操作练习——外标法测定未知组分含量	45
实训 4-15	外标法测定未知组分含量	46
实训 4-16	简单苯系物的定性操作	47
实训 4-17	定量分析正己烷中的环己烷	48
实训 4-18	样品制备	49
实训 4-19	毛细管气相色谱法（含程序升温）分析白酒的主要成分验证	50
实训 5-1	高效液相色谱基本操作	52
实训 5-2	高效液相色谱仪性能检查	52
实训 5-3	色谱柱性能评价	53
实训 5-4	苯系混合物分离条件的选择	55
实训 5-5	对羟基苯甲酸酯类化合物的反相 HPLC 分析	57
实训 5-6	维生素 E 胶丸中 α-V_E 的 HPLC 定量测定	60
实训 5-7	果汁中苹果酸、柠檬酸的测定	61
实训 6-1	离子色谱仪的基本操作	63
实训 6-2	离子色谱法测自来水中的阴离子	64
实训 7-1	pH 计的基本操作——实训用水的 pH 测定	65
实训 7-2	离子计基本操作——水样中 K^+ 的测定	67
实训 7-3	工业废水 pH 的测定	68
实训 7-4	氟离子选择性电极法测定自来水中的氟离子含量	71
实训 7-5	NaOH 电位滴定法测定 H_3PO_4 的含量及 H_3PO_4 的各级酸离解常数	73
实训 7-6	EDTA 配合电位滴定法连续测定溶液中 Bi^{3+}，Pb^{2+} 和 Ca^{2+} 含量	75
实训 8	气-质联用法测定市售矿泉水中塑化剂	76

实训 1-1　仪器基本操作练习

1. 准备工作步骤

   ①

   ②

2. 启动操作步骤

   ①

   ②

3. 运行操作步骤

   ①

   ②

   ③

   ④

4. 结束

实训 1-2　工作曲线法测定水中微量铬

一、实训原理

二、仪器与试剂

（1）铬标准贮备液：准确称取于100℃干燥过的基准 $K_2Cr_2O_7$ 0.2830g 于 50mL 烧杯中，用水溶解后转入 1000mL 容量瓶中，稀释至刻度，摇匀，此溶液每 1mL 含 Cr(Ⅵ)0.100mg。

（2）铬标准使用液：吸取铬贮备液 1.00mL 于 100mL 容量瓶中，用水稀释至刻度，摇匀，得每 1mL 含 Cr(Ⅵ)1.00μg 的溶液。临用时新配。

（3）721 型分光光度计、T6 新世纪紫外-可见分光光度计。

（4）DPCI 溶液 1.0%：称取 0.5g DPCI，溶于丙酮后，用水稀释至 50mL，摇匀。贮于棕色瓶中，于冰箱中保存，变色后不能使用。

（5）H_2SO_4（1+1）。

（6）乙醇 95%。

（7）容量瓶。

（8）吸量管。

（9）比色管。

三、实训步骤

1. 标准曲线的绘制

（1）系列标准溶液配制　在 6 个 50mL 比色管中，用吸量管分别加入 0.00mL，1.00mL，2.00mL，4.00mL，6.00mL，8.00mL 的 1.00μg·mL^{-1} 铬标准使用液，随后分别加入 0.6mL（1+1）H_2SO_4，加约 30mL 水，摇匀。再各加入 1.0mL DPCI 溶液，立即摇匀，用水稀释至刻度，摇匀。静置 5min。

（2）系列标准溶液吸光度的测定　用 3cm 吸收池，以试剂空白为参比溶液，在选定波长下，测定各溶液的吸光度。将测得的结果记录在下表中：

序号	1	2	3	4	5	6
$V(Cr^{6+})$/mL	0.00	1.00	2.00	4.00	6.00	8.00
$\rho(Cr^{6+})$/(μg·mL^{-1})						
A						

在坐标纸上，以铬含量为横坐标，吸光度 A 为纵坐标，绘制标准曲线。

2. 试样中铬含量的测定

取 3 个 50mL 比色管，用移液管移取试样溶液 5.00mL，按照标准曲线绘制步骤的方法配制溶液并测定其吸光度。数据记录如下：

实训条件：溶液温度 $t=$___；液层厚度 $b=$___；选定的波长 $\lambda=$_____；参比溶液为_____。

平行测定次数	空白	Ⅰ	Ⅱ	Ⅲ
移取试样溶液体积 V/mL	0.00	5.00	5.00	5.00
A				
稀释液中铬的浓度 $\rho(Cr^{6+})$/(μg·mL^{-1})				
试样中铬的浓度 $\rho(Cr^{6+})$/(mg·L^{-1})				
试样中铬的平均浓度/(mg·L^{-1})				
平均偏差/%				
相对平均偏差/%				

四、思考题

1. 在制作标准系列溶液和水样显色时，加入 DPCI 溶液后，为什么要立即摇匀？

2. 测定水样中铬含量时，为什么要利用"步骤 1（2）"制备参比溶液？

3. 怎样测定水样中三价铬和六价铬的含量？

4. 如何正确使用吸收池？

5. 何谓"吸收曲线""工作曲线"？绘制的目的各有什么不同？

实训 1-3　邻二氮菲测铁实训条件选择及铁含量测定

一、实训原理

二、仪器和试剂

1. 仪器

721 或 722 型分光光度计。

2. 试剂

（1）$0.1mg·L^{-1}$ 铁标准贮备液：准确称取 0.7020g $NH_4Fe(SO_4)_2·6H_2O$ 置于烧杯中，加少量水和 20mL 1∶1 H_2SO_4 溶液，溶解后，定量转移到 1L 容量瓶中，用水稀释至刻度，摇匀。

（2）$10^{-3}mol·L^{-1}$ 铁标准溶液：可用铁标准贮备液稀释配制。

（3）$100g·L^{-1}$ 盐酸羟胺水溶液：用时现配。

（4）$1.5g·L^{-1}$ 邻二氮菲水溶液：避光保存，溶液颜色变暗时即不能使用。

（5）$1.0mol·L^{-1}$ 乙酸钠溶液。

（6）$0.1mol·L^{-1}$ 氢氧化钠溶液。

三、实训步骤

1. 实训条件

（1）显色标准溶液的配制　在序号为 1～6 的 6 只 50mL 容量瓶中，用吸量管分别加入

0.00mL, 0.20mL, 0.40mL, 0.60mL, 0.80mL, 1.00mL 铁标准溶液（含铁 $0.1g·L^{-1}$），分别加入 1mL $100g·L^{-1}$ 盐酸羟胺溶液，摇匀后放置 2min，再各加入 2mL $1.5g·L^{-1}$ 邻二氮菲溶液、5mL $1.0mol·L^{-1}$ 乙酸钠溶液，以水稀释至刻度，摇匀。

（2）吸收曲线的绘制　在分光光度计上，用 1cm 吸收池，以试剂空白溶液为参比，在 440~560nm 之间，每隔 10nm 测定一次待测溶液的吸光度 A，在最大吸收波长附近每隔 5nm 再测一次，以波长 λ 为横坐标，吸光度 A 为纵坐标，绘制吸收曲线，从而选择和确定铁的测定波长。

实训条件：溶液温度 t=＿＿；液层厚度 b=＿＿；溶液浓度 c=＿＿；参比溶液为＿＿。

λ/nm	440	450	460	470	480	490	500	510	520	530	540	550	560
A													

（3）显色剂用量的确定　在 7 只 50mL 容量瓶中，各加 2.0mL $10^{-3}mol·L^{-1}$ 铁标准溶液和 1.0mL $100g·L^{-1}$ 盐酸羟胺溶液，摇匀后放置 2min。分别加入 0.20mL、0.40mL、0.60mL、0.80mL、1.00mL、2.00mL、4.00mL $1.5g·L^{-1}$ 邻二氮菲溶液，再各加 5.0mL $1.0mol·L^{-1}$ 乙酸钠溶液，以水稀释至刻度，摇匀。以水为参比，在选定波长下测量各溶液的吸光度。以显色剂邻二氮菲的体积为横坐标、相应的吸光度为纵坐标，绘制吸光度-显色剂用量曲线，确定显色剂的用量。

实训条件：溶液温度 t=＿＿；液层厚度 b=＿＿；选定的波长 λ=＿＿；参比溶液为＿＿。

显色剂用量 V/mL	0.00	0.20	0.40	0.60	0.80	1.00	2.00	4.00
A								

（4）溶液适宜酸度范围的确定　在 9 只 50mL 容量瓶中各加入 2.0mL $10^{-3}mol·L^{-1}$ 铁标准溶液和 1.0mL $100mol·L^{-1}$ 盐酸羟胺溶液，摇匀后放置 2min。各加 2mL $1.5g·L^{-1}$ 邻二氮菲溶液，然后从滴定管中分别加入 0.00mL、2.00mL、5.00mL、8.00mL、10.00mL、20.00mL、25.00mL、30.00mL、40.00mL $0.1mol·L^{-1}$ NaOH 溶液摇匀，以水稀释至刻度，摇匀。用精密 pH 试纸或酸度计测量各溶液的 pH。

以水为参比，在选定波长下，用 1cm 吸收池测量各溶液的吸光度。绘制 A-pH 曲线，确定适宜的 pH 范围。

（5）配合物稳定性的研究　移取 2.0mL $10^{-3}mol·L^{-1}$ 铁标准溶液于 50mL 容量瓶中，加入 1.0mL $100g·L^{-1}$ 盐酸羟胺溶液混匀后放置 2min。再加入 2.0mL $1.5g·L^{-1}$ 邻二氮菲溶液和 5.0mL $1.0mol·L^{-1}$ 乙酸钠溶液，以水稀释至刻度，摇匀。以水为参比，在选定波长下，用 1cm 吸收池，每放置一段时间测量一次溶液的吸光度。

放置时间：5min，10min，30min，1h，2h，3h。

以放置时间为横坐标、吸光度为纵坐标绘制吸光度-时间曲线，对配合物的稳定性作出判断。

实训条件：溶液温度 t=＿＿；液层厚度 b=＿＿；选定的波长 λ=＿＿；参比溶液为＿＿。

显色时间/min	0	5	10	30	60	120	180
A							

2. 标准曲线的测绘

以步骤 1 中试剂空白溶液为参比，用 1cm 吸收池，在选定波长下测定各标准溶液的吸光度。在坐标纸上，以铁的浓度为横坐标，相应的吸光度为纵坐标，绘制标准曲线。

序号	1	2	3	4	5	6
$V(Fe^{3+})$/mL	0.00	0.20	0.40	0.60	0.80	1.00
$\rho(Fe^{3+})/(\mu g·mL^{-1})$						
A						

3. 铁含量的测定

试样溶液按步骤1（1）中处理显色后，在相同条件下测量吸光度。

根据标准曲线求出试样中微量铁的质量浓度。

实训条件：溶液温度 $t=$___；液层厚度 $b=$___；选定的波长 $\lambda=$___；参比溶液为___。

平行测定次数	空白	Ⅰ	Ⅱ	Ⅲ
移取试样溶液体积 V/mL	0.00	5.00	5.00	5.00
A				
稀释液中铁的含量 $\rho(Fe^{3+})/(\mu g \cdot mL^{-1})$				
试样溶液浓度 $\rho(Fe^{3+})/(mg \cdot L^{-1})$				
平均浓度/$(mg \cdot L^{-1})$				
平均偏差/%				
相对平均偏差/%				

四、思考题

1. 用邻二氮菲测定铁时，为什么要加入盐酸羟胺、邻二氮菲？其作用各是什么？试写出有关反应方程式。

2. 根据有关实训数据，计算邻二氮菲-Fe(Ⅱ)配合物在选定波长下的摩尔吸收系数。

3. 在有关实训条件中，均以水为参比，为什么在测绘标准曲线和测定试液时，要以试剂空白溶液为参比？

实训1-4　阿司匹林肠溶片中水杨酸的测定

一、实训目的

二、实训原理

三、水杨酸的定性

在两个吸收池中都加入蒸馏水,在 220nm 处在 T 模式下对吸收池进行配套验证,第一个为 100%,第二个要求在 99.5%~100.5%。再转换到 A 模式下,进行校正,并记录数据。

精密移取上述标准溶液 3mL 或 5mL 置 50mL 棕色容量瓶中,加 0.01mol·L^{-1} HCl 稀释至刻度,摇匀,以 0.01mol·L^{-1} HCl 溶液为空白,在 232nm 和 297nm 处测定吸光度,如吸光度在 0.4 左右,继续下一步;如若不在,讨论。

最大吸收波长的选择:先每隔 10nm 进行测定,大致找出最大吸收波长,再根据吸光度精密测定。

λ/nm	200	210	220	225	226	227	228	229	229.5
A									
λ/nm	230	230.5	230.8	240	250	260	270	280	290
A									
λ/nm	292	293	294	295	296	297	298	299	299.5
A									
λ/nm	300	301	301.5	302	302.5	303	303.5	304	304.5
A									
λ/nm	305	306	310	320	330	340	350		
A									

四、配溶液

(1)水杨酸贮备液的配制 精密称取对照品水杨酸 0.2500g 至 250mL 容量瓶中,加 10mL 乙醇,使溶解,用 0.01mol·L^{-1} HCl 稀释到刻度,摇匀(此溶液浓度为 0.1%)。

(2)标准溶液的配制 移取贮备溶液 1.00mL,用 0.01mol·L^{-1} 的盐酸定容至 100mL 棕色容量瓶中。

(3)样品溶液的配制 取本品 15 片,精确称量,记录质量,研细。将研细的样品置于称量瓶中,再称取 1/3 质量的药品,记录(或取本品 5 片,准确称量,研细,记录。加无水乙醇 10mL 分次研磨)。加无水乙醇 10mL 分次溶解,转入 100mL 容量瓶中,充分振动摇匀,加 0.01mol·L^{-1} HCl 稀释至刻度,摇匀,立即过滤(干过滤,前面 15mL 滤液弃去,取续滤液),滤液备用。

五、标准曲线的绘制

精密移取标准溶液 0.00mL、1.00mL、2.00mL、3.00mL、4.00mL、5.00mL(或 0.00mL、2.00mL、4.00mL、6.00mL、8.00mL、10.00mL)置 50mL 棕色容量瓶中。加 0.01mol·L^{-1} HCl 至刻度,摇匀,以 0.01mol·L^{-1} HCl 溶液为空白,在最大吸收波长处测吸光度。

六、样品测定

移取 2mL 或 1mL 滤液于 50mL 棕色容量瓶中,以 0.01mol·L^{-1} HCl 稀释至刻度,摇匀,以 0.01mol·L^{-1} HCl 溶液为空白,在最大吸收波长处测吸光度。

估计:水杨酸在 0.2~8μg·mL^{-1} 范围内线性关系良好。

标准曲线 1

V/mL	0.00	1.00	2.00	3.00	4.00	5.00
A						
R						
备注						

标准曲线 2

V/mL	0.00	2.00	4.00	6.00	8.00	10.00
A						
R						
备注						

实训 1-5　废水中微量苯酚的检测

一、实训目的

二、实训原理

三、仪器与试剂

1. 仪器

岛津 UV-2100 型紫外-可见分光光度计；容量瓶：25mL 10 个。

2. 试剂

（1）苯酚标准溶液：称取苯酚 0.3000g，置于 1L 容量瓶中。

（2）KOH 溶液：$0.1 mol \cdot L^{-1}$。

四、实训内容与步骤

1. 配制苯酚的标准系列溶液

将 10 个 25mL 容量瓶分成两组，各自编号。按下表所示加入各种溶液，再用水稀释至刻度，摇匀，作为苯酚的标准系列溶液。

苯酚的标准系列溶液

瓶号	第一组	第二组		吸光度
	苯酚/mL	苯酚/mL	KOH/mL	
1	1.0	1.0	2.5	
2	1.5	1.5	2.5	
3	2.0	2.0	2.5	
4	2.5	2.5	2.5	
5	3.0	3.0	2.5	

2. 绘制苯酚的吸收光谱

取上述一对溶液，用 1cm 吸收池，以水作参比溶液，分别绘制苯酚在中性溶液和碱性溶液中的吸收光谱。然后用苯酚的中性溶液作参比溶液，绘制苯酚在碱性溶液中差值光谱。

3. 苯酚两种溶液的光谱差值

从上述绘制的差值光谱中，选择 288nm 附近最大吸收波长作为测定波长 λ_{max}。在 UV-2100 型紫外-可见分光光度计上固定 λ_{max}，然后成对测定苯酚溶液两种光谱的吸光度差值。

4. 未知试样中苯酚含量的测定

将 6 个 25mL 容量瓶分成两组，每组 3 个，分别加入未知样。将其中 3 个用去离子水稀释，其余 3 个加入 2.5mL KOH 溶液，再用去离子水稀释至刻度，分别摇匀，分成 3 对，用 1cm 吸收池测定光度差值。

五、数据处理

1. 将测得的光谱差值，绘制成吸光度-浓度曲线，计算回归方程。
2. 利用所得曲线或回归方程，计算未知样品中苯酚的含量（用 $mol·L^{-1}$ 表示），置信范围（置信度 95%）。
3. 计算苯酚在中性溶液（272nm 附近）或碱性溶液（288nm 附近）中的表观摩尔吸收系数。

六、注意事项

1. 关于仪器使用及注意事项参见仪器使用说明书。
2. 利用差值光谱进行定量测定，两种溶液中被测物的浓度必须相等。

七、思考题

1. 绘制苯酚在中性溶液、碱性溶液中光谱和差值光谱时，应如何选择参比溶液？

2. 在苯酚的差值光谱上有两个吸收峰，本实训采用 288nm 测定波长，是否可以用 235nm 作测定波长？为什么？

3. 试说明差值吸收光谱法与示差分光光度法有何不同？

实训 2-1　红外光谱仪的基本操作

一、实训目的

二、实训原理

三、仪器与试剂

1. 仪器

岛津 IRprestige-21 红外光谱仪。

2. 样品

聚苯乙烯膜。

四、实训内容

1. 红外光谱仪的基本操作

(1) 准备工作

① 开启红外光谱仪，和计算机进行联机；

② 用不锈钢剪刀将聚苯乙烯膜制成大小合适的小片，可以是圆形也可以是正方形；

③ 启动软件，设置参数。

(2) 样品的分析检测

① 扫描背景；

② 直接将聚苯乙烯膜样品的塑料薄膜固定在样品室中进行扫描并显示图谱；

③ 检测峰值并得到峰值表；

④ 检索图谱库得到检索结果；

⑤ 保存图谱并打印结果。

(3) 结束工作　关闭系统，关闭主机，保持电源和系统相接，以使系统内部干燥。

2. 职业素质训练

① 在实训过程中严格遵守实训室操作规范，逐步树立自我约束能力，形成良好的实验工作素质。

② 在实训过程中所产生的废物必须及时清除。

③ 实训结束应整理台面，填写仪器使用记录。

五、注意事项

1. 保证房间湿度控制在 50%～70% 之间。
2. 仪器尽量远离振动源。
3. 选取的塑料薄膜应尽量透明无色且薄。
4. 测试期间尽量减少房间空气流动。
5. 深色或透明度不够的塑料薄膜可以使用薄膜法。

实训 2-2　红外吸收光谱的解析练习

一、实训目的

二、实训原理

三、仪器与试剂

1. 仪器

红外光谱仪、压片和压膜设备、镊子等。

2．试剂

分析纯溴化钾粉末、四氯化碳。

已知分子式的未知试样：①C_8H_{10}；②$C_4H_{10}O$；③$C_4H_8O_2$；④$C_7H_6O_2$。

四、实训内容

1．压片法

取 1～2mg 的未知试样粉末，与 200mg 干燥的溴化钾粉末（颗粒大小在 2μm 左右）在玛瑙研钵中混匀后压片，测绘红外谱图，进行谱图处理（基线校正、平滑、ABEX 扩张、归一化），谱图检索，确认其化学结构。

2．液膜法

取 1～2 滴一定浓度的未知试样四氯化碳溶液，滴加在两个溴化钾晶片之间，用夹具轻轻夹住，测绘红外谱图，进行谱图处理（基线校正、平滑、ABEX 扩张、归一化），谱图检索，确认其化学结构。

五、结果处理

1．在测绘的谱图上标出所有吸收峰的波数位置。
2．对确定的化合物，列出主要吸收峰并指认归属。
3．区分饱和烃和不饱和烃的主要标志是什么？
4．羰基化合物谱图的主要特征是什么？
5．芳香烃的特征吸收在什么位置？

实训 2-3　固体样品的制备

一、实训目的

二、实训原理

三、仪器与试剂

红外吸收光谱仪；压片机、模具和样品架；玛瑙研钵、不锈钢钥匙、不锈钢镊子、红外灯；分析纯的苯甲酸，光谱纯的 KBr 粉末，分析纯的乙醇，擦镜纸。

四、实验步骤

(1) 用分析纯的无水乙醇清洗玛瑙研钵，用擦镜纸擦干后，再用红外灯烘干。
(2) 试样的制备。
(3) 实验结束后，清洗台面，填写仪器使用记录。

实训 2-4　苯甲酸红外吸收光谱的测绘——KBr 晶体压片法制样

一、实训目的

二、实训原理

三、仪器与试剂

1. 仪器
红外光谱仪（岛津）；压片机；玛瑙研钵；红外干燥灯。
2. 试剂
苯甲酸、溴化钾，均为优级纯；苯甲酸试样，经提纯。

四、实训条件

压片压力：1.2×10^5 kPa（约 120 kg·cm^{-2}）；其它实验条件。

五、实训内容

开启空调机，使室内的温度为 18~20℃，相对湿度≤65%。

苯甲酸标样、试样和纯溴化钾晶片的制作：取预先在 110℃、烘干 48h 以上，并保存在干燥器内的溴化钾 150mg 左右，置于洁净的玛瑙研钵中，研磨成均匀、细小的颗粒，然后转移到压片模具上（见压模结构图和压片机图），依压模结构图顺序放好各部件后，把压模置于压片机图中的 7 处，并旋转压力丝杆手轮 1 压紧压模，顺时针旋转放油阀 4 到底，然后一边放气，一边缓慢上下移动压把 6，加压开始，注视压力表 8，当压力加到 $(1~1.2) \times 10^5$ kPa（100~120 kg·cm^{-2}）时，停止加压，维持 3~5min，逆时针旋转放油阀 4，加压解除，压力表指针指 "0"，旋松压力丝杆手轮 1 取出压模，即可得到直径为 13mm，厚 1~2mm 透明的溴化钾晶片，小心从压模中取出晶片，并保存在干燥器内。

另取一份 150mg 左右溴化钾置于洁净的玛瑙研钵中，加入 2~3mg 优级纯苯甲酸，同上操作研磨均匀、压片并保存在干燥器中。

再取一份 150mg 左右溴化钾置于洁净的玛瑙研钵中，加入 2~3mg 苯甲酸试样，同上操作制成晶片，并保存在干燥器内。

六、注意事项

1. 制得的晶片，必须无裂痕，局部无发白现象，如同玻璃般完全透明，否则表示压制的晶片薄厚不匀，应重新制作。晶片模糊，表示晶体吸潮，水在光谱图中 3450cm^{-1} 和 1640cm^{-1} 处出现吸收峰。
2. 将溴化钾参比晶片和苯甲酸标样晶片分别置于主机的参比窗口和试样窗口上。
3. 根据实验条件，将红外分光光度计按仪器操作步骤进行调节，测绘红外吸收光谱。
4. 相同的实验条件下，测绘苯甲酸试样的红外吸收光谱。

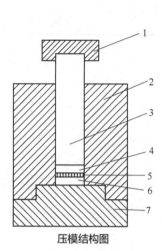
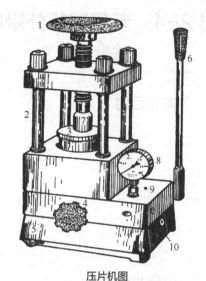

压模结构图
1—压杆帽；2—压模体；3—压杆；4—顶模片；5—试样；
6—底模片；7—底座

压片机图
1—压力丝杆手轮；2—拉力螺柱；3—工作台垫板；4—放油阀；
5—基座；6—压把；7—压模；8—压力表；9—注油口；
10—油标及入油口

七、数据及处理

1. 记录实验条件。
2. 在苯甲酸标样和试样红外吸收光谱图上，标出各特征吸收峰的波数，并确定其归属。
3. 将苯甲酸试样光谱图与其标样光谱图进行对比，如果两张图谱的各特征吸收峰及其吸收强度一致，则可认为该试样是苯甲酸。

实训 2-5　间、对二甲苯的红外吸收光谱定量分析——液膜法制样

一、实训目的

二、实训原理

三、仪器与试剂

1. 红外光谱仪
2. 金相砂纸和 5 号铁砂纸
3. 麂皮革
4. 红外干燥灯
5. 平板玻璃，$(20 \times 25) cm^2$

6. 邻、间、对二甲苯，均为分析纯
7. 氯化钠单晶体，$(2×3×0.8)cm^3$
8. 无水酒精，分析纯

四、实训条件

1. 红外光谱仪
2. 测量波数范围：$4000\sim650cm^{-1}$
3. 参比物：空气
4. 扫描速度：4min（3挡）
5. 室温：$18\sim20℃$
6. 相对湿度≤65%

五、实训内容

1. 开启空调机，使室内的温度为$18\sim20℃$，相对湿度≤65%。
2. 按以下方法处理氯化钠单晶块：从干燥器中取出氯化钠单晶块，在红外灯的辐射下，于垫有平板玻璃的 5 号铁砂纸上，轻轻擦去单晶块上下表层，继而在金相砂纸上轻擦之，然后再在麂皮革上摩擦，并不时滴入无水酒精，至擦到单晶块上下两面完全透明，保存于干燥器内备用。
3. 配制间二甲苯和对二甲苯的混合标样：分别吸取 2.50mL，3.50mL，4.50mL 间二甲苯于三只 10mL 容量瓶中，依次加入 4.50mL，3.50mL，2.50mL 对二甲苯，然后分别用邻二甲苯稀释至刻度，摇匀，配制成 1 号，2 号，3 号混合标样。
4. 吸取不含邻二甲苯的试液 7.00mL 于 10mL 容量瓶中，用邻二甲苯稀释至刻度，摇匀，配制成 4 号混合试样。
5. 纯标样液膜的制作（包括邻、间、对三种二甲苯）：取两块已处理好的氯化钠单晶块，在其中一块的透明平面上放置间隔片 5，于间隔片的方孔内滴加一滴分析纯邻二甲苯溶液，将另一单晶块的透明平面对齐压上，然后将它固定在支架上，如图所示。这样两单晶块的液膜厚度为 $0.001\sim0.05mm$，随后以同样方法制作间二甲苯和对二甲苯纯标样液膜，然后把带有标样液膜支架安置在主机的试样窗口上，以空气做参比物。

可拆式液体槽图

1—前框；2—后框；3—红外透光窗盐片；4—垫圈（氯丁橡胶或四氯乙烯）；5—间隔片（铅或铝）；6—螺帽

6. 根据实验条件，将红外分光光度计按仪器的操作步骤进行调节，然后分别测绘以上制作的三种标样液膜的红外吸收光谱。
7. 同样方法制作 1 号，2 号，3 号混合标样和 4 号混合试样的液膜，并以相同的实验条件，分别测绘它们的红外吸收光谱。

六、数据及处理

1. 在所测绘的三种纯标样红外吸收光谱图上，标出各基团基频峰的波数及其归属，并讨论这三种同分异构体在光谱上的异同点。

2. 测绘的混合标样和混合试样的红外吸收光谱图上,依照基线法对邻二甲苯特征吸收峰 743cm^{-1},间二甲苯特征吸收峰 692cm^{-1} 和对二甲苯特征吸收峰 792cm^{-1} 作图,并标出各自 I_0 和 I_t,列入下表中,同时计算各 $\lg(I_0/I_t)_{试样}/\lg(I_0/I_t)_{内标}$(以邻二甲苯作内标)。

项目		1	2	3	4
邻二甲苯(743cm^{-1})	I_0				
	I_t				
间二甲苯(692cm^{-1})	I_0				
	I_t				
对二甲苯(792cm^{-1})	I_0				
	I_t				
$\dfrac{\lg\left(\dfrac{I_0}{I_t}\right)_{试样}}{\lg\left(\dfrac{I_0}{I_t}\right)_{内标}}$	间二甲苯				
	对二甲苯				

分别作间二甲苯和对二甲苯的[$\lg(I_0/I_t)_{试样}/\lg(I_0/I_t)_{内标}$]-$c$ 标准曲线,并在标准曲线上查出试样中的间二甲苯和对二甲苯的含量,进一步计算原试样中这两种成分的含量。

实训 2-6 红外光谱法对有机聚合物的辨别与解析

一、实训目的

二、实训要求

三、实训原理

四、实训设备和材料

仪器:FT-IR 红外光谱仪,红外压片机。
材料:聚苯胺粉末,聚苯乙烯薄膜,丙烯酰胺,过氧化二苯甲酰粉末。

五、实训步骤

1. 仪器准备

实验前,先打开计算机工作站,然后打开红外光谱仪预热。

2. 制备测试试样

(1)溶液制膜 将聚合物样品溶于适当的溶剂中,然后均匀地浇涂在溴化钾片或洁净的载玻片上,待溶剂挥发后,形成的薄膜可以用手或刀片剥离后进行测试。若在溴化钾或氯化钠晶片上成膜，则不必揭下薄膜，可以直接测试。成膜在玻璃片上的样品若不易剥离，可连同玻璃片一起浸入蒸馏水中，待水把它润湿后，就容易剥离了，样品薄膜需要彻底干燥方可进行测试。

（2）薄膜法　将样品放入压模中加热软化，液压成片，如果是交联及含无机填料较高的聚合物，可以用裂解法制样，将样品置于丙酮与氯仿为1∶1混合的溶液中抽提8h，放入试管中裂解，取出试管壁液珠涂片。

（3）溴化钾压片法　适用于不溶或脆性树脂，如橡胶或粉末状样品。分别取1~2mg的样品和20~30mg干燥的溴化钾晶体，于玛瑙研钵中研磨成粒度约2μm且混合均匀的细粉末，装入模具内，在油压机上压制成片测试。如遇对压片有特殊要求的样品，可用氯化钾晶体替代溴化钾晶体进行压片。

除以上三种主要的制样方法外，还有切片法、溶液法、石蜡糊法等。

3. 放置样片

打开红外光谱的电源，待其稳定后，把制备好的样品放入样品架，然后放入仪器样品室的固定位置。

4. 按仪器的操作规程测试

运行光谱仪程序，进入操作软件界面设定各种参数，进行测定，具体步骤如下。

① 运行程序；

② 参数设置：打开参数设置对话框，选取适当方法、测量范围、存盘路径、扫描次数和分辨率；

③ 测试：参数设置完成后，进行背景扫描，然后将样品固定在样品夹上，放入样品室，开始样品扫描；

④ 谱图分析：处理文件如基线拉平、曲线平滑、取峰值等；

⑤ 结果分析：根据被测基团的红外特征吸收谱带的出现，来确定该基团的存在；

⑥ 对样品进行谱图解析，对所得谱图、数据进行保存、打印。

5. 实验结束

关闭系统，关闭主机，保持电源和系统相接，以使系统内部干燥。

六、数据处理与结果分析

通过FT-IR红外光谱仪依次分析了聚苯乙烯、丙烯酰胺和过氧化二苯甲酰（BPO）三者的红外谱图，分别得到一系列的波数-透射率的数据，为精确得到每个吸收峰的透射率值，将这些数据在matlab软件中画出，得到三者的红外谱图，并把一些主要的吸收峰值标出。

1. BPO

其分子式为：

BPO中各基团的振动类型有以下几种：①苯环上不饱和碳氢基团伸缩振动 $\sigma_{=CH}$ 3100~3000cm^{-1}；②苯环骨架振动 $\delta_{C=C}$ 1600~1450cm^{-1}；③苯环上不饱和碳氢基团的面外弯曲振动 $\delta_{=C-H}$（苯环上邻接5个氢）770~730cm^{-1}，710~690cm^{-1}等；④C=O伸缩1720~1706cm^{-1}；⑤C—O伸缩1320~1210cm^{-1}。

2. 丙烯酰胺

丙烯酰胺中基本的振动方式有：①N—H 伸缩 3500～3100cm^{-1}；②C—N 伸缩 1420～1400cm^{-1}；③N—H 弯曲振动 1655～1590cm^{-1}；④C=O 伸缩振动 1680～1630cm^{-1}；⑤烯烃 C—H 伸缩 3100～3010cm^{-1}；⑥C=C 伸缩 1675～1640cm^{-1}；⑦烯烃 C—H 面外弯曲振动 (1000～675cm^{-1})。

3. 聚苯乙烯

$$\text{—}(\text{CH—CH}_2)_n\text{—}$$

（苯环）

聚苯乙烯的结构中，除了亚甲基(CH$_2$)外，还有次甲基(CH)，苯环上不饱和碳氢基团(=CH)和碳碳骨架(C=C)。因此，聚苯乙烯的基本振动形式有：①亚甲基的反对称伸缩振动 $\sigma_{as(CH_2)}$ 2926cm^{-1}；②亚甲基的对称伸缩振动 $\sigma_{s(CH_2)}$ 2853cm^{-1}；③亚甲基的对称弯曲振动 $\delta_{s(CH_2)}$ 1465cm^{-1}；④长亚甲基链的面内摇摆振动 $\delta_{[(CH_2)n, n>4]}$ 720cm^{-1}；⑤苯环上不饱和碳氢基团伸缩振动 $\sigma_{=CH}$ 3100～3000cm^{-1}；⑥次甲基的伸缩振动 σ_{CH} 2955cm^{-1}；⑦苯环骨架振动 $\delta_{C=C}$ 1600～1450cm^{-1}；⑧苯环上不饱和碳氢基团的面外弯曲振动 $\delta_{=C—H}$（苯环上邻接 5 个氢）770～730cm^{-1}，710～690cm^{-1} 等。

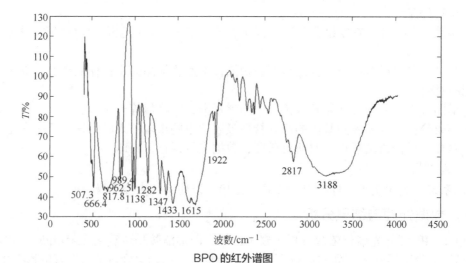

BPO 的红外谱图

丙烯酰胺的红外谱图

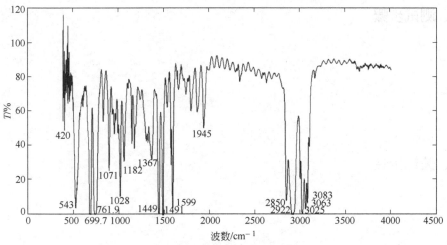

聚苯乙烯的红外谱图

七、结果分析与总结

本实训使用 FT-IR 仪器对 BPO、聚苯乙烯和丙烯酰胺进行红外光谱分析。通过本实验的学习，掌握了红外光谱法鉴定化合物的方法和基本原理，也掌握了样品制备的方法。而且通过对所得的数据经过数学软件的处理，得到红外光谱图，而且对所得到谱图上各个吸收峰的分析，基本上可以确定这三种样品的结构。但是由于空气中水分、二氧化碳等气体、尘埃等的影响，红外谱图的吸收峰会有相应的偏移。

八、思考题

1. 简述红外光谱分析的基本原理。

2. 简述聚合物样品制备使用的薄膜法。

实训 3-1　仪器开、关机操作和工作软件的使用

一、开机步骤

1.

2.

3.

4.

二、测试步骤

1.

2.

3.

三、关机步骤

1.

2.

3.

4.

5.

6.

7.

8.

9.

实训 3-2 空气压缩机、乙炔钢瓶的使用

一、空气压缩机的使用

1. 安全操作流程

2. 压缩机转向检查流程

3. 开机流程
(1)

(2)

(3)

(4)

(5)

(6)

(7)

二、乙炔钢瓶的使用流程

三、注意事项

(1) 使用时，要把钢瓶牢牢固定，以免摇动或翻倒。
(2) 开关气门阀要慢慢地操作，切不可过急地或强行用力把它拧开。
(3) 乙炔非常易燃，且燃烧温度很高，有时还会发生分解爆炸。要把贮存乙炔的容器置于通风良好的地方。
(4) 如发现乙炔气瓶有发热现象，说明乙炔已发生分解，应立即关闭气阀，并用水冷却瓶体，同时最好将气瓶移至远离人员的安全处加以妥善处理。发生乙炔燃烧时，绝对禁止用四氯化碳灭火。
(5) 不可将钢瓶内的气体全部用完，一定要保留 0.2～0.3MPa 的残留压力（减压阀表压）。

实训 3-3　工作曲线法测定自来水中钠

一、实训目的

二、实训原理

三、仪器与试剂

1. 仪器

原子吸收分光光度计；马弗炉。

容量瓶：50mL 6 只，100mL 1 只，500mL 1 只。

吸量管：5mL 3 支。
烧杯：50mL 2 只。

2. 试剂

Na 标准贮备溶液（1000μg·mL^{-1}）：称取氯化钠（分析纯）2.5g（准确到 0.0001g），于 500～600℃灼烧至恒重。用少量去离子水溶解后，定量转移至 1000mL 容量瓶中，并用去离子水稀释至刻度，充分摇匀后备用并计算溶液浓度（以 μg·mL^{-1} 计）。

去离子水。

试样：自来水。

四、实训内容与步骤

1. 最佳测定条件的选择

在进行原子吸收光谱分析时，仪器测量条件直接影响测定的灵敏度和精密度。不同的仪器测量条件会得到不同的测定结果，并可能进一步地导致测量误差，所以要对测量条件进行选择并确定最佳的仪器测量条件。在选择最佳的仪器测量条件时，可以进行单个因素的选择，即固定其它条件在参考水平上，不断改变所研究条件的参数，同时测定某一标准溶液的吸光度，选取吸光度大、稳定性好的参数作为最佳测量条件。

（1）标准测试溶液的配制 1%（体积分数）HCl 溶液：移取盐酸（分析纯）5mL 于 500mL 容量瓶中，用去离子水稀释至刻度，摇匀，备用。

移取 Na 标准贮备溶液（1000μg·mL^{-1}）5.00mL 于 50mL 容量瓶中，用 1%（体积分数）HCl 溶液稀释至刻度，摇匀备用，此溶液 Na 含量为 100μg·mL^{-1}。

取配制好的 Na 标准测试溶液（100μg·mL^{-1}）5mL，移入 100mL 容量瓶中，用 1%（体积分数）HCl 溶液稀释至刻度，摇匀备用，此溶液 Na 含量为 5μg·mL^{-1}，用于最佳测定条件的选择实训。

（2）参数设定 打开仪器并按所用仪器使用说明书的具体要求进行下述参数设定：

火焰（气体类型）：

乙炔流量（L·min^{-1}）：

空气流量（L·min^{-1}）：

空心阴极灯电流（mA）：

狭缝宽度/光谱带宽（mm·nm^{-1}）：

燃烧器高度（mm）：

吸收线波长（nm）：

（3）测量参数的选择

① 灯电流的选择：在已设定的条件下，喷入钠标准测试溶液并读取吸光度数值，然后在此设定值前 2mA 到后不超过最大允许使用电流值 2/3 范围内，每改变 1～2mA 灯电流，测定一次 Na 标准测试溶液的吸光度，重复测定 4 次，计算平均值和标准偏差，并绘制吸光度-灯电流关系曲线，从曲线中选择灵敏度高、稳定性好的灯电流值作为最佳灯电流。

② 狭缝宽度的选择：参照灯电流的选择实训，在仪器规定的狭缝宽度/光谱带宽参数的前后各取几个点，测定 Na 标准测试溶液的吸光度，重复测定 3 次，取平均值，并绘制吸光度-狭缝宽度/光谱带宽关系曲线，以不引起吸光度值减小的最大狭缝宽度/光谱带宽为最佳狭缝宽度/光谱带宽。

③ 燃烧器高度的选择：参照上述实训，在 2～12nm 燃烧器高度范围内，每增加 1mm 测定一次钠标准测试溶液的吸光度数值，重复测定 3 次，计算平均值，并绘制吸光度-燃烧器高度的关系曲线，从中选定最佳燃烧器高度。

④ 助燃比的选择：当气体的种类确定后，助燃比的不同也会影响到火焰的性质、吸收灵

敏度和干扰的消除等。同种火焰的不同燃烧状态，其温度与气氛也有所不同，分析工作中应根据待测元素的性质选择适宜气体的种类及其助燃比。具体参照上述实训，固定助燃气（空气）的流量，在相应规定的燃气流量前后一定范围内改变燃气（乙炔）流量，并测定 Na 标准测试溶液的吸光度，重复测定 3 次，计算平均值，并绘制吸光度-燃气流量关系曲线，从曲线上选定最佳助燃比。

2. 自来水中钠含量的测定

标准溶液制备：取 Na 标准贮备液，以 1%（体积分数）的 HCl 溶液为稀释剂，配制浓度范围为 $1\sim10\mu g\cdot mL^{-1}$ 的标准系列溶液 5 份。

在上述实训所确定的最佳仪器测量条件下，由低到高依次喷入标准系列溶液，测定并读取吸光度数值，重复测定三遍，计算平均值并在直角坐标纸上用平均值绘制 A-c 关系曲线（即 Na 的标准曲线）。在相同的条件下，测定和记录水样中 Na 的吸光度，再到标准曲线上查得水样中 Na 的浓度或含量。

五、数据处理

1. 绘制吸光度与灯电流的关系曲线，选出最佳灯电流值。
2. 绘制吸光度与狭缝宽度的关系曲线，选出合适的狭缝宽度。
3. 绘制吸光度与燃烧器的关系曲线，选择最佳燃烧器高度。
4. 绘制吸光度与燃气流量变化的关系曲线，选出最佳助燃比。
5. 由测定数据绘制 Na 的标准曲线，并求出水样中 Na 的浓度或含量（测定前水样若经过了稀释或浓缩处理，最终应将由标准曲线中查得的浓度值乘以稀释或浓缩倍数，以换算出原水样中的 Na 含量）。

六、注意事项

1. 在进行最佳测定条件的选择实训时，每改变一个条件都必须进行重新调零等步骤，在进行狭缝宽度和灯电流选择时还必须重复光能量调节步骤。
2. 乙炔为易燃、易爆气体，必须严格按照安全操作规程进行。在点燃乙炔火焰之前，应先开空气，然后开乙炔气；结束或暂停实训时，应先关闭乙炔气，再关闭空气。必须切记以保障安全。
3. 乙炔气钢瓶为左旋开启，开瓶时，出口处不准有人，要慢开启，不能过猛，否则冲击气流会使温度过高，易引起燃烧或爆炸。开瓶时，阀门不要充分打开，旋开不应超过 1.5r。钢瓶中乙炔压力降至 0.5MPa 时，不要再继续使用，以免损坏调压器，并造成测定结果不准确。
4. 当待测试样的吸光度超出标准系列溶液的最大吸光度时，可用溶剂对试样溶液进行稀释；当待测试样的吸光度低于标准系列溶液的最小吸光度时，可在待测元素的线性范围内，重新配制标准系列溶液。总之，应使未知试液中待测元素的吸光度读数位于标准系列溶液吸光度读数范围以内。

实训 3-4　标准加入法测定水中微量镁

一、实训目的

二、实训原理

三、仪器与试剂

仪器：原子吸收光度计；容量瓶（50mL 5 个，100mL 1 个）；吸量管（5mL 2 个）；烧杯（25mL 2 个）。

试剂：标准 Mg 贮备液（1000μg·mL^{-1}）。称取 1g 金属镁（准确到 0.0002g），溶于少量盐酸中，并转移至 1L 容量瓶中，用去离子水稀释至标线，摇匀。或准备称取 1.66g 氧化镁(MgO)，于 800℃灼烧至恒重。溶于 50mL 盐酸及少量去离子水中，移入 1L 容量瓶中，用去离子水稀释至刻度，摇匀。此溶液浓度为 1mg·mL^{-1}（以 Mg 计）。

四、实训内容和步骤

1. 标准使用溶液配制

取 Mg 标准贮备液 5mL，移入 100mL 容量瓶中，用去离子水稀释至刻度，摇匀备用，此溶液 Mg 含量为 50μg·mL^{-1}。

2. 测试溶液的配制

分别吸取 10mL 试样溶液 5 份于 5 个 50mL 容量瓶中，各加入 Mg 标准使用溶液 0.00mL，1.00mL，2.00mL，3.00mL，4.00mL，用去离子水稀释至刻度，摇匀备用。

3. 实训步骤

打开仪器预热并按仪器使用说明书设定好仪器最佳测量条件。

待仪器稳定后，用空白溶剂调零，将配制好的测试溶液依浓度由低到高依顺序喷入火焰中，并读取和记录吸光度值。

五、数据处理

以所测溶液的吸光度数值 A 为纵坐标，以测试液中 Mg 的浓度增量为横坐标，绘制标准曲线，并将曲线延伸至与横坐标相交，交点至原点的距离即为试样溶液中 Mg 的浓度。根据稀释倍数即可求出自来水中 Mg 的含量，并计算标准偏差。

六、思考题

1. 在哪些情况下适宜采用标准加入法定量?方法的优点有哪些?

2. 标准加入法为什么能够克服基体效应及某些干扰对测定结果的影响?

实训 3-5 火焰原子吸收法测钙实训条件的选择与优化

一、实训目的

二、实训原理

三、仪器与试剂

仪器：原子吸收分光光度计；烘箱干燥器；容量瓶（50mL 10只，100mL 2只，500mL 1只）；吸量管（5mL 4支）；烧杯（25mL 4只）。

试剂：标准 Ca 贮备液配制。称取碳酸钙（$CaCO_3$）约 2.4972g（精确到 0.0002g），在 105～110℃干燥至恒重。置于 500mL 烧杯中，加水 20mL，滴加 1+1 盐酸至完全溶解，再加 10mL 盐酸，煮沸除去二氧化碳、冷却后移入 1000mL 容量瓶中，用去离子水稀释至标线，摇匀备用。此溶液浓度为 $1mg·mL^{-1}$（以 Ca 计）。

固定的实训条件：灯电流 3mA；分析线 422.7nm；光谱带宽 0.7nm；燃气流量 $2100mL·min^{-1}$；燃烧器高度 6mm。

四、实训内容和步骤

1. 1%（体积分数）HCl 溶液：移取分析纯 HCl 5mL 于 500mL 容量瓶中，用去离子水稀释至刻度。

2. 标准 Ca 使用液的配制：移取 Ca 标准贮备液（$1000μg·mL^{-1}$）10.00mL 于 100mL 容量瓶中，以去离子水稀释至刻度，摇匀备用。此溶液含 Ca 为 $100μg·mL^{-1}$。

3. Ca 测试液的配制：移取 5mL $ρ(Ca)=100μg·mL^{-1}$ 钙标准使用液于 100mL 容量瓶中，用蒸馏水稀释并定容至标线，摇匀备用。

4. 实训条件的选择和优化

（1）分析线选择　在其他实训条件固定的情况下选择波长 422.7nm、239.9nm 两条分析线，分别测量 $ρ(Ca)=5.00μg·mL^{-1}$ Ca 测试液的吸光度。以吸光度最大者为最灵敏线。

（2）光谱带宽选择　光谱带宽是指单色器出射光谱中所包含的波长范围。实训中可将光谱带宽设置为 0.1nm、0.2nm、0.4nm、1nm、2nm。在其他实训条件固定的情况下测定不同光谱带宽时 $ρ(Ca)=5.00μg·mL^{-1}$ Ca 测试液的吸光度，绘制吸光度-光谱带宽曲线，以最大吸光度所对应的光谱带宽为最佳值。

（3）空心阴极灯电流选择　在灯电流分别为 2mA、4mA、6mA、8mA、10mA，其他实训条件固定的情况下测量 $ρ(Ca)=5.00μg·mL^{-1}$ Ca 测试液的吸光度，以吸光度最大且稳定者为最佳。

（4）燃气流量选择　在其他实训条件固定，乙炔流量分别为 $1800mL·min^{-1}$、$2000mL·min^{-1}$、$2200mL·min^{-1}$、$2400mL·min^{-1}$、$2600mL·min^{-1}$ 的条件下测量 $ρ(Ca)=5.00μg·mL^{-1}$ Ca 测试液的吸光度，绘制吸光度-燃气流量曲线，以吸光度最大值所对应的燃气流量为最佳值。

（5）燃烧器高度选择　燃烧器高度是指燃烧缝平面与空心阴极灯光束的垂直距离。在其他实训条件固定，燃烧器高度分别为 2.0mm、4.0mm、6.0mm、8.0mm、10.0mm 的条件下测

量 $\rho(Ca)$=5.00μg·mL^{-1} Ca 测试液的吸光度，绘制吸光度-燃烧器高度曲线，以吸光度最大值所对应的燃烧器高度为最佳值。

五、注意事项

1. 改变分析线后一定要进行寻峰操作。
2. 光谱带宽选择时只能选择仪器提供的固定值，无法连续改变。
3. 改变灯电流及光谱带宽后可能出现能量超上限，需要进行自动能量平衡。
4. 灯电流设置不能太高，否则可能损坏空心阴极灯。

六、思考题

1. 不同仪器最佳实训条件是否一致？

2. 在火焰原子吸收法中为什么要调节燃气和助燃气的比例？

3. 怎样能使空心阴极灯处于最佳工作状态？如果不处于最佳状态时，对分析工作有什么影响？

4. 火焰的高度和气体的比例对被测元素有什么影响，试举例说明。

实训 3-6　原子吸收法测钙的干扰与消除

一、实训目的

二、实训原理

三、仪器与试剂

1. 仪器

原子吸收分光光度计;烘箱干燥器。

容量瓶:50mL 10只,100mL 1只,500mL 1只。

吸量管:5mL 4支。

烧杯:25mL 4只。

2. 试剂

标准 Ca 贮备液配制:称取碳酸钙($CaCO_3$)约 2.4972g(精确到 0.0002g),在 105~110℃ 干燥至恒重。置于 500mL 烧杯中,加水 20mL,滴加 1+1 盐酸至完全溶解,再加 10mL 盐酸,煮沸除去二氧化碳,冷却后移入 1000mL 容量瓶中,用去离子水稀释至标线,摇匀备用。此溶液浓度为 $1mg \cdot mL^{-1}$(以 Ca 计)。

标准 PO_4^{3-} 贮备液的配制:称取 1.4330g 磷酸二氢钾,溶于少量去离子水中,移入 1000mL 容量瓶中,用去离子水稀释至标线,摇匀备用。此溶液浓度为 $1mg \cdot mL^{-1}$(以 PO_4^{3-} 计)。

标准 Sr 贮备液的配制:称取二氯化锶($SrCl_2 \cdot 6H_2O$)3.0400g,溶于 $0.3mol \cdot L^{-1}$ 盐酸中,移入 1000mL 容量瓶中,用 $0.3mol \cdot L^{-1}$ 盐酸稀释至刻度,摇匀备用。此溶液浓度为 $1mg \cdot mL^{-1}$(以 Sr 计)。

HCl(1+1)。

去离子水。

四、实训内容和步骤

1. 1%(体积分数)HCl 溶液

移取分析纯 HCl 5mL 于 500mL 容量瓶中,用去离子水稀释至刻度。

2. 标准 Ca 使用液的配制

移取 Ca 标准贮备液($1000\mu g \cdot mL^{-1}$)10.00mL 于 100mL 容量瓶中,以去离子水稀释至刻度,摇匀备用。此溶液含 Ca 为 $100\mu g \cdot mL^{-1}$。

3. 测试液的配制

在 5 个 50mL 容量瓶各移取 2.5mL Ca 标准使用液($100\mu g \cdot mL^{-1}$)和不同量的 PO_4^{3-} 标准贮备溶液,用 1%(体积分数)HCl 溶液稀释至刻度,稀释后的钙浓度均为 $5\mu g \cdot mL^{-1}$,PO_4^{3-} 浓度分别为 $0\mu g \cdot mL^{-1}$,$2\mu g \cdot mL^{-1}$,$4\mu g \cdot mL^{-1}$,$6\mu g \cdot mL^{-1}$,$8\mu g \cdot mL^{-1}$。

4. 测定干扰曲线

打开仪器预热并按仪器说明书设定好最佳的仪器测量条件。

火焰:乙炔-空气

乙炔流量:

空气流量:

空心阴极灯电流:

狭缝宽度/光谱带宽:

燃烧器高度:

吸收线波长:

待仪器稳定后,用空白溶剂进行调零,将配制好的测试溶液依次喷入火焰,并读取和记录吸光度值。

5. 消除干扰

另取 5 个 50mL 容量瓶,配制 Sr 对 PO_4^{3-} 消除干扰的测试溶液,Ca 浓度仍为 $5\mu g \cdot mL^{-1}$,含 PO_4^{3-} 分别为 $0\mu g \cdot mL^{-1}$,$10\mu g \cdot mL^{-1}$,$10\mu g \cdot mL^{-1}$,$10\mu g \cdot mL^{-1}$,$10\mu g \cdot mL^{-1}$,含 Sr 分别为 $0\mu g \cdot mL^{-1}$,

$25\mu g \cdot mL^{-1}$、$50\mu g \cdot mL^{-1}$、$75\mu g \cdot mL^{-1}$、$100\mu g \cdot mL^{-1}$，并用 1% HCl 溶液稀释至刻度。

用空白溶剂进行仪器调零，将配制好的测试溶液依次进行测试，并读取和记录吸光度值。

五、数据处理

1. 根据所测吸光度值和溶液浓度绘制 PO_4^{3-} 对 Ca 的干扰曲线。
2. 根据所测吸光度值和溶液浓度绘制 Sr 消除干扰曲线。

六、思考题

1. 在本实训中如果不采用加入锶的方法进行消除干扰，还可以采用何种方法进行消除干扰？为什么？

2. 在原子吸收光度法中为什么要用待测元素的空心阴极灯作为光源？可否用氖灯或钨灯代替空心阴极灯使用？为什么？

3. 分别对所绘制 PO_4^{3-} 对 Ca 的干扰曲线和 Sr 消除干扰曲线进行讨论。

实训 3-7 溶液配制（标准溶液等）

溶液配制过程

1.

2.

3.

实训 3-8 样品制备

样品制备过程

实训 3-9　人体指甲中的铜含量的测定

一、实训目的

二、实训原理

三、仪器与试剂

仪器：原子吸收光度计（日立 180-80 型原子吸收分光光度计及石墨炉原子化器）；容量瓶（50mL 5 只）；吸量管（1mL 1 支）；烧杯（50mL 1 只，25mL 2 只）；量筒（10mL 1 只）。

四、实训内容和步骤

打开仪器并按仪器使用说明书设定好仪器测量条件。

根据以下参考条件，分别设计几个单因素试验，选择各试验最佳条件。

干燥温度：80～120℃	干燥时间：20s
灰化温度：200～1000℃	灰化时间：20s
原子化温度：2200℃	原子化时间：10s
除残温度：2500℃	除残时间：3s

1. 干燥温度和干燥时间的选择

干燥温度应根据溶剂或液态试样组分的沸点进行选择。一般选择的温度应略低于溶剂的沸点。干燥时间主要取决于进样量，一般进样量为 20μL 时，干燥时间大约为 20s。条件选择是否得当可以用蒸馏水或者空白溶液进行检查。

2. 灰化温度和灰化时间的选择

在确定灰化温度和灰化时间时，要充分考虑两个方面的因素。一方面在保证被测元素没有损失的前提下应尽可能使用较高的灰化温度，以便尽可能完全地去除干扰。另一方面，较低的灰化温度和较短的灰化时间有利于减少待测元素的损失。灰化温度和灰化时间应根据实训，制作灰化曲线来进行确定。

在初步选定的干燥温度和干燥时间条件下，取 25μL 铜标准溶液，先在 200℃灰化 30s 或更长时间，然后根据初步选定的原子化温度和时间进行原子化。选择给出最小背景吸收信号的温度作为最低灰化温度。在选定的最低灰化温度下，连续递减灰化时间，观察背景吸收信号，确定最短灰化时间。在选择好灰化时间的情况下，每间隔 100℃依次递增灰化温度，根据不同灰化温度与对应原子化信号绘制灰化曲线。选择直线部分所对应的最高温度作为最佳灰化温度。

3. 原子化温度和时间的选择

原子化温度和时间的选择原则是选用达到最大吸收信号的最低温度作为原子化温度，原子化时间是以保证完全原子化为准。最佳的原子化温度和时间由原子化曲线确定。

取 25μL 铜标准溶液，根据上述初步确定的干燥、灰化温度和时间的条件，进行干燥和灰化，并选择 2200℃为原子化温度，时间为 10s，观测原子化信号回到基线的时间，作为原子化时间。

选择高于灰化温度 200℃作为原子化温度，测量吸收信号，然后每间隔 100℃依次增加原子化温度。以原子化温度-吸光度信号绘制原子化曲线。将能给出最大吸收信号的最低温度选为最佳的原子化温度。

五、数据处理

根据测定结果，计算样品含量。

六、注意事项

1. 在无火焰原子吸收光谱法进行样品测定时，液体进样是采用微量可调移液器。在使用时注意应根据不同样品和不同样品体系及时更换枪头，以免交叉污染。
2. 在用移液器进样时，注意要快速一次性将移液器中液体注入石墨管中，以免枪头中有样品残留。

七、思考题

1. 在石墨炉原子化法测定过程中，哪些条件对分析结果影响最大，为什么？

2. 试比较火焰和非火焰原子吸收光度法的优缺点。

实训 4-1 气路系统的连接与检漏

一、实训目的

二、仪器与试剂

1. 仪器

气相色谱仪、气体钢瓶、减压阀、净化器、色谱柱、聚四氟乙烯管、垫圈、皂膜流量计。

2. 试剂

肥皂水。

三、实训内容与步骤

1. 准备工作

①

②

③

2. 连接气路

①

②

③

④

3. 气路检漏

①

②

③

④

4. 转子流量计的校正

①

②

③

④

⑤

5. 结束工作

①

②

③

④

四、注意事项

1. 高压器气瓶和减压阀螺母一定要匹配，否则可能导致严重事故。

2. 安装减压阀时应先将螺纹凹槽擦净，然后用手旋紧螺母，确认入扣后再用扳手扳紧。
3. 安装减压阀时应小心保护好表舌头，所用工具忌油。
4. 在恒温室或其他近高温处的接管，一般用不锈钢管和紫铜垫圈而不用塑料垫圈。
5. 检漏结束应将接头处涂抹的肥皂水擦拭干净，以免管道受损，检漏时氢气尾气应排出室外。
6. 用皂膜流量计测流速时每改变流量计转子高度后，都要等 0.5～1min，然后再测流速。

五、数据处理

依据实训数据在坐标纸上绘制 $F_{转}$-$F_{皂}$ 的校正曲线，并注明载气种类和柱温、室温及大气压力等参数。

六、思考题

1. 为什么要进行气路系统的检漏试验？

2. 如何打开气源？如何关闭气源？

实训 4-2　高压气体钢瓶、减压阀等各种气体调节阀的使用操作

一、载气钢瓶的使用规程

1.

2.

3.

4.

5.

6.

二、减压阀的使用

1.

2.

3.

实训 4-3　载气流量的测定

一、实训目的

二、实训操作

1.

2.

3.

4.

5.

6.

三、数据处理

载气的流量与流速按照下列公式计算：

$$F = \frac{V}{t}$$

式中　F——载气流量，mL·min^{-1}；
　　　V——流量计容积，mL；
　　　t——皂膜流过流量计的时间，min。

$$u = \frac{F}{60\pi r^2}$$

式中　u——载气流速，cm·s^{-1}；
　　　r——色谱柱半径，cm。

四、注意事项

1. 皂膜流量计在使用时要保持流量计的清洁、湿润；

2. 皂水要用澄清的皂水；
3. 皂膜流量计使用完毕洗净、晾干放置。

实训 4-4　气相色谱仪的开、关机操作

以岛津 GC-2104C 型气相色谱仪为例。

　一、开机操作步骤

1.

2.

3.

4.

5.

6.

　二、关机操作步骤

1.

2.

3.

4.

实训 4-5　柱温等温度参数的设置

　一、设置毛细管柱信息和流速

　二、设置检测器和进样口温度

三、设置温度程序

四、启动 GC 控制

五、设置检测器

实训 4-6　进样操作

一、气体样品进样
试分别画出取样（准备）和进样（工作）时平面六通阀结构的示意图

二、液体样品进样步骤

三、固体样品进样应注意事项

实训 4-7　FID 检测器和热导检测器的基本操作

一、FID 检测器的检测操作步骤

1.

2.

3.

4.

5.

6.

7.

二、热导检测器的检测操作步骤

1.

2.

3.

4.

5.

6.

实训 4-8　填充柱的制备

一、实训目的与要求

二、方法原理

三、仪器与试剂

1. 仪器

任意型号气相色谱仪；红外线干燥箱或红外灯；60~80 目标准筛；真空或水泵；玻璃干燥塔；漏斗；蒸发皿；玻璃三通活塞；2m 不锈钢或玻璃柱管。

2. 试剂

色谱纯邻苯二甲酸二壬酯（DNP）；60~80 目 6201 红色硅藻土；分析纯乙醚、盐酸及氢氧化钠等。

四、实训步骤

1. 载体的预处理

称取 100g 60~80 目 6201 红色硅藻土，置于 500mL 烧杯中，加入 1+1 盐酸浸泡 30min 左右，然后水洗至中性，抽滤后转入蒸发皿中，于 105℃烘箱中烘干 4~6h，冷却后进一步过筛，并于干燥器中保存备用（注：若为已经预处理过的市售载体则可直接过筛使用）。但在涂渍固定液之前，仍需烘干以除去所带水分。

2. 固定液涂渍

称取色谱纯邻苯二甲酸二壬酯（DNP）7.5g 于蒸发皿中，加适量乙醚（以能浸没载体并保持有 3~5mm 液层为限）溶解。然后加入 50g 6201 红色硅藻土载体，置于通风橱中令乙醚自然挥发，且不时加以搅拌，待乙醚挥发完毕后，移至红外干燥箱内或红外灯下，烘干约 30min，即可准备装柱。该实训选用的固-载比为 15∶100。

涂渍固定液时应注意：

① 若所用溶剂不是低沸点、易挥发的，则应在低于其沸点约 20℃情况下的水浴中，徐徐蒸去溶剂。

② 在溶剂的蒸发过程中，搅动应既轻且慢，不可剧烈搅动及摩擦蒸发皿，以免将载体搅碎。

③ 不能于一开始即使用红外干燥箱蒸发大量的溶剂，以免因溶剂蒸发过快，而致固定液涂渍不均匀。

④ 所选溶剂应能使固定液完全溶解，不可出现悬浮、分层等现象，同时应能完全浸润载体。

3. 装柱

取一根 2m 长、内径 3mm 的螺旋形柱管，将一端与水泵相接，另一端接一玻璃漏斗，倒入 50mL 2mol·L^{-1} HCl 浸泡 5min 后，用水抽洗至中性，同法再用相同量、相同浓度 NaOH 处理、水洗，并如此反复抽洗 2~3 次，然后烘干。连接好泵抽装置，打开真空泵，经漏斗（用一弹簧夹夹死）倒入处理好的液体固定相，待系统抽到一定真空度时，打开弹簧夹，液体固定相迅速被抽入柱管中，不停地用小木棒等物轻轻敲打柱管外壁，以使固定相装填紧密而均匀，直至固定相不再进入柱管为止。旋转玻璃三通令系统与大气相通，切断真空泵电源，取下柱管，并于管口塞填洁净的玻璃棉，盖上螺帽，同时在与泵相连接一端管口标记"进气"二字。

装柱时应注意：

① 在柱管与玻璃三通之间，需用 2~3 层纱布相隔，以免固定相被吸入干燥塔中。

② 装柱过程中，不可使用金属棒敲击柱管外壁，以免固定相破碎。

③ 停泵前务必先令系统与大气相同，以免泵油倒吸进入干燥塔。

④ 装柱后，如发现固定相出现断层或间隙等现象，则应重新装填。

4. 柱子老化

将装填好固定相的柱管标有"进气"二字一端接于色谱仪的载气口,另一端直接通大气(切勿与检测器相接,以免污染检测器);开启载气使其流量为 $5\sim10\text{mL}\cdot\text{min}^{-1}$,用肥皂水检查系统各连接处有无漏气,否则应重新连接;打开色谱仪总电源及柱室温度控制器开关,设定柱室温度为110℃。运行 $4\sim8\text{h}$ 进行柱子老化,然后接入检测器,打开记录仪开关,待记录的基线平直时,结束老化处理。

五、思考题

1. 固定液的涂渍应注意什么问题?
2. 通过实训,你觉得装填好一根色谱柱,在操作过程中应注意哪些问题?
3. 影响填充柱柱效的因素有哪些?
4. 装填后的柱子一定要进行老化吗?

实训 4-9 填充柱柱效的测定

一、实训目的

二、实训原理

三、仪器与试剂

1. 仪器

任意型号气相色谱仪;色谱柱;氮气或氢气钢瓶;皂膜流量计;10μL 微量进样器;2mL 医用注射器。

2. 试剂

苯、甲苯、邻二甲苯、乙醚等,皆为分析纯。

四、操作条件

固定相　邻苯二甲酸二壬酯,6201 载体(15∶100),60~80 目。
流动相　氮气,流量为 $15\text{mL}\cdot\text{min}^{-1}$。
柱　温　110℃。
气化温度　150℃。
检测器　TCD,检测温度 110℃。
桥电流　110mA。
衰减　1/1。
进样量　3μL。
记录仪　量程 5mV,纸速 $600\text{mm}\cdot\text{h}^{-1}$。

五、实训步骤

1. 分别吸取 2.5mL 苯、2.5mL 甲苯于 50mL 容量瓶中,以邻二甲苯稀释至刻度线,摇匀备用。
2. 根据操作条件,将仪器按说明书调节至可进样状态,待仪器电路及气路系统达平衡,记录仪上基线平直时,即可进样。
3. 吸取 3μL 试液进样,记录苯及甲苯的色谱图,重复进样操作两次。
4. 死时间测定:吸取 0.3~0.5mL 空气进样,记录空气的色谱图,重复进空气操作两次。
5. 实训完毕,以乙醚抽洗微量进样器数次,按仪器说明书关闭仪器。

六、进样操作注意事项

1. 进样时要求注射器垂直于进样口,左手扶着针头以防刺入时弯曲,右手拿注射器,右手食指卡在注射器芯子与注射器管的交界处,以防当进针到气路中时,由于载气压力较高将注射器芯子顶出,影响正确进样。
2. 用注射器取样时,应事先用待取液洗涤 5~6 次,然后缓慢抽取一定量溶液,针头朝上赶去吸入的空气后,再排去多余溶液便可进样。
3. 进样时应操作稳当、连贯、迅速,进针位置及速度,针尖停留及拔出速度均会影响进样的重现性,一般进样相对误差为 2%~5%。
4. 应注意经常更换进样口上的硅橡胶密封垫片,一般经过 10~20 次的穿刺进样后,该垫片的气密性即降低,容易出现漏气现象。

七、数据及处理

1. 记录实训条件
   (1) 柱长及柱内径;
   (2) 固定相及固-载比;
   (3) 载气及其流量;
   (4) 柱前压力及柱温;
   (5) 检测器及其温度;
   (6) 桥电流及进样量;
   (7) 衰减比;
   (8) 记录仪量程及纸速。
2. 测量空气峰,进而得到死时间。
3. 测定苯及甲苯的保留时间及其半峰宽。
4. 计算苯及甲苯在该柱上的 $n_{有效}$ 和 $H_{有效}$。

八、思考题

1. 由本实训测得的 $n_{有效}$ 可以说明什么问题?

2. 用同一根色谱柱,分离不同组分时,其塔板数是否一样,为什么?

3. 以微量进样器进样时应注意什么问题?

实训 4-10　载气流速及柱温变化对分离度的影响

一、实训目的

二、实训原理

三、仪器与试剂
1. 仪器

气相色谱仪（热导检测器）；色谱柱 10%SE-30（80～100 目，ϕ4mm×2m）。

2. 试剂

氢气；乙醇、丙醇、丁醇标样及未知混合样。

四、实训步骤
1. 打开载气，确保载气流经热导检测器，并调整流速为 40mL·min^{-1}；
2. 打开气化室、柱箱、检测器的控温装置，将温度分别调整在 150℃，100℃，120℃；
3. 桥流调至 100mA；
4. 打开色谱处理机，输入测量参数；
5. 待仪器稳定后，注入 1μL 未知样品，记录保留时间和半峰宽；
6. 分别注入 0.2μL 乙醇、丙醇、丁醇标准样品，记录保留时间；
7. 注入空气样品，记录死时间；
8. 柱温分别恒定在 90℃，110℃，130℃，重复测量未知样品和空气的保留时间以及半峰宽，流速为 40mL·min^{-1}；
9. 流速调整为 10mL·min^{-1}，20mL·min^{-1}，60mL·min^{-1}，80mL·min^{-1}，100mL·min^{-1}，重复测量未知样和空气的保留时间及半峰宽，柱温恒定在 100℃；
10. 时间结束后关闭电源，待柱温降至室温后关闭载气。

五、操作注意事项
1. 改变柱温和流速后，应待仪器稳定后再进样；
2. 为了保证峰宽测量的准确，应调整适当的峰宽参数；
3. 控制柱温的升温速率，切忌过快，以保持色谱柱的稳定性。

六、数据及处理

1. 记录实训条件

同实训 4-2。

2. 分别计算在给定的柱温和流速下丙醇和乙醇，丙醇和丁醇的分离度

(1) 计算改变柱温后丙醇和乙醇，丙醇与丁醇的分离度；

(2) 计算改变流速后丙醇和乙醇，丙醇与丁醇的分离度；

(3) 在给定条件下，如果使丙醇与相邻两峰的分离度为 $R=1.5$，所需的柱长应该是多少（塔板高度为 $H=12mm$）？

七、思考题

1. 分离度是不是越高越好？为什么？

2. 影响分离度的因素有哪些？提高分离度的途径是什么？

3. k 值的最佳范围是 2～5，如何调整 k 值？

实训 4-11　标准对照法定性操作

一、实训目的

二、实训原理

三、仪器与试剂

1. 仪器

气相色谱仪；氮气或氢气钢瓶；色谱柱；10μL、100μL 微量进样器，1mL 医用注射器。

2. 试剂

苯、甲苯、乙苯、邻二甲苯、1,2,3-三甲苯，均为分析纯。

四、实训步骤

1. 在四只 10mL 容量瓶中，按 1∶100（体积比）比例分别配制苯∶邻二甲苯，甲苯∶邻二甲苯，乙苯∶邻二甲苯，1,2,3-三甲苯∶邻二甲苯溶液，摇匀备用。

2. 根据实训条件，按仪器说明书将仪器调节至可进样状态，待仪器上的电路及气路达平衡，记录仪记录的基线平直时，即可进样。

3. 分别吸取上述各溶液 3μL，依次进样，并在记录纸上于进样信号附近标明混合液组成。重复进样两次。

4. 吸取 3μL 已加入甲苯的未知试液，按 1∶100（体积比）比例配比进样，记录色谱图。重复进样两次。

5. 在相同条件下，取 0.3～0.5mL 空气样品，记录色谱图，重复进样两次。

五、数据及处理

1. 记录实训条件
   (1) 柱长及柱内径；
   (2) 固定相及固-载比；
   (3) 载气及其流量；
   (4) 柱前压力及柱温；
   (5) 检测器及其温度；
   (6) 桥电流及进样量；
   (7) 衰减比；
   (8) 记录仪量程及纸速。

2. 测量各色谱图中各个组分的保留时间 t_R、死时间 t_M，并计算各个组分的调整保留时间 t'_R（以甲苯为标准物质），将数据填于下面的表格中。

项目	空气				苯				甲苯				乙苯				1,2,3-三甲苯			
	1	2	3	平均值	1	2	3	平均值	1	2	3	平均值	1	2	3	平均值	1	2	3	平均值
t_M																				
t_R																				
t'_R																				
r_{is}																				

3. 测量未知试样中各个组分的保留时间，并计算其调整保留值和相对保留值 r_{is}，然后与表格中所列数据比对，以确定未知试样中的各个组分。

六、思考题

1. 为什么可以利用色谱图中的保留值进行色谱定性分析？

2. 测定空气的色谱图时，若不严格控制相同实训条件，将对实训结果产生什么后果？

3. 利用 r_{is} 值进行色谱定性分析时，是否可以不必严格控制相同的实训条件，为什么？

实训 4-12　定量校正因子的测定

一、目的要求

二、实训原理

三、仪器与试剂

1. 仪器

气相色谱仪、气体发生器、毛细管色谱柱、FID、微量注射器。

2. 试剂

异丁醇、仲丁醇、叔丁醇、正丁醇，均为分析纯。

四、实训步骤

1. 配制测试标样

分别准确称取一定量的异丁醇、仲丁醇、叔丁醇、正丁醇，并分别配制成 100mL 的（乙醇）水溶液，备用。

2. 色谱仪的开机和调试

（1）将载气通入主机气路，检漏，调节载气流速为 30～40mL·min^{-1}，通载气 30min 将气路中的空气等赶走。

（2）打开色谱主机电源，在控制面板上对气化室、柱箱、检测器进行控温，将温度分别调节为 160℃，75～90℃，140℃，并启动 GC（从控制面板上的"System"处）。

（3）待色谱仪显示"Ready"后，打开空气泵和高纯氢气发生器的电源。

（4）打开色谱数据处理机，输入测量参数，并将所设定的方法文件进行保存。

（5）进入单次测量，并进行样品记录。

（6）当 FID 火焰点燃并且色谱仪显示"Ready"后，即可进行样品测量（先点击软件上的绿色"开始"按钮，然后快速进样，并在快速拔出注射器的同时按下色谱仪上的"Start"键）。

3. 标准溶液校正因子的测定

（1）观察仪器谱图基线是否平直，待仪器电路和气路系统达到平衡，基线平直后，用 1μL 清洗过的微量注射器吸取标准溶液 0.5μL 进样，记录分析结果，每一标准溶液平行测定三次。

（2）在最优化条件下利用测试标样测定各组分的相对校正因子。

（3）结束工作：实训完成后，先关闭高纯氢气发生器和空气泵，然后"停止 GC"，并将高纯氮气瓶的总阀关闭，待色谱柱的温度降至 40℃ 以下时方可关闭色谱仪的电源，清洗进样器。

五、结果处理

1. 记录实训条件

仪 器 条 件			
样品名称：		样品编号：	
仪器名称：	仪器型号：		仪器编号：
色谱柱型号：	柱温：		载气种类：
检测器类型：	检测器温度：		载气流量：
气化温度：	氢气流量：		空气流量：

2. 相对校正因子的测定数据

组分名称	质量/g	峰面积 A	相对校正因子 f_i'	相对校正因子 f_i' 的平均值	相对平均偏差/%
叔丁醇					
仲丁醇					
异丁醇					
正丁醇					

3. 归一化法计算各组分的质量分数

对丁醇测试标样所绘制色谱图，按公式 $f_i' = \dfrac{f_i}{f_s} = \dfrac{m_i A_s}{A_i m_s}$（以正丁醇和其他丁醇异构体为基准物质）计算各丁醇异构体混合物的相对校正因子。

实训 4-13　归一化法定量测定丁醇异构体混合物

一、实训目的

二、实训原理

三、仪器与试剂

1. 仪器

气相色谱仪、气体发生器、毛细管色谱柱、FID、微量注射器。

2. 试剂

异丁醇、仲丁醇、叔丁醇、正丁醇,均为分析纯。

四、实训步骤

1. 配制测试标样

分别准确称取一定量的异丁醇、仲丁醇、叔丁醇、正丁醇,并分别配制成100mL的(乙醇)水溶液,备用。

2. 色谱仪的开机和调试

(1) 将载气通入主机气路,检漏,调节载气流速为 $30\sim40\text{mL}\cdot\text{min}^{-1}$,通载气 30min 将气路中的空气等赶走。

(2) 打开色谱主机电源,在控制面板上对气化室、柱箱、检测器进行控温,将温度分别调节为 160℃,75~90℃,140℃,并启动 GC(从控制面板上的"System"处)。

(3) 待色谱仪显示"Ready"后,打开空气泵和高纯氢气发生器的电源。

(4) 打开色谱数据处理机,输入测量参数,并将所设定的方法文件进行保存。

(5) 进入单次测量,并进行样品记录。

(6) 当 FID 火焰点燃并且色谱仪显示"Ready"后,即可进行样品测量(先点击软件上的绿色"开始"按钮,然后快速进样,并在快速拔出注射器的同时按下色谱仪上的"Start"键)。

3. 未知试样的分析测定

(1) 观察仪器谱图基线是否平直,待仪器电路和气路系统达到平衡,基线平直后,用 1μL 清洗过的微量注射器吸取样品 0.5μL 进样,记录分析结果。根据样品中各组分的分离情况优化测定条件。

(2) 按上述方法在最优化条件下再进样分析测定三次,记录分析结果。

(3) 结束工作:实训完成后,先关闭高纯氢气发生器和空气泵,然后"停止 GC",并将高纯氮气瓶的总阀关闭,待色谱柱的温度降至40℃以下时方可关闭色谱仪的电源,清洗进样器。

五、结果处理

1. 记录实训条件

仪 器 条 件					
	样品名称:			样品编号:	
仪器名称:		仪器型号:		仪器编号:	
色谱柱型号:		柱温		载气种类:	
检测器类型:		检测器温度:		载气流量:	
气化温度:		氢气流量:		空气流量:	

2. 将色谱图上测量的各组分的峰高、峰面积等填入下表

测定次数	组分名称	相对校正因子 f_i'	峰面积 A	质量分数/%	质量分数的平均值/%	相对平均偏差 /%
1	叔丁醇				叔丁醇:	
	仲丁醇					
	异丁醇					
	正丁醇				仲丁醇:	

续表

测定次数	组分名称	相对校正因子 f_i'	峰面积 A	质量分数/%	质量分数的平均值/%	相对平均偏差/%
2	叔丁醇					
	仲丁醇					
	异丁醇					异丁醇：
	正丁醇					
3	叔丁醇					
	仲丁醇					
	异丁醇					正丁醇：
	正丁醇					

3．归一化法计算各组分的质量分数

对丁醇试样所绘制色谱图，按公式

$$\bar{\omega}_i = \frac{f_i' A_i}{f_1' A_1 + f_2' A_2 + \cdots + f_n' A_n} \times 100\% = \frac{f_i' A_i}{\sum f_i' A_i} \times 100\%$$

计算丁醇试样中各同分异构体的质量分数（%），并计算其平均值与相对平均偏差（%）。

六、思考题

1．使用 FID 时，应如何调试仪器至正常工作状态？如果点火不着将怎样处理？若实训中途突然停电，将如何处理？

2．实训结束时，应怎样正常关机？

3．使用 FID 时，为了确保安全，操作中应注意什么？

4．什么情况下可以采用峰高归一化法？如何计算？

5．归一化法对进样量的准确性有无严格要求？

6．本实训用 DNP 柱分离伯、仲、叔、异丁醇时，出峰顺序如何？有什么规律？

实训 4-14　色谱工作站的基本操作练习——外标法测定未知组分含量

一、实训目的

二、实训原理

三、仪器与试剂

1. 仪器

气相色谱仪（热导检测器）；色谱柱：20%甲基硅酮油（60～80目，$\phi 4mm \times 2m$）或20%聚乙二醇-1500（60～80目，$\phi 4mm \times 2m$）；氢气；皂膜流量计；秒表；微量注射器。

2. 试剂

4个烷烃系列标准样品、4个伯醇系列标准样品、4个酮类或脂系列标准样品；未知样品。

四、实训步骤

1. 打开载气，调节两柱流速为 $60mL \cdot min^{-1}$；
2. 调节气化室、柱箱、热导检测器的温度，分别稳定在160℃，100℃，150℃；
3. 调节桥流至120mA；
4. 检查色谱仪各部件的参数，调整至进样状态；
5. 将4个正构烷烃同系物样品分别注入Ⅰ柱和Ⅱ柱，进样量为0.5μL，记录保留时间；
6. 将4个伯醇同系物样品分别注入Ⅰ柱和Ⅱ柱，进样量为0.5μL，记录保留时间；
7. 将4个酮类同系物样品分别注入Ⅰ柱和Ⅱ柱，进样量为0.5μL，记录保留时间；
8. 将空气样品分别注入Ⅰ柱和Ⅱ柱，记录保留时间；
9. 将待测样品分别注入Ⅰ柱和Ⅱ柱，进样量为0.5μL，记录保留时间；
10. 配制已定性物质的系列浓度标样用于制作工作曲线，将它们分别注入Ⅰ柱和Ⅱ柱，进样量为0.5μL，记录峰面积；
11. 注入0.5μL待测样品；
12. 实训结束后，关闭桥流及其他部分电源，待柱温降至室温后关闭载气。

五、操作注意事项

1. 确保载气流经色谱柱和热导检测器；
2. 在校正曲线的线性范围内进行定量分析。

六、数据及处理

1. 绘制定量工作曲线；
2. 计算未知样品的含量。

实训4-15　外标法测定未知组分含量

一、实训原理

二、仪器

GC-2014C 型气相色谱仪，带 FID 检测器。

三、试剂

1. 苯甲酸标准贮备液：准确称取苯甲酸 0.2000g，加碳酸氢钠($20g·L^{-1}$)10mL，加热溶解，移入 100mL 容量瓶中，加水至刻度，苯甲酸含量 $2mg·mL^{-1}$，作为贮备液。

2. 山梨酸标准贮备溶液：准确称取山梨酸 0.2000g，加碳酸氢钠($20g·L^{-1}$)10mL，加热溶解，移入 100mL 容量瓶中，加水至刻度，山梨酸含量 $2mg·mL^{-1}$，作为贮备液。

3. 苯甲酸、山梨酸混合标准使用液：取苯甲酸、山梨酸标准贮备液各 5mL，15mL，25mL 分别注入 100mL 容量瓶中，加水至刻度，此溶液分别含苯甲酸和山梨酸各 $0.1mg·mL^{-1}$、$0.3mg·mL^{-1}$ 和 $0.5mg·mL^{-1}$。

四、测定方法

吸取饮料及不同浓度的标准使用液各 20mL，置于 125mL 分液漏斗中，依次加入 $6mol·L^{-1}$ 盐酸 0.2mL，二氯甲烷 5.0mL，振摇 2min，静置分层，用脱脂棉擦干分液漏斗颈口的水珠，收集二氯甲烷，进行色谱分析。

五、色谱条件

毛细管色谱柱。柱温 155℃、检测室温度 190℃、气化室温度 190℃，载气：氮气 $23mL·min^{-1}$，氢气 $40mL·min^{-1}$，空气 $270mL·min^{-1}$。进样 1～5μL，根据苯甲酸与山梨酸的标准曲线进行定量。

六、思考题

1. 保留值受哪些因素的影响？如何提高测量的准确性？

2. 双柱定性的优缺点是什么？采用双柱法定性应注意什么？

3. 双柱保留值对数呈线性关系，其直线的斜率和截距的物理意义是什么？

实训 4-16　简单苯系物的定性操作

一、实训目的

二、实训原理

三、仪器和试剂

1. 仪器

岛津 GC-2014 型气相色谱仪，微量进样器。

2. 试剂

苯，甲苯，二甲苯，二硫化碳，均为色谱级。

四、实训步骤

1. 准备工作

打开氮气钢瓶的瓶头阀，再打开减压阀调节压力约为 0.5MPa。

调节仪器面板上载气稳压阀，使柱前压在合适值。

打开仪器电源，按要求调节好柱温、进样口温度和检测器温度，并将温度升至所设置温度。

打开高纯氢气发生器和空气压缩机的电源，待气流稳定后点火。

打开计算机启动工作站，等待仪器稳定——基线平直。

2. 条件实训

（1）色谱柱温度影响　分别于 80℃、100℃、120℃条件下取 1μL 混合标样进样分析，测得保留时间、峰面积和两峰间的分离度。

按分离度足够大（≥1.5）且保留时间最小为原则选定实训的最佳柱温。

柱温的改变应由低到高，待温度稳定后再进样分析。

（2）载气流量的影响　在选定的柱温下改变载气的柱前压，每个条件下分别取 1μL 混合标样进样分析，测得保留时间、峰面积和两峰之间的分离度。

按分离度足够大（≥1.5）且保留时间最小为原则选定实训的最佳载气流量，并作出峰面积对载气压力的关系曲线。

3. 样品分析

在选定的柱温和载气流量下，分别取 1μL 的苯-CS_2、甲苯-CS_2、二甲苯-CS_2 标样进样分析，测得三组分的保留时间。

取 1μL 混合标样进样分析，测得保留时间。

按保留时间比对法确定混合样品中各峰所代表的组分。

五、思考题

1. 所用的检测器是否使用于检测所有的有机化合物?为什么?

2. 若实训获得的色谱峰面积太小,应如何改善实训条件?

实训 4-17　定量分析正己烷中的环己烷

一、实训目的

二、实训原理

三、仪器与试剂

1. 仪器

气相色谱仪（附火焰离子化检测器）；色谱柱：GDX-401（80~100目，$\phi 4mm \times 2m$）。

2. 试剂

氢气、氮气、压缩空气；正己烷、环己烷；内标物为甲苯；未知样品。

四、实训步骤

1. 通入载气 N_2，调节流速为 $30mL \cdot min^{-1}$；
2. 设置进样口、柱箱温度，分别为 150℃、98℃，并开始升温；
3. 通入氢气和压缩空气，流速分别为 $50mL \cdot min^{-1}$ 和 $500mL \cdot min^{-1}$；
4. 点火并检查氢火焰是否已点燃；
5. 输入色谱处理机的定性和定量参数及程序；
6. 待色谱仪稳定后，用微量注射器注入未知样 $0.5\mu L$，记录保留时间；
7. 将 $0.2\mu L$ 环己烷和正己烷的标样分别注入色谱柱，记下各自的保留时间；
8. 注入 $1\mu L$ 按质量法配制的已知浓度的正己烷、环己烷、甲苯混合物标样，记录保留时间和峰面积，重复进样 3 次（用于计算组分的定量校正因子）；
9. 称量未知物；
10. 称量内标物，将其加入上述未知物中，并混合均匀；
11. 取 $1\mu L$ 含有内标物的未知样注入色谱柱，记录保留时间和峰面积，重复进样 3 次；
12. 实训结束后关闭电源、氢气、压缩空气，待柱温降至室温后关闭载气。

五、操作注意事项

1. 在点燃火焰离子化检测器时，可先通入氢气，以排除气路中的空气。然后，通入大于 $50mL·min^{-1}$ 的氢气和小于 $500mL·min^{-1}$ 的空气（以利点燃），点燃后，再调整到 H_2 工作流速为 $50mL·min^{-1}$，空气为 $500mL·min^{-1}$。
2. 检测器的灵敏度范围设置要适当，以保持基线稳定。
3. 切忌将大量氢气排入室内。

六、数据及处理

1. 列表整理保留值及峰面积的数据；
2. 计算定量校正因子（绝对定量校正因子和相对定量校正因子）；
3. 计算环己烷的含量；
4. 与外标法定量结果进行比较。

七、思考题

1. 你认为实训中选取甲苯为内标物是否合适？为什么？

2. 比较气相色谱法中归一化法、内标法、外标法 3 种定量方法的优缺点。

3. 在内标法中，若内标物质量（W_s）与样品的质量（W_m）之比一定时，也即 $(f_i W_s)/(f_s W_m)$ 为一常数时，内标法的计算和操作是否可进一步简化？

实训 4-18　样品制备

一、实训目的

二、实训原理

三、实训试剂

氢气、压缩空气、氮气；乙醇（无甲醇）、乙醛、甲醇、乙酸乙酯、正丙醇、仲丁醇、乙缩醛、异丁醇、正丁醇、丁酸乙酯、乙酸正丁酯（内标）、异戊醇、戊酸乙酯、乳酸乙酯、己酸乙酯（均为 GC 级）；市售白酒一瓶。

四、实训步骤

1. 标样（1%~2%）的配制

分别吸取乙醛、甲醇、乙酸乙酯、正丙醇、仲丁醇、乙缩醛、异丁醇、正丁醇、丁酸乙酯、异戊醇、戊酸乙酯、乳酸乙酯、己酸乙酯各 2.00mL，用 60%乙醇（无甲醇）溶液定容至 100mL。

2. 内标样（2%）的配制

吸取乙酸正丁酯 2.00mL，用上述乙醇溶液定容至 100mL。

3. 混合标样（带内标样）的配制

分别吸取步骤 1 标样 0.80mL 与步骤 2 内标样 0.40mL，混合后用上述 60%乙醇溶液定容至 100mL。

4. 白酒试样的配制

取白酒试样 10mL，加入 2%内标样 0.40mL，混合均匀。

实训 4-19 毛细管气相色谱法（含程序升温）分析白酒的主要成分验证

一、实训目的

二、实训原理

三、实训仪器

GC-2014C 型气相色谱仪（或其他型号气相色谱仪），Rtx-1 毛细管柱（30m×0.25mm），微量注射器（1μL），容量瓶。

四、实训内容与步骤

1. 气相色谱仪的开机

(1) 通载气（N_2）。

(2) 打开色谱仪总电源。

(3) 设置柱温升温程序。初始温度为 50℃，恒温 6min，然后以 4℃·min^{-1} 的速率升至 220℃，恒温 5min。

(4) 气化室温度为 250℃。

(5) 启动气相色谱仪。

(6) 打开空气泵和高纯氢气发生器的电源开关。

(7) 打开色谱工作站，进行样品记录。

2. 标样的分析

待基线平直后，依次用微量注射器吸取乙醛、甲醇、乙酸乙酯、正丙醇、仲丁醇、乙缩醛、异丁醇、正丁醇、丁酸乙酯、异戊醇、戊酸乙酯、乳酸乙酯、己酸乙酯标样溶液 0.2μL，进样分析，记录下样品对应的文件名，打印出色谱图和分析结果。

3. 白酒试样的分析

（1）用微量注射器吸取混合标样 0.2μL，进样分析，记录下样品对应的文件名，打印出色谱图和分析结果；重复两次。

（2）用微量注射器吸取白酒试样 0.2μL，进样分析，记录下样品对应的文件名，打印出色谱图和分析结果；重复两次。

4. 结束工作

实训完成以后，先关闭氢气，再关闭空气，然后关闭温度控制系统；待温度降至40℃后关闭气相色谱仪的电源开关；最后关闭载气。

五、数据处理

1. 定性

测定酒样中各组分的保留时间，求出相对保留时间值（γ），即各组分与标准物（异戊醇）的保留时间的比值 $\gamma_{is} = t'_{Ri} / t'_{Rs}$，将酒样中各组分的相对保留值与标样的相对保留值进行比较定性。也可以在酒样中加入纯组分，用被测组分峰高增大的方法来进一步证实和定性。

2. 求相对校正因子

相对校正因子计算公式 $f'_i = \dfrac{A_s m_i}{A_i m_s}$ （A_i, A_s 分别为组分 i 和内标物 s 的面积；m_i, m_s 分别为组分 i 和内标物 s 的质量）。根据所测的实训数据计算出各个物质的相对校正因子。

3. 计算酒样中各物质的质量浓度

计算公式为 $\omega_i = \dfrac{h_i}{h_s} \times \dfrac{m_s}{m_{样}} f'_s$ （i 为酒样中各种物质；s 为内标物）。

六、思考题

1. 白酒分析时为什么用 FID，而不用 TCD？

2. 程序升温的起始温度如何设置？升温速率如何设置？

3. 分流比如何调节？

实训 5-1　高效液相色谱基本操作

一、实训目的

二、仪器与试剂

1. 仪器

LC-20A 型液相色谱仪（SPD-20A 型紫外-可见检测器）；C_{18} 反相键合相色谱柱（150mm×4mm）；微量注射器（25μL）；溶剂过滤器（0.45mm）及脱气装置。

2. 试剂

0.5%苯和甲苯（1∶1）样品；甲醇（色谱纯）；重蒸馏水（新制）。

三、实训内容

1. 高效液相色谱仪基本操作

①
②
③
④
⑤
⑥
⑦
⑧

2. 职业素质训练

① 在实训过程中严格遵守实训室操作规范，逐步树立自我约束能力，形成良好的实验工作素质。

② 本实训所用的甲醇属于有毒溶剂，因此在实训过程中需要注意安全，实训所产生的废液必须及时清除。

四、注意事项

（1）如果峰高超出检测器范围，可以将苯溶液进行稀释。

（2）操作过程中注意流动相的量，以免高压泵抽空，管路中产生气泡。

（3）液相色谱进样针只可用平头微量注射器。

（4）用平头微量注射器吸液时，防止气泡吸入的方法是：将擦净并用样品清洗过的注射器插入样品液面以下，反复提拉数次，驱除气泡，然后缓慢提升针芯至刻度。

实训 5-2　高效液相色谱仪性能检查

一、实训目的要求

二、实训提要

三、仪器与试剂

1. 仪器

大连依利特 P230/UV230$^+$型高效液相色谱仪；C_{18}反相键合色谱柱（150mm×4mm）；微量注射器（25μL）；溶剂过滤器（0.45mm）及脱气装置。

2. 试剂

0.5%苯和甲苯（1∶1）的甲醇溶液；甲醇（色谱纯）；重蒸馏水（新制）。

四、操作步骤

1. 流动相的配制

量取甲醇（色谱纯）和重蒸馏水（80∶20），分别用 0.45μm 滤膜过滤脱气。

2. 色谱条件

固定相：C_{18}反相键合色谱柱。

流动相：甲醇∶水（80∶20）。

流速：$1mL \cdot min^{-1}$。

检测器：紫外-可见检测器。

检测波长：254nm。

3. 检测

用微量注射器吸取 0.5%苯和甲苯（1∶1）的甲醇溶液，注入色谱仪，记录色谱图并做数据处理、打印。

五、计算

1. 按苯和甲苯的色谱峰分别计算理论塔板数。
2. 计算分离度。

六、注意事项

1. 如果有组分未能完全分离开来，可以适当改变分离条件。
2. 合理安排实验时间，团队合作精神非常重要。
3. 废液的处理必须有专门的容器。
4. 本项目使用有机溶剂，注意其毒性。

实训 5-3　色谱柱性能评价

一、实训目的

二、实训原理

三、仪器与试剂

1. 仪器

恒流或恒压泵；紫外-可见或示差折光检测器；高压六通进样阀；25μL 微量进样器；超声波发生器；记录仪。

2. 试剂

苯、萘、联苯、甲醇、正己烷等均为分析纯；纯水、去离子水。

标准贮备溶液：配制含苯、萘、联苯各 1000μg·mL^{-1} 的正己烷溶液，混匀备用。

标准使用溶液：由上述标准贮备溶液配制含苯、萘、联苯各 10μg·mL^{-1} 的正己烷溶液，混匀备用。

四、仪器工作参数

1. 色谱柱

长 150mm，内径 3mm，装填 C_{18} 烷基键合固定相，粒度为 10μm。

2. 流动相

甲醇：水（83：17），流量 0.5mL·min^{-1} 和 1mL·min^{-1}。

3. 紫外-可见检测器

检测波长 254nm，灵敏度 0.08。

4. 记录仪

量程 5mV，纸速 480mm·h^{-1}。

5. 进样量

3μL。

五、实训步骤

1. 将配制好的流动相在超声波发生器上脱气 15min。
2. 据实验条件（流动相流量取 0.5mL·min^{-1}），将仪器按操作步骤调节至进样状态，待仪器液路和电路系统达到平衡，记录仪基线平直时，开始进样。
3. 吸取 3μL 标准使用液进样，记录色谱图，重复进样两次。
4. 将流动相流量改为 1mL·min^{-1}，待仪器稳定后，吸取 3μL 标准使用液进样，记录色谱图，重复进样两次。

六、数据记录与处理

组分	次数	t_R/min		$Y_{1/2}$/mm		n/（块/m）	
		0.5mL·min^{-1}	1mL·min^{-1}	0.5mL·min^{-1}	1mL·min^{-1}	0.5mL·min^{-1}	1mL·min^{-1}
苯	1						
	2						
	3						
	平均						

续表

组分	次数	t_R/min		$Y_{1/2}$/mm		n/（块/m）	
		0.5mL·min^{-1}	1mL·min^{-1}	0.5mL·min^{-1}	1mL·min^{-1}	0.5mL·min^{-1}	1mL·min^{-1}
萘	1						
	2						
	3						
	平均						
联苯	1						
	2						
	3						
	平均						

1. 实验条件记录（含色谱柱及固定相、流动相及其流速、检测器及其灵敏度、记录仪量程及纸速、进样量）。

2. 测量各色谱图中苯、萘、联苯的保留时间及其相应色谱峰的半峰宽，计算各对应 $n_{理}$，并将数据填入表格中。（已知组分的出峰次序为苯、萘、联苯）

七、思考题

1. 据本实验所得各组分理论塔板数说明什么？

2. 紫外-可见检测器适于检测哪些有机化合物，为什么？

3. 若实验所得色谱峰太小，应如何改善实验条件？

实训 5-4　苯系混合物分离条件的选择

一、实训目的

二、实训原理

三、仪器与试剂

1. 仪器

依利特 P230 型高效液相色谱仪;ES2000 色谱数据工作站;色谱柱 Sino chrom ODS-BP C_{18};100μL 平头微量注射器;超声波清洗器;流动相过滤器;无油真空泵;烧杯;容量器;容量瓶;移液管;试剂瓶。

2. 试剂

甲醇(色谱纯);含苯系物的试样;二次蒸馏水。

四、实训内容与步骤

1. 准备工作

① 流动相的预处理:甲醇(色谱纯)和重蒸馏水,用 0.45μm 的有机滤膜过滤,装入流动相贮液器内,用超声波清洗器脱气。

② 样品的处理:试样溶液用 0.45μm 针筒式过滤膜过滤。

③ 按仪器操作规程依次打开高压输液泵、检测器和色谱工作站,调试至工作状态。

2. 测定波长的确定

以甲醇为溶剂,将所提供的含苯系物的试样稀释,用紫外分光光度计或紫外-可见检测器的波长扫描功能确定最佳测定波长。

3. 最佳色谱条件的选择

(1)基本色谱条件 流动相:甲醇-水;紫外-可见检测器波长:254nm。

(2)流动相组成的选择 流动相总流速设定为 $1.0mL·min^{-1}$,分别将流动相中甲醇-水设定为 90∶10,85∶15,80∶20,75∶25,70∶30,待基线稳定后,用平头微量注射器注入 $10^{-5}g·mL^{-1}$ 的苯系物甲醇溶液,从计算机的显示屏上可看到样品的流出过程和分离情况,待所有的色谱峰流出完毕后,停止分析,记录各样品对应的文件名及分离度、柱效等信息。

继续设置梯度洗脱起始浓度 70%(可根据实际情况调整),结束浓度为 100%,调整不同的梯度洗脱时间,重复上述操作,记录各样品对应的文件名及分离度、柱效等信息。

根据样品最终的分离情况选择最佳流动相组成或梯度洗脱方式。

4. 流动相流速的选择

根据前面步骤所固定的最佳流动相组成设定甲醇与水的比例,然后调整流动相流速为 $0.8mL·min^{-1}$、$1.0mL·min^{-1}$、$1.2mL·min^{-1}$、$1.5mL·min^{-1}$,待基线稳定,重复,记录各样品对应的文件名及分离度、柱效等信息。根据样品最终的分离情况选择最佳流动相流速。

5. 结束工作

① 所有样品分析完毕后,让流动相继续流动 10~20min,以免色谱柱上残留样品中的强杂质;

② 关闭色谱仪及数据工作站;

③ 根据色谱柱说明书上的指导清洗柱头;

④ 清理台面,填写仪器使用记录。

五、数据记录及处理

1. 最佳检测波长

根据实验确定苯系物样品分析测定最佳检测波长。

2. 流动相组成的确定

根据流动相最佳组成的测试数据确定流动相的最佳组成。

甲醇：水	R（最难分离对）	保留时间（甲苯）	半峰宽（甲苯）	有效理论塔板数（甲苯）
等度洗脱				
梯度洗脱				

3．流动相最佳流速的确定

根据流动相流速的测试数据确定流动相的最佳流速。

流动相流速/(mL·min^{-1})	R（最难分离对）	保留时间（甲苯）	半峰宽（甲苯）	有效理论塔板数（甲苯）

六、注意事项

1．选择最佳色谱条件时，既要注意分离度又要考虑分析时间，尽量做到高效、高速和高灵敏度。

2．梯度洗脱程序的设置应根据色谱柱等系统的实际情况调整。

实训 5-5　对羟基苯甲酸酯类混合物的反相 HPLC 分析

一、实训目的

二、实训原理

三、仪器与试剂

1．仪器

恒流或恒压泵；紫外-可见或示差折光检测器、高压六通进样阀、25μL 微量进样器、超声波发生器、记录仪。

2. 试剂

对羟基苯甲酸甲酯、对羟基苯甲酸乙酯、对羟基苯甲酸丙酯、对羟基苯甲酸丁酯、甲醇等均为分析纯。

纯水：去离子水，再经一次蒸馏。

标准贮备液配制：分别于四只 100mL 容量瓶中，配制浓度均为 $1000\mu g \cdot mL^{-1}$ 的上述四种酯类化合物的甲醇溶液。摇匀备用。

标准使用液配制：分别用上述四种标准贮备液于四只 10mL 容量瓶中配制浓度均为 $10\mu g \cdot mL^{-1}$ 的甲醇溶液。摇匀备用。

标准混合使用液配制：于一只 10mL 容量瓶中，用上述四种标准贮备液，配制含上述四种酯类均为 $10\mu g \cdot mL^{-1}$ 的混合甲醇溶液。摇匀备用。

四、色谱条件

1. 色谱柱

长 15cm，内径 3mm，装填 C_{18} 烷基键合相，颗粒度为 10μm 的固定相。

2. 流动相

甲醇：水（55：45），流量 $1mL \cdot min^{-1}$。

3. 检测器

紫外-可见检测器，波长 254nm，灵敏度 0.04。

4. 记录仪

量程 5mV，纸速 $480mm \cdot h^{-1}$。

5. 进样量

3μL。

五、实训步骤

1. 将配制好的甲醇水溶液置于超声波发生器上脱气 15min。
2. 根据实验条件，按仪器使用说明书调节仪器至进样状态，待仪器液路及电路系统达平衡后，记录仪基线呈平直，即可进样。
3. 依次吸取 3μL 的四种标准使用液、标准混合使用液及未知试液进样，记录各色谱图，重复两次实验。

六、数据记录及处理

1. 记录实验条件（含色谱柱及固定相、流动相及其流速、检测器及其灵敏度、记录仪量程及纸速、进样量）。
2. 测量所得色谱图中四种对羟基苯甲酸酯化合物的 t_R，并填入下表。

组分	t_R/min			
	（1）	（2）	（3）	（4）
对羟基苯甲酸甲酯				
对羟基苯甲酸乙酯				
对羟基苯甲酸丙酯				
对羟基苯甲酸丁酯				

3. 依次测量标准混合液色谱图上各色谱峰的保留时间 t_R 值，将其填入下表，与上表对照以确定各色谱峰代表的是何物质，并将结果填入下表。

色谱峰	t_R/min				相应化合物的名称
	1	2	3	平均值	
峰 1					
峰 2					
峰 3					
峰 4					

4．测定未知样品色谱图上各组分的色谱峰峰高 h、半峰宽 $Y_{1/2}$，计算各组分峰面积 A 及其含量 C_i，并将数据列入下表中。

组　　分	次数	h/mm	$Y_{1/2}$/mm	A/mm^2	$\bar{A_i}$/mm^2	C_i/%
对羟基苯甲酸甲酯	1					
	2					
	3					
对羟基苯甲酸乙酯	1					
	2					
	3					
对羟基苯甲酸丙酯	1					
	2					
	3					
对羟基苯甲酸丁酯	1					
	2					
	3					

七、思考题

1．HPLC 采用归一化法定量有何优点？本实验为什么可以不用相对质量校正因子？

2．在 HPLC 中，利用保留值定性的依据是什么？你认为这种定性方法可靠吗？

3．本实验采用的是哪一种液-液分配色谱法？为什么采用？

4．在 HPLC 中流动相为何要脱气？否则会对实验产生什么影响？

实训 5-6　维生素 E 胶丸中 α-V$_E$ 的 HPLC 定量测定

一、实训目的

二、实训原理

三、仪器与试剂

1. 仪器

高效液相色谱仪。

2. 试剂

α-V$_E$ 标准贮备液：用无水乙醇配制，浓度为 1000mg·L^{-1}。

α-V$_E$ 标准使用溶液：用无水乙醇将 α-V$_E$ 标准贮备液稀释 5 倍。

α-V$_E$ 标准系列溶液：分别移取一定体积的 α-V$_E$ 标准贮备液以无水乙醇稀释配制成含 α-V$_E$ 为 50mg·L^{-1}、100mg·L^{-1}、500mg·L^{-1} 的标准系列溶液。

市售 V$_E$ 胶丸：取 1 粒 V$_E$ 胶丸，用干净小刀割破胶丸，挤出中间的 V$_E$ 溶液，准确称量后用无水乙醇定容至 25mL 容量瓶中。

流动相：根据柱性能采用 95%乙醇（或无水乙醇，均为分析纯级）与蒸馏水按合适的体积比配制。

混合维生素 E：用 50mL 洁净干燥的小烧杯准确称取混合 V$_E$ 100～150mg，以无水乙醇溶解并定容至 25mL 容量瓶中。使用时用无水乙醇稀释 5～10 倍。

四、实训步骤

1. 按仪器操作说明书规定的顺序依次打开仪器各单元的电源（注：有的仪器需要先打开工作站电源并运行系统软件）。开机，并使仪器处于工作状态。色谱条件如下：Zorbax SB-C$_{18}$ 色谱柱[4.6mm (I.d.) ×250mm]；90%乙醇水溶液作流动相；流速 0.8～1.2mL·min^{-1}；柱温 30℃；紫外检测波长 292nm；进样量 20μL。

2. 基线稳定后，进样维生素 E 胶丸样品溶液。

3. 待样品中所有色谱峰出完后，按"STOP"键停止分析。然后进样 50mg·L^{-1} 的 α-V$_E$ 标准溶液，按保留时间确认维生素 E 胶丸样品中 α-V$_E$ 的峰位置。如果 α-V$_E$ 与邻近峰分离不完全，应适当调整流动相浓度或流速，使 α-V$_E$ 与其他峰完全分离。

4. 在所选定的条件下依次进样 50mg·L^{-1}、100mg·L^{-1} 和 500mg·L^{-1} 的 α-V$_E$ 标准溶液。

5. 按工作站操作规程绘制工作曲线或计算校正因子，设置定量分析程序。

6. 上述操作重复进样维生素 E 胶丸溶液两次，工作站会给出 α-V$_E$ 的分析结果。如果两次定量结果相差较大（如 5%以上），则再进样一次，取 3 次的算术平均值。

五、数据处理

1. 分别根据 50mg·L^{-1}、100mg·L^{-1} 和 500mg·L^{-1} 的 α-V$_E$ 标准样品的峰面积和峰高绘制工作曲线，比较两条工作曲线的线性（用作图法或线性回归）。

2．分别用峰面积和峰高工作曲线计算维生素 E 胶丸中 $\alpha\text{-}V_E$ 含量。
3．按下表整理分析结果（峰面积工作曲线法）。

成分	保留时间/min	各次测定值/(mg·L^{-1})	平均值/(mg·L^{-1})
$\alpha\text{-}V_E$			

六、注意事项

1．如果所用的检测器灵敏度较高，可以将 $\alpha\text{-}V_E$ 标准溶液变为 20mg·L^{-1}，100mg·L^{-1} 和 200mg·L^{-1}。
2．如果已知在步骤 1 所定色谱条件下，$\alpha\text{-}V_E$ 与其他成分能完全分离，则可省略步骤 2 和 3。

七、思考题

1．如果将分离柱换成 C$_8$ 柱（即填料表面键合上去的是 8 个碳链的烷基），其他条件不变，那么 $\alpha\text{-}V_E$ 的保留时间是增加，还是减小，并说明原因。

2．一般情况下，峰高工作曲线比峰面积工作曲线的线性范围要小，这是为什么？

实训 5-7　果汁中苹果酸、柠檬酸的测定

一、实训目的

二、实训要求

三、实训原理

四、仪器与试剂

1. 仪器

高效液相色谱仪（普通配置带紫外-可见检测器）；超声波发生器。

2. 试剂

苹果酸和柠檬酸标准溶液：准确称取优级纯苹果酸和柠檬酸，用蒸馏水分别配制 $1000mg \cdot L^{-1}$ 的浓溶液，使用时用蒸馏水或流动相稀释 5~10 倍。两种有机酸的混合溶液（各含 $100 \sim 200mg \cdot L^{-1}$）用它们的浓溶液配制。

苹果汁：市售苹果汁用 0.45μm 水相滤膜减压过滤后，置于冰箱中冷藏保存。

流动相磷酸二氢铵溶液（$4mmol \cdot L^{-1}$）：称取分析纯或优级纯磷酸二氢铵，用蒸馏水配制，然后用 0.45μm 水相滤膜减压过滤。

五、实训内容与步骤

1. 参照仪器使用说明书开机，并使仪器处于工作状态。参考条件如下：Zorbax DOS 色谱柱[4.6mm（I.d.）×150mm]；磷酸二氢铵溶液作流动相；流速 $1.0mL \cdot min^{-1}$；柱温 30~40℃；紫外检测波长 210nm。

2. 待基线稳定后，分别进样苹果酸和柠檬酸标准溶液。

3. 进样苹果汁样品。与苹果酸和柠檬酸标准溶液色谱图比较即可确认苹果汁中苹果酸和柠檬酸的峰位置，如果分离不完全，可适当调整流动相浓度或流速。

4. 进样 $100 \sim 200mg \cdot L^{-1}$ 苹果酸和柠檬酸混合标准溶液。

5. 设置好定量分析程序。用苹果酸和柠檬酸混合标准溶液分析结果，建立定量分析表或计算校正因子。

6. 按上述操作进样苹果汁样品两次，如果两次定量结果相差较大（如 5%以上），则再进样一次，取 3 次的算术平均值。

六、数据处理

参照下表整理苹果汁中有机酸的分析结果。

成分	t_R/min	各次测定值/($mg \cdot L^{-1}$)	平均值/($mg \cdot L^{-1}$)
苹果酸			
柠檬酸			

七、注意事项

1. 严格按照所用仪器使用说明书、仪器操作规程进行操作。

2. 因色谱柱的个体差异性很大，实验条件应据所用具体色谱柱进行适当调整（如流动相配比）。

八、思考题

1. 假设用 50%的甲醇或乙醇作流动相，你认为有机酸的保留值是变大，还是变小？分离效果会变好，还是变坏？说明理由。

2. 采用单点比较所得分析结果的准确性比多点工作曲线法是好，还是坏，为什么？

3. 如果用酒石酸作内标定量苹果酸和柠檬酸，对酒石酸有什么要求。写出该内标法的操作步骤和分析结果的计算方法。

实训 6-1　离子色谱仪的基本操作

一、实训目的

二、实训原理

三、仪器与试剂

1. 仪器

ICS-90 型离子色谱仪（抑制型电导检测器）。

2. 试剂

$1000mg \cdot L^{-1}$ 的 Cl^- 和 SO_4^{2-} 的贮备液。

流动相：$0.0035mol \cdot L^{-1}$ 的 Na_2CO_3 和 $0.001mol \cdot L^{-1}$ 的 $NaHCO_3$ 的混合溶液。

四、实训内容

1. 淋洗液和再生液的制备

2. 样品的制备

3. 基本操作

①

②

③

④

⑤

⑥

⑦

4. 关机维护

①

②

五、注意事项

1. 色谱柱用淋洗液保存，不能用纯水冲洗。
2. 样品需经过 0.22μm 膜过滤后再进样。
3. 每星期至少开机 1~2 次，每次冲洗 1~2h。
4. 色谱柱、抑制器长时间不用需卸下，并用死堵头堵上。

实训 6-2　离子色谱法测自来水中的阴离子

一、实训目的

二、实训原理

三、仪器与试剂

1. 仪器

DX-120 型离子色谱仪（配抑制型电导检测器）；超声装置：用于样品溶解、流动相脱气、玻璃器皿清洗。

2. 试剂

阴离子标准溶液：用优级纯的钠盐分别配制浓度为 $1000\text{mg}\cdot\text{L}^{-1}$ 的 F^-、Cl^-、NO_2^-、Br^-、NO_3^- 和 SO_4^{2-} 的贮备液。用超纯水稀释成 $10\sim20\text{mg}\cdot\text{L}^{-1}$ 的工作溶液。同时配制 6 种离子的混合溶液。

自来水样品：打开自来水管放流约 1min 后，用洗净的试剂瓶接约 100mL。用 0.45μm 的水相滤膜减压过滤，必要时用超纯水稀释 5~10 倍后进样。

流动相（0.0035mol·L^{-1} 的 Na$_2$CO$_3$ 和 0.001mol·L^{-1} 的 NaHCO$_3$ 的混合溶液）：称取 0.371g 的碳酸钠和 0.084g 的碳酸氢钠，用超纯水溶解后定容为 1000mL。

四、实训内容和步骤

1．检查色谱仪器中所使用的是否为阴离子交换柱。打开 DX-120 仪器电源后，打开泵和抑制器的开关。打开计算机，等进入系统后打开 PeakNet 工作站。

2．调节泵的旋钮，使流速保持在 1.2mL·min^{-1}。打开工作站上的显示基线开关，观察基线，约 30min 后，基线平稳，即可开始进样。

3．调出此次数据采集的程序，并选择开始，工作站提示需要进样后确定。用微量注射器取大于进样器体积的阴离子混合标准溶液，注射器应事先用蒸馏水洗三次后，再用样品溶液洗三次，并注意不要吸入气泡。进样完毕后确定，仪器自动平衡基线和记录数据。

4．分别进样 Cl$^-$、NO$_3^-$ 和 SO$_4^{2-}$ 标准溶液，得出这三种溶液在此条件下的保留时间和峰面积。根据比较保留时间和峰面积，对自来水中的各种离子进行定性和定量分析。

五、计算

1．从 6 种阴离子混合溶液的分析数据，计算各离子单位浓度的峰高和峰面积。

2．得出自来水中各种离子含量。

六、思考题

1．流动相的组成对离子出峰时间有什么影响？

2．在此实训条件下，判断硫酸根和磷酸根离子的出峰顺序，并解释为什么有这样的顺序。

实训 7-1　pH 计的基本操作——实训用水的 pH 测定

一、实训目的

二、实训原理

三、试剂

1. 试剂的配制

(1) pH=4.00 的标准缓冲溶液：称取已于 110℃下干燥过 1h 的邻苯二甲酸氢钾 5.11g，用无 CO_2 的去离子水溶解并稀释定容至 500mL，摇匀后转入聚乙烯试剂瓶中保存。

(2) pH=6.86 的标准缓冲溶液：称取已于 120℃±10℃下干燥过 2h 的磷酸二氢钾 1.70g 和磷酸氢二钠 1.78g，用无 CO_2 的去离子水溶解并稀释定容至 500mL，摇匀后转入聚乙烯试剂瓶中保存。

(3) pH=9.18 的标准缓冲溶液：称取 1.91g 四硼酸钠，用无 CO_2 的去离子水溶解并稀释定容至 500mL，摇匀后转入聚乙烯试剂瓶中保存。

2. 广泛 pH 试纸

四、仪器

1. pH 计（pHS-3C 型精密 pH 计）。
2. E-201-C 型 pH 复合电极（或用 pH 玻璃电极和饱和甘汞电极）。
3. 普通温度计：0～100℃。

五、样品分析

1. 准备

(1) 配制 pH 标准缓冲溶液。

(2) 将仪器接通电源，预热 20min。

(3) 将电极与 pH 计连接。在使用 pH 复合电极时，可将该电极直接与 pH 计后端的接口连接，并固定在电极夹上（若用 pH 玻璃电极和饱和甘汞电极，使用时，应将饱和甘汞电极下端略低于 pH 玻璃电极小球泡下端）。

(4) 仪器的校正。实际测定时，应依据待测溶液的 pH 范围，分别选用两种 pH 标准缓冲溶液，采用两点校正法来校正 pH 计。具体步骤如下。

① 将 pH 计上的"mV/pH"钮，选择至 pH 挡。

② 取一只洁净塑料试杯，倒入少量选定的 pH 标准缓冲溶液荡洗，重复三次，弃去。

③ 再倒入该 pH 标准缓冲溶液（通常为塑料试杯容量的 2/3～4/5），用温度计测量其试液的温度，并调节仪器上的"温度补偿"旋钮设定其温度值。

④ 将电极插入待测液中（要保证电极垂直浸入液面以下，且要求玻璃电极球泡距试杯底部为 0.5～1.0cm，以防止将玻璃电极损坏）并小心轻摇试液杯以使电极平衡。

⑤ 顺时针调节"斜率调节"旋钮并要求恰好旋足为止（切勿过力）。随之调节"定位调节"旋钮至示值等于标准缓冲溶液的 pH 值。

⑥ 待示值稳定后，移出电极并用去离子水吹洗、用吸水纸吸干电极头表面的水。

⑦ 更换另一 pH 标准缓冲溶液，将电极插入待测液中，在"定位调节"旋钮已固定好的状态下，只需调节"斜率调节"旋钮至示值等于该标准缓冲溶液 pH 值，即完成仪器的校正。

2. 水样 pH 值的测定

水样 pH 值的测定应在完成仪器校正后进行。

(1) 取另一只洁净塑料试杯，倒入少量待测 pH 的溶液荡洗，重复三次，弃去。

(2) 再倒入待测溶液，将复合电极插入其中，轻摇试液杯以使电极平衡，记录测定的结果。

(3) 测定结束后，应先关闭电源，取出电极并用水吹洗、滤纸吸干电极头表面的水，套上保护帽，妥善保存。

六、注意事项

1. 由于仪器的 pH 示值是按 pH 实用定义中 $\Delta E/0.0592$ 分度的，该分度值仅适于 25℃情况下的测量。为使仪器适于任意温度下的 pH 值测定，其仪器上设置了"温度补偿"旋钮。在使用标准缓冲溶液对仪器进行 pH 校正（定位）之前，先应借助"温度补偿"旋钮调节至待测溶液的温度，这时将电极插入待测溶液进行测定则直接显示待测溶液的 pH 值。

2. pH 值测定结果的准确度取决于 pH 标准缓冲溶液 pH_s 的准确度、pH 玻璃电极和参比电极的性能以及酸度仪器的质量。

3. 酸度仪的电极插孔应保持干燥洁净。读取数据时，电极连线及溶液均应保持静止，以免造成读数不稳定。

4. 由于空气在溶液中的溶解而改变 pH 值，因此试液采集后应随即进行测定。

5. 进行待测液 pH 值的测定时，其"定位调节"旋钮和"斜率调节"旋钮在进行校正时已调好，无需再旋动，直接读取所显示的数据即可。

6. 平行测定两份溶液，若两份溶液测定的结果相差大于 3 个 pH 单位，则应重新校正仪器。

7. pH 玻璃电极，使用前应先用去离子水浸泡 24h 使之活化。

8. 饱和甘汞电极，在使用前需检查该电极内 KCl 饱和溶液的液位、有无 KCl 晶体析出管壁、电极内溶液有无气泡、微孔砂芯有无渗漏；若有，做相应的处理后使用。

实训 7-2　离子计基本操作——水样中 K^+ 的测定

一、实训目的

二、实训原理

三、仪器与试剂

1. 仪器

PXD-2 型离子计，电磁搅拌器，容量瓶，温度计。

2. 试剂

K^+ 标准溶液（其中一个的浓度大于 K^+ 试液，另一个的浓度小于 K^+ 试液），去离子水，K^+ 试液。

四、实训步骤

1. 样品准备

吸取适当体积的水样于容量瓶中,加入离子强度调节剂(每 100mL 含 35g NaCl),以去离子水定容,摇匀备用。

2. 开机准备

① 按仪器使用说明书预热好仪器;
② 开机前,须检查电源是否接妥;
③ 接通电源后,若显示屏不亮,应检查电源器是否有电输出。

3. 校正仪器

用 10^{-3} mol·L^{-1} KCl 标准溶液(pK=3)及 10^{-4} mol·L^{-1} KCl 标准溶液(pK=4),按两点定位法校正仪器。

4. 样品测定

用上述制备好的试液,按仪器使用方法进行测定,记录测得的 pX 值,并计算原始水样中 K$^+$ 的含量(或浓度)。

五、注意事项

1. 离子计的电极接口应保持高度清洁,并保证接触良好(有污迹时可用无水酒精擦净)。
2. 仪器可供长期稳定使用。测试完样品后,所用电极应浸放在蒸馏水中。
3. 仪器不使用时,短路插头也要接上,以免仪器输入开路而损坏仪器。
4. 两测量电极插口如果在使用时,只用一个,则另一个必须接上短路插头,仪器才能正常工作。
5. 仪器必须有良好的接地。

六、思考题

1. 离子计的基本组成是怎样的?

2. 离子计的基本工作原理是怎样的?

3. 为什么采用离子计法测定的是溶液中离子的浓度?

实训 7-3 工业废水 pH 的测定

一、实训目的

二、基本原理

三、仪器与试剂

1. 仪器

pHS-2C 型 pH 计（或 pHS-3C 型 pH 计）1 台；复合电极 1 支；电磁搅拌器 1 台。

2. 试剂

pH 4 标准缓冲溶液：用优级纯邻苯二甲酸氢钾 10.21g，溶解于 1000mL 蒸馏水中（或将袋装的邻苯二甲酸氢钾，直接定容到 250mL 即可）。

pH 6.86 标准缓冲溶液：用优级纯磷酸二氢钾 KH_2PO_4 3.4g、优级纯磷酸氢二钠 Na_2HPO_4 3.55g，溶解于 1000mL 蒸馏水中（或将袋装混合磷酸盐直接定容到 250mL 即可）。

pH 9.20 标准缓冲溶液：用优级纯硼砂钠 $Na_2B_4O_7 \cdot 10H_2O$ 3.81g 溶解于 1000mL 蒸馏水中（也有袋装，可直接定容）。

四、实训步骤

1. 仪器的安装

仪器电源为 220V 交流电，在使用此仪器时，请把仪器机箱支架撑好，使仪器与水平面成 30°。在未用电极测量前应把配件 Q9 短路插头插入电极插口内，这时仪器的量程放在"6"，按下读数开关调定位钮，使指针指在中间 pH 7，表明仪器工作基本正常。

2. 电极安装

把电极杆装在机箱上，如电极杆不够长，可以把接杆旋上。将复合电极插在塑料电极夹上，把此电极夹装在电极杆上，将 Q9 短路插头拔去，复合电极插头插入电极插口内，电极在测量时，请把电极上近电极帽的加液口橡胶管下移，使小口外露，以保持电极内 KCl 溶液的液位差。在不用时，橡胶管上移，将加液口套住。

3. pH 校正（一点校正方法）

（1）开启仪器电源开关，如要精密测定 pH 值，应在开启电源开关 30min 后进行仪器的校正和测量，将仪器面板上的"选择"开关置"pH"挡，"范围"开关置于"6"挡，"斜率"顺时针旋到底（100%处），"温度"旋钮置此缓冲液的温度。

（2）用蒸馏水将电极洗净后，用滤纸吸干。将电极放入盛有 pH=7 的标准缓冲溶液的烧杯内，按下"读数"开关，调节"定位"旋钮，使仪器指示值为此溶液温度下的标准 pH 值（仪器上的"范围"读数加上表头指示值即为仪器 pH 指示值），在标定结束后，放开"读数"开关，使仪器置于准备状态，此时仪器指针在中间位置。

（3）把电极从 pH=7 的标准缓冲溶液中取出，用蒸馏水冲洗干净，用滤纸吸干。根据你将要测 pH 值的样品溶液是酸性（pH<7）或碱性（pH>7）来选择 pH=4 或 pH=9 的标准缓冲溶液，把电极插入标准缓冲溶液中，把仪器的"范围"置"4"挡（此时为 pH=4 的标准缓冲溶液时）或置"8"挡（此时为 pH=9 的标准缓冲溶液时），按下"读数"开关。调节"斜率"旋钮，使仪器指示值为该标准缓冲溶液在此溶液温度下的 pH 值，然后放开"读数"开关。

（4）按（2）条的方法再测 pH=7 的标准缓冲溶液，但注意此时应将"斜率"旋钮维持不动，再按（3）条操作后位置不变，如仪器的指示值与标准缓冲溶液的 pH 值误差是符合你将要进行 pH 测量时的精度要求，则可认为此时仪器已校正完毕，可以进行样品测量。若此误差不符合你将要进行 pH 测量时的精度要求,则可调节"定位"旋钮至消除此误差,然后再按(3)条顺序操作,一般经过上述过程,仪器已能进行 pH 值的精确测量。

在一般情况下,两种标准缓冲溶液的温度必须相同,以获得最佳 pH 校正效果。

4. 样品溶液 pH 值测量

(1) 在进行样品溶液的 pH 值测量时,必须先清洗电极,并用滤纸吸干,在仪器已进行 pH 校正以后,绝对不能再旋动"定位""斜率"旋钮,否则必须重新进行仪器 pH 校正,一般情况下,一天进行一次校正(指 pH 值)已能满足常规 pH 测量的精度要求。

(2) 将仪器的"温度"旋钮旋至被测样品溶液的温度值,将电极插入被测溶液中,仪器的"范围"开关置于此溶液(样品)的 pH 值挡上,按下"读数"开关。如表针打出左面刻度线,则应减少"范围"开关值,如表针打出右面刻度线,则应增加"范围"的开关值,直到表针在刻度上,此时表针所指示的值加上"范围"开关值,即为此样品溶液 pH 值,请注意表面刻度值为 2pH,最小分度值 0.02pH。

五、数据处理

项目	1	2	3
被测水样 pH 值			
平均值			

六、注意事项

1. 玻璃电极使用

(1) 使用前,将玻璃电极的球泡部位浸在蒸馏水中 24h 以上。如果在 50℃蒸馏水中浸泡 2h,冷却至室温后可当天使用。不用时也须浸在蒸馏水中。

(2) 安装:要用手指夹住电极导线插头安装,切勿使球泡与硬物接触。玻璃电极下端要比饱和甘汞电极高 2～3mm,防止触及杯底而损坏。

(3) 玻璃电极测定碱性水样或溶液时,应尽快测定。测量胶体溶液、蛋白质和染料溶液时,用后必须用棉花或软纸蘸乙醚小心地擦拭、酒精清洗,最后用蒸馏水洗净。

2. 饱和甘汞电极使用

(1) 使用饱和甘汞电极前,应先将电极管侧面小橡胶塞及弯管下端的橡胶套轻轻取下,不用时再装上。

(2) 饱和甘汞电极应经常补充管内的饱和氯化钾溶液,溶液中应有少许 KCl 晶体,不得有气泡。补充后应等几小时再用。

(3) 饱和甘汞电极不能长时间浸泡在被测水样中。不能在 60℃以上的环境中使用。

3. 仪器校正

(1) 应选择与水样 pH 接近的标准缓冲溶液校正仪器。

(2) 将电极取出、洗净、吸干,再浸入第 2 份标准缓冲溶液中,测定 pH 值。如果测定值与第 2 份标准缓冲溶液已知 pH 值之差小于 0.1pH 值,则说明仪器正常,否则需检查仪器、电极或标准溶液是否有问题。

七、思考题

1. 从原理上解释 pH 计上的"温度"钮与"定位"钮的作用是什么?

2. 本实训分别用什么电极作为"指示电极"和"参比电极"？

3. 熟悉 pH 校正方法（单点校正法和双点校正法）？

4. 从测量原理上说明为什么要有"校正"这一步骤？省掉它直接测量溶液的 pH 行吗？为什么？

实训 7-4　氟离子选择性电极法测定自来水中的氟离子含量

一、实训目的

二、实训原理

三、仪器

1. 自动电位滴定仪（ZDJ-4A 型），1 台。
2. 氟离子选择性电极（PF-1），1 个，作指示电极。
3. 212 型饱和甘汞电极，1 个，作参比电极。
4. T-818-B-6 温度传感器，1 个。
5. 容量瓶，50mL，9 个。
6. 刻度移液管，1mL、10mL 各 1 个。
7. 移液管，25mL，1 个。
8. 量筒，10mL，1 个。
9. 塑料试杯，50mL，若干个。

四、试剂

1. 氟离子标准贮备液（$100\mu g \cdot mL^{-1}$）：将分析纯的氟化钠于 120℃烘干 2h，冷却后准确称取 0.2210g 于小烧杯中，用去离子水溶解后转移到 1000mL 容量瓶中，定容摇匀。转移至聚乙烯塑料瓶中备用。

2. 氟离子标准使用液（10μg·mL^{-1}）：准确移取 10mL 氟离子标准贮备液定量转移到 100mL 容量瓶中，用去离子水稀释至刻度，定容摇匀。

3. NaOH：6mol·L^{-1}。

4. 总离子强度调节剂 TISAB 溶液：于 1000mL 烧杯中，加入 500mL 去离子水，随后量取 60mL 冰醋酸倒入其中。再将称取的 NaCl 58g 及二水柠檬酸钠 12g 倒入后，搅拌至完全溶解。再缓缓加入 NaOH 6mol·L^{-1} 溶液调节至 pH=5.5～6.5 之间，冷却后，转移至 1000mL 容量瓶中，用去离子水定容，摇匀备用。

五、样品分析

1. 标准曲线法

（1）标准曲线绘制　用刻度移液管准确吸取氟离子标准使用液 0.00mL、0.20mL、0.40mL、0.60mL、0.80mL、1.00mL 分别置于 6 只 50mL 容量瓶中，再各加入 TISAB 10.00mL，以去离子水定容后，摇匀。往 50mL 塑料试杯中加入少许待测液清洗塑料试杯，清洗后再进行测定。在搅拌条件下依次测定各试液的电位 E 值。以电位 E 的绝对值为纵坐标，标液浓度的对数值 $\lg c_F^-$ 为横坐标绘制 E-$\lg c_F^-$ 标准曲线。

（2）样品测定　准确移取水样 25.00mL 于 50mL 容量瓶中，加入 TISAB 10.00mL，以去离子水稀释至刻度，摇匀后倒入塑料烧杯中，再与标准系列测定相同的条件下测定水样的电位 E 值。可依据其测定结果从标准曲线上查得 $\lg c_F^-$，进而求出 c_F^-（以 μg·mL^{-1} 表示）。平行测定 3 次。

2. 标准加入法

在 50mL 容量瓶中，加入 TISAB 10.00mL 和 25.00mL 水样，用去离子水定容，摇匀后倒入塑料烧杯中测定其电位值，记为 E_1；再向其中准确加入 1.00mL 氟离子标准使用液，继续测定电位值，记为 E_2。按下式计算水样中的氟含量（以 μg·mL^{-1} 表示）。

$$C = \Delta C \left(10^{\Delta E/S} - 1\right)^{-1}$$

式中　ΔC——加入标准溶液后 F$^-$ 浓度的变化量，μg·mL^{-1}；

ΔE——加入标准溶液后电位的变化量，V；

S——电极的斜率，即 25℃时 $S = \dfrac{-2.303RT}{F} = -0.0592$。

六、数据记录

1. 标准曲线法

（1）氟离子标准曲线

序号	标准使用液体积 /mL	标准使用液浓度 C/(μg·mL^{-1})	电位 E/mV
1			
2			
3			
4			
5			
6			

（2）样品测定

样品溶液的稀释倍数：＿＿＿＿＿＿

样品平行测定次数	1	2	3
电位 E/mV			

2. 标准加入法

序号	T/℃	电位 E_1/mV	电位 E_2/mV
1			
2			
3			

七、注意事项

1. 实训条件应控制在 pH=5.5～6.5 范围内。氟离子选择性电极仅对溶液中 F^- 有响应，若是在酸性溶液中，H^+ 与部分 F^- 结合形成 HF 或 HF_2^-，从而使溶液中的 F^- 浓度降低，使测定结果偏低；而在碱性溶液中，氟离子选择性电极的敏感膜材料 LaF_3 会因与 OH^- 发生交换作用而使溶液中的 F^- 浓度增加，使得测定结果偏高。因此，实训条件应控制在 pH=5.5～6.5 范围内。

2. 氟离子选择性电极的干扰离子主要有 Fe^{3+}、Al^{3+}。其中 Al^{3+} 在 pH=5.5～6.5 时，会与 F^- 络合，可通过加入柠檬酸钠予以消除。在允许浓度范围内其相对误差不超过±4%时，在含有 TISAB 的 F^- 溶液中，Fe^{3+} 将不干扰测定。

3. 氟离子选择性电极在使用前，应在纯水中浸泡数小时或过夜，连续使用的间隙可浸泡在纯水中。每次测定前应使用合格的去离子水清洗电极使其空白电位为-340mV 以上，达到要求即可使用。

4. 若经清洗后，仍难以达到空白电位时，则应考虑电极膜是否钝化。若是，可将电极膜作适当抛光处理。

实训 7-5　NaOH 电位滴定法测定 H_3PO_4 的含量及 H_3PO_4 的各级酸离解常数

一、实训目的

二、实训原理

三、仪器与试剂

1. 仪器

ORION 微处理器离子计；复合型 pH 玻璃电极；温度传感器；电磁搅拌器。

2. 试剂

pH 标准缓冲溶液：pH=4.01（0.05mol·L^{-1} 邻苯二甲酸氢钾溶液），pH=6.86（0.025mol·L^{-1}

KH_2PO_4-0.025mol·L^{-1} Na_2HPO_4 水溶液），pH=9.18（0.01mol·L^{-1} $Na_2B_4O_7$·$10H_2O$ 溶液），pH=10.02（0.025mol·L^{-1} $NaHCO_3$-0.025mol·L^{-1} Na_2CO_3）；0.1mol·L^{-1} NaOH 标准溶液（待标定）；邻苯二甲酸氢钾，基准试剂；约 0.1mol·L^{-1} H_3PO_4 试样溶液。

四、实训步骤

1. pH 计的定位与电极性能的测试

将 pH 计预热 20min，玻璃电极在去离子水中浸泡活化至少 8h。

将 pH 标准缓冲溶液倒置于洁净、干燥的 50mL 烧杯中，复合电极插头插入指示电极与参考电极插孔内，温度传感器插入相应的插孔中。将 pH 计调至 6.86 挡，由 pH 6.86 的标准缓冲液进行定位。

分别以 pH 4.01，pH 9.18，pH 10.02 的标准缓冲溶液作样品，测定其 pH 值。将这些测定值与标准值作图，可得 pH 电极的响应曲线。多数电极在使用过程中性能下降，仅靠单点定位不能保证广泛 pH 范围内 pH 的测量精度，对于要求较高的测定场合，例如测定酸离解常数，或测定碱性条件下的 pH 值，最好进行实际标定。

2. NaOH 标准溶液的标定

准确称取相当于消耗 18～22mL NaOH 溶液的基准邻苯二甲酸氢钾于 50mL 烧杯中。加 20mL 去离子水溶解。在搅拌下由 NaOH 溶液滴定。开始时，每加入 2.00mL NaOH 溶液记录一次 pH 值，接近终点时，每加入 0.05mL，记录一次 pH 值。由滴定曲线求得终点时 NaOH 的体积，平行测定 3 次，从而求得 NaOH 标准溶液的浓度。

3. H_3PO_4 溶液的滴定

移取 10.00mL H_3PO_4 溶液于 50mL 烧杯中，再移取 10.00mL 去离子水，插入电极及温度传感器。搅拌下以 NaOH 标准溶液滴定。记录滴定过程的 pH 值变化。并在远离滴定突跃点每加 0.50mL 记录一次 pH 值；在突跃点附近，每加 0.050mL 记录一次 pH 值，滴定至第一终点消耗的 NaOH 体积的 3 倍以上终止滴定，并记录滴定液的温度。

五、数据处理

自步骤 1 中得到的 pH 电极响应曲线上查得每点的实际 pH 值对 NaOH 体积作图，得到滴定曲线。从滴定曲线求得 H_3PO_4 含量。并计算 H_3PO_4 的 K_{a1}，K_{a2}，K_{a3}。与文献值进行对比（在 25℃时，离子强度 1mol·L^{-1}，H_3PO_4 的 pK_{a1}，pK_{a2}，pK_{a3} 分别为 2.12，7.21，12.36）。

六、注意事项

测定酸离解常数应在恒温条件下进行。

七、思考题

1. 设 H_3PO_4 溶液中含有少量 NaH_2PO_4，能否在一次滴定中同时得到两者的含量，测定步骤和计算方法是什么？

2. 电位滴定方法能否测定 NaH_2PO_4 与 Na_2HPO_4 混合物中各组分的含量，怎样测定？

实训 7-6　EDTA 配合电位滴定法连续测定溶液中 Bi^{3+}，Pb^{2+} 和 Ca^{2+} 含量

一、实训目的

二、实训要求

三、实训原理

四、仪器与试剂

1. 仪器

ORION 811 型微处理器离子计；滴汞电极；双液接参考电极（ORION 900200）；25mL 滴定管；20mL 与 25mL 移液管；100mL 烧杯；电磁搅拌器。

2. 试剂

$0.001mol·L^{-1}$ Hg-EDTA 溶液：由 $Hg(NO_3)_2$ 与 EDTA 等化学计量混合，配成 $0.001mol·L^{-1}$；$1mol·L^{-1}$ HNO_3；$1.5mol·L^{-1}$ HAc-NaAc 缓冲溶液：pH=4.0。$2mol·L^{-1}$ NH_3-NH_4NO_3：pH=8；$0.01mol·L^{-1}$ Cu^{2+} 标准溶液：高纯铜片配成；Bi^{3+}，Pb^{2+}，Ca^{2+} 试样。

五、实训步骤

1. EDTA 溶液的配制及标定

称取分析纯 EDTA（乙二胺四乙酸二钠盐，$Na_2C_{10}H_{14}N_2O_8·2H_2O$，$M$=327.14g·mol^{-1}）3.28g 溶于适量水中，配至 1L，摇匀，浓度约为 $0.01mol·L^{-1}$。

吸取 Cu^{2+} 标准溶液 20.00mL 于 100mL 烧杯中，加 HAc-NaAc 缓冲溶液 5.00mL，$0.001mol·L^{-1}$ Hg-EDTA 溶液 3 滴，插入汞电极与参比电极，将离子计置于 mV 挡，在搅拌下测定溶液的 mV 值。由 $0.01mol·L^{-1}$ EDTA 溶液滴定。开始时溶液每加入 1.00mL 溶液记录一次电位值，当接近终点时，每加 0.05mL 溶液记录一次 mV 读数。由作图法求出滴定终点时 EDTA 体积。计算 EDTA 标准溶液的浓度。

2. 试样中 Bi^{3+} 的含量测定

于 100mL 烧杯中吸取含 Bi^{3+}，Pb^{2+}，Ca^{2+} 试样 10.00mL，水 20mL，加 $0.001mol·L^{-1}$ Hg-EDTA 溶液 3 滴，加 2.5mL $1mol·L^{-1}$ HNO_3。玻璃毛细管吸取少量溶液在 pH 精密试纸测试，溶液 pH 值应约为 1.2，若相差较大，则需事先调节试样酸度。插入汞电极与参比电极，置离子计于 mV

挡。在搅拌下由 0.01mol·L^{-1} EDTA 标准溶液滴定，开始时每加 1.00mL 标准溶液记录一次电位值，接近终点时每加 0.05mL 标准溶液记录一次电位。由作图法求出终点 EDTA 体积 V_1。

3. Pb^{2+} 含量的测定

向溶液中加入 5.0mL HAc-NaAc 缓冲溶液，使溶液 pH 值为 4.0。此时滴定管中 EDTA 溶液也无需调至 0.00mL，继续由 EDTA 滴定，并记录滴定过程中的体积（以 mV 计）。由滴定曲线求得终点时的 EDTA 的总体积 V_2。

4. Ca^{2+} 含量的测定

再向溶液中加入 5.0mL NH_3-NH_4NO_3，使溶液 pH 为 8.0，用 EDTA 溶液继续滴定至终点，记录滴定过程的体积（以 mV 计），作滴定曲线求得所消耗 EDTA 总体积 V_3。

重复上述滴定 3 次。

实训完毕后，洗净电极，回收含 Pb^{2+} 废液。

六、数据处理

由 EDTA 体积 V_1 计算 Bi^{3+} 的含量；从体积 V_2 中减去 V_1，即得到滴定 Pb^{2+} 时消耗的 EDTA 体积，计算溶液中 Pb^{2+} 含量；从体积 V_3 中减去滴定 Bi^{3+} 和 Pb^{2+} 的 EDTA 总体积 V_2 可计算滴定 Ca^{2+} 所消耗的 EDTA 体积，计算样品中 Ca^{2+} 浓度。由 3 次滴定的结果报告样品中 Bi^{3+}，Pb^{2+}，Ca^{2+} 的含量的平均值及标准偏差。

七、注意事项

Pb^{2+} 与 Cl^- 生成沉淀，因此需使用带有硝酸钾盐桥的双液接参比电极。其外室中充 5mol·L^{-1} KNO_3 作为盐桥。

实训 8 气-质联用法测定市售矿泉水中塑化剂

一、实训目的

二、实训原理

三、仪器与试剂

1. 仪器

Thermo Fisher Trace GC/ISQ-MS 气相色谱-质谱联用仪，四极杆质量分析器。

2. 试剂

邻苯二甲酸酯 16 种混标，正己烷，任一品牌市售矿泉水。

四、实训步骤

1. 样品预处理

取液体样品 5.0mL，加入正己烷 2.0mL，振荡 1min，离心（4000r·min^{-1}，5min），取上清

液进行 GC-MS。

2. GC-MS 测定条件

（1）色谱条件　色谱柱为 Thermo TR-5MS TG-5MS（30m×0.25mm×0.25μm）弹性石英毛细管柱，进样口温度250℃，柱温60℃，恒温1min，以 20℃·min^{-1} 升温至220℃，保持1min，再以 5℃·min^{-1} 升温至280℃，保持4min。载气为高纯 He，载气流速 1.0mL·min^{-1}，分流比 10∶1，进样量1μL。

（2）质谱条件　EI 离子源，电子能量70eV，离子源温度230℃，GC-MS 传输线温度280℃，全扫描范围 m/z 29～450，选择离子检测范围待定，溶剂延迟5min。

五、数据处理

1. 色谱分离

在给定的色谱条件下，观察16种混标的出峰位置。学生可使用谱库进行检索并与标样出峰顺序进行比较，确定每个峰对应的塑化剂种类。

2. 质谱分析

① 对样品进行全扫描分析，通过谱库检索确定色谱图上每个峰对应的邻苯二甲酸酯种类。

② 先确定邻苯二甲酸二乙酯的特征离子峰，推测可能的断裂机理，设定选择离子检测方法，再次对标样进行选择离子检测，得到质谱图。

③ 任选一种自己想分析的塑化剂组分，并重新设定其选择离子检测（SIM）条件。

④ 对标样和市售矿泉水样进行选择离子检测（SIM）分析，并定量。

常见16种邻苯二甲酸酯位置及特征离子参考下表。

常见16种邻苯二甲酸酯位置及特征离子

序号	保留时间/min	化合物名称（英文缩写）	分子式	分子离子（m/z）	特征离子（m/z）及丰度比
1	7.94	邻苯二甲酸二甲酯（DMP）	$C_{10}H_{10}O_4$	194	163∶77∶135∶194(100∶18∶7∶6)
2	8.79	邻苯二甲酸二乙酯（DEP）	$C_{12}H_{14}O_4$	222	149∶177∶121∶222(100∶28∶6∶3)
3	10.62	邻苯二甲酸二异丁酯（DIBP）	$C_{16}H_{22}O_4$	278	149∶223∶205∶167(100∶10∶5∶2)
4	11.46	邻苯二甲酸二丁酯（DBP）	$C_{16}H_{22}O_4$	278	149∶223∶205∶121(100∶5∶4∶2)
5	11.85	邻苯二甲酸二（2-甲氧基）乙酯（DMEP）	$C_{14}H_{18}O_6$	282	59∶149∶193∶251(100∶33∶28∶14)
6	12.42	邻苯二甲酸二（4-甲基-2-戊基）酯（BMPP）	$C_{20}H_{30}O_4$	334	149∶251∶167∶121(100∶5∶4∶2)
7	12.98	邻苯二甲酸二（2-乙氧基）乙酯（DEEP）	$C_{16}H_{22}O_6$	310	45∶72∶149∶221(100∶85∶46∶2)
8	13.40	邻苯二甲酸二戊酯（DPP）	$C_{18}H_{26}O_4$	306	149∶237∶219∶167(100∶22∶5∶3)
9	15.69	邻苯二甲酸二己酯（DHXP）	$C_{20}H_{30}O_4$	334	104∶149∶76∶251(100∶96∶91∶8)
10	16.00	邻苯二甲酸丁基苄基酯（BBP）	$C_{19}H_{20}O_4$	312	149∶91∶206∶238(100∶72∶23∶4)
11	16.91	邻苯二甲酸二癸酯（DIHP）	$C_{22}H_{34}O_4$	362	149∶70∶251∶167(100∶8∶7∶4)
12	17.37	邻苯二甲酸二（2-丁氧基）乙酯（DBEP）	$C_{20}H_{30}O_6$	366	149∶223∶205∶278(100∶14∶9∶3)
13	18.13	邻苯二甲酸二（2-乙氧基）己酯（DEHP）	$C_{24}H_{38}O_4$	390	149∶167∶279∶113(100∶29∶10∶9)
14	18.23	邻苯二甲酸二环己酯（DCHP）	$C_{20}H_{26}O_4$	330	149∶167∶83∶249(100∶31∶7∶4)
15	20.80	邻苯二甲酸二正辛酯（DNOP）	$C_{24}H_{38}O_4$	390	149∶279∶167∶261(100∶7∶2∶1)
16	23.53	邻苯二甲酸二正壬酯（DNP）	$C_{26}H_{42}O_4$	418	57∶149∶71∶167(100∶94∶48∶13)

六、思考题

1. 气-质联用相对于气相色谱有什么优势?

2. 使用标准曲线法定量时,可能在哪些地方产生误差?